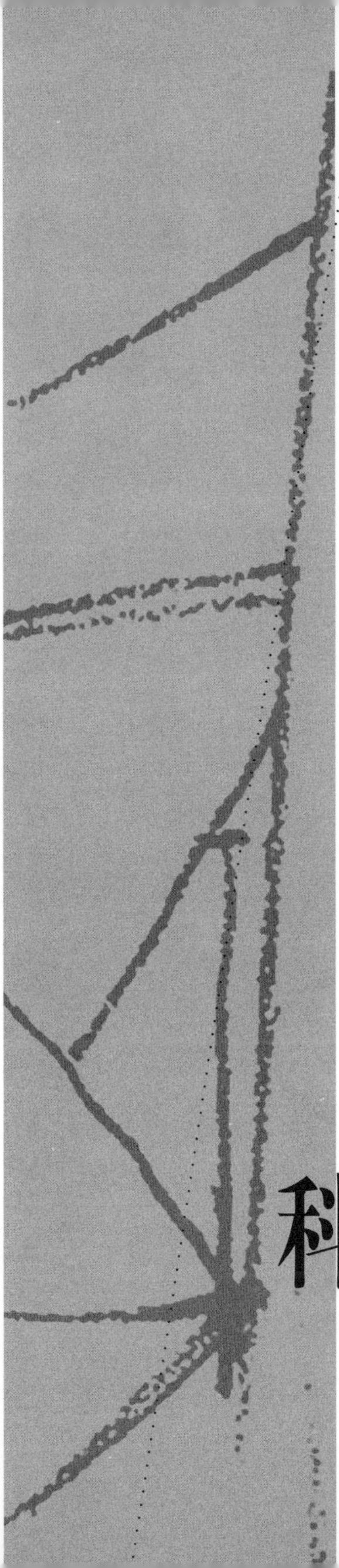

[哲学元典选读丛书]

The Readings in Philosophy of Science

科学哲学读本

蒋劲松　刘　兵/编

中国人民大学出版社

·北京·

总序

面向经典，与大师一起思考

陈　波

每当我走入大书店时，面对如潮水般涌来的新出版物，面对堆得像小山一样的装帧考究的新书，我常常会产生一种挫折感和压迫感。作为一名作者，我的书可能默默无闻地躺在某个角落里，也许没有多少读者光顾它，也许没有多少读者购买它，即使购买了，也许没有多少读者认真地阅读它。作为一名作者，虽然写过那么几本书，却没有什么值得骄傲的；相反，倒是有理由生出某种惶惑、谦卑和敬畏的心情。作为一名读者，“其生也有涯”，面对这浩如烟海的出版物，其“读”也无涯，即使一辈子全用来读书，也读不了多少书。怎么办？我想到了《红楼梦》中贾宝玉所说的话：“弱水三千，我只取一瓢饮。”问题是取哪一“瓢”？我以为，最保险的办法是：面向经典，面向大师，与大师一起去感受和思考。这就是构想此套丛书的思想背景。

应中国人民大学出版社邀请，我与该社李艳辉女士一起策划、主持了这套“哲学元典选读丛书”，以作为先前出版的“国外经典哲学教材译丛”的补充。因为如“国外经典哲学教材译丛”总序所言，当时就想在引进一本西方哲学教材时，同时引进一本与之配套的“读本”(readings)。例如，若引进一本《知识论》，就同时引进一本《知识论读本》，前者着重阐发该分支的基本理论，后者则选编从古至今在知识论方面有影响的论著，由此引导学生去阅读原著，阅读经典，并与哲学大师一起去思考。由于在联系版权等方面遇到困难，我们决定，干脆邀请国内知名专家编选“读本”系列，并加入中国哲学的本土资源。按照我们的构想，“读本”系列应该大体满足以下要求：

1. 哲学的各主要分支学科各编选一个读本；
2. 编选内容包括中西哲学元典，从古代到当代；

3. 所选内容尽量完整，只在必要时做少量删节；

4. 每篇选文前有作者简介和一段导读性文字；

5. 每个读本有一个编选说明，不超过1万字；

6. 每个读本的篇幅控制在40万字左右。

在具体编排方式上，允许基于不同学科特点有所不同。我们总的想法是：大学生不能只读教科书，而应该同时阅读经典文本，应该去“抠原著”。为什么应该这样？我想大致有以下理由：

（1）经典文本是经过时间的无情淘洗所留下来的珍珠或黄金，是经过无数双挑剔的眼睛筛选所留下来的精品。尽管各个时代的出版物浩如烟海，但真正有真知灼见、能够流传后世的并不多。有不少书籍，其诞生就是其死亡；还有一些书籍，刚出版的时候，也许热闹过一阵子，但时间无情，很快就从人们的视野中消失，并被人们完全遗忘。只有真正有价值的东西，才会被后人反复翻检，不断被重新阅读、审查和思考。之所以如此，是因为这些经典或者提出了真正重要的问题，或者阐述了真正有创见的思想，或者对某个思想作出了特别有智慧的论证，或者其表达方式特别有感染力，更多的时候，是以上各者兼而有之。

（2）经典文本在今天仍然没有过时，仍然有其生命力、冲击力和感染力。有这样的说法，一部西方哲学史，只不过是以苏格拉底、柏拉图、亚里士多德哲学为代表的古希腊哲学的注脚。在同样的意义上，也可以说，一部中国哲学史，只不过是《周易》、孔、孟、老、庄哲学的延伸与展开。经典之所以为经典，就在于它们塑造了我们的文明与文化，塑造了我们的传统甚至民族性格，因为它们触及了人类生存最普遍、最根本的问题，只要人类在这个世界上活着，只要有智慧的大脑仍在思考着，这些东西就仍然有价值和吸引力，就能够成为新的灵感的源泉。我们仍然生活在经典的影子中。

如何阅读大师们的经典文本？我这里提出以下建议，仅供参考：

（1）留心那些大师们提出了什么样的新问题，并且如何提出那些问题，由此去感受和把握大师们心灵的悸动、灵魂的颤栗和情感的搏击。爱因斯坦说得好，提出一个问题往往比解决一个问题更重要。

（2）留心那些大师们提出了何种新的思想和创见，这些思想和创见为什么是有价值的，其在当今的价值何在？应该知道，思想从来是稀缺资源，特别是那些真正具有原创性的思想。市面上的很多“新”思想只不过是古老旧货的重新包装。

（3）留心那些大师们如何论证他们的思想，其论证理由充分吗？其论证结构合理吗？有这样的说法：就哲学而言，论证的过程甚至比论证的结论更重要，因为正是论证过程赋予哲学以可理解和可批判的形式。

(4) 留心那些大师们如何表述他们的问题、思想和论证。哲学大师并不是思想的木乃伊，他们对其思想的独具魅力的表达方式，也是人类文明的珍贵遗产。

(5) 更重要的是，要带着批判的态度去读书。如美国哲人爱默生所言："如果天才产生了过分的影响，那么天才本身就足以成为天才的敌人。"听话的年轻人在图书馆里长大，他们相信自己的责任就是去接受西塞罗、洛克、培根在书中所表达的思想，而忘记了西塞罗、洛克、培根在写这些书的时候，也只不过是图书馆里的年轻人。爱默生要求读者在面对书籍时，要始终记住：读书的目的是为了开启你的心智，激活你自己的灵感，以便让你投身于创造。"我们听别人讲，是为了自己也能够说!"

因此，这套"哲学元典选读丛书"的口号是：不要只是记住大师们的观点和文字，而是要与大师们一起去思考，从中体会到思考的快乐和创造的快乐，让人类文明的薪火代代相传，并且愈烧愈旺！

编选说明

编选这本《科学哲学读本》的工作，本来我们以为不是很难，毕竟长期从事这一领域教学研究工作，总体上还是比较熟悉相关的学说和文献的。但是，实际操作起来之后，就发现其实这绝非是一件很容易的事。

虽然在学校里为相关专业的学生开设类似的课程时，会在指定给学生阅读的文献中包括不少原文文献，但在编选这个读本的过程中，由于时间和精力的限制，我们无法直接从原文翻译，只能从已有的中译本选择，这样一来，就给编选的内容增加了限制。不过，对于科学哲学来说，问题还不是很大，因为大多数重要的科学哲学典籍已经翻译过来（当然翻译质量也有差别），最大的问题是技术哲学的典籍翻译缺口还是不小。因而，这个读本在科学哲学和技术哲学内容之间的比例上就显得不够均衡，没有充分体现出技术哲学的重要性来。也许，这也在一定程度上反映了技术哲学元典翻译的部分现状。

考虑读者的情况，我们设想的读者对象，除了学习科学哲学以及更宽泛的科学文化研究（Science Studies）诸学科的专业研究生之外，还包括其他专业背景对此领域有兴趣的读者，因此必须要尽量避免技术性太强的内容。但是任何一门学科从科学性角度看，其使用技术性较强的概念术语和分析手段都有必然性，所以编选者必须要在通俗性和严谨性之间努力保持一种脆弱的平衡。

每篇选文的长度限制，不是一个容易解决的问题。哲学的论述自有其思想的系统性，如果删节过甚，难免琐屑饾饤，不能体现作者的系统思想。但要全部照顾哲学家的系统表述，有时又嫌篇幅太长，不能满足相关编辑要求。所以，编者在此同样不得不在“必要的张力”之间作出未必准确的选择。以上都是一些编辑方面的考虑。

在内容安排上，同样也有许多问题需要考虑。科学哲学作为西方哲学传统中相对独立的分支学科，其产生是一个相当晚近的历史事件。作为一种新的传统和分支，它从一开始就具有强烈的自我意识，对于科学哲学在哲学中的地位、独特方法等都进行了系统的思考。这些元哲学的思考，鲜明地体现了科学哲学的一些本质因素。而后来历史主义学派以及科学实践哲学在此问题上的新观点，更清晰地体现了科学哲学发展的重要趋势。因此，我们从科学哲学概论来开始科学哲学的学习。

根据科学哲学的发展历史，我们将以维也纳学派代表的分析传统及其后来的演变作为科学哲学的主流。虽然在学术趣味和观点上，编者可能对后期的历史主义学派等更感兴趣，但是在篇幅分配上，对于作为在科学哲学建制化早期标准观点的逻辑经验主义还是给予了充分的保证。对于随后发展的各种主要流派和代表人物，也都给予了一定的篇幅，尽量让读者有比较全面的认识和了解。

在分析传统之外，当代欧陆哲学传统对科学活动之本质同样有深入的研究，虽然传统上并不被列为科学哲学范畴，而且在国内也不太被关注。但是我们认为，中国学术界没有必要局限于英美的科学哲学传统，完全可以兼收并蓄，全面了解。所以，与一般的科学哲学著作相比，这个读本收入了多篇欧陆学者的文章。由于欧陆哲学往往将科学和技术放在一起共同研究，所以我们将有关技术哲学的研究也放在这一板块中。

在20世纪建制化的科学哲学产生以前，对科学进行系统的哲学思考，主要是由职业科学家进行的。在科学哲学专业化过程中，甚至在此之后，科学家的哲学思考对于科学哲学的发展都是非常重要的思想资源，鉴于此，本书也适当收录了物理科学、生命科学、复杂性科学以及人工科学、计算机科学等不同领域的伟大科学家的哲学思考，它们将有助于读者将科学哲学的抽象思考与科学研究的具体实践紧密联系起来。

在以上这些主体内容之外，我们认为还存在其他一些不在上述主流或者说狭义的科学哲学框架之内，然而却又非常重要而且值得我们特别关注的相关哲学思考。比如，维也纳学派使得科学哲学走向建制化的先驱者马赫，又比如试图沟通分析哲学和欧陆传统的新实用主义代表人物罗蒂，深受历史主义学派影响的科学知识社会学（SSK）以及女性主义，在社会运动层面及人与自然关系层面极有影响的动物解放思想等等，对于理解相关科学哲学问题都构成了重要的背景和思想资源。当然，这里也仅仅是以有限几篇文献的内容来表征这些“另类”的科学哲学，提醒读者对其有所注意而已。

实际上，由于篇幅的限制，我们编选的内容仅以现当代为主，古代、中世纪乃至近代的相关内容都没有收入。马克思主义的经典作家的深刻论述，由于相对来说比较容易寻找也没有收入。让我们感到遗憾和惭愧的是，没有适当的中国著述可以收录，当然这可能体现了编选者的偏见，但是国人在科学哲学上缺乏足够多的高质量成果也是无可否认的事实。这当然就给我们专业研究者提出了努力的要求，更是对本书的读者——未来的中国科学哲学研究者们——提出的挑战。我们希望这一读本能够对他们将来作出可与本书编选内容相媲美的工作有些帮助。

由于我们学养所限，编选工作一定会有种种不足，敬请读者诸君不吝指正。来信请寄：jsjiang@ mail. tsinghua. edu. cn 和 liubing@mail. tsinghua. edu. cn。

编者谨识

目录

CONTENTS

1 一、科学哲学概论

3 石里克　哲学的转变
9 赖欣巴哈　旧哲学和新哲学：一个比较
22 费耶阿本德　科学哲学——有一个伟大过去的学科
32 劳斯　走向科学的政治哲学

47 二、分析传统科学哲学（上）：逻辑经验主义

49 石里克　意义和证实
72 石里克　论心理概念与物理概念的关系
87 汉恩、纽拉特、卡尔纳普　科学的世界概念：维也纳学派
101 卡尔纳普　科学的任务和限度
110 卡尔纳普　科学统一的逻辑基础
124 亨普尔　定律及其在科学说明中的地位
145 施泰格缪勒　归纳问题：休谟提出的挑战和当前的回答

171 三、分析传统科学哲学（下）：逻辑经验主义之后

173 波普尔　几个基本问题的概述
189 拉卡托斯　科学研究纲领方法论
202 汉森　观察
224 波兰尼　个人知识
235 蒯因　经验论的两个教条

254 库恩 革命是世界观的改变
271 费耶阿本德 反对方法
279 费耶阿本德 自由社会中的科学
288 夏佩尔 科学发展中的目标和语言的改变
301 劳丹 网状模型
315 普特南 事实和价值
332 劳斯 实验室与标准化

351 **四、欧陆传统科学哲学及技术哲学**

353 胡塞尔 伽利略对自然的数学化
363 海德格尔 形而上学和数学在近代科学中的作用
375 哈贝马斯 认识与兴趣
388 盖伦 人与技术
402 芬伯格 技术的整体论

411 **五、自然科学的哲学问题研究**

413 爱因斯坦 关于理论物理学基础的考查
422 玻尔 量子物理学和哲学——因果性和互补性
428 海森堡 量子论的哥本哈根解释
436 莫诺 不变性和扰动
447 普利高津 对科学的挑战
465 司马贺 设计科学：创造人工物
486 德雷福斯 作为人类需要之函数的局势

495 **六、另类科学哲学（其他）**

497 马赫 反形而上学
517 罗蒂 科学作为亲和性
530 哈丁 作为科学技术工具箱的文化
547 巴恩斯、布鲁尔、亨利 信念
557 辛格 所有动物一律平等……

一、科学哲学概论

科学哲学读本

哲学的转变

石里克

维也纳学派的领袖石里克，可以说是作为建制化学科的科学哲学的创始人。他在《哲学的转变》一文中向读者展现了一种崭新的哲学。他认为新哲学可以彻底结束传统哲学总是处于无休止的争论中，没有持续、明确进步的状态。其关键在于通过数理逻辑的进步，人们认识到了逻辑的性质，进而真正理解知识本质上就是陈述，而哲学的功能就是分析陈述，澄清概念。这种新型的哲学放弃了传统哲学的指导人生的重要功能，从而保证在哲学上也能获得在科学上的那种一致性和决断性。这篇文章相当典型地反映了科学哲学在草创时期的理想和抱负。

作者简介

石里克（Moritz Schlick，1882—1936），德国哲学家，物理学家，逻辑经验主义维也纳学派的主要创始人。生于柏林。1917年起先后在罗斯托克和基尔任大学教授，1922年任维也纳大学归纳科学的哲学讲座教授，1936年被德国法西斯拥护者暗杀。著有《普通认识论》、《自然哲学》。

哲学在某一特定时期取得了什么进步，是人们经常悬赏征答的问题。哲学上的时期，惯常是一方面根据某位伟大思想家的名字来划分，另一方面用“当代”来划分的。人们似乎认为，直到那位思想家为止，人类在哲学上的进步相当清楚，但是从那以后，最近这个时期又添加了哪些新的成就，就很可疑了。

这样一些问题清楚地表明，人们对刚刚过去的这个时期的哲学不很信任。我们得到一个印象，似乎那个征答题目只不过是用一种难以启齿的说法在问：那个时期的哲学**到底**说得上有什么进步？因为如果肯定成就是有的，那也就明白成就何在了。

如果说，人们对待较远的过去不抱那么大的怀疑态度，如果说，人们比较倾向于承认那时的哲学中有上升的发展，原因可能是人们对已有历史地位的一切怀着较大的敬意。此外，古老的哲学理论至少已显示出它们在历史上的影响，因此在考虑到这些哲学理论时，人们能把它们的历史的而不是实际的意义作为基础，特别在人们往往不敢于在二者之间加以区别的时候，这种情形就更突出了。

但恰恰是最伟大的思想家极少相信前人的甚至古典名家的哲学研究成果是不可动摇的和永恒的。这可由下述事实来说明：基本上每一个新的体系都是整个从头开始，每一个思想家都追求他自己的坚实基础，而不愿意随着前人亦步亦趋。Descartes（不是没有理由）觉得他自己的哲学是完全从头开始；Spinoza 相信他采用（当然是非常外表的）数学的形式，已经找到了最终的哲学方法；Kant 确信，沿着他所开辟的途径，哲学将会终于走上一门科学的康庄大道。这样的例子不胜枚举，因为几乎所有的伟大思想家都把哲学的彻底变革看成必要的，并且亲自进行这种变革。

哲学的这种特殊命运被人们再三描述，反复慨叹，再谈已经没有什么意思了，沉默的怀疑和绝望似乎是对待它的唯一恰当态度。两千多年的经验似乎告诉我们，为结束各种体系的混乱、为改变哲学的命运而进行的一切努力，都不再能引起人们重视了。说人终于解决了许多极其难解的问题，例如 Dädalus 的问题，并不能给行家任何安慰，因为他所担心的正是哲学决不会使它成为一个真正的“问题”。

我之所以要举出人们经常描述的这种哲学见解的混乱状态，为的是让大家毫不怀疑：我充分意识到，我现在所要说出的这个信念，影响是很大的，分量是很重的。就是说，我确信我们正处在哲学上彻底的最后转变之中，我们确实有理由把哲学体系间的无结果的争论看成结束了。我断言，现代已经掌握了一些方法，使每一个这样的争论在原则上成为不必要的；现在主要的只是坚决地应用这些方法。

这些方法是在不声不响的、多数哲学教师和哲学著述家没有注意到的情况下创造出来的，因此形成了一个局面，以前的一切都不能与它相比。只有熟悉了这些新的方法，并从这些方法所导致的立场出发，回顾那些曾被当做“哲学的”一切努力，才能看清这个局面真是独一无二的，才能看清已发生的这场转变真是最后的转变。

这些方法是从**逻辑**出发的，Leibniz 曾模糊地看到这些方法的端倪，在最近几十年里，Gottlob Frege 和 Bertrand Russell 曾开拓了重要的道路，而 Wittgenstein（在 1922 年的 *Tractatus Logico Philosophicus*［《逻辑哲学论》］中）则是一直推进到这个决定性转变的第一人。

众所周知，最近几十年数学家发展了新的逻辑方法，这首先是为了解决数学家本身的问题，这些问题是借助于传统的逻辑形式所不能解决的。此外，他们建立的这种逻辑（见本期 Carnap 的论文[①]）同旧的形式相比，在其他方面也早就显示出了它的优越性，无疑将很快地完全取代旧的形式。那么，这种逻辑是不是我刚才谈到的那种伟大方法，能够使我们在原则上去掉一切哲学争论，它是不是向我们提供了一些一般的规则，使我们能够至少在原则上解决一切传统的哲学问题呢？

如果是这样，我就几乎没有理由说出现了一个全新的局面，因为那只会取得一种逐渐的、可以说是技术上的进步，就像内燃机的发明终于使飞行问题的解决成为可能那样。不管对新方法的价值估计得多么高，单靠运用一种方法，是决不能作出如此原则性的事情的。因此这个伟大的转变并不是依靠方法本身，而是依靠一件完全不同的事，即看清逻辑自身的本质。这件事虽然是靠这种新方法才成为可能的，是这种新方法所引起的，却发生在更深得多的层次上。

人们早就说，并且常常说，在某种意义上，逻辑的就是纯粹**形式的**，但是并不真正明了纯粹形式的本质。弄清纯粹形式的本质，是从这一事实出发：任何认识都是一种表达，一种陈述。即是说，这种陈述表达着其中所认识到的实况，而这是可以用随便哪种方式、通过随便哪种语言、应用随便哪种任意制定的记号系统来实现的。所有这些可能的陈述方式，如果它们实际上表达了同样的知识，正因为如此，就必须有某种共同的东西，这种共同的东西就是它们的逻辑形式。

所以，一切知识只是凭借其形式而成为知识；知识通过它的形式来陈述所知的实况，但形式本身是不能再被描述出来的。形式的本质只在于知识，其余一切都是非本质的，都是表达的偶然材料，和我们用来写一个句子的墨水没有什么不同。

这一简单的见解具有意义非常重大的后果。首先，它使传统的“认识论”问题得到解决。思考表达和陈述的本质，即每一种可能的“语言”（最广义的）的本质，代替了研究人类的认识能力，因为这种研究是不能交给心理学的。关于“认识的有效性和界限”的问题不存在了。凡是可以表达的，就是可以认识的，就能对它提出有意义的问题。因此，没有什么原则上不能回答的问题，没有什么原则上不能解决的课题。人们一向认为不能回答、不能解决的，并不是真正的问题，而是无意义的语词排列。这些语词排列表面看来虽然好像是问题，因为它们似乎满足了通常的语法规则，但实际上却是一些

---

① “Die alte und die neue Logik” [《旧逻辑和新逻辑》]，见 “Erkenntnis”，Band I，Heft 1，S. 12—26。

空洞的声音组成的，因为它们违背了新的分析方法所发现的逻辑句法的深刻内在规则。

只要存在着一个有意义的问题，在理论上总能指明它的解决办法，因为很明显，从根本上说，指明解决的办法，是与指出问题的意义相一致的。当然，实行这种办法，由于某些实际情况，例如人的能力不足，可能受到阻碍。最后结束解决途径的证实活动永远是一样的，这就是出现了观察和直接体验所验证的某一事实。事实上，在日常生活和一切科学中，每一个陈述的真（或假）全都是这样一种方法确定下来的。因此除了观察和经验科学以外，没有其他检验和证实真理的方法。每一门科学（我们用这个词是指它的**内容**，而不是指人们为取得这个内容而作的实际活动）都是一个知识体系，即真的经验命题的体系；而全部科学，包括日常生活中的命题在内，都是知识的体系，在这以外，再没有一个“哲学的”真理的领域。哲学不是一个命题体系，它不是一门科学。

那么哲学是什么呢？它虽然不是一门科学，却仍然是很有意义的、非常重要的东西，所以今后可以像以前一样，被尊为科学的女王；因为确实没有这样一条规定：科学的女王本身也必须是一门科学。我们现在认识到哲学不是一种知识的体系，而是一种**活动**的体系，这一点积极表现了当代的伟大转变的特征；哲学就是那种确定或发现命题**意义**的活动。哲学使命题得到澄清，科学使命题得到证实。科学研究的是命题的真理性，哲学研究的是命题的真正**意义**。科学的内容、灵魂和精神当然离不开它的命题的真正**意义**。因此哲学的授义活动是一切科学知识的开端和归宿。有人说哲学给科学大厦提供基础和屋顶，这样的想法完全是正确的；错误只在于以为这基础是由“哲学”命题（认识论的命题）构成的，而且这座大厦还加上了哲学命题（称为形而上学）的圆顶。

哲学的工作不在于提出命题，陈述的意义不能再用陈述去说明；这是不难看出的。因为我如果用一些解释和定义，也就是借助一些新的词，来说明我所用的词的意义，人们就一定会进一步追问这些新词的意义，并且一直追问下去。这一过程不能是无止境的，它总是终止于实际指出和表明那个意思的时候，就是说，终止于实际活动中；只有这些活动是不能够、也不需要再作进一步说明的。所以说，最后的授义总是通过**行动**实现的，这些行动构成了哲学的活动。

过去时代最严重错误之一，是认为哲学命题的真正意义和最后内容可以再用陈述来表述，即可以用知识来阐明；这就是“形而上学”的错误。形而上学者的努力一向集中在这一荒谬的目标上①，要用知识来表达纯粹性质的内容（事物的“本质”），也就是要说那不可说的东西。性质是不能说的，只能显示在体验中，而认识是与体验毫无关系的。

因此形而上学的没落并不是因为解决它的问题是人的理性所不能胜任的事（像康德所想的那样），而是因为根本就没有这种问题。揭露了这种错误的提问，形而上学争论的历史也就变得可以理解了。

我们的看法，如果正确，也必定得到历史的批准。一定可以看到，它是能够给“哲学”一词的意义变迁作出某种程度的说明的。

实际上正是这样。在古代，真正说来一直到近代，哲学只不过等于每一种纯理论的科学研究；这就表明科学当时正处在那样一个阶段，仍然必须以澄清自己的基本概念为主要任务；各门科学从它们的共同母体哲学中解放出来，则表示某些基本概念的意义已变得足够清楚，可以用来进一步进行富有成效的工作。如果说，目前伦理学和美学，有时甚至心理学，仍然被看做哲学的分支，这正表明这些学科仍然没有掌握足够清楚的基本概念，它们的努力仍然主要放在它们的命题的**意义**上。最后，如果在具有坚固基础的科学当中，突然在某一点上出现了重新考虑基本概念的真正意义的必要，因而带来了一种对于意义的更深刻的澄清，人们就立刻感到这一成就是卓越的哲学成就。大家都同意，例如 Einstein 从分析时间、空间陈述的意义出发的活动，实际上正是一项哲学的活动。我们在这里还可以加一句：科学上那些决定性的、划时代的进步，总归是这一类的进步：它们意味着对于基本命题意义的一种澄清，因此只有富有哲学活动才能的人才能办到；这就是说：伟大的科学家也总是哲学家。

那些不以纯粹认识为目标，而以指导生活为目标的精神活动，也往往被称为哲学。看来这是同样易于理解的，因为智者之所以高于无知群众，就是由于他善于清楚地指明那些关于生活关系，关于事实和愿望的陈述和问题的意义，为群众所不及。

哲学的伟大转变，也意味着最终摆脱了某些歧途。从 19 世纪后半叶起，哲学就走上了这些歧途，必然招来了一种十分错误的评价和重视：我的意思是说，企图为哲学的归纳性质辩护，因而相信哲学是由纯粹假设性的命题构成的。主张哲学命题只有或然性，是和以前的思想家离得很远的想法；他们会认为这种想法与哲学的尊严不相容而加以拒绝。这种拒绝里表现了一种健

① 参阅我的论文“Erleben，Erkennen，Metaphysik”［《体验，认识，形而上学》］，见“Kantstudien”［《康德研究》］，Bd. 31（1930），S. 146。

全的本能，认为哲学应当为知识提供最后的支柱。当然我们也必须看到，他们那个相反的教条，哲学提供无条件真的先验原则，是这种本能的最不幸的表现，因为哲学根本不是由命题构成的；然而我们也相信哲学的尊严，认为不确定性和纯粹或然性是与哲学不相容的，并且感到很高兴：有了这一伟大转变，就不可能把这一类的性质加给哲学了。因为或然性或不确定性的概念是完全不能应用于那种构成哲学本质的授义活动的。问题就在于那些把意义作为绝对最后的东西授予一切陈述的活动。要么是**有**这个意义，我们就知道这些陈述意味着什么；要么是没有这个意义，我们面临的就只是一些无意义的词，完全不是什么陈述。第三种情况是没有的，不能说什么或许是这样。所以，在这个伟大的转变以后，哲学比以前更清楚地显示出它的决断性。

只有凭着这种决断性，才能结束哲学体系间的争执。我再说一遍：根据上述见解，我们今天可以认为这一争论在原则上已经结束了，我希望在本杂志新阶段的篇幅里大家可以越来越清楚地看到这一点。

肯定还会有一些扫尾的战斗，肯定在若干世纪内还有许多人在走惯的道路上继续徘徊；一些哲学著述家还会长时期地讨论陈旧的假问题，但是最后人们将会不再倾听他们的高论，他们将会像某些演员那样，在注意到观众已经逐渐溜走以前，还要表演一段时间。那时将不再有必要谈论“哲学的问题”，因为人们将对**一切**问题进行哲学的谈论，这就是说，进行有意义的、清楚的谈论。

（李德齐译，洪谦校）

选文出处

石里克　哲学的转变

洪谦主编，《逻辑经验主义》（上卷），北京，商务印书馆，1982，5—12页。

旧哲学和新哲学：一个比较

赖欣巴哈

这部分是《科学哲学的兴起》一书的总结部分（这里的选文有删节）。赖欣巴哈通过比较旧的思辨哲学和新的科学哲学，来强调科学哲学的优越性，回应对科学哲学的疑虑。赖欣巴哈认为，因为先天综合判断是不存在的，所以思辨哲学追求绝对确定性的目标，试图建立确定的道德指令，是没有合法根据的。

科学哲学拒绝担保经验知识的绝对可靠，虽然承认逻辑和数学的原理可以获得确定性，但是却坚持这些原理是空洞的，没有实际内容。道德目标不是客观的对象，不是认识的产物，而是意愿行为的产物。作为认识的哲学，不能为制定道德规条提供基础。造成二者区别的是思辨哲学使用了类似诗人的具有暗示意味的图像语言，而科学哲学则是精确和明晰的经验科学和数学、逻辑的语言。

最后，赖欣巴哈分析了三种反对科学哲学的原因，他指出这些反对意见是基于误解和对于哲学功能的错误理解。

作者简介

赖欣巴哈（Hans Reichenbach，1891—1953），是科学哲学的先驱人物、柏林小组的创始人、逻辑经验主义的重要代表人物，在有关相对论、概率论、量子力学以及符号逻辑的哲学研究方面影响很大。著作

我想综述一下从对科学进行分析所发展出来的哲学结论，并把这些结论和思辨哲学所发展的种种见解比较一下。

思辨哲学努力想获致一种关于普遍性的、关于支配宇宙的最普遍原则的知识。这样它就被导致去构造一些哲学体系，在这些体系中包含着那样一些章节，那我们今天必须认为是想建立一种包罗一切的物理学的幼稚企图，在这种物理学里是以简单的类比法和日常生活经验来代替科学解释的功能的。它企图用一种类似类比法的方法来说明知识方法，知识论的问题则用图像语言而不是用逻辑分析来回答。科学哲学则与此相反，把宇宙的解释完全留给科学家去做；它用对科学的结果进行分析的办法建立着知识论，

宏富，代表作有《符号逻辑基础》、《科学哲学的兴起》等。

同时也知道，宇宙的物理学和原子的物理学都不是通过从日常生活中推导出来的概念所能理解的。

思辨哲学要的是绝对的确定性。如果说预言个别事件是不可能的，那么，支配着一切事件的普遍规律至少应被视为是知识所能知道的；这些规律应该可以用理性的力量推导出来。理性，宇宙的立法者，把一切事物的内在性质显示给人的思维——这种论纲就是一切思辨哲学的基础。科学哲学则与此相反，它拒绝承认任何关于物理世界的知识是绝对确定的。无论是个别事件，无论是控制着个别事件的规律，都不能确定地被陈述。逻辑和数学的原理是可以获得确定性的唯一领域；但这些原理是分析的，因此也是空洞的。确定性与空洞是不可分的，综合先天真理是没有的。

思辨哲学竭力想用它建立绝对知识的同样方法去建立道德指令。理性被认为是道德规律也是认识规律的立法者；伦理规条须由洞见的行为来发现，一如揭示出宇宙的终极法则的洞见一样。科学哲学已完全放弃了提出道德规条的打算。它认为道德目的是意愿行为的产物，而不是认识的产物；只有目的与目的之间或目的与手段之间的关系才是认识性知识所能获知的。基本的伦理规条通过知识来证明其为正当，而只因为人类要这些规条并要别人遵守这些规条而被人所固守。意愿不能由认识推导出来。人的意志是它自己的祖先，也是它自己的裁判者。

这就是新旧哲学比较的对照表。现代哲学家舍弃了许多东西，但他也获得了许多。在实验基础上建立的科学和单从理性推导出来的科学之间是多么不同啊！科学家的预言虽然是不确定的，比起自称直接领悟了宇宙的终极规律的哲学家的预言来，是可靠多少啊！当较旧的伦理体系所不能预见的新的社会条件产生时，不受被称为是由一个较高的权威所规定的规条所束缚的那一种伦理学是更高超多少啊！

然而，仍旧还有一些哲学家不肯承认科学哲学是哲学；这些哲学家想把科学哲学的结论装进一篇科学绪论里去，而主张有一种独立的哲学存在着，这种哲学与科学研究无涉，并且是可以直接通到真理去的。我认为，这种主张暴露了批判的判断力的缺乏。没看见传统哲学的错误的那些人不想放弃传统哲学的方法和结论，宁愿走科学哲学放弃掉的道路。他们保藏着哲学这个名称，为了要进行他们的想获致超科学知识的错误企图，同时也就拒绝承认按照科学研究的模式设计出来的分析方法是哲学方法而予以接受。

科学哲学所需要的是重新确定哲学愿望的方向。除非思辨哲学的目的被认清是不可达到的，科学哲学的成就就不能被理解。图像语言是诗人的自然表达方式；但哲学家就必定得放弃使用暗示图像来作解释，如果他想理解科学哲学的话。想获得绝对确定性的愿望也许会使我们视为是一种值得赞美的壮举的目的，但科学哲学家必须避免把有条件的习惯视为理性的公设的错误，并须懂得，为了回答一切可以合理地问询的问题，概率性的知识是一个够坚实的基础。想通过道德认识来建立道德指令的愿望似乎是可以理解的；但科学哲学家必须先来研究错误地引导别人把道德了解为经由领悟到一个较高的世界而获致的一种知识形式的那种道德指导。真理来自外部：观察物理客体使我们知道什么是真的。但伦理来自内部：它所表述的是一个“我要”，而不是一个“有”。这就是要求于科学哲学家的重新确定哲学愿望的方向。能够控制自己的愿欲的那些人将会发现，他们所获得的要比他们失去的多得多。

事实上，如果与传统的各种哲学体系比一比，这种获得是惊人的。让我再着重申说一遍，我决不是要否认这些体系的历史价值。从最初看到一个问题到清楚地表述出来，需要经过一段漫长的途程，到它的解决就还有一段长途了。我们今天的许多解答都可以溯源于一些古代哲学家的类比说法和图像语言。但是，对于批判地理解哲学来说，没有比把那些图像语言和类比说法视为对于现代发现的预见更危险的了。最初看到一个问题，往往是出于素朴的惊讶，而不是出于对于它的深远的蕴涵的领悟。投入于导致现代解答的发展的劳动和智巧可以像开始这一发展的那些人的贡献一样大，甚至大得多。对古人的适当尊敬不应使我们看不见我们自己时代的成就。要在传统哲学遗留给我们的那些含混概念和独断言论中发现少数几个真问题，是需要有独立的判断和尖锐的批判力的。只有透彻理解现代科学方法才能使一个哲学家具备能解答那些问题的工具。

本书已努力就现代科学哲学对自从在希腊思想中开始以来一直在传统哲学中占一席地位的各种问题所作的答案作了说明。如对于几何知识起源的问题，对经验的物理几何学和分析的数学几何学之间加以区别而作了回答。对于一切物理事件的因果性和普遍决定性的问题，则作了否定的回答：因果性是一种经验规律，只对宏观客体有效，在原子领域中就失效了。如实体和物质的本性问题，这是用波粒二重性来回答的，波粒二重性的见解比一切哲学体系中发展出来的任何虚构都更为令人惊异。如进化的控制原则问题，这个原则是在与因果律相结合的统计选择中发现的。如逻辑的本性问题，这门学科被证明为是一个语言规律系统，并不能限定任何可能的经验，因此也不能表述物理世界的任何属性。如预言知识的问题，通过一种概率和归纳的理论而作出回答，按这种理论说来，预言是一些假定，是预言未来（如果这种预言是可能的话）时所能采用的最佳工具。如外部世界和人类思维的存在问题，这被发现是一个正确使用语言的问题，而不是什么“超越的实在”的问题。还有如伦理学的本性问题，这个问题经由对目的和目的与目的间的蕴涵加以区别而作了回答，这个回答认为，只有这些蕴涵才能够达到认识判断，并须把意愿决定的地位留给第一目的。

这是一组用一种像科学方法一样精确可靠的哲学方法建立起来的哲学结论。当现代经验论者受人之请，提供科学哲学比哲学思辨高超的证明时，他就可以举出这些结论来。这里是一些哲学知识的累积。哲学不再是企图用图像语言和冗长的伪逻辑形式来“说不可说的东西”而一无所成的人们的历史了。哲学是人类思想一切形式的逻辑分析；它应说的话都能用明白的用语来陈述，再没有什么“不可说的东西”是它不得不对之举手认输的了。哲学就其方法而论已是科学的了；它收集起可以得到证明、并为那些在逻辑和科学方面受过充分训练的人们同意的结论。如果它还含有可争论的未解决问题，那么也很有希望用那些给其他问题找到今天为人公认的解答的同样方法来求得解答。

给旧哲学和新哲学画一张对照表时，令人吃惊的事实是，对于新哲学方法和其结论还有这么多的反对意见。我想来讨论这种反对意见的一些可能心理原因。

第一种原因是，为了要理解这种新哲学，先得进行很多技术工作。旧派的哲学家通常总是受过文史方面训练的人，他从来没有学习过数理科学的精密方法，也未经验过通过证实一条自然规律的一切结果而证明这条规律的愉快。我们的高级中学教育只把人带到数学和各门科学的门前为止，一个人如果从来没有看到过知识的最成功形式，他怎么能对知识理论作出判断来呢?

通常的反对论证是，科学哲学对于面向着数理科学，对于社会和历史科学是不够公平的。这个论证只是误解科学哲学的纲领的一个新证据而已。用类似在自然科学方面运用、并得到那样成功的哲学方法来处理社会科学的任何企图，科学哲学家是对之表示欢迎的。他所拒绝接受的是在社会科学和自然科学之间划一条界限，并宣称像解释、科学规律、时间等基本概念在这两个范域里有不同的意义的哲学。实际上，在物理学中所进行的因果性分析使那门科学前所未有地接近了社会学；认清物理规律是概率蕴涵而不是理性的吩咐之后，想必可以鼓励社会学家制定出一些规律来，虽然他的规律是只在大多数实例中生效。社会条件的极端复杂性，使得社会学规律无从在一个理想情况中实现，这使人联想到气象学这门物理科学的同样情况。虽然严格的气象预测是不可能的，但没有一个物理学家怀疑气候是由热力学和气体力学的规律所控制的。预测政治气候固然困难，社会学家为什么必须拒绝相信有社会学规律存在呢?

说社会学事件是独特的、永不重复的这个论证之所以垮了台，是因为物理学事件的情形同样如此。一天的气候从来也不会和另一天一样。一块木头的状态从来也不会和任何另外一块一样。科学家把个别情况纳入一个类，并在寻找至少在大量情况中控制着种种不同的独特的情况的规律，而克服着这些困难。社会学家为什么不能这样做呢?

说社会科学和自然科学之间存在一道不可逾越的鸿沟的论点很像是这样一种企图，这种企图想在社会科学的哲学里给畏惧逻辑和数学技术的哲学家创造一个保留条件；但没有逻辑和数学技术是不能建立起知识理论来的。幸亏，也存在着另外一群社会科学家，他们在无法弄清楚他们的科学的方法时向科学哲学求助，他们已看到，在构造成功一种社会科学的哲学之前，先要做许多清理工作。我愿意在这里表示一下我的期望，将来的科学哲学将会从一切知识部门中吸引那些曾经从他们的专门领域的探究转向哲学探究的人们。

更由于另外一些原因，对于非数学科学方面的无成见的合作者的帮助也是欢迎的。虽然数学和逻辑研究对于建立新哲学有伟大贡献，但这种研究工作本身并不一定与批判的哲学态度相联系。有些数学家，甚至数理逻辑家，他们从来也不感到有必要把他们的方法的精密性推广到经验知识的逻辑分析中去，他们之中有一些则相信如果要作任何这种推广，那就得乞请一种超经验的了悟来作为补助，那种了悟就是对于非分析的绝对真理的了悟。他们把哲学看做是一种猜测，是永远达不到重要的结果的；他们或者认为，对于常识的确信乃是哲学的不可避免的先决条件，否认有批判这种确信的可能性；他们或是相信，思辨哲学家的含混和玄妙的语言是处理哲学问题的仅有手段。数学训练并不是理解现代知识理论的问题和方法的保证，即使问题已被看出时，也仍旧可以有人在为那些古老的传统所称颂的、我们的大学生在科学训练的形成年代中通常不知道对之进行批判的道路上去寻找解答。

旧哲学和新哲学之间的界限并未把数学与思辨哲学划分开。它所区分开的是：对于自己所说的每一句话都负责的人和用词句来表达直觉的猜度和不作分析的臆测的人，愿意把自己对于知识的见解适应于可获得的知识形式的人和不能放弃对于超经验真理的信仰的人，认为对于知识的分析是可以用逻辑的精密方法作出的人和认为哲学是一个逻辑外的领域，不受逻辑检验所限制，可以取得从使用图像语言和它的感情内涵中产生的满足的人。这两种思想状态形式的区分是新哲学的不可避免的成果。

反对科学哲学的第二种可能原因是认为科学哲学家不了解人生的感情方面，逻辑分析剥夺了哲学的感情要素这种看法。许多人学哲学是想寻找启示：他像阅读《圣经》、阅读莎士比亚一样地阅读柏拉图，当他在哲学课上听到符号逻辑和相对论的阐述时，就感到失望了。对于这样一种态度，我能说的一切就是：要得到启示的人，应去听圣经课或莎士比亚课，而不应该在找不到启示的地方期待找到它。科学哲学家并不想缩小感情的价值，他也不想脱离感情而生活。他的生活可能像任何文学家一样富于热情和感动——但他拒绝把感情和认识混淆起来，而喜欢呼吸逻辑的了悟和深思的纯洁空气。如果我可以作一个较为俗气的比喻，那么，逻辑分析的滋味，就其必须经过学习才能欣赏而言，有点像是牡蛎。但由于吃牡蛎的人总喜欢同时喝一杯酒，学逻辑的人也不必放弃较不逻辑的学科所提供的感情经验的酒。

说数学和逻辑头脑的人不能欣赏艺术价值，乃是无稽之谈。有一位著名的数学家曾编纂过一位抒情诗人的作品；许多著名的物理学家在悠闲的时候拉奏小提琴；有一位著名的生物学家是画家，他的艺术才能可以在他记录显微镜观察的图画中看出来。艺术和科学并不互相排斥，但也不应把它们等同起来。"真即是美，美即是真"——这是一句美丽的陈述，但并不是真的陈述，因此也就否定了它本身的论旨。

我的论证也会被人批判为文不对题。有人会加以反驳，说科学哲学家的个人态度是不必讨论的，没有人会否认科学哲学家可以有良好的欣赏力，可以富于感情。现在对他提出反对意见来的是说他在他的哲学体系里不容许有艺术和感情的地位。思辨哲学家把艺术放在与科学和道德同等的地位，而给予了艺术一个尊严的位置；他们认为，真、美、善是人类追求和渴望的三缨冠。科学哲学家的王冠似乎只有一缨。他为什么把另外二缨剪掉呢？

我要回答，这是因为真与美之间的关系不是一个王冠和尊严的问题。把艺术放在什么地位上，这是一个逻辑问题，因此也是一个涉及真理的问题。这是一个价值论的逻辑性质问题，对它的回答必不能通过价值论而给出。回答是否能满足我们的感情要求，那是与此无涉的。

艺术是感情的表现，即是说，审美对象充当着表现感情状态的符号。艺术家——观看或谛听艺术品的人亦然——把感情意义放入由涂在画布上的油色或乐器所发出的音响所组成的物理客体。感情意义的符号表现是一个自然的目的，即是说，它代表着我渴望享受的一种价值。评价是人类目的活动的一种普遍特性，因此应该在充分普遍性中研究它的逻辑性质，而不应该局限于只对艺术作分析。

在某种意义上说，人类每一活动都服务于一个目的的追求，不论它是谋生所必需的职业行动，或参加一次借此对某种政治决定出一点力的政治集会，或参观一个美术展览会想在那里通过艺术家的眼睛看到一些风景、肖像或抽象图形，或跳一次舞，享受一下韵律动作和音乐的情欲刺激。然而，在所有这些活动中都有必须作出选择的因素；是在这里，行为显示出评价。评价不一定明白陈述出来，也不一定通过反省和比较而完成；它可以在自发的冲动中，即驱使我们去读一本书、看一个朋友、听一场音乐会等冲动中完成。但在所作的决定中，我们表示了我们的好恶，这样就通过我们的行为而表示出组成我们的行动的背景的评价秩序。

明白作为这种评价秩序的过程，是心理学家研究的题目。他知道，这种秩序并非无论何时都是相同的；他知道，好恶是随着当时的情况、环境、年龄而不同的。他能够设法建立一个从目的行为的统计资料中推论出来的通常秩序。他能够把目的行为分为不同种类。这里有对于食物、性、休息的生理要求。这里有对于社会地位、社会影响以至于社会权力的要求。这里有驱使人写一本书或驱使人给自己的花圃作一围栅的创造冲动。这里有要想玩一次足球或看人玩一次足球的愿欲。这里有能在听一曲弦乐四重奏或观赏一次落日的燃烧色彩中找到的感情表现的要求。这里有能在阅读科学书籍或进行科学实验中得到满足的求知要求。任何这种分类都是不完善的。建立一个整齐的逻辑秩序的种种企图都会因为不同目的在每一行动中交错而受挫。

然而，有一个共通的东西可以在一切目的活动中指陈出来。对于一个目的作出的决定并不是可与认识真理相比拟的行动。这里可以包含着认识内涵；例如，谋生的目的可能要求对职业上的劳累进行忍受。但是，目的选取并非逻辑行为。这是或带着不可避免冲动的强制性、或带着可望得到满足的兴奋情绪、或带着不成问题的习惯的毫不勉强自然态度，而在我们心中发生的欲望或意愿的自发肯定。要哲学家证明评价为正当是没有意义的。他也不能提供一个把种种较高价值和较低价值一一区分明白的价值等级表。这样一种等级表本身是评价性的，而非认识性的。哲学家作为一个受过教育的、经验丰富的人，可以能对评价提供良好的意见，即是说，他可能影响别人或多或少地接受他自己的评价表。但是，操其他职业的人在这种教育功能上可以像他一样有能力。如果他们是受过训练的教育家或心理学家，他们甚至可以比他更有资格来担任这事。

科学哲学家并不把评价问题视为与己无关的事，对于他这些问题像对任何别人一样有关。但他认为这些问题不能用哲学手段来解决。这些问题属于心理学范围，对这些问题的逻辑分析得随同对一般心理学概念作逻辑分析作出来。

反对科学哲学的第三种可能原因是，从它的结论中不能推导出道德指导这一事实。伦理与知识、意愿与认识之间的截然划分把许多学生从科学哲学的课程中吓走了。旧式的哲学家提出一些准则，劝导他如何生活，并答应他，通过对哲学书籍的充分研究，他就会知道什么是善，什么是恶。科学哲学家则非常坦率地告诉他，如果他想知道怎么度过一个善的人生，他没有什么可以从他的教导中期待到。

科学哲学之拒绝提供道德劝导，是用鼓励使用认识思考去研究各种不同道德目的间的关系来加以补偿的。目的和手段之间、第一目的和第二目的之间的蕴涵关系是具有认识性质的；不可忘记，这一事实解决了许多伦理论争。我们遇到的道德决定，大多数不涉及第一目的，而涉及第二目的；他们所要求的一切只是对被考虑的决定对于实现某种基本目的所会提供的贡献进行分析。政治决定实际上都是这种型式的。例如，政府是否应该控制物价是必须用经济分析来回答的问题；尽可能多生产一些低价的商品这一伦理目的是不在被讨论之列的。但是，科学哲学家把道德蕴涵关系算为认识性的蕴涵关系，就从哲学领域中消除了对这种关系的讨论，同时在社会科学领域中给它们安排了一个位置。对伦理学进行逻辑分析之后可以看到，正如在物理学中一样，许多素来被认为是哲学问题的问题，必须由经验科学来回答。哲学史一次又一次地指出，哲学家所提的问题都交给科学家去回答了。这样的话，答案只会更深刻、更可靠。那些请求哲学家作生活上指导的人们，当哲学家要他们上心理学家、社会科学家那里去时，应该感激才对；在这些经验科学中累积的知识可以提供的回答要比收集的哲学家的著作中的答案好得多。思辨哲学家的伦理体系往往建筑在过去时代的心理状态和社会结构之上；像他们的理论体系一样，这些伦理体系所提出的哲学结论只是一个暂时的知识阶段的产物而已。科学哲学家把他对伦理学的贡献归结为弄明白它的逻辑结构，从而摆脱了这种错误。

科学哲学家虽然拒绝作出伦理劝导，但他仍旧愿意按照自己的纲领讨论伦理劝导的性质，从而把他的分析澄清方法推广到去研究这种人类活动的逻辑方面。伦理劝导可以采取三种方式作出：第一种，劝导者企图促使一个人接受劝导者认为是善的道德目的。第二种，劝导者询问这个人，他的目的是什么，然后告诉他一些适合于帮助他达到目的的蕴涵式。第三种，劝导者不采取询问方式而采取观察他的行为并从之推论这个人所追求的目的是什么，然后把这些目的用语言陈述出来，并像前面一样，告诉这个人有关达致这些目的的一些蕴涵式。

属于第一种方式的是政治家、宗教人士、其他种种独断伦理学的鼓吹者的劝导。第二种方式之下，劝导者担当着心理学专家的职能，像一个回答有关各种职业的就业准备方法问题的职业顾问一样。第三种方式下，劝导者所承担的工作是解释一个人的行为。由于人们常常不很明白自己的目的，毫不考虑自己的用意而做许多事情，劝导者有时候也许能够告诉这个人他“真正要的”是什么。这意味着他能够对一个人的行为作出合情合理的解释，诱导他公开地想望他至今尚未明白想望过的东西。这样，劝导者就能够对这个人的心理状态具有巨大影响，帮助他弄明白他的意愿，他的这种功能在某些方面就类似于通过逻辑分析而完成的对于意义的澄清。这种劝导方式是最有效果的一种，要求劝导者具有高度的学识本领，要求他具有足够的心理理解以及对社会条件的广博知识。

只有在第一种方式中，劝导的主观成分是显然的；但在第二种和第三种方式中，主观成分通常也存在。劝导者之乐于把达到目的的手段告诉一个人，只在他赞同这些目的时，至少在某种程度上是如此。例如，一个民主伦理的鼓吹者就不会愿意给一个极权主义政府出主意，建议达到它的目的的手段，除非他“出卖了灵魂”——这是大多数人会视为不道德的一种行为。因此，出于本心的劝导永不会是纯然客观的；劝导者必然是形成目的的积极参与者，一个道德的推动者，他在他的工作的认识部分之外还要承担起一种行动的职能。

有人论证，劝导之所以是客观的，因为受劝导者接受了劝导并在他的个人生活中实行之后，常常承认他现在才知道他要的是什么，他感到比以前幸福了。然而，这种结果仍旧不是客观性的证明。人类的人格是可塑的，如果这个人曾处在指导他达到很不同的目的的劝导者们的影响之下，他也会感到幸福和感到陶醉而称颂他们的劝导。极权主义社会的追随者们常常像民主社会中的人一样愉快而自信，但是也极可能，他们之中任何一个都会接受相反的目的，只要在相应的环境里成长起来。伦理劝导不能用它的心理方面的成功被证明为正当。劝导者应该知道：他是在诱导一个人去做作为劝导者的他自己认为是正确的事；负有责任的是劝导者；想摆脱自己意愿的约束，而逃避到通过对人的行为进行心理学的研究而揭示出来的客观道德中去，那是办不到的。心理学能够告诉我们人们要什么，但不能告诉我们人们应该要什么，如果“应该”一词指的是一种非蕴涵的意义——同时，蕴涵意义的“应该”也是不能建立一种客观道德的，因为它不能确证第一目的的正确性。

科学哲学对于伦理问题所提出的解答，在许多方面像对于几何学问题所找到的解答。这种解答在第8章里已作了说明：过去的数学家们虽然视整个几何学是一种数学必然性，今天的数学家们却把这种必然的性质限制在公理与定理之间的蕴涵里，并把公理本身从数学确断的领域里排除出去。同样的，科学哲学家区别开了伦理公理或前提和伦理蕴涵，他只认为这些蕴涵式是可得到逻辑证明的。然而，这里也有一个根本性的区别。当几何学公理被视为根据同等定义并由观察加以证明的物理学陈述时，是可以成为真的陈述的；这样它们就具有了经验的真理性。伦理学公理则不然，它们完全不能成为认识性的陈述；不论处在怎样的解释中，它们都不能被称为是真的。它们是一些意愿决定，当科学哲学家否认有科学的伦理学的可能时，他所根据的就是这一事实。他决不会否认社会科学在伦理决定的一切应用中起着重要作用。同时他也不想说，这些所谓公理都是不可更改的前提，在一切时候、一切条件下都是有效的。甚至一般性的伦理前提也可以随着社会环境而变化，当它们被称为公理时，这个名词只不过是指，从当时当地的各种关系中来说，它们是不容怀疑的。

伦理学包含着一个认识成分和一个意愿成分，那些认识性的蕴涵式无论如何不能完全排除意愿决定，即使它们也能够把这种意愿决定的数目缩减成为少数几个基本决定。决定和蕴涵之间的逻辑关系可以用下列分析来加以说明。设一个人同时想要达到目的A和B。社会科学家向他证明，A蕴涵非B。他现在是否必须放弃B呢？当然不一定。他很可以放弃A而决定要B。如果他认为B是他认为更喜欢的目的，他就将这样办。一个伦理蕴涵并不告诉人他应做什么，它只是提出东西来让他选择。选择是他的意愿问题，没有认识蕴涵可以免除他进行这种个人选择。

例如，一个人想望国家之间的和平；但他也要自由而不受独裁统治。他发现，在某些条件下独裁政治只能用武力来推翻。这是否得出，如果有那些条件，他应用武力来反对独裁者？这个结果会是错误的。得出的是，他不能同时兼得和平和自由。这两个目的之中他应选择哪一个，全取决于他。“自由蕴涵着战争”这个认识蕴涵只是促使他作出选择，而并不告诉他应选择什么。

这一分析也可以使人明白，绝对目的，即是，在一切情况下为人追求的目的是没有的。每一个目的都可以根据它的后果受到批判。如果一个目的要求使用某些手段，而那些手段是我们视为对某些别的目的有妨碍的，如果那些别的目的在我们看来又高于前面一种目的，那么我们就将放弃前面一种目的。目的可以证明手段为正当，不错，但相反的，手段也可以用来否定目的。目的—手段蕴涵并不提供证据，说这些手段必须被采用；它只证明一种非此即彼的关系；它证明，我们要么使用这些手段，要么就放弃这个目的。至于这个选择则是要由每一个人自己来作的。

有时候，再知道一些蕴涵式，会是有帮助的。如果要在A和B之间作选择，知道A是目的C所要求的，B是目的D所要求的，可能是有用的。人们可以不在A和B之间衡量，而在C和D之间衡量。例如，一个人可以得到一个薪金优厚的职位，然而，这个职位会使他追随他至今强烈反对的政治意见。现在他需要钱给孩子们受高等教育；但如果他成了一个政治上的蜕化变质者他就将失去自尊心并失去朋友们的尊重。原始的在薪金优厚的职位和忠于自己的政治主张之间的选择就化为获得子女教育费和维持他的人格完整之间的选择了。这一例子说明决定的移转并没有使选择的困难减轻多少；但在另一些例子中，在目的C和D之间选择可能比在目的A和B之间选择容易些。然而，明显的是，不管怎么样移转，我们都得作出不能由认识手段解决的选择。我们的意愿是我们作决定的最终工具。

我想在这里表示一下，我希望我的表述将打开一条通路，取得实用主义哲学家们的谅解，实用主义哲学家们是主张有一种科学的伦理学存在的。其实，在他们的表述和我的表述之间，所不同的只是说法而已，如果“科学的伦理学”所指的是一种使用科学方法在目的和手段之间建立蕴涵的伦理学。也许，那就是实用主义者所要说的一切；但我还是很希望能在实用主义哲学家们的著作中看到清楚明白的陈述，公开地把一切用认识手段确认第一目的为有效的企图都斥为不科学的。实用主义者高谈人类需要，但人有需要并不一定能证明需要是善的。如果需要或目的可以从人的行为中推论出来，对于明白陈述这种目的将大有帮助；但是，提出旨在澄清和满足需要的劝导的人都从他的行为上表示出，他认为这种需要不只是存在的，而且也是善的。如果明白地为人看出，这里所使用的“善”这个词，意味着劝导者赞同他所揭示的目的，那么实用主义者在行使伦理劝导者的职能时就受人欢迎了。

一个劝导者一方面公开承认这种解释，他一方面也可以坚持主张，例如，一个医生应该保守职务秘密；因为，如果病者不能得到自己的个人历史秘密不为人泄露的保障，医生医治病者的目的将会受到阻碍。他也可以论证，科学研究在方法上虽然是纯粹认识性的，但构成着对于某些目的的追求，这些目的是附带着社会蕴涵的。真理的追求只有在自由和诚实之中才可能成功，不愿意捍卫这些伦理公设的科学家就会违反他自己的工作的利益。这个论证并不意味着科学定理蕴涵道德命令，而是意味着，由科学家活动所表示的伦理目的蕴涵着道德命令。

建立这样一种社会伦理学，对于社会机体的功能行使是一个重要贡献。它使用社会学这门科学来制定一些适应于人类社会中一个人的地位的行为规条。如果大家一致认为这不是一门科学，我也不想反对称这种伦理体系为科学的伦理学。它之为科学的，一如医学和机器工业之为科学的，意义是一样的，它是一种社会工程设计，即是说，它是这样一种活动：通过这种活动，认识性科学的结果被用于追求人的目的。这些目的本身不能通过认识或通过科学被确认为正当。它们所表示的是意愿决定，没有一个科学家能免除任何人听从他自己的意志。科学家甚至不能不听从他自己的意志来提出道德劝导。他在承担起伦理劝导者的职能时他已超出了科学的疆界，而参与了那些想把人类社会按照他们断定为正确的模式加以塑造的人们的工作了。

一种科学哲学不能提供道德指导；那是它的结果之一，是不能被用来反驳它的。你要真理，只要真理而不要别的吗？那么就不要向哲学家要道德指导。那些愿意从他们的哲学中推导出道德指令来的哲学家们只能给你一个虚假的证据。要求不可能的东西是无益的。

因此，对于寻求道德指导的回答与对于寻求确定性的回答是一样的：这二者都是对于不可获致的目的的要求。指出这两个目的是逻辑推理所不能达致的，现代科学哲学就达致了一个认识上的结果，这对于人类如何对待传统哲学目的有伟大的意义。它要求放弃这些目的。但是，放弃不可能的东西并不就是意味着退避。否定的真理可以得出肯定的指导：把你的目的移到可达致的东西上去。这一指导是从达致目的的意愿中得出的；它表达了一个极平常的蕴涵；如果你要达到你的目的，那就不要去追求达不到的目的。

古希腊德洛斯神庙里有一座很精确的立方形的金质祭坛。有一次发生了疠疫，德洛斯人求得了这样的神示：如果要使他们的神满意，他们得把祭坛的体积精密地增加一倍，并仍旧造成为立方形，祭师们去咨询数学家，怎样算出体积为给定立方体的一倍的一个立方体的边的长度；但数学家都得不出这个问题的精确解答。我一直认为，一个体积近似地增加一倍的立方体也许会使神满意的；一个希腊金匠一定也能达致高度近似结果的。但是希腊数学家们不肯接受这种变通的解决办法；他们要真理，只要真理而不要任何其他。花了两千年才找到正确的答案；而这个答案还是否定的：用通常意义中的几何方法使一个立方体的体积精确地增加一倍不可能。希腊数学家们是否应该因为答案是否定的而拒绝接受呢？要真理的人，当真理是否定时，一定不可以失望。与其去要求不可达致的东西，不如得到一个否定的答案。

要对于世界获致一种具有数学真理那样确定性的知识是不可能的；要建

立具有数学真理或即使是经验真理那样的有力的客观性的道德指导是不可能的。这是科学哲学发现的真理之一。绝对确定性问题，以及用类比于知识的办法来建立一种伦理学的问题的答案是否定的；这是对于古老的探索的一个现代答案。如果有人议论说，因为科学哲学并不保证确定性，并不提供道德指导，他对于它感到失望，那么就把德洛斯的立方体的故事说给他听一听好了。

把旧哲学和新哲学进行比较，是历史学家的事情，也使所有那些在旧哲学中教养大并想了解新哲学的人感兴趣。那些研究新哲学的人则并不向后看，他们的工作是不会从历史方面的考虑中得到什么利益的。他们像柏拉图或康德那样是非历史主义的。因为他们像旧时代的哲学大师们一样，只对他们所研究的主题感兴趣，而不关心它对于以前时代的关系。我并不想缩小哲学史的意义；但我们应该时时刻刻记住，这是历史，而不是哲学。像一切历史研究一样，它应该采用科学方法和心理学的与社会学的解释来进行，而不应把哲学史写成为许多真理的总集。在传统哲学里，错误比真理多；因此，只有具有批判头脑的人才能是合格的哲学史家。把过去的各种哲学赞颂一番，把各种哲学体系说成为智慧的种种形式，各个都有自己的权利，已经摧毁了今日这一代人的哲学能力。那种做法诱导研究者采取一种哲学相对主义，相信世界上只有各种哲学见解而没有哲学真理。

科学哲学企图摆脱历史主义而用逻辑分析方法达到像我们今天的科学结果那样精确、完备、可靠的结论。它坚持真理问题必须在哲学中提出，其意义与在科学中提出一样。它不自称能获得绝对真理，它否认有绝对真理的存在，而只追求经验知识。因它关切知识的现状并发展这种知识的理论，新哲学本身就是经验的，并且满足于经验真理。像科学家一样，科学哲学家所能够做的只是寻求他最好的假定。但那是他能做的；他也愿意怀着科学工作中所不可缺少的不屈不挠的精神、自我批评以及乐于作新的尝试的心情去做。如果错误一被认出为错误就得到纠正，那么错误的道路也就是真理的道路了。

（伯尼译）

选文出处

赖欣巴哈　旧哲学和新哲学：一个比较

赖欣巴哈著，《科学哲学的兴起》，北京，商务印书馆，1991，234—251页。

科学哲学——有一个伟大过去的学科

费耶阿本德

从这篇文章的篇名上，就能反映费耶阿本德鲜明的批判态度。在这篇文章中，他再次施展了他擅长的历史案例分析的手法，来批判当时占主导地位的逻辑经验主义的科学哲学的基本假定和研究方式。通过对科学哲学的先驱人物马赫的研究，他指出，马赫的批判工作，结合科学研究的实践活动，不为当时流行的教条所束缚，不沉醉于抽象教条的构造，将科学与哲学统一在一起。而后来的逻辑经验主义科学哲学，则将马赫有益的工作假说（感觉要素论）变成了教条；放弃了与具体科学实践的联系，陶醉于逻辑重建，丧失了对于科学工作的批判；科学哲学渐渐变成了与科学毫无关系的活动，科学哲学家一相情愿构造的原则，与他们口口声声崇拜的科学成就不相一致却视而不见。费耶阿本德不是否定关于科学的哲学研究这一事业的前途，而是号召哲学家像马赫那样回到对具体的科学案例研究中去，将科学哲学研究与科学活动紧密联系在一起。这篇文章与前两篇相对照，可以明显地看出科学哲学研究中时代精神的演变。

作者简介

费耶阿本德（Paul Karl Feyerabend，1924—1994），科学哲学历史主义学派的代表人物，创立了独具特色的无政府主义认识论。代表作有：《反对方法》、《自由社会中的科学》，提倡多元方法论，

1. 虽然在一个自由的社会里，也许可以对无论多么荒谬多么不道德的任何一门学科进行介绍、阐述和宣传；也许可以就任何一个题目去发表文章、著作或演说；但是，对于被阐述的东西加以审查肯定也是可以的，当然，这种审查所参照的不是该学科内在的标准（因为它也许只不过是从事愚蠢行为时所依据的方法），而是具有简单性，与常识相符并且能为所有人接受等优点的标准。我们必须承认，把这样的一些标准作为判断的基础，许多当代的科学哲学，特别是现在已经取代了早期认识论位置的那些观点，就成了空中楼阁，成了梦幻，即它们对于其试图要阐述的那种

反对科学沙文主义，是科学哲学史上最富争议性的人物之一。

活动只是徒具虚名。它们是在习惯尊奉主义（conformism）的精神中建立起来的，而不是在欲影响科学发展的目的下建立起来的，它们已经失去了为我们在这个世界中的知识作出贡献的一切机会。（那个中世纪在针尖上有多少个天使的问题，在光学与心理学上倒有一些相当有趣的细节。那个“一粒”的问题，只有在那些倒霉的学生的论文中才有详细论述，这些学生偶然因为某个教师而获得一次折磨。）这是我的意见，现在我就来阐述其中的理由。

2. 16、17 世纪的科学革命，除了别的特点外，还有一种科学与哲学紧密结合的特点。这是在古代和中世纪科学方法争论发展的直接结果。对于“中世纪科学”的反作用，在许多情况下只是对其某些僵化方面的反作用，导致了新的哲学原则的发展。但这并没有导致科学与哲学的分裂。这种新的、处于逐渐发展中的哲学当然被用来去揭露和改造各学派的那些僵硬的教条。当然，新的哲学在建立新的科学方面，在保卫新的理论以反对顽固的原有理论方面也起着决定性的作用。例如，这种哲学在关于哥白尼体系的争论中，在光学的发展中，在建立新的非亚里士多德动力学中，都扮演了十分重要的角色。伽利略的几乎每项工作都是哲学的、数学的原则和物理学的原则的结合，而且这种结合达到了无懈可击的境界。这是科学哲学的英雄时代。这种新哲学并不满足于反映独立于自己而发展的科学，也不满足于高高在上只探讨二者择一的哲学。它在建立那种取代旧教条的新科学中起着关键性的作用。

3. 了解一下这些情况会是很有意思的，即这种积极的、具有批判性的哲学是如何逐渐地被一种更加保守的信条所取代，新的信条是如何产生它自身的专门问题，而这些问题与专门的科学问题又毫无关系（休谟），以及一门只对科学进行整理而不反作用于科学（康德）的专门学科是如何产生的等等。不用做过多的解释，人们就可以指出这种变化本质上源于牛顿。牛顿发明了新理论，提出了一种彻底经验主义的方法论，并宣称他借助后者而获得了前者。他用来支持他的主张的那种陈述方式，至少乍看上去的确似乎会使人想到他的光学和天体力学是完美地应用了完美的方法而产生的完美结果。已经使他同时代的大部分人信服以后，牛顿为他的科学（这业已通过正确的方法论而获得，并且因此肯定没有什么大的错误）和他的方法论（这已经导致了完美的科学结果并因此一定是正确的方法）创造了其他证据。当然，他的陈述是相当错误的，它充满纰漏、谬误和矛盾，他自己就违背了他所提出的每一项规则。所以，这就产生了足够的影响以致蒙蔽了科学家、历史学家（包括像韦斯特福尔这样一些很近代的光学史研究者），同样还有哲学家。从现在起，“经验”既意味着被牛顿描述过的其实验的结果（光学）或其演绎的前提（天体力学），同时按牛顿联想方法，也意味着可靠的、决定性的并且是在逐渐发展着的科学推理的基础。实不足怪的是，那些似乎感觉到了缺陷，但又缺乏那种坚韧精神和天才把他们的批判直觉与惊人的科学发现结合起来的科学家们，不但为人们闻所未闻，而且变得日益孤立。为了生存，他们把研究对象从科学转移到了哲学，因而创造了（由于总有一种传统，使哲学发展到它自身的问题之外，并且只与科学保持极为脆弱的联系，所以毋宁说是继续了）一种自足的学科，满足于讨论自己的问题。在另一方面，从哲学中分离出来的科学，不能不依赖于一种不同的、更为狭隘的直觉。从根本上进行批判变得越来越不可能了。在这方面，情况也与今天科学中某些方面的情况一样，有着惊人的相似之处。但是有一点是不同的。19 世纪产生了一位哲学家，他不准备接受现状，也不满足于在与一个专门学科保持稳妥的距离上对科学加以批判，而是有步骤地为改变这些提出具体的方案。19 世纪产生了 E. 马赫。

4. 马赫的“哲学”包括了对他那个时代科学的总批判，其中既有同时代牛顿主义者们内部哲学，也有彻底抛弃认识基础的观点的科学哲学。这种批判和实证的观点，在他关于科学史的著作中获得了说明，在那里，事实方面和认识论方面的思考再一次完美协调地结合起来，它们更有力地揭示了恰恰存在于 19 世纪最先进的理论核心中的缺点。这种批判和马赫自己的实证主义建议已经在科学和哲学中产生了巨大的效果。在科学中，马赫的建议对广义相对论的发展作出了贡献，并且这些建议在更近一段时期的讨论中起到了根本性的作用。现在，人们对广义相对论的兴趣又复活了。对于量子理论的创立者们，这些建议也具有决定性的影响，但不总是有益的影响。（甚至连薛定谔也经常强调说：“我们无法退到马赫以前去”。）在哲学中就像在下面将会看到的那样，却是另一番景象。

为了理解马赫，我们必须极其认真地（比马赫本人在各种场合所作的更认真地）把他的一般方法论和他作为研究出发点的较为独特的假设加以区分。

一般的方法论是独立于任何关于世界的特殊主张的，不管它是多么平常和多么明显。理应提供一种观点，由此出发，所有那些特殊主张都可以得到判断和检验。不应该在客观世界和（用其思维和感觉）探索世界并逐渐增加对世界认识的有知觉的主体之间，假设一个二分法。几乎所有科学都以这种二分法为先决条件，它是人们日常行为本能的基础（至少在西方社会是如此），它已经被一些思想家用几乎是宗教般的狂热来信奉，否则这些思想家自己就会因为已经把批判作为科学的和哲学的原则而自负了。然而，难道这个观点不会错吗？难道它不可能会忽视或歪曲一种中间性的现象吗？而这些中间性的现象证明这个界限划错了，或许它根本不存在。如果我们承认这种可能性，难道就不必问一问我们自己，在这一过程中不依靠这种实在论又怎么能发现这种实在论失败了呢？在这一点上，通常会求助于感觉，而如果感觉、感觉束、感觉间合乎规则的联系的存在被认为是一种可供选择的假说，而不是任何并非明确地关于感觉的主体的永恒尺度的话，则这样做就是十分恰当的。正是由于现实世界的存在成为批判讨论的题目，感觉的存在也同样成为批判讨论的题目。因此，一般的方法论必须是既非涉及此，亦非涉及彼（虽然它也许会对挑拨离间提供某些准则），而且马赫的确没有这么谈过。对于马赫来说，科学的任务是去揭示要素之间简单而又有规律的联系。让我们来对这种观点的各个方面作一下分析。

5. 马赫说，一切规律性都是被强加的或构想出来的，但这绝非对所有有关的事例都适合。这个观点并非是完全空洞的。假设存在一个可以产生规律性的领域，并且还存在另一个领域，它有其自身的特殊性，而决不会被那些强加的法则所完全包容和驯服。每项规则、每项法则以至经过精心准备用以处理事件的最精确的公式都必须有例外的情况，甚至在第一眼看来似乎是完美对称的感性认识，在进一步的观察中也会失去这种对称性。对两种领域的这种看法，在例如“永恒的事物、规律、出发点，除了在我们的思维中以外，是不存在的”这段话中表现得很清楚，有一种明显的康德的味道。“是我们，而不是自然把事物黏在一起的”。这似乎要把我们不可避免地推向一种感觉的理论而却又并不如此，因为以这种多少有点规律的方式加以阐述的要素，被认真地同感觉区分开来了。谈到感觉，马赫十分明确地说，已经承认一种片面的理论。要素不是感觉，也不是知觉，因为知觉是相当复杂的存在，包括记忆、看法以及人类的各种天性。它们当然不是物质的客体。它们是开放的空间，被研究的成果填充、再填充。因此全部的主张是：由各要素构成的复合物（这些要素反而也许就是复合物，尽管也许是一种简单的复合，但至少是知识的一个特殊的阶段）被组装入一些更高级的单位里，而这些单位的稳定性总是成问题，它们或许要被新的理论进程，或许被我们对于秩序的习惯的改变，或者对过去舍弃的本质东西的认识，或者被这些要素中的变化等等，所推翻。现在，如果我们想要尽可能多地消除特殊的假设，如果我们想要得到一种真正的一般方法论，我们就必须摈弃有序性的思维与被整理过的材料之间的对立，我们还必须把自己限制在对乍看起来简单的要素发展的陈述中，这些要素自己再调整、分解又重新在不同的模式中组合。（除了这种观点不包括被更改后保存下来的更具体的假设以外）这是一个与黑格尔《逻辑学》中所阐述的观点极其相似的观点。

现在的研究是这样进行的：先在这种一般的框架中填入更具体的内容，然后阐发出结论，并且总是保留对所用的特定假说的批评。马赫所诉诸的这种假说，是经常要把要素和感觉等量齐观的。这种假说在马赫对现代物理学和哲学的批判中起着重要的作用。但是它从未被看成是超越批判之上的。让我们说来，这种假设的作用很像洛伦兹的不变性原理，这一原理长期以来被用于理论的批判中，而其本身也没有免遭批判。

对马赫来说，感觉不可能是一种绝对的基础，这一点在他的名著《感觉的分析》的标题中是很清楚的。感觉要得到分析。隐藏在简单现象背后的复杂性会被发现，会被归于其他的或许是未知的要素。这些新的要素又需要作分析，“它们必须受到生理研究的进一步检验”，如此等等。感觉的假说特性从马赫把它们置于恰当的位置并使科学摆脱它们的束缚的尝试中也变得清楚了。马赫在其《物理学》第 7 版序言中赞扬过 H. 丁格勒（Dingler），在与他的争论中，马赫承认是一个“非经验主义者”或“不仅仅是个经验主义者”。他有兴趣去追寻丁格勒早年的愿望，即从应用几何学中消除经验的因素。马赫这种不完全的反经验主义主张（事实上它不是别的，只不过是他那被用来对经验主义思想体系的普遍性批判罢了），对于研究来讲是个有魅力的题目。

现在由于采取了一种在他看来似乎是有理的特殊宇宙论假说（要素即感觉），他就运用这一假说，并且引入了科学只应该包括能与感觉联系在一起的概念这一原理。（再次把这种原理同科学理论应具有洛伦兹不变性这一原理相比较是十分有用的。）但是有意思的是，人们看到他从来就不只是依靠这种“经验”批判的。既然使用感觉要以假说为基础，就必须用独立的论据在每个要点上检验这一假说。对绝对空间和原子论的反对理由就是一个恰当的例子。

绝对空间是非经验的，它无论如何也不会与感觉相联系。或许仍然存在着迫使我们接受这一点的理由？有牛顿的水桶论据。但是这个理由是站不住脚的，这并不是因为它诉诸了与感觉无关的事物，而是因为它基于一种虚伪的假设上面。据说，离心力在可以确定的绕轴心的旋转中即使没有物质的存在也会产生。这是不真实的，因为存在着恒星。现在，如果有人断言这些恒星不会产生什么影响，他就是断言那些必须要证明的东西，即离心力的存在并不是因为它与宇宙的其他部分有着某种特殊的关系。在这样的情况下，这种论证除了会产生形而上学的结论外，它还是一种循环论。有可能用实验来决定这一问题吗？马赫为了在这一方向上获得进展，他为自己提出了一种替代理论，在这种理论中惯力是以物体的存在状况为转移的，并能够被巨大的邻近物体的运动所改变（L. H. 弗里德兰德［Friedländer］的实验就完全体现了马赫精神）。这种替代理论还存在着，并仍然是现在讨论的中心。

马赫对原子理论的批判是这个方面的又一个例证，他把自己的感觉材料假说与其他的更具体的论据结合起来。形而上学的批判再一次从现在的原子理论的种种困境（可逆性缺陷、循环性缺陷、原子能的稳定性等）中获得了支持。没有理由因为马赫坚决地反对原子而贬低他。因为19世纪机械论的原子的确已经从舞台上消失了。

6. 总之，马赫提出了一种毫无根据的知识轮廓。他采用宇宙论的假说来作为暂时的批判尺度。他所求助的这种宇宙论的假说往往假定，我们的一切知识都是与感觉相联系的。他使用这一假说，对诸如原子论和牛顿力学等物理学理论进行了批判。这种宇宙论的批判被更具体的检验和替代理论的启迪所强化。马赫以这种方式获得了科学与哲学的统一，而这种统一曾经由于牛顿的物理学及其哲学所占的统治地位而被丢掉过。

7. 这种统一获得了，但却立即再一次被马赫经验主义的继承者所丢掉。对物理学进行批判和改造的双重努力不复存在了，那种批判性态度也不再会有了，而这种态度恰恰是马赫研究中的本质部分。要叙述和解释从马赫经维也纳学派（再加上柏林小组、斯堪的纳维亚小组等等）到现时情形的整个发展过程简直不太可能。这个方面对于思想史的学者们来说是个大有魅力的研究领域。我在这篇短文中只能发一些零散的议论，并系统地阐述一些问题。

首先并且最引人注意的变化是批判哲学向感觉材料的教条主义的转变。要素被感觉所代替，这种代替并不是暂时的和作为一种假设条件的，而是一劳永逸的代替。感觉被认为是一切知识的坚实基础。了解这种代替是如何发生的，又如何碰巧与马赫的名字联系起来，这是很有意思的。劳丹博士有一项简单的建议，我也倾向于他的这项建议（在思想史中，深刻的思想并不总是最好的思想）：要么一点不读马赫的书，要么没用心思去读。结果是，从未发现过基础的哲学同具体的假说之间的重要区别，更不用说被理解了。此外，19世纪末到处是感觉论的哲学。当然也存在一些比较宽容的哲学（纽拉特、卡尔纳普），但是他们从没有走出那种抽象的陈述之外，即挑选一种观察语言（感性材料语言、物理材料语言）是一个选择问题。从来没有任何一种对喜欢这种选择而排斥另一种选择的具体步骤和具体论点的分析。在实践中，人们假设，会提供某种语言，并以此为基础来有步骤地讨论、改进和发展理论。而这并不能维持多久，那种宽容的抽象原则也被摈弃，由更加约束性的哲学所取代。

其次，科学的批判被逻辑的重建所代替。这种重建用平常的英语讲，除了表现出习惯尊奉主义的老于世故外，毫无意义。这种发展部分地是与上述第一种变化相联系的：如果感觉是知识的基础，那么连接，例如，麦克斯韦方程与基础的链条就应该被清楚地展示出来，并应该被尽可能精确地用公式阐述。找到了这些链条的再造公式，人们就会希望能够用同样精确的语言重写这些方程本身。现在确实存在一种语言，它似乎为数学公式准备好了翻译，它就是《数学原理》中的语言。科学的逻辑重建因此就等于这样一种尝试，即用《数学原理》中的语言来重写科学，并且清晰地展示出与这一“基础”有关的一切环节。

现在这种尝试也许至少会从两个不同方面获得理解；批判的方面：用此方式不能重建的东西必须被消除掉；尊奉主义方面：用此方法不能被重建的东西说明，重建的方法有误，必须加以修正。批判的看法勉强地存在过一段时间——这种存在不是因为马赫运用可证实性原则的含混形式改变了科学吗？不是因为相对论乃是这种新发现的哲学方法的辉煌结果吗？但是由于是孤立的，并且没有从更具体的论据中获得帮助（除了来自重建纲领中的论据外，没有人会想到去创造一种更具体的批判），这一可证实性标准没有什么实力能在与科学的决斗中存活下来。在与普朗克的著名辩论中，马赫拒绝修改他关于科学的观点，正是因为这个观点与实际事物相去甚远。他说，科学变成了教会，我不打算成为教会的成员，无论是科学教会的或者是其他什么教会的成员。我因此高兴地重申一个科学家的权利：“我更爱思想自由”。他的论证是从一种有力的立场出发的，这种立场既有似乎合理的宇宙律假设，又有在现存的科学中从自己方面来证明自己的观点的具体困难。没有哪一个实证论者具有足够的勇气以同样的态度来运用这个可证实性标准。不错，德里施（Driesch）受到了批判，但这却是个无足轻重的例证。并不存在用贬低物理学来削足适履的企图。这样，结果是逻辑重建的观点变成了尊奉主义的。现在的任务是要正确地呈现科学而不是去改变它（这并不费时日，而且这种态度也扩展到常识语言上）。

8. 这个任务不久又变为一种不同性质的问题，而其中有些问题则根本不再与科学有什么关系了。为了要模仿科学的程序（或被某人认为是科学的程序），就要从讨论简单的事例做起。现在，某一简单的事例，就其这种关系域来说，从科学的内部来看并不是一种简单的事例，这是一种用《数学原理》的语言加以系统地阐述后显得简单的事例。此外，人们是把全力集中在证据的有关联系上，并且省略了由以下事实所产生的所有问题和辅助性问题：科学上的每一个单独的陈述都是包括在一种丰富的理论网中，并以这种或那种方式获得选择以适应这一理论网（今天，一种简单的物理理论就是相对论性质的不变性）。我现在不希望说这些理论网的性质并非无人问津，因为有大量的文献正好是有关这一点的。而我所希望去坚持的就是，存在着一项艰巨的事业，它受到从事这项事业的每一个人的严肃对待，而在他们的这种事业中，通过考虑（x）（Ax→Bx）形式的命题，它们与Aa、Ab、Aa和Ba形式的命题的关系以及诸如此类的问题，简单性、确证和经验内容等得到了讨论。我敢肯定，这项事业，无论科学如何发展，与它都毫无关系。在这个领域里没有任何一项发现（假定已经有了发现）能够使我们去以新的方法攻克重要的科学问题，或者去更好地理解过去曾经使我们取得进步的那种方法。另外，这项事业不久即陷入了自我的矛盾之中（确证的自相矛盾；与事实相反的事例；未知因素）以致现在的主要问题是其自身的生存而不是科学的结构问题。我是最后一个否认注意这种为生存的斗争是有意义的。我的确要否认的是：物理学、生物学或者心理学可以在参加这项事业中取得好处。

9. 它们极有可能会被延误发展。

这既可以从理论上证明，即用分析重建纲领的现实状况中的一些相当普遍的特点来证明，也可以从实践上证明，即展示这些学科（社会学、政治学）糟糕的面貌来证明。这些学科已经使这一纲领的庸俗观点成为它们主要的方法论指南。我仅对两种理论困境做一个简要的讨论。

经验的模式假定一种语言，“观察语言”，对它的表征可以独立于一切理论，并且它为每一种理论提供了内容和一个检验的基础。这种语言从来就未解释它是如何能够被确认的，也没有任何迹象表明它是如何能够被改进的。卡尔纳普法则，即语言应该被一种语言共同体当做交流的工具来使用，并且在一种包括可迅速决定的原子语句的含混意义上也应具有可观察性等，显然是不能令人满意的。在16世纪和17世纪中，这样的一种语言应该包括恶魔、天使、梦魇、娼妓、绝对运动和本质等等这些词儿。现在这个事实就其自身来看，并不与方案相矛盾，假如这个方案可以允许我们以合理方式去克服困难的话。但事实并非如此。一种观察语言就是要求的最后标准。没有什么法则可以允许我们在不同的观察语言之间进行选择，也没有什么方法可以向我们表明怎样才能够改进一种观察语言。当然我们也许会设法将这些恶魔，即难以控制的因素，从它们的观察环境中找出来，或者试图提出一种有魔力的理论，它可以在不同的观察习语的基础上得到说明和检验。这个程序是任意性的。（为什么我们不应该使我们的程序颠倒过来，在亚里士多德观察语言基础上检验一下狄拉克的电子理论呢?）而且，它被同样的原则排斥在外，这些原则使这个模型对一个概念的经验内容作出了判断（消除一个概念的观察外观，就改变了这个概念）。因此这种模型在决定性的地方是不全面的。为了消除这种印象，即它需要难以控制的因素以显示这种不全面性，我们或许应该进一步讲，从亚里士多德物理学到伽利略和牛顿物理学的转变恰好产生了同样的问题。在这里我们很清楚地看到，这种转变是如何取得的，以及产生这种转变的各种论据是如何复杂（例如伽利略为了协调以适应哥白尼的理论，采用了一种新的观察语言）。与这一现实比较，这个双重的语言模型看来的确还很幼稚。

第二个困难是，没有哪一个理论曾在其领域中与所有已知的事实相一致。事实既如此，那么我们对方法论的要求怎样理解：一种理论必须经受经验的判断，并且如果它与获得承认的基础陈述相矛盾时，就必须被摈弃？我们应该采取什么态度去对待各种确证的和确认的理论（它们都依赖于这样的假设，即可以使理论与已知的事实完全一致，它们都把所达到的一致的程度当做一种评价原则来使用）？这一要求和这些理论现在都是相当无用的。它们就像只有在患者脱离细菌时才能治愈他们的药物一样无用。实际上人们从未服从过它们。方法论者也许会指出证伪的重要性，但他们却轻率地运用这种被否证的理论；他们也许要进行说教，说考虑所有有关的证据是如何的重要，而他们从不提及那些重大而严峻的事实，这些事实证明他们崇拜和接受的理论，如相对论、量子论等，至少像他们所反对的旧问题那样有缺陷。在实际中，方法论者盲从地重复着物理学中处于支配地位的最新见解，尽管在这样做时，他们必定违背一些他们这一行业中很基本的准则。可能以一种更合理的方式继续进行下去吗？

10. 回答当然是肯定的。但所需的补救办法是很猛烈的。我们必须要做的就是在科学史中以对首要材料的细致研究，来代替那种华而不实的空中楼阁。这是有待分析的材料，这是从中将会产生一系列哲学问题的材料。这些问题不应该只靠自身蜜汁营养的不断增长而立刻膨胀成为形式主义的恶性肿瘤，而应该保持同科学进程的密切联系，即使这样做意味着不稳定和精确程度的降低，也在所不惜。已经有些思想家以这种方法在进行工作，例如库恩、罗奇（Rouchi）以及后来的 N. R. 汉森，特别是拉卡托斯，他几乎把具体实例的研究转变为一种艺术事业，他的哲学见解可再一次用于转变科学本身的进程。有希望认为，正是这样一种具体研究，将把它一度具有的激励性和实用性，还给这一课题。

（康立伟译）

选文出处

费耶阿本德　科学哲学——有一个伟大过去的学科

费耶阿本德著，载《哲学译丛》，1989（1）。

走向科学的政治哲学

劳　斯

这篇文章是劳斯的成名作《知识与权力》一书的最后部分，带有总结和宣言性质。从知识与权力内在相关性的认识出发，劳斯提出，科学哲学应该关注科学活动自身的政治维度。劳斯分析了几种可能的不同进路的优势和所面临的问题，着重讨论了以海德格尔和福柯为代表的进路，这种方案强调只有地方性的反抗才能避免反抗形成新的压迫权力。将这篇文章与前三篇相比，我们看到科学哲学所关注的视野早已超出了早期狭隘的范围，从标榜学术纯洁性转向了对现实人类生活和文化的关注。

作者简介

劳斯(Joseph Rouse，1952—　)，美国威斯利大学哲学教授，科学实践哲学的主要代表人物，代表作有《知识与权力：走向科学的政治哲学》等。

我们已经看到，试图把自然科学与实质性的政治参与分割开来的知识论、形而上学或解释学的努力都已宣告失败。现代科学实践，就其获得知识成就的关键性的方式而言是政治性的。对各种可作因果分析、可测算的微观世界的建构和理论思考，不仅大大地拓展了我们的科学能力，而且从根本上转换了我们的政治境况，这并不仅仅意味着，这些能力的运用是政治性的。科学的实验活动与理论活动本身就是权力运作的方式。如果想充分地理解这些发展，我们有必要建立一种明确的科学的政治哲学，以便为批判地评价科学实践的政治维度提供资源。

上述需要势必会带来这样的问题，即科学的政治哲学将究竟以何种面貌出现。它将涉及什么议题，面对怎样的问题？毫无疑问，这些问题的部分答案是：在这一领域中，当前科学哲学家们普遍关注的诸多问题将依然占据核心地位。哲学家们必定仍将关注知识主张的辩护，关注这些主张所描述的实体和过程的本体论地位以及不同的科学在其特定的发展过程中所遭遇的哲学难题和机遇。然而，一经了解这些问题的实践维度、社会维度和政治维度，就会使他们面临一个新的情境。在这些科学哲学领域中，尽管这样一种了解并未改变某些特殊的问题和论证，但是仍将赋予其成果以一种新的意义和紧迫感。

然而，新的议题还是会出现的。人们过去认为，对科学的知识合理性所作的狭义的评价，或者对有关自然界的知识主张的辩护，这些足以使科学在超越政治争论之处保障自己的地盘。现在我们知道，这一看法预设了一种站不住脚的前提，因为它把科学实践与政治现实，与我们从事的其他活动，与我们对自己生活中关键问题的理解割裂开来了。事实上，对科学实践的内在价值和目标的理解对于充分评价其政治意义是至关重要的，然而这种理解仅仅是个开始。问题的实质在于，我们是否应该以及如何批判性地评价包含这些价值和目标的科学实践在众多其他实践中所占的地位。我们需要找到某种视角，以便描述和评价在当今科学实践及其展开方式中起关键作用的政治问题。

本书不打算对这样一种视角展开讨论。因为这样一来势必要求我提供一个更为广泛的政治情境和相当不同的哲学背景，而这超出了需要我维护的论证范围了。另外，这也许还会把我置于一个难以对自己的立场保持自信的境地。因为这里的论题相当复杂并充满矛盾，对此，我并不认为自己已经有了满意的答案。我的目标主要是提请人们注意科学实践的政治特征以及它们向明确的科学学科和制度之外拓展的方式所具有的政治特征。这一描述性方案无疑隐含了某种政治倾向，但是我目前还不准备展开并为之辩护。我所要做的工作是勾画出几条可能的进路来提供这样一种政治的视点。我这样做不是为了特别推崇其中任何一种视点，也不想拒斥其他的视点，而只是想简要说明一下本书的论证为我们指示的可能方向。

我将讨论四条进路。第一条进路试图把科学的政治解释置于自由主义政治理论这一宽泛的范围中。第二条进路是各种形式的我称之为是“解放论的”（liberationist）科学批判，其中包括女权主义、马克思主义、第三世界的解放运动以及其他各种从弱势群体的角度对科学实践及其政治影响所作的批判。第三条进路认为，科学与政治关注之间的互动本身就是问题之所在。像哈贝马斯和阿伦特这样的著述家们认为，政治行动之所以丧失了真正的意义，是因为对技术和组织问题的管理性关注侵害了政治制度和政治实践。在考察最后一条进路时，我们必须思考海德格尔和福柯以不同方式提出的更为深刻的问题。他们都在运作于科学技术的权力形式中看到了危险，但是在能否对这些危险作出普遍的政治评价的问题上，他们都深深地陷入了悲观主义。这种悲观主义之所以会出现，是因为在他们看来，现有的批判方式恰恰强化了那些包含着危险的实践和解释。他们最多只看到了反抗权力的各种地方性的形式，这些形式不是以某种普遍的策略，或者甚至以对反抗的普遍辩护为宗旨的。这四条进路很大程度上是互不相容的，但是它们以及其他立场同样也有可能提出的问题，应该成为科学的政治哲学关注的核心。

自由主义理论是一个很好的出发点。但是，试图确定纷繁复杂的自由主义政治传统的基本思想，将是一项徒劳无益的工作。因为至少对置身于这种传统中的某些人来说，所有这些尝试都将是不充分的，所以不会有什么成功的希望。然而，我至少可以指出四种因素，在我对“自由主义”一词的使用中，它们都是不可或缺的。第一，自由主义权力观的首要问题是行使权力的合法性（而不是，比如，权力的行使是否有效率、是否有效果，或者是否是压制性的）。第二，合法性的主要来源必须是个体的生活。这些个体被认为能够为自己设定目标，能够塑造自己的生活，他们也必须具有运用这些能力的自由。权力的合法行使要么必须得到相关个体的自由认可，要么必须明确服务于个体的利益。第三，在对合法性进行评价时，任何个体都不具有特权立场。因此，自由主义理论认为，所有个体在形式上都是平等的。最后，权力必须要用合理的方式加以合法化，通常从可作合理地辩护的法则中推演出来。一般来说，这些法则要么是功利主义的，要么是康德主义/契约论的，但是只要自由主义坚持合法性的个体基础，那么这些途径也许都不是必不可少的。

自由主义对科学的政治批判将面临下述几项任务。最基本的任务是对这一批判方案本身进行解释和辩护。从传统上说，自由主义理论关注的是国家以及特定的行动者或组织行使权力的合法性问题。因此，它还没有能力讨论流通于社会关系中的权力形式，而不是特定的行动者所行使的权力。如果自由主义理论要想回应我关于科学的权力/知识的分析，那么它就必须或者把自己所发现的诸权力形式都归诸个体或者群体，因为他们对权力的运用能（或不能）被合法化，或者在不放弃自由主义之基本原则的前提下，大大拓展权力合法性的范围。在我看来，这样的做法似乎都没什么前途。

然而，即使成功完成了第一项任务，其他两项任务还依然存在。最基本的哲学任务是，确定据以规范或限制科学实践及其在科学机构之外的拓展的基础（如果存在的话）是什么，支配这种规范的旨趣、价值和原则是什么。也许，任何这样的合法化基础，都将把个体从这种实践的施行或展开所强加于他们的任何不合法的限制中解放出来。在此，我们也许可以运用各种不同的策略。与罗尔斯相类似的策略是，对权力（而不是不平等，正如罗尔斯最初所讨论的那样）是否合法的评价，取决于它对处于最不利地位的成员（在这里，也许是最无权的成员）的影响。另一种策略是考察这里面都包含了哪些个体权利（也许是相互冲突的权利）以及这些权利向我们提出了哪些要求。此外的第三种策略或许是某种功利主义的成本/收益分析（特定的科学实践或其拓展，只有当其成本或限制与预期的收益相称时才是合理的）。

自由主义理论家也许会认为，这一进路的主要优点能在下一项任务，即把合法化原则运用于特殊的科学实践及其拓展过程中得以呈现。自由主义的科学的政治哲学将不会从总体上研究科学。它可能会促使我们从特定实践的影响出发来区分合法的和不合法的实践。下述说法似乎非常可信：有些实践是危险的或者有害的，因此不能合法地实施；有些则是有益的，即便没有有力辩护也不应受到限制；有些则两者兼备，因而迫使我们艰难地作出判断。此外，自由主义的政治目标与科学的内在目标和价值之间的基本相容性，使那些为后者的目标所吸引，以至于把对科学作政治批判的观念看成是一种危险或威胁的人感到宽心。下述看法似乎也很合理，即虽然把科学的实践和解释拓展到实验室之外的尝试或许会存在问题，但是大多特定的科学实践却没有这样的问题。一旦你抛弃了军事研究、人体实验、有害物质或程序的运用、可能会引起更多争议的动物实验等司空见惯的课题，那么科学似乎就不再有什么问题了（当然，这些领域都是当今科学研究的重要组成部分）。事实上，除了这些众所周知的难题之外，任何自由主义批判的结果一般说来都无非是对科学研究的辩护，使其免遭来自其他领域的政治干预（虽然费耶阿本德也曾试图以自由主义为主要依据，为对科学的某些政治干预作出辩护）。如果这就是科学的政治哲学所带来的结果的话，那么人们很可能会问，所有这些努力究竟是为了什么。

自由主义理论向我们提出了这样的要求，对特殊的科学实践作出评价无疑是重要的，即便自由主义理论所提供的评价基础最终是站不住脚的，我们无论如何也要以某种方式加以实施。但是，在把这种关注当做科学政治哲学的首要议题上，存在着两种引人注目的反对意见。第一种观点很有名；它常常反驳道，自由主义理论所谓的所有个体的形式平等掩盖了实质上的统治和不平等，对此，需要从被压迫者的立场出发直接予以批判。这一论证导致了各种形式的解放主义的批判，对此我将在本节中展开讨论。但是，也许有人会争辩道，对于与科学知识的政治意义有关的重要议题，采用合法化或压迫之类的方式很难作出有效的分析。这些问题把我们引向了上文所说的第三和第四条进路，对此我将在最后两节加以考察。

解放主义的批判始于对压迫的分析。它最初的哲学任务是要判定受压迫的阶级或群体，并对压迫的形式、压迫者的身份以及压迫所服务的利益或价值作出描述。因此，解放主义的科学哲学面临一项特殊任务，即在压迫框架中考察科学实践的地位，并思考科学实践如何以及在何种程度上可以把社会从压迫中解放出来。后一个问题很重要，因为在解放主义的政治批判中，自然科学的地位往往是模棱两可的。作为一种知识和权力形式，科学很大程度上是为压迫者所控制的，因而往往与压迫联系在一起。科学为意识形态提供了支持，并成为压迫者所掌握的物质力量。在某些情况下，尤其是在对妇女和少数族群（racial minority）的压迫中，科学实践及其称之为研究成果的东西本身就是压迫的直接来源。同时，科学也是挑战压迫及其意识形态辩护的批判工具，并为建立更为公正的社会秩序提供了资源。哈丁有理由认为，科学的矛盾地位引出了这样一个疑问，即问题究竟出在坏的科学上，还是出在“正常的科学”上。在特殊的解放主义进路中，我们可以清楚地发现这些矛盾是如何产生的。

在马克思主义传统中，科学的矛盾地位由来已久。众所周知，在马克思看来，他对资本主义生产方式及其必然灭亡的趋势的分析具有科学地位。在传统的马克思主义的批判中，科学作为一种生产力为资本家所占有和支配，它增强了资本对无产阶级这一活劳动的权力。然而，科学同时也促进了生产力的发展，并加剧了日益社会化的生产方式与产品的私人占有之间的基本矛盾，并因此加剧了社会财富的增长与无产阶级的贫困之间的基本矛盾。所以，科学对资本主义生产方式的危机的来临起着关键作用。此外，资本主义所创造的先进生产力也可以运用于公正的社会，这一点对于马克思主义的分析来说是很重要的。生产力的提高是建立一个真正的共产主义社会的必要前提。因此，总的来说，在经典的马克思主义传统中，科学总体上起着积极的作用。

然而，也有人——最突出的是法兰克福学派的成员，尤其是马尔库塞、霍克海默和阿多诺认为，科学和科学理念在发达的资本主义社会中起意识形态的作用，为了避免使科学为统治和剥削服务，我们需要对科学实践及其政治地位作重大调整。人们通常以为，独立于任何特殊的政治立场的“价值自由”和中立性对科学来说是至关重要的。但是，在他们看来，这些性质实际上使科学服务于统治阶级的利益。因此，我们需要某种社会批判理论，需要把我们对自然界的共同理解和处置纳入其中。这些理论家进一步争辩道，“对自然的统治”——这是现代科学的理智和实践之核心——与对人的政治统治之间具有内在的关联性。只有发展出更具互补性和辩证性的科学实践，我们才能自由地相互沟通、相互尊重。

正如我在前言中指出的那样，这样一种科学的政治分析很难对科学实践作恰如其分的理解。这一缺陷反过来又削弱了他们关于科学实践对我们自身以及社会实践和社会制度的影响所作的分析。在马克思主义理论内部，在对科学的形形色色的解释中明显地存在着一些关键性的论题（如果作一点细节上的修正的话，那么在其他解放主义的理论内部，对科学所作的种种分析也是如此），这些论题与对科学及在其科学内部展开的权力/知识形式的详尽理解之间并无特别的依存关系。但是，对科学的不恰当理解往往成为解放主义科学哲学的一个限制性因素。

这种不恰当性的一个典型的例证是，对科学实践自身所具有的权力关系的方式没有给予足够的重视。解放主义的批判往往只关注特定科学理论中的意识形态内涵。在许多情况下，这种批判确实很重要，也很有价值。那些用科学来证明种族或性别压迫模式具有生物学根据的尝试，那些把政治性的或性别的隐喻和假设作为理所当然的东西悄悄地塞入所谓的非政治性的科学论证中的尝试，都已受到了公正的批判。同样，那些把主要是为剥削服务的学科（比如泰勒的“科学管理”）贴上科学标签的尝试也受到了应有的批判。但是，许多科学领域似乎相对独立于这些直接的意识形态旨趣，其中包括大多数一直以来享有很高声望的数学、物理学和化学。对意识形态的关注强化了这样的观念，即科学具有免于批判的、本质上是非政治的内核。然而，只要我们承认科学实践自身代表着权力关系，那么这一幻觉就会消失。对科学的政治评价不能在诸如人是科学研究的直接对象，意识形态是主要的政治关怀这样一些观点上止步不前。

当把目光从马克思主义理论转向女权主义理论时，我们发现，科学在解放主义政治学中的地位变得更复杂、更含混不清了。把女性彻底地排除在科学之外，把科学思想和科学实践与男性特征历史地等同起来的做法，使女权主义者长期以来对科学心存疑虑。在诸科学中，在科学主张被用来支持性别主义立场的许多方式中，通常会忽视女性所关注的东西或女性的知识，这同样也是事实。但是，这些问题究竟是否是作为男性中心主义（androcentric）实践的科学所固有的，是否意味着不再有真正的科学客观性可言，从而也无法获得科学知识，对此人们的见解大相径庭。不少人已经站在科学理想的高度，对科学中存在的许多男性主义和男性中心主义因素作出了有效的批判。但是，这种批判同时又促使人们对科学理想本身作进一步的反思。客观性需要一个完全独立于性别的视角吗？赋予女权主义立场以特殊的批判意义会提高客观性吗？抑或“客观性”这个概念本身就是出于男性中心主义的构造，因此要使女性不再被排除在科学实践之外，不再受科学实践的压迫，就必须从根本上修正，或者干脆抛弃客观性概念吗？

在最后一个问题上，女权主义的许多新近研究所起到的推动作用不亚于当代的科学哲学。在基于心理分析的“对象关系”理论看来，通常在科学中起作用的"客观性"概念，深深地扎根在一种男性主义的自我同一性得以建构的文化之中，在这种文化中，儿童的早期抚养主要是由女性来完成的。这种观念与我对科学所作的知识与权力之关系的分析有着重要的关联。在女权主义所借用的意义上，对象关系理论意味着，知识与操纵和控制已知事物的能力之间的联系是一种文化约束和性别约束。果真如此的话，那么科学知识所反映的是一种家长制的、男性中心主义的文化，也许与人们对自然的统治没有任何必然的联系。与我们所熟悉的客观的、"无旨趣的"、操纵性的科学模式相比，如果得到发展的话，也许女性的经验和理解具有能提供某种更少男性中心的、更少受权力支配的、最终也是更充分的科学知识的潜力。关于"女权主义的见解"在通往科学哲学的进路上所面临的难题，哈丁和凯勒已经作了有益的讨论。对女权主义科学这种进路的提倡者来说，还潜伏着一个挑战，即需要正确地表明这一进路究竟是什么样子的，也许理想的情况是，他们不仅仅为女权主义科学理论家，更主要的是为女权主义科学家提供一种可供选择的、切实可行的研究方案。

通过最后一个关注点，把我们带回到几乎所有解放主义的科学哲学都隐含着的矛盾心理。正如我们所知，尽管存在种种政治缺陷，但是科学实践始终是一种值得认真对待的强大力量，它能同时在思想上与物质上满足一些重要的需求和欲望。对那些希望自己同时成为女权主义者和科学家的人来说，科学实践有着越来越大的吸引力。这种状况使得那些科学事业的批判者们也不得不承认上述满足的重要性。这一承认使得他们要么要求一种可供替代的满足方式，要么要求政治批判不对那些最基本的科学成就构成威胁。你若是拒绝上述要求，并认为科学知识本身深深地受到令人难以接受的政治实践和政治理想所玷污，那么你将承受被边缘化的风险。在谈到女权主义反对任何形式的客观性时，凯勒指出："在把客观性当做男性主义理念加以拒斥的同时，女权主义把自己变成了自己的敌人，并把女性驱逐出了现实政治的现代文化之外：这也就进一步恶化了自己所希望解决的问题。"任何激进的女权主义（或其他解放主义）对科学的批判都潜伏着类似的困境。问题在于，如何做到既不拒斥整个科学事业及其成就，又能公平地对待女权主义者在诸多科学实践和主张中所看到的偏见、排斥和压迫形式。

从第三世界社会的视角出发对科学实践及其拓展进行批判，也必然地面临类似的问题。西方的科学实践在经常被第三世界的批判者们所揭发的文化帝国主义中扮演举足轻重的角色。此外，科学的辩护者经常把普遍主义归诸科学知识和科学实践，而这种普遍主义在第三世界的境遇中往往显得空洞无物。科学研究是资本密集型的。另外，科学研究也极大地得益于有才能的研究者们紧密的互动关系，而这种互动又驱使他们向西方的研究机构聚集。一般来说，第三世界国家没有足够的资源支持西方式的科学研究（这些研究的成本也往往比其他地区高很多，因为它们需要支付进口和维护科学仪器的高昂费用，需要支付会晤同行的交通费用），没有足够的资源可以维持研究人员之间的联系和研究水平，以紧密追踪科学的前沿进展。因此，在第三世界训练科学家会让西方损失思想天才，而且这一损失要大于他们在第三世界取得的科学成就。人们普遍认为，西方特定的研究机构对第三世界国家所关心的问题丝毫不感兴趣，或者至少不愿投入资源去解决这些问题。如果这种批判是正确的，那么科学就是在持续不断地从第三世界社会挖走最有天赋的科学家，但同时却没有提供任何适当的回报。当然，第一世界/第三世界的这种关系模式并不限于人力资源的开发与利用。

同样，在第三世界运用科学知识也会导致其他的问题。我们在前一章讨论的例子是绿色革命。但是，获得性免疫功能丧失综合症（AIDS）在中非的传播早就清楚地证实了这些问题。输入受感染的血液是传播艾滋病的主要途径。现在，艾滋病似乎正在大面积蔓延。血型测定和输血方法的运用是一项非常有价值的尝试，因为它们可以把西方医学的基本力量扩展到世界的其他地方。但是，有些国家无法提供足够的皮下注射器针头以满足需要，有些国家化验一次艾滋病病毒抗体（避免输入受病毒感染的血液的基本技术）的费用是国家人均医疗费的好几倍，因此在这里，这些实践的价值可能仅仅是一种幻觉。在西方世界之外推销婴儿奶粉以及药品和有毒化学物质的生产和使用，同样会面临类似的难题。于是问题便又回到下述要点上来了，如何控制需求，使科学实践在实验室环境之外的拓展成为可能；在一种未经重构，还不具备这种可能性的社会中，科学实践的拓展需要多大的经济和社会成本。

科学经常被吹捧为使“不发达”国家实现进步的关键，这种作用所产生的吸引力是实在的和重要的。但是，科学也有过错误的承诺，甚至还会阻碍第三世界社会尝试用自己的资源、用与自己的传统相适应的方式来解决自身的问题。如果我们考虑到科学也有助于维系对西方的依赖，有限制地输入科学知识及其实践有时会酿成社会灾难，一个更深层的问题就会浮现出来。我们可以作这样的设想，把科学对世界的重构任意地加以扩展是不可能的，把一些不“发达”社会与其他科技发达的社会所带来的后果（资源消耗的失调、环境恶化、经济依附性以及刚才提到的那些问题等等）隔离起来也不可能。这样，就科学实践及其在实验室之外的广泛拓展而言，我们将会面临伊里奇提出的严肃的道德挑战：“在我们的时代，不公正主要来自于政治上对工具的认可，这些工具本质上把以自主的方式使用工具的自由限制在少数人的范围内。”如果这种批判就主要的科学仪器和科学实践而言是正确的，那么第三世界的解放主义者对这些实践的批判就是无可非议的。

有的思想家在抵御政治活动的衰竭时，倡导一种不同类型的科学的政治批判，在他们看来，这种衰竭是由于纯粹技术或管理的关心对政治领域的侵蚀所导致的。在第六章中我曾指出，哈贝马斯曾试图区分科学技术活动所满足的认识旨趣与政治和交往活动所满足的认知旨趣。他作出这一区分的目的是，抵御技术考虑与实践对本该属于政治和交往活动的领域的侵蚀，与此同时，在恰当使用的范围内使科学免遭政治批判。阿伦特在《人的条件》中也曾提出过类似的方案，虽然她的哲学取向有所不同。在她看来，自然科学转变成普遍的科学，行动转变为劳动（labor），削弱了那种能够展示人类之独特性的行动的可能性，使之变得枯竭了。与哈贝马斯相比，阿伦特更不愿意为现代科学辩护，因为她似乎觉得，普遍科学的现代转向只能是对政治领域的侵蚀。但是，他们都试图在有别于我们实用地对待事物的意义上，回复到富有内涵的人类事务和关系领域的实践意义上来；他们都暗示，自然科学在现代世界的发展损害了这一实践领域。

在第六章我曾经对一种类似于哈贝马斯的尝试提出过异议，它试图把人类行为和意义的解释性领域与只包含事件而不涉及行动的自然界区分开来。然而，我的那些论证本身并没有危及这条通往科学的政治哲学的进路。阿伦特和哈贝马斯等人对政治生活的形式及其内容，对所谓的政治生活被沦落为技术管理或官僚管理的批判，依然代表了那种强有力地抵制现代社会之发展方式的倾向。我的论证旨在强调，不能把自然科学与政治批判截然割裂开来。如果我们的政治生活已经丧失了寓意或具有生命力的意义，那么意义的再生必定涉及对科学实践及其与权力之关系的批判。除非我的论证是不充分的，要不然它将对这种科学的政治哲学构成显见的挑战：因为在对政治实践进行批判的同时，它还必须清楚地阐明一种关于政治理解和政治实践的新视野，这种视野也应包含与新的事实相容的科学的转向。和较为激进的女权主义者一样，带有哈贝马斯和阿伦特传统的哲学家们将不得不作出一些艰难的抉择，以确定在更恰当的政治观中能够并且应该维系科学实践的哪些方面。

我要讨论的最后一条进路将以海德格尔和福柯为例，虽然方式有所不同。这条进路所质疑的恰恰是政治批判这个概念本身。我们习惯于认为，就人们提出批判的方式而言，政治批判是以某种规范性视角为基础的。因此，自由主义的进路把个体自由的和自主的自我决断作为价值的基础，并根据究竟是提升还是限制这种自律性来对社会制度和实践作出相应的批判；解放主义者从受压迫群体的利益出发，试图确定什么东西助长了压迫，什么东西抑制了压迫，从而为反抗提供支持；哈贝马斯和阿伦特认为，就建立某种充分的人类社会秩序而言，交往行动是至关重要的，他们都旨在重建和扩大交往行动的可能性。在我们今天所处的实践的塑造中，海德格尔和福柯都看到了严重的危险性，但是，他们拒绝在政治批判的规范性基础中把这种危险性加以程式化。他们的理由是（尽管方式稍有不同），把政治介入理解成规范性的，恰恰加剧了他们试图予以克服的那种危险性。在他们看来，如果我们想寻找一条克服这些危险的途径，那么我们的介入方式一定不能采取规范性的政治批判形式。

在海德格尔看来，这种危险就是虚无主义。如果实践所包含的虚无主义倾向得以张扬，那么再也没有什么东西能与我们休戚相关了，我们的活动也将因此而变得没有任何意义。在第六章我们曾经讨论过这一思想。在那里我们看到，德雷福斯曾试图运用它从根本上解决人文科学与自然科学的区分问题。然而，不仅在我们试图使人类客观化的方式中，而且在我们把周围事物理解为可计算、可操纵的资源的过程中，海德格尔都同样发现了来自虚无主义的危险。在上述两种情形中，思想都被解释为计算性表象，行动都被解释为某种目的的意志性实现。

为什么这样一种立场是虚无主义的呢？如果认为世界是由各种资源组成的，人们能够以可交换的、多少有效的方式利用它们，那么我们就会选择不同的利用方式。然而，只有参照利用资源的目的，我们才能作出合理的选择。但是这种目的本身必须得到确定，而确定目的的唯一明确的做法就是进一步地作出计算性的理论反思。因此，对我们来说关键的问题在于，如何还原到那种可以进行计算的素材上来，或者说还原到可以明确地作出批判和选择的各种不同的价值上来。这就是“价值”概念的意义：把实践的塑造——只有处于其中，思想和行动对我们来说才是可理解的——转换为能算计、能按自身的意志行动的某种东西。然而这样一来，这些被选择的价值就将不再支配我们的选择活动，因为它们自身也是被选择的东西。那些左右价值选择的目的通常会从计算性的意识中淡出。在徒劳地揭示“终极”价值的尝试中，总是要求对这种复杂性作进一步的测算。海德格尔对计算性思维和实践的无限膨胀作了这样的描述：我们让世界受制于越来越精确的操纵和控制，并不懈地试图弄清：我们是谁，我们为何要做这样的事情。在这里，最终成为其问题的恰恰是权力自身的增长。对实践的关注来自于权力意志，来自于我们持续不懈地控制并正确地决定自己与世界的努力，而决不可能来自于别的什么东西。海德格尔在一篇讨论尼采的讲稿中指出：“权力只有当其到达并超越已经获得的权力的层次时，才能在其自身之中维系自身，即在本质上维系自身。……'权力意志'并不仅仅指那些没有权力的人对权力的'浪漫的'向往和渴求；更主要的是，'权力意志'意味着权力自身为了获得压倒性的权力而积聚权力。"正是权力意志支配了我们对价值的阐释和选择。那种力求控制我们自身，控制实践中成问题之事的努力是权力意志的集中体现："在这一新的评价中，权力代替了所有原先的价值，成了至高无上的价值。这首先是因为，权力并且只有权力才能赋予价值、证实价值，才能为评价提供可能的辩护。……真正的权力就在于独自地决定所有的存在，从这个意义上说，权力不承认外部事物具有任何意义或价值。"

问题并不在于任何事物都确实变成了可利用、可计算的资源，也不是说我们的实践中事实上不存在任何争议了。实践解释学的核心思想，即实践中成问题的东西是无法选择的，至今还未受到挑战。我们并非是有选择地关注自己在权力意志中的实践；相反，只有在权力意志中我们才能发现自己所具有的一切可能性。这种境况之所以是虚无主义的，是因为对我们来说成问题的东西不再具有常住不变的内涵。权力意志不断地把那些稳定的，为我们的生活提供了连贯性的意义领域虚无化了。因此，正如D. 库伯指出的那样，除了海德格尔没有把这种空洞的意志定位在单个主体中之外，海德格尔的忧虑让我们回想起了黑格尔对现代性的批判。在黑格尔看来，现代性是一个绝对自由的主体性时代。这种主体性只有通过取消任何具体的内容才能确保自己的自由。

在这里，我不想深入地探讨海德格尔对这种情况所作的复杂的回应。对我们来说重要的是，如果他是对的，那么任何建立普遍性的价值，并以此来对自己所面临的境况作出批判的尝试只会使事情变得更糟。我们的境况所要求的，就是必须通过对（作为有意义的东西呈现给我们的）具体的可能性所作的地方性的回应来行事。至于这样做会有什么结果，或者，除权力意志的支配外的其他东西事实上是否会产生这样的结果，对此我们没有可供筹划的基础。但是，对发生在我们身边之事作地方性的回应，这是海德格尔所能提供的唯一希望。

福柯同样反对为政治介入提供普遍的规范性的辩护，尽管他的方式稍稍有些不同。我们已经讨论了他对现代权力所作的重要阐释。福柯描述了监视和强制的使用是如何构建驯良的、被规范化的话语主体的。他反对这些权力关系的压迫效果，他的描述旨在清晰地揭示权力关系的压迫性。他的目的并不是评价权力运作的合法性或者非法性，而是想激发有效的反抗，以抵抗在他看来具有压迫性的特殊的权力形式。

在福柯看来，解放主义的政治批判方式是不可接受的，因为它们试图把自己定位在普遍的、不可逃脱的权力关系之外。解放主义批判家试图揭示被压迫者的真实利益，试图把自己的分析奠定在对普遍的压迫结构之理解的基础之上。他们假定自己的分析代表了独立于为权力所扭曲的知识，这与他们所批判的意识形态的和压迫性的知识主张形成鲜明对照。在福柯看来，这一假定不仅是错误的，而且还强化了他希望与之抗争的权力形式本身。

为了理解这一点，请读者牢记，福柯并不认为现代权力已经完全取代了早期的司法权力。后者不仅仍然在运作，而且还掩盖了运作于微观社会关系中的规训权力。因此，解放主义者要求在权力的扭曲效果之外获得自由，只不过是为了让旧的压迫形式以新的面貌继续运作而已。福柯与几位毛泽东主义者之间关于“大众司法”（popular justice）的争论已经非常清楚地阐明了这个问题。毛泽东主义者反对资产阶级国家掌握司法，并把它与作为“革命的国家机器”的司法程序（中国革命就是例证）进行对照，后者被认为实现了真正的“人民司法”（people’s justice）。福柯认为，人民法庭仍然是法庭，因为它保留了自己所有的基本权力关系。对革命性司法的认可只不过是对传统压迫形式之延续性的掩饰而已。因此福柯总结道：

> 只有完全打碎司法机器，革命才有可能发生。可能重新引入刑罚机器的任何东西，可能重新引入意识形态并让它悄悄溜进大众实践的任何东西，都应该被禁止。这就是为什么我认为法庭（它是这种司法系统的范例）似乎是把刑罚系统的意识形态再次引入大众实践的可能场所。这就是为什么我认为我们不应该采用这种模式。

在福柯看来，解放主义的批判由于忽视了把权力执行的方式理解为压迫的来源，结果是，对权力的批判反而成了更有效的维护。不管我们讨论的是法庭、监狱、学校、医院还是实验室，情况可能都是如此。

福柯认为，这种缺陷要归因于规范性批判所具有的普遍性（global）特征。在他看来，马克思主义或心理分析理论就是这种批判的典例。福柯指出，这种普遍性的批判声称自身就是知识，因此它再次确立了权力合法化的传统形式。借以进行政治批判的规范性/理论性框架本身成了免于反驳的东西，因此它与权力/知识形式非常类似，而这正是为福柯所全力反对的。

> 你想推崇哪位理论—政治前卫，以把它与围绕它的所有非连续的知识形式分离开来？当你力图确立马克思主义的科学性时……在我看来，你是在做完全不同的事情，你是在把中世纪以来西方一直

归之于科学，并用以保障参与科学话语者的权力效果赋予马克思主义的话语及其支持者们。

福柯敦促复兴一种能消解规范性的、理论性的政治批判，一种体现了与规训权力的力量密切伴随的“地方性的、服从的知识”。这种知识直接以当代的形式来抵制权力，而不是为了占用服务于新真理的权力。因此，在论及自己近来的研究时，福柯指出：

为了能在今日确立一种有关斗争的历史知识，并且有策略地运用这种知识，让我们用“系谱学”这个词来表达博学性的知识与地方性的记忆之间的结合。……［系谱学］真正的任务是关注地方性的、不连续的、无正当资格的、不合法的知识，并以此来抗衡那种单一的理论体系，这种体系以真的知识的名目出现，以一种有关科学及其对象之构成的独断态度对前一种知识作出筛选、分层和排序。

福柯相信，只有这样一种地方性形式的反抗才有望摆脱占支配地位的权力形式的掌控。D. 希莱恰如其分地把这种反抗描述为“没有自由的希望和慰藉的政治参与”。福柯既没有保证，我们正在进行着一场真正体现人类性利益的“正确的”斗争；也不满足于一种集体的斗争，即通过人类性的共同劳作以实现自身之解放的伟大进军。他仅仅指出，我们或许因此而避免不知不觉地去强化那种在他看来掌控着生活之方方面面的规训性限制。因此，福柯所呼吁的是对科学的政治参与，它无须任何科学的政治哲学为之辩护。然而，在详细说明这种政治参与可能采取的具体形式之前，我们有必要作进一步的论证，以评价源于科学之权力关系的危险性和压制性（如果有的话）何在。

上述思考似乎让我们远离了中心论题，即科学实验室中发生了什么，科学如何影响了我们对世界的处理和我们之间的互动。然而，如果我们反思一下本书试图展开的论证，情况并非如此。我已经指出，我们不能把科学事业与我们赖以把自己定义为人类存在者的其他实践割裂开来。科学已经塑造了我们所居住的世界，塑造了我们赖以理解自身的可能性。虽然有充分的理由赞美这些科学效果，认为它们主要为我们更好地生存作出了贡献，而不是什么危险或者威胁，但是从政治上看，这些效果仍然不是什么中立的。我们如何处置这些科学效果，最终必将归结为我们对生活中成问题的东西作基本的理解与批判。至于我们究竟是用个体可能性的实现，为了解放而进行的社会斗争，人类行动和互动的真正前景的复兴，还是用其他我们还不熟悉的方式来实现这种融合，仍然是不清楚的。但是，如果我们想要严肃地对待科学在现代世界所具有的重要性，科学哲学最终还须关注这类问题。

（盛晓明、邱慧、孟强译）

选文出处

劳斯　走向科学的政治哲学

劳斯著，《知识与权力：走向科学的政治哲学》，北京，北京大学出版社，2004，264—282页。

二、分析传统科学哲学(上)：逻辑经验主义

意义和证实

石里克

> “可证实性”概念是逻辑经验主义的核心概念，正是以此作为确定“意义”的标准才使得拒斥形而上学成为可能。将意义与证实联系起来，满足了经验主义的要求；强调证实的逻辑可能性而不是经验可能性，使得意义可以独立于具体的经验，从而可以避免所谓“此时此地的困境”。石里克援引爱因斯坦对同时性的定义来为自己的意义标准辩护，在文章结尾又以此标准来解构传统形而上学的老大难问题，如不朽、自我中心的困境、外界世界存在问题等等，体现了逻辑经验主义以科学为楷模，拒斥形而上学的基本态度。

作者简介

石里克（Moritz Schlick,1882—1936），德国哲学家，物理学家，逻辑经验主义维也纳学派的主要创始人。生于柏林。1917年起先后在罗斯托克和基尔任大学教授，1922年任维也纳大学归纳科学的哲学讲座教授，1936年被德国法西斯拥护者暗杀。著有《普通认识论》、《自然哲学》。

I

同普通科学问题相比，哲学问题总是离奇地背乎常理。而特别使人感到背乎常理的，则是命题的意义问题竟成了哲学上一个严重的困难。因为，每一个命题的本性和目的，难道不是表达该命题自身的意义吗？事实上，当我们接触到一个命题（用我们熟悉的语言表达的）时，我们通常总是立刻知道该命题的意义的。如果我们不知道，我们可以让人加以解释，但是解释要由新的命题构成，如果这个新的命题是能够表达意义的，为什么原来的那个命题就不能呢？所以，一个傲慢的人当别人问他所说的某个陈述是什么意思时，可以满有理由地说：“我的意思正是我所说的那样！”

在回答别人问一个命题的意义是什么时，仅仅用显然不同或者稍微不同的词句把这个命题复述一下，这样做在日常生活上甚至在科学上是合乎逻辑的，实际上也是正常的办法。那么，究竟在什么情况之下，提出一个我们耳闻目睹的陈述的意义问题，才能有点意思呢？

显然，唯一的可能就是我们没有**理解**这个陈述。在这种情况下，我们实际耳闻目睹的，只不过是我们所不能把握的一串字眼；这串字眼我们是不知道如何使用、如何“应用于实在”的。对于我们来说，这样一串字眼仅仅是“没有意义的”记号的结合，一串连续的音响或纸上的一排符号，我们根本没有权利称它为“一个命题”；我们也许可以把它说成“一个句子”。

我们如果采用了这套术语，现在就很容易摆脱那种背乎常理的情况，说我们虽然不能探索命题的意义，却能问句子的意义，这就是问：“这句子究竟代表什么命题？”回答这个问题的办法是：要么说出一个用我们已经非常熟悉的语言表达的命题来，要么指出一些**逻辑**规则来，这些规则将从这个句子里作出一个命题，也就是说，将会确切地告诉我们，在什么情况下可以**用**这个句子。这两种办法在原则上并没有什么实际差别，可以说都是把句子实际安置在一定语言的系统中，从而给句子以意义（将句子变成命题）。第一种办法是利用我们已有的语言，第二种办法则是为我们构成一种语言。第一种办法相当于最简单的普通“翻译”，第二种办法则对于意义的本质提供了一种更深的见解；为了克服哲学上同句子有关的困难，这种办法是必须采用的。

这些困难的根源就在于：我们常常并不知道如何掌握自己所用的词；我们说话或写作之前，并没有先对那种构成我们用语的意义的一定逻辑语法取得一致的认识。我们错误地认为，我们只要熟悉了句子中所有的词，就知道了句子的意义（即把句子理解为一个命题）。但这是不够的。只要我们不越出日常生活的领域（我们所用的词是在日常生活中形成的，也是适用于日常生活的），这样做也不至于引起混乱或错误；但是我们一旦试图通过那些词去思考抽象的问题，而又没有为这个新的目的仔细规定那些词的意义，这样做就糟了。因为每一个词都仅仅在它所适合的一定联系中才有一定的意义，在任何其他的联系中，除非我们在这种新的情况下对这些词的用法提供新的规则，否则这些词就是没有任何意义的；而新规则的提供，至少在原则上可以是十分任意的。

我们举一个例子。如果有一位朋友对我说：“带我到一个天空比英国蓝三倍的国家去吧！”我将不知道如何去满足他的愿望。他的话对于我显得没有什么意义，因为“蓝”这个词这样用是我们的语言规则所没有的。在我们的语言里，并不发生数目和颜色的名称相结合的情况，因此，我的朋友所说的这个句子是没有意义的，虽然它的外表语言形式是命令句或祈使句。但是他当然能给它一个意义。如果我问他：“你说‘蓝三倍’究竟是什么意思？”他可以任意地指出某种关于天空晴朗程度的物理情况，希望他的话是对这种晴朗程度的描述。这样，也许我就可以服从他的指令，他的愿望对于我就变成有意义的了。

所以，当我们问一个句子“究竟意味着什么”时，我们所期望的就是说明在哪些情况下可以用这个句子，我们需要描述出在什么条件下这个句子会形成一个**真**命题，在什么条件下会形成**假**命题。这样，一个词或一组词的意义就是由一系列规则所决定的，这些规则规定了词的用法，我们可以按照Wittgenstein的办法，称之为词的**语法**规则，这是就“语言”这个词的最广义说的。

（如果前面关于意义的说法像我确信的那样正确，那大部分是由于和Wittgenstein交谈的结果；那些交谈对我在这些问题上的看法影响极大。我丝毫没有夸大这位哲学家对我的帮助。我并无让他对这篇文章的内容负任何责任的意思，但是我有理由希望他会同意这篇文章的主要宗旨。）

陈述一个句子的意义，就等于陈述使用这个句子的规则，这也就是陈述证实（或否证）这个句子的方式。一个命题的意义，就是证实它的方法。

“语法”规则一部分是由通常的定义构成，也就是用另外一些词来解释某一些词，一部分是由所谓“实指的”［ostensive］定义构成，也就用一个指明某些词的实际用法的行动来解释这些词。最简单的一种实指定义就是一个与某词的发音相联系的指点手势，例如我们教给小孩“蓝”这个声音的意义时，就指着一个蓝的东西让他看。但是在大多数场合，实指定义属于比较复杂的一种；我们无法指着一样东西，说它相当于“因为”、“直接”、“机会”、“再”之类的词。在这些场合，我们要求面前有某些复杂的情况［situations］，用我们在这些不同的情况下使用某些词的方式，来给这些词下定义。

很明显，为了理解一个言词定义，我们必须事先知道那些用来进行解释的词的意义；唯一无须任何事先的知识就能达到目的的解释是实指定义。我们的结论是：没有一种理解意义的办法不需要最终涉及实指定义，这就是说，显然是全都要涉及“经验”或“证实的可能性”。

这就是情况。我觉得再没有比这更简单、更无可置疑的了。当我们断言只有指出一个命题在经验中证实的规则，才能指出该命题的意义时，我们所描述的就是这个情况，不是别的。（加上“在经验中”，其实是多余的，因为没有别的证实方式是我们下过定义的。）

这种看法曾经被称为“实验意义论”，但是它确实根本不是什么理论，因为“理论”这个术语是用来指一套关于某一题材的假说的，而我的看法并不包含任何假设，它只打算单纯地陈述那种实际上给日常生活中和科学中各个命题指定意义的办法。别的办法是从来没有的。如果以为我们相信自己已经发现了一种新的意义观，与通常的意见相反，并且要把它引进哲学，那将是一个严重的错误。恰恰相反，我们的意义观不仅同常识和科学程序完全一致，而且是从其中引导出来的。我们的意义观虽然一直用于实践，过去却很少表述出来，也许这就是许多哲学家企图否认它有效的唯一借口。

有一个最著名的例子，明确地表述了我们的意义标准，这就是 Einstein 对下列问题的答复。问题是：我们说两个在不同地点的事件同时发生，是什么意思？他的答复就是描述一种实际确定这两个事件同时发生的实验方法。Einstein 的哲学论敌们曾经认为，而且其中的某些人至今仍然认为，他们无须任何证实的方法就知道上述问题的意义。我现在试图做的全部事情，就是坚持 Einstein 的主张，不承认它有任何例外。（Bridgman 教授的《现代物理学的逻辑》一书，就是在一切物理学概念上实行这个纲领的一个可佩的尝试。）我这篇文章并不是为那些认为 Einstein 的哲学论敌们正确的人而写的。

Ⅱ

C. I. Lewis 教授在《经验和意义》［*Experience and Meaning*］这篇卓越的文章（发表于 *Philosophical Studies*［《哲学评论》］，1934 年三月号）中公正地指出，上面阐述的看法（他称之为“经验意义的要求”［empirical meaning requirement］）构成所谓“维也纳学派逻辑实证主义”的整个哲学的基础。他批评这个基础不适当，其主要理由是：接受了这个基础，就会把某些限制强加给“重要的哲学讨论”，这种限制在某些点上将会使这样的讨论完全无法进行，而在另一些点上又会使它局限在难以容忍的范围以内。

我感到自己对维也纳派哲学（我宁愿把它称为彻底的经验主义）的某些特征负有责任，认为它确实根本没有把任何限制强加给重要的哲学讨论，因此我要考察一下 Lewis 教授的主要论点，指出我为什么认为这些论据并没有动摇我们的主张——至少在我自己能够为它负责的范围以内。我自己的一切论点是从第一节的陈述中引出来的。

Lewis 教授把“经验意义的要求”描述为：要求“所提出的任何概念，所断定的任何命题都要有一个确定的所指［denotation］；这个所指要不仅在语词上和逻辑上可以理解，而且在进一步的意思上可以理解，这就是：可以把规定概念应用范围的构成命题的证实的那些经验项目一一指出。”（上引书，第 125 页）在这里，我认为“而且在**进一步**的意思上……”这句话是没有说出道理的，也就是说，把可以理解分为两层（或三层?）意思，是没有说出什么道理的，第一节里的说明已经指出，按照我们的观点，“语词上的和逻辑上的”理解，就**在于**知道该命题怎样能够得到证实。因为，如果我们不把“语词上的理解”了解为我们知道这些词在实际上是怎样使用的，所谓“语词上的理解”就只不过表示模模糊糊地感到自己与那些词似曾相识而已，在哲学讨论中把这样的感觉称为“理解”看来是不妥当的。同样，如果我们只是感到一个句子的外形确是一个正式命题的形式（例如，该句子有主词——系词——形容词这样的形式，因而似乎述说了某一事物的某一属性），就说这个句子是“逻辑上可理解的”，我认为也不妥当。因为依我看来，对于“逻辑上可以理解”，我们还有**更多的**话要说，这就是：我们完全知道这个句子的整个语法，也就是说，我们确切地知道这个句子适用的那些情况。因此，知道一个命题怎样得到证实，就是在语词上和逻辑上理解该命题，而不是什么在它之外和之上的事情。所以我认为，我们要求一个命题可以证实时，并不是添上一项新的要求，而只是表述那些实际上一直被承认为意义和可理解性所必要的条件。

我们说：一个句子，如果我们不能指出一种检验它是真或是假的办法，那它就是没有意义的。但是，假如我们不仔细地说清“检验办法”和“可以证实”这两个用语的意义，单单提出上面那个说法就没有多大用处。Lewis 教授要求说清这两个用语，是完全正确的。他自己建议采用某些可以把这两个用语说清的办法。我高兴地说，他这些建议在我看来同我自己以及我的哲学同道们的看法是完全一致的。我们很容易指出，Lewis 教授心目中的实用主义观点和维也纳派经验主义观点之间并没有什么严重的分歧。如果在某些专门问题上他们得出了不同的结论，我们可以期望通过仔细的考察消除这种差异。

我们对可证实性怎样下定义呢?

首先我愿意指出，我们说“只有可以证实的命题才有意义”时，并不是说“只有**得到证实的**命题……”。这一简单的说明就消除了主要的一项反对意见；Lewis 教授所说的那种“此时此地的困境”，就不复存在了。只有把证实本身看成意义的标准，而不是把证实的可能性（=可证实性）看成意义的标准，我们才会陷入这种困境；这种困境的确会导致一个“意义的归谬法”。很明显，这种困境的产生是由于错误地混淆了上述两个概念。我不知道是否一定要把 Russell 所讲的“经验知识仅限于我们实际观察的东西”（Lewis 教授所引。见上引书，第 130 页）解释成包含着这种错误，但是我们确实值得把这种错误的根源找出来。

我们来考察一下以下的这个论证，这是 Lewis 教授所讨论的，但他并不想把它归到任何人身上。

> **假如**认定只有能够交给明确的证实去检验的说法是有意义的，而且只有在主体的直接当下的经验中才能出现证实，那么，就只有实际出现在包含着那种意义的经验中的东西才能有意义。

这个论证具有从两个前提得出一个结论的形式。我们暂且假定第二个前提是有意义的、是真的。你将会看到，即使这样，也得**不**出这个结论。因为第一个前提向我们断言，**能够**得到证实的说法才有意义；证实并不一定要出现，因此，它能在将来出现，或是只能在当下出现，是无关紧要的。离开了第一个前提，第二个前提当然是无意义的。因为"证实只能出现在当下的经验中"这个句子能够描述什么事实呢？证实不是一种类似听到或感到厌烦的行动或过程吗？我们不可以同样地说只有在此刻才能听到或感到厌烦吗？我能把这两句话了解成什么意思呢？我们在后面讲到"自我中心的困境"［ego-centric predicament］时，会把这两句话里包含的特殊无意义性搞清楚。现在我们只要知道我们的经验意义要求［empirical meaning postulate］与"当下的困境"［now predicament］毫不相干就行了。"可以证实"并不意味着"在此时此地可以证实"，更不意味着"现在得到证实"。

或许有人会认为，确定一个命题可以证实的唯一办法就是该命题的实际证实。但是我们马上就会看到，事情并非如此。

似乎有一种很大的诱惑力，使人用一种错误的方式把意义和"当下所得"［immediately given］联系起来；某些维也纳派实证主义者可能受了这种诱惑，因而危险地靠近了我们刚才描述的那种错误。例如，Carnap 的 *Logischer Aufbau der Welt*［《世界的逻辑构造》］一书的某些部分就可以被解释成蕴涵着这种意思：一个关于未来事件的命题其实同未来完全无关，只不过是断定现时存在着某种期望罢了（同样道理，谈论过去的事件实际上意味着谈论现在的回忆）。但是，这本书的作者现在确实并不坚持这种观点，这种观点确实不能认为是新实证主义的学说。正好相反，一开始我们就指出过，我们的意义定义并不包含这样的荒谬结论。若是有人问："但是你能用什么办法证实一个关于未来事件的命题呢？"我们就告诉他："办法么，那就是等待它发生呗！'等待'是一个完全合法的证实方法。"

所以我认为，任何人，包括彻底经验主义者在内，都会同意，说"除了当下所得的以外，别的我们都不能了解是无道理的"。如果在这句话里，我们用"知道"一词代替"了解"一词，那就得到了一个与上述 Bertrand Russell 的说法类似的说法。我认为，诱人提出这类说法的，是"知道"这个动词的某种含糊性。这种含糊性是许多形而上学混乱的根源，因此我在另一些地方常常要人对于这个词的含糊性加以注意（可参阅 *Allgemeine Erkenntnislehre* [《普通认识论》]，1925 年第二版，第 12 节）。首先这个词可以仅仅表示“察知一种感觉材料 [datum]”，即只是表示一种情感、一种颜色、一种声音等等的呈现，如果“知识”一词是用在这个意义上，“经验知识仅限于我们实际观察的东西”这句话就根本没有说出什么，而只是同语反复。（我想，这种情况是同 Lewis 教授的所谓“知识关系”的“同一理论”相符合的，这些理论既然建立在这种同义反复之上，那就是毫无意义的空洞赘语。）

其次，“知识”一词也可以用于一种重要意义上，即它在科学和日常生活中所具有的意义。在这种场合，Russell 的陈述就显然是错误的（如 Lewis 教授所提出）。大家都知道，Russell 本人将“体验的知识”[knowledge by acquaintance] 与“描述的知识”[knowledge by description] 作了区别，但是也许应当指出，他这种区别和我们刚才一直坚持的区别并不完全一致。

Ⅲ

可证实性的意思就是证实的可能性。Lewis 教授公正地指出：“对能够涉及‘可能的证实’的广大意义领域不作全面考察，将会使整个概念相当含糊。”（上引书，第 137 页）对我们的目的来说，只要把“可能性”一词的许多用法中的两种区别开来就够了。我们将称之为“经验的可能性”和“逻辑的可能性”。Lewis 教授描述的“可证实性”的两种意义，同这一区别正好符合；他完全知道这种区别，所以我除了仔细论述这种区别，指出它对我们讨论的问题有什么关系以外，几乎没有什么事情可做。

我建议把凡是同自然规律不矛盾的称为“经验上可能的”。我认为这就是我们可以说“经验可能性”的最广意义；我们并不把这个术语局限在那些不仅同自然规律一致而且还同宇宙的实际状态一致的事情上（这里所谓“实际的”，可以指我们自己生活的现在时刻，也可以指这个行星上的人类状况等等）。如果我们选择了后一种定义（Lewis 教授讲到“实际的东西所决定的可能经验”[上引书，第 141 节] 时，他的心目中似乎采用了这个定义），我们就划不出我们现在的目的所需要的鲜明界限。所以，“经验可能性”应该指“同自然规律相容”。

既然我们不能自夸对自然规律具有完全的、确凿的知识，那就很明显，我们决不能确凿地断定任何事实的经验可能性，在这里，我们只能谈可能性的**程度**。我有可能举起这本书吗？肯定可以！——能举起这张桌子吗？我想可以！——能举起这张弹子台吗？我想不行！——能举起这辆汽车吗？肯定不行！——很清楚，在这几个例子中，回答都是根据**经验**作出的，这是过去所做的实验的结果。任何关于经验可能性的判断都是以经验为依据的，而且常常会相当不确定；可能和不可能之间不会有鲜明的界限。

我们所主张的证实可能性属于这种经验可能性吗？如果是这样，那就会有不同程度的可证实性，意义的问题就成了多或少的问题，而不是是或否的问题了。在很多关于我们的论点的争论中，讨论的就是证实的经验可能性；例如 Lewis 教授举出的关于可证实性的各式各样的例子，就是不同的经验情况的事例，这些情况有的使证实得以实现，有的则阻碍证实的实现。许多拒绝采用我们的意义标准的人，似乎把这个标准在具体情况下应用的程序想象成这样：有一个命题现成地摆在我们面前，为了找出它的意义，我们必须试验各种证实或否证它的方法，如果这些方法中有一种有效，我们就找到了这个命题的意义；如果不行，我们就说它没有意义。假如我们真的必须按照这种方法进行，那就很明显，意义的决定完全是一个经验问题，而且在许多场合是不能得到明确的最后决定的。倘若我们的方法没有一个成功，我们又怎么能知道已经试验够了呢？以后的努力就不会发现一种以前未能找到的意义吗？

当然，这整套想法是完全错误的。它把意义说得仿佛是一样东西，包含在一个句子里，藏在其中，就像果仁藏在壳内一样，所以哲学家为了找到果仁或意义，就必须敲碎果壳或句子。根据第一节里的考察，我们知道，一个命题是不能“现成地”给予我们的，意义并不是包含在一个句子里，可以在句子里发现，而是必须由我们赋予句子的。要做到这一点，就得像我们在第一节里说明的那样，把我们的语言的逻辑语法规则应用到这个句子上去。这些规则并不是我们能够“发现”的自然事实，而是下定义的行动所制定的法规。这些定义应当是那些讲述该句子的人以及听或读该句子的人所知道的，否则他们就根本碰不到任何命题，也就不能试图证实任何东西，因为你无法证实或否证一串单纯的字眼。在你知道意义之前，即在你建立起证实的可能性之前，你根本不能着手证实。

换言之，同意义相联系的证实可能性不能是经验可能性；它是不能**事后**建立的，你必须先肯定它，然后才能考察经验情况，探讨情况是否许可证实，或者在何种条件下许可证实。当你要想知道一个命题是不是**真**的时候（这是科学家的事情），经验的情况是极其重要的，但是对于命题的**意义**（这是哲学家的事情），经验的情况是不能有任何影响的。Lewis 教授极其清楚地看出了并且表达了这一点（上引书，第 142 页，前六行）。我们维也纳学派的实证主义，就我所能负责的部分来说，在这一点上是和 Lewis 教授完全一致的。必须强调指出，当我们讲到可证实性时，是指证实的**逻辑**可能性，除此之外，没有任何别的意思。

一个事实或过程如果是能够**描述**出来的，就是说，如果用来描述它的句子是服从我们为我们的语言制定的语法规则的，那我就把它叫做“逻辑上可能的”（我这话表达得有点不确切。一个不能描述出来的事实当然根本不是什么事实，**任何**事实都是逻辑上可能的。不过我想我的意思是可以理解的）。举几个例子吧，假定有这么几个句子：“我的朋友后天死了”，“这位太太穿着一件淡绿的深红衣裳”，“这座钟楼高一百英尺和一百五十英尺”，“这个小孩赤身裸体又穿着一件白的长睡衣”。显然，这些句子都违反了普通语言中规定句子里词的用法的规则。它们根本不是描述任何事实，它们是无意义的，因为它们表现了**逻辑上**的不可能性。

凡是我们讲到逻辑上的不可能性时，我们的意思是指我们那些词的定义和我们使用那些词的方式之间存在着矛盾。看清这一点是最重要的（不仅对于我们目前讨论的问题，就是对于一般哲学问题来说，都是最重要的）。我们必须避免一些过去的经验主义者如 Mill 和 Spencer 所犯的严重错误，他们把逻辑的原则（例如矛盾律）看成支配思维心理过程的自然规律。上面所提到的那些无意义的陈述，是同我们通过一种心理实验发现自己不能思想的那些思想不相应的。它们根本不与任何思想相应。当我们听到“一座既高一百英尺又高一百五十英尺的塔”这一堆词时，我们心里会出现两座不同高度的塔的形象。我们会发现在心理上（经验上）不可能把这两个图像结合成一个形象；但是“逻辑上不可能”一词所指的并不是这件事。一座塔的高度不能同时既是一百英尺又是一百五十英尺，一个小孩不能同时既赤身裸体又穿着衣裳——这并不是因为我们不能想象，而是因为我给“高度”、“数目”、“赤身裸体”、“穿着衣裳”这些词下的定义同这些词在上面举的那些例子里的特殊结合不相容。“它们同这样的结合不相容”的意思就是：我们的语言的规则没有为这样的结合提供任何用法；这些词组并不描述任何事实。当然，我们能够改变这些规则，从而给“既红又绿”、“既赤身裸体又穿着衣裳”这些词安排上某种意义；但是，如果我们决定坚持通常的定义（这种定义表现在我们的实际用词方式中），我们就已经决定把这些词组看成无意义的，即不把它们当做任何**事实**的描述。不管我们可以不可以想象什么事情，只要在这件事情的描述中出现了“赤身裸体”（或“红的”）一词，我们就已经决定“穿着衣裳”（或“绿的”）一词不能置于这一描述中。如果我们不遵守这条规则，那就意味着我们想要给语词下一个新的定义，要不就意味着我们对于使用无意义的词抱无所谓的态度，并以说无意义的废话为乐。（我并不是在任何情况下都反对上面这种态度；在某些场合——如在《阿丽思奇遇记》中——这种态度可能是唯一合乎情理的，要比任何逻辑论文更令人喜爱。但在这篇论文里，我们有权期望持另一种态度。）

我们考虑的结果是这样：可证实性是意义的充足而必要的条件，是一种逻辑上的可能性，是按照那些给句子中语词下定义的规则构造句子时创造出来的。只有一种场合，证实是（在逻辑上）不可能的，那就是你不提出任何使句子得以证实的规则，从而**使**证实成为不可能。语法规则并不是在自然界某处发现的，而是人造的，原则上是任意的。因此，你并不能通过**发现**一种证实某一句子的方法，而只能通过**规定**某一句子要如何构成，来给予该句子意义。所以，证实的逻辑可能性或不可能性永远是**由自己负责的**。如果我们说出了一个无意义的句子，那永远是**我们自己的过失**。

如果我们考虑到，我们关于论断的意义所说的话，也适用于问题的意义，那就说明了上面这段话在哲学上十分重要。当然，有许多问题是人类永远不能回答的。但是，不可能找到回答，是可以有两类的。如果这仅仅是经验上的（我们下过定义的经验），如果这是由于我们人类的存在局限于偶然情况，那就可以有理由悲叹我们的命运，悲叹我们的肉体和精神力量的软弱，但是决不能说这个问题绝对无法解决，希望总是会有点的，至少后代会有。因为经验的情况可以变换，人的能力可以发展，甚至自然的规律也可以改变（也许甚至突然改变，使我们可以在更广阔的范围内研究宇宙），这类问题可以称为实践上不能回答或技术上不能回答的问题，它会给科学家带来巨大的苦恼，但是，哲学家是只关心普遍原则的，不会因此感到严重的不安。

那些**逻辑上**不可能找到回答的问题又怎么样呢？这类问题在任何可以想象的情况下都是不可能解决的；它们会使我们面临一种肯定无希望的不可知论［ignorabimus］。哲学家最重要的事情就是搞清楚有没有这样一类问题。从前面所讲的可以很容易看到，只有在问题本身并无意义的情况下才会发生这种不幸。这种问题根本不是真正的问题，而只是一串最后带有问号的词组。一个问题，如果我们能够**理解**它，也就是说，如果我们能够判定某某命题（如果是真的）会不会是对我们这个问题的一个回答，那我们必须说这个问题是有意义的。如果是这样，实际的判定就只能为经验的情况所阻碍，这就意味着这种判定并不是**逻辑上**不可能的。因此，没有一个有意义的问题能够是**原则上**不可解决的。如果在某个场合，我们发现问题的回答是逻辑上不可能的，那我们就知道我们其实并没有问什么，那听起来好像一个问题的，实际上是一串毫无意义的词组。一个真正的问题就是逻辑上可能回答的问题。这是我们的经验主义的最典型的结论之一。它表明我们的知识在原则上是没有任何限制的。我们必须承认的界限是属于经验性质的，因此决不是最终的，而是能够不断地向后推的；世界上并没有什么深不可测的奥秘。

逻辑上可能证实和逻辑上不可能证实之间的分界线是绝对清楚明确的，意义和无意义之间没有什么逐步的过渡。因为，你要么为证实给出了语法规则，要么没有。**第三种情况是没有的**。

经验可能性是由自然规律决定的，但是意义和可证实性却完全不依靠自然规律。我能够描述或下定义的每件事情都是逻辑上可能的——定义决不是与自然规律联系着的。“水往高处流”这个命题是有意义的，然而恰巧是错误的，因为这个命题所描述的事情在**物理上**是不可能的。如果我为一个命题的证实所规定的条件同自然规律不相容（例如，我可以规定一些只有在光速大于它的实际速度，或者能量守恒定律不灵等等情况下才能得以实现的条件），那也不会使这个命题失去它的意义。

反对我们的看法的人可能会在上面的解释里发现一个危险的背乎常理之处，甚至发现一个矛盾，因为一方面我们如此强烈地坚持所谓“**经验**意义的要求”，另一方面又极其着重地断言，意义和可证实性并不依赖任何经验条件，而是纯粹逻辑上的可能性所决定的。我们的反对者会指责说，如果意义是个经验问题，那它又怎么会是一个定义和逻辑的问题呢？

其实，这里并没有什么矛盾和困难。“经验”一词是含糊的。首先，它可能是指任何所谓“直接的感觉材料”——这是“经验”一词的比较现代的用法。其次，我们可以将这个词用在这样一种意义上，譬如我们说“一个有经验的旅行家”，这就意味着这个人不仅看到过许多事情，而且知道如何利用经验来指导自己的行动。就经验的第二种意义（顺便提一下，这也就是 Hume 和 Kant 的哲学里“经验”一词所具有的意义）来说，必须宣布可证实性是独立于经验的。证实的可能性不依赖任何“经验真理”，不依赖某一自然规律或任何其他真的一般命题，而是仅仅为我们的定义所决定，为我们的语言中确定的规则所决定，或者说，为那些我们在任何时候均可随意规定的规则所决定。我们已经说明过，这些规则最终统统指向实指定义，通过这些实指定义，可证实性就同**第一种**意义的**经验**联系起来了。没有一个表达规则要以世界上的任何规律或规则性为前提（这种规律是 Hume 和 Kant 所说的“经验”的条件），但的确要以那些可以加上名称的感觉材料和情况为前提。语言的规则就是应用语言的规则；所以，必须有某种可以把语言应用上去的东西。可表达性和可证实性是一回事。逻辑和经验之间不存在任何对抗。逻辑学家不仅能够同时是一个经验主义者；而且，他如果想要理解他自己所做的事的话，他也**必须**是一个经验主义者。

Ⅳ

为了说明我们的态度对传统哲学中某些问题产生的后果，我们来看几个例子。譬如月亮背面的实在性这个有名的例子（Lewis 教授又举了这个例子）。我想，我们没有一个人会愿意接受那样一种看法，认为谈论月球的背面是无意义的。根据我们的解释，在这个场合，意义的条件是充分地得到满足的，这难道能有丝毫疑问吗？

我认为不会有任何疑问。因为“月亮的背面是什么样子”这个问题是可以回答的，例如，可以通过描述一个在月亮背面某个地方的人所看到和接触到的情况来回答。至于围绕月亮旅行这件事对于人——或者对于任何其他生物——在物理上是否可能的问题，在这里是不必提出的；它是完全无关的。即使可以指出，到另一个天体上旅行同已知的自然规律绝对不相容，关于月亮背面的命题仍然是有意义的。既然我们这个句子把空间中的某些地方说成充满着物质（因为这就是“月亮的一面”这几个词所表示的），如果我们能够指出，具有“这个地方充满了物质”这种形式的命题在什么情况下会被称为真的或假的，这个命题就会有意义。“某个地方的物理实体”这一概念，是我们的物理学、几何学语言下了定义的。几何学本身就是我们关于“空间”关系的命题的语法，我们很容易看出，那些关于物理特性和空间关系的论断是如何通过实指定义同“感觉材料”联系起来的。顺便说一下，这种联系并**不**是那样一种联系，授权我们说物理实体是“一种加在感觉材料上的单纯构造”，或者说物体是“感觉材料的复合”——除非我们把这话解释成不怎么恰当地缩写为以下这个论断，即：所有包含“物体”一词的命题都需要有感觉材料来证实。这当然是一个过于烦琐的陈述。

在月亮的例子中，我们也许可以说，如果我们能够“想象”（在思想上描绘）那些会证实我们的命题的情况，那就满足了意义要求。但是如果我们一般地说，一个论断的可证实性蕴涵了“想象”所论断的事情的可能性，这话就只在一个限定的意义上是真的。只要可能性是经验上的，就是说，蕴涵着人类专有的能力，这话就不真了。譬如，如果我们讲一个具有十维的宇宙，或者讲一些具有和我们完全不同的感觉器官和知觉的生物，我并不认为因此就应该被指责为说了无意义的话，然而说我们能够“想象”这样的生物和这样的知觉，或者能够“想象”一个十维的世界，看来是不正确的。但是我们**肯定**能够说，在那些**可观察**的情况下，我们才会主张有刚才提到的那些生物或感觉器官存在。很明显，纵然我实际上不能在想象中回忆我的一个朋友说话的声音，我还是能够有意义地谈论他的声音。——当然这里不是讨论“想象”一词的逻辑语法的地方。这几点论述可以告诫我们不要太轻率地接受可证实性的**心理学**解释。

我们决不能把意义同任何形成思索句子（或思想）材料的心理素材等同起来，正如不能把意义同任何形成口说句子材料的语音等同起来，或同形成书写句子材料的白纸黑字等同起来一样。你做一道数学运算时，心里有一些黑色数字或红色数字的形象，或者根本没有视觉图像，是完全无关紧要的。即使你运算的时候在经验上不可能不同时想象一些黑色数字，也决不能认为那些黑字的心理图像构成了运算的意义，或者构成了运算的一部分意义。

Carnap 很正确地着重指出了一个事实（“心理主义”的批判者们总是强调这个事实），这就是：意义问题同研究某一思想活动可以包括的心理过程的心理问题毫无关系。但是我不相信他已经同样清楚地知道，引证实指定义（我们为意义所设定的）并**不**包含混淆这两个问题的错误。为了理解一个有“红旗”二字在内的句子，我们必须能够指出一个地方，在那里我可以指着一个应该称之为“旗子”的东西，它的颜色我能够认出是异于其他颜色的“红色”。但是为了做到这些，我并**不**需要实际上想起一面红旗的形象。认清这两件事根本不同，是非常重要的。我此刻虽然无法想象德文印刷体大写字母 G 的形象，然而可以说到它而不是胡说八道，我知道，我如果看到这个字母就会认识它，想象一小片红东西同引证“红色”的实指定义是完全不同的。可证实性是同任何可以与有关句子中的词相联系的形象无关的。

另外还有一个有意义的例子，Lewis 教授称之为“不朽”问题，这个问题通常叫做形而上学问题。在讨论这个问题时，我们会发现，它并不比月亮背面的例子更困难。我认为毫无疑问，不能把“不朽”假设成永不结束的生命（因为这既然涉及无限性，可能是无意义的），而要把它看成是我们关注“死”后犹存的问题。Lewis 教授谈到这一假设时说：“我们对于什么东西会证实这一假设，是了解得一清二楚的。”他这种说法我认为我们可以同意。事实上，我能够很容易地想象这样的事，比如：目睹我自己肉体的埋葬，无肉体地继续存在着；因为再没有比描述这样一个世界更容易的了，这个世界同我们通常的世界不同之处，仅在于完全没有我称之为我自己身体的各部分的所有材料。

我们必须得出结论说：所谓不朽，就我们所下的定义来说，不能认为是一个“形而上学问题”，而是一个经验假设，因为它具有逻辑上的可证实性。它可以按照下面的规定加以证实：“一直等到你死！”Lewis 教授似乎认为这种方法从科学的观点来看是不能令人满意的。他说（第 143 页）：

> 不朽这个假说显然是不可证实的。……如果主张只有在科学上可以证实的东西才有意义，不朽这个概念就是一个好例。它很难为科学所证实。科学不能作出任何观察和实验，以其否定性结果来否证它。

我想这几句话里是把私人的证实方法斥为不科学，因为它只能应用于经验者本人的个人情况，而一个科学的陈述却应当能够得到**普遍**的证明，应当为任何一个谨慎的观察者所接受。但我看不到有什么理由连这种科学的陈述也被说成是不可能的。正相反，我们可以很容易地描述经验，使得关于人在肉体死后的不可见存在的假说成为对观察到的现象的最可接受的解释。确实，这些现象较之秘密教信徒礼拜会上出现的那些荒谬可笑的事情具有更可信的性质。那些现象可以构成死后犹存假设的科学证明，可以容许以科学的方法来研究那样的生命，我认为对它们的可能性（就逻辑的意义上说）不能有丝毫怀疑。当然，这种假设决不能认为是绝对真实的，但是所有的假设都有这样的命运。如果有人主张死者的灵魂可以居住在天外空间，为我们的知觉无法接近，因此论断的真假永远无法得到证实，那么，我们可以这样回答：如果“天外空间”一语确有某种意义，那么这一空间必定要这样来下定义，即：达到这一空间或感知其中任何事物的不可能性，仅仅是经验的，所以某些克服困难的方法至少是能够描述出来的，虽然使用这些方法可以是人力所不及的。

我们的结论是这样：不朽的假设是一种经验陈述，它的意义就在于它的可证实性。离开了证实的可能性，它就是毫无意义的。如果一定要认为科学不能作出任何实验，以其否定性结果来否证这个假设，那么对于许多其他具有与上述假设相同结构的假设，特别是那些并非由于认识大量经验事实（必须认为经验事实给予假设以很高的或然率）而产生的假设，就也同样可以这样说。

关于“外界存在”的问题将在下一节讨论。

V

现在我们转到一个最根本的、哲学兴趣最大的问题上来。Lewis 教授把它叫做“自我中心的困境”，把逻辑实证主义严肃对待这种困境的尝试描述为它的最典型的特征之一。这个问题似乎是这样表述的（第 128 页）：“实际发生的经验是发生在第一人称的人身上的”；Carnap 在其 *Logischer Aufbau der Welt*［《世界的逻辑构造》］一书中曾说这部书的方法可以叫做“方法论上的唯我主义”，这一事实似乎可以说明这个问题对于逻辑实证主义学说的重要性。Lewis 教授正确地认为，自我中心或唯我主义原则并不包含在我们的可证实性的总原则之内，所以他把自我中心原则认为是第二原则，按照他的意见，这一原则同可证实性原则一起，引出了维也纳派哲学的主要结论。

如果允许我在这里作点一般性评论的话，我想说，在我看来，真正的实证主义最大的优点和吸引力之一，似乎就在于它自始就持一种鲜明的反唯我主义态度。在逻辑实证主义里，同在任何“实在论”里一样，唯我论的危险是很小的，在我看来，唯心主义和实证主义的主要区别就在于实证主义完全避免了自我中心的困境。我认为，在实证主义里看出一种唯我主义倾向或者和主观唯心主义的亲缘关系，那是对实证主义思想的最大的误解（甚至那些自称为实证主义者的思想家也常常犯这样的错误）。我们可以把 Vaihinger 的《好似哲学》[*Philosophy of As If*] 看成这种错误的一个典型例子（他把他的书称为“System of Idealistic Positivism”[唯心主义实证论体系]），而把 Mach 和 Avenarius 的哲学大致看成避免这种错误的最彻底的尝试之一。相当遗憾的是 Carnap 曾经提倡过“方法论上的唯我主义”，在他的由基本材料形成的全部概念的构造里，eigenpsychische Gegenstände（为我对象 [for me entities]）首先出现，并且形成构造物理对象的基础，这些物理对象最后又引出其他自我的概念；但是，如果在这里有什么错误的话，那主要是在用语方面，并不在思想方面。“方法论上的唯我主义”并不是一种唯我论，而是一种构造概念的**方法**。应当记住，Carnap 所介绍的构造次序——从“为我对象”开始的这种次序——并没有被认为是唯一可能的次序。如果选择了别的次序可能会更好些，但是在原则上 Carnap 非常清楚原始经验“没有主体”这件事实（见 Lewis 上引书，第 145 页）。

最应当着重强调的事实是：原始经验是绝对中立的，或者像 Wittgenstein 偶尔提到的那样，直接感觉材料是“没有所有者的”。因为真正的实证主义者（以及 Mach 等人）否认原始经验“具有用‘第一人称’这个形容词来表示的、作为一切特定经验的特征的那种性质或状态”（上引书，第 145 页），所以他们不可能感到“自我中心的困境”的严重，因为对他们来说，这个困境是不存在的。在我看来，看到原始经验不是第一人称的经验，这是一个最重要的步骤，采取这个步骤，才能使哲学上的许多深奥的问题得到澄清。

“自我”的独一无二的地位并不是一切经验的基本特性，它本来是一个经验事实（像其他许多事实一样）。唯心主义（Berkeley 的“存在＝被感知”或 Schopenhauer 的“世界是我的表象”所代表的）和其他具有自我倾向的学说都犯了一个极大的错误，把本来是经验事实的自我的独一无二地位误认为是一个逻辑的、先天的真理，或者不如说，用一个代替另一个。我们很值得费点工夫来研究这个问题，分析那种似乎表达了自我中心困境的句子。这并不是节外生枝，因为不搞清这一点，就不可能理解我们的经验主义的基本主张。

唯心主义者或唯我主义者是怎样得到那样一种说法，认为我所知道的世界是“我自己的观念”，认为归根到底我所知道的只不过是“我自己意识的内容”呢？

经验表明，所有的直接感觉材料，都是以这样或那样的方式依赖着那些构成我称之为“我的身体”的材料的。这个身体上的眼睛闭上时，一切视觉的材料便消失了；这个身体的耳朵堵住时，一切声音便停止了。这个身体同“别人的身体”有区别，就在于它总是呈现在一个特殊的角度中（例如它的背或眼睛除了在镜子里以外是永远看不见的），但是还有一件事比这更重要，就是**一切**感觉材料的性质都取决于这个特殊身体的器官的状况。显然，这两件事——或许原来是一件事——形成这个身体之所以被称之为“我的”身体的唯一理由。这个物主代词把我的身体从其他的物体中间挑选出来，它是一个表示上述“独一无二性”的形容词。

一切感觉材料都依赖“我的”身体（特别是依赖“我的”身体中那些被称为“感官”的部分），这个事实使我们形成了“知觉”的概念。在那些淳朴的原始人的语言里，我们找不到这个概念；他们并不说“我看见一棵树”，而是直截了当地说“有一棵树”。“知觉”蕴涵着一个感知的主体和一个被感知的客体之间的区别。原来，感知者就是感觉器官或者是感觉器官所归属的身体，但因为身体本身（包括神经系统）也是被感知的东西之一，所以原来的观点立即就被“修正”：一个被称为“自我”、“心灵”或“意识”的新主体代替了感知者。这个新的主体通常被认为是以某种方式存在于身体之内的东西，因为感觉器官是在身体表面的。这种将意识或心灵置于身体**之内**（“在头脑里”）的错误——曾被 R. Avenarius 称为“嵌入”——就是产生所谓心物问题的种种困难的主要来源。如果避免了嵌入的错误，我们也就同时避免了导致唯我论的唯心主义错误。指出嵌入**是**一种错误，那是很容易的。当我看到一片绿色的草地时，“绿色”被称为是我的意识的内容，但它确实不在我的头脑里面。在我的颅骨内，除了我的脑子以外，别无他物；如果在我的脑子里会出现一个绿色的斑点，那显然不是草地的绿色，而是脑髓的绿色。

但为了我们的目的，是不必顺着这条思路走下去的，只要清楚地重申一些事实就行了。

有一个经验的事实：所有的感觉材料都以这样或那样的方式依赖某个身体的状况，这个身体具有这样的特殊性，它的眼睛和背部永远不能为自己所看见（除非通过镜子）。这个身体通常叫做“我的”身体；但是为了避免错误，我在这里把它姑且叫做身体“M”。刚才提到的那种特殊的依赖关系可以用下面的句子来表述：除非身体 M 的感官受到刺激，“我是不感知任何东西的”。或者举一个更加特殊的例子，我可以作出下面的陈述：

只有当身体 M 受伤时，我感到疼痛。　　(P)

我将把这个陈述称为“命题 P”。

现在我们来看另一个命题（Q）：

我只能够感觉到我的疼痛。　　(Q)

对句子 Q 可以作出各种不同的解释。**第一**，它可以被认为同 P 等值，这样 P 和 Q 就是表达同一个经验事实的两种不同的方式。在 Q 中出现的“能够”一词就是指我们称之为“经验的可能性”的东西，“我”和“我的”这两个词就是指身体 M。认清下面这一点是非常重要的：在这第一种解释中，Q 是对一个经验事实的描述，也就是说，是对我们完全能够将它想象成另一种样子的经验事实的描述。

我们可以很容易地想象（在这里，我是严格地按照 Wittgenstein 先生所表达的思想）：每当我的朋友的身体受伤时，我就体验到一种疼痛；每当他的脸上呈现出一种快乐的表情时，我便感到高兴；每当他走了很长的一段路以后，我就感到疲倦；或者当他闭上眼睛时，我甚至看不到任何东西，诸如此类。命题 Q（如果解释为是和 P 等值的）否认上述情况会发生，但是如果这些事情果真发生了，那就证明 Q 是假的。所以，我们是通过描述那些使 Q 真的事实，以及另一些使 Q 假的事实来指明 Q（或 P）的意义的。如果后一些事实发生了的话，我们的世界就会同我们现在实际生活着的世界有所不同；“感觉材料”的特性就会依赖于其他人的身体（或者也许仅仅依赖其中的一个人的身体），就像依赖身体 M 一样。

这个虚构的世界可以是在经验上不可能的，因为它同实际的自然规律不相容——虽然我们不能完全确信这一点——但它是在逻辑上可能的，因为我们可以对它作出一种描述。现在让我们暂时假设这个虚构的世界是真实的。我们的语言会如何适应这个世界呢？适应这个世界可以有两种不同的方式，这两种方式对于我们的问题来说都是很有趣的。

这样一来，命题 P 就会是假的。至于命题 Q，将会有两种可能性：第一种可能性是主张 Q 的意义仍然和 P 的意义相同。在这种情况下，Q 就是假的，并且能够被一个真的命题所代替，这个真的命题就是：

我能够感觉到某个别人的疼痛，就和感到我自己的疼痛一样。（R）

R陈述的是下面这个经验事实（我们暂且假设它是真的）："疼痛"这个材料不仅当M受伤时出现，而且当某个别的身体，比如说身体O受到某种伤害时也会出现。

如果我们用命题R来表示这个假设的情况，那就显然不会有作出任何"唯我主义"陈述的诱惑和口实。**我的**身体——在这种情况下它只表示"身体M"——仍旧是独一无二的，这只是就它总出现在一个特殊的角度里（有着看不见的背部等等），但是，就它是所有其他感觉材料的特性都依赖其状况的唯一身体来说，它就不再是独一无二的。只是这后一种特征，才会产生自我中心的观点。哲学上之所以怀疑"外界的实在性"，是由于认为除了通过知觉，也就是说，通过我的身体的感官之外，我就没有外界的知识。如果这种想法不再是真的，如果感觉材料也依赖别的身体O（它同身体M的区别只是在某些经验方面，而不是在**原则**方面），那就再没有理由把感觉材料叫做"**我**自己的"了。其他的个体O将有同样的权利被当做感觉材料的所有者或拥有者。怀疑论者担心别的身体O可能只是一些属于身体M的"心灵"所具有的影像，因为每个事物似乎都依赖身体M的状况；但在我们上述的情况里，O和M是完全对等的，自我中心的困境消失了。

或许你想要我注意到，我们所描述的那些情况是虚构的，它们并不出现在我们的现实世界里，因此在这个现实世界里，很不幸，是由自我中心困境摆布的。我的回答是：我只想把我的论据建立在如下的事实上，即："虚构"和"现实"这两个词的差异只是经验的，也就是说，命题P恰恰在我们经验所及的现实世界中是真的。它甚至同已知的自然规律看起来并不矛盾，这些自然规律使P成为假的或然率并不等于零。

如果现在我们仍然认为，命题Q是同P（这意味着"我的"应当定义为关于M的）等值的，那么Q中的"能够"一词就仍是指经验的可能性。因此，如果某一位哲学家试图用Q作为一种唯我论的基础，那他就应该准备好看到他的全部构造被某个未来的经验证明是假的。但这却正是真正的唯我论者**拒绝**去做的事。唯我论者争辩说，任何一种经验都不可能同他相矛盾，因为经验总是必然会有一种特殊的、可以用"自我中心的困境"来描述的"为我"性。换句话说，他非常清楚，只要根据定义，命题Q无非只是表达P的另一种方式，唯我论就不能建立在Q的基础之上。事实上，作出Q陈述的唯我论者给相同的词加上了不同的意义；他不愿意仅仅陈述P，但是他却想说出某种完全不同的意思。这个不同就在于“我的”一词。他不想联系到用身体M来给这个人称代词下定义，而是以一种更加一般的方式来使用它。他给予句子Q的究竟是什么意义呢？

我们来考察一下可以给予Q的**第二种**解释。

唯心主义者或唯我论者说，“我只能感觉到我自己的疼痛”，或者说得更一般些，“我只能知道我自己的意识的材料”。他相信，当他这样说的时候，他是在谈论一个必然的、自明的真理，这个真理是任何可能的经验都不能使他放弃的。他也会承认我们为虚构世界所描述的那些情况的可能性，但是他会说，即使每当另一个身体O受伤时我都感到疼痛，我也决不会说“我感到O的疼痛”，而总是说“我的疼痛是在O的身体里”。

我们不能把唯心主义者的这种说法宣布为**假的**，它正好是另外一种使我们的语言适应我们所想象的新情况的方式，而语言的规则在原则上本是任意的。当然，我们的某些用词法可以自命为实用的、合适的，另外一些用法可以被斥为错误的。我们就从这个观点来考察一下唯心主义者的态度吧。

唯心主义者拒绝我们的命题R，用下面这个命题来代替它：

> 我能感觉到别的身体里的疼痛，就像感觉到我自己身体里的疼痛一样。（S）

他要坚持的是，我所感觉到的任何疼痛必须叫做我的疼痛，不管这种疼痛是在哪里感觉到的。为了断定这一点，他说：

> 我只**能**感觉到**我的**疼痛。（T）

就字面上说，句子T是同Q一样的。我稍作区别，把“能”和“我的”这两个词印成黑体字，是为了说明，这两个词在唯我论者使用时的意义，是同它们在Q里（我们把Q解释成与P同义时）的意义不同的。在T中，“我的疼痛”不再意味着“在身体M中的疼痛”，因为按照唯我论者的解释，“我的疼痛”也可以在另外一个身体O中，所以我们要问：代词“我的”在这里究竟表示什么意思？

显然，这个代词并不表示**任何意思**。它是一个完全可以略去的多余字眼。按照唯我论者的定义，“我感到疼痛”和“我感到我的疼痛”是一个意思，因此“我的”一词在句子里是完全没有作用的。如果他说，“我感到的疼痛是我的疼痛"，那他只是说了一句同义反复的话，因为他已经宣称无论在什么样的经验情况下，他决不会允许代词"你的"或"他的"和"我感到疼痛"连在一起使用，而总是让代词"我的"和"我感到疼痛"连在一起使用。这个独立于经验事实的规定是一条逻辑规则，如果遵循这条规则，T就成了一个同义反复，T中的"能"（以及"只"）并不是指经验上的不可能性，而是指**逻辑上的**不可能性。换言之，"我能感觉到某个别人的疼痛"这句话并不是假的，而是**无意义的**（语法上禁止的）。同义反复，作为无意义的否定，就它不断定任何事情，只指出一个关于字的用法的规则而言，它本身是没有意义的。

我们推论出，那个被唯我论者所采用并形成他的论据的基础的句子T（这是Q的第二种解释），严格说来是无意义的。它完全没有说出什么，也不表达任何对世界的解释或对世界的看法；它只是引进了一种奇怪的说话方式，一种笨拙的语言，这种语言将指示词"我的"（或者"我的意识内容"）毫无例外地加到每个事物上去。唯我论是无意义的，因为它的出发点"自我中心的困境"是无意义的。

"我"和"我的"这两个词，如果我们按照唯我论者的规定来使用，那就是绝对空洞的，仅仅是话语的装饰品。"我感到我的疼痛"、"我感到疼痛"和"有疼痛"这三个表达式是没有意义上的差别的。18世纪卓越的物理学家和哲学家Lichtenberg曾经说过，Descartes没有理由不用"它思"［it thinks］而用"我思"［I think］作为他的哲学的出发点。正如在说一匹白马时，除非在逻辑上有可能马**不是**白的，否则这个说法便是没有意义的一样，任何一个包含"我"或"我的"这种字眼的句子都不会有意义，除非我们能够用"他"或"他的"来代替"我"或"我的"而没有说出毫无意义的话，但是，这样的代替在一个似乎表达自我中心困境或唯我主义哲学的句子里是不可能的。

R和S并不是对我们所描述的某种事态的不同解释或说明，而只是这种描述的词句不同的表述而已。从根本上说，最重要的是看清R和S并不是两个命题，而是用两种不同的语言来表达的同一个命题。唯我论者排斥R的语言而主张S的语言，从而采用了一套用语，使Q成为同义反复，把Q变成了T。这样，他就使证实或否证他自己的陈述成为不可能，他自己剥夺了这些陈述的意义。唯我论者拒绝利用一些机会（我们提供给他们的）来使"我能够感觉到某个别人的疼痛"这个陈述有意义，就同时失去了给予"我只能感觉到我自己的疼痛"这个句子以意义的机会。

代词"我的"表示**拥有**。除非在"我的"这个词能够有意义地使用的情况下，也就是说，除非在用"他的"、"你的"这些词来代替时我们也会得到对可能事态的描述的情况下，我们是不能说疼痛（或其他感觉材料）的所有者的。如果将“我的”定义为涉及身体 M 的，这个条件就得到了满足，如果我同意把任何我能在其中感到疼痛的身体都称之为“我的身体”的话，这个条件也会得到满足。在我们的现实世界中，这两种定义都应用于同一个身体，但是这可能是另外一种不同的经验事实。假如这两个定义并不一致，如果我们采用了第二个定义，那我们就需要用一个新的词来区别身体 M 和其他我会在其中有感觉的身体。在“A 是我的许多身体中的一个，而 B 却不是”这种形式的句子中，“我的”这个词会有意义，但是在“我只能在我的许多身体里感觉到疼痛”这个陈述里，“我的”一词就没有意义，因为这只是一个同语反复。

“所有者”一词的语法是同“我的”一词的语法类似的：只有在一物**变换**其所有者有逻辑上的可能的地方，也就是说，在所有者和所有对象之间的关系只是经验关系，而不是逻辑关系（是“外在的”关系，而不是“内在的”关系）的地方，“所有者”这个词才有意义。因此，我们可以说：“身体 M 是这种疼痛的所有者”，或者说“那种疼痛为身体 M 和 O 所有”。也许，这第二个命题在我们现实世界中永远不能被认为是真的陈述（虽然我看不到它同自然规律有什么不相容之处），但是这两个命题都是有意义的。它们的意义乃是表达了在疼痛和某些身体的状况之间的某种依赖关系，而这种依赖关系的存在是可以很容易得到检验的。

唯我论者拒绝以这种可以理解的方式来使用“所有者”这个词。他知道，感觉材料的许多特性根本不依赖任何人体状况，比如说，一切可以用“物理规律”来表达的人体行为的规律性，就是这样；因此，他也知道，说“我的身体是一切事物的所有者”是错误的，所以他就谈论什么“自己”、“自我”或“意识”，宣称这是一切事物的所有者。（顺便提一下，唯心主义者断言我们所认识的只是“现象”时，也犯了同样的错误。）这是无意义的，因为“所有者”一词这样用便失去了它的意义。唯我主义的论断既不能被证实也不能被否证，它凭定义成为真的，而不管事实如何。它仅仅是一种言词上的规定，把“为‘我’所有”[owned by Me] 这个短语加到一切对象的名称上去。

这样，我们看到，除非我们愿意把我们的身体叫做感觉材料的所有者和承负者——这似乎是一种相当使人误解的说法——我们就必须说，感觉材料**没有什么所有者**或承负者。这种经验的中立性——和唯心主义者所要求的经验的主观性相对立——乃是真正的实证主义的最根本的论点之一。“所有的经验都是第一人称的经验”这个句子，要么是指所有的感觉材料都在某些方面依赖我的身体 M 的神经系统状态这一经验事实，要么便是无意义的。在这个生理学的事实被发现之前，经验根本不是“我的”经验，它是自足的，不

"属于"任何身体。"自我是世界的中心"这个命题可以被认为是对上面所说的这一事实的表达，它只有在涉及身体时才有意义。"自我"这个概念是建立在同一事实上的一个构造，我们可以很容易地想象这样一个世界，在这个世界里，"自我"这个概念还没有形成，在"我"[Me]之内的东西和在"我"之外的东西之间并没有任何不可逾越的鸿沟的观念。它是那样一个世界，在那个世界里，像那些相应于命题R或其他类似命题的事件乃是规则，在那个世界中，"记忆"的事实并不是像在我们的现实世界中那样断定的。在那些情况下，我们并不会被引诱得陷入"自我中心的困境"，但是在**任何**情况下，试图表达这种困境的句子都是无意义的。

作了上述说明之后，所谓外界的存在问题就容易处理了。如果我们同Lewis教授一样（第143页），用下面的论断来表述"实在论"的假设，即"假如所有的心灵都从宇宙中消失的话，星球将仍旧在其轨道上运行"，我们就必须承认它是不可能证实的，这种不可能仅仅是**经验的**。经验的情况使我们完全有理由相信这种假设是真的。我们确信它，正如确信科学所发现的最有根据的物理规律一样。

事实上，我们已经指出过，世界上有某些规律性，经验表明这些规律性完全独立于地球上人类所发生的事情。天体运动的规律是被表述为完全不涉及任何人体的，**就是因为这个道理**，我们主张天体在人类从地球上消失以后仍在其轨道上运行是正确的。经验并没有表明这两类事件之间的联系。我们观察到，星球的轨道是不会由于人类的死亡而改变的，正如它不会由于一座火山的爆发或中国政府的一次变动而改变一样。我们为什么要假设在我们的星球上或在宇宙的每一个角落里一切生物如果都消灭了，情况将会有所不同呢？毫无疑问，依靠经验的证明，生物的存在对于世界上其他事物的存在并不是必要的条件。

"在我死了以后，世界将继续存在吗？"这个问题是没有意义的，除非把它解释为问"星球等等的存在是否依赖一个人的生存或死亡？"对这个问题，经验作了否定的回答。唯我主义者或唯心主义者的错误就在于拒绝这种经验的解释，而去追求经验背后的形而上学的问题；但是，他们企图构造这个问题的新意义的全部努力，仅仅以取消这个问题的旧意义而告终。

人们会注意到，我冒昧地用了"如果所有的生物从宇宙中消灭"这个从句去代替"如果所有的**心灵**从宇宙中消灭"这个从句。我希望人们不会认为我由于这一代替而改变了问题的意义。我之所以避免用"心灵"一词，是因为我认为它同"自我"或"意识"等词一样，都是表示同一种东西，而这种东西我们已经发现是如此隐晦和危险的。所谓生物，我是指那些能有知觉的东西，而知觉概念是只能援引活的**机体**与感觉器官来下定义的，所以我用“生物的死亡”来代替“心灵的消失”是正确的。这些论点用于任何可以选来给予“心灵”的经验定义都能成立。我只需指出，根据经验，星球等等的运行是完全独立于快乐、忧愁、沉思、梦幻等等一切“心理”现象的；我们可以推断，如果那些现象不复存在，星球的运行不会受到任何影响。

但是这种推论是否真能为经验所证实呢？在经验上，它似乎是不可能的，但我们知道，只有证实的逻辑可能性才是必需的。不用“心灵”的证实之所在逻辑上是可能的，是因为我们曾经主张经验有“中立的”、非人格的性质。原始的经验，一堆有秩序的感觉材料的单纯存在，并不需要事先假定一个“主体”、“自我”、“我”或“心灵”；即使没有任何导致形成这些概念的事实，这种经验也可以发生。它不是任何一个身体的经验。想象一个没有植物、没有动物和人的身体（包括身体 M）、没有上述心理现象的宇宙，是并不困难的：它确实是一个“没有心灵的世界”（因为此外还有什么东西能够配得上这个名称呢），但是，这个世界里的自然规律同我们现实世界里的完全一样，我们能够用我们的实际经验（只需删除一切涉及人的身体和情感的字眼）来描述这个宇宙；这就足以把这个宇宙说成一个可能经验的世界。

最后这段话可以作为真正的实证主义一个主要论题的一个例证：对世界的朴素的表象，正如人们在大街上看到的那样，是完全正确的。既然我们已经指明，这些麻烦的问题之所以产生，仅仅是由于使用了错误的语言去对世界作了不适当的描述，所以重大哲学问题的解决，就在于返回这个原来的世界观。

（洪汉鼎译，李步楼校）

选文出处

石里克　意义和证实

洪谦主编，《逻辑经验主义》（上卷），北京，商务印书馆，1982，37—68 页。

论心理概念与物理概念的关系

石里克

在这篇文章中，石里克应用意义分析的方法，试图消解笛卡儿关于心物关系问题的形而上学困境。他认为，“心物问题”不过是在同一语句中混合地采用了两种表述模式造成的混乱而已。人们在主体间的空间中计算有秩序的相符，就是物理的方式；而通过一组强烈性质来处理经验材料就是心理的描述。物理语言具有客观性和普遍性，是我们的世界的一个偶然的经验事实，形而上学一元论就是对此经验事实的误读。而将物理语言描述的世界与心理语言描述的世界对立起来，就产生了形而上学的二元论。

作者简介

石里克（Moritz Schlick, 1882—1936），德国哲学家，物理学家，逻辑经验主义维也纳学派的主要创始人。生于柏林。1917年起先后在罗斯托克和基尔任大学教授，1922年任维也纳大学归纳科学的哲学讲座教授，1936年被德国法西斯拥护者暗杀。著有《普通认识论》、《自然哲学》。

I

近代哲学中曾作了不少努力，试图把Descartes关于心物关系的问题从它的形而上学的晦涩中解脱出来。其方法是拒绝用心灵实体和形体实体这类的词来提出这一问题；而用下述这样一个完全无害的问题来开头，即先问一问，一般说来，我们究竟是怎样地获得我们的那些物理概念和心理概念的。我毫不怀疑这的确是研究解决Descartes心物关系问题的正确途径。事实上我确信，只要我们完全弄清楚了我们在使用“心灵的”和“形体的”这两个词时所依据的规则，那么与此同时，我们也就已经解决了Descartes的心物关系问题。因为，这样我们就把握住了所有物理命题与心理命题的本来意义，而通过把握这些命题的意义，我们也就知道了物理命题对于心理命题的关系。

当Descartes想要通过指明“广延”这一属性作为特殊的标志来定义他的“物质实体”时，他沿着一个方向跨出了第一步——对这个方向来说，只有一直走到底，才能有指望对那些属于并仅仅属于所有“物理”概念的性质形成一个清晰的观念。“广延”当然指的是空间的广延，而且的确可以有信心地断言，只要对“空间广延”这一概念进行分析而无须另辟蹊径，就可以给“物的”这一概念下定义。

但这个问题绝不是那样简单，以至于只要说一句“具有空间广延的东西就是‘物的’”就够了。因为有这样一些词，当它们与“空间广延的”这一谓词相联结时是有意义的，但它们指的却是“心灵的”状态。这类词，举例来说，就有“视觉”、“触觉”、“疼痛”等等。因此，只有当“广延的”一词在其心理应用与物理应用中具有不同意义时，才有可能沿着上述途径找到我们所要寻求的区别。

事情是这样的吗？当我说到扩展到某一区域的疼痛时，以及当我把一定的空间广延归之于一个物理对象如我的手时，在我心中想的究竟是相同的东西还是不同的东西？月亮的视觉是不是和月亮本身具有相同意义的广延？我注视一本书时的视觉印象是不是和把书拿在手中时的触觉印象具有相同意义的广延？

对这些问题的回答是澄清我们的概念的第一步，不，是第二步——第一步，也是更为困难的一步乃是提出这些问题。无论是 Descartes 还是他的追随者都没有走出这一步——他们甚至根本就没有意识到“广延”一词有着在不止一种意义上使用的可能性。因此，对于他们使用这个词的方式，我们不能说，他们是在有重大不同情况下把这个词当成了具有相同的意义。他们甚至没有看到存在着不同的情况。只有 Berkeley 才是一个著名的例外。Berkeley 已提出了我们那三个问题中的第三个问题。前两个问题在 Berkeley 的体系中是不可能产生的，因为 Berkeley 哲学的一个绝非无足轻重的部分恰恰就在于证明这两个问题并不存在。对 Berkeley 来说，除了可以归之于视觉表象和触觉表象的广延之外，再无其他种类的广延。事实上，在 Berkeley 的哲学中把视与触称为“表象”已是一种失误，因为不存在任何作为它们的本源、被它们复制的东西。和 Berkeley 相比要晚得多才从事哲学研究的 Kant，相信他自己没有什么地方可向 Berkeley 学习的，他也就没有能提出我们的问题。Kant 就像在他之前的 Descartes 一样，一成不变地谈到广延，谈到空间，而不去研究一下是否有必要区分几种空间概念——首先区分物理空间与心理空间，其次在心理空间中再区分视觉空间、触觉空间等等。这一疏忽给 Kant 的几何哲学并从而给他的整个体系带来了不幸的后果。物理空间即自然界的空间，对 Kant 来说也就是心理空间，因为对于 Kant，自然界只不过是“现象”，也就是说只不过是“观念”，而后者是一个心理的术语。

有可能将Kant对于“外”感官和“内”感官的区别看做是他想在物质与精神之间划出一条界限而作的尝试。Kant的空间学说——认为空间是外感官的直观形式，为内感官所缺乏——事实上既是Descartes理论的旧事重提，又是晚近那种试图仅仅把非空间性当做精神特征的哲学前驱。据说即使在心灵不得不涉及空间的场合（在观念或知觉中），它本身也是非空间性的。红三角形观念的本身既非红色也不是三角形，对于广延对象的知觉本身并无广延。

这种说法之所以显得貌似有理，乃是由于“知觉”与“观念”两词意义的含糊。这两个词既可用来指实际给予的内容，也可用来指知觉的活动，而后者的特点乃是一种“心理过程”，对它的确不存在什么“广延”问题。（对于在内容与知觉活动之间作出这一区别是否正当的问题我们姑且勿论，现在只限于指出：我们所肯定的，只是在认识到内容以某种方式依赖于发生在感官中的过程，并进一步认识到这些过程是发生在物理的过程之后，我们才会想到谈知觉的活动——然后再谈想象的活动。）我们肯定不能就知觉的内容——至少对于视觉和触觉的情况来说——是“非空间性的”，倒应当说它们无疑是广延的。事实上，我们首先正是从这些知觉的内容中导出了广延的概念。

虽然如此，我们并不认为“广延”一词在心理的和物理的关系中是同样的意思。为了弄清楚二者的区别，最好的办法正好是要考察那些最难于使心理空间与物理空间相区别的场合。我们在上面已经问过，疼痛（举例来说）是不是具有和一个物理对象（如我的手）同样意义的广延？如果疼痛正是在我的手上，我的整只手都疼痛，那么情形又怎样？是不是这时我们就有了这样一种心理，其广延等同于“我的手”这一物理对象的广延？

回答是：“绝不！”疼痛有它自己的空间，正如视觉有视觉的空间、触觉有触觉的空间一样。几种不同的疼痛感能够**同时**出现，这一事实已足够说明我们需要谈到“疼痛空间”。每个同时的事项的每一种安排都是并立的（正如与一个事项相反），而习惯上把这类事实都称为“空间的”一种事项。正是经验者先带来了各个不同空间（视觉空间、触觉空间、痛觉空间等等）之间的并立。

这一点可以通过下面的例子非常清楚地加以表明：设想一个生活在完全没有运动的完全黑暗中的人，这个人既不会懂得什么是视觉，也不会懂得什么是触觉，但他很可能知道“他整只手的疼痛”（尽管他不会使用这些词）。如果把他从牢房中释放出来，他会慢慢形成我们惯常的空间观念，并通过观察事件之间的一定的共存和一定事项的同时发生和延续，逐步学会把这类疼痛解释成“手”的疼痛，而所谓“手”就是指一个五指状的视觉和触觉对象，这个对象是通过另一个身体结构“臂”与他自己的身体相连接的。因为他将会观察到他的疼痛以一种确定的方式依赖于他称之为“我的手”的那个物理对象所经受的事情，而这个被称为“我的手”的物理对象则既可在视觉场合看到又可在触觉场合感受到。这样，这一创伤或伤口一被触及就会增加疼痛，另一些过程（治疗）则会消解疼痛。痛空间与视空间就以这种方式联系起来了。因为只有经验才告诉我们有几种广延总是一起出现，所以应当接受的结论只能是有几种“空间”而不是只有一种空间。如果世界并不是像现在实际上的那种模样，例如，如果所讨论的那个人当触及某种东西（例如桌上的烛台）的时候就感到疼痛，而且在烛台移动时他就感到一种类似于在正常情况下伴随手的运动而出现的动觉，那么这种经验将导致他把“手痛”的空间和烛台的空间关联起来（举例来说，如果烛台有五个分支，那么这些分支将对应地引起五个手指的疼痛）。他因此就可能完全有意义地说：“烛台使我感到疼痛。”（Wittgenstein 在另一问题上也进行了类似的考察，但尚未发表。）因此，完全有可能设想几种会把同一手痛定位到完全不同的物理空间中去的经验。由此可知，心理的疼痛空间与物理空间是完全不同的两回事情。

二者之间的区别在极端场合下十分明显。让我们回到上述的第二个例子，比较一下月亮的广延与月亮的视觉的广延。月亮的直径，一个物理量，可用英里为单位算出；但另一方面，月亮视觉的直径甚至不是一个“体积”。（毋庸赘言，不要把视觉与视网膜上的像混为一谈，后者就具有物理尺度，从而可以借助度量单位确定其直径。）视觉的广延经常用角度来度量。的确，度量角是一个物理量，但它并不构成一个视觉本身的量。倒是宁可说，这样一种算出度量的方法如要证明为正当的，那只有通过定义性的关联才成，但后者对于许多目的而言都是不合乎实际的。这样，如果我们把月亮在当空时的视觉与在地平线时的视觉相比较，这两种情况的视角应相等；但正如人所共知的那样，我们却称第二种情况下月亮的心理视觉的广延大于第一种情况。不管一个心理意象的“广延”或“体积”究竟意味着什么，总之，它是某种完全不同于物理对象的广延或尺寸的东西。

Ⅱ

那么，这种帮助我们对“物的”下定义并和“心的”有所不同的东西，究竟在哪里呢?

这儿我们将应用的方法在我看来是真正的哲学的唯一方法：我们将把注意力转向这样一个方面，即关于物理对象的命题被**证实**的方式。凡是在证实这类命题时所使用的各种方法中的共同的东西，就一定是表明“物的”的特征的东西。所有命题的真假，都是通过一定的操作得到检验的，要阐明命题的意义，就要指明这些操作的方法。现在的问题是：在命题中出现物理术语的情形之下，这些操作是些什么种类的操作呢？换句话说，判定物理性质的过程究竟是怎么回事？

物理性质是**可测量**的性质，它们是用测量的方法下定义的。[①] 对这些方法的讨论，只要限于物理学的**科学**方法就够了。当然，在有那种科学方法之前，就有某些"非科学地"测定物理性质的方法，这些方法在我们的日常生活中还继续起着占支配地位的作用。然而在原则上，处理生活问题的步骤和科学问题的研究程序并不存在什么区别。但是，由于科学方法的应用，其效果更为明显突出。我们将仅限于讨论这种方法。在日常生活中物理概念也只是在进行这种或那种测量（即使用的是触摸、目测、步测等最粗糙的方法）的地方才会产生，而这也就是说完成了某些**定量的**判定。每一个测量都来源于计数，而且最终总可追溯到一定数目的"相符"，这里相符指的是视觉场合和触觉场合的两个先前分离的奇点（标记、指针等等）在空间上的相合。测量的这一特征——空间广延可以说是通过分割成分离的部分而被把握——是经常被人指出的。正是这种判定空间性的方法才是**物理的**方法。

为什么我们恰好要使用这一种处理程序呢？

唯一正确的回答是：由于它的客观性，也就是说，由于它具有感觉间的和主体间的效用性。这一说法的意思可以很容易地用一个例子来阐明。如果我将我的两个食指指尖互相靠近，在视觉场合就发生了一个现象，称为"指尖碰头"；而在触觉场合则发生了另一个现象，我称之为"指尖接触"。这两个现象——每一个都是在各自的场合的一个离散的可识别的因素——总是同时发生。这是二者之间的一个基本的经验关系。每当触觉场合发生一次相符，视觉场合也就发生一次相符（至少在可以精确指明的那种有利条件之下——如照明、眼睛的位置等等）。这一关系独立于所考虑的个别的感官，它是感觉间的。我们还从经验知道它是主体间的。这就是说，所有其他在场的人（仍是在给定的易于指明的条件下）都肯定有相同次数的同类的相符在他们的视觉场合和触觉场合发生。这样，不仅是不同的几种感官，而且还有不同的主体，对相符都是一致承认的。这些相符的次序只不过是物理的空间次序（严格地说应是时空次序）而已。这是**客观的**次序（由于我们应用"客观"一词的意思是把感觉间与主体间这两个概念的见解一致起来）。

---

① Bridgman 所著的 *The Logic of Modern Physics*［《现代物理学的逻辑》，New York，1927］一书将这一思想贯串于整个物理学。

一般说来，只有那些通过相符来检验的物理命题才能获得客观性。而关于颜色声音的性质命题，关于悲哀欢乐的情感命题，关于记忆之类东西的命题，总之“心理的”命题，则不能获得客观性。

这样，一切物理命题的意义就在于这一事实：它们或是构成相符，或是构成关于相符的定律；而且这些相符是时空中的判定结果。人们可能想要说，这只有在相符的事项是被指明的情况下才有意义，如果缺少这一附加条件，命题就不完全。但更仔细地考察就会认识这一类说明（这些说明的确是必须作出的）要求我们回到涉及另外一些相符的命题。（在这里我们找到了对特别由 A. S. Eddington 所精心发挥了的下述论点的证明，即物理学作为一个整体应被理解为几何学。此处的“几何学”显然指的不是一门纯粹形式的数学学科而是一门经验科学。）很容易看到，即使是通过直接显示的姿态而作出的阐明——归根到底，只有这一种方法才使我们的概念与世界相联系，使这些概念成为自然物的信号——也在于要造成相符（例如，指物的手指与所选中的物的相符）。现代量子物理学中对原子过程不作空间描述，这并没有改变下列事实的说明，即一切物理定律都要由相符的发生来加以证实，因为后者对于那些包含与原子有关的量的定律仍然成立，而这些量之所以有意义也仅仅是由于它们与物理空间中的判定结果有关。

根据我们上面所说的意思，物理概念的基本特征就在于物理概念是以这样的方式来得到的：在无限多样的事件中选出特定的一类，即“相符”，并借助于数来描述这些“相符”之间的相互关系。物理的量等同于这样得到的数的组合。因此，我们正在寻求答案（原则上的答案）的问题可表述如下：这些相符与所有其他事件的关系是什么？例如，这些相符与疼痛的发生、颜色的改变、愉快的感觉、记忆的浮现等等的关系是什么？

Ⅲ

通常都认为物理学家有意根本回避任何不属于时空规定的事情。据说，物理学家忽略“性质”的方面而使自己限于描述可在这个世界上找到的量的关系。因此通常就发展出一种对物理学的责难，认为物理学是“片面的”，在我们关于实在的知识中只起着一种狭隘的、受限制的作用；认为物理学只给我们提供了一种片断的知识，一个时空框架，对之必须加以补充，必须填之以内容。而这必须补充填入的内容，据说就是“心的”。这样，心理学就与物理学对立起来成为一门独立的学科。的确，我们还常常听到这样的一种意见，认为即使物理学与心理学合在一起也未能穷尽对这个世界进行描述的模式，还有一些地盘是专门留给形而上学来制定规律的。

对于认为物理学方法是片面而局限的这一论断，有着另一种与之尖锐对立的意见，认为运用物理方法能够对这个世界作出绝对完全的描述，认为世界上发生的每一事件均可用物理语言来描述，尤其是认为因此每一个心理学的命题都可以译成仅仅包含物理概念的表述。如果物理语言不仅是客观的（这一点我们已经看到了），而且还是**唯一的**客观语言；或者更精确些说，如果可转译成物理语言是客观性的必要条件，那么上述的第二种意见——人们常用不怎么确切的语言称之为“物理主义”论点——就是正确的。事情看来也真是这样。迄今为止所有的经验都指向下述结论，即只有物理概念或可还原为物理概念的概念才满足客观性的要求，而后者对于一种语言来说当然是实质性的。因为如果没有客观性，这种语言就不可能作为了解不同主体的手段。

因此，我同意物理主义论点是正确的[①]——这一论点几乎没有足够的强调——，但是它之为正确只是在**特定**经验基础之上的正确。因此这一论点是一个事实性的论点，一个经验性的命题。就像（举例说）英格兰是个岛屿这一命题或者自然界能量守恒这一论断一样。因此，这一论点不是什么哲学上的发现。作为哲学家本身来说并不对经验事实本身感到兴趣，因为每一事实仅只是不确定的许多可能事实中的一个。他感兴趣的倒是事实的**可能性**。由于在我看来哲学家的任务乃是要判定命题的意义，由于命题仅当它描述一种**可能的**事态时才有意义（这种事态是否实际存在则无关紧要），因此，说哲学家所研究的命题意义就和说哲学家所关心的事实可能性完全一样，这二者根本是一回事。

世界正好是现在这种样子，事情正好是经验所显示的那样，这一点——在一种很易于理解的意义上——乃是一个偶然的事实。在恰好相同的意义上，物理语言之为一种主体间的普遍语言，也是一个偶然的事实。（即使是 Carnap，“物理主义”最热烈的倡导者之一，也把这一点解释为碰巧[②]。）对我们来说，从这种情况直接就得出：“物理主义”一词完全不是指一场“哲学运动”。这种情况是对我们的一个劝告：劝告我们在评价或论述事实的时候，不要认为这些事实由于事实这句话而使我们想到与任何其他经验的事实情形不同；劝告我们要把这些事实当做一种范例，当做各种可能性中的一种可能性。恰好是通过想象其他可能的事态——这种事态把面前的事态作为它的背景提

① 参见我写的 *Allgemeine Erkenntnislehre*［《普通知识论》］，2te Aufl.，S. 271（英译本：*General Theory of Knowledge*，tr. by A. E. Blumberg，Vienna & New York，1974，p. 296）。

② 参看“Erkenntnis”［《认识》］2（1931），S. 455—“Die physikalische Spracheals universale Sprache der Wissenschaft”［《物理语言是科学的普遍语言》］。

供出来——我们才能了解、才能看到物理概念实际上所起的作用和它对于心理概念的关系是怎样的。

Ⅳ

那么，物理语言的客观性和普遍性所依据的经验材料究竟是什么呢？这些经验材料就在于下列事实，即：在“相符”与所有其他事件之间可以找到一种有系统的关系——对于任一其他事件中的每一种差别，都有一种可判定的相符之间的差别与之相对应，因而在原则上说来，世上没有一种变化或稳定不与相符领域内的一种变化或稳定一一对应。如果事情是这样的话，那么显然整个经验世界就是仅仅由这些相符决定的；知道了这些相符，也就知道了整个经验世界。物理语言的普遍性质正是从这里产生的。举两个例子就足以表明这一点了。第一个例子我们选择颜色的心理概念与物理概念之间的关系。从物理上说，颜色是由频率即每秒的振动次数来定义的。大家知道，这一每秒振动次数是通过这样一种人们熟悉的程序而得到的，即计算光的干涉条纹或测量光谱，并从所得数字结果和从仪器上测定的另一些量度来计算“频率”。这就是说，要观察到光谱线或干涉条纹与测量仪器上的一定色彩之间的相符。现在，经验指出，每当光在视觉上有相同的颜色时，这些相符总是在相同的地点发生，总是和相同的一般定律相一致。对于一种具有完全指定色调的红色单色光，我总是恰好得到相同的频率。其结果是，只要我知道有一个光源发射这种频率的光线，我就知道当该光线与我眼睛相遇时我将看到什么样的颜色。这样，为了指称这一颜色，只在得出这种频率就足够了。的确，这种物理的指称实际上要比心理学家所使用的相应的颜色名称（例如枣红）精确得多。

但是，频率与所看到的颜色之间的相符是不是真的那么毫不含糊？当我看到一个发射出同一频率光线的光源时，我所看到的是不是总是同一种颜色？显然不是。如果我的眼睛疲倦了或者事先受到了另一种颜色的光的作用，如果我的神经系统处于山道年的影响之下，那么尽管在客观上辐射是相同的，我还是会产生不同的颜色印象。经验不是驳斥了“物理主义论点”了吗？并不。因为经验告诉我们，在所有这些情况中，虽然频率相同，我却看到了不同的颜色，但**其他的**一些物理变化也可以被检测出来，这里指的是那些涉及我的机体尤其是我的神经系统的物理变化。对我的神经系统的深入研究（这自然是一种要利用相符方法的物理研究）指出——就我们经验所及的范围来说——关于颜色的性质的每一种差别与神经系统中视觉部分的差别是紧密对应的。

我们不去考虑对于神经系统的生理研究是否会达到完满的结果，或这样一种研究甚至在技术上是否可能。我们发现有另一些可以作物理描述的过程，能用来代替神经事件在感觉性质与相符系统之间建立起不含糊的对应。这指的是个人的物理行为——尤其指那些当个人被问及他的感觉的性质时为叙述该感觉而作出的反应（说话、书写等等）。对于我们的目的来说，这些反应之所以能和上述神经过程同样令人满意，我们将假定是因为这些反应本身可以毫不含糊地与上述神经过程相关联（由于二者之间的因果联系）。但这一点对我们的目的来说并没有什么关系。我们所关心的仅仅是有可能把感觉性质与相符系统关联起来这一事实。

这样，颜色性质的每一变化对应于相符系统中的一个变化。但是这一件事情并不仅仅关系到测量光的频率时所涉及的那些相符，而且还关系到另一些在感知者身上可观察到的相符——后面这些相符之属于相符的总体则完全是一个经验事实。在考虑到所有有关的相符之后，物理概念与性质之间的协调就变得完全不含糊了——就像“物理主义”所断言的那样。

人们不能责备物理学家故意忽视一切性质，因为这一点对于他来说完全不是真的。相反，对物理学家来说，每一个差别都是寻找相符之间的差别的一个理由、一种指证。举例来说，如果在人们本来指望会产生黄色感觉的场合下（譬如说，在钠的光谱线处），我却说我看到了蓝色，那么物理学家只有在“说明”了这一意外的事实之后才肯罢休。这就是说，物理学家要在我的身上发现某种物理的特殊之点，换句话说，就是要发现某种由一定的相符所表明的、只在这种情况下才出现而为其他情况所无的反常量度。因此性质世界对物理学家来说具有最大的重要性。物理学家根本没有忘掉它，相反，他只是把他的量的系统看做是对自然的一种令人满意的描述——只要在他的系统中把性质世界的多样性用一种相应的数的多重性表示出来就成。

作为第二个例子，让我们考虑这样一个问题：悲伤这种情感的精神材料是如何表述和传达的？这种类型的情感既不是局部的，我们也不认为它具有空间的广延；它的结构根本上不同于感觉性质的结构。可以肯定的是，在大部分情况下悲伤都是由外部事件引起的，也就是说，是由在悲伤者的身体之外发生的事件引起的，而这样的事件可以用物理术语来加以描述（例如，某人的死亡或关于死亡的消息）。但这一例子与前面所举的例子的区别在于这样一个事实，即没有人相信在悲伤情感的性质与那些外部事件之间存在着紧密对应。相反，这种情感对主体状态的依赖是如此之明显，以至于人们都在悲伤者的身上来寻找相符——这里所讨论的主要的东西。我们也不需要考虑神经系统中的事件——那在大部分情况下是未知的——，因为只要注意当事人的表情、言语和他的整个举止就足够了。在后面这些可用相符的词句来描述的过程中我们可以得到这样一些事实，根据这些事实，情感就可用物理语言来表述。

不要认为物理学家一定要在他的描述之外剩下什么东西；不要认为有什么东西是物理学家无法描写的，只能留给（譬如说）诗人来形容。因为即使是诗人，也只能通过述说身体动作的词句来察觉某个人的悲伤；只有用述说这种动作行为的词句，诗人才能使这种悲伤成为可被听众直觉到的东西。事实上，诗人越是一个好的心理学家，他就越能得心应手地运用诗的语言，他也就会越少运用心理词句来描述悲伤。他将代之以力图用一种显然是间接的方法来达到他的目的，他将描述悲伤者行走的样子，他的表情，头部的姿态，手的疲乏的动作，或者记下他的片言只语——总之，利用那些物理学家同样可以描述的事件，尽管物理学家将用另一些符号来描述它们。

V

我们提出来的“心理”概念确切到什么程度呢？物理语言从事件的广延时空关系来描述事件，而心理学家则从一种完全不同的观点，即根据事件的“强烈相似”，来把事情归类。这样，对于在经验中发生的很大数量的一批不同而类似的性质，将其中每一个都用一个共同的名称称之为“绿色”；将另一个多元体则称之为“黄色”；如此等等。这两个多元体都展示出这样一种相互之间的以及与某些其他性质之间的相似，因此把它们都聚集在一个共同的词项“颜色”之下。此外，还存在另一些与此不同的因素，但它们都彼此相似，因而得到一个共同的名称例如“声音”、“快感”、“愤怒”、“气味”、“痛苦”、“不安”等等。更进一步，还存在着成批的事件，称为“颜色的变化”、“声音的增强”、“亮度的减弱”、“情感的消失”、“视觉运动”、“触觉运动”，如此等等。“视觉相符”与“触觉相符”这两类事件自然也属于其内。

因此，我们一定得把最后这二者也列入“心理”概念表中。如果有人感到这是谬论，与我们先前的陈述相矛盾，那他离开理解物理概念与心理概念之间的关系就还有很远的距离。要说“相符有着远为复杂的本性”，那是明显的错误。举例来说，如果我梦见我在玩台球，我看到球碰在一起，相碰的球表面上一定的点发生了遭遇；但这种遭遇（在此情况下）并不能用来构造一个物理的或客观的空间，因为这只不过是梦中的事件而已。人们无从使它们与实际玩球时发生的对应事件适合同一种的结构。它们遵从不同的规律。借助于它们构造出来的“物理空间”将是一个不真实的物理空间；而梦中的视觉相符作为一个心理事件，却自然地和清醒时的事实具有相同的实在性。但是，它们不具有那种为真实生活中观察到的相符所独具的主体间性。事实上，梦中的情况与实际球戏之不同，恰恰在于梦中的相符不适于构造一个主体间的空间，而正常生活中的相符则以一种直接而方便的方式适合于物理空间和自然律的系统。因此，并不是“相符”本身构成了物理世界，应当说，是相符之结合为一定的系统（客观空间系统），才使物理概念的形成成为可能。“物的”和“心的”这两个词只是描写两种不同的、用来整理经验材料的表述模式，它们是描述实在的两种不同的方式。人们在主体间的空间中计算有秩序的相符，这是物理的方式；而通过一组强烈性质来处理经验材料乃是心理的描述。

所谓“心物问题”是由于同一个语句中混合地采用了两种表述模式而产生的。那些被放在一起的词如果正确地使用，本来是属于不同的语言的。这样做在日常生活中并不引起困难，因为此时语言并没有被推向它的临界点。这种情况首先是在对科学命题的哲学思考中发生的。这时物理学家偏要使我们相信，例如“叶子是绿的”这一语句只不过意味着某种空间对象仅仅反射一定频率的光线；而心理学家则偏要坚持认为这一语句说出了某种有关感性内容的性质的东西。由此而进行了许多使人困惑的努力，想要使这两种解释互相符合，各种不同的“心物理论”就是在这些努力中成长起来的。这类理论大多数都讲些什么感觉与客体、内部世界与外部世界等等的二元性，而实际上这种二元性只不过是对于实际事件应用了两种不同的语言。作为经验事实，物理语言似乎已经足够对世界作出完整的描述。但这一情况，就如历史已经告诉我们的那样，并没有使我们更容易理解真实的情势；相反，它只是帮助了一种唯物的形而上学的产生，而这种唯物的形而上学和任何其他的形而上学一样，都是澄清问题的障碍。

Ⅵ

在我们的世界中物理语言具有客观和普遍的特性，这是心理语言所缺少的。很可能设想事情适得其反，心理概念的构成是感觉间的和主体间的，然而这样构成的心理概念和相符的论断却没有普遍的一致性。这样一个世界将和实际世界毫无类似之处。但尽管如此，人们还是可以把它描绘出来——例如，它由有限数目的离散性质所组成，这些性质可归成各种相似类，它们的同时或相继出现，是由经验表明遵从一定规律的，但它们相互之间永远不能用明确的界限作出清晰的区分。很自然，在这样一个世界里，通信手段及语言符号将由完全不同于我们的词汇的材料构成，而互相交谈的个人也不会拥有我们所惯用的那类空间性的物体——但所有这一切并不是不可能的。

对我们来说，其所以恰好是物理语言即空间相符的语言成为主体间的通信手段，理由很自然地就在于下列事实，即：个人之间正是通过空间关系既互相区别又互相联系。用稍有不同的话来说就是：外部世界乃是一个空间性的世界。的确，“外部”一词就是用来指称空间关系的。容易看到，“我”与“外部世界”的对立事实上仅仅是“个人自己的”身体和其他物理对象之间的差别，但是要澄清像“我”甚至像“意识”这样一些复杂的概念，那就超出本文的范围了。在此我们满足于考察某些简单的心理术语和物理术语的应用。这只是为了防止那些从“心物问题”背后冒出来的困难而做的预备性工作。

Ⅶ

我们曾经强调，物理语言的普遍性（亦即“物理主义论点”）赖以立足的情况，是它具有经验的而不是逻辑的性质。但是，这种情况的影响是如此普遍，我们对它已经习惯到如此地步，以至于决不那么容易去想象这个世界是什么样的，如果那种决定性的关系不存在的话，尽管世界上的一切都保持着原来的状态，这样的世界似乎也要成为与实际有巨大差别的世界。

在那样一个世界里，在相符与性质之间将不存在一致的规律性的关系。要能设想这一点，最容易的办法也许是考虑**情感**问题。举例来说，我可以想象我的悲伤的情感完全不对应于任何身体的条件。譬如说，如果我又笑又唱，跳跳蹦蹦，口中讲笑话，而没有谁能由此下结论说我很高兴，假如这些行为对于悲哀的心境和对于愉快的心境同样地相容的话。尤其是——这是重要的一点——我的情感状态通过质问而陈述出来，尽管我愿意对那种状态有所报道，然而这是不可能的。（对于这一类考虑要精确地表达出来是极为困难的。对于我们的例子，正确的描写将是：在这变化正常的世界上，下述情况是关于我的意志的一条自然律，即根本就不存在想对情感作出表述的愿望。）因为如果我能对自己的情感说出些什么来的话，那就会存在可在空间中描述的过程，亦即说话的动作和说话的声音——借助于这些过程，情感的性质就可被不含糊地描述了。但这将与我们的假设相矛盾。在我的情感的产生和任何外部事件之间一定没有一致的关系，要不然别人就可以用“那是人们的友人或亲戚死亡时就会有的情感”这类话来描述我的情感状态。仅当我的情感的产生与我的感官知觉完全没有联系时，才会出现下面这种情况，即不可能用一个任何人都能理解的、属于主体间语言的语词来指称实际世界中我们称为“悲伤”的那种东西，不可能对那样的一个语词下定义。

上述的例子中是一个情感的世界，对它不能用物理语言来谈论。可以肯定，我所能报道的一切都是可以用物理语言表述的。物理语言将是仅有的主体间语言（与上节中提到的可能性相反），但它将不再是普通的，因为此外还将存在一种我可以用来思考情感世界的私人语言。

对于“感觉性质”也可以进行类似的考虑。举例来说，情形有可能是这样的：尽管所有的视觉相符继续像原来一样，但伴随它们的感性内容却和我们所习惯的那种感性内容完全不同，而且伴随的方式还可以是完全不规则的。例如，在观察光谱的例子中，谱线仍保持其本来的位置，但呈现出变化的颜色；这样，在钠光谱D谱线的位置上，先是现出黄色，再现出红色，再现出绿色，等等，而我却不可能发现任何规则足以把某特定颜色的出现与某种可通过相符的方法指明的、可判定的外界条件联系起来。在这种情况下，尽管我总是能够把这些颜色分类并给它们指定符号，但这些符号却不属于一种客观语言——它们只具有个人的用途。

在这些符号的帮助下，我可以描写这样一些完全可以在性质领域里呈现出来并被发现的规律性。下面是这类可能性中的几个例子：

1. 在每一瞬间，整个视觉场只有一种颜色——在不同地点有不同的强度——，但这种颜色随着时间而变化，不同的颜色按照它们的光谱次序（红、黄、绿、蓝等）而出现。

2. 我们在心情愉快时看到世界是红的，心情不悦时看到世界是蓝的。这些情感——依照我们的假定——与物体事件一定绝不相关。

3. 我具有使性质发生“任意”变化的能力，我能在这一领域中行动。但是，这只是在下述假定上才能允许，即：我的这类行动的动因总是在于性质本身而永远不是在于相符。当我的意志关系到性质时，相符将不会影响我的意志（如果我可以这样表述我的意思的话）；另一方面，在我的意志关系到相符（在外部世界中的行动）时（如果我们要始终一致地贯彻我们的假定），我的意志也不可能受到性质的影响。

4. 如果我感到热，颜色的性质就沿着光谱的一个方向移动；如果我感到冷，就沿相反方向移动——毋庸赘言，在这里，同样是热和冷一定得独立于相符。——如此等等。

在上面的描述中，或在另外成千上百种更富于幻想或比较不那么异想天开的情势中，不存在任何可能用主体间语言中的词来命名颜色的性质。我们会当然地认为，**作为**通信手段的语言是某种仅仅属于相符领域的东西。我们甚至想象不出还会有什么其他的可能性，因为我们甚至想象不到在相符和性质的变化之间能有什么联系——正如现在许多物理学家会认为不可能不存在这样一种联系一样。

要对我们上面所说的那种不同于实际世界的世界有一个概念，那也许是对我们的想象力提出绝非轻描淡写的要求。那样一个世界中的规律，以及在这些规律作用下，我们自己的生存条件将具有完全不同的形式，会使我们惊奇不已。但难道想象力只是诗人的特权？难道我们不能认为哲学家也具有这种能力吗？

Ⅷ

对于我们在上面通过几个例子加以描绘的那种非物理的世界能够说些什么呢？首先可以说的也许就是：我们将不能把它说成是一个世界，而要说那是两个不同的领域，一个是物理的、公众的、共同的领域，另一个是个人的、心理的、只适于个人独白的领域。后者在这样一种程度上只属于我个人，即我甚至不可能想到要把关于这一领域的事实报道给其他的人。这两个世界将并存，但也不是完全不相联系。在这两个世界的空间特性之间会存在一定的关系，因为无论如何相符将标志性质与性质的界限。

通过把所举出的例子与实际世界比较，我们首次学会了理解和评价后者。就经验告诉我们的而言，这个实际世界是这样构造的，它可以用物理学的时空概念工具进行完整的描述，而这意味着在这世界上存在着一定的可判定的关系间的模式。只要我们的想法脱离了世界的这个本性，实在就分裂成不同的领域——它不再是一个**统一的宇宙**了。

因此，我们必须面对的经验事实有着深远的意义。但这仅仅是一个经验事实。为使我们不至于把这一事实过分夸大，那只要注意到我们能够在不同的程度上设想性质领域与相符领域分离，从而可以设想从实际世界到我们那个具有如此巨大差别的想象世界的一种逐步过渡。例如，在一般情况下性质严格地与相符一致，只有一种局限的颜色领域（譬如说绿色的色调）例外，对于这一点我们过去作过的那些假定都应该是有效的。在这种情况下，排斥于物理学之外的个人领域的范围似乎是极为有限的。但我们能在所希望的任何程度上扩展这一范围，首先必须使之包括所有视觉性质，然后包括所有听觉性质，如此等等。这样，物理论断的有效性就会越来越受到限制。

更进一步说，我们能按照自己的选择设想视、声、嗅等的世界或是以某种统一的方式相互关联或是不相关联。后一情况导致我们要设想多个相互独立的领域，其数目和性质的种类相等。不用说，这里并不存在什么形而上学的多元论。就如同把按照经验定律相互关联的性质世界和建立在相符基础上的世界对立起来，就产生了形而上学的二元论一样。应当说，我们必须面对的事实乃是对世界的一种经验的、偶然的分割，就像我们不多不少正好具有我们所有的那么多种感觉器官一样，只是一件经验的、偶然的事实。

如果事实上物理语言具有完全普遍的特性，那么对这一情势的肯定也绝不是什么形而上学一元论的论断。但是，如果说正是这一经验事实给了"一元论"传统伟大体系的建造者，尤其是 Spinoza 和 Leibniz，以深刻的印象，那么这种说法也不是错误的。尽管在他们那个时代还不可能找到表述这一经验事实的正确语言。

但是在这里我们已经离开了我们所讨论的正题。我们的目的是想通过考察不同的逻辑可能性来解放思想，以消除传统的联想，后者是那么经常地阻碍着对物理概念与心理概念之间关系的理解的。

（陈维杭译，洪谦校）

选文出处

石里克　论心理概念与物理概念的关系

洪谦主编，《逻辑经验主义》（下卷），北京，商务印书馆，1984，454—474 页。

科学的世界概念：维也纳学派

汉恩、纽拉特、卡尔纳普

这是一篇维也纳学派的自我介绍。由于纽拉特的影响，这篇文章所展现的维也纳学派的形象，与通常我们的印象不尽相同，更加突出了社会关怀。文章首先介绍了维也纳学派创立的历史背景，其中最为突出的是启蒙精神和经验科学研究的影响，可见除了纯粹学术的动机外，维也纳学派也有其社会运动的成分，值得关注的是维也纳学派向大众传播科学世界观的努力。在“科学的世界概念”一节里，除了大家熟知的推崇经验、实证的知识，逻辑分析方法外，首先强调的是统一科学的目标，正是这个目标才使得前二者如此重要。在问题的领域中，开列了算术、物理学、几何学、生物学和心理学、社会科学等五大领域科学基础的相关问题。最后在回顾与展望中，强调了科学世界概念在方法论上的启发性，并把这种思想的解放运动与人民的反对旧传统的社会和经济斗争联系起来。

作者简介

汉恩（H. Hahn，1879—1934），奥地利哲学家，数学家，逻辑实证主义维也纳学派创始人之一，自1921年起任维也纳大学正教授。代表作为《逻辑、数学和自然认识》。

一、维也纳学派的科学世界概念

1. 历史背景

许多人认为，形而上学思想和神学思想今天不仅在生活中而且在科学中又有所增长，这是一种普遍现象还是一种仅仅局限于某些学派的现象呢？人们只要看一下大学课程的名称或哲学出版物的标题就很容易证实这种观点。但在今天，与此相反的启蒙精神和反形而上学的实际研究由于日益意识到自己的存在和任务也在不断加强。在某些学派中，以经验为基础的思维方式和对思辨的厌恶由于已经出现的这种新的对立，而比以往任何时候更强烈了。

在经验科学所有分支的研究工作中，这种科学的世界

纽拉特（Otto Neurath, 1882—1945），奥地利哲学家，经济学家，社会学家，逻辑实证主义维也纳学派创始人之一。就学于柏林大学，获哲学博士学位，后任教于海德堡大学。他在维也纳学派中有其独特的哲学观点和体系，持整体论立场，其思想被认为预示了科学哲学历史学派。在社会学方面，他以创立图形统计社会学而闻名。著有《哲学论文》、《经验社会学：历史和政治经济学中的科学内容》等。

卡尔纳普（Rudolf Carnap, 1891—1970），逻辑实证主义的主要代表人物。早年受教于G. 弗雷格，1926—1931年应M. 石里克之邀任教于维也纳大学。代表作有《世界的逻辑构造》等。

概念的精神都充满了活力。然而只有少数几个主要的思想家对它进行了系统的思考或提倡过它的原则，而且他们很少有人能够把其周围志趣相投的同事聚集成一个学派。尤其是在伟大的经验主义者的传统仍然存在的英国，我们看到人们在致力于反形而上学；罗素和怀特海对逻辑的研究以及对实在的分析已经赢得了国际的重要意义。在美国，人们以极其多样的形式致力于此；在一定意义上，詹姆士也属于这一流派。新俄罗斯显然也在寻求一种科学的世界概念，尽管它还部分地依附于陈旧的唯物主义思潮。在欧洲大陆，尤其是在柏林（赖欣巴哈、彼得楚尔特、格雷灵、杜比斯拉夫等）和维也纳，可以看到人们在沿着科学世界概念的方向集中精力地进行着卓有成效的工作。

维也纳作为这种发展的特别适宜的土壤，从历史上来看是可以理解的。19世纪下半叶在维也纳，自由主义是长期占统治地位的政治思潮。它的思想界起源于启蒙运动、经验论、功利主义和美国自由贸易运动。在维也纳的自由主义运动中，世界知名的学者们现已占主要的地位，例如翻译了J.S. 穆勒作品的T. 岗珀茨（Gompertz）、苏埃斯（Suess）、约德尔（Jodl）等人就曾在这里培养了一种反形而上学的精神。

由于这种启蒙的精神，维也纳在以科学精神进行民众教育方面已经居于主导地位。V. 阿德勒和F. 约德尔合作创立并推广了民众教育协会；著名历史学家L. 哈特曼（Hartmann）设立了“通俗大学课程”和“民众学园”，他的全部活动都表现了他的反形而上学态度和唯物主义的历史观。这种精神还激发了“自由学校”运动，这一运动成了今日学校改革的先驱。

E. 马赫（生于1838年）曾作为一个大学生和大学编外讲师（1861—1864年）生活在维也纳这种自由的氛围中。他只是在晚年时回过一次维也纳，当时为他创立了一个归纳科学哲学的专门讲座（1895年）。马赫特别致力于澄清经验科学（首先是物理学）中的形而上学思想。我们记得他对绝对空间的批判（这一批判使他成了爱因斯坦的先驱），他反对关于物自体和实体概念的形而上学，以及他根据所谓最终要素（即感觉材料）构造科学概念的研究。在某些问题上，科学的发展并没有证明他的观点，例如他对原子论的反对以及期望物理学会通过感觉生理学而得到进展。但他的观点的主要方面在科学的进一步发展中却有着积极的作用。马赫的讲座后来由持明确的经验论观点的L. 玻耳兹曼接替（1902—1906年）。

物理学家马赫和玻耳兹曼在哲学讲坛上的活动使我们可以理解，何以人们对那些与物理学基础有关的认识论问题和逻辑问题存在着一种强烈的兴趣。这些关于基础的问题又使人们致力于逻辑的革新。在维也纳，布伦塔诺（1874—1880年任神学系教授，后任哲学系讲师）还从一种完全不同的方面扫清了通往这些目标的道路。作为一个天主教徒，布伦塔诺了解经院哲学，他直接从经院哲学的逻辑和莱布尼茨改造逻辑的努力出发，而撇开了康德和其他构造体系的唯心主义者。布伦塔诺及其学生曾一再明确表示，他们理解像博尔扎诺（Bolzano，《科学论》，1837年）等人为逻辑奠立一种严格的、新的基础所做的努力。特别是A. 荷夫勒（Höfler，1853—1922）在一次讨论会上把布伦塔诺哲学的这一方面提到了一个突出的地位。在这次会议上，由于马赫和玻耳兹曼的影响，科学世界概念的拥护者们得到有力的支持。在维也纳大学的哲学学会中，关于物理学基础的问题以及有关的认识论问题和逻辑问题的许多讨论都是在荷夫勒的主持下进行的。哲学学会还出版了《力学经典著作导论》（1899年）与博尔扎诺的一些论文（由荷夫勒和汉恩编辑，1914年和1921年）。1870—1882年，年轻的冯·迈农（后任格拉茨大学教授）也在维也纳大学，是布伦塔诺学派的一员。他关于对象的理论（1970年）与现代关于概念的理论肯定有着某种密切的关系，他的学生E. 马利（Mally）也从事逻辑斯蒂方面的研究。H. 皮切勒（Pichler）的早期著作也属于这一学派。

大约与马赫同时，他的同辈和朋友J. 波佩尔-林克斯（PopperLynkeus）也在维也纳工作。除了他在物理和技术上的成就，我们必须提到他的许多（尽管是不系统的）哲学见解（1899年）及其合理经济计划（《和平时期一般劳动手稿》，1878年）。他自觉地服务于启蒙精神，这可以从他关于伏尔泰的著作中得到证明。他和维也纳的其他许多社会学家，如R. 戈特谢德（Goldscheid）都反对形而上学。这在政治经济学领域中也很明显，在维也纳就存在着一种由边际效益学派（C. 门格尔，1871年）所运用的严格的科学方法，这种方法已在英国、法国、斯堪的纳维亚，但未在德国扎下根基。马克思主义理论在维也纳也特别受到培植和传播（O. 鲍威尔、R. 希法亭、M. 阿德勒等人）。

特别是从1900年以来，来自不同方面的这些影响使得维也纳的许多人经常地而且是认真地讨论了与经验科学密切相关的更一般的问题。首先是物理学的认识论问题和形而上学问题，如彭加勒的约定主义、杜恒关于物理学理论的目的和结构的观点，以及数学基础问题、公理学问题、逻辑问题等。下面列举的是科学史和哲学史的一些主要趋向，它们在维也纳汇合起来，其主要代表的著作在这里都被着重地研究和讨论过：

(1) 实证主义和经验主义：休谟、启蒙思想、孔德、J. S. 穆勒、R. 阿芬那留斯、马赫。

(2) 经验科学（物理学、几何学的假设等）的基础、目的和方法：赫尔姆霍茨、黎曼、马赫、彭加勒、恩里克斯、杜恒、玻耳兹曼、爱因斯坦。

(3) 逻辑斯蒂及其对现实的应用：莱布尼茨、皮亚诺、弗雷格、施略德、罗素、怀特海、维特根斯坦。

(4) 公理学：帕什卡、皮亚诺、维拉蒂、皮埃里、希尔伯特。

(5) 快乐主义和实证社会学：伊壁鸠鲁、休谟、边沁、J. S. 穆勒、孔德、费尔巴哈、马克思、斯宾塞、缪勒-吕埃、波佩尔-林克斯和老门格尔。

2. 以石里克为首的学派

1922年，M. 石里克应邀从基尔来到维也纳，他的活动完全顺应了维也纳科学氛围的历史发展。他本人最初是个物理学家，他使马赫和玻耳兹曼所开创的并且在一定意义上由具有反形而上学倾向的A. 施特尔（Stöhr）所继承的传统有了新的生命（在维也纳相继有马赫、玻耳兹曼、施特尔、石里克；在布拉格有马赫、爱因斯坦、P. 弗兰克）。

这一时期，在石里克周围聚集了一个其成员由各种致力于科学世界概念方向的人联合而成的学派，这种聚集产生了富有成效的相互砥砺。他们当中没有一个是所谓的“纯”哲学家，他们都从事科学的某一专门领域的研究，而且他们来自不同的科学分支，最初都有着不同的哲学态度。但随着时间的推移，他表现出愈来愈大的一致性；这也是“凡是可说的都可以说清楚”（维特根斯坦）这种特殊的科学态度的一个结果；即使有观点的分歧，取得一致最终也是可能的，所以也是他们所要求的。这越来越清楚地表明，他们的共同目标是一种不仅摆脱了形而上学，而且反对形而上学的观点。

对人生问题的态度也表现出一种引人注目的一致性，尽管这些问题并不是这一学派讨论的主要问题。因为这些态度比一种纯理论观点乍一看更密切地接近于科学的世界概念。例如，致力于建立一种新的经济关系和社会关系的组织，致力于人类的联合，致力于学校和教育的改革，都和科学的世界概念有着一种内在的联系，这些努力似乎都受到了这一学派成员的欢迎和同情的对待，其中有些成员实际上也在积极地促进这种努力。

维也纳学派并没有把自己局限于作为一个封闭的团体进行集体工作。它也力图与当代富有活力的运动相联系，只要它们能够友好地对待科学的世界概念，并抛弃形而上学和神学。现在，马赫学会就是维也纳学派向广大公众发言的场所。这一学会正如它的纲领声明的那样，希望“促进和传播科学的世界概念。它将组织关于科学世界概念的现状的讲座和出版物，以说明对社会科学和自然科学进行精确研究的意义。这样就会为现代经验主义铸造出思想的工具，这些工具也是塑造公共生活和私人生活所必需的”。通过其名称的选择，这个学会希望表明其基本方向，即摆脱形而上学的科学。但这并不意味着这个学会表示自己与马赫的个别学说有着纲领上的一致性。维也纳学派相信，在与马赫学会的合作中，它满足了时代的一个要求：我们必须为日常生活（不仅是学者的日常生活，而且是一切以某种方式为自觉地重新塑造生活而共同工作的人的日常生活）创造思想工具。在致力于合理改造社会秩序和经济秩序方面表现出来的那种活力，也渗透在建立科学世界概念的运动之中。1928 年 11 月，马赫学会成立，石里克当选为主席，以他为首，维也纳学派全力倾注于科学世界概念领域的工作，这个事实对于维也纳学派的现状具有典型的意义。

石里克和 P. 弗兰克共同编辑了《科学世界概念丛书》，其中主要是维也纳学派成员的著作。

二、科学的世界概念

科学的世界概念的特点并不在于其特有的一些论点，而在于其基本的态度、观点和研究方向。其目的是统一科学。它致力于把个别研究者在不同的科学领域中的成就联系和一致起来。正是出于这一目的，它强调集体的努力，强调那些可以在主体间予以把握的东西，探求一种中立的形式化系统，一种消除了历史语言痕迹的符号系统，以及一个总的概念系统。它力求简洁性和明晰性，排斥隐晦玄远和神秘莫测的深奥。科学上没有“深奥的东西”，到处都是表面的东西：全部经验形成了一个复杂的，不能总被概观，而常常只能部分把握的网络。一切都可以为人所理解，而且人是万物的尺度。在这里，科学的世界概念接近于智者派、伊壁鸠鲁派以及一切代表了世俗本质和此岸事物的哲学家，而与柏拉图主义者、毕达哥拉斯派不同。科学的世界概念认为，没有不可解之谜。传统哲学问题的澄清使得我们部分地揭示了它们是一些似是而非的问题（Schein－probleme），部分地把它们转变为经验问题，从而使它们服从经验科学的判断。哲学工作的任务在于澄清问题和论断，而不在于提出特殊的"哲学的"论断。这种澄清的方法就是逻辑分析方法。关于这种方法，罗素（在《我们关于外部世界的知识》中）指出："通过对数学的批判考察已逐步进入哲学……我相信，它代表了正如伽利略带给物理学的同样的进步：用零碎的、详细的和可证实的结果来代替许多未经检验的、只能诉诸一定的想象而提出的一般结论。"

逻辑分析方法从根本上把现代经验主义和实证主义与以前的、更具有生物学—心理学倾向的经验主义和实证主义区别开来了。如果有人断言，"没有上帝"、"世界的始基是无意识的东西"、"生命的本质是隐德来希"，我们并不对他说："你说的是错误的"，而是问他："你的这些陈述有什么意义?"于是，我们就可看出在这两类陈述之间有着明显的界限。一类陈述是经验科学的陈述，其意义可以通过逻辑分析，更确切地说，通过还原为关于经验所予的最简单陈述来确定。另一类陈述，即上面提到的那些陈述，如果人们按照形而上学所指的意义来理解它们的话，则表明是无意义的。当然，人们往往可以把它们重新解释为经验陈述，但这样他们便失去了对形而上学家来说通常是至关重要的感情内容。形而上学家和神学家们相信，因而误以为他们的陈述说了某种东西或指谓了某种事态。然而分析表明，这些陈述并没有说任何东西，而仅仅表达了一定的心境和情感。表达对生活的这些情感可能是一项颇有意义的任务。但这种表达的合适手段是艺术，例如抒情诗和音乐。选择一种理论的形式来代替艺术的手段有一个危险，即把虚无冒充为理论的内容。如果一个形而上学家或神学家要保留这种惯用的语言外衣，那他自己就必须清楚地了解并使人们知道，他并不是在描述，而是在表达；并不是在提出理论或传达知识，而是在写诗歌或讲神话。如果一个神秘主义者声称他有凌驾和超越一切概念的经验，人们无法否认这一点。但这个神秘主义者不可能对这种经验有所说，因为说就意味着用概念来把握和还原到可在科学上加以分类的事实。

科学的世界概念排斥形而上学的哲学，但我们怎样才能说明形而上学之误入迷途呢？这个问题可以从心理学、社会学和逻辑学的几种观点来提出。心理学方面的研究仍处于早期阶段；更深入的说明也许可以在弗洛伊德对心理分析的研究中初见端倪。社会学研究的状况也是如此；我们还应提及"意识形态上层建筑"的理论，但这仍是一个值得进一步研究的有待解决的领域。

有较大进展的是对形而上学迷误的逻辑根源的阐明（尤其是通过罗素和维特根斯坦的著作）。在形而上学理论中，甚至在其问题的提法中，就存在着两个根本的逻辑错误：第一是紧紧地束缚于传统语言的形式，并不了解思维的逻辑成果。例如，普通语言用同样的语言成分即名词既表示事物（"苹果”)，又表示性质（“硬的”)、关系（“友谊”）和过程（“睡眠”)，因而诱使人们误把功能性的概念当做类乎事物的东西（实在化、实体化)。人们可以引证无数类似的由于语言而导致谬误的例子，对哲学来说，其后果同样是严重的。

形而上学的第二个根本错误在于这样一种观点，即思维或者可以不通过任何经验材料从其自身获得知识，或者至少可以通过对一定事态的推理得到新的内容。然而逻辑研究得出的结论是，一切思维或推理无非是由一些命题到另一些命题的转换，而后者并不包括前者所没有的东西（同语反复的转换)。因此不可能从“纯思维”发展出一种形而上学。

这样，逻辑分析就不仅在“形而上学”这个词特有的、经典的意义上克服了它，尤其是经院哲学的形而上学和德国唯心主义体系的形而上学，而且也克服了康德的和现代先天论的隐蔽的形而上学。科学的世界概念不承认有任何源于纯粹理性的无条件的有效的知识，不承认有建立在康德认识论甚或康德前后的一切本体论和形而上学基础上的“先天综合判断”。后面我们还将讨论被康德当做先天知识范例的那些算术判断、几何判断以及物理学的一些根本原则。否定先天综合知识的可能性正是现代经验论的基本论点，科学的世界概念只承认关于各种对象的经验命题以及逻辑和数学的分析命题。

在反对公开的形而上学和隐蔽的先天论的形而上学上，科学的世界概念的所有支持者是一致的。除此之外，维也纳学派还坚持这一观点，即认为（批判的）实在论和唯心论关于外部世界和他人心灵的实在性或非实在性的陈述也具有形而上学的特征，因为他们也像旧的形而上学陈述一样受到相同的责难：它们是没有意义的，因为它们是不可证实的、没有内容的。某物只有被组织在总的经验结构中才是“实在的”。

直觉特别被形而上学家强调为知识的源泉。科学的世界概念并不完全否定直觉，然而必须力求为每一直觉知识找到一种合理的根据。寻求者可以用任何方法，但已有的方法必须经得起检验。认为直觉是更高更深刻的认识方式，能够超越感觉经验的内容，并不必受概念思维框架的限制的那种观点则被否定了。

我们已经根据两点规定基本上描述了科学的世界概念的特点，第一，它是经验主义的和实证主义的，只有来自经验的知识，这种知识是建立在直接所予的基础之上的。第二，科学的世界概念是以一定的方法即逻辑分析的运用为标志的。科学工作努力的目标是通过将逻辑分析应用于经验材料达到统一科学。既然每一个科学陈述的意义都必须通过还原为关于所予的陈述来说明，那么同样，任何概念（不管它属于科学的哪一个分支）的意义也可以通过逐步还原为其他概念，直到那些与所予直接相关的最低层次的概念来说明。如果这种分析被贯彻到所有概念中去，那么它们就会被安排在一种还原系统、一种“构造系统”之中。对这种构造系统的研究即“构造理论”于是就构成了科学的世界概念运用逻辑分析的框架。这种研究很快就表明，传统的亚里士多德和经院哲学的逻辑完全不适合这一目的。只有现代符号逻辑（数理逻辑）在概念定义和陈述所要求的精确性方面，在使普遍思维推理的直观过程形式化即使之成为一种借助于符号程序自动控制的严格的形式方面获得了成功。对构造理论的研究表明，这种构造系统的最低层次包括自我心理经验和性质的概念，在其之上是物理对象，由此又构成了他人心理，最后是社会科学的对象。不同科学分支的概念在构造系统中的排列今天已经大致有所了解，但仍有很多细节有待于研究。关于总的概念系统的形式之为可能及其梗概既已得到证明，一切陈述和所予的关系以及统一科学的一般结构也就可以认识了。

一个科学的描述只能包括对象的结构（秩序形式），而不包括它们的“本质”。把人们在语言中联系起来的是结构的表达式，这种表达式表达了人们共同具有的知识的内容。主观体验的性质（红、愉悦）本身只能是体验，而不是知识；物理光学只承认在原则上连盲人也能理解的东西。

三、问题的领域

1. 算术基础

在维也纳学派的著作和讨论中，研究了许多来自各种科学分支的不同问题，试图把各个方面的问题系统地联系起来，从而澄清其地位。

算术基础的问题对科学世界概念的发展有着特殊的历史意义，因为它们推动了一种新的逻辑的发展。18世纪和19世纪数学取得了极富成效的发展，这个时期人们对新成果之丰富比对其概念基础的精确考察给予更多的注意。但是在此之后，如果数学不想失去其结构历来受到赞誉的确定性的话，这种考察就是不可避免的了。当某种矛盾（集合论悖论）产生时，这种考察就更为迫切了。人们不久便认识到，这些矛盾不仅是数学的一个特殊部分遇到的困难，而且是一般的逻辑矛盾或“二律背反”，这些矛盾指出了传统逻辑基础的根本缺陷。排除这些矛盾的任务给逻辑的进一步发展以强有力的推动。在这里，澄清数的概念的努力与从内部改造逻辑的努力汇合在一起了。从莱布尼茨和兰伯特（Lambert）以来，通过更精确的概念和推理过程把握实在，并通过一种模仿数学的符号系统来获得这种精确性的思想曾一再被提出来。继布尔、维恩（Venn）等人之后，弗雷格（1884年）、施略德（1890年）和皮亚诺（1895 年）特别研究了这一问题。在这些准备工作的基础上，怀特海和罗素（1910 年）才能够以符号的形式建立起一个连贯的逻辑体系（逻辑斯蒂），从而不仅避免了传统逻辑的矛盾，而且在思想的丰富和实际应用的可能性上远远超过了传统逻辑。他们从这种逻辑体系推导出算术和分析的概念，从而在逻辑上为数学提供了一个牢固的基础。

然而试图以此来克服算术（和集合论）基础的危机仍有一定的困难，而且迄今还没有发现一种最终的、令人满意的解决。目前在这一领域共有三种互相反对的不同观点，除了罗素和怀特海的“逻辑主义”以外，还有希尔伯特的把算术看做按照一定规则进行公式游戏的“形式主义”和布劳威尔的“直觉主义”，按照直觉主义观点，算术是建立在对二元性和单一性的一种不能进一步归约的直觉基础之上的。维也纳学派以极大的兴趣密切注视着这些争论。我们还不能预见这些争论的最后解决在什么地方；但无论如何，这个解决是与逻辑结构有关的；因此，对科学的世界概念来说，这个问题是很重要的。有些人认为，这三种观点似乎并没有很大区别，他们推测，所有这三种观点的根本特征在未来的发展过程中将日趋接近，而且根据维特根斯坦的具有深远意义的思想，也许在最终的解决办法中会得到统一。

根据罗素和维特根斯坦的研究，数学具有同语反复的性质，维也纳学派也坚持这一观点。应该注意，这种观点不仅是和先天主义与直觉主义相对立的，而且也是和老的经验主义（如 J. S. 穆勒的经验主义）相对立的，这种经验主义试图以某种实验—归纳的方法推出数学和逻辑。

对一般公理方法和性质（完全性、独立性、单型性、明确性等）的研究，以及对某些数学分支的公理系统的建立的研究也都是与算术和逻辑问题有联系的。

2. 物理学基础

起初，维也纳学派最有兴趣的是经验科学的方法。由于受到马赫、彭加勒和杜恒思想的鼓舞，他们讨论了通过科学系统特别是公设和公理系统来把握实在的问题。撇开一切经验的应用，一个公理系统首先可以被当做一个蕴涵定义的系统；这就是说，在公理中出现的那些概念并不是按其内容而是仅就其相互关系由公理加以规定或者说在某种程度上加以定义的。这种公理系统仅仅由于附加了一些进一步的定义即“坐标定义”才对实在获得了一种意义，这些定义说明了应当把哪些实在的对象当做公理系统的组成部分。正如历史表明的那样，经验科学（它要以一种尽可能统一而简单的概念和判断的网络来描述实在）的发展现在可以以两种方式中的一种方式进行，由于新经验的影响而导致的变化既可以在公理中也可以在坐标定义中找到。这就涉及约定的问题，彭加勒对此作了特别的研究。

公理方法之应用于实在的方法论问题在原则上是科学的任何分支都要考虑的。但这些研究迄今几乎只有在物理学方面取得了成果。这可以从科学历史发展的现阶段的状况得到理解：在概念的精确性和严格性方面。物理学远远走在了其他科学分支前面。

对自然科学主要概念的认识论分析使得它们日益摆脱了从古代就纠缠着它们的形而上学杂质。特别是赫尔姆霍茨、马赫、爱因斯坦等人已经澄清了空间、时间、实体、因果性和或然性的概念，绝对空间和绝对时间的学说已经被相对论否弃，空间和时间不再是绝对的容器，而仅仅是基本过程的有序结构。物质实体已经被原子论和场论所分解。因果性也被剥去了“感应作用”和“必然联系”的拟人化外衣，并被归结为一种条件关系，一种函数坐标。进而，已经出现的统计规律代替了许多被认为具有严格有效性的自然规律。随着量子论的出现，人们甚至怀疑严格的因果规律概念是否可以应用于极小的空—时领域现象。或然性的概念被归结为在经验上可以把握的概念。

由于将公理方法应用于这些问题，经验的成分总是和纯粹约定的成分分离开来，陈述的内容总是和定义分离开来，先天综合判断也就没有地位了。关于世界的知识之所以可能不是基于人类理性将其形式强加给质料，而是基于质料之以一定方式被赋予秩序。这种秩序的种类和程度不可能预先得知。世界也许可以被安排在比现在远更严格的秩序之中；但同样可能被安排得远更缺乏秩序，而毫不危及知识的可能性。只有对经验科学作愈来愈深入的研究，才能告诉我们世界究竟在什么程度上是有规律的。当然只有规律性存在，归纳法（即从过去到未来、由此而彼的推论）才是有效的。但这种方法并不是建立在对这种规律性的某种先天假设之上的。任何可以取得成效的领域它都可以应用，无论它是否有充分的根据；但是它永远没有确定性。然而，认识论的反思要求一种归纳推理只要能在经验上得到检验，就应该承认它是有意义的。科学的世界概念并不因为一个研究成果是用一些不充分的、在逻辑上不够明确或在经验上缺乏根据的手段获得的，就摒弃这个成果，但它总是力求用十分清楚的辅助手段进行检验，并要求直接或间接还原到经验。

3. 几何基础

最近几十年来，在物理学基础问题中，物理空间的问题具有特别重要的意义。高斯（1816 年）、博莱（1823 年）、罗巴切夫斯基（1835 年）等人的研究导致了非欧几何学，使人们认识到迄今一直占统治地位的欧几里得经典几何学体系仅仅是无数体系之一，所有这些体系都具有同样的逻辑根据。这就提出了哪种几何学是实际空间的几何学问题。高斯想要通过测量一个巨大三角形的各条边来解决这一问题，从而使得物理几何学成为一门经验科学，成为物理学的一个分支。尤其是黎曼（1868 年）、赫尔姆霍茨（1868 年）和彭加勒（1904 年）进一步研究了这些问题。彭加勒特别强调了物理几何学和物理学的所有其他分支之间的联系：关于实际空间的性质的问题只能与物理学的整个体系联系起来予以回答。爱因斯坦后来发现了这样一种体系，对这些问题作了有利于某种非欧体系的回答。

由于这种发展，物理几何学越来越清楚地从纯粹的数学几何学中分化出来。后者则通过逻辑分析的进一步发展逐渐地愈来愈被形式化了。首先是被算术化，即被解释为关于一定数系的理论；其次是被公理化，即通过公理系统来表达，这些系统把几何元素（点，等等）当做未被定义的对象，并仅仅确定它们的相互关系；最后是几何学被逻辑化，即被描述为一种关于一定的结构关系的理论。这样，几何学便成了公理方法和一般关系理论应用的最重要的领域，从而对这两种方法的发展给予最有力的推动。这两种方法对逻辑本身的发展，因而对科学的世界概念也具有极其重要的意义。

数学几何学和物理几何学之间的关系自然要导致将公理系统应用于实在的问题，如上所述，这一问题在关于物理学基础更一般的研究中起了重大作用。

4. 生物学和心理学基础问题

形而上学家总是喜欢把生物学当做一个特殊的领域。活力论这种特殊的生命力学说就表明了这一点。这种理论的现代代表人物力图使它从以往模糊、混乱的形式变为一种概念明确的表达，用“显性基因”（莱因克，1899 年）和“隐德来希”（德里施，1905 年）代替了生命力。但是这些概念并没有满足还原为所予的要求，因此科学的世界概念把它们当做形而上学的概念予以排斥。对于提出一种灵魂的干预、“精神在物质中起主导作用”的所谓“精神活力论”也可以这样说。然而，如果人们剖析一下这种形而上学活力论在经验上可以把握的核心，它不过就是这样一种观点，即有机自然界的过程是按照那些不能被归结为物理规律的规律进行的。更精确的分析表明，这一论点等于断言，实在的某些领域并不服从于一种统一的和普遍的规律。

不难理解，科学的世界概念在那些已经达到概念精确性的领域比在其他领域，在物理学中比在心理学中更能明确地证明其观点。我们今天在心理学中仍在使用的语言形式有其古代形而上学灵魂观的根源。语言的这些缺陷（形而上学负载和逻辑的矛盾）给心理学概念的形成造成了困难。此外还有某些实际的困难。结果，心理学中迄今作用的大多数概念都没有予以充分地定义，其中有些概念是否有意义，或仅仅由于语言使用而具有虚假的意义，尚不得而知。因此，在这一领域中，几乎一切都还有待于认识论的分析；当然，这里的分析比物理学更困难。行为主义心理学试图通过在一定程度上可以感知的人体的行为来把握心理现象，这在原则的态度上是和科学的世界概念相近的。

5. 社会科学基础

正如我们已分别在物理学和数学方面所看到的那样，科学的每一个分支在其发展中迟早会使人认识到，必须对其基础进行认识论的考察，对其概念进行逻辑的分析。这同样适合于社会科学，首先是历史学和经济学。约一百年来，清除形而上学杂质的过程已经在这些领域中进行着。当然，这种净化还没有达到物理学中所达到的那样的程度；另一方面，清除的任务也许还不紧迫。因为甚至在形而上学和神学的全盛时期，形而上学倾向在这里似乎也不特别强大；这也许是由于这些领域里的概念（如战争与和平、进口与出口）比原子和以太等概念更接近于直接感知的缘故。舍弃“民族精神”之类的概念而选择某类个人的集团作为我们的对象并不很困难。具有极不相同的倾向的学者，如魁奈、亚当·斯密、李嘉图、孔德、马克思、门格尔、瓦尔拉斯、缪勒-吕埃都是以经验主义的反形而上学的态度从事研究的。历史和经济学的对象是人、物及其组织。

四、回顾与展望

现代科学世界概念是从研究刚才提到的那些问题发展而来的。我们已经看到物理学最初甚至曾以不充分的或尚不十分明晰的科学工具力图取得明显的成果，并愈来愈感到必须从事方法论的研究。由此就发展了一种形成假说的方法，进而又发展了公理方法和逻辑分析；从而使概念的形成获得了愈来愈大的明晰性和力量。正如我们已经看到的那样，在物理几何学、数学几何学和算术基础研究的发展中也遇到了同样的方法论问题。主要是由于这些原因，就产生了科学的世界概念的代表者们目前特别关注的那些问题。不难理解，为什么在维也纳学派中还可以看到各个成员来自不同的问题领域。这就常常导致了兴趣和观点的区别，这种区别又导致了见解的不同。但是，由于他们都力求精确的表达，力求应用准确的逻辑语言和符号，力求把一个论点的理论内容与纯粹附属的观念明确区分开来，因而使他们的分歧缩小了。这是这个学派的一个特征。共同见解的逐渐增加构成了科学的世界概念的核心，把具有较大主观分歧的许多外围人物联系起来。

回过头来考察，我们现在可以清楚地看出这种与传统哲学相对立的新的科学的世界概念的本质。它并不提出特殊的“哲学命题”，而仅仅澄清命题；更确切地说，正如我们在前面讨论不同问题领域时所看到的，是对经验科学命题的澄清。科学的世界概念的某些代表根本不愿再用“哲学”这个词来表示他们的工作，以此更强烈地强调与哲学（形而上学）体系的对立。人们可以用任何一个语词来表示这种研究，但这一点是确定无疑的：作为并列于或超越于各门经验科学的一种基础科学或普遍科学的哲学是没有的；除了经验方法以外，没有任何一种方法可以达到真正的知识；经验之外或经验之上的思维领域是不存在的。然而，在科学的世界概念看来，“哲学的”研究工作或“基础的”研究工作仍然很重要，因为科学的概念、命题和方法的逻辑澄清可以使人们从偏见的禁锢中解放出来。逻辑的或认识论的分析并不想给科学研究以任何限制；相反却为科学提供了尽可能充分的形式的可能性，从中挑选出最适合于每一经验发现的形式（如非欧几何学和相对论）。

科学的世界概念的代表坚定地站在单纯人类经验的基础之上，他们满怀信心地开始工作去清除形而上学和神学的千年垃圾，或者像有些人所说的那样，在经历了形而上学的间歇之后，又回复到一个统一的尘世的世界图景，这种世界图景在一定意义上说乃是古代没有神学的魔术信念的基础。

形而上学倾向和神学化倾向今天在许多社团和宗派、著作和杂志以及演讲和大学课程中都颇引人注目。这种倾向的增长似乎是以目前激烈的社会斗争和经济斗争为基础的：一批人坚持社会领域中过时的东西，并维护其内容早已多次被否弃的形式；另一批人（特别是在中欧）却面向现代，反对这些观点而坚持经验科学的立场。这种发展是和现代生产过程的发展相联系的，这一过程愈来愈提高成为机械技术的过程，留给形而上学思想的余地也就愈来愈小了。这种发展也是和广大人民群众对那些鼓吹传统的形而上学和神学学说的人的立场感到失望相联系的。因此，在许多国家，群众已经比以往任何时候更自觉地反对这些学说，并且与其社会主义立场相联系而倾向于一种注重现世的经验主义观点。在以往的时代，唯物主义是这种观点的表现，现代经验主义已经摆脱了许多不恰当的形式，而在科学的世界概念中得到了一种坚实可靠的形式。

因此，科学的世界概念是和现代生活密切相关的，它当然会受到激烈斗争和敌视的威胁。尽管如此，很多人并没有气馁，而是根据现代社会学的观点，对未来的发展充满了希望。当然，这并不是说科学的世界概念的每一个个别的拥护者都将成为战士。某些自甘寂寞的人将在逻辑的冰峰上过隐居生活；某些人也许甚至不屑与群众为伍，对于不可避免的“通俗化”之扩大感到遗憾。然而，他们的成就在历史的发展上也将占有一席之地。我们看到，科学的世界概念的精神正日益渗透于个人生活和公共生活以及学校课程、教育、建筑艺术之中，也有助于按照理性原则改造经济生活和社会生活。科学的世界概念服务于生活，生活也接受这种科学的世界概念。

（曲跃厚译，陈启伟校）

选文出处

汉恩、纽拉特、卡尔纳普　科学的世界概念：维也纳学派

陈启伟主编，《现代西方哲学论著选读》，北京，北京大学出版社，1992，435—452页。

科学的任务和限度

卡尔纳普

《科学的任务和限度》是《世界的逻辑构造》一书的最后部分，带有总结性质，表达了作者对于科学的一般看法。卡尔纳普认为，科学首要的任务就是要通过约定来构造研究对象，然后再通过经验来研究对象其他非构造的特性和关系。就概念体系而言，科学知识没有任何限度，即没有任何问题科学在原则上回答不了。原则上不可回答的不是合法的问题，根本不该问。信仰和直觉不过是一种内心的态度，不能提供任何可以用概念来表述的东西，所以不是知识。形而上学不是知识，而是纯粹直觉过程的结果。虽然，原则上不存在不可回答的问题，但是仍然可能存在不可解决的人生之谜，但那不是问题，而是实际生活的境况。

作者简介

卡尔纳普（Rudolf Carnap, 1891—1970），逻辑实证主义的主要代表人物。早年受教于G. 弗雷格，1926—1931年应M. 石里克之邀任教于维也纳大学。代表作有《世界的逻辑构造》等。

第179节　科学的任务

我们已反复地讲过，建立一个完全的构造系统是全部科学的任务，而构造理论只能对此作逻辑的研究。由于科学的对象被安排在一个构造总系统中，各门“科学”同时也就被看做一个总科学的不同分支而纳入一个系统。

从构造理论的观点来看，如何规定这个总科学的任务呢？科学的目的在于发现关于认识对象的真命题并加以次序安排。（不是所有的真命题，而是根据一定的原则选择出来的那些真命题；关于这些原则的目的论的问题此处不予讨论。）

为了能够着手执行这个任务，为了确实能够作出关于对象的命题，我们必须构造出这些对象（否则它们的名字根本没有意义）。因此，构造系统之建立是科学的第一任务。此所谓第一，不是就时间而言，而是逻辑意义上的第一。科学发展的历史进程无须等到一个对象已被纳入一个构造系统才去研究这个对象；对于高级的对象，尤其是生物学的对象和精神的对象，科学不应当做这样的等待，如果它不想长时期把这些重要的、在实际应用上极有意义的领域置之不顾的话。在实际的科学过程中，对象毋宁说是从日常生活的知识储备中提取出来，被逐渐地纯化和合理化的，在这个过程中，对象规定的直观成分绝未被排除，而是被给以理性的证明（参阅第 100 节）。只有做到了这一点，对象才能被构造出来；只有不仅对这个对象本身，而且对其一切构造上的祖先，都能做到这一点，构造系统才能被建立起来，直至这个对象。这就是实际的历史的过程。但是，从逻辑上来说，情况则是这样的，即只有从基本对象出发构造出一个对象之后，先前对此对象所作的论断才成为严格意义上的科学命题。因为只有对象的构造式——把关于此对象的命题翻译为关于基本对象即关于原初经验关系的命题的规则——才给这些命题一种可证实的意义。证实意即根据经验进行检验。

在第一个任务即构造对象之后，接着是第二个任务，研究对象的其他非构造的特性和关系的任务。第一个任务通过约定来解决，反之，第二个任务则通过经验来解决。（按照构造理论的看法，在知识中除了约定的和经验的这两种成分之外，没有任何其他的成分；因而先天综合的知识是没有的。）如前所说，在实际的科学过程中，这两个任务几乎总是互相联系在一起的。的确，通常只有在已知一个对象的大量特性之后，我们才有可能把其最适用于构造定义的那些特性选择出来。打个比喻说，构造一个对象相当于指明地球表面上一个地点的地理坐标。通过这个坐标，这个地点就被明确地标明出来了；关于这个地点的任何问题（例如，气候、土质等等）现在就都有了一个确定的意义。不过，对所有这些问题的回答则还是一个须由经验来解决的更进一步的而且永远不可能完成的任务。

参考文献 按照马堡学派的看法（参阅那托尔普《精确科学的逻辑基础》，第 18 页及以下诸页），对象是永恒的 x，给它以规定是一个不可能完成的任务。与此相反，我们必须指出，有限的许多规定就足以构造出对象，从而一般在对象范围内明确地给出它们的特征描述。如果有一个这样的特征描述被给出了，那么对象就不再是一个 x，而是某种有明确规定的东西，不过对它作完全的描述仍然是一个不可能完成的任务。

第 180 节　关于科学知识的限度

科学，概念知识的系统，是没有限度的。这并不是说在科学之外没有任何东西，科学是无所不包的。生活的全部疆域除科学之外还有许多维度；但科学在其维度范围内是没有界限的。我们试以空间中一无限大的平面作类比，它绝未囊括全部空间，但它不同于例如一个平面三角形，它是没有限度，没有边缘的。所谓科学知识无限度，意思是说：没有任何问题是科学在原则上不可能回答的。所谓"在原则上"，是指：如果一个有关某一事件的问题由于该事件在空间或时间上距离太远而实际上是不能回答的，但是一个关于当前而且邻近可及的事件的同类的问题却是实际上可回答的，那么我们就说前一个问题是"实际上不能回答"但"原则上可回答的"；我们把这里的时空距离称为一种"纯技术性的困难"而非"原则性的困难"。同样，如果一个问题在今天虽然实际上还不能回答，但是我们可以想象一种（广义的）技术手段的状况，其实现将会使这个问题成为可回答的，那么我们就说它是"原则上可回答的"。

人们有时说，对一些问题的回答是不能用概念把握的，是不可表达的。但是这样一来甚至连问题也不可能提出来了。为了认识这一点，我们要更确切地研究一下，对一个问题的回答是什么。就严格的逻辑的意义来说，提出一个问题就是给出一个命题并提出判定这个命题或者它的否定式为真的任务。只有给出了一个命题的符号，即由语词或其他符号构成的语句，才能给出这个命题。现在，恰恰在哲学上，人们常常写出一些词串，它们具有语句的外在结构，因而被认为是语句，但实非语句。一串词不成其为语句，如果其中有一无任何意谓的词，或者（这是更常见的情况）个别的词虽有意谓（即可作为真正的而不是似是而非的语句的部分）但此意谓与句子的语境不相契合，在使用语词的语言中，要避免这种似是而非的语句是极其困难的，因为为了认识这些语句，我们必须注意每一个别语词有什么意谓；反之，在逻辑斯蒂语言中，则根本不必注意符号的意谓，而只需考察符号的"类型"（与对象的领域相对应，第 29 节）；相应的，在一种理想的、逻辑上无懈可击的文字语言中，我们只需考察语法上的词类和词形变化形式。识别自然语言中似是而非的语句的困难是同前面讨论过的文字语言的"领域混淆"（第 30 节）联系在一起的，对这个重要的逻辑问题此处不可能作更详细的讨论。

如果一个真正的问题已经提出了，那么对它作出回答的可能性如何呢？在这种情况下，就是给出通过形式上合法组合的概念符号来表达的一个命题。这时每个合法的科学概念在构造系统中原则上都有其确定的位置（"在原则上”，就是说，并非今天就已有其位置，但在科学知识发展的一个可以设想的更高阶段上却会有其位置）；否则，这个概念就不可能被承认为合法的。由于此处所谈的只是原则上的可回答性，对于科学上的偶然情况我们不加考虑，而是设想自己已然达到这样一个阶段，在这里那个给定命题中的概念已在构造系统中作了安排。现在在这个给定的语句中，对每一个概念的符号，我们都代之以根据其构造定义来界定这个符号的表达式，并一步一步地继续进行构造定义的替换。正如我们已经知道的，这样一来我们最后就使这个语句具有这样一种形式，其中除了逻辑符号之外，就只有基本关系的符号了。（在第119节中讨论过这种转换，并曾举例说明。）因此，在问题提出时被给出的语句现在就被转换为对有关基本关系的某个（形式的和外延的）事实的表达了。按照构造理论，我们现在假定，在某两个原初经验之间是否有某种基本关系，应当被认为是原则上可知的。但是那个事实只是由这样的一些个别关系命题组成的；在那个事实那里，由基本关系联系起来的要素亦即原初经验的数目是有限的。由此可以推知，所说的事实之存在或不存在原则上可以有限的许多步骤来确定，因此所提出的问题原则上是可回答的。

现在我们可以更确切地理解所谓科学无“极限”是什么意思了：一切由科学概念构成的命题原则上都可确定其真假。

参考文献 参阅后面第183节中所引维特根斯坦《逻辑哲学论》的几段话。[①]

只有被构造出来的，因而可以回过来被翻译为关于基本对象的表达式的那些概念词才应被承认为合法的，这个要求与实证论提出的，例如彼得楚尔特在《实证论哲学》一文（载《实证论哲学杂志》，第1期，1913年，第7页）中表述的那个要求是类似的，他说：“谁不能立即从最高的诸概念下降到归属于它们的那些最低的个别事实，谁就根本不具有这些概念。”盖岑贝尔格在《符号。认识论初阶》一书中也有类似的观点。

认为对一切问题都可作出判定这个观点，我们同实证论是一致的，同唯心论也是一致的；参阅贝克尔《论几何学的现象学基础及其在物理学上的应用》一文（载《哲学和现象学研究年鉴》，第4卷，1923年，第412页），他说：“按照先验唯心论的原则，一个原则上（本质上）不可判定的问题完全没有意义。没有任何可使其获

① 指《逻辑哲学论》一书6.5、6.52、7诸节。——译者注

得一个回答的事实与之相应。因为对意识来说在原则上不可企及的事实是不存在的。”

第181节 信仰和知识

按照上述的观点，如果概念的知识在自身范围内是没有限度的，那么还有一个问题悬而未决，即在概念知识之外，是否可能有另一种获得知识的方式，而这是概念思维所达不到的。这种可能性也许就在例如基于宗教启示的信仰之中，就在神秘的沉思默省或其他的玄览洞见（直觉）之中。

信仰（无论是宗教的信仰还是其他种类的信仰）和直觉的现象无疑是存在的，不仅对于实际生活而且对于认识都起着重要的作用。我们也可以承认，在这些现象中，无论如何总有某种东西被人们“把握”了。但是这种形象的说法不应诱使人们假定在这些现象中获得了知识。人们得到的是某种态度，某种心理状态，这在某种情况下诚然可能有利于人们去获取知识，但是知识只有在我们用符号把它表示出来、表达出来，只有用语词或其他符号给出一个命题，才可能存在。上面所说的那种状态有时当然也使我们能够断定一个命题或确定它是真的。但是只有这种可表达的因而是概念性的确定才成其为知识，而这必须同那种状态本身明确地区别开来。这个观点同我们对概念的看法有联系，我们认为，概念是可能在命题中出现的符号的意谓。

因此，例如对某种启示的信仰或对某人指示的信仰经过仔细的检验可以引导我们得到一种知识；因为这里的信仰亦即坚持其为真的。反之，如果信仰不是指某种可用概念表述的东西，而是人的一种内心的态度，那么它和理论的领域就毫不相干，我们也不可以把这种内心态度结果称为知识。直觉也是如此。或者它有一种可以言传的结果，这样我们就可通过概念的表述来把握这种结果并使之服从概念知识的规律。或者它意味着某种不可言传的东西，那么这样一种直觉就不可能再要求我们把它看做知识了。我们更不可能认为，科学回答不了的问题会以这种方式解决。因为如果所涉及的是不可言传的东西，那是谈不到问题和回答的。

我们在这里并不是要对信仰和直觉（在非理性的意义上）作出否定的或肯定的评价。它们不过是如抒情诗和恋爱那样的生活领域。像这些以及所有其他生活领域一样，它们当然也能成为科学的对象（因为没有任何东西不可能成为科学的对象），但是，就其内容而言，它们与科学是完全分家的。一方面是那些非理性的领域，另一方面是科学，它们既不可能互相证实，也不可能互相反驳。

对我们这种语言用法之辩护。有时人们对我们关于“知识”一词的用法提出异议，认为它不仅适用于概念的知识，而且也应包括其他的东西，如对某些事物的一种非理性的或直觉的把握。对于这种反对意见，我们想提出如下的建议以便在为“知识”一词的意义划定适当界限的问题上取得一致意见。我们就从我们和持异议者一致认为属于“知识”范围的东西着手。而且凡是同大家公认的这个范围的内容可能有一种从属关系（不论是肯定的还是否定的，因而不论是确证还是矛盾的关系）的东西也可以被看做是属于知识的范围；进而言之，凡是同这个已然扩大了的知识范围的内容有从属关系者亦可算入知识的范围，如此等等。如果我们谨慎从事，只把经验知识的领域（如“橡树是树”，“我有三个苹果”）作为共同的初始的领域，并且提出例如数学的内容应否称为知识的问题，那么上面建议的那个标准就可以下述的方式加以应用。“3＋2＝5”这个算术命题同下面假定的这些属于经验知识领域的命题（就是说，其肯定或否定都是经验知识）是矛盾的：“我有三个苹果”，“你有两个苹果”，“我们共有四个苹果”。因此，这三个命题的有效性依赖于那个算术命题。因此那个命题属于知识的范围（就是说，其肯定或否定是一个真命题；至于两者何者为真，我们的标准并不给以判定，因为我们在这里讨论的只是对知识领域的归属，并不涉及真假之别）。同样，这个标准也适用于所有其他的算术命题、数学分析命题、几何命题。因此，数学的内容属于知识的范围；就其被确定为有效的而言，按照前面提出的一致的建议，数学应被称为“知识”。因此，理性科学的全部领域，包括形式科学和经验科学，都必须称为“知识”。

那么“非理性的知识”，例如一种神秘的不可言传的对上帝的直观，情形如何呢？它同迄今我们所划范围内的任何知识都没有关系，不可能被任何知识所证实，也不可能为其所否定；从理性知识的大陆通往直觉之岛的路是没有的，然而我们却能找到一条从经验知识的陆地通往形式知识的陆地的道路，由此证明这二者属于同一处大陆。由此可见，如果我们那个一致的建议被接受，那么就不可能把非理性的直觉和宗教信仰（就其不仅具有信其为真的形式而且是不可言传的而言）称为“知识”。

如果我们不用同一个名称去指称两个异类的领域，那么对于不同的生活领域之和平相处也是有利的。矛盾与争论之发生只是由于我们赋予不同领域以同一名称之故，一旦明确地看到和着重指出这些领域乃属完全异类，则矛盾与争论就绝不可能了。

第182节　直觉形而上学

形而上学究竟有无意义，有无存在的理由？如果有，则形而上学是否是一种科学？这是关于形而上学的两个主要的问题，对这两个问题的判定显然取决于何谓形而上学。而对此人们今天恰恰意见不一。有些哲学家把（概念的）科学的某一特定的领域称为形而上学。考虑到这个词由于历史的原因对许多人来说近乎指一种很不严谨的思辨，因而不把用严格的科学概念加以处理的那些哲学领域称为“形而上学”是恰当的。如果我们讨论的是初始的知识（就逻辑的、认识的、构造的次序而言），那么我们就可以“基础科学”这个名称代替“形而上学”；如果我们讨论的是最终的最普遍的知识，那么也许可以名之曰“宇宙论”或类似的名称。

另一方面，“形而上学”这个名称又被用以指一种不是理性的而是纯粹直觉的过程的结果；这也许是一个更恰当的用法。

参考文献　把形而上学放在非理性的领域，在这一点上我们同许多形而上学家是一致的。例如，参阅柏格森（《形而上学导论》，德译本，耶拿，1916年，第5页）：（形而上学是）“没有符号也能成立的科学”；这就是说，形而上学不是间接地根据作为符号的概念而是要直接地通过直觉来把握它的对象。石里克在《体验，知识，形而上学》（载《康德研究》，1926年，第31期，第146—158页）一文中对形而上学和知识的区别有极清楚的论述。

如果我们在这个意义上使用“形而上学”一词，那么由此立即可以得知，形而上学不是（我们的意义上的）科学。谁要想反对这一点，谁就应注意下面这个区别，即你是反对我们对“形而上学”一词的界定，还是（像柏格森那样）反对我们对“科学”一词的界定，我们注重的是后者而不是前者；如果人们一致把一般所谓“基础科学”或“宇宙论”称为“形而上学”，那么我们对此也可表示同意，并且因此也必须把形而上学称为“科学”；反之，根据第181节提出的理由，违背我们对“知识”和“科学”这两个词的意义的限定（即限定在理性的领域），是绝对不恰当的。

至于直觉形而上学也利用语词来表达，这不应使我们得出一种看法，似乎它还是在概念的领域内活动的，因而属于（理性的）科学。因为我们虽然只能把可通过语词或其他符号来表达的东西称为概念的，但是并非所有使用语词者都是概念的知识。除了概念知识的领域，其他生活领域也使用语词，例如，在实践中把一个人的意志加之于另一个人，在艺术上，在介乎科学与艺术之间的神话的领域（直觉形而上学或许就属于这个领域）以及其他的领域。语词只有在被定义或至少可被定义的情况下才能被看做概念的符号；更确切地说，只有在其被安排或至少可被安排在一个关于知识的构造系统中时才能被看做概念的符号（参阅第181节中彼得楚尔特的引文）。

第183节　理性主义？

上述这种观点，即认为（理性）科学不仅可以一切事物为其对象，而且在任何地方都不会达到一个极限，都不会碰到一个原则上不可回答的问题，有时被称为“理性主义”，虽然这样说是不正确的。如果我们在旧时唯理论和经验论的认识论上对立的意义来使用这个词，那么它显然不适用于我们的观点。因为按照构造理论，一切科学命题归根结底都是关于原初经验之间的关系的命题，所以一切具有内容的（即不是纯形式的）知识都可追溯到经验。因此称之为“经验论”倒是更合理些。（由于构造理论赋予知识的形式成分以重要的意义，我们几乎无须强调它并不是一种粗疏的经验论。）

但是“理性主义”一词今天在大多数场合而且或许在上面这种情况下也是就其现代的意义来使用的，即作为非理性主义的对立物来使用的。但是即使在这个意义上我们也不乐于把“理性主义”一词用之于构造理论。人们不大用这个词指像我们这样赋予理性、概念思维的理智以认识范围内支配地位的那些思想派别，而毋宁是用以指那些想赋予理性以在生活中的这种支配地位的思想倾向。但是，无论在一般构造理论上还是在关于概念认识没有极限的观点上，都不存在这种倾向。对科学来说，没有任何问题是原则上不可解决的，这个高傲的论断同下面这个谦卑的看法是完全一致的，即纵然回答了所有科学的问题，人生向我们提出的问题肯定还是没有得到解决。认识的任务是生活中一个确定的、很明确的、重要的任务；无论如何，对于人类来说，总有一种要求去塑造生活中那些可借助于知识以最好的认识能力加以塑造的方面，因而也就是可以科学的方法加以塑造的那些方面。尽管现代的思潮一再地贬低科学对人生的意义，我们也不会因此而让自己被引向相反的错误。毋宁说，我们这些从事科学工作的人恰恰愿意明确地承认，为了解决人生的问题，我们需要尽种种的努力，而且切忌有下面这种目光短浅的信念，即认为仅仅借助于概念思维的力量就能满足人生的要求。

换言之，对我们来说不存在“ignorabimus”（我们永远不会认识的东西）；虽然也许有不可解决的人生之谜。这并不矛盾。“ignorabimus”是指有一些问题我们根本找不到答案。但是“人生之谜”并非问题，而是实际生活的境况。“死亡之谜”乃在于对同类的死感到的震动或者对自身的死感到的忧虑。这与关于死亡所提出的问题毫不相干，即使有些人有时误以为说出了这样一些问题就把这个谜表达出来了。这些问题原则上可由生物学作出回答（虽然在现阶段它只能作出极小部分的回答）。但是这些回答并不能给那些伤心备至的人们以帮助，而这也就表明有些人以为这些问题表达了人生之谜的想法乃是一个误解。毋宁说，人生之谜是要“摆脱”生活的境况，克服痛苦，也许甚至使未来的生活变得丰富起来。我们关于一切问题都是可以回答的观点与这种克服人生痛苦的任务虽然有一定的联系，但是这种联系是如此之遥远，以至于根据这个观点我们并不能对这种克服在原则上是否永远可能作出任何说明。

……

（陈启伟译）

选文出处

卡尔纳普　科学的任务和限度

卡尔纳普著，《世界的逻辑构造》，上海，上海译文出版社，1999，321—332页。

科学统一的逻辑基础

卡尔纳普

统一科学是维也纳学派非常重视的理想。在此文中，卡尔纳普想要说明这一理想的性质和可能性。他指出，科学的逻辑分析是指分析科学活动的结果即科学陈述，其中包括语义的分析和句法的分析。在对科学研究内容进行划分时，他强调了物理学、生物学、心理学、社会科学词项之间的区别和联系。在此基础上，他指出科学统一问题是科学逻辑的问题，而非本体论问题。科学规律的统一是科学统一的目标之一，但不能事先保证是否可以实现。可以保证的是，在语言上科学是统一的，即各门科学所使用的词项具有共同的还原基础，它由一类数量有限、性质相同的物理语言的词项所构成。科学语言的统一有助于向科学规律统一方向上的努力，并且有助于理论知识的实际运用。

作者简介

卡尔纳普（Rudolf Carnap，1891—1970），逻辑实证主义的主要代表人物。早年受教于G. 弗雷格，1926—1931年应M. 石里克之邀任教于维也纳大学。代表作有《世界的逻辑构造》等。

一、什么是对科学的逻辑分析？

分析科学的任务可以从不同的角度来做。对各门科学题材的分析是由科学本身来做的。例如，生物学分析有机体和有机体的过程，其他各门科学也以同样的方式分析各自的对象。然而，所谓“对科学的分析”或“关于科学的理论”则多半是指一种不同于对之做这种分析的那门科学的研究。例如，我们考虑的可能是对科学活动的一种研究。我们研究的可能是这种活动的历史发展。或者我们可能试图发现科学工作以何种方式依赖于科学工作者的个人状况及其周围的社会状况。我们也可能描述科学工作所使用的方法和工具。对科学活动的这些研究可称为科学史、科学心理学、科学社会学和科学方法论。这些研究的题材是作为某些个人在某种环境进行的活动之总体的科学。这个意义上的关于科学的理论将在这部《百科全书》[①] 的其他许多地方加以讨论，它确实是科学基础的一个不可缺少的部分。

如果我们研究的不是科学家的活动，而是其活动的结果，即作为知识系统的科学，那么我们就有另一种意义上的关于科学的理论。此处所谓“结果”不是指信念、映象等等以及受其影响的行为。那会又把我们带到科学心理学了。我们所说的“结果”是指某些语言表达式，即科学家们所断言的陈述。这个意义上的关于科学的理论是要去分析这些陈述，研究它的种类和关系，并把语词分析为这些陈述的成分，把理论分析为这些陈述的有组织的系统。陈述是由人类为了特定的目的而创造的说出的声音、写下的记号以及类似的东西组成的一种序列。但是在分析科学陈述时，我们可以撇开断定这些陈述的人和作出这些断定的心理学的和社会学的条件。通过这样的抽象来分析科学的语言表达式就是**科学的逻辑**。

我们可以把科学的逻辑区分为两个主要的部分。一方面，我们可以把研究仅限于所涉及的语言表达式的形式，即仅限于这些语言表达式由基本成分（如语词）构成的方式而不涉及语言外的任何东西。另一方面，我们的研究也可以超出这个界限，就其与语言外的对象的关系来研究语言表达式。前一种研究叫做**形式的**研究，其研究的领域被称为形式逻辑或**逻辑句法**。对整个科学或各门科学的语言作这样形式的或句法的分析会导致下面几种结果。某个词项（例如一个语词）是在某一理论的范围内根据其他词项来定义的，或者是可以这种方式来定义的。某一词项即使不可能用其他某些词项来定义，但是可还原为其他词项（在下面将要说明的意义上）。某一陈述是其他某些陈述的逻辑后承或者是从它们推演出来的。在某一理论范围内所作的这种推演在逻辑上是正确的或不正确的。某一陈述与其他某些陈述不相容，就是说它的否定是其他那些陈述的逻辑后承。某一陈述不依赖于其他某些陈述，就是说，它既不是它们的逻辑后承，也不是与它们不相容的。某个理论是矛盾的，就是说，它的某个陈述与其他一些陈述不相容。本文最后两节将从逻辑的观点讨论科学统一的问题，研究主要的科学分支的术语间的逻辑关系和这些分支中所陈述的规律间的逻辑关系；从而为科学语言有句法分析提供一个例子。

在科学逻辑的第二部分里，对某种语言及其表达式则是以另外的方式来分析的。正如在逻辑句法中一样，这里也舍掉了语言的心理学和社会学方面的因素。不过，这种研究并不限于形式的分析，而是要考虑语言表达式和其

① 指 *International Encyclopedia of Unified Science* [《国际统一科学百科全书》]。本文是卡尔纳普为该书撰写的一篇论文。——译者注

他对象（指称的对象）间的一种重要的关系。这类的研究叫做语义学。对科学语言的语义分析的结果可以表示为例如下述的一些形式。某个词项指称某个特殊的对象（例如，太阳），或事物（例如，铁）的某种性质，或事物间的某种关系（例如，父亲的身份），或某种物理作用（例如，温度）；在不同的科学分支中，两个词项（例如，生物学上的"人类"［homo sapiens］和经济学上的"人格"［person］，或者在这两门科学中都使用的"人"［man］这个词）指称（或不指称）同一个对象。某个表达式所指称的东西可称为它的所指（designatum）。指称同一对象的两个表达式叫做同义的。在科学上和日常生活中使用的"真的"这个词也可以在语义学范围内加以定义。我们看到，科学语言的语义分析的主要对象是建立在指称关系上的那些词语而特别是陈述的性质和关系。（所谓"表达式的所指"，通常称为"表达式的意义"。不过，由于"意义"一词含糊而有歧义，即具有多种所指，我们最好尽可能不用它。尤其重要的是要把"意义"一词的语义学使用和心理学使用区别开来。）

是广义地使用"逻辑"一词，把对表达式的所指的语义分析也包括在内，还是狭义地仅指逻辑句法，即撇开所指而只做形式的分析，这是一个用语上约定俗成的问题。因此我们可以把作为科学语言的逻辑句法的狭义的科学逻辑和既包括句法也包括语义学的广义的科学逻辑区别开来。

二、科学的主要分支

我们在这里是在其最广义上使用"科学"一词，即包括一切理论的知识，不论其属于自然科学的领域还是属于社会科学和所谓人文科学的领域，也不论它是通过应用专门的科学方法得到的知识还是建立在日常生活常识之上的知识。同样的，"科学语言"一词在这里也是意指包括用于科学目的和日常生活的一切陈述（即不同于情感的表达、命令、抒情诗等的理论语句）。通常所谓科学不过是我们在日常生活中为了认识某物而进行的那些活动的更有系统的继续。

我们首先必须区别形式科学和经验科学。形式科学是由通过逻辑和数学确立的分析陈述组成的，经验科学是由在各种不同的事实知识领域中确立的综合陈述组成的。形式科学和经验科学的关系将在别处另作讨论，这里我们只讨论经验科学、经验科学的语言及其统一的问题。

让我们把"物理学"作为一个代表非生物学的科学领域的共名，包括这个领域内的系统的研究和历史的研究，因而包括化学、矿物学、天文学、地质学（这是历史的研究）、气象学等。那么，我们如何给物理学和生物学划分界限呢？显然这两门科学的区别必须建立在我们在自然中发现的两类不同事物即有机体和非有机体的区别之上。我们且把这种区别作为众所公认的；生物学家的任务是给“有机体”一词下一个适当的定义，换言之，就是告诉我们一个事物之为有机体所特具的特征。那么，我们又如何根据“有机体”来定义“生物学”呢？我们也许会考虑这样来定义它，即生物学是研究有机体和有机体中发生的过程的一门科学，而物理学则是对非有机体的研究。但是这些定义并没有把通常所要求的区别勾画出来。物理学中陈述的规律应是普遍有效而无任何限制的。例如，电静力学的力为电荷及其距离的函数的规律，气体的压力为温度的函数的规律，折射角为所含两个介质的折射系数的函数的规律，都是要既应用于无机界的过程，也同样应用于有机体的。生物学家在研究有机体过程时必须知道这些物理学规律，他需要这些规律来解释这些过程。生物学以物理学为前提，而不是物理学以生物学为前提。

这些思考给我们带来如下一些定义。让我们把描述无机界所需要的（除了逻辑—数学词语之外的）那些词项称为**物理词项**，不论在某个事例中它们是被用之于无机界的过程，还是被用之于有机体的过程。科学语言中仅仅包含物理词项（除了逻辑—数学词项之外）的子语言可称为**物理语言**。用物理语言来表述并在一定时期中被一群人所承认的那些陈述的系统就被称为那一时期的那一群人的物理学。这些陈述中之具有一种特定的普遍形式者就被称为**物理规律**。我们需要物理规律来解释无机界的过程。但如上面已提到的，物理规律也适用于有机体。

全部其他的科学可以称为**生物学**（**广义的**）。把这个广大的领域再加以区分，至少为了实际的目的，例如为了研究工作的分工，似乎是合乎我们愿望的。但是在这里能否找到即使不是根本性的但至少是相当于物理学和生物学那种程度的区别，似乎也是一个疑问。现在要预言将来会作出什么区分是不大可能的。对肉体（物质）过程和精神（心理）过程的传统区别根源于古老魔术的和后来形而上学的心身二元论。这种区别作为科学分类的手段仍然起着重要的作用，甚至在那些否定这种形而上学二元论的科学家那里也是这样；而且很可能在未来的一个时期内也还是这样。但是当这些前科学的产物对科学的影响愈来愈减弱的时候，科学分类的新的分界线可能会变得更令人满意。

我们可能把广义的生物学区分为这样两个领域：第一个领域大致相当于通常所谓的生物学，第二个领域中包括通常叫做心理学和社会科学的那些部分。第二个领域研究个别有机体和群体有机体在其周围环境中的行为，这种行为的倾向，与行为有关的有机体过程的特征，以及为这种行为所特有并与之相关的环境的某些特征，例如有机体所观察的对象和有机体所做的工作。

广义生物学的第一个领域可称为狭义生物学，或者为了下面讨论的方便，可简单地称为生物学。下面这个事实表明这样使用“生物学”一词似乎是有正当理由的，即按照习惯的分类，这个部分包括了通常称为生物学的绝大部分学科，即普通生物学、植物学以及很大一部分动物学。除了逻辑—数学词项和物理词项之外，这个领域中使用的词项都可以叫做狭义的生物学词项，或者简单地称为生物学词项。由于许多生物学的陈述除了生物学词项还包含物理词项，生物学语言就不可能仅限于生物学词项；它包含着物理语言作为它的一个子语言，此外还包含生物学词项。属于这种语言而非属于物理语言的陈述和规律就称为生物学陈述和生物学规律。

我们只是极其笼统地指出了广义生物学的两个领域的区别。目前还不清楚如何才能完满地划出这个界限。有机体的哪些过程应当归于第二个领域？也许可以把一个过程同神经系统过程的联系作为第二个领域的特征，或者限制得窄一点，是同言语活动的联系，或者宽泛一点，是同涉及符号使用的活动的联系。另一种规定这个领域的特征的方法来自其他的方面，来自外部，即根据有机体过程与其在环境中达到的目的的关系把这些过程选择出来（见布朗斯威克和奈斯的论著）。对这第二个领域还没有一个通用的名称。（“精神科学”［mental sciences］一词提示的是一个过分狭窄的领域而且同上述的形而上学二元论有过于密切的联系。）人们曾提出“行为学”（behavioristics）一词。其意不仅指可从外部观察到的公开的行为，也指内在的行为（即有机体内部的过程），而且指在特定的情况下可能并不表现出来的行为倾向，最后还指对环境的某些影响。在这第二个领域之内，我们大致可以区分为两个部分：关于个别有机体的部分和关于群体有机体的部分。但是能否在这两个部分之间划一道截然分明的界限看来也是难以确定的。同习惯的科学分类相对照，第一个部分应当主要包括心理学，但也应包括生理学和人文科学的一些部分。第二个部分应当主要包括社会科学以及大部分的人文科学和历史，但是它不仅涉及人类群体，而且涉及其他有机体群体。在下面的讨论中，由于缺乏更好的名词，我们就用“心理学”和“社会科学”这两个词作为这两个部分的名称。显然，关于划分界限的问题和为各部分找到适当的专门用语的问题都还是需要更进一步的很多的讨论的。

三、可还原性

科学统一的问题这里是指科学逻辑的问题，而不是本体论的问题。我们并不是问：“世界是一吗？”“一切事件根本上都属于一类吗？”“所谓心理过程实际上是不是物理过程？”“所谓物理过程实际上是不是精神过程？”我们在一元论、二元论和多元论讨论的这些哲学问题中能否找到任何理论的内容，看来是可疑的。不论如何，当我们问是否存在着科学的统一性时，我们是指一个逻辑问题，关于各门科学的词语和规律间的逻辑关系问题。这属于科学的逻辑，因此这个问题同科学家和逻辑学家都有关系。

我们先来讨论词项的问题。（我们可以不用“词语”一词，而用“概念”这个词，这是逻辑学家们更经常使用的。但是“词项”一词更明确，因为它表明我们指的是符号，例如语词、由语词构成的表达式、人工符号等等，当然是具有其在该语言中所有的那种意义的符号。所谓“概念”我们也不是指心理学意义上的概念，即同语词总有点什么联系的影像或思想；这种概念是不属于逻辑的。）如果我们知道在什么条件下可以把一个词项应用于一个具体的事例，在什么条件下不能应用，我们就知道了这个词项的意义（meaning）即所指。关于词项应用条件的这种知识可能有不同的两类。在某些情况下，我们可能只有一种实际的知识，即我们能正确地使用这个词项而并未对其使用规则作出理论的说明。在其他情况下，我们则能够对词项的应用条件给以明白的表述。假定有某一词项 x，其应用（如在科学语言中使用）条件可借助于词项 y、z 等加以表述，我们就把这种表述叫做根据 y、z 等对 x 所做的还原陈述，而称 x 可还原为 y、z 等。可能有若干组 x 的应用条件；因此 x 可还原为 y、z 等，也可还原为 u、v 等，也许还可还原为另外几组条件。甚至也有可互相还原的情况，例如，x_1、x_2 等一组词项的每一个都可还原为 y_1、y_2 等，反之，y_1、y_2 等这组词项的每一个也可还原为 x_1、x_2 等。

定义是最简单形式的还原陈述。为了简洁地表述一些例子，我们用“≡”（等值符号）表示“当且仅当”。以“牛”的定义为例：“x 是牛≡x 是四足的，有角的，偶蹄的，反刍的，等等。”这也是一个还原陈述，因为它陈述了“牛”这个词的应用条件，说明这个词可应用于一个事物当且仅当这个事物是四足的，有角的，等等。根据这个定义，“牛”这个词就被表明可还原（并可定义）为“四足的”、“有角的”等词项的集合。

有些时候，还原陈述不能用简单定义的形式即“……≡……”的等值陈述来表述，而只能以“如果……则……≡……”这样略更复杂的形式来表述。因此还原陈述或者是一个简单的（即明显的）定义，或者是一个可谓条件式的定义。（“还原陈述”一词一般是就其狭义来用的，指第二种条件式的形式。）例如，下面这个陈述：“如果一个发光体 y 在时间 t 被放近 x，则 x 在时间 t 有一个电荷≡y 在时间 t 被 x 所吸引”，就是“电荷”一词（为简便起见，此处作为一个非量化的词）的还原陈述，亦即“物体 x 在时间 t 有一个电荷”这一陈述形式的还原陈述。使我们能够发现某个词项是否可应用于具体事例的那种一般程序可称为对该词项的确定方法。一个量化词（如“温度”）的确定方法就是它的测量方法。我们只要知道确定一个词项的实验方法，就能够把它的还原陈述表达出来。知道确定一个词项（例如“Q_3”）的实验方法，亦即知道两件事。首先，我们必须知道我们必须创造的一种实验状况，例如状态 Q_1，即测量仪器及其使用的适当条件的安排。其次，我们必然知道可能的实验结果，例如 Q_2，如果这种情况出现，就会确证性质 Q_3 的存在。在最简单的情形中（我们且抛开更复杂的情形不谈），Q_2 不出现也就表明该事物并不具有性质 Q_3。因此，对于“Q_3”，即对于“事物（或时空点）x 在时间 t 是 Q_3（即具有性质 Q_3）”这个陈述形式，其还原陈述可表述如下：“如果 x 在时间 t 是 Q_1（即 x 及其环境处于状态 Q_1），则 x 在时间 t 是 Q_3 ≡ x 在时间 t 是 Q_2”。根据这个还原陈述，词项“Q_3”可还原为“Q_1”、“Q_2”和时空词项。只要词项“Q_3”表示一个事物以一定的方式（Q_2）对一定的条件（Q_1）的行为倾向，我们就有一个上述形式的还原陈述。如果在 Q_1、Q_2 和 Q_3 之间有这样一种联系，下面的说法在某些情况下就适用于生物学和心理学：“对刺激 Q_1，我们发现反应 Q_2 是 Q_3 的表征。”但是这种情况与物理学中类似的情况并无本质的不同，不过在物理学中我们通常不使用这种说法。

有时我们知道几种确定某个词项的方法。例如，我们可以通过观察导体上产生的热或磁针的偏离或与电解溶液分离的一种物质的量等来确定电流的存在。这样，“电流”一词就可还原为这许多词项集合中的每一个集合。因为不仅电流可通过测量温度来测量，而且反过来温度也可以通过测量热电因子所产生的电流来测量，所以在电学理论的词项和热学理论的词项之间有一种相互的可还原性。在电学理论的词项和磁学理论的词项之间也是如此。

我们假定某一群体的人共同具有某一词项集合，这或者是由于对这些词项的应用条件有一种纯粹实际的一致意见，或者是对部分词项的应用条件有一种明显的约定。因此把一个新词项还原为那个原始的词项集合的还原陈述就可以用作把这个新词项引进这个群体语言的方法。这种引进方法保证与新词项的使用符合一致。假定有某种语言（例如适用于某一科学分支的科学语言的一个子语言），其每一词项都可还原为某一词项集合，那么我们就可以在由还原陈述引进其他词项之后把一个新的词项引进来，从而在那个词项集合的基础上构造这种语言。在这种情况下，我们就把这个基本的词项集合称为这种语言的充足的还原根据。

四、科学语言的统一

现在我们就从可还原性方面来分析一下科学语言的各个不同部分的词项

间的逻辑关系。我们已经指出整个科学语言之区分为某些部分。现在我们可以粗略而不求精确地把我们在日常语言中在前科学水平上使用而无须做科学处理的那些词项和狭义的科学词项区别开来，从而作出与前一种区分相交叉的另一种区分。作为这种前科学语言和物理语言之共同部分的那种子语言可称为物理的事物—语言或简称事物—语言（thing－language）。我们就是使用这种语言来谈论周围可观察的（无机的）事物的。“热”、“冷”之类的词可以看做是属于事物—语言的，但是“温度”不属于这种语言，因为我们需要应用专门仪器才能确定温度；其他如“重”和“轻”（但不是“重量”），以及“大”、“小”、“厚”、“薄”等等，都属于事物—语言。

上面提到的这些词项指称我们可称之为可观察的性质的东西，即可由直接观察来确定的性质。我们称它们为可观察的事物—谓词。除了这类词项之外，事物—语言还包括其他一些词项，例如表示事物在一定条件下的某种行为倾向的那些词，如“弹性的”、“可溶的”、“可变形的”、“透明的”、“易碎的”、“可塑的”等等。这些词可称为倾向—谓词，它们都可还原为可观察的事物—谓词，因为我们可以用可观察的事物—谓词来描述这种倾向—谓词所特有的实验条件和反应。以“弹性的”一词的还原陈述为例：“如果物体 x 在时间 t 被拉长随后又被放松，则 x 在时间 t 是有弹性的≡x 在时间 t 收缩”。这里的“被拉长”、“被放松”、“收缩”等词都可用可观察的事物—谓词来定义。如果把这些谓词作为基础，那么我们就可以通过反复应用定义和（条件式）还原，进而引进事物—语言的每个其他词项，例如实体指示词（如“石头”、“水”、“糖”）或过程指示词（如“雨”、“火”等）。因为那种语言的每个词项都是我们可以根据直接观察加以应用的，或者借助于一个实验加以应用的，我们知道决定该词项应用的这个实验的条件和可能的结果。

现在我们不难了解，物理语言的每个词项都可还原为事物—语言的词项，因而最后可还原为可观察的事物—谓词。在科学方面，我们用的是弹性的定量系数，而不是事物—语言的“弹性的”这个表示性质的词项；我们用的是“温度”这个量的词项而不是“热”和“冷”这些质的词项；我们用的全都是物理学家借以描述事物或过程的暂时或持久的状态的词项。对于任何一个这样的词项，物理学家至少知道一种确定它的方法。物理学家不会允许在他们的语言中有任何一个这样的词项，对于它我们没有提供通过观察来加以确定的任何方法。对这样一种方法的表述，即对于要进行的实验安排和确定该词项应用的可能结果的描述，就是这个词项的还原陈述。有些时候，我们并不能用还原陈述把这个词项直接还原为事物—谓词，而是把它先还原为其他的科学词项，这些科学词项又通过它们的还原陈述还原为其他的科学词项，如此等等；但是这样一个还原链条无论如何最后一定会引到事物—语言的谓词并再引到可观察的事物—谓词，因为否则就不会有任何方法确定：根据给定的观察陈述，该物理词项能否应用于特定的事例。

如果我们来看一下生物学（这些词现在总是就狭义来理解的），我们也发现同样的情况。生物学家引进或使用任何一个生物学的词，他必然知道应用这个词的经验标准。当然，这仅仅适用于上述意义的生物学词项，包括真正科学的生物学中使用的一切词项，但不适用于在生物学哲学中有时使用的某些词项，如“一个整体”，“隐德来希”，等等。可能有这种情况：为了描述一个词项应用的标准，即确定这个词项的方法，我们需要其他一些生物学的词项。在这种情况下，该词项首先可还原为这些其他的词项。但是它至少间接地可还原为事物—语言的词项并最后还原为可观察的事物—谓词，因为在具体情况下确定该词项最后必然要建立在对具体事物的观察上，即建立在用事物—语言表述的观察陈述上。

试以“肌肉”一词为例。生物学家一定知道有机体的一部分之为肌肉的条件，否则这个词就不可能被用之于具体的事例。问题是：哪些其他的词项是表述那些条件所需要的？这就必须描述作为肌肉特征的那些有机体内部的功能，换言之，要表述把肌肉中的过程同环境中的过程联系起来的某些规律，或再换句话说，就是要描述肌肉所特有的对某些刺激的反应。我们必须以这样一种方式来描述环境中和肌肉中的过程（习惯的说法是刺激和反应），以便我们能够通过观察来确定它们。因此“肌肉”一词尽管不可能用事物—语言的词项来定义，但可还原为这种词项。类似的考察不难表明任何其他生物学词项的可还原性，不论它是一类有机体的指示词，还是一类有机体部分的指示词，或者一类有机体过程的指示词。

至此所得到的结果可以这样来表述：事物—语言的词项乃至有限的一类可观察的事物—谓词已为物理学和生物学的语言提供了一个充分的基础。（顺便说一下，这些语言有许多还原基础，不过它们比上述几类还原基础都更窄得多。）现在我们可以提出一个问题：上述的这类基础是否对于整个科学语言甚至也是充分的？对这个问题的肯定回答有时被称为物理主义（因为它最初不是以事物—语言而是以较广泛的物理语言作为充分基础来表述的）。如果物理主义的纲领仅仅被应用于生物学，大概不会受到严重的责难。然而，当我们把它应用于心理学和社会科学（个人行为学和社会行为学）时，情况就不同了。由于对物理主义的驳斥很多是出于误解，我们有必要弄清楚什么是它所要断定的，什么不是它所要断定的。

关于心理学词项可还原为生物学语言的词项，从而又可还原为事物—语言的词项问题，同心理学上使用的各种方法的问题有密切的联系。目前在这个领域中使用的方法主要有生理学的、行为主义的和内省的几种。生理学的方法是研究有机体的某些器官而主要是神经系统的功能。这里使用的词项或者是生物学的词项，或者是与之有密切关系的词项，因而关于它们之可还原为生物学语言和事物—语言几乎是没有任何疑问的。行为主义的方法则可能有不同的几种，一种方法是把研究仅限于有机体的外部行为，即可由邻近的其他有机体观察到的运动、声音等等。另一种方法是考察有机体内部的过程，因而这种方法与生理学的方法是部分一致的。再一种方法则还研究有机体环境中的对象，这些对象是它所观察到的或它所操作的或它所产生的。现在我们很容易看出，一个词项，如果已知确定它的一种行为主义方法（上述几种方法之一或者与之相关的一种方法），它就可还原为生物学语言（包括事物—语言）的词项。如上所见，对一个词项的确定方法的表述就是这个词项的还原陈述，或者是一个简单定义形式的还原陈述，或者是条件式形式的还原陈述。这个陈述表明这个词项可还原为被用以描述这种方法即描述实验安排及其特有结果的那些词项。这些条件和结果就在于研究有机体的生理学过程或研究有机体及其环境中可观察的过程的这种行为主义方法。因此我们可以用生物学语言来描述它们。如果我们是用一种纯粹形式的行为主义方法，即撇开生理学的研究，那么，在大多数情况下，我们都可以用事物—语言来描述一个词项所特有的条件和结果。因此对心理学词项的行为主义还原往往比该词项的生理学还原更简单。

且以“发怒的”一词为例。如果我们已经知道，要通过对神经系统或其他器官的生理学分析为愤怒找到一个充分而必要的标准，那么我们就可以用生物学语言来定义“发怒的”一词。即使我们已经知道这样一个标准是通过对公开的外部的行为的观察来确定的，我们也还是可以这样来定义“发怒的”一词。但是我们现在还不知道生理学的标准。而且已知的外部征象大概并不是必要的标准，因为一个具有很强自我控制能力的人能够抑止这些征象而不外露。如果是这种情形，那么“发怒的”一词至少在目前还不能用生物学语言的词项来定义。但是，无论如何，它可以还原为生物学语言的词项。我们只要知道一个能使我们（即使不是经常地，至少是在适当情况下）确定该有机体是否发怒的行为主义方法，也就足以表述一个还原陈述了。我们的确知道这样的一些方法；否则我们就会永远不能根据我们对其行为的观察把“发怒的”一词用之于另一个人，而这正是我们在日常生活和科学研究中经常做的。通过对这种方法的表述把“发怒的”和类似的词加以还原，的确不如下一个定义那么有用，因这定义给该词项提供一个完全的（即无条件的）标准，而条件或形式的还原陈述则只提供一个不完全的标准。但是我们为了确定可还原性所需要的就只是这样一个标准，无论它是有条件的还是无条件的。因此我们的结论是：如果对任何一个心理学词项，我们知道一种生理学的或行为主义的确定方法，那么这个词项就可还原为事物—语言的词项。

正如我们现在所看到的，在心理学上，除了生理的和行为主义的方法之外，还有所谓内省的方法。关于这种方法的有效性、限度和必要性的问题较之其他两种方法还更不清楚而需要进一步的讨论。我们对人们（尤其是哲学家们）关于这种方法所讲的话很多都可质疑。但是“内省”一词所意指的那些事实本身则几乎没有什么人否认，例如一个人有时无须应用任何方法就知道自己发怒，而别人则必须应用某些方法才知道他发怒，就是说，他无须借助一种生理仪器去观察自己的神经系统，也无须观察自己面部肌肉的活动，就知道自己发怒了。关于内省方法的实际可信性和理论有效性的问题，这里可以撇开不谈。讨论可还原性并不需要对这些问题作出回答。我们只要指出这样一点也就够了，即在任何情况下，不管内省方法是否可用，我们无论如何都可以应用行为主义的方法。不过我们必须审慎地说明这个断言。我们这样断言并不是说：“每个心理过程都可以用行为主义方法弄清楚”。我们在这里不是讨论那些单独的过程本身（例如，彼得昨天早晨发怒了），而是讨论某些种类的过程（例如，愤怒）。如果鲁滨孙发怒而且在有人来到他那个小岛之前死了，那么除了他自己永远不会有任何人知道他发怒这个单独的事件。但是如果我们掌握事情的详情细节，那么我们就可以用行为主义方法研究和弄清楚发生在他人身上的同类的愤怒。（我们可做一个类比：如果一滴荷电的雨滴落入大海，附近没有一个观测员或者没有适当的记录仪器，那么就永远不会有任何人知道那滴雨滴所荷的电量。但是在适当的情况下，我们可以通过一定的观测发现一个同类的电荷。）另外，为了给这个论点一个正确的表述，我们必须把它应用于指称某些种类过程的词项（例如，“愤怒”），而不是应用于这些种类的过程（例如，愤怒）。这个区别也许看来是微不足道的，然而实际上是根本性的。是不是有一些种类的事件绝不可能具有任何行为主义的征象，因而只能通过内省来认识，这个问题我们不去讨论。我们讨论的是心理学的词项，而不是某些种类的事件。对于任何这样的词项（例如“Q”），心理学语言都包含一个应用这个词项的陈述形式，例如，“某某人在某某时间处于状态Q”。这样，通过言说或书写发出“我现在（或昨天）处于状态Q”这个陈述就是（在适当的情况下，例如具有可靠性等等）状态Q的一个可观察的征象。因此在作为用于相互交际的主体间语言的心理语言中，不可能有一个词项指示一类状态或事件而没有任何行为主义的征象。因此，任何一个心理学语言的词项都有一个行为主义的确定方法。因此每个这样的词项都可还原为事物—语言的词项。

我们把心理学词项同由条件或还原陈述引进的那些物理词项加以类比，其逻辑性质就变得清楚了。这两类词项都指称一种以某种反应的倾向为特征的状态。在这两种情形中，这种状态都不等同于那些反应。愤怒不等于一个发怒的有机体借以对其环境作出反应的那些活动，正如荷电状态不等于吸引其他物体的那种过程一样。在这两种情形中，那种状态出现有时并不发生可从外部观察到的这些事件；这些事件是那种状态按照一定规律的结果，因此在适当的状况下可以看做它的征象；但是它们不等同于它。

最后要讨论的领域是社会科学（就前面指出的广义而言，亦称社会行为学）。这里不需要任何详细的分析，因为很容易看出，这个领域的每个词项都可还原为其他领域的词项。对于一个人类群体或其他有机体群体的任何研究，其结果都可以用关于其诸分子、诸分子的相互关系及其同环境的关系的词项来描述。因此，任何词项的应用条件都可以用心理学、生物学和物理学包括事物—语言的词项来表述。许多词项甚至可以在此基础上加以定义，其他词项则肯定可还原为这个基础。

诚然，在心理学上有这样一些词项，它们指称某类群体内的某种行为（或行为倾向）或对一群体的某种态度，例如“渴望统治的”、“羞怯的”等等。为了给这类的词项下定义或使其还原，可能需要一些描述所涉及的这个群体的社会科学词项。这表明在心理学和社会科学之间并没有一条截然分明的分界线，在某些情况下，我们也不清楚一个词项究竟是归到这个领域好，还是归到那个领域好。但是这种词项肯定也可还原为事物—语言的词项，因为每个指称有机体群体的词项都可还原为指称个别有机体的词项。

我们的分析所得的结论是：可观察的事物—谓词这类词项是全部科学语言（包括日常语言的认知部分）的充分的还原基础。

五、科学规律的统一问题

我们已经考察了各门科学的词项间的关系。我们还有一个任务，就是分析规律间的关系。按照前面思考的结果，一个生物学规律只包含可还原为物理词项的那些词项。因此有一种共同语言，生物学规律和物理学规律都属于这种共同语言，从而它们才能在逻辑上被比较和联系起来。我们可以问：某一生物学规律与物理学的规律系统是否可以相容？它能否从后者导引出来？但是对这些问题的回答不可能从词项的可还原性推出来。就科学发展的现状来说，肯定不可能从物理学规律导引出生物学的规律。有些哲学家认为，由于这两个领域的性质不同，这种导引是永远不可能的。但是迄今人们为这个观点所做的证明无疑都是不充分的。这个问题似乎是生机论问题的科学核心；不过，近来对这个问题的一些讨论却纠缠于相当可疑的形而上学争论。当然，可导引性问题本身是一个非常严肃的科学的问题。但是在我们能够获得比现在更多的实验研究结果之前，对这个问题要找到一个解答是不太可能的。在那以前，努力从物理学规律导引出愈来愈多的生物学规律（用习惯的说法是借助于物理学和化学来解释愈来愈多的有机体过程），正如过去一样，将是生物学研究中的一种非常有成效的趋势。

如前所见，心理学和社会科学是彼此有极密切联系的两个领域。明确地区分这两个领域的规律也许比区分它们的词项更少可能。如果我们以这样或那样的方式把规律分类，我们就会看到，有时一个心理学规律可从社会科学的规律导引出来，有时一个社会科学规律又可从心理学规律导引出来。（前者的例子如根据一个人幼年时期在家庭或更大的群体中的处境来解释其成年时期的行为，例如A. 阿德勒和弗洛伊德的理论；后者的例子如根据买者和卖者在供应减少的情况下的反应来解释商品价格的上涨。）显然，在目前我们还不可能从生物学和物理学规律导引出心理学和社会科学的规律。另一方面，我们也不知道有任何科学的理由可以假定这样一种导引是原则上永远不可能的。

因此，现在还没有规律的统一。为整个科学构造一个统一的规律系统乃是科学未来发展的一个目标。我们不可能证明这个目标是不可能达到的。但是，我们的确不知道它是否将会达到。

反之，在科学上有一种语言的统一，即各门科学的词项有一个共同的还原基础，这个基础是由极有限而同性质的一类物理语言的词项构成的。这种词项的统一诚然不会有规律的统一会有的那样深远的影响和效力，但是它是规律统一的预备条件。我们之所以能够愈来愈在建立一个统一的规律体系的方向上努力发展科学，只是因为我们现在已经有了一个统一的语言。另外，我们具有这种语言的统一这个事实有着最伟大的实际的重要意义。规律的实际应用在于借助于它们去作出预见。重要的事实是：我们经常并不能根据仅仅一门科学知识就作出一个预见。例如，汽车制造要受到对可能的销售量的预见的影响。这种销售量又依赖于买主需要的满足和经济状况。因此我们必须把关于摩托的功能，汽油的振动对人类机体的影响，人们学习某种技术的能力，他们为了得到偌大的用处而乐于花那么多钱的意愿，一般经济形势的发展等等的知识结合起来。这种知识涉及具体的事实和属于这四门科学的一般规律，一部分是科学知识，一部分是常识。我们在个人生活和社会生活中作出的许多决定都需要这样一种预见，即建立在对具体事实和属于各门不同科学的一般规律的综合知识基础上的一种预见。如果不同科学分支的词项彼此没有由同一还原基础提供的任何逻辑联系，而是如一些哲学家所认为的那样具有根本不同的特性，那么要把不同领域的各个陈述和规律联系起来而从之引出预见，就是不可能的。因此，科学语言的统一是理论知识之实际应用的基础。

（陈启伟译）

选文出处

卡尔纳普　科学统一的逻辑基础

陈启伟主编，《现代西方哲学论著选读》，北京，北京大学出版社，1992，481—498 页。

定律及其在科学说明中的地位

亨普尔

科学说明是科学研究中重要的环节，亨普尔在科学说明上有深入的研究。本篇文章是他对科学说明中科学定律作用的全面介绍。他首先指出科学说明的目标不是让人在心理上得到满足，而是发展出一种关于世界的观念，它对于经验具有逻辑上的意义，并且可以检验。所以科学的说明必须具备两个条件：相关性和可检验性。然后分别介绍了演绎一律则说明、全称定律与偶适概括的区别、或然性说明的特征、统计概率与或然性说明、或然性说明的归纳特征等，分析了不同的说明形式都能够满足这两个要求。

作者简介

亨普尔（Carl G. Hempel，1905—1997），美国著名的分析哲学家和科学哲学家。第二次世界大战前，他曾是柏林小组的成员，与维也纳小组成员关系密切。大战爆发后移居美国。他对维也纳学派的一些重要观点进行重大修改，以适应美国的实用主义，并为以蒯因为代表的新一代分析

1. 科学说明的两个基本要求

说明物理世界的现象，这本来是自然科学最初的宗旨之一。的确，在前面几章中作为例子举出的几乎所有的科学研究，全都不是为了要确定某一特定的事实，而是为了要达到某种说明性的深刻见解。这些科学研究所关心的是这一类问题：产褥热是怎么染上的；抽水泵的提水能力为什么受到特有的局限；光的透射为什么符合几何光学定律；如此等等。在本章及下一章中，我们将较详细地考察科学说明的特征，以及它们所提供的那类深刻见解。

人们长久以来坚持不懈地关注于对他们周围发生的事件获得某种理解——这是一些极其多样化的、往往使人困惑不解的、有时还带有威胁性的事件。人们的这种努力表现为他们所发明的种种神话和隐喻——他们用这些东西来解释世界和他们本身的存在，解释生和死，解释天体运行、日夜交替、四季变换、雷鸣电闪、雨淋日出。这类解释性

哲学家的成长奠定了理论基础。一般认为，亨普尔的哲学是从维特根斯坦哲学发展到蒯因哲学这一过程中最关键的中间环节，因而在当代分析运动发展过程中占有重要地位。

的思想，有些建筑在拟人化的自然力的基础之上，有些则乞灵于种种隐藏的力量或动因，还有一些则归因于上帝的不可测知的计划或命运。

无可否认，这类解释有可能使提问者感到他已取得了某种理解。这类解释可以消除他的困惑，并在此意义上"答复"了他的问题。但是，无论这些答复可能使人在心理上如何地感到满足，它们却不适用于科学的目的。归根到底，科学所关心的是发展一种对世界的观念，这种观念对我们的经验具有一种清晰的、逻辑上的意义并从而能够经受客观的检验。由于这个原因，科学说明必须符合两个特定的要求，我们将分别称它们为：说明的相关性要求和可检验性要求。

天文学家弗朗西斯科·西齐（Francesco Sizi）用下面这一论证表明，为什么恰恰与他那同时代人伽利略所说的从望远镜中看到的情况相反，木星根本就不可能有围绕着它的卫星。

"头有七窍：鼻孔二、耳孔二、目二、口一。是以诸天有吉星二、煞星二、发光星二，唯水星则无所决而无所偏袒。由此及其他种种相类之自然现象，如七金等等其例不胜赘举，吾侪可知行星之数其为七也必矣……更有甚者，卫星云云为目所不能见，故亦不能有所为于大地；是以知其必无用之物，是以知无此物。"①

这一论证的根本缺陷十分明显：它所引证的"事实"，即使全部加以接受，那也是和所讨论的问题毫不相干的。这些"事实"不能为木星没有卫星这一假定提供哪怕是最小的一丁点儿理由。用"是以知"、"由此"、"必矣"等等词汇的堆砌所暗示的引证与结论之间的相关，其实完全是一种假象。

作为对比，让我们考察一下物理学上对虹的说明。物理学表明虹这种现象的形成是白色的阳光经过水珠——就像产生在云层中的那类水珠——反射和折射的结果。借助

① 引自霍尔顿（Holton）及罗勒（Roller）著，《现代物理科学的基础》（*Foundations of Modern Physical Science*），160页。

于有关的光学定律，这一阐述表明：只要有一股强烈的白光从观察者身后照向一片水珠或雾珠，就可以预料一定会有虹出现。这样，即使我们碰巧从来也没有看见过虹，这一物理阐述所提供的说明性知识还是能构成一种有力的根据，可以使我们相信或期待在所指定的情况下将会有虹出现。我们将把物理说明的这一特征说成是满足了说明的相关性要求：所引证的说明性的知识为我们相信被说明的现象真的出现或曾经出现提供了有力的根据。如果我们要想有权利说下面这样的话："这就说明了这件事情——所考虑的现象在这种场合下的确就会出现"，那么上述条件就一定得被满足。

上述要求是一个说明是否够格的必要条件，但不是充分条件。举例来说，大量材料表明，遥远星系的光谱中的红移是一种强有力的根据，可以使我们相信这些星系以巨大的速度越来越远离我们所居住的星球，但这一说明并没有表明为什么会这样。

为引出科学说明的第二个基本要求，让我们再次考虑前面讲过的那种观念，即把万有引力吸引看成是类似于"爱"的自然倾向的外部表现。如我们前面已经指出的，这一观念根本没有检验推论。因此，没有一种经验发现物可以肯定它或否认它。就这样，由于这一观念缺乏经验内容，它肯定不能为预测万有引力吸引这一独特的现象提供任何根据：它缺少客观的说明能力。类似的评论也适用于以不可测的命运来给出的说明：乞灵于这一套想法是不会获得特别深刻的见解的，这样做实际上是干脆放弃了作出说明的努力。与之相对照，虹的物理说明所根据的那些陈述却具有各种各样的检验推论：例如，在指定的条件下天空中将能看到虹；虹的颜色的排列次序；波浪拍打岩石激起的水花中或草地喷灌器喷出的水雾中会出现虹的现象；如此等等。这些例子表明了科学说明所要求的第二个条件，我们称之为可检验性要求，即构成科学说明的那些陈述必须能够接受经验检验。

前面已经提到，用底层的普遍亲和性来说明万有引力的那种想法不具有检验推论，因此，它没有说明的力量：它不能成为预测万有引力发生的根据，也不能成为预测万有引力将表现出何种特点的根据。要是它真的蕴涵着这些预测结果的话——无论是演绎蕴涵，还是在较弱的归纳—或然意义上的蕴涵——那么只要参照这些结果就可以对它进行检验。就像这一例子所表明的那样，我们考虑的这两个要求是互相联系着的：所提出的说明如果满足了相关性的要求，也就满足了可检验性的要求。（显然，反之则不然。①)

现在让我们来看一看科学说明采取些什么样的形式，它们是如何满足这两个要求的。

2. 演绎—律则说明

让我们再次考虑佩里在多姆山实验中的发现：托里拆利气压计中的水银柱高度随着海拔增高而减小。托里拆利及帕斯卡关于大气压力的思想为这一现象提供了一种说明。这一说明可以表述如下（略有咬文嚼字之嫌）：

（a）在任何地点，托里拆利装置封闭管中的水银柱对其下方水银施加的压力等于容器敞口处水银表面受到的其上方空气柱的压力。

（b）水银柱与空气柱所施加的压力正比于其重量。柱长越短，其重量越小。

（c）佩里将该装置携上山顶时，容器敞口处上方空气柱逐渐缩短。

（d）（因此，）封闭管中的水银柱随着登山的过程逐渐缩短。

如此构写之后，该说明就成为这样一个论证，其大意是：从（a）、（b）、（c）中所引述的说明性事实来看，语句（d）所描述的待说明的现象正好就是可以预期的现象。在这里，由于表明了水银柱的缩短正是按照自然律在某些特定环境条件下产生的结果，因此这一现象就得到了说明。这一说明把待说明的现象纳入了某种样式的统一性之中，并表明只要给出所指定的定律及适当的特定环境条件，该现象的发生就是可以预料的。

对于用说明来进行解释的现象，在后文中我们将称之为被说明现象；描述该现象的语句则称为被说明语句。如上下文能表明所指为何时，二者可均简称为被说明者。表述说明性知识的语句——在我们的例子中即（a）、（b）、（c）——称为说明语句，我们把这些语句的结合称为构成了说明者。

---

① 这一句话的意思也就是说：说明相关性在逻辑上蕴涵着可检验性。作者在最近写给译者的信中对这一点又作了如下的进一步解释：

1. 如果一个假设或理论不可能由任何经验发现物加以检验，那么该假设或理论就一定没有给出任何经验上的断言，并因此而不可能说明任何经验事件。

2. 但是，一个假设或理论 T 即使是可检验的，它也仍然可能对它所要说明的给定事件 E 给不出任何说明。举例来说，如果 T 是伽利略的自由落体定律，而 E 则是一次由化学反应引起的爆炸。此时，T 显然是可检验的，但它对于 E 并没有说明相关性。如果 T 要具有对 E 的说明相关性，那么就一定要能从 T 推导出 E 的发生。此时，十分显然，T 可以通过下列方式而得到检验：核查 E 是否在 T 所指明的条件下发生。

3. 因此，对于某种给定现象的说明相关性是一个比可检验性更强的必要条件；前者在逻辑上蕴涵后者。——译者注作为第二个例子，让我们考虑对球面镜反射成像的特征所作的说明。也就是说，一般地有$\frac{1}{u}+\frac{1}{v}=\frac{2}{r}$，其中u和v分别为物与镜之间的距离及像与镜之间的距离，r为镜面曲率半径。在几何光学中，这种统一性可借助于基本的平面镜反射定律来说明，其方法是把球面镜上任一点处的光线反射当做在该点切平面上的平面反射来处理。所得到的说明可以构写成一个演绎论证，其结论即为被说明语句，其前提则包括基本反射定律、光的直线传播以及关于镜面取球弓形状的陈述。①

一个类似的前提也包括平面镜反射定律的论证，对下述情况提供了说明：置于抛物面镜焦点的微小光源，其反射光线平行于抛物面轴。（这一原理在技术上应用于车灯、探照灯及另外一些装置的结构中。）

我们方才考察的这些说明可被看做是这样一个演绎论证：其结论即为被说明语句E，其前提集合即说明者，由普遍定律L_1，L_2，…，L_r及另一些对特定事实作出断言的陈述C_1，C_2，…，C_k所组成。这类论证就这样构成了科学说明的一种类型，其形式可由下式表示：

$$\frac{\left.\begin{array}{l}L_1, L_2, \cdots, L_r \\ C_1, C_2, \cdots, C_k\end{array}\right\}\text{说明语句}}{E \qquad \text{被说明语句}} \qquad (D-N)^{②}$$

这一类说明性解释称为用普遍定律覆盖下的演绎归结作出的说明，或演绎—律则说明（deductive-nomological explanation）。（律则nomological一词的词根为希腊词nomos，意为定律。）科学说明中需要用到的这些定律也称为对于被说明现象的覆盖定律，而说明性论证则可说成是把被说明者归在这些定律的覆盖之下。

演绎—律则说明中的被说明现象可以是一个发生在特定地点特定时间的事件，就像佩里实验的结果那样。或者，它也可以是某种能在自然界中找到的规则性，例如虹通常所呈现出来的那些特征，或者像伽利略定律或开普勒定律那类经验定律所表述的统一性。而这类统一性的演绎说明则需要借助于范围更广的定律，如反射定律与折射定律或牛顿的运动定律及万有引力定律。牛顿定律的这种用法表明，经验定律往往用这样一些理论原理来说明，这些原理涉及的是处于所研究的统一性底层的结构和过程。我们将在下一章中再

① 本例及下例中用到的对曲面反射定律的推导在莫里斯·克兰（Morris Kline）《数学与物理世界》（*Mathematics and the Physical World*，New York：Crowell Company，1959）一书中有简单明了的阐述。

② “D-N”为英语“演绎—律则”一词的首字母缩略。——译者注

回到这一类说明上来。

演绎—律则说明以最强的可能性满足了说明相关性的要求：它们提供的说明性知识在演绎上蕴涵了被说明语句，并从而对于被说明现象，可被预期提供了逻辑上的最终根据。（我们马上会遇到另一些科学说明，它们只在一种较弱的归纳意义上满足这一要求。）而且，可检验性要求也同样被满足了，因为说明者除了其他东西之外，还蕴涵了这样一点：在指定的条件下被说明现象就会发生。

有些科学说明与（D-N）样式十分接近。尤其是当一个现象的某些定量特征要由导自普遍覆盖定律的数学结果来说明时情况就是如此。这就像球面镜反射或抛物面镜反射的那类例子。或者考虑由勒维烈[①]（及独立地，由亚当斯[②]）提出的关于天王星特殊不规则运动的那个备受赞叹的说明。根据流行的牛顿理论，天王星这种特殊运动不能由当时已知的其他行星的引力吸引来解释。勒维烈猜测这种特殊运动，乃是由于受到一个尚未被探测到的外行星的引力吸引的结果。他计算出了这一未知行星的位置、质量和其他特性——如果这一行星的存在要能在定量的细节上解释所观察到的天王星不规则运动，那么它就应该具有这样的位置、质量和特性。勒维烈的说明获得了惊人的确认：在预言的位置上发现了一颗新的行星，即海王星，它具有勒维烈归之于它的那些定量特性。这儿，说明又一次具有演绎论证的性质，这种演绎论证的前提包括了普遍定律——具体地说包括了牛顿的万有引力定律及运动定律——以及指出干扰行星的各种定量特性的陈述。

但是，演绎—律则说明用省略形式陈述的情况并不少见。此时，说明的陈述中省去了某些作为预设的假定，这些省去的假定在所给出的上下文中干脆被看做是不言而喻的。这类说明有时表述为“E 因为 C”的形成，其中 E 是须加说明的事件，C 是某种先行的或伴随的事件或情势。举例来说，试看下列陈述：“人行道上的雪水在严寒下仍保持液态，因为在其上撒了盐。”这一说明并没有直接提到任何定律，但它却至少心照不宣地预设了一个定律，即水中溶有盐后其冰点就会降低。事实上，恰恰是由于这一定律的缘故，撒盐这件事才能具有说明性的（以及尤其是因果性的）作用——这种作用正是该省略式陈述归之于它的。顺便说，这一陈述还在另外一些方面有所省略。例如，它虽未提及但却不言而喻地采用了一些关于现场物理条件的假定，其中就有气温并不降得极低这样一条。如果把这些略去的律则性假定及其他假

① 勒维烈（Urbain Jean Joseph Le Verrier，1811—1877），法国天文学家。——译者注

② 亚当斯（John Couch Adams，1819—1892），英国数学家及天文学家。——译者注

定加到“雪水上撒了盐”这一陈述中去，我们就得到了关于雪水保持液态这一事实的一个演绎—律则说明的前提。

类似的论述也可应用于泽梅尔魏斯的说明：产褥热起因于由创伤表面引入血流的腐败肉体物质。这样的构写在说明中就没有提到普遍定律。但是这一说明预设了血流的这类感染通常会导致具有产褥热特征症状的败血症，因为断言“该类感染是产褥热的原因”就意味了上述这一点。上述这一一般结论无疑被泽梅尔魏斯看做是不言而喻的事情。对他来说，科勒奇卡致命疾病的原因在病原学上并不是什么问题：只要把那种感染性物质导入血流，其结果就是败血症。（科勒奇卡当然不是由污染了的解剖刀造成创伤而引起败血症致死的第一人。成为悲剧性讽刺的是，泽梅尔魏斯本人也遭到了相同的命运。）一旦把这一未予明言的前提明白地说出来，就可看到，泽梅尔魏斯的说明涉及了普遍定律。

就像上面的例子所表明的那样，说明性陈述总是预设着一些相应的普遍定律，其大意是某类事件 G（例如，定压下气体的膨胀，螺线圈中的电流）中的一个特定事例是因为另一类事件 F（例如，加热气体，线圈在磁场中横向移动）中的一个事例而引起的。要看到这点，我们并不需要深入原因概念的复杂细节，只要指出下面这一点也就够了：当把“同样的原因，同样的结果”这一普通格言应用于这类说明性陈述时，就可得到它所意味着的断定——任何时候只要有 F 类的事件发生，就伴随着有 G 类的事件。

我们说，说明依托于普遍定律，但这并不是说要发现一种说明就需要发现一些定律。有时候，一个说明所取得的关键性新见解乃是在于发现了某些特定的事实（例如，存在着未被探测到的外行星；附着于进行诊察的医生手上的感染物），这类事实借助于先已接受的普遍定律而解释了被说明现象。在另一些场合下，例如氢光谱谱线的情况，说明了成功的确在于发现了一条覆盖定律（巴耳末公式）并最终在于发现了一个说明性理论（如玻尔理论）。还有一些情形，说明的主要成就乃是在于表明了被说明现象可以（以及究竟为什么可以）由已有的定律及关于特定事实的已有材料来解释。其例子是关于球面镜及抛物面镜反射定律的说明性推导——从几何光学的基本定律结合镜面几何特征的陈述而导出。

一个说明性问题的本身并不能决定该问题的解决需要什么样的发现。勒维烈在水星运动中同样也发现了同理论预期轨道的偏离，他力图像天王星的情况那样用一颗尚未被探知的行星祝融星对水星的引力吸引来说明这种结果，该祝融星应当是一个在太阳与水星之间的极小而极为致密的天体。但是，没有发现有这样一颗行星。只是在很多年之后广义相对论才对此提供了一种满意的说明，这种说明不是把水星运动的不规则性归之于某种特定的干扰因素，而是用一套新的定律体系来解释这种不规则性。

3. 全称定律（universal laws）与偶适概括

如上所述，定律在演绎—律则说明中起着根本性的作用。定律提供了一种中间环节，把特定环境条件（由 C_1，C_2，…，C_k 描述）与某给定事件的发生互相联系起来，并使前者可用来说明后者。如果被说明者不是一个特定事件，而是某种统一性，就像前述球面镜或抛物面镜的特性之类，那么，用作说明的定律将呈现出一套更为广泛的统一性，而被说明的统一性只不过是这套更为广泛的统一性中的一个特例。

演绎—律则说明所要求的定律具有一个共同的基本特征：它们是具有这样一种形式的陈述，这种形式我们称之为全称形式。广义地说，具有全称形式的陈述断言了不同经验现象之间或经验现象的不同方面之间具有的一致的联系。这类陈述讲的是无论何时何地只要有某种特定种类的条件 F 发生，就总是无例外地有另一种特定种类的条件 G 发生。（并不是所有的科学定律均具有这种形式。在下一节里我们将遇到具有或然性形式的定律和以该类定律为基础的说明。）

下面是一些全称形式的陈述的例子：对于压力保持不变的气体如其温度增加，其体积也就增大；当有固体溶于液体中时，该液体的沸点就增高；当光线在平面镜上反射时，反射角等于入射角；当磁铁棒折断时，其断块仍为磁铁；当物体在靠近地球表面处于真空中自静止开始自由下落，t 秒中其行经距离为 $16\ t^2$ 英尺。大多数自然科学的定律都是定量的定律，它们断言物理系统的不同定量特性之间（如一定气体的体积、温度与压力之间）的某种特定的数学联系，或断言过程的不同定量特性之间（如伽利略定律中自由下落的时间和距离之间；开普勒第三定律中行星公转周期和它离太阳的平均距离之间；斯涅耳定律中入射角与折射角之间）的某种特定的数学联系。

严格地说，对于一个断言某种一致联系的陈述，只有在有理由假定它为真的情况下它才能被看做是一个定律。一般说来我们不会讲到什么错误的自然律。但是如果刻板地遵从这一要求，那么通常称为伽利略定律和开普勒定律的那些陈述就不能被称作是定律，因为根据当代物理的知识，它们只是近似地成立。而且在下面我们将会看到，物理理论说明了为什么会这样。类似的评论也可应用于几何光学的定律。举例来说，即使在均匀媒质中光也不是严格地按直线运动的：光线可在犄角处弯曲。因此，我们将比较自由地使用“定律”一词。我们将把它应用于这里所说的那类陈述，尽管从理论上来看，我们知道这些陈述只是近似地、在一定的限制下成立。在下一章考察理论对定律的说明时我们将再回到这个问题上来。

我们已经知道，演绎—律则说明所需要的定律具有如下的基本形式："在任何场合下当F类的条件实现时，G类的条件就也会实现"。但有意思的是，并不是具有这一全称形式的所有陈述都有资格被称为自然律，哪怕该陈述的确为真。举例来说，语句"所有在这个盒子中的石块都含有铁"是全称形式的语句（F就是在盒子中的石块这一条件，G则是含有铁这一条件），可是即使这一语句为真，它也不能被认为是一个定律，而只能被认为是关于某种"恰好如此"的断言，即只是一个"偶适概括"（accidental generalization）。或者考虑下面这一陈述："所有由纯金组成的物体其质量小于100 000千克。"毫无疑问，凡是人类所检视过的所有金的物件都符合这一陈述。因此，该陈述具有相当大的确认性证据而还没有任何已知的否定例证。事实上，完全可能在宇宙的整个历史中从来还没有过、将来也不会有一个纯金的物体其质量等于或大于100 000千克。在这种情况下，所提出的概括就不仅是得到了很好的确认，而且它确实为真。可是，我们还是会把它之为真看做是偶适的，因为当代科学所表述的基本定律中没有任何东西能排除存在这样一个质量超过100 000千克的固态金块的可能性，甚至都不能排除我们制造出一个这样的金块的可能性来。

因此，把科学定律定义为全称形式的真陈述那是不适当的，这些特征只是这里所讨论的那类定律的必要条件，而不是充分条件。

真正的定律与偶适概括之间的区别何在呢？这个有趣的难题近年来一直在被热烈地讨论着。让我们简短地来看一看争论中出现的几种主要想法。这一争论目前还在继续进行着。

纳尔逊·古德曼[①]提出一个有力而富有启发性的观点是定律可被用于支持反实条件句（counterfactual conditionals）。反实条件句是一种如下形式的陈述："如曾有（或至今犹有）情形A，则就曾有（或至今仍有）情形B"，而在事实上并没有（或至今尚未有过）情形A。这样，断言"如果这支石蜡蜡烛已经被放入沸水壶中，那么它就已经溶化掉了"可以通过引证下述定律（以及水的沸点为摄氏100度这一事实）而获得支持，该定律即：石蜡在摄氏60度以上时处于液态。而陈述"所有在这个盒子中的石块都含有铁"却不能类

---

① 见纳尔逊·古德曼（Nelson Goodman）的论文《反实条件句问题》（"The Problem of Counterfactual Conditionals"），重印于其著作《事实、虚构及预期》（*Fact*，*Fiction*，*and Forecast*，2nd ed. Indianapolis：The Bobbs-Merrill Co.，Inc.，1965）第二版，第一章。该文提出了关于定律、反实陈述及归纳推理的一些引人入胜的基本问题，并用较高深的分析观点对之进行考察。

似地被用来支持下面这个反实陈述："如果把这个石子放到盒子里去，这个石子就会含有铁。"与此相似，定律不同于为真的偶适概括，它可支持虚拟条件句，即如下形式的语句："如A竟然发生，则B也会发生"，其中对A在事实上是否真的发生不予限定。陈述"如果这支石蜡蜡烛竟被放入沸水中，那么它就会溶化"就是一个例子。

与上述这种区别紧相联系的还有另一种对我们来说特别值得注意的区别：定律可以用作说明的基础，而偶适概括则不能。这样，一支特定的石蜡蜡烛放入沸水中而溶化一事可以这样地用符合于D-N格式的方式来说明，即先指出方才提到的那些具体事实再指出石蜡在温度高于摄氏60度时就会溶化这一定律。而某一特定的在盒子中的石块均含有铁一事则不能类似地用指出所有该盒子中的石块含有铁这一全称陈述来说明。

下面这一种说法对于进一步澄清问题似乎颇为有理：上述后一陈述仅仅只是对有限个下面这类陈述之合取的一种方便而简洁的构成——"石块 r_1 含有铁，石块 r_2 含有铁……石块 r_{63} 含有铁"——而关于石蜡的一般结论指的则是潜在的无数组特例，从而不可能用有限个描述个别事例的陈述的合取来作为它的意译。这种说法是有启发性的，但却说得过分了；因为首先"所有在这个盒子中的石块都含有铁"这一概括实际上并没有告诉我们盒内有多少石块，也没有对每一个具体的石块给以名称 r_1，r_2……因此，这一全称语句在逻辑上并不等价于有限个上述那种语句的合取。要构写一个适当的合取还需要附加的知识，这种附加的知识可通过对盒内石块进行计数和标号而取得。此外，对于"所有纯金物体的质量小于100 000千克"这一概括来说，即使世界上有无限多个金的物体，它也不能被看做是一个定律，这样，有不止一个理由表明我们所考虑的这个判据不能成立。

最后，让我们指出，一个全称形式的陈述，即使它实际上根本没有任何实例，仍可能有资格成为一个定律。作为例子试考虑下述语句："任何天体如其半径与地球相等而质量为地球的两倍，则其上静物之自由下落符合于公式 $S=32t^2$。"完全可能在整个宇宙中就没有一个天体具有所指定的大小及质量，但该陈述还是具有定律的那种特征。因为它（或更准确些说，它的某种十分接近的近似——就像伽利略定律的情况一样）得自牛顿的引力及运动理论加上地面上自由落体加速度为每秒32英尺这一陈述；而这就使它得到很强的理论性支持，就像我们前面讲到的关于月球上自由下落定律的情况一样。

我们注意到，定律能对虚拟条件陈述和反实条件陈述给出支持，而这些陈述是关于潜在的事例的，亦即是关于可能会发生的，或本来可能会发生而没有发生的具体事例的。牛顿理论就是以这种方式支持了我们的虚拟形式的普遍陈述："在半径与地球相同而质量为地球两倍的任何可能存在的天体上，自由下落将符合于公式 $S=32t^2$。"而这种支持又暗示着这一理论所具有的类律地位。与之成为对比，关于石块的概括就不能意译为断言任何可能存在于该盒子中的石块都将含有铁，而且当然这种断言也没有任何理论上的支持。

同样，我们也不会用我们关于金的物体的质量的概括——让我们称之为H——来支持诸如此类的陈述："两个纯金的其质量之和超过 100 000 千克的物体不可能熔融成一个物体，或者如果熔融是可能的话那么熔成的物体质量将小于 100 000 千克。"因为当前大家所接受的关于物质的基本物理理论和化学理论并不排除上面所说的那种熔融，也不能由之推出发生了这种熔融后就会造成质量的减少。因此，即使概括 H 竟然为真，也就是说，即使永远不会出现例外的情况，从当前的理论来看，那也只是一种偶然的情况，一种巧合。当前的理论允许出现对 H 为例外的情况。

这样，一个全称形式的陈述是否可算作定律，部分地将依赖于当时所接受的科学理论。这并不是说"经验概括"——在经验上很好地被确认了的但却没有理论基础的全称形式的陈述——就永远没有成为定律的资格。举例来说，伽利略定律、开普勒定律和波义耳定律在它们取得理论上的依据之前就被认为是这种经验概括。理论在这个问题上的作用是这样的：一个全称形式的陈述，无论其是否已由经验确认或尚未经受检验，如果它能被某个已接受的理论所蕴涵，它就将被看做是一个定律（这类陈述通常被称为理论性定律）；但即使它在经验上已经很好地被确认，而且就算假定它事实上为真，只要它所排斥的某种假说性事件（就像在我们的概括 H 中，否认两个质量之和大于 100 000 千克的金的物体可以熔融为一）在已接受的理论看来是可能发生的，那么它就不会被看做是一个定律。①

4. 或然性说明：基本原理

并不是所有的科学说明都立足于严格的全称形式的定律之上。要说明小吉姆之所以得了麻疹，可以说他是从他哥哥那里染上的，几天前他哥哥麻疹发得很厉害。这种解释也是把被说明事件与一件较早发生的事情——吉姆与麻疹患者接触——联系起来。之所以说后者提供了一种说明，乃是因为与麻疹患者接触和染上麻疹这两件事情之间存在着联系。但是，这一联系不可能表述为全称形式的定律，因为并不是每个与麻疹患者接触的人都会受到感染。

---

① 对定律这一概念的更完整的分析及进一步的参考书目可见内格尔（E. Nagel）：《科学的结构》（*The Structure of Science*，New York：Harcourt，Brace&World，Inc.，1961）第 4 章。

能够断定的只是与麻疹患者接触的人有很高的概率会得这种病，也就是说，所有这些人中染上病的有很高的百分比。这种类型的普遍陈述称为具有或然形式的定律，或简称为或然性定律（probabilistic laws）。对之我们马上要来更细致地加以考察。

在我们所举的例子中，说明者由上述或然性定律及陈述：吉姆曾与麻疹患者接触所组成。与演绎—律则说明的情况不同，这些说明陈述并不在逻辑上蕴涵被说明陈述，即吉姆得了麻疹；因为在从真前提出发的演绎推理中结论无例外地为真，而在我们的例子中，十分显然，说明陈述可以为真而被说明陈述仍可能为假。为简单起见我们将说：说明者不是以“演绎必然性”而是以“似然性”或以很高的或然性（概率）蕴涵着被说明者。

这样得出的说明性论证可表示为下列格式：

与麻疹患者接触的人染上此病的概率很高

吉姆与麻疹患者接触过

══════════════ [造成极大的可能]

吉姆染上麻疹

在演绎论证的惯用表述中（例如对于前述 D－N 格式所使用的表述），结论与前提之间以单线分隔用以表示前提在逻辑上蕴涵结论。现在这一格式中使用的双线则类似地意味着“前提”（说明者）使“结论”（被说明语句）或多或少地成为可能。其可能性的程度（概率）由方括号中的文字注释表明。

这类论证称为或然性说明。如我们的讨论所表明的那样，对一个特定事件的或然性说明与对应的演绎—律则型说明有着某些共同的基本特征。对二者来说，所给出的事件都是通过指出另一事件而得到说明，被说明事件与该另一事件之间由定律建立联系。但对后者，定律具有全称形式，而对前者，定律则具有或然性形式。一方面，演绎性说明表明，根据包含在说明者之内的知识可以以“演绎必然性”预期被说明者，另一方面，归纳性说明则仅仅表明，根据包含在说明者之内的知识，可以以很高的概率甚至以“实际上的必然性”来预期被说明者。上述后一论证就是以这种方式来满足说明相关性的要求的。

5. 统计概率与或然性定律

现在我们得更细致地来考察一下上面我们刚刚指出的或然性说明的两大特色：它们所依靠的或然性定律以及把说明者与被说明者联系起来的那种特殊的或然性推论。

假定从一个罐子里连接不断地摸出球来，这些球大小和质量全都一样，但其颜色则并不一定相同。每次摸一个球，并记下它的颜色，然后把这个球再放回罐子中去，并在下次摸球之前把它与罐中的球充分地混合。这就是所谓随机过程或随机实验（random experiment）的一个实例。对随机过程这个概念我们马上要更为详细地加以阐明。让我们把上面所描述的这种程序称之为实验 U，把每次摸球称为 U 的一次执行，把给定的一次摸球所摸到的球的颜色称为该次执行的结果或产物。

如果罐中所有的球均为白色，那么下述关于 U 的执行结果的严格全称形式的陈述为真，即每次从罐中摸得一个白球，或简单地说，每次得到结果 W。如果只有一部分球——例如 600 个——为白色，而另一部分——例如 400 个——为红色，则下述关于该实验的或然性形式的普遍陈述为真：U 的一次执行得到白球或产物为 W 的概率为 0.6。用记号表示：

$$P（W，U）=0.6 \tag{5a}$$

类似的，对随机实验 C（抛掷公平的硬币）其结果得到 H（硬币正面）的概率由下式给出

$$P（H，C）=0.5 \tag{5b}$$

而对随机实验 D（掷规则的骰子）得到结果 A（一点）的概率为

$$P（A，D）=1/6 \tag{5c}$$

这些或然性（概率）陈述究竟是什么意思？按照一种常见的观点（有时被称为概率的“经典”观念），对陈述（5a）应当作如下的解释：实验 U 的每一次执行就是要在 1 000 个基本可能性或 1 000 个基本可择情况中选择一个；这些基本可能性中每一个由罐中的一个球作为代表；对于这些可能的选择，有 600 种“有利于”得到产物 W；而摸到一个白球的概率就只不过是所能有的有利选择的数目与所有可能选择的总数之比，亦即 600/1 000。概率陈述（5b）及（5c）的经典解释亦类此。

但是这种对概率陈述的特征阐明是不行的，因为如果在每次摸球之前，罐中的 400 个红球被放在白球之上，此时，对于这种新的罐球实验来说——让我们称之为 U′——有利选择与可能的基本选择之比仍保持不变，但摸到白球的概率将小于实验 U 的情况——在实验 U 中每次摸球之前罐中的球要彻底地进行混合。经典观念处理这一困难的办法是要求概率定义中所用到的“基本可择情况”一定得是“等可能的”或“等可几的”，而实验 U′则看来是违背了这一要求。

这一附加的但是造成了如何定义等可能性或等可几性的问题。我们将略过这一惹起了说不尽的麻烦与争论的论题，因为，即使假定这种定义可以满意地给出，概率的经典观念仍是不适当的——概率同样还应用于这样一些随

机实验的产物，而对这些实验却不知道有哪种巧妙的办法能够给出其等可几的基本可择情况。对于掷骰子的随机实验 D，可以把骰子的六个面看做是这种等可几可择情况的代表，但我们也把概率用于下面这样一些随机实验的结果：例如用灌铅的骰子来掷一点或掷某个特殊点，尽管对之确定不了任何等可几的基本产物。

类似的——而且这一点特别重要——科学还把概率用于可在自然界中遇到的随机实验或随机过程的产物，例如用于放射性物质原子的逐步衰变或原子从一个能级到另一个能级的跃迁。在这里，我们也不能找到等可几的基本可择情况并借以用经典的方式来定义和计算概率。

为了要对概率陈述作出一种更为令人满意的阐释，让我们来考虑如何确定下述情况的概率：用一个并不知道是否规则的骰子来掷一点。这件事显然可以这样来进行：用该骰子作出大量的投掷，并确定其相对频率，即出现一点的那些情况的比率。例如，掷该给定骰子的实验 D′共执行 300 次，其中出现 62 次一点，此时，相对频率 62/300 就将被看做是用该骰子掷一点的概率 p（A，D′）的近似值。类似的程序也可以用于估定抛掷给定的硬币的概率，转轮盘赌转轮的概率，如此等等。同样，与放射性衰变、不同原子能级间的跃迁、遗传过程等相联系的概率也是通过确定对应的相对频率而决定，但这种确定往往并不是简单地去计算个别的原子事件或相应的事件，而是通过极为间接的方式进行的。

用相对频率来给出的解释也可应用于如（5b）及（5c）那样的概率陈述，该两个陈述涉及的是抛掷一个公平的硬币（即质地均匀而成严格圆柱状的硬币）或掷一个规则的骰子（即质地均匀而成严格立方体状的骰子）所得到的结果。科学家（或者，在这两个例子中，赌博者）在作出概率陈述时所真正关心的乃是相对频率：对于某随机实验 R 的一长列重复执行，用该相对频率就能给出获得某产物 O 的期望。至于计算“等可几”基本可择情况的数目，并算出其中有多少情况对 O“有利”，则可被看做是一种启发性的方法，用以猜测 O 的相对频率。当我们极多次地抛掷一个规则的骰子或公平的硬币时，不同的各个面倾向于以相等的频率出现。根据在构成物理假设时经常使用的那类对称性考虑，人们也可以想到这点。我们的经验知识并没有提供任何根据可使我们认为有一个面会比其他的面更为有利。但是，尽管这类考虑常常具有启发性，它们都不能被看做是确定无疑的或不证自明的真理：有些十分似真的对称性假设，就像宇称原理，已被发现在亚原子水平上并不总是得到满足。因此，等可几性的假定总是得接受经验数据的修正——这些经验数据来自所考察现象的实际相对频率。这一情况从玻色、爱因斯坦及费密、狄拉克分别发展起来的气体统计理论也可得到表明——这两种不同理论依据的是关于粒子在相空间中等可几分布的不同假定。

这样，在统计定律中给出的概率就代表着相对频率。但是，这些概率并不能严格地定义为相应随机实验的一长列重复执行的相对频率。因为，例如对于掷一个给定的骰子而得到一点的情况，随着重复系列的增长（投掷次数的增多），得到一点的比率将会改变——尽管这种改变可能极小。而且，即使对于两个长度恰好相同的系列来说，得到一点的次数通常也不相同。但是，我们又发现，当投掷的次数增加时，每个不同产物的相对频率趋向于改变得越来越小，尽管接续的投掷结果仍继续无规则地变化，而且实际上无从预测。这就是我们通常所说的具有产物 O_1，O_2，…，O_n 的随机实验 R 的特性：R 的每次接续执行以一种无规则的方式产生这些产物中的一个，但是这些产物的相对频率当执行次数增加时却趋向于稳定。而这些产物的概率 p（O_1，R），p（O_2，R），…，p（O_n，R），则可被动看做是一种理想值——实际频率越来越变得稳定时所趋向的取值。为数学上方便起见，这些概率有时就被定义为当执行次数无限增加时相对频率收敛于其上的数学极限。但是这一定义有着某种概念上的缺陷，于是在对该问题较近的一些数学研究中故意地而且并非没有理由地用下述那种所谓概率的统计解释①把人们想赋予概率概念的经验内容进一步弄得模模糊糊：

陈述

$$p（O, R）=r$$

意味着在随机实验 R 的一长列执行中产物为 O 的情况所占的比例几乎可以肯定接近于 r。

一定要把这样表征的统计概率的概念与我们在第 IV 章第 5 节中考察过的那种归纳概率或逻辑概率的概念小心地区别开来。逻辑概率是确定的陈述与陈述之间的定量逻辑关系。语句：

$$c（H, K）=r$$

断言，对于构写为陈述 K 的证据，假设 H 以程度 r 取得该证据的支持或因该证据而在程度 r 上成为可能。统计概率是可重复的事件种类之间的定量关系，是某类产物 O 及某类随机过程 R 之间的定量关系。粗略地说，它表示着在 R 的一长列执行中倾向于发生结果 O 的相对频率。

---

① 关于概率的统计概念及极限定义的进一步细节及其缺陷可见内格尔的专著《概率论原理》（*Principles of the Theory of Probability*，Chicago：University of Chicago Press，1939）。我们所采用的统计解释的表述是依据克拉默（H. Cramer）所著《统计数学方法》（*Mathematical Methods of Statistics*，Princeton：Princeton University Press，1946），见该书第 148—149 页。

这两种概念的共同之处乃是它们的数学性质，它们都满足数学概率论的基本原理：

（1）两种概率的可能取值范围从 0 到 1：

$0 \leqslant p$（O，R）$\leqslant 1$

$0 \leqslant c$（H，K）$\leqslant 1$

（2）R 的两个不相容的产物之一发生的概率为该两产物各自的概率之和；对于任一证据 K，两个不相容的假设之一成立的概率为其各自的概率之和：

如 O_1，O_2 为互斥，则 p（O_1 或 O_2，R）$=p$（O_1，R）$+p$（O_2，R）。

如 H_1，H_2 为逻辑不相容的假设，则 c（H_1 或 H_2，K）$=c$（H_1，K）$+$ c（H_2，K）。

（3）在一切情况下必然发生的产物——如：O 或非 O——概率为 1：对任何证据在逻辑上均为真（在此意义上即必然为真）的假设，如：H 或非 H，其概率为 1：

p（O 或非 O，R）$=1$

c（H 或非 H，K）$=1$

其形式为统计概率陈述的科学假设可以通过检查所涉及产物在长时期中的相对频率来进行检验，对它们也正是这样进行检验的。而对这类假设的确认，广义来说，就可以用假设的概率与所观察到的频率之间的一致程度来进行判断。但是，这类检验的逻辑却存在着一些十分吸引人的特殊问题，对之至少应当给以简短的考察。

试考虑这样一个假设 H：某一骰子掷出一点的概率为 0.15，或简写作 p（A，D）$=0.15$，式中 D 为掷该骰子的随机实验。假设 H 并不演绎地蕴涵任何指明一点出现次数的检验推论，即对于一个有限系列的骰子投掷，不存在一个能指明一点将发生多少次的检验推论。例如，从该假设不能推出在最初的 500 次投掷中恰好产生 75 次一点，甚至也不能推出产生一点的次数譬如将在 50 到 100 之间。因此，即使实际上从大量投掷中得到一点的比例与 0.15 有相当大的差别，那也并不就能在下面这种意义上驳斥 H——对于一个严格全称形式的假设，就像“所有的天鹅都是白的”，只要指出一个反例，例如一只黑天鹅，就能用否定式论证加以驳斥。类似的，如果长时期投掷给定的骰子所产生的一点的比例十分接近于 0.15，这也并不能在下面这种意义上确认 H——因为发现某假设在逻辑上蕴涵的检验语句 I 在事实上为真而确认该假设。因为对于后面那种情况，该假设对 I 的断言乃是逻辑上的蕴涵关系，由于检验结果表明了该假设所断言的东西中有某一部分确实为真，从而该检验结果就有了确认性。但是肯定性的频率数据对于 H 却表现不出任何与上述情况严格类似的东西，因为 H 并不蕴涵这样的断言：一点的频率久而久之就一定会十分接近于 0.15。

但是，尽管 H 并不在逻辑上排斥下述可能性，即在给定骰子的一长列投掷中得到一点的比例可能与 0.15 相差甚远，该假设却的确在逻辑上蕴涵着下列陈述，即这类相差在统计意义上是极不可能的，也就是说，如果把执行一长列投掷（例如每系列为 1 000 次）的实验重复进行极多次，那么在这么多长系列的执行中只有极微小的比例会产生一点所占的比例与 0.15 相差甚远的结果。对于掷骰子的情况，通常假定接续投掷的结果是"统计独立的"，这粗略地说意味着掷一次骰子得到一点的概率不依赖于先前投掷的结果。数学分析表明，加上这一独立性假定之后，我们的假设 H 演绎地决定了 n 次投掷得到一点的比例与 0.15 的相差不大于某一特定值的统计概率。举例来说，H 蕴涵着下述的结果：对于此处所考虑的骰子投掷 1 000 次的一个系列来说，一点的比例处在 0.125 与 0.175 之间的概率约为 0.976；类似的，对于10 000 次投掷来说，一点的比例处在 0.14 与 0.16 之间的概率约为 0.995。这样，我们可以说，如 H 为真，则完全可以肯定，在长时期的试验中所观察到的一点的比例将与所假设的概率值 0.15 相差甚微。因此，如果所观察到的产物的长时期频率并不接近于所给定的概率性假设给出的概率，那么该假设多半为假。在这种情况下，频率数据可看做是对假设的非确认，或减弱了假设的可信性。而如果发现了足够多的有力的非确认证据，那么该假设就会被认为是在实际上（尽管不是在逻辑上）受到了驳斥，并将相应地被否定。同样，所假设的概率与所观察到的频率之间的严密一致将有助于确认或然性假设并导致该假设被接受。

如果或然性假设之被接受或否定要用所观察到的频率这种统计证据来作为根据，那就需要有一些合用的标准。这些标准必须决定：（1）在所观察到的频率与假设所陈述的概率之间要有何种程度的偏差才能被看做是否定该假设的理由；（2）所观察到的频率与所假设的频率要接近到什么程度才能成为接受该假设的条件。这些要求可以或多或少严格地给出，而其具体取值则在于人们的选择。所选标准的严格程度自然随着该项研究的目标和论境（context）的不同而不同。广而言之，该严格程度取决于从该假设所处的地位来看，如果发生下述两种错误，究竟事关紧要到什么程度。所说的两种错误即所检验的假设虽然为真却被否定，或虽然为假却被接受。如果对假设的接受或否定要被用作实际行动的根据时上述情况的重要性就尤其明显了。因此，如果假设讲的是某种新疫苗的可能效用及其安全性，那么，要作出是否接受该假设的决定就不仅得考虑统计检验结果与假设所给出的概率之间符合到什么程度，而且还得考虑如果该假设事实上为假，那么接受该假设并据之行动（例如给儿童们接种该疫苗）会产生何种严重的后果，如果该假设事实上为真，那么否定该假设并据之行动（例如摧毁疫苗，改进或停止生产线）又会产生何种严重的后果。在这类情况中产生的种种复杂问题就是统计检验和统计决策理论所研究的主要题目。该理论是以数学上的概率论和统计理论为基础而在近几十年中发展起来的。①

自然科学中很多重要的定律及理论性原理都具有或然性的特点，尽管它们的形式往往要比我们所讨论的那些简单的或然陈述复杂得多。举例来说，根据现行的物理理论，放射性衰变是一种随机现象：每一种放射性元素的原子都有一个特征性的蜕变概率，即在指定的时间间隔内发生蜕变的概率。相应的概率性定律通常构写为一种给出该元素半衰期的陈述。这样，镭^{226}的半衰期为1620年，钋^{218}的半衰期为3.05分钟。这两个陈述就是具有如下意义的定律：一个镭^{226}原子在1620年内发生衰变的概率为1/2，一个钋^{218}原子在3.05分钟内发生衰变的概率为1/2。按照前面引述过的那种统计解释，这两个定律意味着：对于在某个时候给定的大量镭^{226}原子或钋^{218}原子来说，1620年或3.05分钟之后其中大约还有十分接近于一半的镭^{226}原子或钋^{218}原子仍然存在，其他原子则由于放射性衰变而蜕变了。

在气体分子运动论中，气体行为的各种统一性包括经典热力学定律是用关于组成气体的分子的种种假定来说明的。其中有些假定就是关于分子运动及碰撞之统计规则性的或然假设。

对于或然性定律的概念还可以再指出几点：初初看来似乎所有的科学定律都可以算作是或然性定律，因为我们所能有的支持定律的证据总是数目有限的、逻辑上非决定性的发现物，这些证据赋予定律的仅仅只是较高的概率。这一论证的漏洞在于：全称形式定律与或然形式定律之间的区别并不涉及该两类陈述所具有的证据支持的强度，而只涉及它们的形式。正是这种形式反映了它们的断言的逻辑性质。全称形式的定律基本上是这样一种陈述：在所有的情况下，只要种类F的条件实现就有种类G的条件实现。或然性形式的定律则是基本上断言：在某种构成随机过程R的执行的条件下某种产物之出现将在全部事例中占有指定的百分比。这两种类型的断言，无论其为真或为假，得到很强的支持或否，它们总是有着不同的逻辑性质，而我们对它们的区分正是依据于这种逻辑性质的差别。

---

① 关于这一问题可见卢斯（R. D. Luce）及雷法（H. Raiffa）：《对策及决策》（*Games and Decisions*，New York：John Wiley & Sons，Inc.，1957）。

如我们在前面已经看到的那样，全称形式的定律“只要F就有G”完全不是下述那种事实记录的简缩的等价物，该事实记录说的是迄今为止检查过的每一个F的发生都伴同着G的发生。倒是宁可说，这样的定律也蕴涵着对过去、现在和将来的所有未经检查的事例F给出的断言，此外，它还蕴涵着关于所谓F之“可能发生”的反实条件及假设性条件断言。而正是这一特性才赋予了这类定律以说明能力。对于或然性形式的定律也有着类似的情形。镭^{226}的放射性衰变是一个半衰期为1620年的随机过程，作出这一陈述的定律显然并不等同于下列事实记录，即在某些镭^{226}样品中所观测到的衰变速率。该定律讲的是随便哪一块镭^{226}的衰变过程，无论其为过去、现在或将来，而且该定律还蕴涵着虚拟条件或反实条件断言，诸如：两块具体的镭^{226}如果合成一块，其衰变速率将保持不变，就像该两块镭^{226}并未合成一块一样。同样，正是这一特性赋予了或然性定律以预言及说明的能力。

6. 或然性说明的归纳性质

我们上面所举的吉姆患麻疹的例子是或然性说明的一个最简单的例子。该说明性论证的普遍形式可表述如下：

$$\frac{\begin{array}{l} p\text{（O，R）接近于 1} \\ \text{i 是 R 的一个事例} \end{array}}{\text{i 是 O 的一个事例}} \quad \text{[造成极大的可能]}$$

现在方括号中标出的那个由说明者所赋予被说明者的“极大的可能”，当然不是一种统计概率，它表征的是语句之间的关系而不是事件（的类别）之间的关系。利用第Ⅳ章中所引入的一个术语，我们可以说这里所考察的那种或然性（概念）代表着在给出了说明者所提供的消息之后被说明者所具有的合理可信性。我们在前面已经指出，如果说这一种概念可被解释为是一种概率的话，那么它代表着一种逻辑概率或归纳概率。

在某些简单的例子中可以有一种自然而明显的方法把这类概率表述为数值。在上面所考虑的那类论证中，如果得出了 p（O，R）的数值，那就完全有道理说：说明者赋予被说明者的归纳概率具有这同一个数值。这样得到的或然性说明具有如下的形式：

$$\frac{\begin{array}{l} p\text{（O，R）} = \text{r} \\ \text{i 是 R 的一个事例} \end{array}}{\text{i 是 O 的一个事例}} \quad \text{[r]}$$

如果说明者更为复杂，要决定相应的赋予被说明者的归纳概率就会产生十分困难的问题，其中有些问题至今犹未解决。但是，不管是否有可能对所有这类说明都给出确定的数值概率，前面的考察已经表明，当某个事件需由或然性定律说明时，说明者赋予被说明者的只是或强或弱的归纳支持。因此，我们可以这样来区别演绎—律则说明与或然性说明二者：前者作出的是在全称形式定律之下的演绎归结，而后者作出的是在或然形式定律之下的归纳归结。

人们有时说：正是由于或然性解释的归纳性质，所以这种解释不能说明事件之发生；说明者并不排斥事件之不发生。但是或然性定律及理论在科学及其应用中起着日益广泛的重要作用。这就使人们宁可把立足于这类原理的解释同样看做是提供了一种说明，尽管这类说明不如演绎—律则说明来得严格。以1毫克钋^{218}样品的放射性衰变为例，假定经过3.05分钟之后原样品剩下的部分其质量在0.499到0.501毫克之间。对于这一结果可以用关于钋^{218}衰变的或然性定理来说明，因为从该定律再加上数学概率论的原理可以演绎地推出：对于1毫克钋^{218}那样巨大数量的原子来说，出现上述结果的概率是极其巨大的；因此，可以认为在某个具体事例中上述情况之发生具有“实际上的必然性”。

或者让我们考虑气体分子运动论对格雷厄姆扩散定律这一经验地确立的概括所提供的说明。该定律陈述说，在定温定压下，不同气体通过容器的多孔薄壁逸出或扩散的速率与该气体分子量的平方根成反比。这样，气体分子越轻，每秒内穿过薄壁扩散的气体数量就越大。气体分子运动论所提供的说明立足于下述考虑：给定气体每秒内穿过薄壁扩散的质量正比于气体分子的平均速度。这样，只要能表明不同的纯气体的分子平均速度与其分子量的平方根成反比，格雷厄姆定律就可因而得到说明。为了要表明上述这种反比关系，在分子运动论中给出了这样一些假定，其大意为气体由极大量的分子组成，这些分子以不同的速度随机地运动，分子的速度由于碰撞而经常发生变化，就在分子的这种随机行为中表现出某种或然的统一性——具体说来，对于一种处在所给定的温度和压力之下的给定气体，其分子所具有的各种不同的速度都有它们各自的确定的概率。上面这些假定使我们有可能计算不同气体在相同的温度和压力下其分子平均速度的概率期望值，或者简单地称之为“最可能”值。气体分子运动论表明，这些最可能的平均值的确反比于气体分子量的平方根。但是格雷厄姆定律所论述的实际扩散率是从实验上测定的，它取决于组成给定气体的极大量有限个分子的实际平均速度。这一实际平均值和对应的概率估值或“最可能”值有关，其关系基本上类同于下面这两个值之间的关系，即大量而有限次地投掷某个骰子出现一点的比率和与之对应的用该骰子掷一点的概率。从这一理论上导出的关于概率估值的结论我们仅仅只能得出这样的结果：对于所涉及的极大量分子来说，有极大极大的可能在任何给定的时间分子的实际平均速度将十分接近于其概率估值，从而实际上可以肯定，前者将与后者一样反比于该种分子分子量的平方根，并因而满足格雷厄姆定律。①

看来的确有理由可以说这一解释提供了一种说明——说明了气体为何表现出那种表述为格雷厄姆定律的统一性，尽管这一说明“仅仅”是以很高的概率给出的。而在物理学的论文或著作中这类或然性的理论解释的确是十分广泛地被看做为说明的。

（陈维杭译）

选文出处

亨普尔　定律及其在科学说明中的地位

亨普尔著，《自然科学的哲学》，上海，上海科学技术出版社，1986，53—78页。

---

① 此处所说的“平均”速度在技术上定义为方均根速度，其值与在通常意义上的算术平均值相差不大。关于格雷厄姆定律的理论性说明在霍尔顿及罗勒所著《现代物理科学的基础》一书第二十五章中有一个简洁的概述。在该书中没有明白提出有关于一个量在有限个事例中的平均值与该量的概率估值或期望值之间的区别，在费因曼（R. P. Feynman）、莱顿（R. B. Leighton）及桑兹（M. Sands）所著《费因曼物理学讲座》（*The Feynman Lectures on Physics*，Reading，Mass.：Addison－Wesley Publishing Co.，1963）一书第六章（特别是第四节）中有简短的讨论。

归纳问题：休谟提出的挑战和当前的回答

施泰格缪勒

归纳问题，从休谟以来就是西方哲学的核心问题。康德哲学可以说就是对休谟问题的全面回应。而当代学科建制化的逻辑经验主义在哲学上可以说成是对康德的解决方案不满而提供的替代方案。施泰格缪勒的文章，从科学哲学的角度全面回顾了休谟问题的演变以及两种不同进路的解决方案，条理清晰，极具概括性和启发性。

他认为，波普尔所代表的演绎主义和卡尔纳普所代表的归纳主义两种进路，实际上针对的是继休谟问题之后的两种完全不同的问题。波普尔进路适合于解决属于理论理性的问题，而卡尔纳普进路则适合于解决属于实践理性的问题。两种进路之间长期难以解决的种种争论，就在于没有认识各自真正的对象和适用范围。

作者简介

施泰格缪勒（Wolfgong Stegmuller，1923 — ），德国哲学家。慕尼黑大学教授，统计学和科学论研究所所长，主持哲学、逻辑学和科学论讲座。主要著作有：《当代哲学主流》、《形而上学、怀疑、科学》、《真理问题和语义学观念》、

引言

每一新的科学发现，每进一步从哲学上对归纳法的探讨，似乎都越来越证实哲学家 C. D. Broad 的这一论断：**归纳法是自然科学的胜利，却是哲学的耻辱**。这一论断的后半句至少是没有疑问的，一切都表明，对归纳法所做的这种探讨会平添哲学的耻辱。

然而，Broad 这一论断的前半句是否也站得住呢？把自然科学的进步归功于所谓**归纳法**，难道不纯然是一种哲学的神话吗？这种神话之所以如此牢固地盘踞着人们的头脑，不是也许因为它也像其他大部分现代神话一样，并非由专业哲学家独唱出来的，而是由职业哲学家和从事哲学探讨的自然科学家二部合唱出来的吗？

《归纳逻辑和概率》（与R. 卡尔纳普合著）、《科学哲学的新道路》以及从1969年起陆续分卷出版的多卷本《科学论和分析哲学的问题与成果》。

关于这个题目，我所要说的与人们对这类文章所期待的东西颇有不同，此外我还常常听说（无论来自赞成一方还是反对一方），在这里提供的短短篇幅中，要想得到人们的理解是不可能的，更不要说得到人们的赞同。我个人认为，对于这里①发表的不同见解的激进性，这一简要叙述形式（大部分内容只有简略的提要）是决不能适应的。如果说我在本书编者的催促下终于让步，答应撰写此文，那是因为我希望能在计划续编的科学理论文集中对这个题目作比较详尽的论述。

就表面来看，本文范围是以三位著名人物的名字为限，即：讨论的**问题**是根据 Hume 原来提出的思想。为了**论述**对这个问题**可能有的反应**，则要回过来谈谈“演绎主义”和“归纳主义”的两位卓越代表 K. Popper 和 R. Carnap 的观点。

为了易于阅读，或者也是为了引起读者某种兴趣，我把后面要加以主张和论证的一些最重要的论点预先说明如下：

(1) 对于 Hume 提出的**归纳问题**，要从其意义和影响上正确地作出评价，就必须像 Wesley Salmon 所做的那样，从普遍性上加以表述。这就是说，从一开始就不能把他提出的归纳问题，像枚举归纳法那样，特殊化为“非证明推理”的确定形式。因为在**任何**特殊化时，都包藏潜在的危险，即会走向反面，因为你会完全不顾这种非证明推理；而**真正的**归纳却就在你所忽视的这种推理方法之中。

(2) 这个归纳问题是没有的。现在，这个问题要由两个完全不同的**相继而来的问题**所代替。一个是属于**理论理性**方面的问题，一个是属于**实践理性**方面的问题。

(3) 在理论理性方面，以 Popper 为代表的**演绎主义**可能是对的，至少对于决定论的假设来说是对的。

(4) 当然，演绎主义者，特别是 Popper 和他的学生，至今没有解释演绎证明的概念。以Popper理论中的一个推

① 本文原来发表于论文集 *Neue Aspekte der Wissenschaftstheorie* ［《对科学理论的新见解》］，hrsg. von H. Lenk，Braunschweig：Vieweg 1971，S. 13—74。——编者

理概念，即证实（corroboration）概念为例就可以说明这一点。

（5）**从直观的**证实概念这个例子十分清楚地表明，忽略对概念的解释，会导致何等错误的和不必要的争论。W. Salmon 的错误就应归咎于这种忽略。问题在于 Popper 所讲的证实中有一个**非证明推理方法**，而在 Popper 的理论中归纳的概念只不过是换了一个新的名称而已。像 I. Lakatos 那样，为了完成 Salmon 的论证所做的徒劳而不必要的尝试则是这一无益争论的第二阶段。

（6）随归纳问题“相继而来的问题”在理论方面在于论证**演绎证明的概念是恰当**的问题，而不是以任何形式“证明归纳推理是正确的”。

（7）这个问题，按其性质来说，是一个**准则的**问题。

（8）**统计学假设**是一个极其困难的特殊情况。Popper 的证实理论用于这种情况不无价值；这里所需要的**合理否定**这个概念决不是把证伪这个概念简单加以“自然地”推广，而是意味着根本不同的东西。随归纳问题相继而来的非归纳主义问题在这里也可与决定论的情况作某种类比，因为或然性的假设也并不归属假设的或然性。

（9）Popper 的理论和 Carnap 的理论之间没有任何共同点。这两位思想家所代表的对立的观点是由 Carnap 的错误引起的，这事与他的某种理论有关，如他的**部分逻辑蕴涵**理论，**归纳逻辑**或**关于科学假设的归纳证明理论**。但这个理论是不正确的。Popper 的证实理论涉及从理论上评价**不可证实的假设**。Carnap 的理论则涉及提出**人在危险情况下作出决断的准则**。

（10）Popper 的理论旨在建立一种**关于理论的元理论**，Carnap 的理论旨在建立一种**关于实践的元理论**。Popper 的思想属于“理论理性”的领域，Carnap 的思想属于“实践理性”的领域。

（11）Carnap 设想对作出决断的理论做新的说明，但必须提出有力的根据。这一**理论的**说明带来三重困难：一是它虽无形式上的矛盾（如 Popper 所认为的那样），却有内容上的矛盾；二是部分蕴涵概念陷入**循环论证**；三是**不可能解决 Hume 的问题**。

（12）如果我们把 Carnap 的设想解释为**探索作出决断的准则这一理论的逻辑根据**，那么所有这些困难就可消失。

（13）由于对作出决断的理论做新的说明，**自然科学的假设就不在 Carnap 理论研究对象的范围**之内了。因为作出决断的理论所考察的只是人们能够用来做**有意义的打赌**的那种假设。但是人们是不能拿自然科学理论做有意义的打赌的（因为只有在人们能够预先知道**打赌的结果**时，打赌才有意义，而在自然科学理论方面是不可能预先知道这种结果的）。

（14）Carnap 的实际对手并不是像“Popper 派”那样的演绎主义者，而是那些主观主义（人格主义）的或然性理论家。因为与 Carnap 相反，后者不敢类似自然科学程序那样，从明显的信念谓词追溯到更深刻的意向结构。

（15）**归纳推理**的概念，在 Carnap 提出的在危险情况下作出合理决断这个问题的范围内，具有一种明确的可描述的合理的意义。它涉及**主观或然性的考虑**，这种决断就是以这种考虑为依据的。

（16）对于这类考虑也有一个随 Hume 的归纳问题**相继而来的问题**。这个问题就是："一个处于危险情况下有理性行为者在进行主观或然性考虑时所应遵循的那些准则，怎样才可证明是正确的？"

因此，随 Hume 的归纳问题相继而来的两个问题（也可以说两类问题）就是关于证明准则正确性问题：一是关乎对科学假设的理论判断的准则，一是关乎在危险情况下合理行动的准则。

（17）Carnap 的所谓归纳逻辑看来有三个严重缺点：不承认规律，缺乏肯定和否定的规则，以及没有精确表明 c-函项的合理标准。对 Carnap 的研究所做的决断理论的解释表明，这些缺点**只是表面的**，不过这与他的体系所亟欲得到的结果有关系。

一、Hume 的挑战

Hume 提出归纳问题的根据是下面两个确证：

（1）我们关于实在东西的一切知识都必须以某一形式依赖于我们所感知到和观察到的东西（从消极方面说，我们不可能通过纯粹逻辑论证得到对我们世界状况的知识）。

（2）**然而我们却自以为我们具有实在东西的知识比我们通过感觉经验所能得到的这种知识多得多**。

由此立即产生第一个**普遍**形式的问题：如何能够证明或论证我们相信这种**所谓**知识是关于**事实的**知识这个**信念**是正确的？

非常重要的是不可忽视这一点：上面这个问题不是一个**关于发现的问题**，而是一个**关于证明的问题**。至于我如何获得上面（2）中所说误认为具有的知识，则是不起什么作用的。起决定作用的只是对证明是正确的这个问题的回答。

因为逻辑论证是完全不可能的，所以证明是正确的这一点只有采取这样的**论据**方法，其前提即包含在第（1）点所举的观察知识中，其结论则在第（2）点提到的超乎观察知识的那种知识中。因此这个问题就归结为这样一个问题：**从观察到的东西引到观察不到的东西，其论据是一种什么样的论据**？

这里只有两种可能：

(a) 第一种可能在于：上面所说的论据关系到 Hume 称为**证明的推理**的那种推理。Hume 所说的证明的推理，用今天通常的说法，就是**纯粹逻辑的推理关系**。逻辑的推理关系有两个形式特征：一是结论包含的内容不超出前提包含的内容：这种逻辑推理是不扩大内容的。用一个大家熟知的 Kant 术语来类比，我们可简单地说：**证明推理是不扩大知识的推理**。二是如果前提是真的，那么，我们在提出一个逻辑推理关系时，就是把真实性从前提转给结论。这一点我们可以这样表述说：**证明推理是保持真实性的推理**。

现在，我们可以在前面所说的两个基本论断之外再加上一个确定无疑的前提：

(3) **我们能够获得所谓观察不到的东西的知识的那些陈述的内容，不包括在观察的知识的内容之中**。

我们现在立即可以看出，借助逻辑推理，是不可能解决上面提出的任务的。因为逻辑推理不是扩大知识的推理，而只有与（3）相反，逻辑推理的内容包含于扩大知识推理的内容中时，关于观察不到的东西的知识才可以从关于观察到的东西的知识中推出来。

(b) 因此，所需要的论据不可能仅仅建立在例证的推理之上。那么要建立在什么样的推理上呢？哲学家们认为，所谓归纳推理会起这种作用。根据上述的理由，它必须是一种扩大知识的推理。有这样的推理吗？毫无疑问，我们选出的只有这样一种**逻辑上无效的推理**，其结论的内容大于诸前提结合起来的内容。

但是，归纳主义者所想的自然不会是这样的推理。逻辑上无效的推理是无用的，而归纳推理不应当是无用的。因此，扩大内容这个特征，对于所需要的推理来说，确实是一个必要而并不充足的特征。除此之外，为了扩大**我们的知识**（而不是增加我们的迷信），所需要的推理必须既是证明的推理又是**保持真实性的推理**。

Hume 的归纳问题就是：**有保持真实性的扩大知识推理吗**？

我们注意到，问题的这个提法不涉及**任何特殊**的所谓“归纳规则”或“归纳方法”。

Hume 对这个问题的回答是：**没有，这样的推理是没有的**。一个推理，要么是正确的，在这种情况下，它确实是保持真实性的推理，但是不能扩大内容；要么是扩大内容的，在这种情况下，我们不能保证其结论是真的，即使全部前提都是正确的。

说明这一事实情况的给人印象最深的例子就是过去和未来的关系。一切观察的知识都与过去发生的事情有关。对于刚刚发生的事情所做的非同语反复的论断不包含在关于过去事情的陈述的内容之中。因此，如果这样的论断包含一种**知识**的话，它就只能通过正确的即保持真实性的扩大知识推理从过去事情的知识中引出来。因为这样的推理是没有的，所以我们没有关于将来事情的任何知识。将来**可能**是完全不同于过去的。

有可能选作归纳推理的那一类推理必须包括在扩大知识的一类推理中，因此，不管如何解释某一确定的归纳规则，Hume 的结论都包含着显然拒绝任何形式的归纳主义。

如果我们依据一个非逻辑原则，亦即依据一个**关于世界的综合陈述**，例如依据**齐一性原则**，即过去观察到的规律性也适用于将来这一原则，那么我们就会找到摆脱这种困境的出路。但是，如果我们考虑应当如何建立这样一个原则，那么困难又立即来了。**从逻辑上来证明这个原则肯定是不可能的**。因为这个原则作为附加的前提是多余的，而且我们借助它所得到的东西，即使不借助它也可以得到，即得到逻辑上不可能保持真实性的扩大知识推理，可是，如果我们要把这一原则**建立为归纳的原则**，那么我们显然就陷入**无穷的倒退**。因此，我们必须简单**独断地坚持**有这样一个原则。但是从这样的盲目独断论我们就会站到**非科学的立场**，即不作论证而只是简单武断的立场。

对于这最后一点，我们要注意，“独断论”一词在这里并非专指某个唯一可能有的主张，而是指多得无限的这样一类可供选择的主张。人们提出讨论的可能的归纳原则不是只有一个，而是有多到无限的、数不尽的这类原则。

争论中人们在这个地方常念的一个咒语就是“或然的”这个词。据说，归纳推理是纯粹的**或然性推理**。我们无须放弃寻找保持真实性的扩大知识推理的要求。我们一定要满足于仅仅知道或然性，而不要去寻求真理（而且我们还要记住，我们自然可能碰上倒霉，或许连或然性也没有出现）。

但是，在 Hume 之后，人们并没有继续研究这个想法。就是说，我们或者**在使用率的意义上**解释“或然的”一词。依此，或然的就是至今频繁发生的。这样，我们就遇到同先前一样的难题：**我们究竟从哪里知道过去频繁出现的将来也会出现**？要知道这一点，我们又必须有一种保持真实性的扩大知识推理，而我们在寻找这种推理上却恰恰是已经白费了力气。我们或者**在某种别的意义上**解释“或然的”一词。那仍然无法理解，我们为什么宁可期待我们称之为或然事物的出现，而不去期待或然性不大的事物的出现。

人们对 Hume 论证的影响和分量越来越估计不足，而且今天大多也还是估计不足。例如，人们常常把 Hume 的思想误解为他只是指出了无须证明的任何具有正确前提的归纳推理也具有正确的结论。[①] 可是，正如 W. Salmon 正确强调的[②]，Hume 指出的远不止此，这就是说，Hume 还指出我们甚至也不能证明**任何具有正确前提的归纳推理在任何时候都有一个正确的结论**，从而我们无论怎样说明归纳规则的特点，那都是无所谓的。

Hume 得出完全是怀疑论的结论：**我们的知识不能从观察到的东西扩大到观察不到的东西。相信我们能够获得关于将来的知识，尤其是人的一种幻想。**

最后我们可以举一个特别明显的例子。首先，如果我们从完全的普遍性上谈论归纳推理的话，这例子应当可以用来说明我们无须视为归纳规则少有的可能性的东西。其次，从而应当对一种可能的解决方案预先加以批判，这种解决方案用作一种方法，今天在英语世界很流行，即 ordinary-language-approach［**日常语言方法**］。

我们所要谈的这些人称为反归纳主义者。这种称呼并不表示他们否认归纳（如果这样，他们就是 Hume 派了），而是说他们使用了**一种归纳规则**，这种规则也许是我们全都认为荒谬而加以拒绝的。尽管如此，它还是涉及一个精确的规则。我们称之为反归纳规则。[③] 这规则是非证明推理规则的一个可能的候选者。在日常的定性的说话方式中，这个规则可表述如下：一个事件迄今发生的愈频繁，将来可能发生的或然性就愈小；反之，过去愈是少见，将来发生的或然性就愈大。在定量的精确表达上，这个规则是说：如果在一个结果包含 n 项的情况中，有 m 次观察到特征 C，那么我们就可预期，具有特征 C 的项的相对频率在总结果中就是 1—m/n。[④] 因此，例如，我们的反归纳主义者如果从一个坛子里取出 10 个弹子，其中 7 个是黑的，3 个是白的，那么，他计算下一个要取出的弹子就有了 7/10 的或然性是白的；如果他取出 1 000 个弹子，其中 999 个是黑的，1 个是白的，那么，他计算下一次取出的白色弹子的或然性就是 999/1 000，如此等等。

怎样才能使反归纳主义者改变他们的这种观点呢？我们可以**从逻辑上驳斥**他们的这种观点，指出**他们所依据的这个规则决不是真正的归纳规则**。我

① 例如 J. Kutz 就有这个错误，见 *Induction*［《归纳问题及其解决》］S. 115。

② *Justification*［《归纳推理规则的证明》］S. 30。

③ 就我所知，这个思想是 M. Black 在 *Analysis*［《分析问题》］S. 171 ff 第一次应用的。W. Salmon 在一些著作中曾求助于这个例子，一部分是出于与上面提出的相同的动机，一部分则是为了指出，根据 Reichenbach 的或然性理论如何能够对这个规则提出否定。

④ 这个规则有两重表达方式：既是“远景推测”的规则，又是“对切近的个别情况的推测”的规则。

们可以力求用“**有说服力的论据**”使他们改变自己的观点。但是我们要预先想到，开始就用“你发疯了”之类的话来斥责，是不会使他们改变观点的。**能否用取得成功的论证**来达到这个目的呢？也不能，因为每一这样的论证都是循环论证。（按照**我们的**归纳规则也许会得出结论说，既然依照反归纳主义者的规则**迄今**没有取得成功，那么将来也不会达到成功；按照**他们的**规则，反归纳主义者却恰恰以同一经验为依据得出结论说，他们将会取得成功。）我们甚至也不能指责他们的方法是**拒绝从经验中学习**。因为，在下面这个意义上，他们也是从经验中**学习**的，即他们按照一个固定的规则，经常不断地根据变化着的观察去修正自己的或然判断。说到这里，主张规范语言的哲学家会插话说：“可是这种形式的从经验学习是**不合乎理性的**。”主张日常语言的哲学家则会继续努力证明说，反归纳的态度本来就不是要说明合乎理性的东西。

反归纳主义者的这一切努力仍然**完全没有给人们留下深刻的印象**。其余的人使用排斥其规则的理性标准这一点，**对反归纳主义者来说，并不证明他们是非理性的，而只是表示其他人是愚蠢的**。另外，这个假定的例子也很好地表明，规范语言的论证方法对处于价值问题需待讨论的这种情况是不灵的。

对此，别发生误会，以为这里不要进行反归纳主义的宣传。来历各不相同的主张或然性的理论家们，例如 H. Reichenbach 和 R. Carnap，就能够对反归纳主义者的规则提出令人信服的反驳。① 我要说的只是这样一点：有人针对反归纳主义者用这样的办法，像人们所讲的，特别是像用“合乎理性的”（rational）、“有理的”（Vernünftig）、“证实的材料”之类的词，那是驳不倒他们的。

二、归纳主义（一）

A. Carnap（一）：*归纳逻辑，直观概述*

Carnap 持一种与 Popper 不同的观点，认为可以对或然性计算作出解释，这种解释能够准确地说明假设的或然性概念。因此，在 Carnap 看来，假设的或然性就是**或然性**。他选择一个像人格主义或然性理论家类似的出发点，即认为假设 h 的或然性是在已知的经验材料 e 的条件下测定相信 h 的尺度。不过，我们不要依照随便什么人的信念，而必须遵循一个**理性的**人的信念，它自然会引到理性标准的问题。照 Carnap 的看法，要解决这个问题，首先就要

① 最重要的反驳，见 W. Salmon 的著作，尤其是“Regular Rules”［《归纳的固定的规则》］一文中作了集中的论述。

使信念程度的概念**心理学化**。如同在**演绎逻辑**中，用逻辑结论的客观概念来代替思维必然联系的心理学概念一样，信念程度的概念则要用部分逻辑结果来代替。他把这种概念的理论叫做**归纳逻辑**。根据所掌握的材料 e 来说，假设 h 的可靠性为 1/3，用符号表示是：c（h，e）=1/3，这可以这样来解释：e 的逻辑范围的 1/3 已包含在 h 的逻辑范围之内。这一点也可以用另一种方式来表示，即**假设的或然率**或 h 的**证明程度**与 e 之比为 1/3。假设的或然性是减弱了的逻辑结论，不是减弱了的真理。

Carnap 不否认**统计学或然性**的概念，他只是把它同**归纳或然性**的概念严格区别开来。统计学或然性的基本命题永远是（既不能证实也不能证伪）假设，而归纳或然性的命题却从来不是假设的命题，而是在其为真的情况下，可在逻辑上加以证明，在其为假的情况下，可在逻辑上加以反驳。而且，归纳或然性与对象语言的统计学或然性相反，是一个元语言的概念：其中所谈的是**关于**一个形式的科学语言的句子。

归纳逻辑的任务是给函项 c 下一明确的定义。这个任务可还原为把先天或然性列入所谓状态描述的问题。一个状态描述是对作为基础的共相的一种最明确而无逻辑矛盾的描述；其中，对每一个别和每一宾词都确定这一宾词是否适合这一个别。因为每个分子句子的先天或然性也用状态描述的先天或然性来加以确定。所有其他的或然性都可以借助于对这一定条件下的或然性所下的已知的定义来加以规定。这些句子是通过一个简单的极限约定而翻译成真正的普通句子的。

Carnap 承认**通常的或然性理论的公理**是他的 c-函项，不过他在第一种理论中只是用直观的近似的观察来证明这些公理是正确的。但是，这些公理对于建立归纳逻辑来说是远远不够的；因为它们的正确性是同无数各种各样对状态描述的先天评价一致的。当我们已决定给予一个确定的这类评价时，才可以确定一个个别的 c-函项。

Wittgenstein 也和 Peirce 同样，曾选择把**这同一**先天或然性归属于一切状态描述的那种证明函项。这样产生的函项 c^{+} 应当称为 Wittgenstein 证明函项。Carnap 指出这个函项有一根本的缺点，即它拒绝从经验学习任何东西。从坛子里取出的下一个弹子是白的这一或然性，同样不依赖于迄今已从坛子里取出多少白色弹子和多少黑色弹子。

因此，Carnap 首先提出作如下的改进：我们必须把同样的先天或然性归之于**可能的世界类型**，而不要同样涉及每个可能的世界。并且，从属于一个所谓**结构描述**的一些同样形式的状态描述互相联结在一起。每一这类从属的状态描述都可以看做是一个可能世界类型的形式代表。Carnap 通过把同样的先天或然性都归属于结构描述，就得出了函项 c^* 。

不过，这个方法也有很多缺点。因此，Carnap 最后放弃了认为有一个唯一适当的归纳方法的信念，而提出归纳方法的一维连续统［eindimensionales Kontinuum］，亦称 λ-连续统，因为每个属于此连续统的方法（由一个 *c*-函项代表）都是由一个参数 λ 的值明确规定的，参数的值是从 0 到∞。每一归纳方法都可以通过由一经验因素（观察的相对频率）和一逻辑因素（宾词范围）构成的经过计算的算术平均值来精确描述，这里重要的是所观察的对象的数量和参数 λ。从这种无数类的可能归纳方法中选择某一要素，其原因可能是各种各样的，除了客观的理论原因和实用的原因之外，还有纯粹主观的原因。

B. 讨论与批评

（Ⅰ）技术上的缺点。Carnap 提出的第一个归纳逻辑草案有很多技术上的缺点。首先对它要考虑到各种不同的限制条件，如要求一切描述常项的独立性，并要求采用 J. M. Keynes 的一个综合原则时坚持的完全性。Carnap 的后期著作大部分都是致力于从处理发展到克服诸如此类的缺点。

（Ⅱ）关于 Popper 和 Carnap 的争论。Popper 最初在其论证实程度的文章中，之后又在 *LogikderForschung*［《探求的逻辑》］一书第 345 页上曾经宣称，他已经证明了 Carnap 理论在逻辑上的不一贯性。这个论断是不正确的（因而也不必像 Lakatos 在 *Changes*［《归纳逻辑问题的一些变化》］中那样老是重复这个说法[①]）。但是，讨论的过程表明，Carnap 把两类不同的概念错误地互相联系起来。由于所谓证明，可以理解为**最后**证明，也可以理解为**增加**证明，这在心理学上是可以说明的。他在第一种意义上解释他的定量的概念，而在第二种意义上解释他的定性的和比较的概念。

如果：Carnap 把 *Probability*［《或然性的逻辑基础》］第 7 章（第 428—482 页）全部删掉，这个困难是很容易克服的。除了 Carnap 对 Hempel 的批评之外，这一章没有任何有价值的成果。[②]［Carnap 不了解上述 Popper 理论精确说明的可能性，无论如何是令人遗憾的。否则他就会明白，Hempel 的理论和**他自己的理论**性质并不相同，而应当认为是与 **Popper 的理论不相上下的一种演绎证明的理论**。当然，我想 Carnap 会同意上面的批评，而且在他第

① 关于这个讨论，Harry V. Stopes－Roe 在 *JSL*［《符号逻辑杂志》］第 33 卷第一期（1968 年 3 月）第 142—146 页上曾做过详尽而极其客观的评介。在第 144 页，他断定说："因此，矛盾是 Popper 造出来的，Carnap 并没有这个矛盾。"

② 如果低级形式已用业经规定的高级形式，那么对概念形式的分析就应当看做是没有价值的。例如，如果定量的温度概念业经规定，那么给"比……更热"下定义就是一件没有价值的工作。但是 Carnap 在上述这一章里所做的却正是这样的工作。

482 页上得出的否定结论中把 Popper 的理论也包括在对定性的（演绎的）证明理论所做的那类迄无成效的尝试之内。]

在 *Probability*［《或然性的逻辑基础》］第二版前言中，Carnap 曾考虑到 Popper 和 Bar-Hillel 的批评，而且严格区别了两类概念：确定性（firmness）的概念和确定性增加（increment of firmness）的概念。[①] 他的归纳或然性概念是第一类的定量的概念，他的定性的和比较的概念则属于第二类概念。他把第二类的定量的概念叫做**相关概念**。

正如严格的语言分析所表明的，Carnap 使用“证明程度”一词必然要引起误解。**因此，如果 Carnap 决定把“证明程度”理解为确定性增加的意思，从而等于他的相关度量，那就会好一些**。在这种情况下，Carnap 必须向 Popper 承认，**证明的概念没有一种或然性的结构**，这样，按照第二节 B（Ⅶ）的定义，Carnap 的理论**就会**变成一种**演绎主义的理论**。[②]

（Ⅲ）规律无或然性。对于出自 λ-连续统的一切 c-函项来说，与任一有限数据有关的规律的归纳或然性都等于零。Carnap 承认，这个结果同我们直观的期望不一致。但是，他认为，这个结果**只是表面看来**不相符合。为了指出这一点，他在 *Probability*［《或然性的逻辑基础》］一书第 572 页附录上采用规律的**有限制的个别情况证明**这个概念。对这个解决方案，Popper 自然提出坚决的反对[③]，他认为按照 Carnap 的方案，可能而且甚至会常常发生这种情形，即一个久经驳斥的规律却具有高度有限制的个别情况证明。

Carnap 后来再也没有谈过他提出的那个解决方案。我想，人们最多不过把它看做一种谬见。后来对 Carnap 方案提出过新的解释，但是，任何想要坚持规律的积极或然性的尝试也都是徒劳的。如果我们把 Carnap 理论的认识要求归结为这个理论本身所要求的东西，**那么，规律之没有证明就是一个完全恰当的合乎预期的结果**。

（Ⅳ）部分蕴涵，Hume 的直观与 Carnap 的直观的对立。“归纳逻辑”一词的提出是由于 Carnap 把归纳或然性的概念解释为部分逻辑蕴涵的测度概念。如果一个命题的逻辑范围全部包括在另一个命题的逻辑范围之内，那么，后者在逻辑上就为前者所蕴涵。如果只是部分互相重叠，那就是部分逻辑蕴涵。

---

① 依我看，宁可用 Bar-Hillel 提出的“increment of”（增加）一词而不用 Carnap 自己所用的“increase of”（增长）一词。

② 我们通过对名义定义的（最多是或多或少适当的）改变，可以把一个归纳主义的理论导入和转换成演绎主义的理论，那么“归纳主义”和“演绎主义”这些模式就都是无关紧要的了。

③ “Reply to Bar-Hillel”［《确证的“内容”和“程度”：答 Bar-Hillel 博士》］，S. 161（载 *British Journal of Philosophy of Science*［《英国科学哲学杂志》］第 6 卷，1955—1956 年）。

如果两个命题的逻辑范围是各自独立的，那么二者在逻辑上就是互不相容的。

我们可以把 Kant 和 Carnap 对 Hume 的关系概括地说明如下：**两人**都认为在 Hume 的论证中有一个缺陷，都认为可以利用这个缺陷来解决 Hume 的归纳问题。Kant **提出先天综合原则**来解决这个问题，Carnap 则通过**把推论的概念**减弱为部分推论来解决这个问题。

Carnap 的那种想法是极为奇怪的。把他的想法同 Hume 的思想对比一下，就可以清楚地看到这一点。按照 Hume 的看法，逻辑顺序的关系是最重要的逻辑依存关系。与之对立的概念则是逻辑上无关联性。在关于过去和将来的基本陈述中间尤其是这种情况（例如，关于上一世纪烧掉一块劈柴重量的陈述，关于一个尚未出生的小孩眼睛颜色的陈述）。**凡是 Hume 所谓逻辑上无关联之处，Carnap 必说是部分逻辑推论**，因为，在他看来，与逻辑推论相对立的概念不是逻辑上无关联性，而是**逻辑上不一致**，而这种不一致本身不过是逻辑依存关系的一种特殊形式。（如果我们承认下面这一事实，这一点就尤其清楚了，即：两个命题在逻辑上的不一致最后可以归于逻辑顺序的关系，就是说，如果从第一个命题恰好**逻辑地推出**对第二个命题的否定，就是存在着上述的逻辑不一致性。）

这里的问题是什么呢？我认为，Hume 的直观是正确的，反之，Carnap 的直观则是错误的。如果我们采取一个适当的部分逻辑推论的概念，那么我们就必须把这两种直观放在真正的逻辑顺序关系和**逻辑无关联性**之间，而不是放在真正的逻辑顺序关系和**逻辑不一致性**之间，逻辑不一致性也只是逻辑推论的一种特殊情况！

对于 Carnap 的解释，Hume 大概会提出如下的反驳：**Carnap 构造了一个近乎 Spinoza 主义的世界，在这个世界中任何事实情况之间**只有逻辑关联性。就是说，他是从最狭隘的逻辑关联形式、逻辑推论形式出发的。第二步，他通过减弱而达到部分逻辑推论的概念。但第三步他却不是更进一步除掉逻辑推论关系而导入完全的逻辑无关联性的概念，**而是又回到一种完全的逻辑关联性的形式：逻辑不一致性**（这可以解释为一种特殊的逻辑推论）。Carnap 把两种完全不同的情况混淆了：一是一个命题（或命题的否定）部分地由另一个命题逻辑推出来[①]，一是这个命题在逻辑上独立于那另一个命题。而 Carnap 把二者都误称为"部分蕴涵"。

---

① 这里是指以 Hume 观点为基础的部分逻辑推论。这个部分逻辑推论的概念必须放在逻辑顺序关系和一个尚需说明的逻辑无关联性关系之间。Salmon 在"Partial Entailment"［《部分限定接续是归纳逻辑的基础》］中已经指出如何能够做这种说明。

（Ⅴ）部分蕴涵概念内容的不一贯性。如果一个被解释的概念对解释它的概念所提出的某些要求不能同时得到满足，那么这种解释就应当说是在内容上不一贯的。我们只要以 Hume 的直观为根据，就可以看到 Carnap 的归纳逻辑就有这种情况。在这个前提下，当存在着完全的逻辑无关联性时，就必然有归纳不当。但是，Salmon 在"Partial Entailment"［《部分限定接续是归纳逻辑的基础》］一文中所指出的这种条件只有用 Wittgenstein 函项才能满足。因此，只有这个函项才代表一种适当的归纳方法。不过，显然它并没有搞出这种归纳方法，因为它拒绝从经验学习任何东西。**因而，把归纳的基本关系解释为部分逻辑推论关系在逻辑上同合理地向经验学习是不能相容的**。

（Ⅵ）归纳主义伪造部分 L一蕴涵概念。部分逻辑推论的概念，只有在独立于归纳或然性概念而被采用时，才有助于对归纳的基本关系的理解。然而情况并不是这样。要知道这种情况，我们只需注意下面这一点，即我们如果要谈论命题的逻辑范围间的平均数，那么这就可作两种解释。我们既可以把它理解为**绝对的平均数**，也可以理解为借助于一个已被规定的量度来**测定的**平均数。（在推论时，我们不可能也不需要做类似的区别，因为在这里，一个逻辑范围完全包含在另一个逻辑范围内。）Carnap 使用测定的平均数，这样他就陷入循环论证：部分逻辑蕴涵，在它的量度形式中，应当提供对归纳或然性概念的理解，而又已经把它说明归纳或然性量度概念的特点作为前提了。我们可以说，部分蕴涵概念是**归纳主义伪造出来的**。

只有在一种情况下，即承认 Wittgenstein 函项，才能完全避免这种循环论证。只有在这种情况下，才不使用逻辑范围的测定平均数，而使用绝对平均数。如果有人不顾明显的事实而认为 Carnap 的直观优于 Hume 的直观，从而否定（Ⅴ）的论证，那么他就会碰到一个新的困难，即他这一次就不得不乞援于 Wittgenstein 函项来逃避循环论证，而 Carnap 本人却宣称，Wittgenstein 函项是完全不恰当的，因为它拒绝从经验合理地学习任何东西。

上面这最后三点提出的概略论述就是反对归纳逻辑的论据。这不仅仅是一个术语问题。如果 Carnap 所说的"归纳逻辑"的意思是指"归纳推理的逻辑"，因而类似于"解释的逻辑"、"函项分析的逻辑"、"统计学推论的逻辑"等等习用的说法，那么这实际上就仅仅是一个无关紧要的命名问题。然而，他所说的"归纳逻辑"却是指一种理论，这种理论是把**一个逻辑概念**，即恰恰是部分 L一蕴涵这个概念**作为对象的**。如果我们认为（Ⅳ）、（Ⅴ）和（Ⅵ）的批评是对的，那么我们就必须完全放弃这个概念，从而完全放弃关于归纳逻辑的想法。

（Ⅶ）Carnap 错误的三个可能的根源。正如主观主义者一样，Carnap 也是从信念程度的概念出发的。主观或然性是部分的信念，而量度的主观或然性则是部分信念的测量尺度。Carnap 认为，这个概念必然被心理学化，而客观化则导致**部分 L—蕴涵**的概念。这个看法初看似乎有道理，但是仔细分析一下，就可看出这是行不通的。问题并不取决于客观化，而在于合于准则，并即提出有理性的人经过主观或然的考虑而应当坚持的那些准则。

Carnap 忽视上面所说的**循环论证**，可能是由于他起初研究过 Wittgenstein 和 Peirce 的理论，照 Wittgenstein 和 Peirce 的看法，一切状态描述都具有同样的先天或然性。在他们的这种理论中（而且只有在这种理论中）才谈得到两个逻辑范围之间的绝对平均数，才足以计算出属于两个逻辑范围的状态描述。Carnap 没有看到，如果放弃了这种理论（而且首先过渡到 c^*，然后过渡到连续统），逻辑范围平均数的概念就会是无限多义的；因为按照我们选定哪个度量函项，就有**多到无限的各种不同的测度范围**归于同一个绝对的范围。这样就产生了我们所称归纳主义对部分逻辑推论概念的伪造。

Carnap 的第三个错误，我认为是来自统计学文献，特别是来自统计学估计理论，他曾长时期致力于这种理论的研究。这种理论认为，**估计的问题是推断的问题**，估计所描述的特别是带有有利或不利结果的那些行为。这样就必然把理论问题和实践问题混合起来。如果我完成了估计两所房子距离的要求，那么我就是作出一个可能对或可能错的理论推测。反之，我什么也不做，谈论我估计的实践结果就是没有意义的，因为只有行动才有这样的结果。但是如果有人（一个商人，一位元帅，一名足球教练）作出一种部署，那么他就是采取一个他必须权衡其可能的得失的行动。对于这一类的行为，估计可能是极其重要的。**但是，理论意义上最好的估计未必就达到最好的部署**。在上场比赛之前，教练把对方球队往高估计得多少要强一些，在一定情况下是有好处的。最好的行动可能是这样一种行动，它所依据的是一种理论上不利的估计，例如多少有些极端过高的估计。

要想消除上面所说的错误，就必须严格限定 Carnap 理论的研究对象。只有在能够指出测定信念程度所用方法的地方，我们才能在那里谈论部分信念的程度。正如 F. P. Ramsey 和 B. de Finetti 已经认识到的，这种方法是由赌赛活动提供的。但是，我们只有对能确定其结果的事件进行打赌才是有意义的。反之，拿自然规律来打赌则导致**主观主义或然性的形而上学**。因此，规律无或然性乃是一个完全恰当的结论。

（Ⅷ）分析与经验。Hume 与 Carnap 之间的一个假想的对话。[1] Carnap 在这里采纳了 Butler 主教的一个观点，认为归纳逻辑应当作为一种**生活方法**。这种方法应当产生这样一种情况，即在一个在归纳逻辑范围内可以证明的方程式 c（h，e）$=r$ 中，h 表示总与利益有关的假设，e 则表示与此假设有关的全部经验知识。为了不致使现在的这个问题与规律假设的问题纠缠在一起，我们假定 h 包含一个关于将来事件的个别陈述。

对 Carnap 提出的要求，Hume 会说什么呢？他至少会说：他不了解人们有什么权利可以提出这种要求，因为 e 是一个关于**过去的**观察的报告，而在 Carnap 的归纳逻辑中 c（h，e）$=r$ 是一个从**分析上**证明的陈述，反之 h 则是一个关于**将来**的论断。不论这归纳的技术应用如何，我们可以提出如下的选择：或者这个 c 方程式事实上是分析的。这样，c 方程式就不可能与 c 一起提供关于 h 的这样一个报告，这个报告证明所说一种生活方法是正确的。因为一个关于过去（即 e）的陈述不可能与一个分析的陈述（即 c（h，e）$=r$）一起提供关于将来的任何通常形成的知识和通常形成的报告。或者事实上有这样的报告；这样，既然 e 无疑是说明过去，h 是说明将来的，那么，与 Carnap 的担保相反，c（h，e）$=r$ 就不可能表现任何分析的陈述。

为了不致把问题讲得过于抽象，我们假设 Carnap 和 Hume 之间进行一场对话，讨论这两位思想家都熟识的一个人是否能够和怎样能够利用 Carnap 的归纳逻辑来参加一场打赌。

Hume："我们的朋友汉斯昨天到我家来，问我梅斐斯托这匹马在后天举行的赛马大会上会不会取胜。我回答说，我无法预断。只要比赛没有进行，我就不知道它能否取胜，而且也没有人能够知道。"

Carnap："如果汉斯坚持要求明确回答：根据您所了解的情况看结局如何，那么我们对他确实是爱莫能助；因为关于将来确实可靠的知识是没有的。不过，我想，我们的答复只能使他对应该如何打这个赌足以作出一个合理的决断，他就会感到满意的。"

Hume："我能给他提出唯一的建议是：他应该仔细调查一下梅斐斯托以及参加这次比赛的别的马过去的成绩如何，并且把这些成绩互相比较一下。汉斯对这类的调查也许会很感兴趣。不过，我怕他对这样的调查得来的结果并不满足。因为他所关心的不是过去发生的事情，而是尚未举行的赛马的结局。"

---

① 下面考察也是受到 W. Salmon 的著作，特别是他的 "Carnap's Inductive Logic"［《Carnap 的归纳逻辑》］一文的启发。

Carnap："在搜集了这些事实情报之后，汉斯下一步必须做的就是估计一下梅斐斯托比赛取胜的或然性。为了简便，我们假定，根据一切有关的资料，胜利的或然性为 1/2。那么我就会告诉汉斯，打一个输赢机会均等的赌是合理的。"

Hume："这样，汉斯可能又要到我这来征求意见，那么我就要对他提出告诫。首先，我要让他注意，您用以判定您的估计结果的那个或然的陈述是一个没有什么事实支持的纯粹分析陈述，因为这个估计结果是以 c-函项的定义得出来的，而这个 c-函项是您为了进行估计选定的。另外，我还要提醒他注意，您据以估计梅斐斯托取胜的或然性经验材料仅仅与过去的比赛有关，而毫不涉及将来的比赛。我担心，如果汉斯正确理解我的这个意见的话，那么他首先就要深思一番，经过深思之后他很快就会感到不满足，又回来找您。他会指责您说，他本来希望您从经验中对即将举行的比赛给他以某种提示，然而您却把一种关于过去的知识用来作为唯一的非分析的情报资料。根据我的建议，他已经把这种情报资料搜集到了。"

Carnap："我要尽力使汉斯明白，我给他的回答正是他能够合理期望的回答。对此，我从一开始就让他注意，他不可能得到确实可靠的情报。因此，首先，我要再次尽力向他说明，他对此只能要求回答什么是现有情况下有合理机会的打赌，或者回答什么是结果相当于对合理相信梅斐斯托会取胜这一信念的程度。其次，我要向他指出，这就是他从我这里得到的回答。"

Hume："如果汉斯要求苛刻，他对您的这个回答是不会满意的。相反，他会力图探索您所说的'合理的'这个词在这里究竟是什么意思。他可能以某种形式又回到这个问题，即：一个涉及将来的信念如何能够看做是合理的，如果这个信念所依赖的唯一事实情报是以过去事件为对象的话。"

Carnap："如果问题在此，那我当然必须详加追述。我至少必须把我的全部归纳逻辑结构的主要特点给他说明一下。我要向他讲明，东西的大小如何归属于状态描述，这种归属如何转述为任何结构的语句，以及如何在这个基础上引进确证程度的概念。我的说明的最后一点是合理信念的概念；因为这个概念归根结底可追溯到确证程度的概念。如果他理解我的说明，那么他最后就会明白，这就是我们所了解的合理信念。这一定会使他满意的，因为他想知道的就是这一点。"

Hume："我认为，他一旦认识到，您的体系中所取得的或然性陈述，由于它的分析性质，只能是关于过去观察的隐含陈述时，他就不会满意了。如果您能证明，我们可以很有把握地预期您所说的或然的东西从长远看常常会成为不大可能的东西，那么情况当然是完全不同的。但是正如您自己曾经着重指出的，我们就连这一点也不能证明。”

Carnap：“只要合理地行动时，将来有一个较高的成功或然性，那就够了。”

Hume：“我不得不再次反驳您说，这是不够的。只要现在**具有或然性的东西**和将来会**实际**发生的东西之间没有任何可证实的逻辑联系，汉斯就有权提出问题：‘按您说的“合理”的意义，那究竟为什么我们一定是合理的呢?’回答可能是：‘因为作为合理的东西就是合理的’，这种回答当然是纯粹的诡辩。因为在这回答的前半句，其中就是针对**您**说的合理性概念。而和出现的后半句一起，这一说法却要如此去理解，所以同意您说的合理性概念就是合理的。但是，这又恰恰就是要讨论的问题本身。最后，我们的朋友汉斯会看到，给证实概念和合理性概念下定义**是有多到无限的各种不同可能性的**。（我听说，您甚至要构造一整套这类可能性的连续统。）什么是合理的东西，这取决于我们做什么样的选择。**我们根据一定的选择而认为是合理的东西，按照另外的选择却是极不合理而正好是相反的。**”

这场对话至迟到此也得停止。要驳倒 Hume 的反对意见，他们仍就必须开始进行一种新的讨论。在这个讨论中，Carnap 必须设法为选择某个 *c*-函项，或者至少为从某一近类选择这种函项，提出令人信服的根据。这个讨论同样会涉及**转述成 Carnap 说话方式的为归纳提供证明问题**。

只要我们把 Carnap 的理论解释为一种证实假设的理论，从而符合他原来的自明之理，那么，在我看来，这个问题就是无法解决的，**正如 Hume 问题的一切理论变种都是无法解决的一样**。这里也只有对继 Hume 问题**而来的问题**可能作预期有成果的探讨。这个问题（与我们在第二节，B（Ⅻ）所谈到的相继而来的问题不同）① 这一次根本不涉及**理论**问题，而是**一个建立行动准则的问题**。为此就必须简略地谈一谈 Carnap 后期的理论。

三、归纳主义（二）

A. Carnap（二）：归纳推理的准则理论。概述

我们在第三节 B 中对 Carnap 的批评不同于对 Popper 理论的批评，对前者的批评，在主要之点上，即在所有非纯粹技术性缺点的那些地方，是纯粹破坏性的。因此，人们可能以为，Carnap 的理论由于这个批评而遭到了致命的打击。但是在我看来情况并非如此。我倒是认为，由于否定了归纳逻辑的想法，才能够对于 Carnap 原来提出的观点自由地加以考察。

Carnap 理论的第二种说法，不论在关于直观的过程方面，还是在技术结

① 这一节略去未选。——编者注

构方面，都同这个理论的第一种说法有十分重要的区别。

我把顺序颠倒一下，首先对**技术结构**谈几句。人们所作的推测没有实现。原期望 Carnap 会愈益周详地申述他的体系，从而同时消除最初出现的技术缺点，而这个期望却落空了。而事实上，他的思想常常发生出乎意料的转变：**他根本放弃了语言学的程序**。在 *Basic System*［《归纳逻辑的基本体系》］中，他虽然也不谈语言，但是已完全无关紧要了。他研究的实际对象成了由个体、属性和函项所构成的纯**概念体系**。因为这样一些体系远比任何一种人造的语言（即使是具有无限多语词的语言）更能表达丰富的内容。所以由此他特别扩大了他的理论应用范围。

第二点重要的改进是把现代的度量理论包含到他的概念系统中去。这样，他就能够自由地把 Tarski 语义学或模型理论同数学的度量理论和或然性理论结合起来。如果 Carnap 不把他的想法夹杂到"归纳"这个题目里去，那么，**我就会认为模型理论和度量理论的这种结合是 Carnap 最重要的技术成就**，这个成就可能比他的著作更经久传世。因此我们可以首先谈一谈这个问题。

Carnap 的程序主要建立在两种概念技巧上。**第一种技巧是用一位或多位函项来表示的模型**。为此需要三种形式的表征：首先（可数的或不可数的许多）个体都是编了号的。属性分成（至多是可数的许多）族系，每一个族系同样都有一个号码。每一族系内部都有一个属性编号，这里原则上允许有一不可数的量。（例如：看做颜色连续统的彩色族系，各个颜色等于统一的颜色圈范围的一些点。）一个模型 Z（一个"可能的世界"）用一个两位的函项来表示。这样，$Z(m, i) = j$ 这个陈述就可读作："在具有号码 m 的族系中，具有号码 j 的属性属于具有号码 i 的个体"。

假如这个族系包括 n 位的属性，那么与之相应的陈述就采取 $Z(m, \langle i_1, \cdots, i_n\rangle) = j$ 的形式。（函项 Z 不能用于这里直观描述的方式。由于那时的值域依赖于第一个自变项域，就产生了技术上的复杂性。因此，Carnap 就不得不用一系列模型组成部分来"拼凑"模型函项，而模型组成部分的每个部分都正是与一个族系有关的。）

Carnap 的**第二种概念技巧是选择这个模型函项作为或然性区域 $\mathfrak{z}$ 的点**。为了应用或然性理论，必须从巨数 $\mathfrak{z}$ 的部分数量中选择一个合适的 σ 体。这个 σ 体等于命题的类。出发点就是原子命题 $P_j{}^m ai$（这里 j 是第 m 个族系的指数的一个因子）。这样一个原子命题是由模型 Z 类组成的，从而 $Z(m, i) = j$（**第一个例子**：假定 $m=1$，而且指颜色属性的族系。如果假定颜色的个体范围和类都是不可数的，那么，原子命题的类的强度就比连续统的强度大，就是说具有与实在函项的类相同的强度。原子命题已经只有极小一部分能够用语言来表示。**第二个例子**：假定 $m=1$，而且族系仅仅包含 A 和 B 两种属性，个体范围是无限可数的，一个原子命题可以表示属性 A 属于具有素数指数的任一个体，而属性 B 属于任一别的个体。虽然只有可数的许多个体和只有两种属性，但是这样一个原子命题却只能用一个无限长的语句来加以描述。）因为原子命题的类是容易构造的，所以命题 ζ 的类可能等同于这个类所产生的 σ 体。我们看到，由此得到的命题比我们用通常的递归语句定义所能导入的命题要多得多。①

现在可以把对一切命题所规定的一个或然性度量引进来了。与抽象的或然性计算程序不同，或然性理论的基本公理必须证明是正确的。为了这种证明，Carnap 求助于一个人**在处于危险情况下必须作出决断**时所做的那种考虑。适用于这样作出决断的情况是，行动的主体必须在各种可能的行动中间进行选择，选择时，他对可能发生的一切自然情况都有了概括的考虑，但并不知道这究竟会是哪种情况。对他来说，只有**发生的主观或然性**。所谓一种自然情况的主观或然性是指主体对发生这种情况的相信程度。如果我们认为这个主体是一个**有理性的人**，那么我们所谈的就是**合乎理性信念的程度**。这个概念不再是描述的心理学概念，而是一个准则概念，对这个概念的确切规定依赖于理性标准的定义。我们把这个准则概念称为**个人或然性**，以区别于主观或然性的经验概念。②

无论对 Carnap 还是对人格主义者来说，这都关系到某种准则的阐述和证明，这种准则是每个有理性的人为了在危险的情况下作出决断而进行考虑时所应当遵循的。因为这种考虑所涉及的是**主观或然性的考虑**，所以把这种考虑称为归纳推理似乎是有道理的。Carnap 所竭力以求的就是**这种归纳推理的准则理论**。

---

① 指出下面一点也许不是多余的，即关于命题的这个模型理论概念属于外延语义学。因而 Carnap 没有因这种结构遭到 Quine 对内涵语义学提出的那种反对。

② Popper 在 *Logik der Forschung* ［《探求的逻辑》］一书第 359 页最后一段中曾经谈道（正如他自己指出的，“只是顺便插话”），“合理信念的程度”（degree of rational belief）一词也许可以理解为概念混乱的标志；“因为实际所指的是‘信念的合理性程度’这个解释无疑地并不涉及人格主义者的意图”。Popper 紧接着指出，“我们的信念的强度事实上经常更多地是依赖于我们的愿望和忧虑，而不是依赖于我们的合理的考虑”（《探求的逻辑》第 360 页）。但是，这一点并不一定就是对主观主义观点，或者更确切地说，对人格主义观点的反驳。因为不合理信念的程度同合理信念的程度一样可以通过对竞赛行为的分析加以测定。主观主义和人格主义的区别在于，前者把这个方法应用于对实际合理的或不合理的（!）信念进行经验的测定，而后者则把这个方法应用于合理性的最低条件的形式化，从而应用于行动准则之提出。“合理信念的程度”这个说法，无论在德文还是在英文中，都是“一个有理性的人（在此种情况下）会有的实际信念的程度”这个较长说法的粗略的简短形式。自然，这个说法只有在我们表述合理性标准时才具有内容。

某人 X 在某时间 T 所具有的信念的程度用一个信念的函项 Cr 来表示。或然性理论的基本公理应当适用于 Cr，为这个要求提出根据的方法，Carnap 是从人格主义的或然性理论家（F. P. Ramsey，B. de Finetti）那里吸取来的：Cr 表示打赌的商，这些公理则是**连贯性要求的结果**。这意思是说，如果我们认为，完成一个**失败**必在其中（就是说，在打赌中无论实际会发生什么情况我们都遭到一个失败）的一组打赌是无理性的，那么，就必须承认或然性理论的公理对于 Cr 是适用的。如果我们承认，要完成一个在其中获胜不可能而失败却是可能的一组打赌也是无理性的，那就可以建立一个超过基本公理的其他公理：**规则公理**。

直到这里，Carnap 和人格主义者是一致的。但是现在却开始出现了重要的观点分歧、意见分歧，另外这个分歧还表明，Carnap 和人格主义者尽管有共同的出发点，但是**他在科学理论上的真正对手却正是人格主义的或然性理论家，而不是"Popper 派"**。因为 Carnap 的观点是：我们首先可能不得不为探索附加的行动准则提出理由，其次也可能创造一种程序来建立这样进一步的准则。

说明理由是极其简单的，就是指出在任何情况下无数的函项 Cr 都要被认为是无理性的，尽管它们满足了或然性理论的公理[①]。为了任意约简这个巨大的数量并建立进一步的准则，我们必须从分析与一时间点有联系的明显的信念函项 Cr 转入分析一个更深刻的不明显的函项 Cred（表示"可靠性"[Credibility]），这个函项描述的是一个人**经常的气质结构**，函项 Cr 只是它的外在表达方式。这个转换既可以用道德哲学领域中的类比来加以说明，也可以用自然科学领域的类比来加以说明。

假定我们要评价 X 和 Y 两人的道德。根据对他们在各种情况下的行为的描述来作出评价是肤浅的。因为 Y 可能仅仅由于从未像 X 那样处于难以处理的冲突之中而得到比 X 要好的评价。如果把两人的品质加以比较之后表明，在同样的困难情况下，Y 的行为会比 X 坏，那么，我们对 Y 的评价就会劣于对 X 的评价，**虽然实际的行为所证明的是与此相反的评价**，但是我们在做这种比较时所依据的正是道德品质，而且认为 Y 没有遭遇 X 所经历的那种冲突算不上是他的功绩。

下面一点同我们的情况是类似的：如果 X 和 Y 两人处于同样的情况，那

① 从技术上说，对介于 0 和 1 之间的任一实数和任一对分子命题 E 和 H（除了在 E 和 H 在逻辑上不相容和 H 被 E 所逻辑蕴涵这种临界状态之外）来说，都有一个完全或然性理论的基本公理以及充满信念函项 Cr 的规则公理，从而 Cr（H，E）＝r。

么他们却不必同样是合理的。因为可供他们使用的“材料”（过去的经验，由教育获得的信念等等）可能是完全不同的。如果我们得到的结论是：X的信念（相对的）是合理的，而Y的信念是不合理的，那么，这个评价就不能依据对函项Crx和Cry的比较；因为这个评价，根据前提来看，肯定是一样的。我们在评价这两个人时不是依据他们实际行为如何，而是依据函项Cred的比较，即依据他们在某种情况下达到诸如此类信念的**意向**。

这样的一种程序也是从自然科学上这种方法的成果得到提示的。在寻求普遍的规律性时，从我们在描述时最初使用的明显的标记推进到经常的理论的倾向，这一点反复证明是适当的，甚至大部分是不可避免的。

对某个人的函项Cred要加以恰当的规定，在一定情况下是非常困难的。不过，这个问题一般地说仅仅出现在**描述的**决断理论的范围之内。在**合理的**或**准则的**决断理论内部（对Carnap来说，这关系到它的基础）则没有这个问题。因为要得到附加的合理标准，所以对有理性的人及其函项Cred做一理想化的假定是可以允许的。由于我们打算用一个具有离散的参数系统结构的机器人来代替有理性的人，这种理想化就更加明显。[①] 另外，Carnap在这里也用动力学的观察方法代替静力学的观察方法：信念函项Cr_0，Cr_1，…，Cr_n……的暂时的结果代替瞬间状态Cr，这种瞬间状态可看做是人（机器人）脑状态的瞬间摄影。这种方法从出发的信念函项Cr_0开始，每一Cr_i函项向下一个Cr_{i+1}函项的过渡都不过是从与时间T_i有关的函项向与下一时间点T_{i+1}有关的函项的过渡。（时间当然可看做是由离散的统一性所构成的。）在时间中产生的经验储存起来；机器人可认为具有极好的记忆；从Cr_i向Cr_{i+1}的每一过渡应仅仅依赖于在时间中产生的经验。这表明，对于每个命题H和每个n来说，数值Cr_n（H）可以借助于一定条件的出发信念函项来计算，而出发信念函项与函项Cred是相等的。在进行这种计算时所涉及的知识不必是实在的，也可以是仅仅**可能的知识**。从一些明显标记的结果向理论倾向的进展恰恰就表现在这里。

从决断理论向抽象或然性理论的过渡在于以二位函项C（H，E）来代替函项Cred。但是，为了证明其他的原理，却总是要追溯到作可靠性的说明。这样用Cred来加以证明的进一步的公理是**对称公理**，它要求对逻辑上同型的命题做同样的处理；另外，还有**不变性**公理，按照这个公理，数值C（H，E）应当独立于E和H中没有提到的个体和族类的存在、数目和性质。因此，Keynes关于世界的有限多样性的假设就成为多余的了。通过个别情况的关联

① 关于类如N. Rescher所提出的这种系统的一般叙述，请参见拙著*Wissenschaftstheorie*：*Wissenschaftliche Erklärung und Begrundung*［《科学的理论：科学的解释和论证》］第1卷第3章。

原则，合理地从经验学习的概念就精确地表达出来。

然而，Carnap 没有再采用把 c-函项限制于 λ 族类的任何公理。λ 族类只是一类可能的合理的 c-函项。所谓属性范围内的类比效应可以强迫选择并不属于 λ 族类的 c-函项。

在对属性范围结构进行片断而未完成的研究中，Carnap 继续使用了他在 *Logischer Aufbau der Welt*［《世界的逻辑构造》］一书中已经使用的那种思想方法。他利用拓扑学和量度理论的方法以达到对属性范围的合理测度。除了通过**分析的设准**，还通过**现象学的基本设准**（先天综合命题）来确定先天的联系。这样就消除了非逻辑常项的独立性的要求。Salmon 的所谓语言的不变性问题在这里也得到解决。

公理系统的结果是两个极限值公理：Reichenbach 公理和绝对或然性函项的 σ—附加原理。

这样，Carnap 自然**没有把某一 c**-函项明确标示出来。但是，他分析的却正是这样一种可能的战略考虑，这种考虑能够促使一个有理性的人去选择某一函项 Cred。

把公理分成各种不同的纲目有其实际的好处，即为采取这个公理而提出的那些根据可以互相独立地加以讨论。进一步的讨论可能带来附加的限制或者导致放弃某些设准。①

B. 关于 Carnap（二）的讨论

Carnap 建立他的公理的知识来源是什么呢？有一种解释很有诱惑力。我估计总有一天会作出这种解释，所以我在这里先说一说。这种解释就在于极力使 Carnap 接近 Kant。可以提出下面这一点作为证明，即 Carnap 承认先天综合命题（乃至于**定量**的先天综合原则）是他的研究对象领域，反正是早已成了 Kant 派。因此，Carnap 甚至拿一种 Kant 的解释作为他的归纳元理论，就是很容易理解的：Carnap 是企图把他所证明的根据作为先天综合元理论命题的。他不仅在对象理论方面放弃了经验主义，而且在他的元理论方面最后也放弃了经验主义。这一点，从 Schilpp 所编 *Carnap* 第 978 页上句子（11）（b）以及第 979 页第一个句子可以找到直接的证据。按照那里的说法，采用他的公理的先天根据，既不是逻辑上可以证明的，也不是归纳得来的。

① Reichenbach 公理就是一个值得怀疑的设准的例子。就我所知，直到现在，这个公理只有两个用途：一是建立一个关于个别情况关联原则的部分论断，二是把 Wittgenstein 函项正式排除在 λ 连续统之外。我们是否应当为了达到这样两个比较不高的科学理论目标而接受一个奇怪的极限公理，关于这一点，自然可以有不同的看法。

说得更详细些，这种解释似乎是这样的：在 Kant 看来，理论理性不等于逻辑理性，因为理论上可能的东西是比逻辑上可能的东西狭窄得多的一类东西。Carnap 则把理论理性又分为两部分：**演绎理性和归纳理性。演绎理性表现在避免逻辑矛盾；演绎的非理性表现在容忍这样的逻辑矛盾。归纳理性的结果是一贯性，归纳的非理性表现在不一贯性**。（这种对比当然一定会超出人格主义的预计之外。）

所有这类的抽象推论，在我看来，都是错误的。如果我们看一看上述论据的来龙去脉，就会发现某种极为奇怪的现象：Carnap 不仅否认他的那些关于公理的陈述是从演绎上或从归纳上得到的，而且否认它们是综合的原则，否认它们是先天的，也否认它们是经验的。

这样说明他的陈述的特点使人想起了否定神学中对上帝的描述。这个矛盾只有在放弃前提的条件下才有可能解决，对 Carnap 来说，这关系到**理论**命题的建立。

如上面已经谈到的，对 Carnap 来说，这实际上涉及**关于在危险情况下作出决断时合理行动准则的建立问题**。人们也许会认为，这样建立准则不是很令人信服的；人们也可以有权要求对这种建立准则的程序作出更详细的说明。在这里一个逻辑学家初次以具体的例子指出准则的建立，仅仅这一事实就应当使 Carnap 的考虑具有一种远远超出“归纳”这个题目范围的意义。

在第二节 B（Ⅻ）中，属于“理论理性”的继归纳问题而来的问题**称为理论的归纳类比 IA_t 问题**。与此相应，我们可以把在 Carnap 研究范围内出现的、属于“实践理性”的继归纳问题而来的问题称为实践的归纳类比 IA_p 问题。这个问题就是：

（IA_p）**哪些准则适用于在危险情况下作出决断时的主观或然性考虑以及怎样建立这些准则**？

无疑的，在 Carnap 的理论中目前仍有大量尚未解决的困难问题。我还是深信，对 Carnap 的论断必须做一些重要的补充和修正。

不过，我在此只限于为引言的第（17）点提出论证；因为我在那里所指出的三个缺点 B 是通常认为 Carnap 体系中最坏的缺点。表面上的错误在阐述决断理论时变成了正合需要的东西：

（1）**缺乏肯定和否定的规则**：这样的规则在危险情况下作出决断时**不仅是多余的**，甚至是**碍事的**。谁要决定他明天应当乘火车还是乘飞机去汉堡，就要根据所掌握的材料对目的地汉堡会不会有雾这一点作出或然性的考虑（而且最后不得不放弃飞机而改乘费时间的火车）。这个最后的决定，他是根据例如 Bayes 的原理作出的。无论他是**知道**汉堡机场没有雾而这样做，还是

知道那里有雾而这样做，都是完全不合理的。

（2）**没有标明一个完全确定的 *c*-函项**：主张决断理论的人对此不得不满足于划出一个**消极准则界限**，从而满足于说我们在合理的行动中不应违犯什么原则。反之，告诉人们应当做什么，却不可能是他的任务。这样随之而来的结果就会**把人变成机器人**，像可以从衣兜里掏出指南针一样，在任何情况下都可以指出"真的"*c*-函项，从而给人指出唯一正确的途径。但把有理性的人的自由活动范围缩小到0，并不是合理性标准的任务。

（3）**规律无或然性**：个人的或然性是合于准则的部分信念。这种信念可通过对合理的打赌行为的研究加以测量，只是对于可以拿来进行有意义的打赌的东西，才有部分的信念。我们只能对可以预期结果的事件进行打赌。"拿规律打赌"首先根本没有一个明确的含义。我们也许不得不采用像跟无所不知的精神打赌那样的神话观念来解释这句话，因而就是采用我会称之为"主观主义或然性形而上学"的某种东西来解释它。规律之与 Carnap 理论相悖谬，乃是由于对这个理论所做的决断理论的解释。

最后，我想举一个例子来说明我所说的神话观念。假定说，我今晚必须开车经过弗里登海默桥去慕尼黑。我知道，这座桥过去是根据一番计算建造的，而这种计算归根结底又是以 Newton 原理为依据的。我愿拿十万马克对一百马克来打赌：这座桥不会在我的汽车重压下塌掉。我会认为打这样一个赌是一种可以实际上不冒任何风险而赢得一百马克的方法。**这是不是说我也愿拿 Newton 原理的有效性来打这个赌呢**？首先我得问一下这究竟是什么意思。这大概无非是说：我要就 Newton 原理的真理性跟一个无所不知的存在打赌。我要留心别做这样的事！"切勿拿自然规律同敬爱的上帝打赌。智能相差太悬殊了！"这个无上命令，在我看来，是不言自明的，所以无须多加论证。规律无或然性无非是犹如这个理性无上命令的内容反映在 Carnap 形式主义中这样的方法。

四、结束语

本文提出的许多论点，会有人不同意，因此，在结束语中，我愿再谈一谈我所最关心的一点，即：要弄清楚必须代替所谓归纳问题的那些问题是什么问题，同样也要弄清楚在演绎主义和归纳主义的对立背后究竟掩盖着什么东西。

"归纳问题"实际上包括两个问题：一个是**概念的阐明问题**，一个是**证明问题**。我们把这两个问题分别表示为 J_1 和 J_2：

J_1 **什么是归纳原则**（如果我们相信多元论的话，也可以说：**什么是归纳推论的诸规则**）？

J_2 **怎样证明归纳原则（归纳诸规则）**是正确的？

这两个问题可以代之以另一类问题，我称之为随归纳问题“相继而来的问题”。在此，我们必须从之出发的基本区分就是**理论问题**和**实践问题**两类。

A. **理论问题方面**。就关系到**决定论**规律假设的理论判断来说，有如下两个相继而来的问题：

（1）**演绎证明概念（证实概念）的精确定义是什么**？

（2）**如何论证这个演绎证明概念是恰当的**？

在我看来，Popper 科学论有价值的见解在于认识到问题（J_1）是不存在的，因而问题（J_2）自然也是不能成立的；因为我们不可能要求证明根本不存在的东西。此外，如果说我对 Salmon 批评证实概念所做的批评是正确的，那么，在 Popper 的演绎主义中出现的问题就正是（1）和（2）这两个相继而来的问题。

> 我不想轻视这些问题，但要强调，我们不应把这些问题的解决想象得过于困难。虽然说明一个实用的概念比说明一个语义学的概念可能更费力，但是，这两个继之而来的问题与 Tarski 在其关于真理概念的著作中所面临的问题正是同一类的原则问题，即首先精确描述给真理概念下定义的方法（就具有各种不同结构和不同表述内容的语言而言），其次证明这种下定义的方法是恰当的。
>
> 总之，这里不会有陷入许多圈套和概念混乱的危险，几百年来（如果从 Aristoteles 的归纳法算起则是两千多年了）哲学围绕着“解决归纳问题”所做的努力都不可避免地陷入了这种混乱。在这个进程中，一个确证的理论如何能够成为未来的“生活方法”？这类的问题只有在变成对上述证明概念的恰当性的反驳并按照上述说明的精确性标准加以精确地说明之后，才真正能够成为可以把握、值得讨论的问题。

在**统计学假设**的理论判断问题方面，也有两个类似的相继而来的问题。在第二节 B（X）中，对此已经谈过一点想法。如果这个想法是正确的，那么，这就涉及对一个五位数的关系概念的精确说明和这一概念恰当性的证明问题（反之，从**某种**统计学的支承理论或检验理论应该能够指明，它已**就全部情况**考虑过所有其余的东西，因此这就涉及对一个多位数关系的定义的精确说明和证明①）。

---

① 我认为可以证明，关系的位数不能再加以减少：不论是涉及统计学可信程度较高的假设的关系（在这种情况下这种假设表示“背景知识”［background knowledge］）还是涉及互相对立的一类假设的关系，都是不可避免的。

如果我们承认第二节 B（Ⅱ）中关于理论多维性的论点，**那么，上面所说的这两对问题就不是随归纳问题相继而来的仅有的几个理论问题**。如果我们认为**单一性**概念是形式上可以精确说明的，那么，关于这个概念也有正确定义和恰当证明的问题。关于 Goodman 的**规律性**问题也同样如此。

此外，在这种情况下，还会出现另一个问题，即所谓随归纳问题相继而来的第二位问题。这个问题涉及这些特征之间的**等级次序**，因而还涉及例如提出这样一个论点，即只有规律性假设才被认为有资格对证明（确证程度等等）进行判断。

B. **实践的问题方面**。这方面的问题与假设的理论判断无关，而与**人的行动准则**有关。可能被认为最重要的一类问题是以**"在危险情况下作出决断"**为题提出来的。这里有两个随归纳问题相继而来的问题：

（3）**在危险情况下作出合理决断的准则是什么**？

（4）**如何建立这些准则**？

Popper 和 Carnap 的区别（即在问题范围方面的一个区别）在于：Popper 科学论面对的是问题（1）和（2），而 Carnap 理论所要回答的则是问题（3）和（4）。

Carnap 和人格主义或然性理论家们的区别在于：在人格主义者看来，**只有或然性理论的基本公理**才可以成为作为决断根据的主观或然性考虑（归纳推理）的准则。在 Carnap 看来，这还远远不够，而要建立**一些附加的准则**（通过由"明显的"**信任**（credence）函项转变到倾向性的**可靠性**（credibility）函项）。

无论是 Ramsey 和 de Finetti 的方法，还是 Carnap 进一步的探讨，都为如何能够证明准则的正确性提供了值得注意的说明。

在这里，问题（3）和（4）也**不再是**随归纳问题相继而来的**仅有的**问题。例如，对于在无把握的情况下作出决断来说，也有类似的问题。

我们可以把理论方面的问题看做对**"我们能够知道什么"**这个 Kant 提出的问题所做的现代解释，而实践方面的问题则是**"我们应该如何行动"**这个问题的一个方面。

（陈启伟译，李金声校）

选文出处

施泰格缪勒　归纳问题：休谟提出的挑战和当前的回答

洪谦主编，《逻辑经验主义》（上卷），北京，商务印书馆，1982，257—292 页。

三、分析传统科学哲学（下）：逻辑经验主义之后

几个基本问题的概述

波普尔

这是波普尔对科学研究的逻辑的全面介绍。他的科学方法论是从对归纳法批判开始的。他指出，归纳逻辑是不能成立的，科学研究的方法是通过经验对于假设的检验而实现的。他说，人们之所以持归纳主义的观点是因为人们混淆了心理学和认识论。新的观念的产生是一种非逻辑的直觉的结果。所谓科学研究的逻辑是指对假说检验的逻辑，这是通过演绎来完成的。他认为，他在科学与形而上学之间发现了一种更好的分界标准，这就是可证伪性的标准。至于科学的客观性，他认为不是科学知识的可证明性，而在于其可检验性。

作者简介

波普尔（Karl Popper，1902—1994），早年与维也纳学派交往密切，他所提出的理性批判主义是逻辑经验主义向历史主义学派过渡的重要环节。他是20世纪科学哲学家中与科学共同体关系最为密切者。他批判实证主义、决定论，捍卫自由主义。代表作有：《研究的逻辑》（英文版更名为

一个科学家，无论他是理论科学家还是实验科学家，都是先提出命题或命题体系，然后一步一步地进行检验。在经验科学领域中更是如此，科学家首先提出假说或理论体系，然后通过观察和实验与经验对比来进行检验。

我认为探究的逻辑，或者说认识的逻辑的任务就在于对这个过程进行逻辑分析，也就是对经验科学的方法进行分析。

然而，这些“经验科学的方法”是什么呢？我们所说的“经验科学”又是什么呢？

(1) 归纳法问题

按通常流行的观点——同本书所持的观点相反——经验科学的特点能够用它们使用所谓“归纳方法”这件事实来说明。这样，探究的逻辑就同归纳逻辑相一致，同对这些归纳方法进行的逻辑分析相一致了。

通常我们把从个别命题（有时也称为“特称”命题，

《发现的逻辑》、《猜想与反驳》、《历史决定论的贫困》、《开放的社会及其敌人》等。

例如对观察或实验结果的叙述）到全称命题（例如假说或理论）的推理叫做“归纳”推理。

从逻辑观点来看，无论个别命题的数量多么大，说我们有理由从个别命题推出全称命题这一点远远不是很清楚的。因为用这种方法得出的任何结论都可以成为假的：无论我们见到的白天鹅的实例有多少，也不能证明所有的天鹅都是白的。

归纳推理是否能被证实，或者受什么条件限制的问题就是一般所说的归纳法问题。

归纳法问题也可以说成如何证实建立在经验基础之上的全称命题的真理性问题，例如经验科学的假说和理论体系的真理性问题。很多人都相信这些全称命题的真理性是靠经验来认识的；然而很明显，经验的叙述——对观察或实验结果的叙述——首先只能是一个单称命题，而不是全称命题。因此，说我们从经验中知道全称命题的真理性的那些人，通常指的是这个全称命题的真理性能够设法还原为许多单称命题的真理性，而这些单称命题是靠经验知道它们为真的；这就等于说，全称命题是建立在归纳推理之上的。这样，问是否有已知为真的自然规律，看来不过是问归纳推理是否在逻辑上已被证实的另一种提法。

然而如果我们想要找到一种证实归纳推理的方法，我们就必须首先努力确立归纳原则。所谓归纳原则是一个命题，凭借它我们就能使归纳推理获得一种在逻辑上可以接受的形式。在拥护归纳逻辑的人看来，归纳原则对于科学方法来说是极其重要的。Reichenbach 说：“……这个原则决定科学理论的真理性，如果从科学中取消它，这就意味着恰好使科学失去判定它的理论是真或是假的能力。没有它，很明显，科学就没有权力把科学的理论同诗人头脑中空想出来的虚构区别开来。”①

这个归纳原则不能看做像重言式或分析命题一样，是纯粹的逻辑真理。因为如果存在这样一种纯粹逻辑的归纳原则，那么归纳法的问题也就不存在了；因为这样一来，

① H. Reichenbach，载《认识》第1期，1930年，第186页。

所有的归纳推理都必然被看做是纯粹逻辑的或重言式的变换，就如同演绎逻辑中的推理一样了。所以归纳原则必然是一个综合命题，也就是说，它的否定不是自相矛盾的而是在逻辑上可能的。这样又引起为什么竟然要接受这样一个原则和如何为接受它提供合理根据的问题。

有些相信归纳逻辑的人，同 Reichenbach 一样，急于指出："归纳原则是由整个科学完全承认的，在日常生活中也没有人怀疑这个原则。"① 然而假定即使如此——最终，"整个科学"也可能是错误的——我仍然主张归纳原则是不必要的，而且它必然导致逻辑上的矛盾。

关于归纳原则很容易产生矛盾的问题，在 Hume 的著作中已经看得很清楚了；而且即使能够排除矛盾的话，也是非常困难的。因为归纳原则也必然是一个全称命题。如果我们试图把其真理性说成是由经验得来的，那么引进归纳原则的同样问题就会再次出现。为了证实它，我们又必须运用归纳推理，而为了证实这些归纳推理又必须要假定更高一层的归纳原则，以此类推。所以把归纳原则建立在经验之上的努力失败了，因为它会引起无穷的倒退。

Kant 试图通过把归纳原则（Kant 把归纳原则表述为普遍因果律的原则）当做"先天有效"来解决这个困难，但我并不认为他对于综合命题提供一个先天的证明的独创性努力是成功的。

我自己的看法是，这里列举的归纳逻辑的各种困难是难以克服的。我认为今天很流行的一种学说也有其固有的困难。这种学说认为归纳推理虽然不是"严格有效的"，但能达到某种程度的"可靠性"或"盖然性"。按照这种看法，归纳推理就是"盖然推理"②。Reichenbach 说："我们已经把归纳原则描述为科学借以判定真伪的方法。更精确地说，我们应把它作为判定盖然性的方法。因为科学并不能达到真或伪……科学的命题只能达到一定程度的盖然性，以其真和伪为其上限和下限。"③

这里我暂且不考虑归纳逻辑信奉者们所持的某种概率概念，后面我将指出这种概念对于他们自己的目的来说也是很不适合的（参看本书第八十节）。我所以能这样做，因为上述所说的困难靠应用概率是一点也不能解决的。如果说要把某种程度的概率给予归纳推理得出的陈述，那么这必须诉诸一个新的作了一些变化的归纳原则来证实，而这个新的原则同样也必须得到证实，

① H. Reichenbach，载《认识》第 1 期，1930 年，第 67 页。

② 参看 J. M. Keynes，《概率论》（1921 年）；O. Külpe，《逻辑讲义》（1923 年）；H. Reichenbach（他使用"概率蕴涵"这个术语），《概率演算的公理论》，载《数学杂志》34（1932 年）；以及其他许多地方的论述。

③ H. Reichenbach，载《认识》第 1 期，1930 年，第 186 页。

如此等等。另外如果这个归纳原则同样不是当做“真的”，而只是“盖然的”，我们还是一无所获。总之，像任何其他归纳逻辑的形式一样，盖然推理的逻辑，即“概率逻辑”或者导致无穷倒退，或者导致先验主义。

下面我要加以说明的观点，同运用归纳逻辑概念的一切努力是直接对立的。这种观点可以说成是演绎检验方法的观点，或者说成是一种只能从经验上进行检验的假设——而且只在假设提出之后，才能从经验上进行检验。

在确切表述这个观点之前（这个观点叫做“演绎主义”，同归纳主义相反[①]），我必须首先讲清有关经验事实的认识的心理学同只涉及逻辑关系的认识的逻辑学之间的区别。因为人们相信归纳逻辑大都是由于混淆了心理学问题和认识论问题而引起的。顺便指出，这种混淆带来的麻烦，不仅影响到认识的逻辑，而且也牵涉到认识心理学，这是值得注意的。

(2) 排除心理主义

上面我说过科学家的工作在于提出理论和检验理论。

在设想和理论创造活动的开始阶段，我认为既不要求逻辑分析，也不能进行逻辑分析。至于某人是如何想到一种新的观点的问题——无论是一段音乐旋律，一场戏剧冲突，还是一种科学理论——可能同经验心理学有很大关系，但同对科学知识进行的逻辑分析毫不相干。后者同事实问题（Kant 的事实问题? quid facti?）无关，只同证明或有效性问题（Kant 的有效性问题? quid juris?）有关。这就是下面这一类问题。一个命题能否被证实？如果能证实，如何证实？它是可检验的吗？它在逻辑上是否依赖某些别的命题？它是否可能同某些别的命题相矛盾？为了能这样在逻辑上检验一个命题，它必须首先呈现在我们面前。人们必须明确表述它，然后才能对它进行逻辑检验。

因此，我将把设想一种新观念的过程和从逻辑上检验这个观念的方法和结果严格区别开来。至于说到认识的逻辑的任务——同认识的心理学相反——我遵循这样的假定，即它只研究在系统考察中应用的方法。每一个新的观念如果想被真正接受，它就必须经受这些系统的考察。

有人可能反对说，把引导科学家去进行探索，去发现某种新的真理的所

---

① Liebig（《归纳和演绎》，1865 年）可能是头一个从自然科学的观点反对归纳方法的人；他的矛头是直接对着 Bacon 的。Duhem 在他的《物理理论的目的和结构》（1906 年法文版，1954 年 P. P. Wiener 译为英文）中持演绎主义者的观点。但在他的书中例如第三章第一部分也有归纳主义者的观点。在那里我们看到他说只有实验、归纳和概括才产生 Descartes 的折射律。参看英译本第 34 页。同时参看 V. Kraft 的《科学方法的奠基人》（1925 年），和 Carnap 在《认识》第 2 期上刊登的文章，1932 年，第 440 页。

谓“理性改造”的步骤，当做认识论的任务更为合适。但问题在于：确切地说，我们需要改造的是什么？如果这是指包括引起和释放灵感的方法，那我就不同意把它看成是认识的逻辑的任务。因为这样的过程同经验心理学有关，而很难说同逻辑有关。如果需要进行理性重建的是随后而来的检验，使得灵感可以看做是一个新发现，或者被认为是知识，那就是另外一个问题。就某科学家批判地审定、变更或否定他自己的灵感来说，如果我们高兴的话，也可以把这种方法论的分析当做是一种符合思想过程的“理性重建”。但是这种重建并不把这些过程描述为像它们实际发生的那样：它只能对检验的程序提供一个逻辑框架。然而，这很可能是那些谈论我们获得知识的方法的人所说的“理性重建”的意思。

在这本书中，我的论证恰好同这个问题完全无关。但是我的看法是，无论如何并不存在获得新观念的逻辑方法，或者为这个过程作出的逻辑的重建。我的观点可以表述为，每一个发现都包含某种“非理性的成分”，或者说包含一种 Bergson 意义上的“创造性的直觉”。同样，Einstein 也说过，“探索那些最普遍的规律……通过纯粹演绎法就能从这些规律中获得世界的图像”。他还说：“得出这些……规律，不存在逻辑的道路，而只能通过建立在对经验对象的移情作用（Einfühlung）之上的某种直觉来获得。”①

(3) 理论的演绎检验

按照我们将要提出的观点，批判地检验理论和根据检验结果选择理论的方法，总是按下列程序进行的。依靠逻辑的演绎，从提出的推测和还没有以任何方式证实的新观念——一种预言、假设、理论体系，或某种愿望——推出结论。然后把这些结论加以相互比较，并同其他有关命题加以比较，这样就能发现它们之间的逻辑关系（例如等价、推出、相容、不相容等）。

如果我们愿意对一种理论进行检验，可以分为四种不同的方法。第一，依靠推出结论之间存在的逻辑关系，来检验体系内部的一致性。第二，审查理论的逻辑形式，以此来确定它是否具有经验的或科学的理论性质，或者例如是否是同语反复。第三，同其他理论，特别是着眼于考察这种理论是否构成一种科学进步，如果它经得住我们的各种检验的话。第四，靠从这种理论得出的结论在经验上的应用，来对它进行检验。

---

① 在 Max Planck 60 岁生日时的祝辞。这里的引文是开始的一段话，“物理学的最高任务是探索那些最普遍的规律……”（引自 Einstein，《我的世界观》，1934 年，第 168 页［A. Harris 英译本题为《我所见的世界》，1935 年，第 125 页］）；同样的意思早在 Liebig 著作引文中就有；同时参看 Mach，《热力学原理》(1896 年)，第 443 页及其后。

最后这种检验的目的在于断定这种理论的新成果——不论这可能表现在什么方面——在满足实践的要求上达到什么程度，无论是由纯粹科学实验产生的，还是由实际工艺的应用产生的要求。这里进行检验的程序也是演绎的。借助早先已知的命题，我们能从这种理论，特别能从那些易于检验或易于应用的预言中，推演出一些单称命题——我们可以称之为“预言”。从这些单称命题中选出的那些不能从现存的理论中推出来的命题，尤其是同现存理论相矛盾的那些命题。其次，我们通过把这些以及其他被推出的命题同实际应用和经验的结果相比较，来寻求对这些命题的判定。如果这种判定是肯定的，也就是如果这些单称结论证明是可以接受的，或被证实的，那么这种理论目前就是经受住了对它的检验：我们就没有理由抛弃它。但是如果这种判定是否定的，或者换句话说，如果结论被证伪了，那么它们的证伪也就否证了它们从中逻辑地演绎出来的理论。

应该注意的是，一个肯定的判定，只能暂时支持这种理论，因为以后的否定判定总是可以推翻它。只要某种理论经得起多方面的严格的检验，而且不被科学发展过程中另一种理论所取代，我们就可以说它已经“显示了它的能力”，或者说它“被确证了”。

归纳逻辑看来同以上所述的程序完全不同。我从不认为我们能从单称命题的真实性来证明理论的真实性；我从不认为我们能依靠被证实的结论，就能证实这种理论的“真实性”或者即使只是其“盖然性”。

在这本书中，我想对演绎的检验方法给以详细的分析，而且我将表明，在这样分析框架之内，所涉及的一切问题通常都称之为“认识论的”问题。这些问题，尤其是归纳逻辑引起的问题，是能够消除的，不会引起新的问题。

(4) 分界问题

对我以上提出的观点，似有很多异议，其中最重要的也许是下面这种意见。我可能被说成，为了否定归纳的方法，忽略了经验科学所表现出来的最重要的特性；这就是说我取消了科学同形而上学思辨之间的区别。我对这个异议的回答是，我否定归纳逻辑的主要理由，正是因为它对理论体系的经验的性质、非形而上学的性质，没有提供一种适当的区分标志，或者换句话说，它没有提供一种适当的“分界标准”。

找到一种能使我们把经验科学同数学、逻辑学以及“形而上学的”体系区别开来的标准问题，我称之为“分界问题”。

这个问题对试图解决它的 Hume 来说是熟知的。到了 Kant 那里，这个问题就成了知识论的中心问题。如果我们仿照 Kant 的说法，把归纳法问题称之为“Hume的问题”，那么我们也许就可以把分界问题称之为“Kant的问题”。

这两个问题——它们是知识论中所有其他问题的根源——比较起来，我认为分界问题更为重要。的确，带有经验主义倾向的认识论者之所以深信“归纳法”，主要理由似乎就是因为他们相信单靠这个方法就能提供一个分界的适当标准。这一点尤其适合那些打着“实证主义”旗号的经验论者。

早期实证主义者认为，只有那些照他们所说从经验中得来的概念（想法或观念），才是科学的或合理的。这就是说，他们相信这些概念在逻辑上可还原为感觉经验的成分，例如感觉（或感觉材料）、印象、知觉、视觉或听觉的记忆等等。现代实证主义者则更清楚地把科学看做不是概念的体系，而是命题体系。[①] 因此他们认为只有那些可还原为经验的基本（或原子）命题的命题才是科学的和合理的——还原为“知觉判断”或“原子命题”或“记录句子”以及诸如此类的东西。[②] 这就很清楚，暗含的分界标准问题同对于归纳逻辑的要求是一致的。

既然我否定归纳逻辑，我就必然也否定解决分界问题的一切努力。由于这种否定，分界问题在我目前的研究中，更增加其重要性了。找到一个满意的分界标准，这对于任何不承认归纳逻辑的认识论来说，都是一项十分重要的任务。

实证主义者常常以一种自然主义的方式解释分界问题，他们把这个问题解释成似乎是自然科学的问题。他们认为自己必须找到在经验科学和形而上学之间存在的好像是当然的区别，而不把制定一种合适约定的习惯作为他们的任务。他们不断地试图证明，形而上学在本性上只是毫无意义的废话——正如Hume说的，是“诡辩的幻想”，我们应该将它“投到烈火中去”。[③]

如果我们想根据定义，把“无意义”、“没有意思”这些词只解释为“不属于经验科学”，那么把形而上学描述为无意义的胡说就是理所当然的，因为形而上学通常就被看做是非经验的。当然，实证主义者认为他们对于形而上学，除了说它的某些陈述是非经验的，还有好多话要讲。“没有意思”或“无意义”这些词是用来表示一种贬低性的评价；无可怀疑，实证主义者真正想

① 现在我看出，我写的这一节过高估价了“现代实证主义者”。在这方面我应记住Wittgenstein的《逻辑哲学论》开始的约定——“世界是事实的总和”——已由它的结尾即告诫人们“在他的命题中他并没有赋予某些记号以意义”而被勾销了；也可参看我的《开放的社会及其敌人》第2章第2节。

② 当然没有什么是依赖于名称的，当我创造新名词“基本陈述”时（或叫“基本命题”；参看下面第7节和第28节），只是因为我需要一个不牵涉同知觉陈述有关的词。然而很不幸，它不久被别人采用而且正式用于表述我想避免的一类含义。

③ Hume在《人类理智研究》最后一页谴责这一著作，恰好同Wittgenstein在他的《逻辑哲学论》最后一页谴责这一著作是一样的。

要达到的目的与其说是想得出关于有效的分界，不如说是想最终推翻①和消灭形而上学问题。但我们发现，每个时期的实证主义者都想更清楚地解释“有意义”指的是什么，这就导致了同样的结果——简单地重复他们关于归纳逻辑的分界标准来定义“有意义的句子”(同“无意义的句子”相对立)。

这一点在Wittgenstein身上“表现得”很明显，按照他的观点，每一个有意义的命题，必然能够在逻辑上化为②基本的(或原子的)命题，他把这种命题看做是现实的描述或“现实的图像”③(顺便指出，这是一种包括所有有意义命题的特性)。从这一点我们可以看出，如果我们用“有意义的”替换“科学的”或“正当的”这些词，那么Wittgenstein的有意义性的标准同归纳主义者的分界标准是一致的。试图解决分界问题的努力所遭到的失败，正是发生在归纳法问题上：实证主义者由于想要消灭形而上学，结果也消灭了自然科学，因为科学规律也不能在逻辑上化为经验的陈述。如果坚持应用Wittgenstein的意义标准，就会把自然规律作为无意义的东西加以拒斥：它们决不能被理解为真正的或正当的陈述。而探索自然规律，正如Einstein所说，乃是物理学家的主要任务。Schlick④在下列一段话中已经表述了那种试图把归纳法问题揭示为一种空洞的假问题的观点：“归纳法问题在于找出对现实的全称命题的逻辑证明……同Hume的观点一致，我们认识到这种逻辑证明是不存在的：不可能有这样的证明，因为它们不是真正的命题。”⑤

这表明归纳主义者的分界标准为什么不能在科学和形而上学体系之间找到分界线，以及为什么它必然把这两者放到了同等的地位：因为按照实证主义者关于意义的观点，它们都是无意义的假命题体系。因此，实证主义不是

---

① Carnap，载《认识》第2期，1932年，第219页及其后。在早期Mill以同样的方式使用“无意义”这个词，这无疑受了Comte的影响；参看Comte，《关于社会哲学的早期论文》，1911年，D. Hutton编辑，第223页。同时参看我的《开放的社会及其敌人》第2章注51。

② Wittgenstein，《逻辑哲学论》(1918年和1922年)，命题5。至于这一点是在1934年写成的，但这里我当然只论及《逻辑哲学论》。

③ Wittgenstein，《逻辑哲学论》，命题4.01、4.03、2.221。

④ 把科学的规律看做假命题，这样来解决归纳法问题，Schlick认为应归之于Wittgenstein(参看我的《开放的社会及其敌人》第2章注46和51后)。但这却要更早。工具主义传统的这部分能追溯到Berkeley，甚至更早。(参看我的论著《关于人类知识的三个观点》，载《现代英国科学哲学》杂志iv，4，1953年，第26页及其后。现载我的《猜想与反驳》，1959年。)

⑤ Schlick，载《自然科学》第19期，1931年，第156页(这里着重号是我加的)。关于自然规律，Schlick写道(第151页)：“的确，通常认为，我们决不能谈论一个规律的绝对可证实，因为可以说我们常常习惯地保留说它可以根据进一步的经验而变更。如果按照逻辑的观点我能附加上一些话，那么上述表明的意思就是一个自然规律在原则上没有陈述的逻辑特性，但却是医治陈述结构的一个药方。”(“结构”无疑是意指包括变形或引出形式)Schlick把这个理论归于Wittgenstein的个人意见。

从经验科学中清除形而上学，而是把形而上学引进到科学范围之中。

同这些反形而上学的策略——有意反形而上学——相反，依我看来，我的任务不是要推翻形而上学，而毋宁说是明确而系统地陈述经验科学的正确特性，或者说，通过观察一个给定的陈述体系，看看对它的进一步研究是否与经验科学有关，来定义“经验科学”和“形而上学”这些概念。

因此，我的分界标准必定被看做是一种达到一致或约定的建议。至于什么样的约定合适，意见可能不同，而且对这些问题的合理讨论只有在各方具有某个共同目标时才有可能进行。当然，选择这个目标最终还得靠超出合理论证的决定。[①]

因此，把绝对必然和永远为真的陈述体系[②]作为科学的结果和目的的人，肯定会反对我所要提出的意见。那些认为科学的本质在于它的高贵品质的人必定也这样看，他们还认为科学的高贵在于它的“完整性”和它的“真理性和本质性”[③]。他们不愿把这种高贵品格给予现代的理论物理学，在这门学科中人们看到了我称之为“经验科学”目前所取得的最圆满的成就。

我所设想的科学的目的是不同的。然而我并不想通过把它们说成是科学的真正的或根本的目的来为它们辩护，因为这只能曲解这个问题，而且这就意味着堕入实证主义者的独断论中去。据我所知，只有一种合理的论证方式支持我的意见，这就是分析它们的逻辑结果：指出它们的有效性——它们说明知识论的问题的能力。

因此我坦率地承认，我的意见归根结底受价值判断和偏好的影响。但是我希望，我的意见能被那些不仅看重逻辑的严密性，而且摆脱了独断论的人所接受；能被那些追求实际应用，但却更为科学的探索和发现所吸引的人接受。这些科学的发现使我们不断遇到新的意想不到的问题，促使我们去作出新的迄今没有想到的答案。

价值判断影响我的意见这个事实并不意味着我在重复我曾指责过实证主义者所犯的错误——通过谩骂来消灭形而上学。我甚至也没有断言形而上学对经验科学是没有价值的。因为无可否认，同阻碍科学进步的形而上学观念在一起的也曾有帮助科学进步的形而上学观念——例如思辨的原子论。从心理学的观点来看，我倒以为如果没有纯思辨的，有时甚至是十分模糊的观念，科学发现是不可能的。从科学观点来看，这是一种完全无正当理由的信念，

---

① 我相信在确实有关的部分之间，某种适当的讨论总是可能的，而且随时可相互注意（参看我的《开放的社会及其敌人》第24章）。

② 这是Dingler的观点。

③ 这是O. Spiann的观点（范畴学说，1924年）。

因而也就是“形而上学的”①。

虽然作出了这些警告，我仍把提出经验科学的概念看做是认识逻辑的首要任务，以便使目前不太明确的语言上的用法尽量确定下来，并在科学和形而上学观念之间勾画出比较清晰的界限——尽管形而上学的观念可能在科学史上促进过科学的进步。

(5) 作为一种方法的经验

对于经验科学的观念作出一个可以接受的定义不是没有困难的。其中有些困难的产生是由于同一种逻辑结构必然有许多种理论体系，而这种逻辑结构很像是在某一特定时间同时为经验科学所接受的体系。这种情况有时用存在许多——假定是无限——“逻辑上可能的世界”来说明。然而那种被叫做“经验科学”的体系想要说明的却只有一个世界，即“现实的世界”或“我们的经验世界”。

为了使这个观念更加精确，我们可以把满足经验的理论体系的要求分为三点。第一，它必须是综合的，因而它可以表示一个无矛盾的、可能的世界。第二，它必须满足分界标准（参看第 6 节和第 21 节），也就是说，它必须不是形而上学的，而的确是表示一个可能的经验世界。第三，它必须是以某种方式同别的体系区别开来的、专门表示我们的经验世界的一种体系。

但是表示我们的经验世界的体系是如何被区别开来的呢？回答是：靠它所承受的检验和它经得起检验这件事实。这就是说，它是通过应用于它身上的演绎方法，而这也就是我要分析和描述的。

按照这个观点，“经验”表现为一种特殊的方法，一种理论体系可以根据这种方法同另一种理论体系区别开来；因此经验科学的特征不仅在于它的逻辑形式，而且还在于它的特殊方法（当然，这也是那些试图应用归纳法为经验科学特点的归纳主义者的观点）。

知识论的任务是分析经验科学特有的方法和程序，因此它可以叫做一种经验方法的理论——一种关于通常称之为经验的理论。

(6) 作为一种分界标准的可证伪性

归纳逻辑固有的分界标准——实证主义的意义学说——同经验科学要求所有陈述（或所有“有意义的陈述”）最终必然能被判定为真和假是一样的；

---

① 参看 Planck，《实证论和现实的外部世界》（1931 年）和 Einstein，《我的世界观》（1934 年），第 43 页［A. Harris 英译本题为《我所见的世界》（1935 年），第 23 页后］。

我们会说，这些陈述必然是“确实可判定的”。这意味着它们的形式必须在逻辑上可被证实和证伪。因此Schlick说：“……一个真正的陈述必须具有确实的可证实性”①；Waismann说得更清楚：“如果没有可能的方式来确定一个陈述是不是真的，那么这个陈述就什么意义都没有。因为一个陈述的意义就是它的证实方法。”②

而我的观点是：不存在像归纳法这样的东西。③ 从“靠经验证实”（不管这表示什么意思）的单称命题推出理论，在逻辑上是不允许的。因此，理论决不是经验上可证实的。如果我们想按照我们的分界标准，避免实证主义者排除自然科学的理论体系的错误④，那么我们就必须选择一种允许我们把即使不能被证实的这类陈述纳入经验科学范围的标准。

但是一种体系只要能受到经验的检验，我就必定会承认它是经验的或科学的。这些意见暗示可以作为分界标准的是一个体系的可证伪性而不是其可证实性。⑤ 换句话说，我不要求科学体系，在肯定的意义上，能够一劳永逸地被挑选出来；我所要求的是，它的逻辑形式，在否定意义上，能靠经验的检验而被挑选出来：一个经验科学的体系必然可以受到经验的反驳。⑥

（因此，“明天这里将下雨或不下雨”这个陈述就可以看做是经验的，因为这个陈述不能受到反驳；而“明天这里将下雨”这个陈述就不可以看做是经验的。）

对于这里提出的分界标准，可以引起各种各样的反对意见。首先就是说它很像这样的错误意见，即使人们联想起给我们提供正面知识的科学，却被描述为满足一种像可反驳性这种反面要求。但是，在第31节到第46节中，

① Schlick，载《自然科学》第19期，1931年，第150页。

② Waismann，载《认识》第1期，1930年，第229页。

③ 当然，这里我没有考虑所谓“数学归纳法”；我所否定的是那种所谓“归纳科学”中的归纳法；或是“归纳程序”或是“归纳推理”。

④ Carnap在他的《逻辑句法》（1937年，第321页后）中承认这是一个错误（同我的批判有关）；而在《可检验性和意义》中他更承认，普遍规律对科学来说不仅是“方便的”，而且甚至是“根本的”（《科学哲学》4，1937年，第27页）。但在这个归纳主义者的《概率的逻辑基础》（1950年）中，他又回到很像人们批评的立场：发现普遍规律具有零度的可能性（第511页）。他被迫说（第575页），即使不需要把普遍规律从科学中排除出去，科学没有它们同样能很好地存在。

⑤ 注意我提出证伪性是分界的标准，不是意义的标准。此外，我早已（第4节）严厉地批评把意义用作分界标准，并且我一再抨击意义的学说，第4节我批评得更严厉，因此说我仍主张证伪性是分界的标准，这纯然是虚构的事（虽然任何推翻我的理论就是建立在这种虚构之上的）。证伪性正确地分为两类有意义的陈述：可证伪和无可证伪。它在有意义语言内划出了区别，而不是根据它。

⑥ 例如，这种思想在Frank，《因果关系及其界限》，1931年，第1章第10节（第15页后）中就有；Dubislay的《定义》（1931年，第三版）第100页后也有。

我将表明，这种反对意见没有什么重要性，因为科学陈述由于其逻辑性质，它所传达的关于世界的正面知识越多就越容易同可能的单称陈述相冲突（我们把自然规律称为规律不是没有理由的；它们禁止的越多，表达的也就越多）。

其次，这种做法可能转过来对着我对于归纳主义者的分界标准所作的批评；因为反对把可证伪性作为分界标准的意见看来似乎同我自己反对把可证实性作为分界标准的意见有些相似。

这种责难并不使我为难。因为我的建议是建立在可证实性与可证伪性之间一种非对称关系上的，是建立在一种由全称命题的逻辑形式而产生的非对称关系上的。这些命题决不能从单称命题中推出来，但却能用单称命题来反驳。因此凭借纯演绎推理（靠传统逻辑假言三段论否定式的帮助）从单称命题的真能够推出全称命题的假。这种论证是沿着"归纳的方向"所进行的唯一严格的演绎形式的推理，所谓"归纳的方向"就是指从单称命题到全称命题。

第三种反对意见似乎更需加以考虑。人们可以说，即使非对称性的关系是可以允许的，但是由于种种原因，任何一种理论体系最终总会完全被证伪仍是不可能的。因为总可以找到某种避开证伪的办法，例如为此引进一个辅助假设，或者为此变换一个定义。采取简单拒绝承认任何证伪经验的立场，这完全可能没有逻辑矛盾。无可否认，科学工作者通常不采取这种办法，然而在逻辑上这样的处理办法是可能的；人们可能认为，这件事至少能使我提出的分界标准的逻辑价值变得令人可疑。

我应该承认这个批判是公正的，但不必因此就撤回我把证伪作为分界标准的意见。因为我要提出的是经验的方法应看做是这样一种方法，即它恰好是排除那些逃避证伪方式的一种方法，而正如我那位假想的批评家所正确坚持的，那些逃避方式在逻辑上是允许的。按照我的意见，表现经验方法特点的正是它在各个可以想象的方面，让被检验的体系可以得到证伪。它的目的不是拯救靠不住的体系；正好相反，它的目的是通过比较，通过使这些体系经受为生存而进行的最激烈斗争，选择出一种最适合的体系。

这里提出的分界标准也引导我们去解决 Hume 的归纳法问题——解决关于自然规律的有效性问题。这个问题的根源在于可以称之为经验主义的主要论点——只有经验才能判断科学命题的真或假这个论点——同 Hume 看出归纳论证不能成立之间存在的明显的矛盾。只有假定所有经验科学命题必然是"确实可判定的"，也就是说它们的证实和证伪两方面在原则上必须是可能的，这个矛盾才会出现。如果我们否认这一要求，承认在某种意义上可判定的命题也是经验命题——只有一方面可判定，尤其是在可以证伪这一方面——并且这些命题可以用系统的证伪方式加以检验，这样矛盾就会消失：证伪方法不预先假定归纳推理，而只需要有效性从无争议的演绎逻辑的重言式变换。

(7)“经验根据”的问题

如果说可证伪性可以适于作为一种分界标准，那么单称命题就必须能作为证伪推理中的前提。因此我们的标准只是转换了一下问题——从理论的经验性问题转换为单称命题的经验性问题。

然而，即使如此，也得到了某些成果。因为在科学研究的实践过程中，同理论体系相关的分界问题常常是十分急迫的事，而同单称命题相关的问题中，人们很少产生对其经验性质的怀疑。虽然观察的错误确实会导致虚假的单称命题，但科学家很少会把一个单称命题说成是非经验的或形而上学的。

经验根据的问题——也就是说，关于单称命题的经验性质问题，以及如何检验它们的问题——在科学逻辑中起的作用不同于多数我们将要研究的其他问题。后者同科学研究的实践紧密相关，而经验根据问题几乎完全属于知识论的问题。但是，我必须涉及这些问题，因为它们引起了许多含糊之处。在关于知觉经验和基本陈述之间的关系上更是如此（我所说的“基本陈述”或“基本命题”是指一种能作为经验证伪中的前提的陈述；简言之，是指一种单称事实的陈述）。

知觉经验常被看做能给基本陈述提供一种证明。人们认为，这些陈述是建立在经验“基础”之上；它们的真实性又需要通过检查这些经验“显现出来”，或者说，通过经验而变得明显，等等。所有这些说法表明，强调基本陈述和我们知觉经验之间的紧密关系是完全正确的。然而人们也正确地认识到，陈述只能由陈述在逻辑上加以证实。因此知觉和陈述之间的关系仍然是含糊的，而且这种关系又由相应的含糊表述来描写。这些表述除了把这些困难问题搁置一边，或者至多通过隐喻暗示这些困难之外，什么也说明不了。

我相信，如果我们把问题的心理学方面同逻辑和方法论方面清楚地区别开来，也能找到一种解决办法。我们必须把不能证实任何陈述的主观经验或信念感觉这一方面，同另一方面，即在各种科学陈述体系之中和每一个体系内部存在的客观逻辑关系区别开来。

经验根据问题，我们将在第 25 节至第 30 节中详细讨论。现在还是回到科学的客观性问题上来，因为我刚刚使用过的“客观的”和“主观的”这些术语迫切需要加以解释。

(8) 科学的客观性和主观的信念

“客观的”和“主观的”这些词是哲学的术语，它们带有大量从过去传下来的互相矛盾的习惯用法，带有许多不确定的和无休止的讨论的痕迹。

我使用的“客观的”和“主观的”这些术语和 Kant 的并无不同。Kant 使用“客观的”这个词表示科学的知识应该是可证明的，不依赖于任何人一时的兴致：一个证明如果在原则上能被检验并且能为任何人认识，它就是“客观的”。Kant 写道：“如果某种事物对于一切具有理性的人是有效的，那么它的根据就是客观的和充分的。”①

我却认为科学理论决不是完全可以证明的或能证实的，但它们依然是可检验的。因此我主张，科学陈述的客观性在于它们能在主观间受到检验。②

“主观的”这个词被 Kant 用来指我们的（不同程度的）信念感觉。③ 考察它们如何发生的问题是心理学的事情。例如，它们可能是“根据联想律”发生的。④ 客观的理由就其我们可以思考它们和确信它们有说服力来说，也可以作为“判断的主观原因”⑤。

Kant 也许是最早领悟到科学陈述的客观性是同理论的构成——假设和全称命题的使用——紧密相关的。只有当确定的事件按照规律或规则，正如可重复的实验那样反复出现时，我们的观察在原则上才能受到大家的检验。当我们已经再三重复和检验过我们自己的观察之后，我们才认真地看待它们，或者把它们看做是科学的观察。只有通过这些重复，我们才能确信，我们所处理的不是一种单纯孤立的“相合”，而是一些有规律性和可以反复产生的事件，这些事件在原则上能在主观间加以检验。⑥

---

① Kant，《纯粹理性批判》（德文第 2 版，第 848 页）。N. K. Smith，1933 年英译本，《先验方法论》，第 2 章第 3 节，第 645 页。

② 后来我概括了这个陈述；因为主观间的检验只是更一般的主观间的批评的一个很重要的方面，换句话说，只是那种通过批评讨论的相互理性监督观念的一个很重要的方面。这种观念在我的《开放的社会及其敌人》第 23 章和第 24 章，以及《历史决定论的贫困》中作过更详细的讨论。

③ 同注①。

④ 参看《纯粹理性批判》中《先验原理论》，第 19 节（德文第 2 版，第 142 页），N. K. Smith，1933 年英译本第 159 页。

⑤ 《纯粹理性批判》中《先验方法论》，第 2 章第 3 节（德文第 2 版，第 849 页），1933 年英译本第 646 页。

⑥ Kant 从科学陈述的客观性的要求领悟到，它们必然总是主观间上可检验的，因此它们必然具有普遍规律或理论的形式。他以他的“因果律的时间上相继的原则”，多少有点含混地陈述了这个发现（他相信他能以这里说明的理由先验地证明这个原则）。我不主张需要这个原则；但我同意科学的陈述，由于必然是主观间可检验的，它们就必定具有普遍假设的特性。

任何一个实验物理学家都知道，那些令人惊奇和难以说明的表面“效应”，也许能够有一段时间在他的实验室中反复出现，但最终却会消失得无影无踪。当然，在这种情况下，没有一个物理学家会说，他作出了一个科学的发现（虽然他也许重新实验，使这个效应再次出现）。真正在科学上有意义的物理效应可以定义为，不论是谁按照规定的方式进行适当的实验，都能有规律地得到同样的结果。没有一个严肃的物理学家会把我所说的那种“玄妙的效应”，作为科学的发现予以发表，因为他对于这种效应的再次出现，是不能给出指示的。这个“发现”，单单因为对它的检验会得出否定的结果，很快就会被人当作幻想加以否定。[①]（因此，任何争论，只要它是关于在原则上不可重复和独一无二的事件的，它就不能由科学来判定：它就是一个形而上学的争论。）

现在我们可以回到前一节中已表述的论点上来：我的论点是，主观的经验或感觉信念决不能证实一个科学的陈述；在科学范围内，它只能在经验的（心理的）探讨中起主体的作用。一种感觉信念不管怎样强烈，决不能证实一个陈述。例如我可以完全相信一个陈述为真；确信我的知觉的证据；或者被我的强烈经验所支配：每一种怀疑在我看来都是背理的。但是这为科学接受我的陈述提供了最微弱的理由了吗？如果 K. R. P.（Popper）完全确信一个陈述为真，那么这个陈述就成立吗？回答是，“不能”；而且任何别的回答同科学客观性的观点都是不相容的。甚至我十分坚定确立的事实，即我正经验着这种感觉信念，也不能出现在客观科学的范围之内，除非是以心理假设的形式。当然，这种形式要求主观间的检验：假定我具有这种感觉信念，心理学家可以根据心理学的和其他理论推论出某些关于我的行为的预言；而这些预言可以通过实验的检验加以证实或否定。但是，从知识论的观点来看，我的感觉信念是强还是弱，这是不相干的。无论它是强的以至是不可抗拒的确凿无疑的印象（或“自明性”），或仅仅是一种含含糊糊的揣测，这同怎样证实科学陈述的问题毫无关系。

像这样一些考虑当然不能提供对经验根据问题的回答，但至少可以帮助我们看清它的主要困难。在寻求基本陈述以及其他科学陈述的客观性过程中，我们丢开了所有我们本来可以希望用来把科学陈述的真实性转化为我们的经

---

① 在物理学的著作中，记录了一些重要科学研究中的例子，即有一些结果不能重复再现，因为进一步的实验得出了否定的结果。近代一个有名的例子就是 Miller 于 1921—1926 年在 Wilson 峰观察到没有被说明的 Michelson 实验结果，虽然他自己和 Morley 在先前得出过 Michelson 的否定结果。但由于后者的实验再次得出否定结果，所以现在一般就认为后来的实验结果是对的，说明 Miller 得出的不同结果是“由于不了解错误的原因”。

验的逻辑方法。而且我们没有使描述经验的陈述，例如那些描述我们知觉的陈述（常常被称为“记录语句”），处于有利的地位。它们在科学中只能作为心理学陈述出现；这就是说，它们是作为一种假设出现的，而这种假设的主观间的检验标准（考虑到现在心理学的状况）确实并不很高。

不管我们对于经验根据问题最后的回答是什么，有一点必须清楚：如果我们坚持要求科学的陈述必须是客观的，那么那些属于科学的经验根据的陈述也必须是客观的，也就是说，是主观间可检验的。然而主观间可检验的总是蕴涵着从被检验的陈述中能推演出其他可检验的陈述。因此如果基本陈述依次是主观间可检验的，那么在科学中就不存在最终的陈述：在科学中没有不能被检验的陈述，因此在原则上就没有不能通过否证从这些陈述中推出的某些结论受到否定的陈述。

这样，我们就得到下面的观点。理论体系是通过从它们当中推出一类普遍性较少的陈述来检验的。因为它们是主观间可检验的，这些陈述依次必然是可以同样的方式可检验的——如此推下去，永无止境。

有人也许会认为，这个观点导致了无穷倒退，因此它是靠不住的。我在第一节批判归纳法时，曾提出过归纳法可以导致无穷倒退；现在读者可能会觉得，同样的异议也可用来反对我自己所主张的演绎检验程序。然而，情况并非如此，演绎的检验方法不能确立或证实被检验的陈述，它并无意这样做。因此不存在无穷倒退的危险。但是必须承认，我曾注意到的那种情况——永无止境的可检验性和不存在不需要检验的最终陈述——的确产生了一个问题。因为很清楚，说到检验，在事实上它是不能永无止境地继续下去的：迟早我们必须停下来。现在我不详细讨论这个问题，而只想提出，检验不能老是继续下去这件事实并不同我所提出的每一个科学陈述必然是可检验的要求相冲突。因为我并不要求在接受每一个科学陈述之前，它必须在事实上被检验了，我只是要求每一个这样的陈述必须是能被检验的；换句话说，我拒不接受这样的观点：认为在科学中存在着只好听天由命地接受为真的陈述，这些陈述由于逻辑上的原因似乎不能受到检验。

（黎锐译，张金言校）

选文出处

波普尔　几个基本问题的概述

洪谦主编，《现代西方哲学论著选辑》（上册），北京，北京大学出版社，1992，879—900页。

科学研究纲领方法论

拉卡托斯

拉卡托斯的科学研究纲领方法论，是在吸收了库恩等人的批判之后，坚持波普尔思想的努力尝试。他把关注的重点转移到了科学知识的增长上来。在科学增长过程中，不同理论的前后相续中存在一种明显的连续性，他称之为研究纲领。研究纲领包含各种方法论原则，既有保护硬核不受否定的反面启发，又有建议如何进一步开展研究的正面启发。

正面启发包括调整保护带，以免受经验的反驳，更重要的是通过构造模型来不断完善纲领。正面启发是形而上学的原则，因为它总是稳步前进，不理睬经验的反驳。正面启发的原则，说明了理论科学的相对自主性，这是波普尔证伪主义所难以解释的。由于研究纲领是一个理论发展的序列，所以不存在什么判决性实验，纲领总是有可能死灰复燃。通过研究纲领的引入，拉卡托斯提出了一个将成熟科学和试错活动的不成熟科学区别开来的划界标准。

作者简介

拉卡托斯（Imre Lakatos，1922—1974），匈牙利裔英籍著名数学哲学家和科学哲学家，伦敦经济学院教授，《不列颠科学哲学杂志》主编。当代西方科学哲学"历史学派"主要代表人物之一，创立科学研究纲

我在上面讨论过这个问题：按照科学理论序列中的进步问题转换和退化问题转换，对科学增长作出客观的评价。科学增长中的这样一个序列，有个最重要的特点，即联结各种不同理论的某种连续性。这种连续性，从真正的研究纲领一形成就开始了。研究纲领是由一定的方法论规则组成的：有的规则告诉我们不应当怎样做（反面启发），有的则告诉我们应当怎样做（正面启发）。

甚至整个科学都可以看做是一个巨大的研究纲领，也包括 Popper 的最高启发规则："提出比以前具有更多经验内容的猜想来。"这一方法论规则，如 Popper 所指出，也可以说是形而上学原则。例如，认为应包括例外的普遍反

领方法论。代表作有：《科学研究纲领方法论》、《证明与反驳》等。

约定主义规则，也可以表述为这样的形而上学原则："自然界不容许有例外。"正因如此，Watkin 把这样的规则叫做"有势力的形而上学"。

但我想说的并不是整个科学，而是特殊研究纲领，像大家知道的"Descartes 形而上学"。这种宇宙机械论——宇宙是一座大钟（以及涡流系统），推动是运动的唯一原因——就是一条有力的启发原则。它制止一切与之不符的理论研究，如 Newton 超距作用理论（反面启发），同时也鼓励可能通过反证挽救它的辅助假说研究，如 Kepler 的椭圆（正面启发）。

a. 反面启发：纲领的"硬核"

一切科学研究纲领都有一个"硬核"表现各自的特征。纲领的反面启发不容许我们把否定后件论证用于硬核。我们只能发挥创造性，说明或发明一些"辅助假说"，围绕硬核形成一个保护带，只能把否定后件论证用于这些辅助假说。正是辅助假说保护带必须首当其冲经受检验，必须经过一再调整，甚至全部被取代，以捍卫由此而愈来愈硬的核。如果所有的辅助假说都导致进步的问题转换，那么这个纲领是成功的，如果它导致退化的问题转换，则是失败的。

研究纲领成功的经典事例，当推 Newton 的引力论，这也许是有史以来最成功的一个纲领。最初提出时，这理论被淹没在"反常"（也可以叫做"反例"）的海洋之中，凡是支持这些反常的观察理论，都反对 Newton 理论。但 Newton 派却以惊人的韧性和创造性，首先推翻了这些"反面证据"借以确立的原有观察理论，继而把这些反例一个一个地转化为证实事例。在这个过程中也解决了他们自己提出的新的反例。他们"把每一新的困难都变成了他们纲领的新胜利"[1]。

Newton 纲领中，反面启发要求我们把否定后件论证从 Newton 力学三定律和引力定律转移开。这个"核"是"驳不倒"的，因为它的拥护者已作了方法论的决定：反常只

① M. Laplace，《世界体系的陈述》，1824，卷四，第 11 章。

能在辅助性“观察”假说和初始条件的保护带中引起一些变化来。①

我想过一个小型事例，以说明 Newton 的进步的问题转换。② 这里说的是一个关于行星行为失常的假想事例。有位前 Einstein 时代的物理学家，采用了 Newton 力学及其引力定律，公认初始条件，并据以计算出新发现的小行星 P 的路径。但这颗行星偏离了计算路径。我们这位 Newton 派物理学家会不会认为，这种偏离是 Newton 理论所不容许的，因而一旦确证就驳倒了 Newton 理论呢？不会。他可以提出，一定有一颗迄今未知的行星 P' 干扰了 P 的路径。他计算了这颗假想行星的质量、轨道等等，并要求实验天文学家检验他的假说。但是行星 P' 太小了，即使效能最高的望远镜也观察不到，实验天文学家只好申请研究拨款建造更大的望远镜。三年以后新望远镜造好了。如果观察到这颗未知行星 P'，人们就要欢呼 Newton 物理学的胜利。但可惜没有。我们这位物理学家会放弃 Newton 理论和关于他那颗引起摄动的行星的想法吗？不会。他又会提出，宇宙尘埃云遮掩了这颗行星。他计算了这种尘埃云的位置和性质，并要求研究拨款发射一颗人造卫星检验他的计算的卫星。仪器如记录了假想尘埃云的存在，结果又要欢呼 Newton 物理学的出色成就。但仍然没有找到这种云，这位科学家会抛弃 Newton 理论以及关于引起摄动的行星、遮掩行星的尘埃云的想法吗？不会。他又会提出，在那一宇宙区域中有某种磁场干扰了人造卫星的仪器。于是再发射一颗人造卫星。如发现磁场，Newton 派又要庆祝一次惊人胜利。但仍然什么也没有发现。这次总可以说驳倒了 Newton 物理学吧？还是没有！又会提出另一个创造性的辅助假说……这全部经过都埋葬到尘封的期刊之中，再也不会有人提起了。

我们分析一下，这一连串活动中的每一个环节都预言了某种新的事实，每一个步骤都表现了经验内容的增加：这一事例构成了一种不断进步的理论转换。每一预言最后都被证实了，但连续三次似乎又在顷刻之间都被“驳倒”了。“理论进步”（就这里所说的）可立即得到证实，“经验进步”却不能，在一种研究纲领中我们可能只有被一长串“反驳”所击败以后，才会用巧妙而侥幸的内容不断增加的辅助假说，把失败的链条在事后变为光辉的成功历程，不管是通过修改一些虚假的“事实”还是增加新颖的辅助假说而达到。这样我们就可以说，我们必须要求研究纲领的每一步都要增加内容，也即每一步都构成一次不断进步的理论转换。此外还必须加一句，内容的增加至少任何时

① 研究纲领的实际硬核，不可能像 Athena 那样从 Zeus 的脑壳里一下子就全副武装地跳了出来。它是逐渐发展的，经过“试探和错误”的漫长准备过程。

② 这是作者在本书另外一个地方所举事例，由译者移至此处，见原书第 16—17 页。——译者注

候都可以看做是回顾中得到确认的：纲领作为整体也应表现出周期性进步的经验转换。我们并不要求每走一步都要立即观察到一件新的事实。“周期性”一词只是要给顽固坚持一种面对有效“反驳”的纲领规定一个充分合理的范围。

科学研究纲领的“反面启发”概念，把经典约定主义大大合理化了。只要辅助假说保护带还在不断增加可靠的经验内容，我们就可以合理地决定不让“反驳”把谬误传输到硬核中来。但我们的办法不同于 Poincare 论证主义者的约定主义，我们坚持当纲领再也预言不了新的事实时，就必须抛弃硬核，这也就是说，我们的硬核与 Poincare 的不同，可以在一定条件下碎裂。在这一点上我们与 Duhem 一致，他也认为必须考虑这一可能；但他又认为碎裂的原因只能是美学的，而我们认为主要是逻辑的和经验的。

b. 正面启发：“保护带”的构成和理论科学的相对自主性

研究纲领除反面启发，还有正面启发的特点。

即使是进步最迅速而一贯的纲领，也只能一点一点地消化“反证”，决不能把反常一扫而光。但不能认为未经解释的反常——也即 Kuhn 所谓的“疑点”——都是随机找来的，保护带也都是折中而成的，没有任何预定的顺序。顺序一般都是理论家在书斋里决定的，不管已知有些什么反常。有的理论科学家在参与一种研究纲领时，过分重视“反驳”了。他们有一项先期进行反驳的长期研究政策。这种研究政策或研究顺序是研究纲领的正面启发或多或少仔细提出的。反面启发是指明纲领的硬核，由它的拥护者从方法论上确定它是“不可反驳的”；正面启发则由一组没有完全明说出来的提示或暗示组成，它表明如何改变、发展纲领的各种“可反驳的变形”，以及如何修正、丰富“可反驳的”保护带。

纲领的正面启发可使科学家避免在反常的海洋中不知所措。正面启发提出纲领，列举一连串愈来愈复杂的模拟实在的模型，科学家总是集中注意按照纲领的正面作用所发出的指令建造自己的模型。他不理睬实际存在的反例，也即有效的“材料”。Newton 最早搞出来的一个行星系纲领，有一个固定的点状太阳，一个唯一的点状行星。他正是用这个模型为 Kepler 的椭圆推导出平方反比定律。但这一模型为 Newton 自己的力学第三定律所不容，必须代之以太阳和行星都围绕一公共引力中心而旋转的模型。这样的改变并不是因为观察(材料中没有提出任何“反常”)，而是因为发展这个纲领所遇到的理论困难。[①]

---

① 科学家（或数学家）有了正面启发，就会拒绝进行观察。他将“躺到睡椅上，闭起眼睛忘掉这些材料”（参阅我的《证明与反驳》）。当然，有时他也会向自然界提出敏感的问题，他会为自然界的“是”所鼓舞，但不会因自然界的“否”而感到沮丧。

于是他又搞出了一个适用于更多行星的纲领，其中似乎只有太阳中心力，没有行星之间的相互作用力。以后又得出太阳和行星都不是质点，而是质球。这样的改变也同样不需要观察到反常；按照一种（没有说明的）检测理论，其密度不可能无穷大，因而必须扩大行星。这一改变引起了极大的数学困难，妨碍了Newton的工作，并使《原理》推迟发表十多年。解决了这一“疑点”，他才着手研究自旋球体及其震颤。这就承认了行星的相互作用力，从而他又开始研究摄动。这时他才开始更急于看到事实。这一模型圆满地解释（定性地）许多事实，但也有许多解释不了的。于是他又着手来研究体积更大的行星，而不是圆的行星，如此等等。

Newton看不起有些人，像Hooke，有了第一个朴素的模型就停滞不前，没有韧性也没有能力把这个模型发展成为一个研究纲领；这些人竟以为这种仅仅是旁白的形式，也算一个“发现”。Newton则一直等待这个纲领达到显著的进步转换时才予以发表。①

Newton的“疑点”，至少其中大部分，都会导致一系列互相取代的新形态。在Newton提出这第一个朴素的模型时，这些疑点都是可以预见的，Newton及其同事们也肯定都预见到了，他一定完全意识到他第一个模型的显著错误。什么也比不上这一事实更能清楚地说明研究纲领的正面启发了，这就是人们之所以要谈到纲领中的模型的原因。“模型”是这样一组初始条件(可能还与一些观察理论一起)，人们知道当纲领进一步发展了，这一组条件就注定要被取代；人们甚至还多少知道它将如何被取代。这又一次表明，在研究纲领中“反驳”任何一种特殊形式的反驳都是多么毫不相干，反驳的存在完全是意料之中的，正面启发在那里既是预测（即造成）反驳的策略，也是消化反驳的策略。其实只要说清楚正面启发是怎么回事，纲领的困难与其说是数学上的，不如说是经验上的。

研究纲领的“正面启发”也可以叫做“形而上学”原则。如Newton纲领可表述为：“行星基本上是具有引力的大致呈球形的自旋陀螺。”但这个观念从来也不曾严格坚持过：行星不单有引力，还有例如电磁属性也影响它的运动。因此正面启发一般要比反面启发更为灵活。有时还有这种情况：一个纲

① Reichenbach追随Cajori，对于Newton推迟发表《原理》提出了一种不同的解释：“他失望地发现，观察结果与他的计算不一致。Newton不愿意先于事实提出任何不管多么漂亮的理论，他把这个理论的原稿放进抽屉里。大约过了20年以后，一个法国的考察团对地球的圆周作了新的测量，Newton由此发现他以前的检验所根据的数字是错误的，而修改后的数字与他的理论计算一致。只是在这次检验以后他才发表了他的定律。Newton的这个故事是现代科学方法最惊人的例证之一。”(Reichenbach，《科学哲学的兴起》，1951，pp. 101—102)

领虽已进入退化阶段，但正面启发中的小变革或创造性转换，又可以把它推向前进。因此，最好把“硬核”同表示正面启发的更为灵活的形而上学原则区别开来。

这说明，正面启发总是稳步前进的，几乎根本不管什么“反驳”：看来是“证实”而不是“反驳”提供了纲领与实在的接触点。人们尽可以指出，对第$(n+1)$个纲领形式的“证实”正是对第n个形式的反驳，但不能否认，总是可以预见到后继形式的某些失败之处。不管有多少难以对付的事实，只有“证实”才能使纲领继续维持下去。

研究纲领即使遭到“清除”，我们也可以评价它的启发力：它产生了多少新的事实呢？它在增长过程中有多大的能力去解释对它的反驳呢？

（我们也可以从纲领对数学的促进来评价纲领。理论科学家的真正困难，与其说来自反常，不如说来自纲领的数学困难。Newton 纲领的伟大之处，部分就是由于 Newton 派发展了经典的无穷小分析，这是它获得成功的一个决定性前提。）

这样，科学研究纲领方法论说明了理论科学的相对自主性，初期证伪主义者解释不了这个历史事实的合理性。根据权威的研究纲领而工作的科学家将合理地选取哪一些问题呢？这取决于纲领的正面启发，而不是心理学上使人烦恼的（或技术上迫切需要解决的）反常。反常现象应当开列出来摆到一边，到一定时候就有希望转化为对纲领的确证。只有这样一些科学家才一心盯住反常，他们要么正在从事于试错练习，要么工作于一个正面启发已耗尽精力的退化阶段上的研究纲领之中。（当然，所有这一切必然同朴素证伪主义者严重抵触，他们认为理论一旦被实验［被他们的规则手册］所“驳倒”，再去进一步发展理论就是非理性的［并且不诚实的］，这时只好用新的未被驳倒的理论代替旧的“已被驳倒”的理论。）

c. 一个例证：Prout 纲领①

研究纲领的正面启发和反面启发的辩证法，可用事例说明。这里我将勾画一个成就惊人的研究纲领：认为一切原子都是由氢原子构成的 Prout 纲领。

Prout 于 1815 年在一篇匿名文章中宣称，一切纯化学元素的原子量都是整数。他完全知道存在大量反常，但他说这是因为化学物质一般都不纯，就是说，当时有关的“实验技术”不可靠。用我们的话来说，当时的“观察”

① 原文在这里举出了 Prout 纲领和 Bohr 纲领两个例证，译文删去了后一例证。——译者注

理论，也即 Prout 理论的基本陈述真值据此而确立的理论，是错误的。[①] 于是，Prout 理论的拥护者们展开了一场大冒险：他们抛弃了其他一切对他们的论点提出反证的理论。为此他们必须彻底改革当时的分析化学，并改进分离纯元素的实验技术。[②] 事实上 Prout 理论也的确一一挫败了以前各种关于纯化化学物质的理论。但即使如此，要从这些成就中得到最后的胜利，距离还遥远得很，因而有些化学家也感到厌倦而予以摈弃。例如，Stas 在顽强的事实面前，只好在 1860 年得出结论说，Prout 理论"没有根据"。但也有很多人却更多地受到这一进步的鼓舞，而没有因为它未获彻底胜利感到沮丧。例如，Marignac 直接反驳 Stas 说："尽管先生的实验绝对准确，但这（不能证明）其结果同 Prout 定律所要求的结果之间出现的差异，一定不能解释为实验方法的不完善所致。"[③] 正如 Crookes 在 1886 年所说："不少声名卓著的化学家都认为，在这里［Prout 理论中］我们看到了一些真理，尽管还被一些我们未能消除的次要的残留现象所遮掩着。"[④] 就是说，在"实验技术"进行化学纯化所依据的以及计算原子量所应用的"观察"理论中，一定另外还有某种错误的暗藏假定：按照 Crookes 的看法，甚至直到 1886 年"某些已知原子量还只是表示一种平均值"。实际上 Crookes 继续使这一观念具有某种科学的（增加内容的）形式：他提出一种新的具体分馏理论，一位新"分类妖"。[⑤] 但是可惜，他这种新观察理论结果之谬误同它的大胆程度一样，最后终因不能预言任何新事实而被（合理改编过的）科学史所清除了。过了三十年以后才找出一个招致研究失败的基本的暗藏假定：两种纯元素必然可用化学方法分离。认为两种不同的纯元素虽然在一切化学反应中行为都一样，但都能以物理方法分离，这想法必然要改变，或者说"引申""纯元素"概念，而这也就会带来研究纲领本身的改变——引申概念的扩展。只有 Rutherford 学派才接受了这一革命的高度创造性转换，后来又"经过许多兴衰变化和最有说服力的明

① 可惜这都是合理改编过的历史，不是实际的历史。实际上 Prout 否认任何反常现象的存在。例如他宣称，氯原子量正好是 36（氯原子量应为 35.46，当时无法解释，后来知道，原来氯是原子量各为 35 和 37 的两种氯原子的混合物。——译者注）。

② Prout 也意识到他的纲领具有基本方法论意义。他在 1815 年的文章第一行就说："本文作者极其踌躇地把此文交付发表……他深信人们将会理解其意义，有人也会加以审查，以证实或推翻其结论。如证明错了，即可通过审查而揭示新的事实，或更加确定老的事实；如证明属实，则将给整个化学科学投以新颖而有趣的光辉。"（W. Prout，《论气态物体的比重及其原子量的关系》，载《哲学年刊》6 (1815)，p. 321。）

③ C. Marignac，《Stas 原子量相互关系研究注解》，1860。

④ W. Crookes，《不列颠学会化学组主席致词》，载《不列颠学会报告》，1886。

⑤ W. Crookes，同上，p. 491。

显反证，爱丁堡物理学家 Prout 在 1815 年如此轻易抛出的假说，在一个世纪以后又成了现代原子结构理论的基石”①。但这一步创造其实只是另一无关的研究纲领的副产物；Prout 派缺乏外部刺激，从来不曾想到例如建造一台分离元素的高效离心机。

当最后清除了“观察”理论或“诠释”理论以后，以过时框架所作的精确测量事后看起来就显得十分愚蠢了。Soddy 曾嘲笑“实验精确性”是为精确而精确：“19 世纪的化学明星们代表了精确科学测量的完美顶点，理当受到同时代人的崇敬，但这种支配他们一生事业的命运，简直有点近乎悲剧。他们所获得的过硬结果，至少目前看来却没有什么意义，就像是确定一堆瓶子的平均重量，其实里面有的是满的，有的又差不多是空的。”②

让我们再强调一下，从这里所提出的研究纲领方法论来看，从未有过什么理性根据可以排除 Prout 纲领。这一纲领确实产生过漂亮的进步的问题转换，尽管在这个过程中也出现过许多障碍。我们的论述表明，一种研究纲领可以怎样向大量公认的科学知识进行挑战，它似乎生长在一个充满敌意的环境中，但可以一步一步地制服并改造这个环境。

Prout 纲领的实际历史还可以说明，科学的进步受到证实主义和朴素证伪主义的多少阻碍和延误呵！（两方都鼓励去反对 19 世纪的原子论。）详细阐明这种很糟糕的方法论给科学带来的影响，倒可能是科学史家值得加以尝试的研究纲领。

d. 对判决性实验的新看法

人们总以为，必须坚守一种研究纲领直至它耗尽自己的一切启发力，而且在一种纲领达到公认的退化最低点以前决不能引进另一种敌对的纲领。这样的想法是错误的。决不容许研究纲领变成世界观或某种科学严密性，从而使纲领自封为解释与非解释之间的仲裁者，正像数学严密性自封为证明与非证明之间的仲裁者一样。不幸这正是 Kuhn 所鼓吹的观点，他所谓“常规科学”其实不过是一种达到垄断的研究纲领。但是事实上，研究纲领却很少达到绝对的垄断，尽管经过像某些 Descartes 派、Newton 派、Bohr 派的努力，也只是在很短时期中才有过这样的垄断。科学史曾经是也应当是研究纲领（或者如果你愿意的话，也可以叫做“范式”）的竞争史，但他并没有也决不会成为常规科学时期的更替。竞争开始得愈早，愈有利于进步。“理论多元化”优于“理论一元化”：在这一点上 Popper 和 Feyerabend 是对的，Kuhn

①② F. Soddy，《原子的解释》，伦敦，1932。

是错的。

研究纲领的相互竞争对我们提出一个问题：研究纲领是怎样被排除的？我们上面的讨论可以显示出来，由于退化的问题转换而排除一种纲领，理由并不比旧式的"反驳"或 Kuhn 的"危机"更充分。摈弃一种纲领，也即排除其硬核以及构造保护带的纲领，是否有可能存在着某种客观的（与社会心理学相反的）根据呢？我们的回答扼要说来是这样：这样一种客观根据是由敌对纲领所提供的，因为它解释了其对手以前的成就，并且由于表现了更大的启发力而取代了其对手。①

但是启发力的标准很大程度上要看我们怎样分析"事实的新颖性"。迄今为止我们一直假定，我们可以立即判定一种新理论能否预见一件新事实。但事实命题之新，往往要经过长时期以后才看得出来。这样我们就要去强调评价的事后因素，从而进一步放松我们的评价标准。刚刚卷入竞争的新纲领可能开始于以新颖的方式重新解释老的事实，但是要花很长时间才能看出来它产生了"真正新颖"的事实。例如，热的动力理论似乎落后于唯象理论的成果达几十年之久，最后才在 1905 年通过 Blanc 运动的 Einstein-Smoluchosky 理论压倒了唯象理论。在这以后，本来是对于老的事实（关于热）的思辨解释，现在却成了对新的事实（关于原子）的发现了。

这都表明，我们决不能仅仅因为萌芽状态的研究纲领尚未战胜一个强大的对手就抛弃它。只要它在对手不在时能够构成一种进步的问题转换，就不应当遗弃它。我们显然应当把重新解释过的事实看做是新的事实，不管业余的事实搜集家们怎样无礼地要求优先权。只要初生纲领可作为进步问题转换而加以合理重组，它就可以暂时避开现存的强大对手。

以上是整体上强调方法论上宽容的重要意义，但仍然没有回答纲领是怎样被排除的。读者甚至可以怀疑，把可错性强调到这样的程度，势必使我们的标准放松或软化成了怀疑论。就连备受赞扬的"判决性实验"都无力推翻一种研究纲领，别的更不要说了。

这种怀疑没有根据。在一种纲领内部，其前后相继的各种形态之间的"微型判决性实验"是屡见不鲜的。实验很容易在第 n 个同（$n+1$）个科学形态之间进行"判决"，因为后者不仅同前者矛盾，并且取代了前者。如果按照同一纲领和同一完全确证的观察理论，第（$n+1$）个形态有了更加确证的内容，那么排除旧形态相对说来就成为常规了。（只能是相对而言，因为即使在

① 我这里把"启发力"作为一个专门术语来用，以表现研究纲领在发展过程中从理论上预言新事实的特征。当然也可以叫做"解释力"。

这里对这个判决也可以上诉。）上诉的程序有时也很简单：受到挑战的观察理论往往远未得到充分的确证，实际上只是一种没有明说的朴素的"暗藏"假定，只有挑战才能揭示出这种假定来，加以阐述、检验并最后使之垮台。但观察理论又总是一再嵌入某种研究纲领之中，因而上诉程序就要引起两种研究纲领之间的冲突：在这种情况下就需要有一次"重大判决性实验"。

当两种研究纲领相互竞争时，它们的第一个"理想"模型一般总是对付这个领域不同方面的问题的（例如 Newton 半微粒光学的第一个模型描述光的折射，Huygens 波动光学的第一个模型则描述光的干涉）。随着各敌对纲领的扩张，它们也逐步侵吞对方的领土，前一个模型的第 n 个形态和后一个模型的第 m 个形态会突然发生重大矛盾。经过反复进行实验的结果，在这场争斗中前者失败了，后者胜利了。但战争没有过去，任何纲领都容许有几次这样的失败。它要是还想卷土重来，就必须再创造出第（$n+1$）个或者第（$n+k$）个内容增进的形态，并对其中的某些新内容加以证实。

如果经过一段努力仍然未能卷土重来，战争过去了，原来的实验也就在事后被看成了"判决性"的。但如果失败的纲领还很年轻，正在迅速发展之中，我们又决定对"前科学"成就给以充分的信任，那么所谓的判决性实验就要一个接着一个地消融于前进波涛的尾波之中。即使失败的纲领是早已确立的衰老而"疲惫"的纲领，已接近于"自然饱和点"，也会继续抵抗很长时间，提出富有创造性的增进内容的革新，尽管并未获得经验方面的成功。一个研究纲领如为一些富有想象力的天才科学家所支持，要击败它就很困难了。另外，顽固捍卫已被击败的纲领的人也总是可以对这一实验提出他们的特设性解释，或者巧妙地把取胜的纲领特设地归结为失败的纲领。但这样一些努力，我们应作为不科学而加以摈弃。

我们的理由可以解释，为什么判决性实验只有几十年以后才能被看做是判决性的。Kepler 的椭圆直到 Newton 的主张出现一百年以后，才被公认为支持 Newton 而反对 Descartes 的判决性证据。水星近日点的反常行为，在几十年中一直被认为是 Newton 纲领中许多未解决的困难之一，但只有在 Einstein 理论获得更合理的解释以后，这一沉闷的反常才变成了对 Newton 纲领的光辉"反驳"。Young 声称他 1802 年的双缝实验是光学中微粒纲领同波动纲领之间的判决性实验；但这个说法真正得到承认，却是在很久以后，是在发展了更"进步"得多的波动纲领，而 Newton 理论已明显比不上它的启发力以后。反常已发现几十年了，但只有经过两种敌对纲领的长期不平衡发展，反常才获得了"反驳"的光荣称号，实验才获得了"判决性实验"的光荣称号。Blanc 运动在战场的中央存在了将近一个世纪以后，才被看成是击败了唯象研究纲领，使战局有利于原子论者。

e. 科学不断增长的要求

根本不存在什么判决性实验，至少不存在这种意味着可以即时推翻一个研究纲领的实验。事实上当一个研究纲领受挫折而让位于另一纲领时，一个实验只要为胜利纲领提供一个光辉的确证事例而为失败者提供一个失败事例，我们即可在事后很久称之为判决性的。但是当然，科学家并不能永远正确地判定这种启发情境。一位鲁莽的科学家可能声称他的实验已击败了一个纲领，而科学共同体的部分成员也可能鲁莽地接受他的这个声明。但是如果一位“失败”阵营的科学家过了几年以后再对这个所谓失败纲领中的所谓判决性实验提出一种科学解释，那么这一光荣称号就可能被收回，而这一“判决性实验”对于这个纲领来说，就可能从失败变为一次新的胜利。

事例很多。18 世纪有很多实验作为社会历史的事实，已被公认为违反 Galileo 落体定律和 Newton 引力论的“判决性”证据。19 世纪也有一些基于光速测量的“判决性实验”“否证”了粒子说，而后来从相对论看来也成了错误。这些“判决性实验”后来都作为可耻的近视甚至妒忌的表现从论证主义教科书中删去了。但对于这种表面上的“判决性实验”其实都是后来才由这个纲领的失败所证明的情况，历史学家却总是指责抵制这种实验的人愚蠢、妒忌或者对争议中的研究纲领创始人进行不正当的谄媚。

据我想来，即时合理性观念可以看做是空想。但这种空想又是大多数认识论标签的记号。论证主义者要求科学理论甚至在发表以前就得到证明；概率主义者希望有一台机器按照已知的证据可以即时亮出理论值（确证程度）来；朴素证伪主义者希望排除至少是实验裁决的即时结果。我希望我已表明，所有这些即时合理性——以及即时学习——的理论都失败了。本文的事例研究说明，理性起作用要大大慢于大多数人所认为的，甚至是难免误认为的。智慧女神的猫头鹰也只能在昏暗中飞翔。我还希望我已表明，只有当我们证明了科学是研究纲领而不是孤立理论的战场时，科学的连续性、某些理论的韧性、教条主义某种总的合理性才能得到解释。当我们关于大部分科学知识的范式还只是像“所有天鹅都是白的”这种孤零零的孤立理论，还没有纳入主要研究纲领之中时，人们就不大可能理解科学的增长。我的叙述提出了一个新的分界标准，即关于包括研究纲领在内的“成熟科学”与包括仅仅拼凑起来的试错模式在内的“不成熟科学”之间的分界。例如，我们有一个猜想，把它驳倒，然后再用非特设性辅助假说营救出来。它可以预言新颖的事实，有一些甚至可以得到确证。但也可以用任意拼凑起来的互不相关的一系列理论来取得这样的“进步”。优秀科学家不会从这种权宜之计的进步中得到满足，他们甚至可能以其不是真正科学的而加以摈弃。他们会把这样的辅助假说仅仅叫做“形式的”、“任意的”、“经验的”、“半经验的”甚至“特设的”。

成熟科学包括研究纲领，不仅可用以预期新颖事实，而且可预期重要意义上的新颖的辅助理论。成熟科学具有“启发力”，不像单调的试错法那样。成熟科学让我们记住，在一种强有力的纲领的正面启发中一开始就存在一种如何建立保护带的纲要：这种启发力产生了理论科学的自主性。

这一不断增长的要求，就是我对科学中已广泛公认的“统一”或“美”等要求的理性重构。它强调发展理论有两类显然不同的弱点。第一，这个要求揭示，像 Marx 主义或 Freud 主义那种无疑“统一的”纲领中具有这样的弱点：它们勾画了用以吸收反常的辅助理论的主要轮廓，但又只是跟在事实后面不去预期任何事实，万无一失地设计实际的辅助理论。第二，这个要求找到，通过单调的“经验”调节修补好那种缺乏想象力的历史系列，这在例如现代社会心理学中是习以为常的，这种调节可借助于所谓“统计技术”作出某种“新颖的”预测，甚至可以从中召唤出一些不相干的真理颗粒。但这种理论发展中没有统一观念，没有启发力，没有连续性。它们没有添加到一个真正的研究纲领上，因而总的说来是没有价值的。

我对科学合理性的说明尽管基于 Popper，但又脱离了他的某些一般观念。某种程度上我既赞同 Le Roy 关于理论的约定主义，也赞同 Popper 关于基本命题的约定主义。按照我的这个观点，科学家在这种时候是非理性的——这时他们易于无视反例或他们喜欢说的“顽强的”或“残余的”事例，追随由纲领的正面启发所规定的问题序列，而且不顾一切地阐述或应用他们的理论。与 Popper 的证伪主义道德相反，科学家经常理性地声称“实验结果并不可靠，或肯定存在于实验结果与理论之间的误差只是表面的，将随着我们理解力的提高而消失”①。这之后，他们就不会再去“采取那种……适合于科学家的批判态度的反面”②。的确，Popper 正确地强调了“尽可能长久坚持一种理论的教条态度具有很大的意义。否则我们永远也发现不了一种理论中包含着什么——我们会在真正有机会发现其力量以前就把它放弃了，结果没有一种理论能够发挥它给世界带来秩序，使我们对未来事件作好准备并重视除此以外我们就无法看到的事件的作用”③。因而“常规科学”的“教条主义”并不阻碍科学的增长，只要我们把它与 Popper 的这一认识结合起来：有好的进步

①② K. R. Popper，《研究的逻辑》，Wien，1934，Sec. 9。

③ K. R. Popper，《辩证法是什么？》(1940)，见《猜想与反驳》，伦敦，1963，n. 1。

的常规科学，也有坏的退化的常规科学，只要我们保持在一定的客观决定的条件下排除某些研究纲领的决心。

科学中的教条态度——也可以解释科学中的稳定阶段——由 Kuhn 描述为"常规科学"的基本特征。但 Kuhn 处理科学连续性的概念框架是社会心理学的，而我的则是规范性的。我是透过"Popper 眼镜"看科学连续性的。Kuhn 看到"范式"之处，我则看到了理性的"研究纲领"。

（纪树立译）

选文出处

拉卡托斯　科学研究纲领方法论

洪谦主编，《现代西方哲学论著选辑》（上册），北京，北京大学出版社，1992，963—979 页。

观察

汉 森

“观察中渗透着理论”是20世纪科学哲学的非常重要的发现。汉森由此对逻辑经验主义的基础提出了挑战，预示了后来历史主义学派的兴起。汉森强调“看到”和“看见”是不同的两回事。两位持不同理论观点的研究者，看见了同一个对象，却看到了不同的事物。视网膜的反应仅仅是个物理事件，而看则是一种经验。将不同观察者对同一个对象的不同观察，说成是对于同一观察经验的不同解释，是违背我们语言习惯的，是为了维护朴素的经验论强加给世界的观念。汉森认为，作为科学研究活动的观察，是视觉意识及其陈述的混合，是渗透了科学理论的。

作者简介

汉森（N. R. Hanson，1924—1967），美国耶鲁大学哲学教授。历史主义学派的先驱人物，他提出了著名的观察中渗透着理论的观点，对后来的科学哲学发展产生了巨大的影响。主要著作有：《发现的模式》、《正电子的概念——哲学的分析》等。

倘若眼睛不适应太阳的光明，
那又怎能把光明的太阳看清！

——歌德

一

假定有两位微生物学家在显微镜下观察一张已制备的玻片，如果问他们看到了什么，他们也许会作出不同的回答。一位把他面前的细胞看成是堆异物，比如是一种人为现象或者是一块由于染色技术不合适而产生的凝结物。这凝块和体内细胞毫无关系，正如考古学家的铲子留下的伤痕与希腊古坛原来形状之间的毫无关系一样。而另一位微生物学家则辨认出这个凝块是一个细胞器官，即“高尔基体”。关于技术方面，他争辩说，“辨认一个细胞器官的标准方法是将标本固定并染色”。为什么挑出这一种技术产生人为现象，而其他技术则揭示出真正的器官呢？

争论还不止于此，它涉及显微镜技术的全部理论问题；它显然也不是一个实验问题。然而这种情况影响着科学家对其所见的叙述。也可能有这种情况，尽管两个观察者的视力正常，并从视觉上意识到他们所观察的是相同的对象，但他们却没有看见相同的东西，没有从相同的资料出发。

设想这两个人观察一种原生动物——变形虫。一个人看见的是单细胞动物，另一个人看见的是无细胞动物。第一个人看到变形虫在各方面都和不同类的单细胞类似，如肝细胞、神经细胞、上皮细胞。这些细胞都有细胞壁、细胞核、细胞质等。在这一类中，变形虫只是由于其独立性才被区别开。然而另一个人不把变形虫看做与单细胞的同源，而是与整个动物同源，跟所有的动物一样，变形虫也摄取、消化和吸收食物。它能排泄、繁殖并且是能动的——更像一个完整的动物，而不是个别的组织细胞。

这不是一个实验问题，但它能影响实验。根据一个人强调的是“单细胞动物”中前面的“单细胞”这个术语，还是后面的“动物”这个术语，就可以决定他所认为有意义的那些问题或有关的资料是什么。

某些哲学家对这样的情况有一个现成的公式：“他们当然看到了同样的事物，由于他们从相同的视觉资料出发，他们就作出了相同的观察。但他们对其所见却给以不同的诠释。他们以不同的方式诠释证据。”因此，我们的任务就是要揭示这些资料是如何受不同的理论、不同的诠释或者不同的智力结构的影响的。

许多哲学家已经在奋力完成这个任务。不过事实上他们由此出发的公式过于简单了，以至于不能把握物理学观察的性质。或许上述科学家不是从相同的资料出发而开始其探究，不是作的同一观察，甚至也没有看到相同的事物？在这里，许多概念纠缠在一起。我们必须小心谨慎前进，因为无论在什么问题上，说两位注视着 x 的科学家没有看见相同的东西这种说法有意义，必定在先。前说他们确实看到了相同的东西这种说法有意义。因而问题是，哪一种意义对观察物理学的理解最有启发呢？

这些生物学的例子太复杂了，我们不妨设想约翰尼斯·开普勒站在山上观看日出，同他在一起的是第谷·布拉赫。开普勒把太阳看做是固定的，是地球在运动；而第谷至少在这一点上是追随托勒密和亚里士多德的，即：地球是固定的，其他天体则绕地球旋转。那么，**开普勒和第谷在黎明的东方是否看见了相同的事物呢**？

和诸如“是否存在高尔基体”、“原生动物是单细胞的还是无细胞的”等问题不一样，我们可以把观看日出问题看做一个实验的或者观察的问题。16 世纪和 17 世纪则不这样看。那时伽利略对托勒密主义者说：“亚里士多德和你都不能证明地球**事实上**（de facto）是宇宙的中心。”“开普勒和第谷在黎明的东方看见了相同的事物吗?”这或许也不是一个事实的问题，毋宁说是对看和观察的概念进行考察的开始。

结果讨论可以如此进行下去：

“是的，他们看见了相同的事物。”

“不，他们没有看见相同的事物。”

“是的，他们看见了。”

“不，他们没有看见!”……

有这种可能，即争论的双方都有理由。让我们来考虑一些支持作肯定回答的论点。

开普勒和第谷观察日出的物理过程值得注意。太阳发射出相同的光子：这些光子穿过太阳空间以及地球的大气层。这两位天文学家均具有正常的视力；因此这些光子以同样的方式穿过他们眼睛的角膜、水样液、虹膜、眼球晶体和玻璃体，他们的视网膜最后都受到光子的作用，就像发生在硒元件中的电化学变化一样。开普勒的视网膜所留下的物像和第谷视网膜所留下的物像是相同的。所以，他们看见了相同的东西。

洛克有时以这样的方式谈到看：如果某人的视网膜上有正常形成的太阳映像，则他就看见了太阳。医生 W·罗素·布雷思爵士把视网膜的感觉看做是指示器和信号器。如他所说的，发生在视网膜后面的一切，“是一个主要基于非视觉经验的智力作用……”，我们所**看见**的是发生在**视网膜**里的变化。爱达·麦恩医生认为眼睛的视网膜斑本身“在看明亮光线下的具体东西”，视网膜杆“在看驰近的摩托车”。艾格尼丝·阿尔伯医生谈到眼睛本身在看。关于看的谈论往往能使注意力指向视网膜。把正常的人与不能形成视网膜图像的人区分开来，这样我们就可以说，前者能看见而后者则不能。何时能看见某个红的报告，可以给眼科医生提供一个人的视网膜情况的直接信息。

然而，对这些不必深究。这些作者说话都是漫不经心的；看太阳并不是看太阳的视网膜图像，开普勒和第谷所具有的视网膜映像在数量上总共是四个，这些映像是倒置的，而且非常之小。当天文学家说他们看见太阳时，所指的并不是这些映像。如果他们处于催眠、麻醉、酒醉或精神错乱状态，那么就可能看不见太阳，尽管他们的视网膜确实以与通常相同的方式记下了太阳的映像。

看是一种经验。视网膜反应仅仅是一种物理状态——光化学兴奋。生理学家一直不能理解经验和物理状态间的区别。是人而不是人的眼睛在看，照相机和眼球本身是看不见东西的。想把某种可名之曰“看”的东西定位于视觉器官内部（或在双眼后面的神经学网状结构内部），这种试验可以不予考虑。开普勒和第谷究竟看见了还是没有看见相同的东西，并不能通过参照他们的视网膜、视神经或视觉皮层的物理状态来证实，因为看并不只是接触眼球。

自然，第谷和开普勒看见了相同的物理客体。他们都在视觉上觉察到了太阳。如果把他们置身于一间暗室里，并要他们报告何时看见某种东西——任何东西——他们都可以在相同的时间报告相同的客体。假设看见的唯一客体是某种铅质的圆柱体，则这两个人看见了相同的东西，即这个客体——不管它是什么。然而，正是从这里产生了困难，因为第谷看见一根单纯的管子时，开普勒却会看见一架望远镜，即伽利略曾写信向他介绍经过的那种仪器。

除非他们两人都在视觉上觉察到了相同的客体，否则他们是否看见了相同的东西这个问题就不可能有任何哲学意义；除非在这先前的意义上他们都看见了太阳，否则我们所讨论的问题甚至连一个火星也不会迸发。

不过，第谷和开普勒都具有某种共同的视觉经验。这种经验或许使他们看见相同物。实际上，这种经验也许是比声称“我看见太阳”（在这里每一个人所说的“太阳”是不同的东西）所表达的内容在逻辑上更为基本的一种看。如果他们所指的“太阳”这个词只是指示，那么，即使第谷和开普勒都注视着相同的客体，也不可能在看相同的东西。

然而，如果我们不是问“他们看到了相同的东西吗”而是问“他们二人看见的是什么”，那就会得到一个清楚明确的回答。第谷和开普勒都在蓝天之中、绿地之上看见了一个灿烂的黄白色的圆盘。这样一幅“感觉资料”的图像是单一而不是倒置的。觉察不到这幅图像就是没有这幅图像。或者图像完全支配了人的视觉注意力，或者图像不存在。

如果第谷和开普勒觉察到任何视觉物，那么这一定是某种颜色的模式。此外它还能是什么呢？我们不能用眼睛摸和听，而只能在光线中看。这种个人的模式对两个观察者来说是相同的。诚然，如果要求他们绘出其视野里的内容，那么，这两个观察者都会画出一种位于地平线上的半圆。他们说他们看见了太阳，但他们并没有在同一瞬间看见太阳的每一侧。因此，他们真正看见的是由以开始的圆盘形，这不过是太阳的视形状而已。在任何单次观察中，太阳就是一个明亮发光的圆盘，一枚镀镭的硬币。

因此，对于他们两人来说，关于黎明时刻视觉经验的东西是相同的：一个位于红、绿色斑中间的明亮的黄白色圆盘。他们所见的素描可能是相同而一致的。在这个意义上，第谷和开普勒在破晓之际看见了相同的东西。太阳以相同的方式出现在他们的面前，呈现给他们两人的是相同的景象或景致。

事实上，我们经常以这种方式来讲述。关于最近的一次日食的叙述是这样说的："仅剩下一弯稀薄的月牙形物，这时白光已完全消失，天空呈现出近乎紫色的深蓝，大地则纯然一片绿色……圆盘的周围闪烁着光辉，而明亮的月牙形物又转到了左边……"牛顿在《光学》中以相似的方式写道："这些最初出现的弧形呈紫色和蓝色，白色的圆弧位于其间，而……在它们的内缘，则变得有点红黄交辉……"每个物理学家都使用线条、色斑、外观、阴影的语言。就两个正常的观察者对相同的事件所使用的这种语言来说，他们是从相同的资料开始的，即他们在作相同的观察。二者的区别必定是从对这些资料所作的解释中产生的。

因此，综上所述，那种认为开普勒和第谷在黎明只是由于他们的眼睛受到相似的作用才看见了相同的东西的看法犯了一个基本的错误。在物理状态和视觉经验之间存在着差异。不过，让我们姑且假定如上面所论证的那样——他们看见相同东西，是因为他们有相同的感觉资料经验。他们在叙述上的不同产生于对其所见物的**事后**（post facto）解释，而不是产生于基本的视觉资料。如果作这样的论证，很快就会出现种种困难。

二

图 1 给正常的视网膜和照相机留下的痕迹是相似的，我们的视感觉资料也是相同的。如果要我们描绘出所看见的东西，大多数人都会画出和图 1 一样的形状。

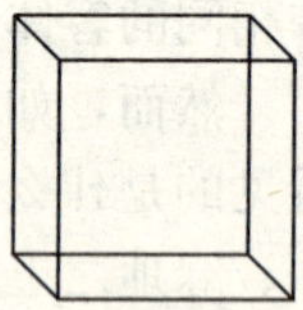

图 1

我们都看见了相同的东西吗？有人会看见一块仰视的有机玻璃立方体。而有人则看见一块俯视的有机玻璃立方体。还有人会把它看做是经过多边削的宝石，也有人看见的仅仅是画在平面上的交叉线。它还可以被看做是一块冰，一个鱼缸，一只风筝的骨架，或者是许多其他什么东西。

那么，我们是否都看见了相同的东西呢？要是看见了，那又如何解释这些差异呢？

这里，再次利用这个"公式"："这些是所有的观察者对他们共同看见的东西所作的不同解释。视网膜对图 1 的反应实际上都是同一的；既然对所看东西的描绘具有相同的内容，那么视感觉资料也是同一的。至于这些差异，并不存在于看的过程中，而只能存在于对所看东西的解释中。"

这仿佛是说，当我看见盒子和自行车时，是做了两件事而不是一件事。当我时而把图 1 看做仰视的盒子，时而又把它看做俯视的立方体，这是由于我对图 1 作了不同的解释吗？我并没有觉察到我在这样做。当我报告盒子的透视图在纸面上出现时，不是指我对图1作了不同的解释。在这种语境中，看的概念，是很自然的。但如果我的意思不是指不同的解释，那么看的概念就不是指称两个朦胧的成分，其一是视觉的，另一个是解释的。图1时而单纯地被看做仰视的盒子，时而被看做俯视的立方体；人们不是先接收一个视觉模式，然后再加上一个解释。开普勒与第谷看见的就是太阳，仅此而已。这就是看的概念在这种语境中的作用方式。

你会说："但是，首先把图1看做仰视的盒子，然后再把它看做俯视的立方体，这就包含着在每一种情况下对这些线条作不同的解释。"因此，你我对图1作不同的解释就是我们在看不同的东西，而不是说我们看见了相同东西然后再对之作不同的解释。当我突然高呼"我发现了——一个俯视的盒子"时，并不是单纯指不同的解释。（再者，有一种逻辑在先的意义，在这种意义上，把图1看做俯视的而后又看做仰视的，就是在不同地看相同的东西，即以不同的方式察知相同的示意图。我们能够援引这一点，但无须这样做。在这里我们不需要。）

此外，"解释"这个词偶尔也是有用的。我们知道它适用于什么地方以及不适用于什么地方，修息的底斯[①]客观地描述了事实，希罗多德[②]对这些事实作了解释，"解释"一词并非适用于一切，它有一定含义。每当我们在看的时候，诠释总在进行吗？或许有时，如同一台农机的模糊轮廓在雾霭朦胧的早晨隐现，我们费了一番努力终于辨认出来。这就是在清楚地看见盒子和自行车时起作用的"解释"吗？当图1的透视图突然转向反面时，它起作用了吗？曾有过这样的事情，希罗多德对希腊—波斯战争的诠释只完成了一半。能否有这样的情形，即对图1只作半拉诠释，把它诠释为一个俯视的盒子，或别的什么东西？

"但是诠释只占极短的时间——它是瞬时性的"。瞬时诠释来自那产生未感觉到的感觉力（sensibilia），无意识的推论，不可更改的陈述、否定的事实和客观性（objektive）的中间不确定状态，这些是哲学家为了维护某种受宠的认识论或形而上学的理论而强加给世界的观念。

如果仅与"我发现了"的情景相对照（就像透视图的种种转换一样，人们不能解释这些资料），则那种认为尽管修息的底斯本可以对历史作出诠释，但却没有这样做的说法，其含义是清楚的。此外，历史学家是否提出某一诠释，这是一个经验问题：我们知道可把什么以这样或那样的方式看做论据。

① 修息的底斯（约公元前460—约前200），希腊雅典史学家。——译者注

② 希罗多德（约公元前484—约前425），希腊史学家。——译者注

但是，当我们以确定的方式看图 1 时，是否在运用解释却不是经验问题。什么东西可作为论据？在图 1 的透视对我来说发生转换时我是在不寻常的“解释”意义上对图 1 作不同的诠释。如果存在某种特殊的词义，那么不清楚是在日常的语言中，还是在特殊的（哲学的）语言中坚持认为对图 1 的不同反应必定在于对普通视觉经验的诠释中，就是（毫无理由地）重申对所有瞥见 x 的观察者来说，看到 x 的**必定**是相同的。

“但是，‘我看这张图是一个盒子’这句话的意思是说，在我把图诠释为盒子或在我看盒子时，我总有一种特殊的视觉经验……”“……如果我是这个意思，那么我就应该知道这种视觉经验。我应该能够直接地而不仅仅是间接地引用这种视觉经验……”

适合于图 1 的对经验的通常叙述，不需要将视觉资料进行智力加工：在看的过程中理论和诠释从一开始就“有”。在看的过程中怎么能“有”诠释呢？怎么能按照某种诠释去看一个客体呢？这个“问题把这说成一个奇异的事实；仿佛把某物强置于它实际上并不适合的模壳里。但是这里并没有挤压和强制”。

现在，我们来考虑格式塔心理学教科书上出现的可作正反两面观的透视图：茶盘、移动（施罗德）楼梯、隧道。其中每一个都可以被看做凹面的、凸面的或者一幅平面图。我每次都真正地看见了不同的东西，还是我只是以不同方式解释所看见的东西吗？解释乃是思，乃是行；而看则是一种经验状态。看这些图的不同方式，不能归之于视觉反应后面的不同思想，如果这些反应不是自发的，那么“自发的”一语其含义能是什么呢？当楼梯“成为其相反物”时，的确是自发发生的。人们并没有想到任何特殊的东西，他们根本不想，也不作解释，而只是看，时而看做俯视的楼梯，时而看做仰视的楼梯。

然而，太阳不是带有这种可变透视图的实体。所有这一切与认为第谷和开普勒在黎明的东方看见不同的东西有什么联系呢？当然这两种情况是不同，但是这些可作正反双面观的透视图是在相同的图形中被看做不同事物的实例。在这里，其差异既不是由于不同的视觉图像，也不是由于任何附加在感觉上的“解释”。

图 2

有人会从图 2 中看见一位巴黎老妪，别人会从中看见一位（在图鲁斯－洛特里克的）少女。所有正常的视网膜都“摄取”相同的图像；我们的感觉资料图像也一定是相同的。因为即使你看见的是老妪而我看见的是少女，但我们把我们看见的东西绘出的图在几何学上却不能区分。（有人**仅**能从一方面而不能从两方面看这样的图，就像在树图中发现一副面孔之后所遇到的困难一样，此后我们就不能看见没有这副面孔的树。）

当被观察到的东西被如此不同地表征为“少女”或“老妪”时，称观察者看见了不同的东西难道不是自然的吗？或者，“看见不同的东西”必定是指仅仅“看见了不同的客体”吗？诚然，这首先具有表述上的意义。但是，难道不存在另一种意义，在这种意义上，那些从图 2 中不能看见少女的人，看见了不同于我所看见的东西，而我所看见的是一位少女？这种意义当然是存在的。

同样，在科勒著名的“酒杯—面孔”图（图 3）中，我们“摄取”了这个图形相同的视网膜/皮层/感觉资料图像，我们绘的图可能并无二致。然而我看见的却是一只高脚酒杯，你看见的则是彼此对视着的两个人。我们看见了相同的东西吗？当然看见了相同的东西。但是我们又没有看见相同的东西。（在某种意义上，我们**确实**看见相同的东西，但这种意义已开始丧失其哲学意义。）

我画出我所看见的高脚酒杯①。你会说“那正是我所看见的两个对视争执的人”。必须采取什么办法才能使你看见我所看见的东西呢？当注意力从杯子移到面孔时，人的视觉图像是否有变化？怎样变化？起变化的是什么？能够起变化的是什么？没有任何视觉上的或感觉上的变化，但人们看见了不同的东西。所变化的乃是对所见东西的组织。

图 3

人们如何描述图 2 中少女与老妪的差异呢？或许这种差异不是可描述的，只是呈现而已。两位观察者在图 2 中没有看见相同的东西，这能在观察者的行为中呈现。若你把斑马看做是黑间白纹的，而我看做是白间黑纹，那么我们之间的差异是什么？不存在任何视觉上的差异。然而也许有一种语境（例如在动物色素的遗传学中），其中这样的差异可能是重要的。

第四组图将进一步强调看和观察的组织要素。它们表明，第谷和开普勒目睹日出所涉及的东西比之“公式”所提示的要多得多。

---

① 注：“酒杯—面孔”图，即双关（两可）图形，可以说明知觉对象与背景的相互关系。在知觉这种图形时，对象和背景可以相互转换，对象能成为背景，背景又能成为对象。——译者注

图4描绘了什么？你们的视网膜和视觉皮层几乎和我的一样受到作用；我们感觉资料的图像也并无二致。我们肯定都能画出图4的准确草图，那么，我们看见了相同的东西吗？

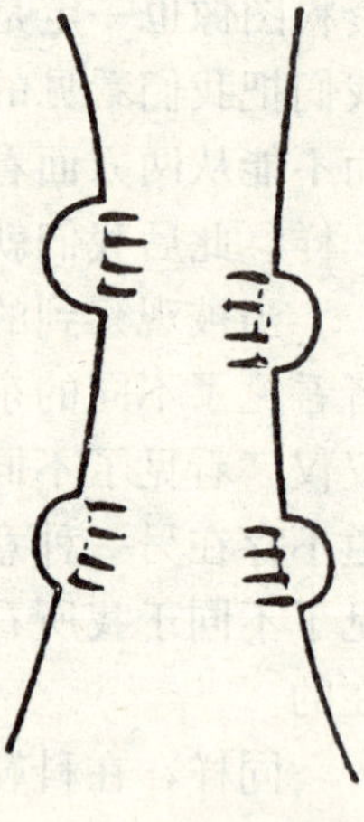

图4

我看见的是一只正爬在树干另一侧的熊。当你得知这一点时，诸要素是否"组合"结合组织在一起了呢？你甚至会用维特根斯坦的话说"它并没有变化，然而我看它不同……"，那么，它有没有"……一个相当特殊的'组织'"？

组织本身没有被看做一幅画的线条和颜色。它本身不是线条、形状或颜色。它不是视野中的要素，而毋宁说是评价要素的方式，另外，情节不是故事中的另一个细节。曲调也不仅仅是附加的音符。然而若没有情节和曲调，则细节和音符就连贯不起来。同样，图4的组织并不是和其他细节一起记录在视网膜上的东西，但是给予线条和形状一个模式。若缺乏这个模式，则除了一个不可理解的线条构形外，我们将一无所知。

视觉经验是如何组织起来的呢？看是如何成为可能的呢？

让我们在图6的语境中考察图5：

图5

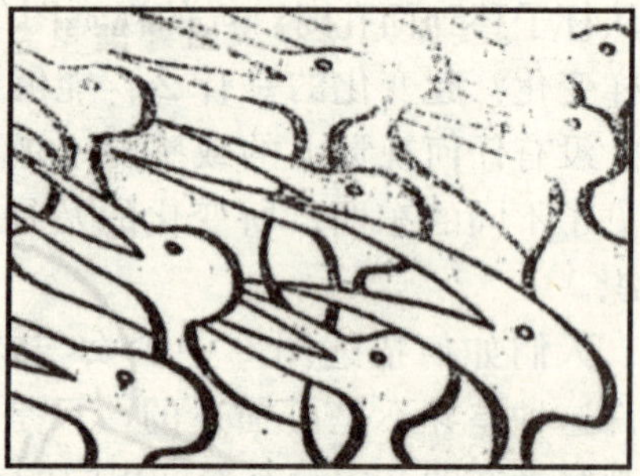

图6

这种语境给我们提供了线索。在这里，有的人不能把该图看做羚羊，那些从未看见过羚羊而只看见过鸟的人能从图5中看见羚羊吗？

在图7的语境中，图5突出为羚羊。甚至可以进而言之，尽管图6和图7是一致的，但图5在图6中看和在图7中看却无任何相同之处。有什么东西能与对看的感觉资料叙述决然相反吗？

关于与尼克尔立方体（图1）类似的图形，维特根斯坦写道："你们能够想象［它］在教科书中出现数次。在有关的课文中，每次讨论的都是某种不

图 7

同的东西：这里是一块玻璃立方体，那里是一只倒放的、打开着的盒子，那里是形状的线架，那里是组成立体角的三块板。每一次课文都提供对图例的解释。但是我们也能时而把图例看做此物，时而又看做他物。因此我们就对之进行解释，并在解释它的时候来看它。”

图 8

现在来考虑图 8 的头一肩图：

“图的上缘截去额部，因此头顶没有显示出来。剃光闪亮的下颚位于图的几何中心的上方，一条白色披风……盖在右肩上。图的左下部黑色的一块，是露出的右上袖子。头发和胡子酷似中世纪末基督的画像。”

图例的特定方面，是由它呈现的语境引起的。除非它呈现于某种这样的语境中，否则，它就不是任何确定事物的图例。同样，在图 5 只显示出鸟的情况下，我只有就图 5 用语言和手势才能使你们看出羚羊来。我必须提供一种语境，这种语境乃是图例本身的一个组成部分。

然而，这样的语境不必清楚地言明，它常常被“纳入”思维、想象以及描绘中。我们是固定地以某种方式评价事物的视觉方面。我们经验中的要素并非任意集合在一起。

一位训练有素的物理学家能看出图 9 中的东西，即一只从阴极看过去的 X 射线管。那么，劳伦斯·布拉格爵士[①]和某个爱斯基摩人的婴儿在看 X 射线管的时候，是看见了相同的东西吗？回答既是又不是。所谓是，是指他们都在视觉上觉察到相同的客体；所谓不是，是指他们从视觉上觉察的**方式**是大相径庭的。看不仅是拥有视觉经验，而且也是拥有视觉经验的方式。

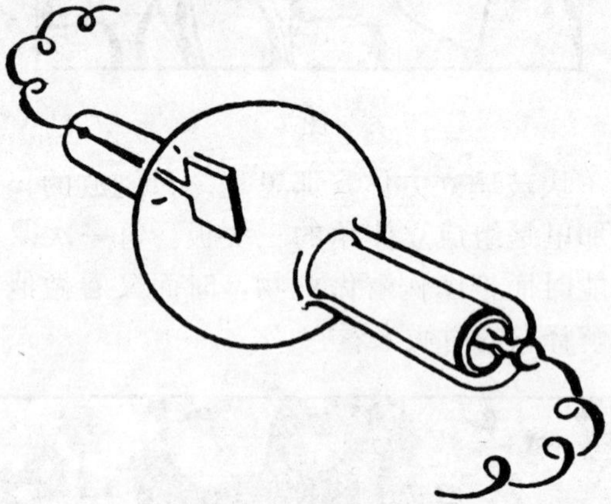

图 9

这位物理学家在中学时代曾注视过这种玻璃金属仪器。及至现在，经过多年的大学教育和研究工作之后，他的目光再次落到相同的客体上。此时他能像那时一样看见相同的东西吗？他现在是根据电路理论，热力学理论，金属和玻璃的结构理论，热离子发射理论，光的传播、折射、衍射理论，原子论，量子论，以及狭义相对论来看这一仪器的。

不妨把大学一年级新生的观点同其年高博学的导师的观点加以对照。把某人对其汽车马达的初次目睹同他经历令人烦恼的十年之后同样的一睹作一番比较。

人们可能辩驳说："假定某人知道所有这些事情，而这一切都包括在物理学家对其所见物的解释中。但由于这位外行没有学到足够的知识，因此尽管他看见了正是物理学家所看见的东西却不能以同样的方式解释它。"

物理学家所做的仅仅是看吗？是的；在他看 X 射线管的时候，并没有比那位外行多做什么。你在阅读这些文字的时候，除了阅读还在做什么吗？是在解释纸上的字符吗？曾几何时这是一种自然的说话方式？你在这里看见的是词和句子，而一个幼儿看见的只是斑点和线条，此时这个幼儿看见了你所看见的东西吗？人在躲避自行车、对一个朋友瞥一眼或注视花园里的猫时，

① 劳伦斯·布拉格（1890—1971），英国物理学家。——译者注

并没有做任何超出看和看见的事情。

反对的意见则认为："物理学家和外行都看见了相同的东西，但他们并不认为它是相同的东西。"外行对它一无所知。这不只是比喻之辞。我就不能从阿拉伯语的猫这个词得知任何意义，尽管我和识其意义的阿拉伯人的纯视觉印象并无二致。我必须先学阿拉伯人之所言，而后见阿拉伯人之所见；外行则必须先学物理学家之所学，而后见物理学家之所见。

如果必须找到一个看的范例，那么最好不是考虑色斑的视觉理解，而是考虑诸如看看现在几点钟了、看看某首乐曲是用什么调谱写的，以及看看伤口是否化脓之类的事情。

皮埃尔·杜恒写道：

> 走近实验室，靠近工作台，工作台上摆满了各种仪器，电子元件、丝色铜钱、小杯水银、线圈，以及装置在铁棒上的镜子。实验者正把乌木头钉在金属端插入一个个小孔之中，铁棒振动起来，而装置在铁棒上的镜子射出一条光带映在赛璐珞标尺上。光点的前后运动，使得这位物理学家能够观察到铁棒的微小振动。但若问他正在干什么，他会回答说"我正在研究装有镜子的铁棒的振动"吗？不会的，他会说他是在测量线圈的电阻。倘若你感到惊讶，问他的话是什么意思，他的话和他一直在观察并且你像他一样也同时注意到了的现象有什么关系，他会回答说，你提的问题不是三言两语所能解释了的，你应该学习电学课程。

参观者必须学点物理学才能看见物理学家所看见的东西。只有这样，语境才能突出你面前的、物理学家看做指示电阻的那些物体的特征。

所有的看悉皆如此。人们很少直接注意树叶之间的空间，除非济慈①使我们注意它。（也考虑一下鲁滨孙把海滩的空地看做脚印之时，涉及什么。）我们的注意力很自然地落在支配着视野的物体和事件上。如果我们大家明天起床后没有贯注迄今所忽视的东西的注意力，那么我们的视觉生命会是怎样一种模糊、嘈杂而无差别的混乱啊！

婴儿和外行能够看——他们并不是瞎子，但他们都不能见物理学家之所见。对于物理学家之所见而言，他们就是瞎子。我们可能听不出双簧管的走调，尽管这对于训练有素的音乐家来说是极其明显的。（顺便提一句，音乐家

① 济慈（1795—1821），英国诗人。——译者注

不是听出音调并把它解释为走调，而是径直听出双簧管走调。我们径直看见现在是几点了；外科医生径直看见化脓的伤口；物理学家看见过热的X射线管的阳极。）参观者的视野要素尽管与物理学家的一样，但是对于他和物理学家来说，要素的组织是不同的。参观者和物理学家都理解那些相同的线条、色彩、形状，但却不是用相同的方式来理解的。有无限多的方式看到线条、形状、斑块的集合。**为什么**以不同方式看到某个视觉模式，这对于心理学来说是个问题，而可以不同方式看到它**这一点**，对于考察看和观察的概念来说则是重要的。维特根斯坦本来会说，心理学的东西是逻辑的东西的符号。

你看见的是鸟，而我看见的是羚羊；物理学家看见的是X射线管，而小孩看见的是复杂的灯泡；显微镜学家看见的是腔肠动物的中胶层，而他的新学生看见的仅是粘滞而无定形的废物；第谷和辛普里修斯看见的是运动的太阳，而开普勒和伽利略看见的是静止的太阳。

反对的意见可能会说："每个人，不管其知识状况如何都会把图1看做俯视的或仰视的盒子或立方体。"诚然，几乎每一个人，小孩、外行、物理学家等都以这样或那样的方式把该图看做盒状图形。但是，这样的观察能否由那些对于盒状物体的结构一无所知的人来作出呢？不能！这个反驳仅表明，我们大多数人——盲人、婴儿、白痴除外——已经具备了足够的知识，能够把该图看做三维的盒子。这就揭示出某种意义，在这种意义上，辛普里修斯和伽利略确实看见了相同的东西（这点我从未否认）：他们两人都看见了一个明亮的天体。学童和物理学家都看见，如果X射线管掉落地上将会摔碎。对观察者如何在x中看见不同的东西的考察表明，若在看x的时候看见相同的东西，则其中一定有某种重要的东西。如果看见不同的东西包含着具有关于x的不同知识和理论，那么，也许在看见相同的东西的意义上，都包含着他们共同具有关于x的知识和理论。布拉格和那个婴儿并不共同具有X射线管的知识。他们看见了相同的东西仅仅在于当他们看x的时候，都具有关于x的某种视觉经验。开普勒和第谷一致的地方更多：他们在更强的意义上看见了相同的东西。他们的视野在许多方面是以相同的方式组织的，他们谁也没有看见太阳将要开始露出笑脸或者将要裂化为冰块。（婴儿却并没有被"组织"得看不见这些不测事件。）今天大多数人在更强的意义上于黎明时分看见了相同的东西：我们共同具有关于太阳的许多知识。因此，第谷和开普勒看见了不同的东西，然而也看见了相同的东西，这都依赖于他们的知识、经验和理论。

开普勒和第谷之于太阳，正如我们之于图5，我看见的是鸟，而你看见的仅是羚羊。他们的经验要素是同一的，但其概念组织则相去甚远。因此他们能在黎明的东方看见不同的东西。他们的视野能够具有不同的组织吗？

如果要理解微观物理学内部的不一致，就必须把握第谷和开普勒没有观察到相同东西的意义。基础物理学首先是探索可理解性——这是物质哲学，其次才是探索物体和事实（尽管这两种努力就像手和手套一样）。微观物理学家寻求新的概念组织方式。若能做到这一点，则新的实体的发现就会接踵而至。不到藏金的地点，就难以发现金子。

说第谷和开普勒、辛普里修斯和伽利略、胡克和牛顿、普里斯特利和拉瓦锡、索迪和爱因斯坦、德布罗意和玻恩、海森堡和玻姆等人都作了相同的观察，但对观察的运用不同，这毫不费气力。但这不能解释研究性科学中的争议。假如说他们的观察是不同的观察这一点没有意义，那么就不能不同地运用这些观察。这可能会使有些人感到困惑不解：研究者有时不能以相同的方式对资料进行评价，这是一个严重的问题，然而，辨认资料、论据、观察之间的差异，所要求的不只是简单地指出可观察物体，认识这一点是重要的。可能还需要对其主题作全面的重新评价，这可能是困难的，但却不应该掩饰这个原来可以做到的事实。

三

那么，看是一件“渗透着理论”的事情，x 的先前知识形成对 x 的观察。表达我们知道什么所使用的语言或符号也影响着观察，没有这些语言和符号也就没有我们能认作知识的东西。我们将对此进行考察。

我的意思并非把看与看做等量齐观。看一个 X 射线管并不是把一个玻璃—金属物体看做 X 射线管。然而，看一只羚羊与把一个物体看做羚羊，具有很多共同之处。能够辨别看的概念与“把……看做……”的用法。维特根斯坦不愿意承认这一点，但其理由在我看来并不清楚。相反，“看做”的逻辑似乎阐明了一般的知觉情况。不妨再考虑一下沙滩上的脚印，这里并没有**“物体”**出现，清楚地突出了看做的全部组织特征。人们甚至可以设想这样的情况：“他把它看做一个脚印”是参照了另一个人对脚印实际上是什么的理解。因此，例如尽管我没有把哈姆雷特看见云层中的骆驼与其看见约里克颅骨等量齐观，但有关后者的某些事要从注意在前者中什么在起作用才能知道。

然而，在看和观察中，还有其他的要素。如果“看做”这一标签已经勾画出这些概念的某些特征，那么“看……”就可以揭示更多的东西。从图 4 中看见一只熊就是看见，倘若绕过这棵“树”，我们就会走近野兽的后面。对于第谷和辛普里修斯来说，看日出就是看地球的一颗璀璨夺目的卫星正开始其围绕我们的每日环行。而对于开普勒和伽利略来说，看日出就是看地球正把他们旋回到我们这颗定位恒星的光芒中。我们姑且在这些实例中对“看……”作一番考察。把观察和我们的知识及谚言联系起来的也许是逻辑要素。

当然，也存在着其中材料混乱、可能没有任何指导我们的线索的种种情况。在显微镜学中，人们常常以现象的、枯燥的方式记录感觉：“它在这种光中是绿色的；暗区标志阔端……”物理学家也会说：“指针在摆动，氖光灯抛物面附近有一条淡的条纹，闪耀出现在阴极示波器边缘上……”否认这些是看，甚至是观察的真正实例，就像把它们认作是看的**唯一**的真正实例一样，是缺乏根据的。

然而，我们过分看重了这些实例。形状、色斑、摆动和指针读数的语言适用于悬而未决的实验境况；在这种境况中，混乱甚至概念的混乱都处于支配地位。观察者也许并不知道他在看什么：他的目的仅是为了使他的观察与确定的知识背景结合在一起。这样的看就是观察的目的。我们正是根据于此，而不是根据“现象的”看，以进行新的探究。每一个被迫观察其资料的物理学家，就像在眼科医生诊所一样，会发现自己处于一种特殊的、不寻常的境况之中。他必须忘记他知道的东西而像小孩子一样注视各种事件。这都是非典型的情形，但有时却又可能是引人注目的。

首先记录观察，然后寻找观察的知识，这就给出了头脑和眼睛如何配合的简单模型。然而看和我们的知识体之间的关系并不是简单的关系。

看见盒子、楼梯、鸟、羚羊、熊、高脚酒杯、X射线管，是什么？看是（至少）具有某种知识。（无论机器人和电眼对光的反应多么敏感，它们也是瞎的。照相机也不能看。）看是倘若有人对我们眼前的物体干了些什么，那么就会产生另外一些事情。如果我知道某人对x样的东西一无所知，那么，对他说他看见了x我们应如何看待呢？正如我们看待一个四岁儿童说他看见了介子簇射一样。“史密斯看见了x”，提示史密斯能够详细说明有关x的某些东西。看见了X射线管至少是看见，如果它掉在石头上就会被摔碎。看见高脚酒杯就是看见某个内部凹陷的东西。我们可能会看错，但不会总是看错的——甚至通常是不会看错的。此外，欺骗的发生根据什么是正常的、普通的。因为世界不是魔术师的一串把戏，所以魔术师能够存在。因为“看……”的逻辑是看的概念的内在部分，所以我们有时要在发生幻觉时擦拭眼睛。

“看做”和“看……”并不像活塞杆与轴承是马达的零件那样是看的组成部分。看不是一个混合物，然而人们仍然能够提出一些逻辑问题。比如我们描述某人发现了领扣或者看见了杆菌，那么必定会发生什么呢？除了婴孩能看见杆菌这种意义外，除非某人具有视感觉并且知道杆菌是（并且看起来像）

什么，否则我们就不说他看见了杆菌。因而，“看做”和“看……”也不是看的心理学组成部分。他们在看的谈论，在看的概念中是逻辑上可区分的要素。

把图 1 看做透明的盒子、冰块或玻璃块，就是看见它是六面、十二边、八角的。它的角是固体直角；如果要构造它，就必须用刚性或半刚性的材料，而不可用诸如油、蒸汽或火焰等液体材料和气体材料。它是有形可触的，以排他的方式占据空间，可定位在这里、那里，至少在某个地方。当我们闭目不视，它不会消失。把图 1 看做立方块，就是看见所有这些东西均会得到认可。

知道“盒子”或“立方体”表示哪一类东西，并且知道什么材料能够构成这样的实体，这就是知识。如果拒绝作更进一步的考虑，那么，“透明的盒子”或者“玻璃立方块”就没有表达所看见的东西是什么。看见天空中的鸟也就包含着看见鸟不会突然垂直地翻滚而坠下，这就不仅仅是标记在视网膜上的东西了。我们可能会出差错，但是看一只鸟，甚至是瞬息间的一看，就是在所有这些联系中来看这只鸟。正如威兹德姆所说，第一种知觉都包括原因和预后。

感觉资料理论家强调我们的观察如何能出差错，就如把飞机称作“鸟”的时候一样，于是他们连在这些情形中也要寻找，我们在什么问题上是正确的。但专注于这一问题却忽视了另一问题，即描述当我们说我们看见什么是正确的时候涉及什么的问题；而且这毕竟是经常发生的。现象论者对于错误的专注，导致他们描述一个我们经常受骗的世界；而物理学的世界却并非那样。倘若某位物理学家在普通实验室的境况中，要以纯感觉资料对他的视觉环境作出反应——像婴孩和白痴所作所为那样——那么我们就会认为他精神失常。我们会认为他并没有看见其周围的东西。

“看……”，把知识交织到看的过程中，使我们免于重复辨认目光所及的一切事物，使物理学家能作为物理学家而不是作为照相机来观察新的资料。对于每辆驰过的自行车，我们并不问“那是什么”。知识存在于看之中，并不是看的附属物。织物中有线的模式，并不是用辅助的操作附加到织物上的。我们很难觉察自己是把知识附加到目光所及的事物上的。把这一页纸看做还有反面，并不需要任何压力或强迫，也不存在任何视觉的东西担保你翻过这一页纸时，它仍然存在。但这不过是以另一种方式说通常的看是可改正的，每个人对此都会乐于承认这一点。那种对不可改正的看的追求，有时使某些哲学家认为，凡未达到不可改正的程度的，均不是看。

看见物体 x，就是看见它可以我们所知的诸 x 的实际行为方式，表现其行为：如果该物体的行为与我们所期望的诸 x 的行为不相符合，那么就会妨碍我们不再把它看做真正的 x。今天已很少有把海豚看做鱼，把地球看做平面，把天空看做倒扣的碗，把太阳看做地球的卫星了。"……我们认作某个方面开端的东西，不是物体的性质，而是该物体和其他诸物体间的内在关系。"在图 9 中看见 X 射线管，就是看到置于其下的感光底片会被辐照；就是看见 X 射线管的阴极靶会产生大量的热；并且由于阴极靶没有水罩而必须用高熔点的金属材料如钼或钨等制作；就是看见在高电压时，X 射线管的阳极会出现绿色的荧光。假若没有看见这些东西，物理学家能看见 X 射线管吗？一个人能把某物看做白炽灯而没有看见正是其灯丝"点燃"至白热程度吗？回答有时可能是肯定的，但这不过表明"X 射线管"和"白炽灯"可意指不同的东西。面对 x 的两个人用 x 可以意指不同的东西。当他们说"我看见了 x"的时候，难道一定是指他们看见了相同的东西吗？一个小孩面对上图，也能鹦鹉学舌地重复"X 射线管"、"肯塔基"或"温斯顿"，但却看不见随之而来的这些东西。而这却是物理学家所确定看见了的。

假如第谷在他视觉上意识到的明亮的圆盘中仅仅看见太阳，那么他只能够看见，它是一个其行为是按独特的"第谷"方式进行的物体。这些就是第谷关于太阳的地心—地静一般理论的基础。它们不是作为一连串解释强加在他的视觉印象上：它们"存在"于看之中。（对一首音乐作品的解释也存在于该音乐之中。它能存在于别的什么地方呢？解释并不是附加于纯真声音上的东西。）

同理，我们把图 1 看做是仰视的或者俯视的，看做是大鼠迷宫图或者宝石切削图。但无论作如何解释，其解释总是存在于看之中。人们往往说："解释**就是**看"。线及其排列**就是**布，声音及其组合**就是**音乐，颜色及其调配**就是**油画。在我把图 1 看做冰块的过程中，并不存在两种操作，而是径直把它看做冰块与之相似；物理学家看见 X 射线管，也并不是先接收反射的光然后再强加上种种解释，而恰似我们看见眼前的这一页纸一样。

第谷看见了太阳开始它的东升西落行程。他看见，从某个天体有利地位，能看到太阳（连同月亮和诸行星）绕着固定的地球旋转。戴着第谷眼镜注视黎明时刻的太阳，就会以与之类似的方式来看太阳。

然而，开普勒的视野具有不同的概念组织。但他在黎明时所看见的东西的图形仍然可能正好是第谷所看见的东西的图形，并且也可能被第谷认为如此。但开普勒所看见的是地平线离我们这颗恒星倾斜或转移开。从日出到地平线转动的变化，与已经考虑过的景观现象的变化很相似，这是由第谷和开普勒认为他们知道什么之间的差异引起的。

看的概念的这些逻辑特征，在研究物理学中，对于观察来说是不可避免的和必不可少的。为什么是必不可少的呢？人们确实是以某种容许分析为“看做”和“看……”这样两个因素的方式来看的，这是一件事情；然而，“必不可少”却提示必须如此看世界。这是更强的要求，需要更强的论据。让我们以另外的方式来说明这个问题：物理学中的观察并不是与一些不熟悉的、无关联的闪光、声音和碰撞的偶然相遇，而毋宁说是与这些特定种类的闪光、声音碰撞的经过计算的相遇——按照对观察是什么的说明，这或许是有道理的。但这不能担保这样一种观点，即观察不可能不如此。现在需要的是这后一种类型的论据：必须确立其他可供选择的说明不仅是虚假的，而且是荒谬的。现在就转而论述这个问题。

四

幸运的是，我们并没有像在眼科医生的诊所里看色点和光点那样来看太阳和月亮；物理学家也没有以他可视见云室照片或示波器模式的那种难以理解的方式来看实验室的设备、工作台或手。在大多数情况下，我们对所看见的那种东西能够给出更多的信息。这可以一一列出：例如，若X射线管掉到地上，则它会被摔碎，它是空心的，等等。

把图4看做一只爬在树上的熊就是看到进一步的观察是可能的；我们能够把这只熊想象为是从侧面或从后面去看的熊。实际上，把图4看做一只熊只是看见，所目睹的这些其他的东西都能够并存。把图4看做一只熊也是看到某些观察是不可能的，例如：这只熊不能伸出一只爪子在空中挥舞，也不能悬挂起一只脚。这也是“存在”于看之中。

“这是一个既看又想的问题吗？或者像我几乎想说的那样，是两者的结合？”不管人们想说什么，把图4看做一只熊，决不仅仅是光学、光化学或者现象论所能解释了的。

请注意一个逻辑特征：“看到……”和“看……”的后面总是跟着一个“判断”从句。只要加上开头的大写字母和句号，它们就成为独立句。人们能够看见冰块或者把风筝看做鸟。在这个表述中，不能把冰块作从句用，也不能把鸟作从句用。这并不是由于视力的限制。确切地说，人们可以看到**冰块能融解，鸟具有“空”心骨头**。第谷和辛普里修斯看到**宇宙是以地球为中心的**，开普勒和伽利略看到**宇宙是以太阳为中心的**。物理学家看到**在高压下，X射线管中会出现阳极荧光**。这些黑体的短句都是完整的判断单位。

图像和陈述在逻辑类型上是不同的，视觉图像和对所看见东西的陈述之间有许多复杂的步骤。我们的视觉意识是由图像支配的，然而科学知识首先是语言的。正如我几乎想说的那样，看就是图像和语言这两者的结合。至少，看的概念包含视感觉概念和知识概念。

图像和语言之间的差距确定了"看……"的逻辑功能的位置。因为视觉基本上是图像的，知识基本上是语言的。视觉和知识都是看的过程中必不可少的要素。但是图像和语言的表示之间的差异，标志看的光学特征和概念特征之间的差异。这可以阐明"看……"是什么。

不是一切陈述要素都与图像要素相符合，只有误解语言用法的人才不这样认为，尽管在眼睛中或者在心眼中所形成的东西，并不存在任何语言的东西，但在看之中仍然存在着"语言的"因素。除非存在这种语言要素，否则，我们观察到的任何东西都不可能与我们的知识有关。我们就不可能谈及有意义的观察：所看见的任何事物都没有意义，而显微镜学则不过是一种万花筒。除了由有意义的语句组成的对事物的描述外，事物之有意义是由于什么？

我们必须探索图像和语言、写生和描述、绘画和报告之间的鸿沟。只有揭示画和讲是怎样不同，人们才能提出"看……"可以怎样把这两者结合在一起，并且如果观察是**有意义的**或**值得注意的**，则它们一定是结合在一起的。

如同在书本、报告和论文中事实上所表述的那样，此处的知识是关于彼处事物的。我们并不关心怎样做事情。我知道怎样吹口哨，但能用语言表述这种知识吗？即使我完全知道盐的滋味，但能描述盐的滋味吗？我知道怎样控制降落伞这种知识大多是在讲课和训练中传授的，但其精髓完全不是**被传授的**，而是"得自现场"，物理学家依赖于"专门技能"，依赖于对事物的"感觉"以及对境况的"察看"，因为这些决定着研究的方向。然而这些不可估量的东西很少影响物理学真理的主体。并不是伽利略的洞察力、牛顿的天才和爱因斯坦的想象力**本身**改变了我们关于存在什么的知识：他们所说的都是真实的事物。因此，"物理学知识"意味着"在物理学的教科书、报告和讨论中，什么是可报告的"。我们所关心的是知识（savoir）而不是技巧（savoir laire）。

物理学语言的"基础"，即最接近纯感觉的部分，是一系列陈述。陈述有真与假之分，而图像则与陈述全然不同：它既没有真，也没有假；视网膜的、皮层的，或者感觉资料的图像，既没有真也没有假。然而我们所看见的东西，能够决定类似"太阳在地平线上方"以及"这个立方块是透明的"这样的陈述，是真的抑或是假的。既然语言形式可以"确定"视感觉，那我们又怎么能根据我们知道的东西来评价它们呢？视感觉只有得到如此评价才能构成观察，否则它们就更像是昏厥时的胡言乱语或透过列车窗口无目的地盯着的旷景。关于世界的知识不是种种枝条、石头、色斑和噪音的**剪辑**，而是一个命题系统。

图 9 并没有断言什么。它可能是不精确的，但却不可能是谎言。这是图像和语言之间的楔子。

意义、关联——这些概念依赖于我们已经知道的东西，物体、事件、图像并非本来就具有意义或关联。假如看仅是光学—化学过程，那么我们看见的东西与我们知道的东西决不会有关联，已知的东西也不可能对我们看见的东西有任何意义。视觉生活就会是不可理解的；而理智生活则缺乏视觉的内容，人就会是一个套在无头脑的照相底版上的目盲的计算机。

图像常常摹写原本。然而，摹本的所有要素都具有同类的功能。线条描绘原本的要素。摹本要素的安排显示了原本要素的排列。摹本和原本是同逻辑型的，你与你的影像也是同型的。与此相似，语言亦可以摹写它所描述的东西。

考虑一下图 4 与“熊爬在树上”这个句子。该图包含熊的要素和树的要素。如果这幅图反映真正情况，那么在原本中就有一只熊和一棵树。如果这个句子是符合实际的，那么（正如，它包含“熊”和“树”一样）它所描述的情况就含有一只熊和一棵树。该图把它的要素联结起来，反映了熊和树的实际关系。同样，该句以“……在……上”的图式，把“熊”和“树”联结起来。这一语词关系表明了真实的熊和真实的树的实际关系。图像和句子二者都是真实的摹本：它们不含有原本所缺少的东西，也不缺少原本所含有的东西。图像要素代表（表示）原本的要素：“熊”和“树”这两个词也是这样。这在用符号 bRt 来表述的时候就会更清楚，其中 b＝熊，t＝树，R＝所处的关系。

这些摹本通过其要素的排列，显示了在原本境况中要素的排列，于是图 4、“熊爬在树上”以及“bRt”，表明真实的熊和真实的树与什么有关。而“树在熊上”、“tRb”以及某组明显的线条，却没有表明实际上与什么有关。

摹本是与原本同型的。我们能够画出熊的牙齿，但画不出它的嗥声，就如看不见原本中熊的嗥声一样。列奥纳多能画出蒙娜·丽莎的笑容，却画不出她的笑声。然而，语言具有多种功用，在绘图和断言之间有一个异点，它将逐渐破坏维特根斯坦、罗素以及威兹德姆曾一度提出的说明。语言能包括景色和声音、牙齿和嗥声、笑容和笑声；而图片或留声机只能做其中的一类事情，不能兼做二者。图片和唱片通过具有原本本身的某些性质而代表某些事物。意象、映像、图像、地图摹写了它们所想象、反映、描画、绘制的东西的空间性质，留声机和唱片则摹写了声音时间性质。句子则与此不同。它们并不依靠具有原来的性质而代表事物，它不代表任何事物。它们只能陈述情况是或能够是什么。句子能够用以形成断言，转达描述，提供叙述、说明，等等，这些都不依赖于具有与陈述所涉及者相同的某种性质。我们并不需要将“熊”这个词写得很大，而把“幼兽”这个词写得很小来表达“熊比它的幼兽大”的意思。

事实上，意象、映像、图像、地图，是以不同的精确度摹写原本的。国王阅兵场的映像不是与木炭素描相同意义上的摹写，两者又都不同于某张剑桥地图上用国王阅兵场的缩写字母“K. P”的表示，也不同于城镇规划者的蓝图。地图越接近于映像，则作为地图，它的作用就越小。蓝图不如照片更像原本的摹本。对于粗绘的类熊的图形，人们要么说“那是熊”，要么说“那该是熊”。地图的情形也是这样的。对于地图上的某一点，人们要么说“这是剑桥”，要么说“这代表剑桥”。

语言尤其不是摹写。有一些例外的词，如“嗡嗡”、“叮叮”、“嘟嘟”等，不过它们也只是证明了我们的语言和符号是多么的约定俗成，“熊”这个词没有任何看起来像熊的地方；“熊”的读音也没有任何与嗥叫相似之处。b—e—a—r 能够指称熊，是由于使该词和该物体配对的一种约定俗成。红旗本身不存在任何危险的东西，但它是报告危险的信号。对于图 4，我们可以说“有一只熊”，但对“熊”这个词却不可以这样说。在电影里，我们可以说“这是一只熊”，或者“这是国王阅兵场”——但不能说“那代表一只熊”，或“那代表阅兵场”。词是用以表示事物的，但它们与所表示的事物却很少相像。

例如，句子不能显示爬树的熊，但能陈述熊爬树。显示升空的太阳，在于描绘太阳和蓝天，并对之作恰当的排列。陈述太阳升空，则在于指称太阳，并将其表征为升空。描绘和指称的差异，排列和表征的差异——这些就是绘图和使用语言的差异。

这些差异同样地存在于视感觉资料和基本句子之间。早期逻辑建构主义者没有注意到使视感觉资料和基本句子相符合的困难。假若当初他们注意到图像和地图的差异，那么本来可能会发现图像和语言之间存在更大的差异。人们关于褐色类熊斑块的视觉意识，在逻辑上与言词“（我意识到）褐色类熊斑块”相去甚远，就像我们考虑过的图像和句子的差异一样。图像是关于 x 的，而陈述则是关于 x 的内容；图像显示 x，而陈述则指称和描述 x。图像和语言之间的差距并未由于集中在感觉资料和基本句子上而有丝毫的缩短。

语言的前史不一定妨碍我们。问题涉及**我们的**语言和我们的图像之间的差异，而不是在某个历史时期那些差异的微不足道之点。维特根斯坦对此产生了误解，他说：“……字母来自（象形文字）而不丧失表示的本质。”这就强化了意义的图像理论，语言的真值函数的解，和原子句子理论。但是除非表示的本质已丧失，否则语言就不能用于讲真话、说谎言以及指称和表征。

句子的所有要素并不都起相同作用。但图像的全部要素仅是表示。一幅黎明的图像可以分割成若干小图像，但诸如“太阳位于地平线上”、“现在我看出太阳状的光斑”这样的句子，却不能分割成若干小句子。图像的一切要素都显示某种东西，而句子的要素则不能陈述任何东西。“熊”可以是一个陈述，如同出自伐木工人口中的“树”或日食观察中的“太阳”。但像“这个”、“是”以及“在……上面”这些词，是决不可能作为陈述来起作用的。

图像是可绘的事物，唱片是可录制的事物。人们不可能在留声机上放出笑容和眨眼。但语言却是多方面的：我们能够描述气味、声音、感情、相貌、笑容和眨眼。这种自由可能会导致犯类型错误，例如：“他们发现了他的脑垂体而没有发现他的头脑”，“我们检查了他的视网膜却不能发现他的视力”。只有当我们摆脱了图像和唱片的自然界限的时候，这样的错误才会发生。这些错误在地图上恰恰是可能的，例如：对于在学生地图上表示苏联的锤子和镰刀，一个小孩可能会问，“这个镰刀有多少哩长？”因此，必须了解地图带有部分约定性质（图像和照片则不一定如此）；但它们必须是摹本。

在视觉图像和我们所知道的东西之间存在着相应的差距，看则是使之连接的桥梁。因为虽然看至少是对物体的“视觉摹写”，但它并不仅限于此。看是看物体，即看到如果对物体作了 x，则 y 就会随之出现。但这一事实在所有关于从感觉经验、记忆、联系和关联产生的知识的论述中，都未谈及。人们毋庸朝科学知识（都已知为真的命题）迈出一步，就可以**无限地**从事记忆、联系、关联和比较心智图像。在产生“羚羊是有蹄动物”的陈述之前，人们必须对羚羊的照片、示图和草图不置可否地犹豫多久呢？

如果在对观察进行研究的时候忽视语言和符号，那么物理学就会被认为是依赖于感觉和低级的实验，就会被描述为关于种种引人注意的感觉和学校实验室实验反复而单调的系列。但是物理科学不只是感官对于世界的系统接触；它也是关于世界的思维方式，形成概念的方式。一个范式的观察者，不是那种只能看普通观察者之所看，只能报告普通观察者之所报告的人，而是那种能在熟悉的对象中看见别人前所未见的东西的人。

（邢新力、周沛译）

选文出处

汉森　观察

汉森著，《发现的模式》，北京，中国国际广播出版社，1988，5—33 页。

个人知识*

波兰尼

在逻辑经验主义强调从分析科学陈述来研究人类的认知活动之后，科学哲学界普遍地将研究注意力集中于可以清晰表达的知识上。波兰尼强调知识首先是个人的领悟，在可明言的知识背后，默会知识发挥了巨大的贡献，这见解堪称独到，对后来库恩等人的历史主义学派影响很大。波兰尼指出，存在着两种觉知方式，“附带觉知”与“焦点觉知”，附带觉知常常是焦点觉知的前提条件。二者的关系，正如我们对于自己肢体的感知与对于外在事物的感知方式一样。科学研究中，在那些具体的断言、陈述、概念背后的难以言传预设，构成了我们理解那些断言、陈述和概念的终极框架。因此，波兰尼认为，科学就像其他人类的文化活动一样，其成功有赖于个人的不可言传技能。

作者简介

波兰尼（Michael Polanyi，1891—1976），1920年起在柏林威廉大帝学院物理化学研究所工作，成为德国一流物理化学家。第二次世界大战后研究方向转向社会思想。他的哲学思想于二战期间形成。他基于

两种觉知

我就技能所述及的不可言传性与格式塔心理学的种种发现是紧密相关的。然而，我对这一材料的评价却与格式塔理论对它的评价有极大的不同，所以我更愿意在此不提及这一理论，尽管我将继续利用其领域的资料，继续按与其教导并行不悖的路线提出某些论点。当我们分析下述经常被讨论到的使用某件工具如用锤子钉钉子的情形时，我们应把这一点牢记于心。

当我们用锤子钉钉子时，我们既留意钉子，又留意锤子，但留意的方法却不一样。我们看着锤击钉子的效果，并力求用锤子最有效地敲打钉子。当我们往下甩锤子时，

* 本文标题为编者所加。

对科学的计划性的反对以及对个人发现观的信念，建立了他的知识理论。最重要的哲学著作是《个人知识》。

我们并不觉得锤柄击打着我们的手掌，而是觉得锤头击中了钉子。然而，在某种意义上我们肯定对把握着锤子的手掌和手指的感觉很警觉。这些感觉引导我们有效地把钉子钉上，我们对钉子的留意程度与对这些感觉的留意程度相同，但留意的方式却不一样。其不同可以用这样的话来叙述：感觉不像钉子那样是注意力的目标，而是注意力的工具。感觉本身不是被“看着”的；我们看着别的东西，而对感觉保持着高度的觉知。我对手掌的感觉有着**附带觉知**，这种觉知融汇于我对钉钉子的**焦点觉知**之中。

我们可以设想一下用于探测某一隐藏的空间内部的探测器代替锤子时的情形。想想盲人如何用拐杖探路吧。盲人探路时把传到他拿着拐杖的手和肌肉上的震动转化为他对拐杖尖所触到的东西的觉知。在此，我们就有了一个从**“识知何样”**到**“识知何物”**的转化过程，并可以看到这两者结构的高度相似性。

附带觉知和焦点觉知是互相排斥的。一位钢琴家在弹奏音乐时如果把自己的注意力从他正在弹奏的音乐上转移到观察他正用手指弹奏的琴键上，就会发生混乱并可能不得不停止演奏。① 如果我们把焦点注意力转移到原先只在附带地位中被觉知的细节上，这种情况通常就发生了。

由于焦点注意力被引向一个动作的附带因素而产生的这种动作变笨拙的情况通常被称为自我意识。自我意识的一个严重而有时是难以矫治的形式是“怯场”，其起因似乎在于一个人急于把注意力集中在他要找到或记忆的下一个词——或下一个音符或手势动作上。怯场毁掉了一个人的临场感，而临场感本身是可以顺利地引出一个人的词语或音符或手势动作的适当序列的。如果我们能成功地把自己的心灵引向前进，使它清晰地把握着我们的主要兴趣所在的整个活动，那么，怯场就可以消除，动作就可以恢复流畅了。

在此，一项技能的细节似乎又是不可言传的了，但这一次却不是对这些细节一无所知，因为在这个例子中，我

① 试比较一下如亨利·沃伦的论述，De l' acte *à* la pensée，巴黎，1942，p. 223。

们可以相当清楚地确定我们的行为的细节，而它的不可言传性则在于这样一个事实：如果我们把注意力聚集在这些细节上，我们的行为就会崩溃。我们可以把这样的行为描述为**逻辑上不可言传的**，因为我们可以证明，在某种意义上对这些细节作详细说明会在逻辑上被有关的行为或场境中所暗示的东西否定。

就说把一件事物指认为工具吧。这暗示着通过把那件事物当做达到某一目的的工具对待即可以达到那一有用的目的。如果我不知道它是用来干什么的，或者尽管我知道它假定的目的但我却不相信它能用于那一目的，这样，我就不能指认它是工具。让我用 p 来表示在指认一件工具这一过程中所隐含的肯定。如果我认识或者至少通过假定承认 p，那么这件事物对于我来说就是一件工具了，否则，它就是别的什么东西。它可以是一只动物，就像爱丽斯在槌球游戏中会行走的槌子一样，因为它是只火烈鸟。但是在大多数情况下，如果我见到一件我不知其用途的工具，它在我的眼中就只是一件形状奇特的物体。我这样看待它暗示着我不相信甚至连在假定上都不承认 p，这当然也就否定了我相信或至少在假定上承认 p 了。而且，由于 p 断言了某种极为不常见的东西，所以，我不相信 p 实质上就意味着我断言了非 p。

把这一方案推广开来就可以使我们把它同样应用于格式塔心理学的经典主题，即一个模式或一首曲子的细节必须被同时领悟，因为如果你把它们割裂开来观察，它们就构不成什么模式或曲子了。或许有人坚持认为，我从整体上关注那个模式或曲子，这就暗示着它被评赏为模式或曲子了，而如果我把焦点注意力转移到曲子的单个音符或模式的片段上，那就产生矛盾了。但是，从更广义的角度来阐述此例中的矛盾或许更恰当，这就是：我们的注意力一次只能保持在一个焦点上，因此，如果同时对同一种细节既有附带觉知又有焦点觉知，那就是自相矛盾了。

从**意义**上理解很容易就可以对这一方案重新进行阐述和扩充。如果我们不相信一件工具的用途，那么它就失去了作为工具的意义。如果我们对由种种细节共同构成的一个模式视而不见，它的所有细节就变得毫无意义了。

最有创造力的意义载体当然是一种语言的词语了。一想起我们在讲话或写作中运用词语时我们只是以附带的方式觉知它们，我们就觉得有趣。这一事实通常被描述为语言的**透明性**，可以用我在家庭生活中亲身经历的一个片段来加以演证。用各种语言写给我的信都是早餐时被送到我的餐桌的，但我的儿子只会英语。当我刚读完一封信时，我可能想把信交给他，但交给他之前我得再看一看信是用何种语言写的。我生动地觉知到信中传达的意义，但对有关信中词语的一切却一无所知。我刚细心地读过这些词语，但那只是为了弄清它们的意义，而不是为了知道它们是什么物体。如果我对信的理解受到阻碍，或者信的措辞或拼写有毛病，这些词语就会引起我的注意。它们就会变得有点不透明，并使我的思维无法毫无阻碍地从这些词语转到它们所表示的事物上。

整体与意义

格式塔心理学描述过一个物体变为工具的转化过程以及伴随的感觉转移，如从手掌上转到拐杖的尖端，作为部分融汇于整体的实例。我曾用稍经修改的词语谈论过同样的内容，以此引出一个人用以把自己寄托于某些信念和评赏，并通过把自己对某些细节的觉知精心地融汇于对整体的焦点觉知中去而接受某些意义的逻辑结构。这种逻辑结构在对视觉和听觉整体的自动感知中并不明显，尽管格式塔心理学正是从这类整体里得出其流行的归纳结论。

但是，现在用部分和整体的理论来重塑我们的分析，那是很有启发意义的。在把注意力集中在一个整体上时，我们也附带地觉知它的部分，但这两种觉知的深度却没有区别。例如，我们越是深入地观察一个外观，我们对它的细节的感觉就越是敏锐。同样，当某件东西被看成是一个整体的附带部分时，这就暗示着它起到了维持整体的作用。现在，我们可以把它的这一功能视为它在整体中的**意义**。

现在，我们确实看到了两种整体和两种意义进入了我们的眼帘。意义的最为一目了然的例子是那些用一个事物（如一个词）表示另一个事物（如一个物体）的例子。在这样的例子中，相对应的那两个整体或许并不明显，但我们可以合法地按照托尔曼的方法把符号和物体归并为一个整体。[①] 其他类型的事物如一个外观、一首曲子或一个图案，都是一目了然的整体，但现在它们的意义却有了点问题，因为尽管它们很明显地不是毫无意义的，但它们的意义只在于它们本身。两种觉知之间的迥异性使我们很容易就认出了这两种整体和两种意义。把棍子的各种用途记在心头，如它可以被用来指点、探路或打人，我们很容易就看到，任何一件在某一被认可的场境中起着有效作用的东西，在那一场境中都具有意义，而任何这样的场境本身也被评赏为有意义的。我们可以把某一场境本身就拥有的意义描述为**存在**意义，特此用来与**外延**意义或更一般地说与**表述**意义相区别。从这种意义上说，纯粹数学具有存在意义，而一个用于物理学的数学理论却具有外延意义。音乐的意义主要

① 在此，我所指的是托尔曼在他的《动物与人的目的性行为》（纽约，1932）中论述的符号格式塔理论。

是存在性的，肖像的意义基本上是表述性的，等等。一切秩序无论是人为的或是天然的，都具有存在意义，但人为的秩序通常还传达出某种信息。

工具与框架

下一步，我将试图强化与扩大附带觉知与焦点觉知之间的迥异性，把这种迥异性与另一种广为人知、普遍公认的迥异性同等看待。这另一种迥异性，就是我们所感觉到的我们自己身体的各部分与人体外部的事物之间的迥异性。通常，我们都认为自己的手和脚都是身体的一部分而不是外在物。这太理所当然了，以致只有在这些部分恰好受到疾病困扰的时候我们才对这种认识有了深刻的感觉。有些精神病人却觉得自己身体的某些部分不是属于自己的。他们对身体两边的肢体传达的感觉都一切正常，但就是不认这些信息发源地的四肢。他们觉得某些肢体如右臂或右腿是外在物体。当从浴缸里跨出来时，他们会忘记擦干他们不认的这些肢体。①

与我们自己身体的四肢相比，我们对处于自己身体外部的物体之外在性的体会来自我们体内的附带觉知过程。只有在我们能有意识地观察到一个外在物体，能清楚地确定它的空间位置时，它的外在性才能确切定义。但是，当我看着某件物体时，我对其空间位置的确定靠的是投射在我的视网膜上的两幅图像之间的细微不同，靠的是我的双眼的适应调节，靠的是这两幅图像的轴心的会聚以及为控制视线移动而作的肌肉收缩所发出的努力，再加上从迷路②中接收到的脉冲，而这后者却是随着我的头部空间位置的变化而变化的。只有根据我对自己正在观察的物体的定位，我才觉知到所有这一切，而从这种意义上看，我才可以说是附带地觉知了它们。

现在，我们对工具和拐杖的附带觉知可以被视为把它们变成我们自己身体的一部分的行为了。事实上，我们运用锤子和盲人使用拐杖的方式都表明，在这两个例子中，我们都把我们与被我们视为处于自己之外的物体相接触的点向外延伸。当我们依赖于一件工具或拐杖时，它们都不被当做外部物体来处理。我们可以测试工具的有效性或检查拐杖的适用度，例如，在发现空腔中隐藏的细节时就是这样，但这一工具和拐杖绝不可能存在于这些操作的场域之中。它们必然存在于这一场域的我们这一边，成了我们自己即操作人的一部分。我们把自己倾注于它们之中，把它们吸收为自己的存在的一部分。

---

① W·罗素·布莱恩：《心灵、感知与科学》，牛津，1951，p.35。至于其他的“非人格化”的不同观点，参见亨德森与吉列斯匹：《精神病学教科书》，牛津医学出版社，第七版，1951，p.127。

② 即内耳。——译者注

我们在存在上寄居于它们之中并给它们以认可。

寄托

在此，我们面临着我们的种种信念在自己的心中得到维系所凭借的一般原则。锤子和拐杖可以由求知工具替代。想想任何解释框架特别是诸精密科学的形式体系吧。我不是在谈论充斥着各类教科书的具体断言，而是在谈论隐藏在取得这些断言的方法背后的种种假设。我们通过学会使用某种语言来谈论事物而把这些预设中的大多数吸收了下来。在这样的语言中，有着各种物体的名称，有了这些名称，物体就能够以此分门别类，并因此而分辨出诸如过去与现在、生与死、健康与生病以及成千上万别的词语的迥异性。我们的语言包含着几何学的数字和元素，并以这样的方式谈论自然法则，由此，我们可以在科学的观察和实验中对这些法则寻根问底。

但有一件事很古怪：我们的预设究竟是什么？对此我们却没有明晰的知识，而当我们试图对这些预设作出解释时它们却似乎很难令人信服。我已经在论述盖然性那一章里揭示了有关科学方法的所有命题是多么的饱含歧义和令人怀疑。现在我要提出的是，那些假定的科学预设是非常无效的，因为我们的科学信念的实际基础是一点也不能断言的。当我们接受某一套预设并把它们用作我们的解释框架时，我们就可以被认为是寄居在它们之中，就如我们寄居在自己的躯壳内一样。我们眼下把它们毫无批判地接受下来是在于我们把自己与它们认同于这一吸收过程。它们不是被断言的，也不可能被断言，因为断言只能发生在一个我们眼下已经把自己与其认同的框架之内。由于那些预设本身就是我们的终极框架，所以它们本质上是非言述性的。①

正是由于对科学框架的吸收，科学家才使经验变得有意义。这样把经验变得有意义是一种技能行为，这种行为给作为这一行为之结果的知识打上了科学家个人参与的印记。这一行为包括科学家正确地实施用以核实科学预测的测量之技能，或正确地实施用以进行科学分类的观察之技能。它还包括行家绝技。凭着这种绝技，科学家体会到了一种抽象的数学理论——比如 1912 年以前的空间群理论——并同样体会到了把这种理论应用于被观察到的标本的贴切性鉴定之中，因此，自从 1912 年发现 X 射线被晶体衍射以来，空间群理论就一直被沿用于鉴定标本了。

追踪个人知识在我们体内的附带觉知中的根源，把它视为融汇于我们对外在物体的焦点觉知之中，这不仅揭示了个人知识的逻辑结构，而且揭示了

---

① 科学前提这一主题将在第二编第六章第六节（pp. 160—171）作详细论述。

它的动力源泉。前面，我已经分析过把物体当做工具运用这一行为中所隐含的信念。我刚刚提到，把一件外在事物变为自己肢体的延伸就给这件事物赋予了意义。我还为这个过程拟定了一个新方案。在这一方案中，这些信念被转换成了依赖于我们整个人的更为能动的意向。从这种意义上看，我应该说物体是被一种面临操作场的有目的的努力转变为一件工具的，受到我们的努力引导的物体也就因为与这个操作场有关而成了我们身体的延伸。由于我靠它来达到某种目的，于是我就把一件物体变成了工具，尽管它可能无法实现这个目的。为了使一个人着魔而把他的指甲成对成对地烧焦，这是把假定的手段与假定的目的错误地整合起来之后产生的工具性行动。同样，宣布一个神奇的公式、念出一个咒语或道一声祝福，都是说话者在相信其效力之余把意义灌注于其中的言语行动。话又说回来，如果目的达到了，但实现目的所用的手段却不是有意发出的，那么这些手段就没有了工具的特性。一只老鼠偶然压下一根压杆而得到一小份食物，它并不是以此来作为一种工具。只有当老鼠学会了用它来达到这一目的时，压杆才成了它的工具。拜腾迪克曾描述了一只老鼠学会了在迷宫里穿行后它在行为上的剧变（在他之前也有一些人较为简略地描述过）。[①] 老鼠不再探查迷宫中通道壁和角落的详细情况了，现在它只把它们当做路标。它似乎对它们失去了焦点觉知而形成了附带觉知。现在，它们变成了它的目的追求的一部分。

我曾经说过，一件事物可以融汇在一个整体（或一个格式塔）中并被指派上某种附带功能和表示某种占有我们的焦点觉知的事物的意义，而工具只是这样的例子之一。我把这种结构分析广义化了，使它包含了以下内容：把记号当做随后一系列事件的指针并建立符号以表示它们所象征的事物之过程。我们也可以把刚才有关工具的论述应用于这些事例中。就像工具一样，记号或符号仅仅是在依赖它们取得或象征某种东西的人眼中才被视为记号或符号。**这种依赖是一种个人寄托，它被包含在一切智力行为之中。通过智力行为，我们把某些事物附带地整合到我们的焦点关注中心之中**。在附带觉知了一件事物以后，我们把它吸收下来并使它变成我们自己的一种延伸。每一项这样的个人吸收行为都是我们自己的一种寄托，是我们处置自己的一种方式。

但是，在识知者对自己的知识所作的个人贡献中，固有的目的和寄托之场境还缺乏动态的特性。把我们自己倾注于经验提供的细节之中，以便为了某种目的或在别的连贯的场境中弄懂它们的意义，这不是毫不费力地实现的。

---

① F. J. J. Buytendijk, “Zielgerichtetes Verhalten der Ratten in einer Freien Situation”, Archives Neerlandaises de Physiologie, 15 (1930), p. 405.

请看看我们学会使用工具或拐杖的方法。作为有视力的人，如果被蒙上眼睛，我们将不可能像盲人那样灵巧地用拐杖摸索出道路，因为盲人为此实践了很长的时间。我们可以感觉到拐杖一次又一次地碰触到什么东西，但是我们却无法把这些事件互相联系起来。只有通过智力的努力把拐杖碰触到的东西构想出一种连贯的感觉，我们才能学会做到这一点。然后，我们才逐步不会再像原来那样感觉到手指中的一系列震颤——就如我们在首次笨拙的尝试中依然感觉到的那样——而是把这些震颤体验为具有某种硬度和形状的障碍物出现在某一距离之外，在我们拐杖的杖尖处。我们可以更一般地说，通过努力把精力集中在自己选定的操作平面内，我成功地吸收了这一情景中的所有元素，以致我现在从运用这些元素得出的操作结果中觉知到了它们——如果不是这样，我可能只单独觉知到它们本身罢了。

当我们手指上感觉到的震颤被解释为拐杖触到的物体以后，我们就可以说自己在不知不觉中执行了解释这些震颤的过程。还有，从实践上看，当我们在自己尽力以求把握的情景中学习使用锤子、网球拍或小汽车时，我们变得对自己用以取得这种结果的动作毫无意识了。随着我们陷入这种无意识之中，一种新的意识产生了，这就是在这个操作平面上对有关的经历的意识。所以，如果把这种情况描述成单纯重复的结果，那就使人误解了。这是一种结构变化，是心灵为了某种目的而使某些事物和动作工具化的反复努力所促成的。

不可言传性

现在，我们可以回答我用以开始详细探讨技能这一主题的不可言传性这个问题了。一组落入我们的附带觉知中的细节如果全然从我们的意识中消失，我们就可能会最终全然把它们忘记，无法回忆。从这种意义上看，它们就是不可言传的。然而，这似乎只是不可言传性的一个较小的原因，而其根本原因却可用一个有点不同的、可以说是紧密联系的过程来说明。

心灵的努力具有启发性效果：它为了自己的目的而倾向于把当时情景中任何可得到的、能有所帮助的元素组合起来。苛勒在谈到一只猿努力把一个物体用作工具的例子时就描述过这一点。他说，那只猿凭自己的见识重新调整了自己的视野，使那件有用的物体适应它的视线而成了工具。我们可以补充一点：这种情况不仅适用于被用作工具的物体，而且适用于行为者自己的可能服务于这一目的的肌肉动作。如果从这些动作对成就所作的贡献方面看它们只是被附带地经历到的，那么，在动作发出的过程中行为者就可以从这些动作中选取他觉得有帮助的那些动作，却又一点也不知道这些动作，因为它们不再是行为者单独考虑它们时所显现的样子了。这就是通常的无意识尝试与出错过程。我们正是在这样的过程中摸索着通向成功之路，或许还在我们的成功的基础上继续改进，但又无法以可以言传的方式知道我们是如何做到这样的，因为我们从未遇见过作为可以辨认的——可以被分门别类地划分成种类的——东西的我们成功的原因。这就是你发现游泳方法但又不知其靠的是以特定的方式调节你的呼吸的过程；这也是你发现骑车原理但又未意识到其靠的是调节瞬间的方向和速度以抵消你持续的瞬间偶然失衡的过程。实际上，大量的未被有意识地识知的技能与行家绝技的规则就是这样运作和被发现的，这些规则构成了极少能得到全面言传的重要技术过程，而且，即使在这种情况下，也只能算是深入的科学研究的一个结果罢了。

上面提到的我们这样摸索着向前进的过程的不可言传性说明，人类拥有巨大的心灵领域，这个领域里不仅有知识，还有礼节、法律和很多不同的技艺，人类应用、遵从、享受着这些技艺，或以之谋生，但又无法以可以言传的方式识知它们的内容。过去在拓展这一领域的过程中所迈出的每一个步伐都是一种努力，这种努力超越了作出这种努力的某个人物迄今能获得的能力，超越了他随后用以认识并维护他的成功的能力。它所依赖的是一种摸索行为。这种行为最初未被行为者理解，并且，打那以后，他也一直只是附带觉知到它是一种复杂的成就的一部分。

个人知识的所有这些稀奇古怪的属性和暗含意义都表明了我以前描述过的它在逻辑上的不可言传性，也即表明了在我们把注意力转向整体中的部分时所造成的分解性效果。现在，我们也可以从动态上体会到这种效果了。

由于从有关的部分对合理的结果作出的贡献方面看我们原来就对这些部分取得了控制，所以，这些部分从未被认识，它们本身也更不是当时的行为者所意欲的。因此，要把一个有意义的整体转化为由构成它的部分的词语来表达，就是要把它变成由摒弃任何目的性和意义的词语来表达。经过这样的拆分，留给我们的就是纯净的、相对客观的事实。这些事实曾经构成了伴随发生的个人事实之线索。这是用隐含的、相对客观的知识对个人知识所作的破坏性分析。

我曾经把我们花在习得性认知艺术中的努力描述为试图吸收某些细节以作为我们的躯体的延伸，以便它们在得到我们的附带觉知后可以形成一个连贯的焦点实体。这是一种行动，但是一种总是含有**被动性**元素的行动。我们可以把一个物体吸收成为工具，如果我们相信它实际上对我们的目的有用的话。这种情况同样适用于意义与它所指的东西之间的关系以及部分与整体之间的关系。个人识知的行为能维持这些关系只因为行为人相信它们是恰当的：

它们不是被他**编造**出来的，而是由他**发现**的。就这样，识知的努力就为追求这种真相的义务感所引导，就由服从现实的努力所引导。

此外，由于个人识知的每一个行为都评赏某些细节的连贯性，所以这也就暗示着对某些连贯性标准的服从。作出上佳表现的运动员或舞蹈家是他们自己的表演的批评家，而行家也被承认是样本的精华的批评家。一切个人识知行为都以自定的标准鉴定它所识知的东西。

结语

让我概括一下我至此为止的论证。我的论述始于诸精密科学，把它们定义为与经验相关的数学形式主义。在建立与经验的这种联系时，似乎出现了科学家的个人参与。这种情况在经典力学中是最不明显的，所以，我承认物理学的这一个篇章是最接近于完全超脱的自然科学。它的命题确实能得到如此系统的阐述以致容许经验的严格否定。接下来是举了两组例子，表明了精密科学中更广泛的、从想象上看不容忽视的个人参与。第一组例子构成了关于科学中种种盖然性的知识，特别是有关偶然发生的事件形成明显地有意义的模式之巧合程度的知识。第二组例子演示了精密科学中对有序模式的评估并表明尽管有序性的标准与经验有关系，但不可能在可想象的范围内被经验否定。相反，正如在盖然性陈述的例子中一样，这些标准本身可鉴定任何适用的经验样本。

经验当然能够提供线索以促进或抵制盖然性陈述或秩序的标准，而且，这一效果是重要的，但也不是**十分**重要，就如一部小说的主题是否事实对于其可接受性也不十分重要一样。然而，科学中的个人知识不是编造的，而是发现的，因此，它声称超越了自己所依赖的线索而建立起与现实的联系。它满怀热情又远远令人费解地使我们寄托在现实的幻想之中。我们可不能建立可验证性——或可否定性，或可测试性，或别的什么你愿意建立的客观评价标准，以推脱这一责任，因为我们生活于其中，就像生活于用自己的皮肤织就的衣服里一样。这种寄托就像爱——它与爱同一类，是一件“火衬衣”，燃烧着热情之火；同样像爱的是，它的消费者是奉献——对普遍性要求的奉献。这就是我在第二章所揭示的科学中的客观性的真正含义。我把它称为大自然中理性的发现。这一称谓的意思是说发现者宣称在大自然中发现的那种秩序远远超越了他的理解；所以，他的胜利恰恰在于他预先知道了很多依然隐藏着的暗含意义，而这些暗含意义只是在以后的时间里才由他的发现揭示在别人的眼前。

很明显，在那一个阶段，我的如流论证已经溢出并远远超越了诸精密科学而到达了精密科学以外的领域。在本章，我探讨了个人知识的根源，直至隐藏在科学的形式主义操作背后那些最原始的形式。撕下遮盖在图表、方程和运算上面的纸幕，我努力揭示了我们赖以以纯个人的方式识知事物的智力的非言述表现。我分析了有技能地办事和有技能地识知的种种艺术。这些艺术的应用指导并认可了科学公式的应用，而且，这种应用在造就我们对构成世界的大多数事物的基本观点时并未受到任何形式主义的帮助，其影响范围是极为深远的。

在此，在应用技能与实施行家艺术的时候，知识的艺术被视为包含着存在的有意向的变化，即：把我们自己灌注于对细节的附带觉知之中。在技能实施的过程中，这些细节是获得技能的工具；在运用行家绝技的过程中，这些细节是被观察到的综合整体中的元素。技能的实施者被视为在给自己建立标准，并用这些标准评判自己；行家则被视为在按照自己建立的标准来评价综合实体的杰出性。在这样一种场境中的诸元素如锤子、拐杖和说出来的词语等，全都指向其本身以外并在这一场境中被赋予了意义。另一方面，一个综合性的场境本身如舞蹈、数学、音乐，都具有内在或存在的意义。

就这样，办事和识知的艺术，及其意义的评价和理解，都只被视为一种行为的不同方面。这种行为就是把我们的个人延伸至对构成一个整体的细节的附带觉知之中。个人识知这一基本行为的内在结构使我们既必然参与它本身的造就，又怀着普遍性意图承认它的结果。这就是求知寄托的原型。

正是结构丰满的寄托行为把个人知识从单纯的主观性中拯救了出来。求知寄托是一种负责任的决定，它服从于我问心无愧地认为是真实的东西的迫切要求。它是一种希望行为，它竭力在我不负责任的并因此而决定了我的召唤的个人情景中履行一个义务。这一希望和这一义务在个人知识的普遍性意图里得到了表达。至于这种说法为什么可以说是真实的，随着我的论述进一步深入，答案将会变得更明确，并将在本书第三编结束时得到概括。

（许泽民译）

选文出处

波兰尼　个人知识

波兰尼著，《个人知识》，贵州，贵州人民出版社，2000，82—98页。

经验论的两个教条

蒯　因

《经验论的两个教条》是很有影响的名篇。蒯因从理论根基上动摇了逻辑经验主义，对库恩为代表的历史主义科学哲学的兴起产生了直接的影响，并使得实用主义重新复苏。蒯因指出，经验论存在两个教条，一是分析真理与综合真理之间存在根本区别，二是还原论。蒯因通过细致的分析，指出除非是循环论证，否则无法给分析性概念下定义；而借助具有语义规则的人工语言来理解和定义分析性，同样也无济于事。因为我们只有已经理解了分析性，才能有意义地谈论人工语言中的分析陈述的语义规则。还原论的教条，与分析和综合存在根本区别的教条紧密相关，同样也不能成立。需要指出的是，蒯因并非是反对经验论，只是要去掉经验论中的形而上学教条而已，从而走向没有教条的经验论。按照这种经验论，人类的科学是个整体性的网络，任何部分与经验的冲突，都可以通过调整其他部分而得到辩护。这样一来，科学与形而上学之间存在截然的分界线就消失不见了。

作者简介

蒯因（Willard Van Orman Quine，1908—2000），是20世纪最有影响的美国哲学家、逻辑学家之一。蒯因的哲学是从经验主义（逻辑实证主义）出发的，后来又接受了实用主义，转而批判经验主义。在分

现代经验论大部分受两个教条制约。其一是相信在**分析的**、或以意义为根据而不依赖于事实的真理和**综合的**、或以事实为根据的真理之间有根本的区别。另一个教条是**还原论**：相信每一个有意义的陈述都等值于某种以指称直接经验的名词为基础的逻辑构造。我将要论证：这两个教条都是没有根据的。正像我们将要见到的，放弃它们的一个后果就是模糊了玄想哲学和自然科学之间的假定分界线。另一个后果就是转向实用主义。

一　分析性的背景

Hume关于观念间的关系和事实问题之间的区别，和

析哲学特别是美国分析哲学的发展中起到承前启后的关键性作用。他对“经验论的两个教条”的批判，为科学哲学历史学派的兴起铺平了道路。代表作有：《从逻辑的观点看》和《语词和对象》等。

Leibnitz 关于理性的真理和事实的真理之间的区别，都预示着 Kant 关于分析的真理和综合的真理之间的区别。Leibnitz 谈到理性真理在一切可能的世界里都是真的，除去形象性之外，这话是说理性真理就是那些不可能的真理。我们听到有人以同样的腔调把分析陈述定义为否定之则陷于自相矛盾的陈述。但这个定义没有多大的说明力量；因为这个分析性定义所需用的真正广义的自相矛盾概念，恰恰像分析性概念本身那样有待于阐明。这两个概念是同一个可疑的钱币的两面。

Kant 把分析陈述设想为一个这样的陈述，它把恰恰是主词内涵中已经包含的东西归属于主词。这个定义有两个缺点：它局限于主—谓词形式的陈述，而且求助于一个停留在隐喻水平上的包含概念。但是，从 Kant 关于分析概念的使用比从他的定义更加明显地看出来，他的用意可以这样地以不同方式来表述：如果一个陈述的真以意义为根据而不依赖于事实，它便是分析的。循此思路，让我们考察一下这个被预设的**意义**概念。

让我们不要忘记，意义不可以和命名等同起来。Frege 的“暮星”与“晨星”的例子，Russell 的“司各脱”和“《威弗利》的作者”的例子，都说明名词可以是同一事物的名字而具有不同的意义。在抽象名词那一层，意义和命名的区别也同样重要。“9”和“行星的数目”是同一个抽象的名字，但大概必须认为是意义不一样的。因为需要做天文观测，而不单是意义的思索，才能够确定所指的这个东西的同一性。

上面是关于具体的和抽象的单独名词的例子。至于普遍名词或谓词，情况有所不同，但却是与此平行的。一个单独名词似乎是给一个抽象的或具体的东西命名的，一个普遍名词却不是；但一个普遍名词对一个东西来说，或者对许多东西中的每一个来说，或者对没有一个东西来说，是**真**的。“一个普遍名词对之是真的所有的东西”，这类就叫做这个名词的**外延**。那么和一个单独名词的意义与被命名者之间的差别相平行的，我们必须把一个普遍名词的意义与它的外延同样地区别开来。比方说，普遍名词“有心脏的动物”和“有腰子的动物”也许是外延相同但意义不同的。

在普遍名词的场合把意义和外延混为一谈，比起在单独名词的场合把意义和命名混同起来，较为少见。在哲学里把内涵（意义）和外延或者用不同的词汇把含义和指称对立起来，确实是很平常的。

毫无疑问，Aristotle 的本质概念是现代的内涵或意义概念的先驱。依 Aristotle 看来，“是理性的”则属于人的本质，“是两足的”则属于人的偶性。但在这个态度和意义学说之间却有一个重要的异点。从后一种观点来看，确实可以承认（即使仅仅为了辩论）理性是必定包含在“人”这个词的意义之内的，而两足性则不是；但同时却可以把两足性看做包含在“两足动物”的意义之内，而理性则不是。这样从意义学说的观点来看，对于同时是一个人又是一个两足动物的实际的个人来说，他的理性是本质的，而他的两足性是偶有的，或者反过来，都是毫无意义的。依 Aristotle 看来，事物有本质，但只是语言形式才有意义。当本质由所指对象分离出来而同语词相结合时，它就变成了意义。

就意义来说，一个显著问题就是它的对象的本性问题：意义是一种什么东西呢？感到需要有被意谓的东西，这可能由于以前不曾懂得意义和所指是有区别的。一旦把意义学说和指称的学说严格分开，就很容易认识到只有语言形式的同义性和陈述的分析性才是意义学说要加以探讨的首要问题；至于意义自身，当做隐晦的中介的东西，还是丢弃不管的好。

那么我们再一次面对着分析性的问题。由哲学上一致通过作为分析陈述的，确实不难找到。它们分为两类，可以叫做逻辑地真的第一类的陈述，以下例为典型：

（1）没有一个不结婚的男人是结婚的。

这个例子的有关特点是：它不仅照现在的样子是真的，而且给“男人”和“结婚的”这两个词以任何和一切不同的解释，它都仍然是真的。如果我们假定先已作出包括“没有一个”、“不”、“如果”、“那么”、“和”等**逻辑**常词的清单，那么一般地说，一个逻辑真理就是这样一个陈述，它是真的，而且在给予它的除逻辑常词以外的成分以一切不同的解释的情况下，它也仍然是真的。

但还有第二类的分析陈述，以下例为典型：

（2）没有一个单身汉是结婚的。

这样一个陈述的特征是：它能够由于同义词的替换而变成一个逻辑真理：以“不结婚的男人”来替换它的同义词“单身汉”，（2）就能够变成（1）。因为在上面的描述中我们要依靠一个和分析性自身恰恰同样地需要阐释的“同义性”概念，我们就仍然欠缺对于第二类分析陈述、因而一般地对于分析性的恰当的特性刻画。

近年来 Carnap 往往求助于他称为状态描述的东西来解释分析性。把语言里的原子陈述或非复合陈述可能有的真值穷尽地分配给它，这就是一个状态描述。Carnap 假定，语言里一切其他陈述都是借助于熟悉的逻辑手段由它们的成分句按照这样的方式构造起来的，即任何复杂陈述的真值就每一个陈述在一切的状态描述里都得出真的结果，那么这个陈述就被解释为分析的。这种说法是 Leibnitz 的“在一切可能的世界里都真”的改制。但要注意，只当语言里的原子陈述，不像“约翰是个单身汉”和“约翰是结了婚的”那样，是彼此完全没有关系的，关于分析性的这个说明才用得着。否则就会有一个状态描述把真值的真分配给“约翰是个单身汉”，也分配给“约翰是结了婚的”，结果“没有一个单身汉是结婚的”按照所提出的标准便变成综合的而不是分析的陈述了。这样根据状态描述的分析性标准仅仅适用于那些并无像“单身汉”和“不结婚的男人”这样的逻辑之外的同义词对子的语言——正是这个类型的同义词对子产生了分析陈述的“第二类”。根据状态描述的标准顶多是逻辑真理的合理解释，而不是分析性的合理解释。

我并不是说 Carnap 在这一点上抱有任何幻想。他的带有状态描述的简单化的模型语言主要不是为解决一般的分析性问题，却有另一个目的，就是要阐释概率和归纳法。然而我们的问题却是分析性，而这里主要的困难不在第一类分析陈述，即逻辑真理上面，而在依赖于同义性概念的第二类分析陈述上面。

二　定义

有那么一些人，他们说第二类的分析陈述可根据定义还原为第一类的分析陈述，以此感到安慰；例如，把“单身汉”定义为“不结婚的男人”。但是我们怎么知道“单身汉”被定义为“不结婚的男人”呢？谁这样下定义，在什么时候？难道我们将要诉诸身旁的词典，而把词典编辑人的明确陈述奉为法律，显然这会是本末倒置的。词典编辑人是一位经验科学家，他的任务是把已经发生的事实记录下来；要是他把“单身汉”解释为“不结婚的男人”，那是因为他相信，在他自己的著作之前，在流行的或为人喜爱的用法中便不明显地存在着这两个形式之间的同义性关系。这里所预先假定的同义性概念仍有待大概根据语言行为予以阐明。“定义”是词典编辑人关于观察到的同义性的报道，当然不能够作为同义性的根据。

的确，定义是唯独语言学家才有的活动。哲学家和科学家常常有必要给一个难懂的名词“下定义”，就是把它释义为较熟悉词汇中的名词。但这样一个定义，像语言学家的定义一样，通常是纯粹的词典编法，肯定一个在现有说明之前的同义性关系。

肯定同义性恰好是什么意思，两个语言形式要能够恰当地被描述为同义词，恰好什么样的相互联系才是必要而又充分的，我们并不清楚；但是，不论这些相互联系是什么样的，通常它们是以用法为根据的。那么报道精选的同义性例子的定义便是关于用法的报道。

但是，也有一种不同类型的定义活动，它并不局限于报道先已存在的同义性。我心里所想的是 Carnap 叫做解释的东西——哲学家所致力的、而科学家在其较富于哲理性的时刻也从事的一种活动。解释的目的不是单纯把被定义词解为一个确实的同义词，而实际上是用使被定义词意义精练或加以补充的方法来改进它。但即使解释并不单纯报道被定义词与定义词之间的先已存在的同义性，他却仍然以其他的先已存在的同义性为根据。这件事可以像下面这样来考虑。任何值得解释的语词都有一些语境，它们整个地说是足够清楚和确切的，因而是有用的；解释的目的就是保存这些特优语境的用法，同时使其他语境的用法明确起来。因此，为了一个给定的定义适合于解释的目的，所要求的不是被定义词的先前用法和定义词同义，却只是：被定义词的这些特优语境的每一个，在其先前的用法中整个地看来，是和定义词的相应的语境同义的。

两个可供选择的定义词可以同等地适合于一个给定解释任务的目的，却不是彼此同义的；因为它们也许在特优语境内部可以互相替换，而在别处便分歧了。解释类型的定义通过忠于这些定义词中的一个而非另一个的方式，便以命令产生了被定义词与定义词之间以前并不存在的同义关系。但像上面所见到的，这样一个定义的解释性职能的来由，仍然归功于先已存在的同义性。

但是，还仍然有一种极端的定义，它根本没有归回到原先的同义性；这就是纯粹为了缩写的目的明显地根据约定引进新的记号。这里被定义词和定义词成为同义的，单纯地因为它是为了和定义词同义这个目的而特意被造出来的。这里我们有了同义性被定义所创造的真正显明的例子，但愿一切种类的同义性都是同样地容易了解的就好了。就其他场合来说，定义依赖于同义性，而不是解释它。

“定义”这个词已渐渐具有一种危险地使人放心的语气，这无疑由于它在逻辑和数学著作中的经常出现而来。我们现在最好暂且放开，简要地对定义在形式研究中的作用给予评价。

在逻辑和数学系统中，两种互相对立的节约类型的任何一种都是可以追求的，而每一种都有它的特殊的实际效用。一方面我们可以寻求实际用语的节省——轻易地和简便地把各种各样的关系陈述出来。这种节约通常要求用特殊的简明记号来表示许多概念。但是，其次，相反地我们可以寻求语法和词汇的节约；我们可以试图找到这样的最小量的基本概念，以便一旦其中每个都有了特殊的记号，通过我们的基本记号的单纯合并与反复来表达想要得到的任何其他概念就成为可能了。这第二种节约从某方面来讲是不实际的，因为基本语言的贫乏有使论述必然冗长的倾向。但在另一方面它又是实际的：通过把语言本身的名词和构造形式减到最小量，它大大地简化了对于这语言的理论性论述。

两种节约虽然乍看起来是不相容的，但在各自不同的方面是有价值的。因此产生了这样的习惯：就是用实际上是构造两个语言（其中一个是另一个的一部分）的方法把两种节约结合起来。这个包括一切的语言虽然在语法和词汇上是多余的，在讯息长度上却是节约的，但另一方面，叫做原始记号的那一部分在语法和词汇上却是节约的。整体和部分是由翻译规则来相互联系的，通过这些规则，原始记号的每个成语都和由原始记号构造起来的某些复合体相等。这些翻译规则就是在形式化系统里出现的所谓定义。最好不要把它们看做一个语言的附属语，而是看做两个语言（其中一个是另一个的一部分）之间的相互关系。

但这些相互关系不是任意的。它们被认为表明了原始记号如何能够完成这个多余的语言的一切目的，除了简短和方便之外。因而在每个场合可以预期被定义词和定义词是以刚刚提到的三种方式中的任何一种发生关系的。定义词可以是用范围较窄的一套记号来忠实地把被定义词释义，这样保存了一个先前用法里的直接的同义性；或者定义词可以按照解释的本旨，把被定义词的先前用法加以改良；或者，最后，被定义词可以是一个新创造的记号，是此时此地新近地赋有意义的。

这样，在形式的和非形式的研究中都一样，我们发现定义——除了明显地根据约定引进新记号的极端场合——是以在先的同义性关系为转移的。那么认识到定义概念并不掌握同义性和分析性的关键，让我们进一步探究同义性，而把定义撇开。

三　互相替换性

值得仔细考察的一个自然的意见便是：两个语言形式的同义性，简单说来，就在于它们在一切语境中可以互相替换，而真值不改变——用 Leibnitz

的说法，就是保全真理的互相替换性。注意：这样构想的同义词甚至不必是没有含混的，只要含混是相等的。

但说同义词“单身汉”和“不结婚的男人”在一切场合都可以保全真理地互相替换，却不完全是真的。用“不结婚的男人”来替换“单身汉”［bachelor］便由真变假的真理，借助于“bachelor of arts”［文学士］或“bachelors buttons”［小的果味饼干］是容易构造出来的；也可以借助于引号，例如：“bachelor”有少于十个字母。然而，这样的反例也许能够由于把短语“bachelor of arts”和“bachelors buttons”和引用语“bachelor”都看做单一的不可分的语词，并且规定那作为同义性标准的保全真理的互相替换性不应当适用于一个语词内部的片段，而置之不顾。同义性的这个说明假定在其他各点上是可接受的，的确有求助于一个在先的“语词”概念的弱点，能够指望这个概念又是在明确陈述上有困难的。但把同义性的问题还原为词性的问题还是可以认为有了一些进步。让我们承认语词是当然的，照这个思路稍许继续下去。

问题在于是否保全真理的互相替换性（除开语词内部的片段不算）是同义性的一个足够强的条件，或者是否相反地，有些异义词也是可以这样地互相替换的。现在让我们讲清楚，我们这里不谈在心理联想和诗学性质上完全同一的那个意义上的同义性；的确没有任何两个语词是在这样的意义上同义的。我们只关心那个可以称为认识的同义性的东西。这个恰恰是什么，在没有成功地结束目前这个研究之前是不能够说的。但从第一节里同分析性有关而产生的对它的需要，我们对它是有所认识的。那里所需要的同义性不过是这样的一种，就是说用同义词替换同义词便可以把任何分析陈述变成一个逻辑真理。的确，把局面倒转过来而从假定分析性出发，我们就能够把名词的认识的同义性解释如下（继续用这个熟悉的例子）：说“单身汉”和“不结婚的男人”是同义的，就恰恰等于说下面这个陈述：

（3）*所有和只有单身汉是不结婚的男人是分析的。*

我们所需要的是一个不预设分析性的关于同义性的说明，——如果我们要像在第一节里所做的那样，反过来借助于认识的同义性来解释分析性的话。的确，目前要考虑这样一个独立的关于认识的同义性的说明，就是在除语词内部以外的一切场合都保全真理的互相替换性。最后重新提起话题，摆在我们面前的问题是：这样的互相替换性是不是认识的同义性的充分条件，用下面一类的例子，我们能够很快地使自己确信：它是。看下面这个陈述：

（4）*必然地所有和只有单身汉是单身汉。*

这显然是真的，即使假定“必然地”被这样狭隘地诠释，以致仅仅真正适用于分析陈述。那么，如果"单身汉"和"不结婚的男人"是可以保全真理地互相替换的，用"不结婚的男人"来替换"单身汉"在（4）中的一次出现的结果：

（5）必然地所有和只有单身汉是不结婚的男人

便像（4）一样必定是真的。但是说（5）是真的即是说（3）是分析的，因此"单身汉"和"不结婚的男人"是认识上同义的。

让我们看看在上述论证中有些什么东西使它带有变戏法的样子。保全真理的互相替换性的条件是随着现有语言的丰富程度的不同而效力地发生变化的。上述论证假定我们所使用的语言足够丰富，可以包含"必然地"这个副词，这个副词还被这样地诠释，以至当并且仅当把它应用于一个分析陈述时，它才产生真理。但是我们能够原谅含有这样一个副词的语言吗？这个副词真的有意义吗？假定它是有意义的，便是假定我们已圆满地了解"分析性"的意义。那么我们就在现在这么费力地去探讨的是什么呢？

我们的论证不是直截了当地循环的，却近似于循环论证。打个比喻来说，它具有空间里的一个封闭曲线的形式。

保全真理的互相替换性，在相对于一个其范围在有关方面都已详细说明的语言系统来描述以前，是没有意义的。现在假定我们考虑一个恰恰含有下述材料的语言。有无定限地大量的一位谓词（例如，"Ex"的意思是：x是一个人，"E"便是一位谓词）和多位谓词（例如，"Gxy"的"G"，而"Gxy"的意思是：x爱y），大部分和超逻辑题材有关。语言的其余部分是逻辑的。每个原子句都由一个谓词随以一个或几个变元"x"、"y"等组成，而复杂句则是用真值函项（"不"、"和"、"或"等）和量词由原子句构造起来的。实际上这样一个语言系统享有摹状词和一般地说单独名词的利益，这些是可以用已知的方式在语境里下定义的①。甚至给类、类的类等命名的抽象单独名词也是能够在语境里下定义的，如果假定的谓词贮备包括类分子关系的二位谓词的话。这样一个语言系统对于古典数学，一般地对于科学论述，都是足够的，除去在这样的范围内：后者包括像违反事实的条件句或"必然地"等模态副词这样的会产生争论的手段。上述这个类型的语言在这个意义上是外延的：在外延上一致的（就是说对于相同的对象是真的）任何两个谓词都是可以保全真理地互相替换的。

---

① 作者认为摹状词（如"威弗利的作者"、"现在的法国国王"）和单独名词都可以按照 Russell 的摹状词学说来分析，就是把一个摹状词作为一个不完全符号在语境里来释义。虽然并没有提供任何统一的语词作为这摹状词的分析，但整个命题或陈述（这摹状词的语境）仍然是有意义的。——译者注

所以，在一个外延语言中，保全真理的互相替换性并不是想要得到的那个类型的认识同义性的保证。在一个外延语言中“单身汉”和“不结婚的男人”是能够保全真理地互相替换的这一点，不过向我们保证（3）是真的。这里并不保证“单身汉”和“不结婚的男人”的外延一致依赖于意义，而非单纯依赖于偶然的事实，像“有心脏的动物”和“有腰子的动物”那样。

就大多数的需要来讲，外延一致便已最近似于我们所关心的同义性了。但事实仍然是这样：外延一致远远没有达到为了按照第一节的方式来解释分析性所要求的那一种认识的同义性。那里，所需要的认识的同义性是这样的一种，它将使“单身汉”和“不结婚的男人”的同义性等同于（3）的分析性，而非单纯等同于（3）的真理性。

因此我们必须承认：保全真理的互相替换性要是相对于一个外延的语言来加以解释，便不是为按照第一节的方式得出分析性所需要的那个意义的认识同义性的充分条件。如果一个语言系统含有一个刚才提到的那个意义的内涵副词“必然地”或有同样意义的其他逻辑常词，那么在这样一个语言中保全真理的互相替换性确实提供认识的同义性的充分条件；但这样一个语言仅仅就分析性概念先已被了解的范围来说，才是可以了解的。

像第一节那样力图首先解释认识的同义性，以便后来由它引出分析性来，也许是错误的途径。另外的途径是：我们可以尝试以某种方式解释分析性而不求助于认识的同义性。然后如果我们愿意，我们无疑地能够由分析性十分圆满地引出认识的同义性来。我们已经看到“单身汉”和“不结婚的男人”的认识同义性可以解释为（3）的分析性。同样的解释也适用于任何一对的一位谓词，而且能够以显明的方式推广到多位谓词。其他语法范畴也能够以颇为相似的方式被容纳进来。如果由于把“＝”置于两个单独名词之间而形成的同一陈述是分析的，这些单独名词便可以说是认识地同义的。如果两个陈述的双条件句（用“当并且仅当”把它连接起来的结果）是分析的，它们便可以简单地说是认识地同义的。如果我们愿意把所有的范畴都概括在一个单一公式里，而不再假定本节开头所求助的“语词”概念，我们就能够在任何两个语言形式可以保全（不再是真理性而是）分析性地互相替换（除去“语词”内部的片段）的时候，把这两个语言形式描绘为认识地同义的。的确在意义含糊或同义异词的场合产生了某些技术性问题；但是让我们不要为它们停下来，因为我们已经离开本题了。让我们放弃同义性的问题而再次着手探讨分析性的问题。

四　语义规则

初看起来求助于一个意义领域便能够最自然地给分析性下定义。仔细推敲一下，求助于意义便给求助于同义性或定义让路了。但定义结果是捉摸不定的东西，而同义性结果是仅仅由于先前求助于分析性本身才被最好地了解。于是我们又回到分析性问题上来了。

我不知道“一切绿色的东西都是有延伸性的”这个陈述是不是分析的。现在我对于这个例子的犹豫不决不完全了解，对于“意义”，对于“绿色的”和“有延伸性的”不完全掌握吗？我以为不是。麻烦不在于“绿色的”或“有延伸性的”而在于“分析的”。

人们常常暗示说：在日常语言中把分析陈述和综合陈述分开的困难是由于日常语言的含混，当我们有了带着明显的“语义规则”的准确的人工语言，这个区别就很清楚了。然而，我将试图证明这个说法是混乱的。

我们正在为之烦恼的分析性概念，是一个被称为在陈述和语言之间的关系：陈述S被认为对于语言L是分析的，问题就在于一般地，即就变元“S”和“L”来说，了解这个关系的意义。这个问题的严重性并不是对于人工语言较之对于自然语言要显著地减少些。了解有变元“S”和“L”的这个成语“S对于L是分析的”的意义问题，甚至当我们使变元“L”的范围限于人工语言时，也保持着它的顽固性。现在让我试图使这一点明显起来。

要谈人工语言和语义规则，我们自然地指望Carnap著作的帮助。他的语义规则采取各种形式，为了证明我的论点，我将必须辨明其中的某些形式。开头让我们假定人工语言L_0，它的语义规则具有明显地把L_0的一切分析陈述以递推或其他方式逐一指定的形式。这些规则告诉我们这样那样的陈述，而且只有它们是L_0的分析陈述。现在这里的困难恰好在于这些规则含有“分析的”一词，这是我们所不了解的！我们了解这些规则把分析性归于哪些表达式，但我们不了解这些规则认为属于那些表达式的是什么。简言之，在我们能够了解一个“一个陈述S对于语言L_0是分析的，当并且只当……”开始应用这个规则之前，我们必须了解这个关系名词“对于……是分析的”；我们必须了解“S对于L是分析的”，其中S和L都是变元。

作为一个代替的办法，我们的确可以把所谓的规则看做是一个简单的新符号“对L_0是分析的”的一个约定定义，这个新符号可以不带倾向性地写成K更好些，以便不像把“分析的”这个令人发生兴趣的语词明白清楚地显示出来。显然为了各种目的或者不为任何目的能够逐一指定L_0的陈述的任何数目的类K、M、N等，相反是L_0的一类分析陈述，这是什么意思呢？

说什么陈述对于L_0是分析的，我们便解释了“对于L_0是分析的”，但并没有解释“分析的”，没有解释“对于……是分析的”。即使如果我们满足于使“L”的范围限于人工语言领域，我们也并没有开始解释这个带有变元S和

L 的成语“S 对于 L 是分析的”。

实际上我们关于“分析的”一词的含义所知道的，已足够使我们知道分析陈述被认为是真的。那么让我们求助于语义规则的第二种形式，它不是说这样那样的陈述是分析的，而简单地说这样那样的陈述是包括在真陈述当中的。这样一个规则不需受到含有“分析的”这个不被了解的语词的批评，而我们为了辩论起见也可以承认关于更宽的语词“真的”并没有任何困难。一个第二类的语义规则，一个真理规则，并不要逐一指定这个语言系统里所有的真理；它只是递归地或以其他方式规定，一定的大量陈述和其他没有指明的陈述一起都算是真的。可以承认这样一个规则是十分清楚的。然后通过引申，就能够这样地给分析性划界限：如果一个陈述（不仅是真的而且）按照语义规则是真的，它就是分析的。

实际上依然没有任何进展。不求助于一个没有解释的语词“分析的”，我们现在却求助于一个没有解释的短语“语义规则”。断定某一类陈述是真的，每一个真陈述并不都能够算是语义规则——否则**一切**真理在按照语义规则是真的这个意义上，便会都是“分析的”了。显然只有根据在“语义规则”项目下在一页上出现的事实，才能够把语义规则辨认出来；这个项目本身就是没有意义的。

的确我们能够说，当并且只当一个陈述按照这样那样的明确地添加的“语义规则”是真的，这个陈述才**对于 L_0 是分析的**，但是我们就发现自己又回到和原来所讨论的本质上同样的情况了：“当并且只当……S 才对 L_0 是分析的。”一旦我们试图一般地给变元“L”（即使同意 L 以人工语言为限是正当的）解释“S 对于 L 是分析的”，“按照 L 的语义规则是真的”这个解释便是无用的；因为“……的语义规则”这个关系名词至少和“对于……是分析的”同样地需要阐明。

把语义规则的概念和公设的概念比较一下也许是有教益的。相对于公设的一个给定集合，很容易说什么是一个公设：它是这个集合的一分子。相对于语义规则的一个给定集合，要说什么是一个语义规则也是同样容易的。但仅仅给予一个数学的或其他的符号系统，而且就它的陈述的翻译或真值条件而言，的确是随你要多么透彻就多么透彻地被了解的符号系统，谁能够说它的真陈述中哪些属于公设之列呢？显然这个问题是没有意义的——正如问在俄亥俄州哪些点是出发点一样没有意义。陈述的任何有穷（或能够有效地指定的无穷）选集（也许真陈述较好）和任何其他选集同样地是公设的一个集合。“公设”这个词仅仅相对于**一个**研究活动来说才是有意义的；恰恰在这样的范围内，即在这一年或这个时刻，我们偶尔想到陈述的一个集合，想到通过我们决定加以注意的一类变形能够从那些陈述得出的陈述，我们才应用“公设”这个词于那些陈述。现在是要用类似的相对的态度，这一次是相对于使不熟悉某一自然语言或人工语言L的陈述的真值的充分条件的人们受训练的这一个或另一个特定计划，来构想语义规则的概念，这个概念便像公设概念一样合理和有意义。但从这个观点看来，对于L的真陈述的一个子类的任何突出都不比另一个子类的突出本质上更是一个语义规则；如果“分析的”意指“根据语义规则是真的”，没有任何L的真陈述是排除其他陈述而成为分析的。

也许可以设想有人会提出异议说：一个人工语言L（不像自然语言）是通常意义的语言加上明显的语义规则的集合——这整个构成了“有序的一对”；那么L的语义规则可以恰好地指定为这一对L中的第二部分。但是，由于同样原因和更简单地，我们可以把人工语言L直截了当地解释为“有序的一对”，其第二成分便是它的分析陈述的一类；那么L的分析陈述便变成可以恰好地指定为L的第二部分中的陈述。

上面的考虑并没有明显地包括Carnap和他的读者们所知道的一切关于分析性的解释，但推广到其他的形式是不难看出的。只是还有一个有时参加进来的因素应当提到：有时语义规则实际上是怎样译成日常语言的翻译规则，在这个情况下人工语言的分析陈述实际上是从它们被指定的日常语言译文的分析性才辨认出来的。这里当然不能够设想分析性问题会从人工语言方面得到说明。

从分析性问题的观点看来，带有语义规则的人工语言这个概念是出类拔萃地捉摸不定的东西［feu follet par excellence］。决定一种人工语言的分析陈述的语义规则仅仅在我们已经了解分析性概念的限度内，才值得注意的；它们对于获得这种了解是毫无帮助的。

求助于人工的简单的一种假设语言，如果和分析性有关的心理上或行为上或文化上的因素——不管它们是什么——已被设法概略地描绘在这个简单化的模型里，可以想象也许对于阐明分析性是有用的。但是单纯地把分析性看做一种不可简约的特质的一个模型，是不会使这个解释分析性的问题清楚明白地显示出来的。

显而易见，真理一般地依赖于语言和语言之外的事实两者。“Brutus杀死了Caesar”这个陈述会是假的；如果世界在某些方面曾经是另外一个样子，但如果“杀死”这个语词碰巧具有“生育”的意思，这个陈述也会是假的。这样就引诱人们一般地假定一个陈述的真理性可以想办法分析为一个语言成分和一个事实成分。有了这个假定，下一步好像合理的事情，就是在某些陈述中，事实成分该等于零；而这些就是分析陈述。但是，尽管有这一切先天的合理性，恰好未曾划出分析陈述和综合陈述之间的分界线。认为有这样一条界线可划，这是经验论者的一个并非来自经验的教条，一个形而上学的信条。

五　证实说和还原论

在这些忧郁的思虑过程中，我们首先对意义的概念，然后对认识同义性的概念，最后对分析性的概念抱悲观的看法。但人们也许会问道：意义的证实说的情况又怎样呢？这个短语已经这样牢固地成为经验论的口号，如果我们不为了寻找意义问题和有关问题的可能关键去看看它的究竟，我们就的确是很不科学的了！

从 Peirce 以后在文献里就占有显著地位的意义证实说是说：一个陈述的意义就是经验地验证它或否证它的方法。一个分析陈述就是不管什么情况都得到验证的那个极限场合。

正如在第一节里所敦促的那样，我们最好还是绕过把意义作为自体的问题而直接进到意义的相同或同义性。那么证实说所说的就是：当并且只当陈述在经验论证或否证的方法上是同样的，它们才是同义的。

这不是一般地关于语言形式的说明，而是关于陈述的认识同义性的说明。但是借着同第三节末尾有几分相像的考虑，我们能够由陈述同义性的概念给其他语言形式导出同义性的概念。的确，假定了“语词”的概念，当以一个形式替换另一个形式在任何陈述中的出现（除去在“语词”内部的出现不算）时产生一个同义的陈述，我们就能够解释任何这样的两个形式是同义的。最后，有了一般地关于语言形式的同义概念，我们就能够像第一节那样根据同义性和逻辑真理给分析性下定义。就此而言，我们能够更简单地仅根据陈述的同义性和逻辑真理来给分析性下定义：没有必要求助于陈述之外的语言形式的同义性。因为恰好当一个陈述和一个逻辑地真的陈述同义时，这个陈述就可以被描述为分析的。

所以，如果证实说能够被接受为陈述同义性的适当的说明，分析性的概念毕竟还是得救了。但是，让我们思考一下，陈述同义性被断定为验证或否证方法的相似，有待于比较其相似性的这些方法是什么东西呢？换句话说，一个陈述和促成或损害它的验证的经验之间的关系是什么性质呢？

对这个关系的最朴素的看法是说它是直接报告的关系。这是**根本还原论**。每一个有意义的陈述都被认为可以翻译成一个关于直接经验的陈述（真的或假的）。这一种或那一种形式的根本还原论在这样称呼的意义证实说之前早就出现了。例如 Locke 和 Hume 认为每一个观念必定或者直接来源于感觉经验，不然便是由这样起源的观念组合成的；接受 Locke 的暗示，我们也许可以用语义学的行话再以新方式表述这个学说如下：每一个名词要有意义，就必定或者是一个感觉资料的名字或者是这样的名字的复合物或者是这样一个复合物的缩写。这个学说被这样地表述，在作为感觉事件的感觉资料和作为感觉性质的感觉资料之间，它仍然是意义含糊的；关于可以容许的组合方式它也仍然是含混不清的。此外，就这个学说所要求的逐个名词进行评述来说，它是不必要地和不可忍受地过于约束的。较为合理地，并且尚未超出我所谓的根本还原论的界限，我们可以把整个陈述看做我们的有意义单位——这样就要求我们的陈述作为整体可以翻译为感觉资料语言，但不要求它们对名词逐个地加以翻译。

这个修正毫无疑问是会受 Locke、Hume 欢迎的，但在历史上它却必须等候语义学中一个重要的重新定向——由于重新定向，表达意义的首要工具终于被认为不再是名词，而是陈述。在 Bentham 和 Frege 那里所看到的这个重新定向，就是 Russell 的在使用上被下定义的不完全符号概念的基础；它也隐含在意义的证实说里，因为证实的对象是陈述。

现在设想陈述是基本单位的根本还原论，给自己提出这样的任务：详细地规定感觉资料的语言，并且表明怎样把议论的其余部分逐句地翻译为感觉资料语言。Carnap 在《世界的逻辑构造》里着手这一项计划。

Carnap 拿来做他的出发点的语言，并不是在可以想象的最狭窄意义上的感觉资料语言，因为它也包括直到高等集合论的逻辑记号。实际上它包括纯数学的整个语言。它所隐含的本体论（就是说，它的变元的值域）不仅包括感觉事情，还包括类、类的类等等。对这样的慷慨将要犹豫不决的经验论者有的是。然而 Carnap 的出发点在它的逻辑外的或感觉的部分是很节约的。Carnap 在一系列的构造中十分巧妙地利用现代逻辑的一切手段，成功地给一大批重要的、增添的感觉概念下定义，要是没有他的构造，人们做梦也不会想到这些概念是可以在如此微薄的基础上下定义的。他是不满足于仅仅断定科学可以还原为直接经验的词语，而对于实行这种还原采取了认真的步骤的第一个经验论者。

如果 Carnap 的出发点是令人满意的，他的构造正如他自己所强调的，依然只是整个计划的片段。即使关于物理世界的最简单的陈述也还停留在草图似的状态中。Carnap 关于这个题目所提出的主意，尽管是概略式的，却是很有启发的。他把时空的点—瞬间解释为实数的四倍量，并且设想按照一定标准给点—瞬间指定感觉的性质。粗略地加以概述，他的计划是：应当以这样一种方式给点一瞬间指定感觉性质，以便达到一个和我们的经验相符合的最懒散的世界。最小作用量原理将是我们由经验构造一个世界时的指导原则。

但是，Carnap 好像没有认识到，他对物理对象的处理未达到还原，不仅是由于粗略，而是原则上的。根据他的标准，具有“性质 q 是在一瞬间 x；y；z；t”这种形式的陈述，将以这样一种方式被分配真值，以便使某些全面的特色达到最高点和最低点，而随着经验的增长，真值亦将以同样的精神被递增地修正。我想这是关于科学真正在做的事情的很好的系统整理（诚然是有意地过分简单化的），但关于“性质 q 是在 x；y；z；t”这种形式的陈述究竟如何能够翻译为 Carnap 的最初的感觉资料和逻辑的语言，却没有提供即使最粗略的暗示。结合词“是在”依旧是一个被添加的不下定义的结合词；所定标准向我们提出关于它的使用、但不是关于它的消除的建议。

后来 Carnap 似乎对这一点已有正确评价。因为他在后期著作里已放弃关于物理的陈述可以翻译为关于直接经验的陈述的一切想法。一种彻底形式的还原论早已不再在 Carnap 哲学中出现了。

但是还原论的教条在一种更微妙的和更精细的形式中，继续影响着经验论者的思想。这种想法历久犹存：认为同每一个陈述或每一个综合陈述相关联的都有这样独特的一类可能的感觉事情，其中任何一个的发生都会增加这个陈述真的可能性，也另有独特的一类可能的感觉事情，它们的发生会减损那个可能性。这种想法当然是隐含在意义的证实说里面的。

还原论的教条残存于这个假定中，即认为把每个陈述从它的同伴分离出来孤立地看，它真是能够容许验证或否证的。我的相反的想法基本上来自 Carnap 的《世界的逻辑构造》里关于物理世界的学说，我认为我们关于外在世界的陈述不是个别地，却仅仅作为一个有组织的团体来面对感觉经验的法庭的。

还原论的教条，即使在它的减弱的形式中，是和关于分析和综合陈述的根本区别的另一个教条紧密地结合起来的。的确，我们发现自己从后一问题通过意义的证实说被引导到前一问题；更直接地说，一个教条很清楚地以这个方式支持另一个教条：只要认为说到一个陈述的验证或否证一般地是有意义的，那么，谈到极限的一种陈述——不管发生什么情况，就该事实而论，这个陈述是空洞地被验证的——也好像是有意义的；这样一个陈述就是分析的。

的确，这两条在根本上是同一的。我们近来在想：陈述的真理性显然既取决于语言，也取决于语言之外的事实，我们注意到这个显然的情况不是逻辑地而是十分自然地带来这样一个感觉，即可以设法把一个陈述的真理性分析为一个语言成分和一个事实成分。如果我们是经验论者，这个事实成分必定归结到一定范围的起验证作用的经验。在语言成分是唯一要紧的极限场合，一个真陈述便是分析的。但我希望我们现在对于分析的和综合的之间的界限如何倔强地抗拒任何明确的划分，已感受深刻印象了。除开关于一个缸里的黑球和白球的预先制定的例子，我对于要形成关于一个综合陈述的验证的任何明显理论的问题向来是多么把人难倒，也有深刻印象。我现在的看法是：谈到在任何个别陈述的真理性中的一个语言成分和一个事实成分，是胡说，而且是许多胡说的根源。总的看来，科学双重地依赖于语言和经验；但这个两重性不是可以有意义地追踪到一个一个地依次来看的科学陈述的。

像上面说过的，在使用上给一个符号下定义的主意比较 Locke 和 Hume 的那个不可能的逐个名词经验论是一个进步。Frege 开始认识到，要对经验论者的批评负责的单位是陈述，而非名词。但我现在极力主张的是：即使以陈述为单位，我们也已经把我们的格子画得太细。具有经验意义的单位是整个的科学。

六　没有教条的经验论

我们所谓的知识或信念的整体，从地理和历史的最偶然的事件到原子物理学甚至纯数学和逻辑的最深刻的规律，是一个人工的构造物，它只是沿着边缘同经验紧密接触。或者换一个形象来说，整个科学是一个力场，它的边界条件就是经验。在场的周围同经验的冲突引起内部的再调整，要给我们的某些陈述重新分配真值。一些陈述的再评价使其他陈述的再评价成为必要，由于它们在逻辑上的互相联系——至于逻辑规律，也不过是系统的某些另外的陈述，场的某些另外的元素。已经再评定一个陈述，我们就得再评定其他某些陈述，它们也许是和头一个陈述逻辑地联系起来的陈述，也许是关于逻辑联系自身的陈述。但整个场是这样地被它的边界条件即经验决定得不充分，以致在根据任何单一的相反经验要给哪些陈述以再评价的问题上有很大的选择自由。并无任何特殊的经验是和场的内部的任何特殊陈述相联系的，除开通过关于影响到整个场的平衡的考虑所表明的间接联系。

如果这个看法是正确的，那么谈一个个别陈述的经验内容——尤其如果它是离开这个场的经验周围很遥远的一个陈述——便是引入歧途的。而且要寻求其有效性视经验而定的综合陈述和不管发生什么情况都有效的分析陈述之间的分界线，也成为十分愚蠢的。在任何情况下任何陈述都能够被决定是真的，如果我们在系统的其他部分作出足够剧烈的调整的话。即使一个很靠近周围的陈述面对着顽强不屈的经验，也能够由于发生幻觉来辩护或者由于修改被称为逻辑规律的那一类的某些陈述而被决定是真的。反过来，由于同样原因，没有任何陈述是免受修改的。有人曾经提出甚至逻辑的排中律的修正作为简化量子力学的方法；这样一种改变和 Kepler 由是而接替 Ptolemy，或者 Einstein 接替 Newton，或者 Darwin 接替 Aristotle 的改变之间在原则上有什么不同呢？

为了描述的生动性，我刚才是用对感觉周围的不同距离的措辞来谈的。让我现在尝试不用隐喻而阐明这个概念。某些陈述虽然是**关于**物理对象而非关于感觉经验的，好像特别适合于感觉经验——而且是有选择的：有的陈述对于有的感觉经验，其他的陈述对于其他的经验。特别适合于特殊经验的这样一种陈述，我把它们描绘为在周围的附近。但在这个"适合性"的关系中，我所想象的不过是这样一个松懈的联系：它反映出在实践上、在不顺从的经验出现时我们宁可选择一个陈述而非另一个陈述来进行修改的相对可能性。例如，我们能够想象出不顺从的经验，我们确实愿意以仅仅修改"埃尔姆大街上有砖房子"这个陈述和关于同一题目的有关陈述使我们的系统适应这些经验。我们能够想象出其他顺从的经验，我们愿意以仅仅修改"没有半人半马的怪物"这个陈述以及类似的陈述使我们的系统适应这些经验。我曾力陈能够以整个系统的可供选择的不同部分的任何可供选择的不同修改来适应一个不顺从的经验：但在我们此刻正在想象的场合，我们的尽可能少地打乱整个系统的自然倾向会引导我们把我们的修改聚集在这些关于砖房子或半人半马怪物的特定陈述上。所以，这些陈述被感觉到较之物理学或逻辑学或本体论的高度理论性的陈述具有更清楚明晰的经验指称。后一类陈述可以被看做是在整个网络内部比较中心的位置上，意思不过是说很少有同任何特殊的感觉资料的优先联系闯进来。

作为一个经验论者，我继续把科学的概念系统看做根本上是根据过去经验来预测未来经验的工具。物理对象作为方便的中介物被概念引进这局面中来——不是用根据经验的定义，只作为不可简约的假定物，在认识论上可以同 Homer 史诗中的诸神相比。就我自己而言，作为非专业的物理学家，我确实相信物理对象而不相信 Homer 的诸神；而且我认为不那样相信便是科学上的错误。但就认识论的立足点而言，物理对象和诸神只是程度上而非种类上的不同。这两种东西只作为文化的假定物进入我们的概念。物理对象的神话在认识论上优于大多数其他的神话的理由在于：它作为把一个容易管理的结构插入经验之流中的手段，已证明是比其他神话更奏效的。

假定并不以宏观的物理对象而中止。原子水平的对象也被假定，以便宏观对象的规律和最终是经验的规律更简单化和更易于处理；我们需要预期或要求根据宏观物体来给原子的或逊原子的东西下充分的定义，同不能根据感觉资料来给宏观物体下定义一样。科学是常识的继续，它也继续使用常识为了理论简单化而使本体论膨胀起来的权宜之计。

小的和大的物理对象不是唯一的假定物。力是另一个例子，的确现今有人告诉我们能量和物质之间的分界线已经作废了。此外，属于数学内容的抽象东西——最终是类、类的类，如此等等——是同一旨趣的另一种假定物。从认识论上说来，这些是和物理对象与诸神处在同一地位的神话，既不更好些，也不更坏些，只是它们促使我们同感觉经验打交道加速进展的程度是有差别的。有理数和无理数的全部代数是被有理数代数所不完全决定的，但却更顺利和更方便；它包括有理数代数作为边缘参差不齐的一部分。全部科学，数理的和自然的和人文的，是同样地但更极端地被经验所不完全决定的。这个系统的边缘必然保持与经验相符合；其余部分，带有它的一切精制的神话和虚构，则以规律的简单性为其目标。

按照这个观点，本体论问题是和自然科学问题同等的。思考一下是否赞成类是实体这个问题吧。正如我在别处所论证的，这就是要不要把取类为值的变元加以量化的问题。[①] Carnap 现在主张[②]：这不是关于事实的问题，而是关于为科学选择一种方便的语言形式、一个方便的概念体系或结构的问题。我们同意这一点，但须附有这个条件：要承认科学假说一般地也是同样。Carnap[③] 已经认识到：只是由于假定了分析和综合陈述之间的绝对区别，他才能够为本体论问题和科学假说保持双重的标准；我不消再说一次这一个区别是我不能接受的。

关于有没有类的争论好像更多地是一个方便的概念系统的问题，关于有没有半人半马怪物和埃尔姆大街上的砖房子的争论好像更多地是一个事实问题。但我一向极力主张这个差别只是程度上的差别，它取决于我们宁可调整科学织物的这一股绳而非另一股以适应某些特定的不顺从经验这个模糊的实用倾向。保守主义在这样的选择中起作用，简单性的寻求也起作用。

Carnap、Lewis 等人在选择语言形式、科学结构的问题上采取实用主义立场，但我们的实用主义在分析的和综合的之间的想象的分界线上便停止了。

---

① 初阶谓词演算把个体变元“x”、“y”等加以量化，例如“所有的 x……”、“至少有一个 y……”。这里“x”、“y”受量词约束，叫做约束变元。关于类变元可否量化，就是说应否承认类的存在，逻辑学家和哲学家是有争论的。——译者注

② Carnap，“Empiricism，Semantics and Ontology”［《经验论、语义学和本体论》］，载 *Intern. Rev. of Phil.*，4.（1950）。

③ 同上书，32 页附注。

在拒绝接受这样一条分界线时我拥护一种更彻底的实用主义。每个人都被给予一份科学遗产加上感官刺激的继续不停的密集火力猛击；在修改他的科学遗产以便适合于他的继续不停的感觉提示时，给他指导的考虑，在合乎理性的场合，都是实用的。

（江天骥译，洪谦校）

选文出处

蒯因　经验论的两个教条

洪谦主编，《逻辑经验主义》（下卷），北京，商务印书馆，1984，673—697 页。

革命是世界观的改变

库　恩

《科学革命的结构》不仅是科学哲学史上的名著，而且对于科学史、科学社会学也产生了重要的影响。在本书选录的这一章中，库恩指出，科学革命之后，科学家的世界观发生了彻底的变革，观察世界的知觉模式发生了改变，似乎是在一个全新的世界中生活。科学革命本身所带来的影响却掩盖了直觉模式转变的这一事实。人们往往相信理论的变迁是在不变的知觉模式下，新的事实证明了过去观点是错误的。这也并不仅仅是对原有的经验重新解释而已。更重要的是随着范式的更迭，经验本身发生了变化。因为事实上并不存在着中立客观的感官经验。

作者简介

库恩（Thomas Kuhn，1922—1996），美国科学史家、科学哲学社会历史学派的代表人物。库恩批判了以逻辑实证为代表的传统科学哲学，提出了以“范式”理论为中心的动态科学发展模式。库恩揭示了科学发展中社会、心理等传统上认为理性之外的因素的重要性，为后来科学知

从现代编史学的眼界来审视过去的研究纪录，科学史家可能会惊呼：范式一改变，这世界本身也随之改变了。科学家由一个新范式指引，去采用新工具，注意新领域。甚至更为重要的是，在革命过程中科学家用熟悉的工具去注意以前注意过的地方时，他们会看到新的不同的东西。这就好像整个专业共同体突然被载运到另一个行星上去，在那儿他们过去所熟悉的物体显现在一种不同的光线中，并与他们不熟悉的物体结合在一起。当然，那种事并没有发生过，科学共同体并没有经历地理上的迁移；实验室外日常事务依旧进行。尽管如此，范式改变的确使科学家对他们研究所及的世界的看法变了。只要他们与哪个世界的沟通是透过他们所看的和所干的，我们就可以说：在革命之后，科学家们所面对的是一个不同的世界。

大家熟悉的视觉格式塔转换实验很有启发性，我们可以把它当做一个用以说明科学家世界的转变的基本原型。革命之前科学家世界中的鸭子到革命之后就成了兔子。先

识社会学以及女性主义、后殖民主义科学哲学的兴起铺平了道路。代表作有：《科学革命的结构》、《必要的张力》、《哥白尼革命》等。

前从上面看到的是盒子的外观，后来却成了由下面看到的内部。这类转变在科学训练中是很普遍的，虽然通常它是逐渐发生的，而且几乎总是不可逆的。在看一幅等高线地图时，学生看到的是纸上的线条，而制图师却看到了一张地形图。在看一张云室照片时，学生看到的是混乱而间断的线条，物理学家却看到了他所熟悉的亚核事件的记录。只有在经过多次这种视觉转变之后，学生才成为科学家世界中的居民，见科学家之所见，行科学家之所行。可是，学生们进入的这个世界，并不是被环境的性质和科学的性质决定而一成不变的。宁可说，它是被环境和学生在其中受训练的特定常规科学传统二者联合决定的。因此，在科学革命的时候，常规科学传统发生了变化，科学家对环境的知觉必须重新训练——在一些熟悉的情况中他必须学习去看一种新的格式塔。在这样做之后，他所探究的世界似乎各处都会与他以前所居住的世界彼此间不可通约了。由不同范式指导的学派间彼此多少总会有误解，这是其另一个理由。

当然，格式塔实验最普通的形式只显示出知觉转变的性质。它们并没有告诉我们：在知觉过程中范式或过去同化了的经验的作用是什么。但在这一方面，已经有了很丰富的心理学文献，它的大部分源自汉诺威研究所的开拓性工作。将眼镜架装上反像透镜后给实验对象戴上，起初他看到的是整个倒置的世界。他的知觉器官开始仍以先前习惯的方式运作，结果是他完全失去了方向感，造成尖锐的个人危机，但是当实验者开始学习去应付他的新世界，他的整个视野又跳回正常状况——通常这需要经过一段视觉完全混乱的过渡时期。此后，视界中的物体又完全被看成与戴上反像镜之前时一样。同化了一个先前反常的视野，会影响并改变视野本身。[1] 作为一种比喻，也不算夸张地说，习惯于反像透镜的人已经经历了一次视觉的革命性转变。

---

① George M. Stratton 做的原始实验，"Vision Without Inversion of the Retinal Image"，*Psychological Review*，IV（1897），pp. 341—360、463—481。Harvey A. Carr 提供了一个比较现代的评论：*An Introduction to Space Perception*（New York，1935），pp. 18—57。

在第六章讨论过的异常纸牌实验，实验对象也经历了一个十分类似的转变。若不是延长亮牌时间，从而使他们知道这世界上还有异常的牌，他们就只看到那些过去经验所熟悉的扑克牌。然而一旦经验提供了必要的另外的范畴，他们就能够在普通所需的短时间内一眼认出异常的牌。还有许多其他实验也证实，实验对象所看到的实验物体的形状、颜色等，都依对象先前训练和经验的不同而不同。[①] 通盘考虑了这些例子所源自的丰富实验资料之后，会使人怀疑连知觉本身也需要某些类似范式的东西作为前提。一个人所看到的不仅依赖于他在看什么，而且也依赖于他以前视觉—概念的经验所教给他去看的东西。若是缺少这种以前的训练，用威廉·詹姆斯的话来说，只会有一种"繁杂而琐碎的混乱"。

近些年来，好几位研究科学史的人已经发现，我上面描述过的种种实验是很有启发性的。尤其是汉森，已经用格式塔论证来说明一些（我在这里要讨论的）科学信念的相同结果。[②] 其他同事也已注意到，如果我们假定科学家有时也会经验到像上面描述的知觉转变的话，科学史就会变得更易于理解，更具有连贯性。然而，虽然心理学实验具有启发性，它们却不能——就这些案例的本质而言——提示我们启发性以外的东西。它们确实显示了知觉的特征有可能是科学发展的关键所在，但却不能证实科学家所精心进行的受控观察也具有那些特性。而且，正是这些实验的本性使得它们不可能直接证实那一点。如果历史范例是要使得这些心理学实验显得切题的话，我们必须首先注意到历史可以提供哪些证据，以及不可以提供哪些证据。

格式塔实验的对象知道他的知觉已经转变了，因为当他手里拿着同样的书或纸张时，他能够使他的知觉反复地来回转变。意识到他的环境丝毫不曾改变，他可以逐渐地把注意力从图像（鸭子或兔子）上转移到他正注视着的纸张的线条上。最后，他甚至可以学会只看到线条而没看到任何图像，这时他可以说（但先前他不能正当地这么说）他真正看到的是这些线条，而不是把它们或者看成一只鸭子，或者看成一只兔子。同样的道理，异常扑克牌实验中的受试者知道（或更准确地说，能被说服）他的知觉必然已经转换过了，因为一个外在的权威——主持实验者——向他保证：无论他看到的是什么，他刚才一直在看一张黑心五。在这两个例子里，如同所有类似的心理学实验，

---

① 例如，见 Albert H. Hastorf，"The Influence on Suggestion of the Relationship between Stimulus Size and Perceived Distance"，*Journal of Psychology*，XXIX（1950），pp. 195—217，以及 Jemome S. Bruner，Leo Postman，and John Rodrigues，"Expectations and the Perception of Color"，*American Journal of Psychology*，LXIV（1951），pp. 216—227。

② N. R. Hanson，*Patterns of Discovery*（Cambridge，1958），Chap. i.

实验的有效性都有赖于它们能够以这种方法去分析。除非能够凭借一种外在的标准来证实视觉的转换，否则我们无法推论出有不同的知觉模式的可能。

可是，对于科学中的观察，情况恰好相反。除了自己的眼睛和仪器，科学家没有任何其他的凭借。如果科学家有一个更高格式塔转换与科学发现之差异的权威来提示说他的视觉已经转换了，然而那个权威本身又会成为科学家的资料来源，那么权威的视觉也会成为他的问题（就如同实验对象对心理学家的关系）。如果科学家的知觉也能像格式塔实验的对象一样来回转换，那么同样的问题也会发生。光被认为"有时是波而有时是粒子"的那段时期，其实是一个危机时期，是一段什么地方出差错了的时期。直到波动力学发展起来，并且证明光是一种既不同于波也不同于粒子的自我一致的实体后，危机才告结束。因此，在科学中，如果知觉的转换伴随着范式的改变，我们或许不能期望科学家去直接证实这些改变。注视着月球，皈依为哥白尼学说信徒的人不会说："我过去看到的是一颗行星，但是我现在看到的是一颗卫星。"那种说法等于暗示托勒密系统曾经一度是正确的。事实上，新天文学的皈依者会说："我曾经把月球当做（或把它看成）一颗行星，但是我错了。"这种陈述确实在科学革命以后一再出现。如果这种说法通常掩盖了科学视觉的转变或其他某些具有相同效应的心理变化，我们就不能期望直接证明这种转变，而宁可去寻找一些间接的行为上的证据，以表明：接受一个新范式的科学家会以与以前不一样的方式来看这个世界。

现在，让我们回顾历史资料，我们要问：相信会有这种转变的历史学家，在科学家的世界中能发现哪些种类的转变呢？威廉·赫舍尔爵士（Sir William Herschel）发现天王星可以作为第一个例子，而且它与异常牌实验是很相似的。在1690年到1781年间，许多天文学家，包括几位欧洲当时最杰出的观测者，至少17次在我们现在认为是天王星所在之处看到一颗星。他们之中最好的一位观测者事实上在1769年一连四夜都看到了这颗星，但却没注意到它会运动，否则就不会认为它是恒星。12年后，赫舍尔以他自制的超级望远镜第一次看到了同样的对象，结果是他已能注意到其明显的圆盘状，这至少对恒星而言是异乎寻常的。一定有什么出了差错，于是他暂缓例行的认定，而做进一步的考察。这种考察显示出天王星在恒星之间运动，所以赫舍尔宣布他看到了一颗新的彗星。只是在几个月之后，所有把它的运动归于一般的彗星轨道的努力都告失败，莱克塞尔（Lexell）才建议：它的轨道可能是行星轨道。[①] 这个建议被接受之后，专业天文学家的世界里就少了一颗恒星而多了

① Peter Doig, A *Concise History of Astronomy* (London, 1950), pp. 115—116.

一颗行星。几乎一个世纪以来，这个天体被看来看去不知看了多少次，但在1781年之后被以不同方式看待了；因为像一张异常的纸牌一样，它无法再适合于过去的范式提供的知觉范畴（恒星或彗星）了。

这种视觉的转换使得天文学家能把天王星看做行星，但它影响的不只是对先前观测到的对象的知觉而已。它的影响更为深远。虽然证据不很确实，赫舍尔所造成的小规模的范式改变，大概帮助天文学家在1801年后的短时间内发现了许多小行星或小游星。因为它们体形很小，在望远镜中并不能呈现出曾令赫舍尔警觉的那种异常形象，但是已有发现更多行星的思想准备的天文学家，借助于标准的仪器，在19世纪的前50年间便发现了20颗小行星。① 天文学史上还有许多范式引发的科学知觉改变的例子，其中有些甚至更为明确。例如，西方天文学家在哥白尼的新范式提出后的半个世纪中，首次在先前认为是永恒不变的星空中看到了变化，这难道纯属偶然吗？中国人的宇宙信念并不排除天象变化，他们在早得多的时代里已记录了天空中出现的许多新星。还有，中国人甚至不靠望远镜，在伽利略及其同时代人看到太阳黑子的几世纪前，就已经很有系统地记载下它们出现的情形了。② 太阳黑子和一颗新恒星，并非是哥白尼之后西方天文学的天空中天象变化所仅有的例证。使用一些传统的工具，有的简单到只是一段线，16世纪末的天文学家一再发现在原本只有永恒不变的行星和恒星的天空中，竟有许多彗星在任意遨游。③ 天文学家用古老的工具观察古老的对象，却很容易而又迅速地看到许多新东西，使得我们不由得要说：在哥白尼之后，天文学家生活在一个不同的世界里。无论如何，他们的研究给人的印象似乎就是如此。

前述例子都选自天文学，因为天文观测报告通常都以较为纯粹的观察词汇写成。只有在这种报告中，我们才能期望找到科学家的观察和心理学家对实验对象的观察之间的充分类似。但是我们不需要坚持这种类似的充分性，稍微放松些标准，我们会得到更多。如果我们能满意于动词“看”的日常用法，我们可能会很快发现我们遇到过许多其他的随范式转换而发生的科学知觉转换的例子。“知觉”和“看”的这种引申的用法当然需要明确的理由，但是让我首先以实例来阐明它在实践中的应用。

再来看一下前面举过的两个电学史上的例子。在17世纪，电学研究为形

---

① Rudolph Wolf, *Geschichte der Astronomie* (Munich, 1877), pp. 513—515、683—693. 尤其注意Wolf的论述使他多么难以把这些发现解释为Bode定律的结果。

② Joseph Needham, *Science and Civilization in China*, Ⅲ (Cambridge, 1959), pp. 423—429、434—436.

③ T. S. Kuhn, *The Copernican Revolution* (Cambridge, Mass., 1957), pp. 206—209.

形色色的以太理论所导引，电学家一再地看到碎屑从曾吸引它们的带电物体上弹开或落下。至少这是17世纪的观察者说他们看到的，我们没有理由怀疑他们对自己知觉的报告。在同样的仪器面前，一个现代的观察者会看到静电排斥现象（而不是机械的或重力的反弹），但是历史事实是（除去一个大家都忽略了的例外），在豪克斯比（hauksbee）的大型仪器放大了其效应之前，没有人曾看到静电排斥。可是，接触生电以后的排斥现象只是豪克斯比所看到的许多新排斥现象之一。通过他的研究，就好像经历了一个格式塔转换，排斥突然变成生电的正宗基本表现形式，反倒是吸引需要解释了。[①] 18世纪早期能够看到的电学现象要比17世纪的观察者所能看到的更精致、更丰富多彩。第二个例子，在富兰克林范式被接纳之后，电学家眼中的莱顿瓶已是与以前不同的东西。这装置变成了一个电容器，而形状和玻璃都对它无关紧要，反而是两片导电层——其中一层原装置中并没有——凸现出重要性。文字讨论和图解逐渐证实：两片金属中间夹一个非导体，已成为这类装置的原型。[②] 同时，其他电感效应得到了重新描述，还有另外一些效应则第一次被注意到。

这种转换并不只发生于天文学和电学。我们已经评述过在化学史中，也能发现一些类似的视觉转换。我们说过，拉瓦锡看做氧气的东西，普里斯特列却看成是脱燃素的空气，而其他人却什么也没看到。可是，拉瓦锡在学会看到氧气的过程中，也必须改变他对其他许多熟悉事物的看法。例如，普里斯特列和他的同时代人当做土元素的东西，拉瓦锡却看做化合物矿石，此外还有许多类似的改变。至少，发现氧气的结果使拉瓦锡从不同方式去看自然界。因为我们没有理由不假定自然是固定不变的，变的只是拉瓦锡的看法。按思维经济原则，我们应说：发现氧气之后，拉瓦锡是在一个不同的世界里工作。

过一会儿我要来研究是否有可能避免这种奇怪的说法，但是首先我们要再举一个这种说法的例子，它来自伽利略研究中最著名的一部分。从远古以来，大部分人都看到过由一条线绑着的一重物来回摆动，直到最后静止下来。对亚里士多德的信徒来说，他们相信一个重物的运动是由它的本性引起的，它想从较高的位置运动到较低的位置上的一种自然静止状态，物体的摆动只是一种费力的落体运动。因为受线的约束，这重物只有在一段曲折的运动和相当长的时间后，才能在低点上静止下来。另一方面，当伽利略注视一个摆

① Duane Roller and H. D. Roller, *The Development of the Concept of Electric Charge* (Cambridge, Mass., 1954), pp. 21—29.

② 参见第X章中的讨论，以及该章注9中引书中所列文献。

动物体时，看到的却是一个单摆，一个几乎能无限地重复同样运动的物体。在经历了多次的这种观察之后，伽利略也观察到单摆的许多其他性质，他的新动力学中许多最有意义、最具创见的部分便是基于这些性质而构建出来的。例如，从摆的性质中伽利略导出了他唯一充分而又完备的论据，来说明落体重量和下落速率间的不相干性，同样也用于说明斜坡垂直高度与下滑物体终端速度间的关系。[①] 对于所有这些现象，他看待的方式都与以往的不同。

为什么会发生这种视觉转换？凭借伽利略个人的天才吗？当然是的。但是注意，这种天才并不表现在对摆动物体有更精确、更客观的观察上。就描述而言，亚里士多德的信徒的知觉同样精确。当伽利略报告说摆的周期独立于摆的（那些甚至大到90°）振幅时，他对摆的观点使他看到比我们现在能发现的更多的规律性。[②] 其实，真正发生的是天才利用了一个中世纪范式转换所提供的知觉的可能性。伽利略并没有完全被教化成一个亚里士多德的信徒。恰恰相反，他被训练为以推力理论（impetus theory）来分析物体运动。这理论是中世纪晚期的一种范式，它认为一个重物的连续运动，是由最初抛射重物的人注入重物的内力导致的。吉恩·布里丹（Jean Buridan）和尼可·奥斯姆（Nieole Oresme），这两位14世纪的经院学者使推力理论达到了完美的表述，他们也是至今所知的能在摆动运动中看到一些伽利略看到的东西的第一批人。布里丹这样来描述弦的振动运动：当打击弦时，推力首先被注入弦中，推力在使弦克服弦的张力和产生位移中消耗掉；然而弦的张力总使弦恢复原状，注入不断增加的推力直至达到运动的中点（最高点）为止；然后推力再使弦反向位移，推力又消耗在对抗张力上；如此这般弦会以一种对称的方式无限地持续运动下去。其后，奥斯姆在今日所知的第一本讨论摆的著作中，对石头的摆动做了类似的概略分析。他的观点显然非常接近伽利略最初据以分析摆的观点。[③] 至少在奥斯姆这个例子里，在伽利略的例子中也几乎同样，他的观点只有在运动分析问题上从亚里士多德范式转变为经院学者的推力范式之后，才成为可能。经院学者的范式出现之前，摆并不存在，科学家看见的只是摆动的石头。摆是由范式引起的格式塔转换之类的事件创造出来的。

可是，我们真的需要把伽利略与亚里士多德的区别，或者拉瓦锡与普里斯特列的区别描述成一种视觉的变换吗？当这些人在注视同类对象时，他们

---

① Galileo Galilei, *Dialogues Concerning Two New Sciences*, trans., H. Crew and A. de Salvo (Evanston, IU., 1946), pp. 80—81、162—166.

② 同上，pp. 91—94、244。

③ M. Clagett, *The Science of Mechanics in the Middle Ages* (Madison, Wis., 1959), pp. 537—538、570.

真的看到不同的东西了吗？我们难道真的可以正当地说他们在不同的世界从事研究吗？这些问题不能再回避下去了，因为很明显，有另一种更通常的方式来描述所有上面讨论过的历史事例。许多读者一定会想说：随着范式转换而改变的，只是科学家对观察的诠释而已，而观察本身却是由环境和知觉器官的性质一劳永逸地确定了的。按这种观点，普里斯特列和拉瓦锡都看到了氧气，但他们却以不同的方式诠释他们的观察；亚里士多德和伽利略也都看到了摆，但他们对所看到的却有不同的解释。

让我立刻申明，这种关于当科学家改变他们关于基本物质的见解时究竟发生了什么的最通常的观点，既非完全不当，也非一个纯粹错误。它实际上是一个始自笛卡儿，并与牛顿力学同时发展的哲学范式的一个基本部分。这个范式对科学和哲学都有很大的贡献。利用这种范式，如同利用牛顿力学一样，对于增进我们的基本理解是富有成效的，这种成就以其他途径可能就无法达到。但是也正如牛顿力学这个例子表明的，即使范式过去获得的最惊人成就也无法保证危机永不发生。今天在哲学、心理学、语言学甚至艺术史等领域的研究，都显示出这个传统范式不知怎么出了问题。我们绝大部分注意力必然集中于斯的科学史研究，也日益明显地显示出这个范式已无法适应。

这些促成危机的学科尚未在这个传统认识范式之外提出一个可行的替代方案，但它们确实已开始暗示出新范式所具有的一些特性。例如，我尖锐地意识到下述说法的困难：当亚里士多德和伽利略注视摆动的石头时，前者看到的是受约束的落体，后者看到的却是单摆。同样的困难在本章开头的一些话中，以更基本的形式表现出来：虽然这世界并没有因为范式的改变而改变，范式转换后科学家却在一个不同的世界里工作。然而，我确信我们必须学会了解类似的陈述。科学革命中所发生的事情，并不能全部归结为对个别的不变的资料的重新诠释。首先，资料并不是确定不变的。一个摆并非一块石头落体，氧也不是脱燃素的空气。结果，我们下面就会看到，科学家从这些不同的对象处所收集的资料本身就不同。更重要的是，无论是个人或是共同体把受制约落体转变为摆，或是把脱燃素的空气转变为氧的过程，并不像一个诠释过程。在没有确定的资料可供科学家来解释的情况下，这过程怎么能进行呢？与其说那些拥抱了新范式的科学家像诠释者，倒不如说他们像戴上了反像眼镜的人。虽然他面对的是与过去相同的世界，也知道是这么回事，他仍然发现这世界的许多细节彻底改变了。

上述议论，并非意在否认科学家会对观察和资料作出其特有的诠释。恰恰相反，伽利略诠释了他对摆的观察，亚里士多德诠释了他对石头落体的观察，莫森布鲁克（Musschenbroek）诠释了他对充电瓶子的观察，富兰克林则诠释了他对电容器的观察。但是每个这种诠释都预设了一个范式。这些诠释都是常规科学的一部分，而正如我们已知的，常规科学是一种旨在修饰、扩散和精练早已存在的范式的事业。第三章已经列举过许多这种以诠释为中心的例子。这些例子正是绝大多数科学研究的典型。在每个例子中，科学家借助于已被接受的范式，知道哪些是数据、哪些仪器可用以获取这些数据，以及哪些相关概念可用以诠释这些数据。给定范式之后，探究这一范式的事业的中心就是数据的诠释。

但是这种诠释事业——而这正是前面倒数第二段的重点——只能够阐发一个范式，而不能修正它。常规科学决不可能改正范式。相反，正如我们已看到的，常规科学最终只能导致识别出反常及导致危机，而所有这些反常和危机只能以一种像格式塔转换式的比较突然而无结构的事件来结束，而不是以思虑和诠释来消解。此时科学家常常会说从一个先前朦胧模糊的难题的“困扰”中“云翳顿开”或“灵光闪现”，使他们能以一种新的方式来透视问题的多个部分并首次允许有它的解。在其他情况中，相关的灵机则得自睡梦中。[①]“诠释”一词的任何一种日常含义都不适用于这些使新范式诞生的直觉的闪光。虽然这种直觉有赖于经验——依据老范式从事研究所获得的反常和正常的经验，但是它却不是逻辑地或一点一滴地与过去经验的某个特定部分有关联，而诠释却应该如此。事实上，这种直觉汇集了大部分老经验。而把它们转化为一股新经验，这股新经验会一点一滴地与新范式（而不是老范式）关联起来。

为了更好了解新旧经验的这些差别，让我们暂时回到亚里士多德、伽利略和单摆上来。他们不同的范式与双方共有的环境间的相互作用，能提供各方什么样的数据呢？看到受制约的落体，亚里士多德观点的人会测量（或至少会讨论——亚里士多德的信徒很少测量）石头的重量，它被提起的垂直高度，以及它回到静止状态所需要的时间。这些数据加上介质的阻力，就是亚里士多德科学在讨论落体运动时所运用的概念范畴。[②] 由这些概念范畴所指导的常规科学研究不可能产生伽利略发现的定律。它只能——经由另一条路，它确实——导致一连串的危机，从这些危机中才孕育出伽利略的观点。作为

---

① ［Jacques］Hadamard，*Subconscient Intuition，et Logique dans La recherche Scientifique* (Conference faite au Palais de la Devouverte Le 1945)，pp. 7—8. 一个更完备的描述，虽然局限于数学中的新发明，见同一作者的 *The Psychology of Invention in the Mathematical Field*（Princeton，1949）。

② T. S. Kuhn，“A Function for Thought Experiments” in *Melanges Alexandre Kogve*，ed. R. Taton and I. B. Cohen，由巴黎的 Herman（公司）于 1964 年出版。

这些危机和其他一些观念变化的结果，伽利略对摆动着的石头有了非常不同的看法。阿基米得对浮体的研究使得介质变得不重要；推力理论使得运动变得对称而持久；而新柏拉图主义则将伽利略的注意力引向圆形的运动形式。[①] 因此，他只测量了摆的重量、半径、角位移以及周期，而这些数据恰好是能够加以诠释以产生伽利略单摆定律所需要的。在这件事中诠释几乎是不必要的。有了伽利略的范式之后，单摆之类物体的规律性几乎唾手可得。否则我们就无法解释伽利略关于摆的周期完全与振幅无关的发现，这个源自伽利略的常规科学的发现就不得不被铲除，因而今日我们也就根本无法引证它了。对一个亚里士多德的信徒来说并不存在的规律（事实上，自然界也从未精确地显示过这一规律），是那些以伽利略的观点看摆动着的石头的人的直接经验的结果。

也许上述例子有点过分想象，因为亚里士多德的信徒并没有讨论过摆动的石头。从他们的范式看这是个极为复杂的现象。但是亚里士多德的信徒确实讨论过一个较简单的例子：自由落体，在这里视觉差异同样是很明显的。在思考一块自由下落的石头时，亚里士多德看到的是状态的改变而不是一个过程。因而对他来说，运动的相关测量是移动的总距离和消耗的总时间。从中产生的参数是我们今天称作平均速度的量，而不是速度。[②] 类似的，因为石头是受它的本性驱使而趋向它最终的静止点，所以在运动中的任一瞬间亚里士多德把石头到最终静止点的距离看做相关的距离参数，而不是离开运动起点的距离。[③] 这些概念参数构成其著名的“运动定律”的大部分基础，并赋予它们以意义。可是，部分因为推力范式，部分因为一种叫形式的伸缩性的学说，经院学者的批评改变了过去对运动的看法。一个由推力推动的石头，离起点越远时得到的推力越多；所以距起点的距离而不是距终点的距离成了相关的参数。此外，经院学者把亚里士多德的速度概念一分为二，它们在伽利略之后很快变成我们所说的平均速度和瞬时速度。但是透过新范式来看，这些概念都是它的一部分，而自由落体就像摆一样，几乎一经探究即可找出支配它的定律，伽利略并非是提出石头以匀加速运动下落的第一个人。[④] 而且，在他开始从事斜面实验之前，他已经提出自己关于这个问题的定理并推导出许多结果，这个定理位于一组新规律构成的网络中，这些新规律有待于天才

---

① A. Koyre，*Etudes Galileennes*（Paris，1939），I，pp. 46—51；以及“Galileo and Plato”，*Journal of History of Ideas*，IV（1943），pp. 400—428。

② 见第 114 页（旁码）。

③ A. Koyre，*Etudes Galileennes*，Ⅱ，pp. 7—11.

④ M. Clagett，*The Science of Mechanics in the Middle Ages*，第四、六、九章。

去发现，而天才所生活的世界，是由自然界和伽利略及其同辈据以研究的范式所共同决定的。生活在这个世界里，只要伽利略愿意，他仍然能够解释为什么亚里士多德看到他所看到的。可是伽利略关于下落石头的直接经验内容，并不是亚里士多德式的。

当然，我们还不清楚是否需要如此关注"直接经验"，即那些已为范式所突出、一经探究便能呈现其规律的知觉特征。这些特征显然会随着科学家对范式的承诺的改变而改变，但是它们与通常所说的原始资料或粗糙经验——所谓的科学研究的起点——大不相同。也许我们应该把直接经验看做易变的而搁置一边，而去讨论科学家在实验室中所进行的具体操作和测量。或者也许我们的分析应该从直接经验再深入一步。例如，或许该以一种中性的观察语言来分析，一种专门设计用来描述科学家的视网膜映像的语言，这种映象使科学家看到他们所看到的东西。只有通过这一类途径，我们才有希望进入一个其中经验将再次始终是稳定的领域——其中，单摆和受约束的石头就不是不同的感觉，而是对观察悬吊着的石头得到的明确资料的不同诠释。

但是，感官经验是固定而中性的吗？理论只不过是对既有资料的人为解释吗？几乎指导西方哲学近三个世纪的认识论观点即刻而明确地回答：是的！由于目前还没有发展起足以取代它的观点，我发现要完全放弃这一观点是不可能的。但是，它已不再能有效地发挥其功能，而试图通过引入一种中性观察语言来使它复原，在我看来也毫无希望。

一个科学家在实验室里从事的操作和测量并不是经验中"既有的"，而是"费力地采集的"。它们并不是科学家所看到的——至少在他的研究尚未很好进展、他的注意力尚未聚焦前就不是。倒不如说它们是更基本的知觉内容的具体标志，而它们之所以被选用于常规研究的精细分析，是因为它们可以给已被接受的范式带来丰富的发展机会。操作和测量当然部分源自于直接经验，但更为明显的是它们是由范式所决定的。科学并不进行所有可能的实验操作，它只选择那些当范式与直接经验（它们已部分地由范式决定）相参照时，显出比较相关的实验来进行。其结果，拥有不同范式的科学家就进行不同的具体实验操作。对单摆所做的测量与对受制约的落体所做的测量不相干，为了阐明氧的性质而进行的操作也不同于为了研究脱燃素后的空气的特性而做的实验。

至于一种纯粹的观察语言，也许迟早会被设计出来，但是自笛卡儿之后三百年来，我们对这一可能事件的期望，仍然完全依赖一个关于知觉和心灵的理论，而这一理论却无法解释现代心理学实验正迅速发现的众多现象。鸭子—兔子的例子表明：两个具有相同视网膜印象的人能够看到不同的东西。

而反像透镜的例子则表明：两个具有不同视网膜印象的人能够看到相同的东西。心理学对同样的效应提供了大量证据，这些证据所引发的怀疑由持续试图展现一种真实的观察语言的历史而加强。现今为达到这一目的而建构一种可普遍应用的纯知觉语言的努力，也远未成功。而那些有所进展的尝试都有一个特征，即大大加强了本书中的一些主要论点。从一开始他们就预设了范式，它或者是一个现代的科学理论，或者来自日常语言的一部分，然后他们试着从中剔除所有非逻辑和非知觉的语词。在一些领域这种努力非常深入，而且有一些精彩的结果。当然这种工作值得继续做下去。但是所有这些工作的结果是一种和应用于诸科学中的语言一样的语言，它包含着许多对自然界的预期，一旦这些预期破灭，这语言便失去其功能。纳尔逊·古德曼（Nelson Goodman）在描绘他的《表象的结构》一书的主旨时，听说的正是这一点："幸运的是（除已知存在的现象外）此外再无疑点；因为'可能的'情况——那些并不存在但或许存在过的情况——的概念是很不清楚的。"[①] 因此，一种仅限于报道一个事先完全知道的世界的语言，不可能中立而客观地报道"直接的感觉内容"，现有的哲学研究甚至不能给我们一点暗示，那种中立而客观的语言会是什么样的。

在这种情况下，我们至少可以这样猜想：当科学家把氧气和单摆（或许还有原子和电子）当做他们直接经验的基本成分时，他们在原则上以及实践上都是对的。由于科学家是这样一种人，他们的这种文化，以及最后他们这种职业的经验中都蕴涵着范式，科学家的世界中才有行星和单摆、电容器和化合物矿石以及其他这类的东西。与这些知觉对象相比，米尺读数和视网膜印象都是精心完成的构造，只有经科学家为了其特殊的研究目的而事先设计好时，这些构造才有机会直接进入经验。例如，这并不是说一个科学家在注视着一块摆动着的石头时，他唯一可能看到的是一个单摆（我们已指出另一个科学共同体能看到受制约的落体）。我实际上是建议：一个注视着摆动着的石头的科学家，他原则上不可能有比看见一个单摆更基本的经验。其他的可能不是某种假设的"固定的"视觉，而是透过另一个范式的视觉，把摆动着的石头变成另外一种东西。

① N. Goodman，*The Structure of Appearance*（Cambridge，Mass.，1951），pp. 4—5. 这段话值得再引长一些："如果 1947 年威灵顿的所有体重在 175 磅到 180 磅之间的居民，而且只有这群居民，是红头发，那么 1947 年威灵顿的红头发居民"和"1947 年威灵顿体重在 175 磅和 180 磅之间的居民"，就可以结合成一个构造性定义……下述这个问题没有意义：是否"当初可能有"某人只能适用于两个谓词之一而不能两个都适合？……一旦我们已经决定不存在这种人……幸运的是就没有什么疑点；因为"可能"情况，即事实上不存在但当初有可能存在的情况这一概念，非常不清楚。

如果我们还记得无论科学家还是普通人都不是以零碎的方式学会看这个世界的，这一切看来会更加合理。除非所有概念的和操作的范畴都预先准备好了——例如为了去发现另一种超铀元素或为了看见一栋新房屋——科学家和普通人都对其经验之流进行整块的清理和分类。孩子把“妈妈”这个词从用于称呼所有人转到称呼所有女性，然后转到称呼自己的母亲；在这过程中他不仅仅在学习“妈妈”的含义或者他的妈妈是谁，他同时也学到了一些男性与女性间的判别以及其他女性和母亲对待他的不同方式。他的反应、期望和信念——确实大部分他所知觉的世界——也都相应地改变了。同样，哥白尼的信徒拒绝再把太阳当做“行星”，他们也不只是学会了“行星”的意义或太阳到底是什么。事实上，他们改变了“行星”一词的意义，以使它在一个不仅仅是太阳而是所有的天体都不再能以过去的方式去看待的世界中，能继续担任有用的角色。这一点对我们前面讨论过的任何一个例子都适用。看到氧而不是脱燃素的空气，看到电容器而不是莱顿瓶，看到单摆而不是受制约的落体，这都只是科学家对于一大群相关的化学、电学或力学现象的视觉所发生的整合性转变中的一部分。范式同时决定了经验中的广阔领域。

然而，只有在经验已经被这样决定之后，寻求一个操作定义或者一种纯粹的观察语言的工作才能够展开。那些想问是哪些测量或视网膜印象使得一个物体成为单摆的科学家或哲学家，当他们看到单摆时必须已能够识别它。如果他看到的是受制约的落体，他就根本不会问这种问题。如果他看到一个单摆，但是他以看一个音叉或一个振动天平同样的方式去看它，则他的问题就无法解答。至少它无法以相同的方式去回答，因为它已不是相同的问题。因此，虽然它们始终是正当的问题，而且有时会让人受益匪浅，关于视网膜印象或特定的实验室操作结果这样的问题，都预设了一个在知觉上和概念上已以某种方式划分过的世界。在一定的意义上这种问题可说是常规科学的一部分，因为它们依赖范式的存在而存在，也因范式的转变而有不同的答案。作为本章的结束，我们以下不再谈视网膜印象，而仍将注意力局限于实验室的操作，这些操作为科学家早已看到的事物提供了具体而琐碎的指标。我们已经反复地观察过这种实验操作随范式转换而变化的一种方式，在一次科学革命之后，许多旧的测量和操作都成为不相干的而为其他的所代替。科学家并不把所有用于脱燃素的空气的实验用于氧气。但是这种改变决不会是完全的。不管他会看到什么，革命之后科学家仍然注视着相同的世界。而且虽然他以前使用语言、实验室仪器的方式可能不同于革命之后，但是其大部分语言和仪器在革命前后并无二致。其结果，是革命后的科学总是包括许多革命前的操作，用同样的仪器完成，并由同样的术语描述。如果这些持久应用的实验操作确有改变的话，则必然发生在它们与范式的关系或它们的具体结果上。现在我要举最后一个新的例子，借以指出这两种改变都会发生。考察道尔顿和他同时代人的工作，我们会发现同一个实验操作，当通过不同的范式与自然界相关联时，能成为自然规律的不同方式的标志。还有，我们会看到旧的实验操作在它所扮演的新角色中有时会产生不同的具体结果。

整个18世纪的大部分和19世纪初期，欧洲的化学家几乎普遍相信构成所有化学物质的基本原子是靠相互的亲和力结合在一起的。所以银块是靠银粒子之间的亲和力而形成的（一直到拉瓦锡之后这些粒子本身都被认为由更基本的粒子构成）。根据同一理论，银溶于酸（或盐溶于水）是因为酸粒子吸引银粒子（或水粒子吸引盐粒子）的力量大于溶质粒子间的吸引力。同样，铜会溶于银的溶液而使银沉淀，这是因为铜与酸的亲和力强于银与酸之间的亲和力。许许多多的其他现象都是用相同的方式解释的。在18世纪，这个选择性亲和力理论是个很好的化学范式，被广泛地、有时成效卓著地应用于化学实验的设计和分析中。①

可是，亲和力理论区别物理混合物和化学化合物的方式，在道尔顿的工作被接纳之后就很少出现了。18世纪的化学家确实能识别这两种过程。当物体混合后产生热、光、泡沫或其他这类情形时，就被认为是发生了化学结合。另一方面，如果混合物中的不同粒子能够用肉眼辨别，或以机械方式分开，则只是物理混合物。但是对于大量的中间类型——如水中的盐、合金、玻璃、大气中的氧等——这些粗糙的标准则没什么用处。大多数化学家在他们的范式指导下，把整个中间地带看做是化学的范围，因为其中包含的过程都受同一种力支配。盐溶于水或氮气中加入氧都如铜氧化一样是化合的例子。把溶液看做化合物的论证是非常有力的。亲和力理论本身早已被很好证明，此外化合物的形成也可解释观察到的溶液的匀质性。例如，如果氧和氮气只是在大气中混合而不是化合，那么较重的氧气就应该沉积到底层。把大气当做是混合物的道尔顿从未令人满意地解释为什么氧气没这样。接纳了他的原子理论最终造出了一个以前没有过的反常现象。②

也许有人会说把溶液看成化合物的化学家，同他们的后辈们相比较只不过对化合物的定义有所不同。在一个意义上情况或许如此，但这个意义并非把定义看成只是方便的约定；18世纪中可操作的实验并不能完全区别混合物

① H. Metzger，*Newton*，*Stahl*，*Boerhaave et la doctrine chimique*（Paris，1930），pp. 34—68.

② Ibid.，pp. 124—129、139—148. 关于道尔顿，见 Leonard K. Nash，*The Atomic-Molecular Theory*（“Harvard Case Histories in Experimental Science”，Case 4；Cambridge，Mass.，1950），pp. 14—21。

和化学物，而且或许就不可能。即使化学家真的探寻过这种实验，他们找到的标准也会把溶液当做化合物。这种化合物、混合物的区别是他们范式的一部分，是他们看待整个研究领域的方式的一部分，因而它先于任何特定的实验室实验。虽然它并不先于整个化学业已积累起来的经验。

但是当他们这样去看化学时，化学现象所例证的规律就不同于接纳了道尔顿的新范式后所出现的规律。特别是，当溶液仍旧被当做化合物时，再多的化学实验本身也不能产生定比定律。18 世纪末的学者几乎都知道：某些化合物中其组成成分的重量比例通常是固定的。德国化学家李希特（Richter）甚至注意到某些种类的化学反应呈现出进一步的规律性——这些规律包括在现在的化学当量定律中。[1] 但是，除了把它们当做配方外，化学家并没有利用这些规律性，而且几乎直到 18 世纪末都没人想到要把这些规律普遍化。既然有明显的反例存在，像玻璃或溶于水的盐，不抛弃亲和力理论并且重新建构化学领域的概念框架，要想使这些规律普遍化是不可能的。在 18 世纪和 19 世纪之交，法国化学家普罗斯特（Proust）和贝尔托莱（Berthollet）的著名论辩就清楚地表明了这一点。普罗斯特宣称所有的化学反应都呈现定比关系。贝尔托莱则表示反对。双方都搜集了引人注目的实验证据来支持自己。然而，双方只能是各说各的，他们的辩论也就毫无结果。贝尔托莱当做比例能变化的化合物，在普罗斯特看来却是一种物理混合物。[2] 这既不是实验问题，也不是改变传统定义的问题。这两个人就像伽利略和亚里士多德之间曾有过的情形一样，在本质上互相误解，难以沟通。

这就是约翰·道尔顿从事其研究工作时的学术背景，这些研究最终导出了他著名的化学原子论。但是，直到研究的最后阶段之前，道尔顿既不是一个化学家，对化学也不感兴趣。他其实是个气象学家，研究关于水吸收气体和气体吸收水等物理问题。部分因为他受到的不同专业的训练，部分也因为他在自己专业中的研究，他研究这些问题时所依据的范式就与当时化学家的不同。特别是他把诸气体的混合和水吸收气体等看成是物理过程，一种亲和力在其中不起任何作用的过程。这样，对他来说溶液所呈现的匀质性就是一个问题，但是他认为他能够解决这个问题，只要他能确定他的实验混合物中各种原子粒子的相对大小和重量。为了确定这些大小和重量，道尔顿终于转向化学，而且一开始就假设：在他认为是化学反应的有限范围内，原子只能

---

① J. R. Partington，*A Short History of Chemistry*（2nd ed.，London，1951），pp. 161—163.

② A. N. Meldrum，"The Development of the Atomic Theory：(1) Berthollet's Doctrine of Variable Proportions"，*Manchester Memoirs*，LIV（1910），pp. 1—16.

以一对一或其他一些简单的整数比结合。[①] 这个自然的假设的确使他得以确定原子粒子的大小和重量，但它同样也使定比定律成为一个同义反复。对道尔顿而言，任何反应如果其参与者间没有确定的比例关系的话，仅由此事实即可断言它不是一个纯粹的化学过程。一条在道尔顿研究之前实验无法确立的定律，一旦他的研究被接受之后，就成了一个构成原理，没有任何一组化学测量能够违背。这场科学革命（它或许是我们的例子中最完备的一个）的结果是：同样的化学操作在其与化学概括的关系中，呈现出与以前大为不同的形式。

不用说，道尔顿的结论在刚发表时受到了广泛的攻击。特别是贝尔托莱，他从未信服过。就这问题的本性而言，他也无须被说服。但是对大多数化学家而言，道尔顿的新范式显然比普罗斯特的更令人信服，因为它不仅是一个区分混合物、化合物的新标准，还有更广泛和更重要的含义。例如，如果原子只能以简单的整数比进行化学结合，那么重新考察已有的化学资料就应能揭示出许多倍数比（而不仅是固定比）的例子。化学家不再写，比方说碳的两种氧化物中氧的重量各占 56％或 72％；而是写作在重量上一份碳应与 1.3 或 2.6 份氧相结合。当旧的实验操作结果以这种方式来记录时，一个二比一的比率就跳入眼帘；而且这种情形在分析许多已知的反应和另外的新反应时都出现了。此外，道尔顿的范式还能够同化李希特的研究成果，并显示出其中的普遍性。再有，它也提出了新的实验，特别是盖-吕萨克关于化合容量的实验，而它们又产生了其他的规律，一些过去的化学家从未梦想过的规律。化学家从道尔顿那儿得到的并不是新的实验定律，而是一种从事化学研究的新途径（他自己称之为“化学哲学的新体系”），而且这条新途径如此迅速地被证明是富有成效的，以至于在法国和英国，只有少数老化学家才反对它。[②] 结果，化学家开始生活在一个新世界中，在那儿化学反应表现出与以前大不相同的方式。

随着这一进程，发生了另一个典型的非常重要的变化。化学数据本身开始在这儿或那儿改变了。当道尔顿最初在化学文献中寻找数据来支持他的物理理论时，他发现有些反应的记录符合他的理论，但也难免发现某些不符合的记录。例如，普罗斯特对铜的两种氧化物的测量结果是，两种氧化物中氧的重量比为 1.47：1，而不是原子论所要求的 2：1；而普罗斯特正是最期望

① L. K. Nash, “The Origin of Dalton’s Chemical Atomic Theory”, *Isis*, XLⅦ (1956), pp. 101—116.

② A. N. Meldrum, “The Development of Atomic Theory: (6) The Reception Accorded to the Theory Advocated by Dalton”, *Manchester Memoirs*, LV (1911), pp. 1—10.

得到道尔顿比率的人。[①] 这就是说，他是一个很好的实验家。而且他对混合物和化合物关系的看法是非常接近道尔顿的。但是，要使自然界符合一个范式是很困难的。这就是为什么常规科学的谜题如此具有挑战性以及没有范式指导的测量如此罕有地得出任何结论的原因。因此，化学家并不能单凭证据来接受道尔顿的理论，因为许多证据仍然是否定性的。相反的，即使在接受了这个理论之后，他们仍然得极力使自然界与之相符。这种过程在这一事件中，几乎花费了整整一代人的时间；而当它结束后，甚至连著名化合物的百分比构成都不同了。数据本身也已改变，这是当我们说革命之后科学家工作于一个不同的世界中时，想表达的最后一层意思。

（金吾伦、胡新和译）

选文出处

库恩　革命是世界观的改变

库恩著，《科学革命的结构》，北京，北京大学出版社，2003，101—122页。

① 关于 Proust，见 Meldrum，“Berthollet's Doctrine of Variable Proportions”，*Manchester Memoirs*，LIV（1910），p. 8。测量化学组成和原子量方面的逐渐改变的详细历史尚未写出，但是 Partington 在注 22 中的书中提供了许多有用的指南。

反对方法*

费耶阿本德

与库恩一样同属历史主义学派的费耶阿本德是科学哲学界的怪杰，《反对方法》是他的成名作。书名“反对方法”浓缩了无政府主义认识论的核心思想，即拒斥一切普遍的方法论规则，提倡彻底的多元方法论。作者指出，无论是科学发展的实际历史，还是思想和行动之间关系的抽象考察，都说明了：唯一可以不禁止科学进步的方法论普遍原则就是：“怎么都行”。对这句口号，学界存在普遍的误解，以为作者主张科学研究可以任意胡为。其实，作者明确地表示，他的意思是说“一切方法论都有其局限性”。

作者简介

费耶阿本德（Paul Karl Feyerabend，1924—1994），科学哲学历史主义学派的代表人物，创立了独具特色的无政府主义认识论。代表作有：《反对方法》、《自由社会中的科学》，提倡多元方法论，反对科学沙文主义，是科学哲学史上最富争议性的人物之一。

1

无论考察历史插曲，还是抽象地分析思想和行动之间的关系，都表明了这一点：唯一不禁止进步的原则便是怎么都行。

当面临历史研究的结果时，一种关于方法的观念遇到了相当大的困难。这种观念认为，这种方法包括一些固定不变的和必须绝对遵守的原则，它们指导科学事业的进行。这时我们发现，任何一条法则，不管如何有道理，如何在认识论上根据十足，有朝一日都终会被违反。显然，这些违反并非偶然事件，也不是知识不足或可以避免的掉以轻心所使然。相反，我们发现，它们是进步所必不可少的。其实，科学史和科学哲学最新讨论的最令人瞩目的特征之一是，人们认识到，古代原子论的发明、哥白尼革命、现

* 本文标题为编者所加。

代原子论（分子运动说，色散理论，立体化学，量子论）的兴起、光的波动说的渐次涌现这类事件和发展所以发生，只是因为某些思想家**决定**摆脱某些“明显”方法论法则的束缚，或者只是因为他们于**无意中打破了**这些法则。

我再说一遍，这种自由的实践不只是科学史的**事实**。它还是合理的，而且是知识增长所**绝对必需的**。更明确地说，可以表明这样一点：对于任何给定的法则，不管它对于科学来说多么“基本”或“必要”，总会有一些境况，在那里不仅无视这法则而且采取它的反面是明智的。例如，有这样的境况，在那里引入、详尽制定和捍卫下述各种假说是明智的。这些假说有特设性假说、同确凿的并得到公认的实验结果相矛盾的假说、内容比现有的经验上恰当的假说少的假说或者自身不一致的假说，如此等等。①

甚至还有这样的境况，而且它们出现得相当频繁，在那里**论证**已丧失其前瞻的方面，成为进步的障碍。没有人会说，**小孩**的教育完全是个论证的问题（尽管论证可能参与这教育，而且应当在比通常更大的程度上参与其中）。现在几乎人人都认为，语言的掌握，一个得到丰富表现的知觉世界的存在和逻辑能力等似乎是理性之结果的东西，部分是起因于灌输，部分起因于一个借助自然规律的力量进行的**成长**过程。而在论证**的确**像起了作用的场合，这更经常地起因于这些论证的**实际重复**，而不是起因于它们的**语义内容**。

在认可了这许多之余，我们还得承认，**成年人**身上以及诸如科学、宗教、卖淫等惯例 （的理论部分） 也有非论证成长的可能性。我们无疑不能想当然地以为，一个小孩所能做到的——动辄获得新的行为模式，不费多大力就形成这些模式——就非他的长辈力所能及。倒是应当期望，自然环境的灾变、战争、完善道德体系的崩解和政治革命等也将改造成人的反应模式，包括重要的论证模式。这种改造又可能是一种完全自然的过程，而理性论证的唯一功能也许在于这样的事实：它增加了心理紧张，而这种紧张是行为爆发的前导，**并且**是引起这爆发的**原因**。

这样，如果存在一些事件，不一定是**引起**我们采取新的准则包括新的比较复杂的论证形式的论证，那么，岂不等于是现状的维护者不仅提供了反论

① 明白知识发展的这一特征的少数思想家之一是尼耳斯·玻尔。L. 罗森菲尔德说：“……他从未试图勾勒任何完成的图景。他从某个表面上的矛盾开始，耐心地渡过一个问题的各个发展阶段，逐渐对它作出阐释。事实上，他从来都只把所达致的结果看做进一步探索的出发点。在估量某条研究路线的前景时，他排除通常对简单性、优美性甚或一致性的考虑，因为他认为，这些性质只能在事后……加以恰当判断……”载《尼耳斯·玻尔。其友人和同事论其生平和工作》，S. 罗森托尔编，纽约，1967 年，第 117 页。既然科学决不会是一个完成的过程，科学就总是处在事“前”。因此，简单性、优美性或一致性都决不是（科学）实践的必要条件。

证而且还提供了相反的**原因**吗？（罗伯斯庇尔[1]说："没有恐怖，德行是不起作用的。"）而如果旧的论证形式作为原因变得软弱无力，那么，这些维护者不是就得让位于或诉诸更强有力的也更"非理性的"手段了吗？（要用论证来对付洗脑的效应，是很困难的，兴许是根本不可能的。）即令最拘谨的理性主义者这时也将不得不停止推理，改而运用**宣传**和**胁迫**。他们这样做，并非因为他的**理由**有些已经不复有效，而是因为使它们生效并能影响他人的**心理条件**已经消失。一个使人无动于衷的论证有什么用呢？

当然，问题决不会完全以这种形式出现。准则及维护准则的教育决不仅仅在于让学生心里记得它们，使它们变得尽可能**明白**。准则据认为还具有极大的**构成原因的功效**。这使人实际上很难区分开一个论证的**逻辑力量**和**实质效果**。一头驯良的爱畜不管处境多么糟糕，也不管多么紧迫地需要采取新的行为模式，它总是遵从其主人。一个训练有素的理性主义者也完全一样。不管处境多么糟糕，他将总是遵从**他的**师长的心象，遵照他所学到的论证准则，坚持这些准则。他根本不可能认识到，他心目中的"理性之声"只不过是他受到的训练所产生的**构成原因的后效**。他决计不会发现，诉诸他那么容易受其驱使的理性，无非是一种**政治花招**。

从对**思想和行为间关系**的分析，也可看出，在我们知识的增长和科学的增长中，兴趣、影响力、宣传和洗脑技巧所起的作用之大远远超出人们通常的估计。人们常常想当然地以为，对新思想的清晰而又明确的理解是而且应该是以对它们的表述和对它们的带规定性的表达为前提的。（波普尔说，一项研究开始于一个问题。）**首先**，我们有一个思想，或一个问题，**然后**我们行动，即说话、建设或者破坏。然而，这无疑不是小孩发展的方式。他们使用语词，组合它们，玩弄它们，直至他们领会迄今尚不知道的一个意义。而这最初的游戏活动是最终的理解行动的一个必要前提。在成人身上，这种机制没有理由停止起作用。例如，我们应当预期，自由这个观念只有借助据认为**创造**自由的那些行动才能搞得清晰。创造一个**事物**，以及创造加上对关于该事物的一个**正确观念**的充分理解，**每每是同一个不可分割的过程的两个组成部分**，它们只有在这过程进行到底时才能分离开。这过程本身并不受一个明确的程序指导，也不可能受这种程序指导，因为它包括实现一切可能程序的条件。它倒是受一种朦胧的冲动，一种"激情"（克尔恺郭尔）指导。这激情引发一些特殊行为，而它们又创造分析和解释这过程，使这过程成为"理性的"所必需的境况和思想。

---

① 罗伯斯庇尔（Maximilien Robespierre，1758—1794），法国大革命时期政治家。——译者注

哥白尼观点从伽利略到20世纪的发展，是我想描述的这种情境的一个范例。我们从一种强烈的信念出发，它同现代理性和现代经验大相径庭。这信念广为传播，并在其他信念中得到支持，而这些信念同样地不合理性，甚至有过之无不及（惯性定律，望远镜）。现在研究有了新的转向，新型仪器制造出来，“证据”以新的方式同理论相关，直至产生一种思想体系，它非常丰富，足以为其任何特定部分提供独立的论证，也非常灵活，足以在需要时就找到这种论证。今天我们可以说，伽利略走的路是正确的。因为，他对一种一度被认为是无意义的宇宙学的持之以恒的探索现在已创造了捍卫这种宇宙学、驳斥反对者所需要的材料。这些反对者仅当人们以某种方式告诉他们一种观点时才接受它，仅当它包含某些称为“观察报告”的咒语时才信任它。这不是例外，这是正常情形：理论仅在它们的不连贯部分得到长期应用**之后**才变得很清晰和“合理”。可见，这种不合理的、无谓的、漫无秩序的预先运用现在看来是清晰性和经验成功的一个不可避免的先决条件。

这样，当我们试图一般地描述和理解这类发展时，当然我们就不得已而诉诸现有的种种说话形式。可是，它们并未考虑到这类发展。所以，为了适应始料所不及的情境，就必须歪曲、误用它们，把它们化为新的模式（如果不经常地误用语言，就不可能作出任何发现、任何进步）。“并且，既然传统范畴是日常思维（包括普通科学思维）和日常实践的信条，所以，[这种理解的尝试] 实际上代表虚假的思维和行动，即从（科学的）常识观点来看是虚假的思维和行动的法则和形式。”① **辩证思维**正是这样作为一种思维形式而出现的，它“把知性的详细规定化为乌有”②，这些规定也包括形式逻辑。

（顺便说一下，应当指出，我频频使用诸如“进步”、“进展”、“改善”这类词，可这并不意味着我声称占有关于科学中孰善孰恶的专门知识，也不意味着我想把这知识强加于我的读者。**人人都可以按自己的方式读这些术语，**都可以按他所属的传统读它们。例如，在一个经验主义者看来，“进步”将意味着向一种为其大多数基本假设提供直接的经验检验的理论过渡。有人认为，量子论就属于这种理论。在另一些人看来，“进步”可能意味着统一与和谐，也许甚至以牺牲经验恰当性为代价。爱因斯坦就是这样看待广义相对论的。**而我的命题是，无政府主义有助于达致人们愿意选择的任何意义上的进步。**甚至一门讲究法则和秩序的科学也唯有偶尔允许采取无政府主义手段，才会成功。）

① 赫伯特·马尔库塞：《理性与革命》，伦敦，1941年，第130页。

② 黑格尔：《逻辑学》，第1卷，汉堡，迈纳尔，1965年，第6页。

于此显见，关于一种固定方法或者一种固定合理性的思想，乃建基于一种非常朴素的关于人及其社会环境的观点。有些人注视历史提供的丰富材料，不想为了满足低级的本能，为了追求表现为清晰性、精确性、“客观性”和“真理”等的理智安全感，而使之变得贫乏。这些人将清楚地看到，只有**一条**原理，它在**一切**境况下和人类发展的一切阶段上都可加以维护。这条原理就是：**怎么都行**。

这条抽象原理现在应当具体而详细地加以考察和解释。

2

例如，我们可以运用同得到充分确证的理论以及（或者）充分确凿的实验结果相矛盾的假说。我们可以通过反归纳地行事来推进科学。

具体而详细地考察这条原理，是指追寻“反规则”所导致的结论，这些结论是同科学事业的某些常见的法则相悖的。为了明白这怎么做，让我们考虑这样的法则：理论的成功是由“经验”、“事实”或“实验结果”来度量的。一个理论和“资料”之间的一致支持该理论（或让情势保持不变），而不一致使该理论处于危境，也许甚至使我们不得不排除它。这法则是一切确证（confirmation）和确认（corroboration）理论的重要部分。它是经验主义的本质。与之对应的“反规则”则劝导我们引入和制定与得到充分确证的理论以及（或者）充分确凿的事实不一致的假说。它劝导我们**反归纳地**行事。

反归纳的程序引起下述问题：反归纳比归纳更合理吗？有没有支持其应用的境况？支持它的论据何在？反对它的论据何在？归纳是否可能总是比反归纳更可取？如此等等。

这些问题将分两步来回答。首先，我将考察要求我们提出同公认的且又得到高度确证的**理论**不一致的假说的反规则。然后，我将考察要求我们提出同充分确凿的**事实**不一致的假说的反规则。这些结果可以简述如下。

第一种情形表明，可能反驳一个理论的证据往往只能借助一个与之不相容的可取理论来揭示。所以，劝导人仅当反对意见已使正统理论丧失信任时才利用别的可取理论，那是本末倒置。（这种劝导可追溯到牛顿，而且今天仍十分流行。）此外，一个理论最重要的形式性质有些也是通过对比而不是通过分析发现的。因此，一个科学家想要使他所持观点包含最多的经验内容，想要尽可能清晰地理解它们，就必须引入其他观点；这就是说，他必须采取一种**多元主义的方法论**。他应当把思想同别的思想而不是同“经验”作比较，他应当试图改善而不是抛弃已在竞争中失败的观点。这样行事，他就将保留《创世记》或《皮曼德》（*The Pimander*）中有关人和宇宙的理论，他将精心制定它们，用它们来衡量进化论和其他“现代”观点的成功。[①] 于是，他可能发现，进化论不像一般所认为的那样好，因此，应该用一种改良型创世说补充之，或者完全取代之。这样看待的知识不是由一些自我一致的、向一个理想观点会聚的理论构成的系列，它不是向真理的渐次逼近。它倒是一个日益增长的**互不相容的（而且也许甚至不可比的）各种可取理论的海洋**，构成这个集合的每个理论、每个童话、每个神话都逼使其他理论、童话和神话加入，形成更大的集合，而它们全都通过这个竞争过程来对我们意识的发展作出贡献。没有什么东西会固定下来，一个广包的说明不能缺少任何一个观点。普鲁塔克或第欧根尼·拉尔修（而非狄拉克或冯·诺伊曼）是提出这种知识的楷模。在这种知识中，一门科学的**历史**成为这门科学本身的一个不可分离的部分——它对于这门科学的进一步**发展**，以及对于给予这门科学在任何特定时期所包含的各个理论以**内容**，都是必不可少的。专家和外行、专业工作者和业余爱好者、说实话者和说谎者——他们全都被引来参与论争，对我们文化的丰富作出贡献。然而，科学家的任务现在不再是“探索真理”，“赞扬偶像”，“把观察资料系统化”，或者“改善预言”。现在，科学家主要专心于一种活动，它旨在“**使论据转弱为强**”（如智者所说），**从而维持住整体的运动**。上述各任务只不过是这一活动的副产品。

第二条“反规则”支持假说同观察、事实和实验结果不相一致，它无须专门加以辩护，因为没有一个有意义的理论会同其领域中的一切已知事实都相一致。因此，问题不是反归纳理论应否被**接纳**进科学；问题倒是对于理论和事实间**现存**的不一致，究竟应当增加还是减少之，或者对它们作点别的什么处理。

为了回答这个问题，只要记得观察报告、实验结果和“事实”陈述不是**包含**理论假设，就是以应用理论假设的方式**断定**它们。（对于这一点，参见第6章和以后各章对自然解释的讨论。）例如，我们习惯于当我们用正常的感官看一个处于正常境况的桌子时说“这桌子是棕色的”，而当光照条件不好或自感观察能力不可靠时就说“这桌子似乎是棕色的”。这习惯表达了这样的信念：存在着一些常见的境况，其时我们的感官能够“按实况”看世界，也存在着其他同样常见的境况，其时我们的感官被欺骗。那种习惯也表达了这样的信念：我们的感觉印象有些是真实的，而有些则不真实。我们还想当然地

---

① 关于皮曼德在哥白尼革命中的作用，参见本书第72页注①。

以为，对象和我们间的物质媒介未产生导致失真的作用，建立这种接触的物理实体——光——传送真实的图像。这一切都是抽象且又十分可疑的假设，它们塑造了我们的世界观，但未经受直接的批判。通常，我们甚至未意识到它们，我们仅当遇到一种迥然不同的宇宙论时，才认识到它们的作用。这就是说，成见是通过对比而不是分析发现的。**科学家**所驾驭的材料、他那极其壮观的理论和所包括的复杂无比的技巧都完全是按这种方式构成的。这里又包含一些尚属未知的原理，这些原理即使被获知，也是极难检验的。（因此，一个理论所以可能同证据相冲突，并不是因为它不正确，而是因为证据已被污染。）

那么，我们怎么能考察我们无时不在应用着的东西呢？我们怎么能分析我们惯常表达自己十分简单明确的观察结论和揭露其前提时所用的那些术语呢？我们怎么能发现我们实际行事之前就已假定的那种世界呢？

回答是明白的：我们不可能从**内部**发现它。我们需要一种**外部的**批判标准，我们需要一组可供选择的假设，或者因为这些假设将非常一般，仿佛构成了完全是另一个世界，所以**我们需要一个梦幻世界，以便发现我们以为我们居住在其中的真实世界的特点**（而这个世界实际上也许只是又一个梦幻世界）。因此，我们批判常见的概念和程序时，即我们批判“事实”时的第一步，应当是尝试打破这个循环。我们应当发明一个新概念体系，它悬而不决，或者同极其精心地确立的观察结果相冲突，反驳最可能的理论原理，并引入不能构成现存知觉世界的组成部分的知觉。[①] 这一步又是反归纳的。因此，反归纳总是合理的，总是有成功的机会。

下面七章将更详细地阐发这个结论，并用历史事例来阐释它。因此，人们可能产生这样的印象：我提出了一种新的方法论，它用反归纳取代归纳，并且应用多样的理论、形而上学观点、童话而不是习惯的成对的理论—观察。[②] 这种印象肯定是一种误解。我的意图不是用一组一般法则来取代另一组一般法则。我的意图倒是让读者相信，**一切方法论甚至最明白不过的方法论都有其局限性**。表明这一点的最好方法是证明，有些她或他可能认为是基本的法则是有局限性的，甚至是非理性的。就归纳（包括用证伪的归纳）而言，这意味着证明，反归纳程序可能多么充分地得到论证的支持。始终应当记得，这证明和所应用的论辩术并不表达我的任何“深刻信念”。它们只是表明，用

① “冲突”或“悬而不决”的含义比“矛盾”更一般。我认为，如果一组思想或行动同一个概念体系不一致，或者使之显得荒谬，那么它们之间就是有“冲突”。详见以下第 17 章。

② 厄南·麦克米林教授就是这样解释我的一些早期论文的。见《科学史和科学哲学间关系的一种分类》，载《明尼苏达研究》，第 5 卷，明尼阿波利斯，1971 年。

理性的方法多么容易把人牵着鼻子走。一个无政府主义者就像一个隐蔽的代理人，他为了挖"理性"权威（"真理"、"诚实"、"正义"，如此等等）的墙脚而玩弄"理性"。①

（周昌忠译）

选文出处

费耶阿本德　反对方法

费耶阿本德著，《反对方法》，上海，上海译文出版社，1992，1—11页。

---

① 汉斯·里克特在《达达派：艺术和反艺术》中说："达达派不仅没有纲领，而且还反对一切纲领。"这并不排除对纲领作机巧的辩护，以表明任何辩护不管多么"合理"，总是带有空想的性质。亦见本书第158页注②、159页注①和②。（同样，一个演员或剧作家能展示"深挚的爱"的全部外部表现，以便揭示"深挚的爱"这个观念本身的真面目。例如，皮兰德娄*。）我希望，这些话将减轻克特格（Koertge）小姐的恐惧，她担心我想再发动一个运动，用"增生"或"怎么都行"的口号取代证伪主义、归纳主义或者研究纲领等口号。

*皮兰德娄（Luigi Pirandello，1867—1936），意大利小说家、剧作家。——译者注

自由社会中的科学*

费耶阿本德

费耶阿本德的科学哲学中，除了提倡多元方法论之外，还提倡多元文化观，反对科学沙文主义。在此段选文中，作者认为，根据科学方法论来论证科学的优越性是不能成立的，因为并不存在独特的科学方法。同样，主张科学研究过程自身的合理性来论证科学的优越性也不能成立，因为科学研究并非总是成功，也没有先天的理由认为科学这个研究纲领就不能归并到自由社会这个研究纲领中。对于根据科学成果来支持科学优越性的说法，作者认为科学今天的优势并非其自身的相对优点，而是各种社会条件有利于其发展而已。在自由社会中，各种传统应该平等竞争，正如宗教已经与国家分离一样，科学也应该与国家分离。

作者简介

费耶阿本德（Paul Karl Feyerabend，1924—1994），科学哲学历史主义学派的代表人物，创立了独具特色的无政府主义认识论。代表作有：《反对方法》、《自由社会中的科学》，提倡多元方法论，反对科学沙文主义，是科

方法论的论证没有确立科学的优越性

以上看法也许会受到这样的批评：科学作为人类努力的成果虽然有它的缺陷，但它还是优于其他获得知识的方法。科学的优越性有两个理由：它使用了正确的获得成果的方法；而且存在着许多证明这种方法具有优越性的成果。让我们更仔细地看一下这两个理由。

对第一个理由的回答很简单：没有“科学的方法”；没有任何单一的程序或单一的一组规则能够构成一切研究的基础并保证它是“科学的”、可靠的。任何方案、任何理论、任何程序都必须按照它自己的优劣、根据适应于它所应付的那些过程的标准予以判定。认为存在着一种普遍的、不变的方法，可以作为恰当性的不变尺度，甚至认为存在

* 本文标题为编者所加。

学哲学史上最富争议性的人物之一。

着普遍的、不变的合理性，这种思想就像认为存在着一种普遍的、不变的测量仪器可以测量任何量值而不管环境如何的思想一样是不现实的。当科学家向前进、进入到新的研究领域中时，他们修改自己的标准、程序和合理性准则，正如当他们前进到新的研究领域中时他们会修改甚或完全取代自己的理论和仪器一样。这种回答的主要论据是历史的：没有任何一个规则不曾在这个时候或那个时候被违反过，无论它多么可信、在逻辑上和一般哲学上有多么充分的理由。这种违反不是偶然的事件，它们不是由无知和大意造成的那种可以避免的结果。找出了它们发生的条件，它们便是进步所必不可少的，或者是人们可能感到合意的特征所必不可少的。的确，科学史和科学哲学的最近讨论有一个最令人注目的特征，就是认识到古代原子论的发明、哥白尼革命、现代原子论的兴起（道尔顿、分子运动论、色散理论、立体化学、量子论）、光的波动说的逐渐出现，只是因为有些思想家决定不再受某些“明显”规则的束缚，或者因为他们无意中打破了这些规则。相反，我们可以证明，今天科学家和科学哲学家视作为构成一种统一的“科学方法”并加以辩护的多数规则，要么是无用的——它们并没有产生它们应该产生的成果——要么是虚弱的。当然，将来我们也许会找到一个帮助我们通过一切困难的规则，正如我们将来也许会找到一个可以说明世界上一切事物的理论一样。虽然这种发展是不可能的，人们差不多都会认为这在逻辑上是不可能的，但我还是不想排除这种可能性。问题在于，这种发展还没开始：今天我们必须不依赖任何明确定义的、不变的“科学方法”来从事科学。

以上论述并不意味着研究是武断的、不受指导的。存在着各种标准，但它们来自于研究过程本身，而不是来自于抽象的合理性观点。为了对现有的标准作出有根据的判定并发明出新的标准，需要有独创性、机智和对于细节的了解，正如为了对现有的理论作出有根据的判定并发明出新的理论，需要有独创性、机智和对于细节的了解一样。本书第一部分第 3 节和第三部分第四章第 3 节对此有更多的论述。

有些作者同意上述观点，但仍然坚持对科学作特殊对待。波兰尼、库恩及其他一些人反对科学必须符合外部标准的看法，并像我一样坚持认为，标准是通过它们应该对之作出判定的那种研究过程来发展和受到检验的。他们说，这一过程是一种极为精致的机制。它有着自己的理性并决定了自己的合理性。因此，他们接着说，必须使它不受干扰。科学家只有全心全意地进行研究、只研究他们认为重要的问题、并且只使用似乎对这些问题有效的那些程序，他们才会成功。

对财政支持进行这种巧妙的辩护而没有相应的责任的做法是不能成立的。首先，研究并不总是成功，而是经常产生出怪物。涉及有限领域的小错误也许可以从内部纠正，而涉及整个领域的“基本意识形态”的全面错误只能由外行或具有不寻常的个人经历的科学家来披露，而且实际上经常是被他们披露的。这些外行利用新的观念纠正了错误，并因此从根本上改变了研究。什么算作错误、什么不算错误取决于作出判定的那种传统：对一种分析的传统（如医学中的分析传统）来说，重要的是发现基本成分，并表明一切事物是如何由这些基本成分构成的。未能立即获得成功表明了问题的复杂性，表明需要进行越来越有效的相同研究。对一种整体论的传统来说，重要的是发现大规模的联系。现在，分析的传统未能立即获得成功表明了它是（部分）不恰当的，并可能提示新的研究方案（顺便说一下，这大致就是某些癌症研究的情况）。一开始这种提示会被认为是不必要的干扰，正如16和17世纪的亚里士多德派物理学家认为天文学论证和物理学论证的混合是不必要的干扰一样。这导致了对库恩—波兰尼观点的进一步批评：他们的观点假定隐含在某一历史阶段中的区别和分离是无可非议的，必须予以坚持。但是不同的研究纲领经常统一起来，或者一个研究纲领归入另一个研究纲领，由此导致适用范围的变化。没有理由认为科学这个研究纲领不能归到自由社会这个研究纲领之中，并发生适用范围的变化，因而重新予以定义。这种变化是必需的——没有这种变化，自由的可能性就不能充分发挥出来——科学中没有任何固有的东西能够禁止这种变化（除非科学家希望在损害其他人的情况下来做自己的事情）；许多科学发展的情况一直就是如此，虽然是较小规模的；此外，独立的科学很早以前就被依靠社会而生存并加强了社会的独裁主义倾向的商业科学取代了。这便消除了波兰尼—库恩的反对理由。

科学受到偏爱也不是由于它的成果

按照第二个理由，科学由于自己的成果而应获得特殊的地位。

仅当可以证明以下两点时，这才能成为一个论据：（a）任何其他观点都从未产生过任何可与科学相比的东西，（b）科学的成果是自主的，它们没有受益于任何非科学的媒介。这两个假定都经不起细究。

不错，科学对我们理解世界作出了惊人的贡献，这种理解产生了更惊人的实践成就。不错，科学的多数对手现在要么消失了，要么已经改变了，所以，与科学的冲突（因而产生不同于科学成果的其他成果的可能性）不再出现：宗教已经被“去掉神话的形式”，目的很明确，就是使它们可以为科学的时代所接受；而神话则以一种去掉了其本体论含义的方式得到了“解释”。这种发展的某些特征一点儿也不奇怪。甚至在公平的竞争中，一种意识形态也经常囊括全部胜利、压倒它的对手。这并不是说被击败的对手没有优点、不再能对我们的知识作出贡献，而只是说它们的气力暂时用完了。它们也许会东山再起，使击败自己的对手失败。原子论哲学便是一个出色的例子。原子论哲学（在西方）是在古代提出的，目的是“保全”运动现象这样的宏观现象。它被动力学上更加精致的亚里士多德哲学所超过，后来在科学革命中卷土重来，然后又被连续性理论的发展所超过，但在19世纪后期又一次东山再起，后来又受到了互补性的限制。再以地球运动的思想为例。它产生于古代，后来被亚里士多德派的有力论证所击败，托勒密认为它是一种“难以置信的可笑的”观点，然而，它在17世纪中胜利地复辟了。对理论适用的，对方法也适用：最初知识的根据是臆测和逻辑；然后亚里士多德引进了一种更加强调经验的程序，这种程序后来又被更加强调数学的笛卡儿、伽利略的方法所取代，哥本哈根学派的成员后来又把这种方法与一种相当激进的经验论结合了起来。由这一历史概述所得出的教训是，一定不要把一种意识形态（它是理论与方法和更加一般的哲学观点的结合）的暂时受挫当成淘汰该意识形态的理由。

然而，这恰恰是较古老的科学形式和科学革命之后的非科学观点的遭遇：它们先是从科学自身中被清除，然后又从社会中被清除，结果形成了目前这种局面，它们的生存不仅受到有利于科学的一般偏见的威胁，而且还受到机构手段的威胁：正如我们所看到的那样，科学现在已经成了民主政体基本组织的组成部分。在这种情况下，科学有了至上的统治权，并且成了人们所知道的唯一拥有可贵成果的意识形态，这难道有什么奇怪吗？科学获得了至上的统治权是因为它过去的一些成功导致了一些防止对手东山再起的制度上的措施（教育、专家的作用，权力集团如美国医学协会的作用）。简言之，科学今天的优势并不是因为它的相对优点，而是因为情况被操纵得有利于它，这样说没有什么不对。

在这一操纵机制中，还有另一个成分，我们一定不要忽视。我在前面说过，甚至在公平的竞争中，意识形态也可能落后。在16和17世纪中，古代西方科学和哲学与新的科学哲学之间有着（或多或少的）公平竞争；但在这整个复杂的思想体系和非西方社会的神话、宗教、程序之间却从未有过公平的竞争。这些神话、宗教和程序的消失或退化，并不是因为当时的科学更好，而是因为当时的科学鼓吹者是更加坚决的征服者，因为他们从物质上压制持不同文化的人。当时不存在什么研究，不存在对方法和成就的“客观”比较，只有对殖民地部落和民族的观点的殖民化和镇压。这些观点先是被鼓吹博爱的宗教所取代，然后又被科学的宗教取代了。虽然为数极少的科学家研究过部落意识形态，但由于偏见和准备不足，他们不能发现任何优越性的证据，甚至不能发现平等的证据（即使发现了这种证据，他们也不会承认）。科学的优越性同样不是研究和论证的结果，而是政治、制度甚至军事压力的结果。

为了看一下当消除了这种压力或用它来反对科学时情况会怎么样，我们只需要看一下中国传统医学的历史。

中国是直到 19 世纪还未受西方知识统治的为数不多的国家之一。20 世纪早期，新的一代对旧传统及其固有的局限性感到厌倦了，而对西方输入的科学在物质上和知识上的优越性有很深的印象。科学很快便抛弃了一切传统的成分。草医草药、针灸、阴/阳二元论、气的理论都受到嘲笑，被从学校和医院中清除出去，西方医学被认为是唯一明智的程序。这种态度一直持续到 1954 年前后。后来，共产党意识到需要从政治上监督科学家，命令医院和大学恢复传统医学。这一命令恢复了科学和传统医学之间的自由竞争。现在，人们发现，传统医学有着优于西方科学医学的诊断治疗方法。那些对部落医学和科学进行比较的人也作出了相似的发现。由此得出的教训是，只要给非科学的意识形态、实践、理论和传统以公平的竞争机会，它们就可以成为有力的竞争对手，就可以揭露科学的重大缺点。给它们以这种公平的机会是自由社会的机构的任务。① 然而，

① 在 15、16 和 17 世纪中，工匠们强调他们的具体知识和学院的抽象知识之间的冲突。伯纳德·帕里西写道：“通过实践，我证明了许多哲学家甚至最古老和最著名的哲学家的理论在许多方面是错误的。”（引自 P. 罗西：《近代早期的哲学、技术和艺术》，纽约，1970 年，第 2 页——该书包含了许多相似的引语，并详细分析了产生这些引语的情况。）通过实践，巴拉赛尔苏斯证明草药医生、乡村医生、女巫的医学知识优于当时科学医学的知识。通过实践，早期的航海冒险者证伪了学院的宇宙论概念和气候学概念。这种情况现在并没有很大的变化，看到这一点是很有趣的。“通过实践”，针灸医生和草药医生证明他们可以诊断和治疗那些科学医学意识到其结果、但却既不能理解又不能治疗的疾病。“通过实践”，索尔·海耶达尔驳斥了关于航行学和船的适航性的科学见解（参见《皇家学会探险队》，纽约，1972 年，第 120、122、155、156、176、261、307 等页关于纸莎草船的段落）。“通过实践”，通灵之人造成了不符合科学世界观的效应，并遭到了嘲笑，直到几个大胆的科学家对他们进行检验并证明了他们的存在为止。[甚至稳健的科学组织，如美国科学促进会，现在也认真地对待他们，并给他们以机构上的承认（从事灵学现象研究的混合组织）。] 近代科学的产生并没有消除科学之外的实践和学院意见之间的紧张局势，而只是给了它以不同的内容。学院意见不再是亚里士多德，甚至也不限于一个特殊的作者，而是一个声称拥有唯一可靠的方法以发现真理的各种学说、方法和实验程序的体系——而这一声称经常证明是错误的（虽然前面所说的那些包庇程序使人很难发现其重大的缺陷）。

科学的优越性只有与不同的观点作了许多比较之后才能肯定。

人类学、考古学（这里尤其是古天文学这门正处于活跃时期的学科[①]）、科学史、灵学[②]中的最新研究表明，我们的祖先和当代的“原始人”有着高度发达的宇宙论、医学理论、生物学学说，他们经常比自己的西方竞争对手更恰当、拥有更好的成果[③]，并描述了“客观的”实验室方法所无法理解的现象。[④] 发现古代人拥有值得重视的观点并不奇怪。石器时代的人已经是充分发达的人类，他面临着众多的问题，他以伟大的独创性解决了这些问题。科学总是由于自己的成就而受到称赞。所以让我们不要忘记神话的发明者发明了火和保存火的方法。他们驯养了动物，培育了新的植物品种，保持了品种的区分，在这一方面超过了今天的科学农业的能力。[⑤] 他们发明了耕地的轮作，发展了可与西方人的最佳创造相媲美的艺术。他们没有被专业化所妨碍，发现了人与人之间和人与自然界之间的广泛联系，并依据这些联系来改进他们的科学和社会：最好的生态学哲学是在石器时代发现的。他们驾船穿过了大洋，这些船的适航性比同样大小的现代船要好。他们证明了关于航海术和材料性质的知识，这些知识与科学的观点相矛盾，但经实验以后，却发现是正确的。[⑥] 他们意识到了变化的作用，他们的基本定律考虑到了这一点。只是在长期独断地坚持由前苏格拉底哲学家的“理性主义”所开创、在上个世纪末达到顶点的“永恒的自然定律”之后，科学才在最近恢复了石器时代关于变化的观点。而且，以上这些成就并不是本能的发现，而是思考和思辨的结果。“充分的资料不仅表明猎人—采集者们有充分的食物供应，而且表明他们享有大量的空闲时间，实际上比现代工人或农民甚至考古学教授的空闲时间还要多得多。”他们有充分的机会进行“纯思想”。[⑦] 认为石器时代的人的发现是由于本能地运用了正确的科学方法，坚持这种看法没有任何好处。如果他们本能地运用了正确的科学方法，如果他们导致了正确的结果，那为什么后来的

---

① 关于这一点及有关的领域，参见 R.R. 霍德森（编）：《天文学在古代世界中的地位》，牛津，1974 年。

② 关于概述，参见 E. 米切尔的前引书。

③ 参见莱维-斯特劳斯：《野蛮人的心灵》，第 1 章和第 2 章中的材料。与部落医生一起工作的医生经常称赞他们的理解力、知识及其迅速理解新治疗方法的能力（如 X 射线）。

④ 参见《反对方法》，第 4 章。

⑤ 参见 E. 安德森：《植物、人和生命》，伦敦，1954 年。

⑥ 参见《白面神》和索尔·海耶达尔的《皇家学会探险队》，尤其是后者第 120、122、132、153、175、206、218 页及其后，和第 259 页上关于纸莎草的适航性及木筏的适当构造的论述。

⑦ L.R. 宾福德和 S.R. 宾福德：《考古学的新观点》，芝加哥，1968 年，第 328 页。还参见马歇尔·萨林斯的著作。

科学家经常得出不同的结论？而且，正如我们已经看到的那样，不存在什么“科学的方法”。因此，如果科学由于它的成就而受到称赞，那么，神话必须更热烈地受到百倍的称赞，因为它的成就大得无与伦比。神话的发明者开创了文化而理性主义者和科学家只是改变了文化，而且并非总是改得更好。[①]

可以同样容易地驳斥假定（b）：没有任何一个重要的科学思想不是从其他地方偷来的。哥白尼革命便是一个出色的例子。哥白尼是从哪里得到他的思想的？正如他自己所说的那样，是从古代的权威那里。在他的思想中起过作用的权威是谁呢？菲洛劳斯便是其中之一。菲洛劳斯是一个头脑糊涂的毕达哥拉斯派主义者。当哥白尼试图使菲洛劳斯的思想成为当时天文学的组成部分时，他是怎么做的呢？他违反了合理的方法论规则。伽利略写道：“当我想到阿里斯塔克和哥白尼能够使理性完全征服感觉，无论感觉怎样防卫，理性还是成了他们信念的主导时，我感到无限惊异。”[②] 这里的“感觉”指的是亚里士多德和其他人用来证明地球必定静止的经验。哥白尼用来反对这种论证的“理性”是菲洛劳斯（和赫米斯主义者）的非常神秘的理性和关于圆周运动基本特征的同样神秘的信念。没有这种对远古思想的非科学的使用，近代天文学和近代动力学就不能前进。

天文学受益于毕达哥拉斯主义和柏拉图对圆周的喜爱，医学受益于草药学、心理学、形而上学、女巫的生理学、接生婆、诡计多端的人和江湖药商。众所周知，16 世纪和 17 世纪的医学科学虽然理论上很充分，但在疾病面前却毫无用处（而且在“科学革命”之后很长一段时间中仍然如此）。像巴拉赛尔苏斯这样的革新者转而求助于早先的思想并改进了医学。科学到处被非科学的方法和非科学的成果所丰富，而经常被视为科学本质部分的程序却被暗暗地放弃或取代了。

科学是许多意识形态中的一种，应与国家分离，正如宗教已与国家分离一样

首先，我把自由社会规定为所有传统在其中都有平等权利和接近权力中心的平等机会的社会。

这导致了这样的反对意见，即仅当社会的基本结构是“客观的”、不受任

---

① 在保存了较早思想阶段的赫希俄德那里，定律是产生出来的（宙斯的规则），它们是对立力量平衡的结果（被锁住的泰坦）。它们是动力平衡的结果。在 19 世纪中，定律被认为是永恒的、绝对的，即不是由相互约束的对象的平衡所产生的。赫希俄德的宇宙远远领先于 19 世纪的科学。

② 《关于两大世界体系的对话》，德雷克泽，伯克利和洛杉矶，1954 年，第 328 页。详见《反对方法》中关于伽利略的章节。

何一种传统的过分压力所影响的，平等的权利才可以得到保证。因此，理性主义比其他传统更重要。

如果理性主义以及有关的观点还不存在，或者没有任何力量，那么，它们就不能有计划地影响社会。在这种情况下，生活并不会混乱。存在着战争，存在着权术，存在着不同文化的自由辩论。因此，客观性传统可以用各种方式引进。假定它是通过自由辩论而引进的——那么，为什么我们要在这一点上改变辩论的形式呢？知识分子说，这是因为他们的程序具有“客观性”——正如我们已经看到的那样，可惜这种程序缺乏正确观察事物相互关系的能力。即使理性是通过自由辩论获得的，也没有理由坚持它。如果它是通过暴力强加的，那就更没有理由坚持它。这便消除了上述反对意见。

第二个反对意见是，虽然各种传统也许可以要求同样的权利，但它们却不会产生同样的成果。这一点通过自由辩论便可以发现。这种反对意见的含义是，科学的优越性很早以前就确立了——因此，为什么要大惊小怪呢？

对于这种反对意见，有两种回答。第一，科学的相对优越性决没有被确立。当然，关于这种印象有着许多传闻，但更加仔细地考察一下，这些提出的论证便消失了。科学并没有由于它的方法而胜过别的东西，因为不存在方法；科学也没有由于它的成果而胜过别的东西：我们知道科学的成果，但我们却不知道其他传统是否不能做得更好。所以，我们必须弄清楚这一点。

为了弄清楚这一点，我们就必须按照自由社会的基本规定的要求，让所有传统一起自由地发展。很可能关于这种发展的公开辩论将会发现某些传统提供的东西比其他传统要少。这并不意味着它们要被取消——只要有人对它们感兴趣，它们就将生存下去并保持着自己的权利——而只意味着眼下它们的（物质上的、知识上的、感情上的等等）产品起相对小的作用。但是曾经讨人喜欢的并不总是讨人喜欢，一个时期有助于某些传统的并不在其他时期也有助于这些传统。因此，公开辩论以及通过公开辩论来检验受宠的传统将会继续下去：社会永远不等同于一种特殊的传统，国家和各种传统总是保持分离。

国家和科学（理性主义）的分离是国家和传统的这种一般分离的必不可少的部分，这种分离不可能用一种政治行动来引进，也不应该以这种方式引进，因为许多人还没有达到生活在自由社会中所必需的那种成熟性（这尤其适用于科学家和理性主义者）。自由社会中的人必须对非常基本的问题作出决定，他们必须知道如何汇集必要的信息，他们必须理解不同传统的目的以及它们在其成员的生活中所起的作用。我所说的成熟性不是一种智力能力，而是一种只有经常与不同的观点保持联系才能获得的敏感性。它是不能在学校中学到的，指望“社会研究”会造成我们所需要的才智，是徒劳的。但是，通过参与公民的首创活动却可以获得它。为什么缓慢的进步、科学权威的缓慢败落以及由这些首创活动造成的其他有进取心的机构的缓慢败落要比更加激进的措施受到喜爱，原因就在这里：公民的首创活动是我们目前拥有的最好的、唯一的自由公民的学校。

（兰征译）

选文出处

费耶阿本德　自由社会中的科学

费耶阿本德著，《自由社会中的科学》，上海，上海译文出版社，1991，105—116页。

科学发展中的目标和语言的改变

夏佩尔

夏佩尔在这篇文章中，通过由炼金术向化学元素论转变的历史考察，说明了在科学研究过程中，诸如科学研究的目标，以及命名和描述研究对象和探究课题的语言这样基本的要素都有可能发生改变，然而一切变化都有特定的理由，也就是说科学发展过程中虽然一切都有可能发生变化，但一切变化又都有其连续性。科学发展每一步都有其特定的理由，但是怀疑的可能性又总是存在着的。这是在库恩、费耶阿本德等为代表的历史主义学派强调范式不可通约性、科学发展的革命性的基础上，捍卫科学的合理性的新尝试。

作者简介

夏佩尔（Dudley Shapere，1928— ），美国著名科学哲学家，"新历史主义"学派代表人物。"信息域"理论是夏佩尔哲学理论体系中的核心。其主要著

一、命名与描述：化学的例子①

在古代和中世纪的近东和欧洲，用来描述和命名物质客体的语言主要是根据物的可感觉现象，通常是颜色，但有时是气味、可熔性、可溶性、密度、几何形状，或者其他特别鲜明的可感觉性质。作为该种物质的起源或主要来源的地理位置有时也成为命名的根据，在其他情况下，实体的（如医药的）用途也是命名的根据。一般来说，这些特征直到现代也仍然是命名和分类的基础。

① 本文的第一部分以完全不同的形式表述了以前的一篇文章所探讨的一个主要案例，这篇文章的题目是：《知识对事实描述的影响》，载F. 萨普和P. 阿斯奎思编：《科学哲学协会，1976》，东兰辛，科学哲学协会，1977，第5卷，第281—298页。该文参考了第一手和第二手的资料，其中，两本极有价值的第二手的著作是：M. 克罗斯兰：《化学语言的历史研究》，剑桥大学出版社，1962；R. 马尔特霍夫：《化学的起源》，富兰克林·瓦茨出版社，纽约，1967。本文的第二部分在讨论这个案例时远远超出了以前那篇文章的范围。本文的前一篇文章《谈谈域和场的概念》应被看做是这篇文章的导言。

作有：《自然科学的哲学问题》、《伽利略：哲学研究》、《理由与求知：科学哲学研究文集》等。

在现代之前，也许占主导地位的一般物质观都认为，物是像植物一样从土壤中生长出来，然后成熟的。在中世纪，这种观点获得了以希腊哲学思想为依据的哲学证明。人们广泛地认为，只存在一种“土”，一种元素土，它以不同程度的潜在性和现实性存在着，现实状态是比潜在状态更加完善的状态。土可能以粉末状的易碎的松土状态存在，或以各种更高程度的现实性和完善性存在，如石头或金属。例如，铅就是土的一种很不完善的“实现”，仅次于松土——从铅的表面易于朽化为“松土”这一事实就很容易“看到”这一点。根据这些看法不难断定：土元素有其最高程度的现实性和完善性。炼金术传统虽然也许是独立于哲学传统而产生的，但它一般也采取这种观点。当然这个总的论题有一些变化。有些论题与土所表现的各种形式的完善性或现实性的确切等级序列有关：金真是最完善的形式吗？只有一种等级，还是存在着两个以上的分支，每一分支都有自己的最完善形式？其次，虽然据称炼金术士能够在他的实验室这个规模缩小的空间时间范围内再现壮观而缓慢的自然过程，但人们对这些过程究竟是什么的看法在细节上有很大分歧。炼金术士为使土完善化，究竟必须进行什么样的活动呢？应根据什么程序进行这种活动呢？有关这些问题的细节上的分歧常常反应在对物质论的哲学基础所作的不同解释上。然而，指出这一点很重要：炼金术的具体做法是改变物的可感觉特性，把这些特性转变成被认为是具有土元素更完善状态事物的可感觉特性（这些性质因而也就列入完善的等级之中）。

然而，就本文的目的而言，我要强调第三类分歧，它同各种程度的完善性的原因和根源有关。我们可以发现，在这个问题上存在着三种类型的观点，通常是不明确的和不能互相区别的：（1）是认为土有某种有待于完善的、单一的、“基本”形式或潜能；（2）是认为完善性的程度是由相互对立的“形式”（热—冷，湿—干）的平衡或不平衡造成的；（3）是认为完善的不同程度是其他三种元素（火、气、水）与土的不同混合的结果。照这些观点看来，很清楚，我们今天在实验室里处理物质的某些种类的目的和活动是不合适的，或至少是不重要的。例如，根据前两种观点，即“基本形式的现实化”和“对立因素的平衡”这两种完善化观点，把一种土物质与其他土物质分离开来的观点充其量只接触到一点皮毛。甚至，炼金术要求“去除杂质”的做法（如同我们所说），至多也是一种初步程序，因为“去除杂质”后所保留的也不是我们今天认为的“纯净”物质，而是一种不完善的物质，仍然得通过构成炼金术的真正工作的各种程序而得到完善。就连认为我们在经验中发现的土物质实际上是土和其他元素的结合这第三种观点尽管在表面上看起来与现代的观点很相似，但它们之间有着根本的不同。因为即使口头上承认土物质是由更加基本的材料构成的，但炼金术程序却很少被设想成是将基本物质结合在一起以产生更完善的化合物的过程。炼金术所关心的既不是现代化学意义上的“分析”，也不是“综合”。总之，据我们所知，每一种炼金术观点的目的都不是像我们今天那样按照物质组分来**理解**物质实体，而是使它们完善化。

那么，现代研究物质的方法是如何产生的呢？我们是怎样认识到——简单而粗略地说——可以依据物质实体的组分、这种组分的排列以及把这些组分结合在一起的力来理解物质实体，而且还把这种理解看做是实验室里研究物质实体所要达到的目标呢？为了简洁起见，我将这种“现代”看法叫做研究和理解物质实体的**构成方法**；我将这种信念叫做**构成理论**。本文不可能详细地以历史文献证明从“完善主义”观点到“构成主义”观点的过渡，我的目的不在此处，而在注意这种过渡的某些主要的方面。具体来说，我将只概述一下这种方法的第一方面（即认为物质实体可以依据其组分来理解的观点）的来源，不讨论这个总观点的第二和第三方面——理解物质实体也涉及这些组分的排列以及使它们结合在一起的手段（力）。

中世纪后期和近代初期发现了大量的新物质。产生、影响和确认物质的程序变得越来越复杂了，随着这种复杂性的增强，人们越来越强调构成理论，把它当做赋予各种令人困惑不解的物质实体以次序的手段。三元素论、五元素论广泛传播，旧的四元素论得到新的支持并获得了真正构成法的解释。但是，在16、17世纪所有这些理论都遇到了反对者们提出的关键性的非议，火这个影响物质实体的主要手段，究竟对它所作用的物质产生了什么影响？一种观点认为，火只是将物质分离成它们的组分，而对这些部分不加任何改变。当然这是构成性观点的基本假设。但我们怎么知道火的作用并没有使物质发生**改变**，以致**产生**出某些分解物，而这些分解物作为物质的组分，在使用火之前并不存在？罗伯特·波义耳反对当时的元素理论，像他伟大的同时代人范黑尔蒙特一样作了如此论证。

当然，那时无法确定这种分解物**就是**以前存在的组分，除非去考察是否能找到一组物质，这些物质是许多反应的分解物，而它们本身无论当时的“化学家”怎样努力也不能分解，除非去考察这些分解物是否能重新聚合成原来的物质。换句话说，他们必须去发现“元素”是否存在，而且在这过程中，他们必须阐述清楚他们谈论元素时的意图是什么。旧的传统坚持认为，只有当某物**实实在在**是终极的东西时才能被称为元素，与此相对立，新的“化学家”所采用的元素概念，是在实验室里实际获得的，是无论采用何种手段也不能进一步分解的产物。而且，与旧的元素论，实际上与16、17和18世纪的大部分三元素、四元素和五元素论相对立，新的化学家坚持认为，并非每一个元素都必须在每一次反应中表现为分解物。元素总集合中只有某些元素才是任何给定物质的构成部分。最后，具有元素性质的候选者，只有当实际上结合在一起，形成那种认为它们是其组分的原始物质时，才能证明它们是该物质的真正的基础。

对这个观点的证明是一个漫长的复杂过程，这个过程一直延续到19世纪；实际上，正如我们将要看到的，这个观点在20世纪又面临了一连串的危险和挑战，甚至今天仍遭受另一种威胁。但到18世纪下半叶，它的有希望的前景已初露端倪。那时已为拉瓦锡在新的意义上把元素排列成表作好充分准备的基础——也即某些重要的例外和限定——大体说来有一段漫长而终于成功的历史。即使这样，为分解物观点辩护而取得成功其本身并不足以充分实现一个新的构成性观点。还存在着如何解释具体化学变化的问题。按照长期的哲学和炼金术传统，粉末状的氧化钙似乎比金属要简单（以前解释为较不完善），似乎应该给氧化钙**加上**某些东西才产生金属。氧化钙比金属重这一事实并非必然（根据同样的传统，甚至并非或然）具有任何意义。因为物质具有负重量的观点是一个旧的、受到尊重的观点；特别是，一个漫长而光荣的传统坚持认为，火有负重量或天生的“轻性”。如果要把金属当做氧化钙和火物质（燃素）的化合物，那么，氧化钙的重量加上燃素的负重量就等于较轻的金属的重量。另一方面，如果氧化钙在加热中**释放**出一部分物质（另一种分解物“氧”），那么，在热的作用下，当满足其他条件时，金属就是这种元素和氧化钙的化合物（这个问题又依赖于“空气”在化学上可以和土化合这一假说，这个假说遭到许多人的反对，理由相当有力）。换句话说，当且仅当所有基本物质都具有非负重量（即正或零重量），这个例子和许多其他反应才能按照拉瓦锡以来的方式清楚地解释。而且，这后一种观点证明是成功的。拉瓦锡理论的细节吸收了这个新理论的其他细节，虽然其中大多数在后来几十年中被证明是错误的，但构成性理论在两个世纪的不断丰富和发展中一直是顺利前进的。

化学革命没有到此为止。因为在发现新物质和发现用以研究新物质的新技术的过程中，拉瓦锡等人及其前辈在18世纪越来越感到，可感觉特性作为对物质实体命名和分类的基础是不适当的。按照这种基础，当时已被认为是不同的物质被混淆了：同一种物质，如果用两种不同的方法产生，常常被认为是两种不同的物质。可感觉特性，即我们今天依据深化了的理解称之为"物理的"特性而与"化学的"特性相对立的东西，已被证明是表面的，人们感到迫切需要一个反应物质间更深刻关系的系统命名方法。这样，随着构成性观点的产生，人们产生了修改物质名称的要求，这种修改应当反映物质的构成。吉东·德莫尔沃说："命名应该尽可能与事物的本质相一致"；"一个化合物的命名，只有当它凭着与事物本质相一致的名称使人想起该事物的组分时，才是清楚的、精确的。"他可能是这一改革的倡导人，化学术语的修改是通过他与拉瓦锡、富克鲁瓦、贝托莱一起实施的。

这样，我所描述的"化学革命"，有五个主要的组成部分：(1) 构成性分析的可能性，以及认为有关构成的知识能使人理解物质的观点，(2) 作为分解物的元素的概念以及［支持观点 (1) 的］元素的存在，(3) 化学上十分重要的非负重量概念，(4) 拉瓦锡的关于酸、金属和氧化钙的氧化理论（对此我没有讨论，因为它对于我视为这次转变的最基本的方面仅仅提供了具体的细节），(5) 反映构成的化学术语的变革（像拉瓦锡元素表设想的那样）。正如我在上面说过的，构成性方法被证明为正确并不是一下子完成的，而是经历了很长的过程，事实上这个观点在以后的两个世纪中曾几起几落。后面我们还会谈到这些。

关于这个例子我要强调的是以下三点：

(1) 研究物质的理论从完善主义观点过渡到构成主义观点，深刻地改变了物质理论的**目标**和实验室研究物质的**目标**。关于炼金术传统，如果说它曾致力于"研究物质"或"试图理解物质实体"，这种说法很难使人感到舒服，然而这种说法却是深深地存在于我们的构成主义思维方式之中的。

(2) 这种转变也导致了给物质实体（即物质理论家们的"研究"对象）命名和作描述的术语的修改，这种重新命名和重新描述把构成主义的物质本质观点与对研究对象的命名和描述结合了起来。

(3) 和当前科学哲学中某些广泛流行的看法相反，对这些新观点的理解是根据完全值得称为"理由"的东西而获得的。构成性观点逐渐赢得人们的信赖是由于发现了大量的新物质，由于有力地说明依据可感觉特性给物质命名和分类的旧做法是不合适的、表面的、非基本的和产生错误的，需要一个新的、系统的和更加基本的**恰当地**命名和描述物质的观点，由于发现的确可以找到元素，因而人们可以解决构成性理论的主要不确定性——化学分析在产生分解物时是否改变物质，由于逐步证明了一切物质都具有非负重量的特征的观点（所采用的证明法是证明这种观点可以系统性地、首尾一贯地用来解释化学反应，此外还采用了一些其他的许多考虑）。然而，我这一简短叙述当足以证明抛弃“完善主义的”观点而采用“构成主义的”观点是一种根本合理的发展，尽管事实上它包含了有关物质实体的思考和实验课题的目标、方法和概念的急剧变化。世界也**可能**是完善性的，或更一般地说，在基本层次上是非构成性的，对于化学分析会改变物质所提出的反对意见也可能证明是合理的。然而，存在着一些与物质实体的发现有关的考虑，它们表明了构成主义观点的可接受性。虽然“理由”（合理的考虑）概念在这里还处于直观的水平，但任何对科学变革的说明，任何对“理由”的说明，无疑都能为在这个例子中出现的直观提供根据。

如果我以上论述是正确的话，那么，在探求的过程中，探求的目标是可以改变的，而且改变的理由与探求过程中的发现有着十分重要的关系。我们甚至可以说，称作“探求”的东西是可以改变的，虽然直观上探求概念不适用于说明炼金术士的所作所为，这种不适用性也许会导致我们去寻找一个更一般的术语来谈论炼金术士和构成主义者**共同**从事的活动。这就是（例如）我总是不说炼金术士“探求（或研究）物质实体”，而使用一个更加中性、更加一般的，但相应地也更加模糊的描述——“对物质实体做实验”——的原因。炼金术士的活动和拉瓦锡之后的化学家活动之间的连续性当然是真实存在的，不应当因为只注意它们的不同目标，从而认为炼金术传统和现代化学传统是“不可通约的”而将这种连续性掩盖掉。可是，虽然这种连续性可能相当清楚，但是要给两个传统的活动找到一个适当的共同术语那只能是笼统的和模糊的。

因此，如果我的看法是正确的，那么我们命名和描述物质的方式**有时**也可以按照我们对自然的认识而改变。更概括地说，我们对研究对象（或过程等等）和探究课题的命名和描述，可以按照我们所了解的关于这些对象如何被理解、如何相互联系的方式而改变。我们已经获得的关于这些实体或过程的信息，包括该如何探讨（或理解）它们的信息，是和我们把它们作为探讨对象谈论时所使用的命名和描述词汇结合在一起的（用近二三十年来科学哲学家们喜欢使用但极易使人误解的比喻来说，我们的“观察”具有“理论负载”）。此外，这些名称和描述又要按照进一步的发现而改变。

即使我们保留同样的术语（而不是像化学革命中出现的那样替换一组旧名称），与这些术语相联系的“意义”（我至今尚未对这个词的技术性分析作任何假设）也是会被修改的。例如，让我们考察一下“电子”或更一般的“粒子”这个术语的历史吧。“电子”一词是斯托尼1894年用来指谓不连续的“电荷”单位，而这似乎是恰当解释法拉第早期的电解实验所表明的。当发现了电荷是和物质粒子相联系的时候，电子这个术语就被用来表示粒子，而不是表示电荷。这是“电子”术语用法的自然转变，因为自拉瓦锡以来，以及在某些领域中自牛顿以来的科学家们都根据充足的理由一致认为，质量是实体的根本属性，其他一切属性都为有质量的实体所拥有（“携带”），都不是它的本质属性。所以物质的质量是人们关心的真正对象，它碰巧也带有不可分的电荷单位。

在此后的岁月里，所谓的电子发生了巨大变化。量子力学一般把粒子概念相对化为实验态势的具体类型，量子电动力学则进一步模糊了粒子和场之间的区别。确定“粒子”的量子数并没有给质量以特殊的地位——质量是与电荷或其他许多属性，如自旋、宇称、轻子数等等这些已被发现，并认为是为电子所有的属性相对立的。这种“粒子”的行踪在许多方面都不像早先归属于它的行踪；特别是它的半整自旋需要它服从一种特殊的统计学（费密—狄拉克），这种统计学与麦克斯韦—玻耳兹曼经典粒子统计学和玻色—爱因斯坦的整自旋粒子统计学相对立。同时，电子在其自19世纪末以来的漫长岁月中，被假设为具有许多不同的属性，有些属性最终被人们承认是属于电子的，而另一些则被摈弃了。有些假设的属性是和另一些假设的属性相矛盾的。例如，按照洛伦兹的看法，电子不可能具有零半径；而相对论则正是要求它有这种特征。后来的对电子（和其他基本粒子）的解释，只是根据许多人认为是暂时方便的重整化来设法避免矛盾的。在某些科学家看来，这种方法并没有对自然提供任何认识，而只是使我们“得到正确的数字”。另一方面，人们也可能希望重整化的成功标示出某种更深层的、我们现在尚未理解但终究可以理解的东西。

以上讨论似乎很自然地可表述为：电子是或至少被当做是某种东西，**关于它**可以产生相互竞争的理论；在某一阶段我们可以规定它有某种属性，但在以后阶段又可以规定它有另一些属性；电子是某种可能具有我们至今还没有发现的属性的东西，我们给它规定的属性也许是它所没有的；关于电子，还可能有许多东西是我们尚未知道的。的确，很容易进一步假设一切基本科学术语都是如此。但是，构成这种特征的东西，即那些使我们把电子当做这样的“超理论的”（也许是“超描述的”）东西，我们也必须在这篇文章中对其加以研究。

在本文的第二节中，我想详细说明这些例子及其所产生的关于科学变革的结论，推广这些结论，扩展它们并进一步分析它们的含义。由于我在其他文章中已为这些观点提供了例子，这里我就不详细陈述和论证了，这里的讨论仅仅是使这些观点为探讨“意义”、“指称”和“必然真理”问题提供必要的背景。

二、科学中推理的内在化

在以前的文章中，我曾用“域”一词来指谓那些构成一定的科学场或领域的研究课题的信息群，即，这些信息群被认为是相关的，这种相关性是依据项的特征来考虑的，关于这些项，存在着一个或一组共同的问题，人们合理地期待对这些问题有一种共同的解（这是过分简单化的概括，作为充分探讨域时必须考虑到的复杂性的一个例子，信息的项有时是根据探讨诸项的共同方法，而不是根据诸项的共同特征来考虑的。但这些复杂情况在这里并不重要）。本文第一节中讨论的化学发展的例子说明了这些域及其变化机制的某些重要特征。

（1）一定的信息群（或被当做信息的东西）的确构成了一个域，作为一种相关的群集而被研究，这本身是一个假说——一个也许是可以给出理由的假说，这些理由原则上是可以争论的（后面我要解释我所说的“原则上”的含义）。这样，我们已看到，各种土物质（粗略地说是固体）在早期曾是归在一类的。人们区分土、水、气、火的任何考虑，例如，对它们的不同属性和运动方式的相当原始和朴素的观察，就构成了这种归类的理由。炼金术士没有看到土的各种类型间存在基本区别的令人信服的理由，他们只是根据植物生长和衰亡的类比，（至少）把有关域的“问题”看做是使土或一部分土完善化的问题（当然，这种类比也曾得到据说表明像铅的衰变这类观察的支持）。

（2）以经验划分为研究课题（域）不是一旦以简单的方式（例如有过朴素的感觉经验）划定就永远不变的，而是原则上可以演化和改变的，科学领域能够根据理由（而不是根据我们的“兴趣”）来重构。这种重构可以采取以下任何一种形式：

（a）可以重新设想域的某个中心问题或域的各种中心问题（寻求的目标）。就18世纪产生的新化学来说，关于物质实体问题是其构成性而不是完善性。

（b）对以前认为是统一的一些项之间可以作出区分，而以前认为有区别的项可以被统一。我们在化学发展的例子中看到了这点，还看到了这种统一和区分的需要与对以前的分类基础以及命名、描述的做法不满这两者之间的联系。

（c）可以把新的信息项给予域，域以前所包括的项也可以被取消。拉瓦锡的化学的域中显然有气和水，但在他以前许多重要的化学家却（通过论证）

否认它们在化合中的作用以及它们对于研究这种化合的相关性。人们不断地发现新的物质，这些新物质对于构成主义化学家来说是需要进行化学分解的。另一方面，拉瓦锡却把光和一种新的、无重量的热物质，即热素，纳入他的元素表，后来这二者都从化学的研究课题中排除出去了。而且，由于18世纪末人们把混合物和化合物明确地区分了开来，一大批曾被看做物质“实体”的混合物已不属于化学家们关注的对象。总之，一个（假定的）信息项是否属于某一信息域，（例如）是否可以像说明这个域中的其他项一样来说明该项，这在原则上是可争议的。甚至一个被称为信息的项**是不是**一个信息项，这在原则上也是可以有疑问的。这就是说，研究并说明某个项（或被称为是项）的一定的科学场的可靠性原则上是可争论的。的确，整体的域可以被分裂，而那曾是统一的研究课题会被看成是两个独立场的领域。与此相反，各自独立的域又可以溶合在一起，如麦克斯韦将光和电结合成一个课题。这种统一可能是一个很长的过程：随着电池的发明，不仅有可能得到分离物质的新方法，而且表明化合也是受电影响的。这就产生了一些理论，根据这些理论，电的力是化学结合的原因。随着麦克斯韦理论将光和电联系起来，人们联想到了更大的统一体。但是，只是在搞清楚自然界的几个基本力之间的区别时，只是在电磁相互作用、量子电动力学的基本理论获得了进一步发展时，才可能取得这种更加完满的统一。而那种区别在近十年左右又转而开始被取消了。

（d）那些被认为是与研究域的项相关的属性也会发生变化。在最早阶段，颜色和其他可感觉特性是炼金术过程要改变的相关特性，重量常常被认为是不相关的，甚至16世纪到18世纪的“化学家”也这样认为。但重量成了拉瓦锡及其后继者主要考虑的问题。不过，拉瓦锡也承认无重量的实体。可是，热和光是“运动样式”这一理论的胜利把这两个项从实体范畴中排除出去了，把它们从化学的域转到其他领域。在这一发展过程中，最重要的一步是抛弃那种认为任何物质实体可以是无重量的观点：从那以后，所有这类实体都被认为是以正的（非零的、非负的）重量，或确切地说，以质量为特征的——直到人们发现光子、中微子和现代基本粒子学的其他无质量成员，从而重新引进了无质量的物质实体之后，情况才改变了。

（3）正如我们已经看到的，域的修改有时采取的方式是重新命名和重新描述域中的项。在18世纪化学命名改革的例子中，这种命名改革是与认为构成性知识可以理解（化合）物质的信念结合在一起的，按照可感觉特性命名的任意语言和程序，被一种按照其组分来命名新物质的系统语言和程序所代替。但是，即使没有出现重新命名和重新描述的情况，对域中的实体的说法也能并且通常的确发生了深刻的改变。事实上，正像斯托尼的“电子”用法会转变成汤姆逊的用法一样，对一个研究对象是一种属性还是一种实体，人们的看法也会发生变化。甚至像“实体”和“相互作用”之间的明确区别也可能模糊不清，正如量子场理论中的情况那样；在量子场理论中，比如说，玻色子是相互作用场的粒子表现。

（4）在有些情况下，科学有可能说明我们怎么能把项组合成一定的域，为什么解释某种信息的某种方法证明是可行的——甚至说明为什么这种信息是某一种信息，为什么我们可以正确地把某些事物作为同一种事物而归为一类。因而人们就可以问，拉瓦锡以后的化学实践中所运用的构成性方法为什么是成功的。按照我们现在对于自然界的基本相互作用的认识，答案是容易得出的。引起化合作用的结合能是自然中的电磁能，这种电磁能与我们把热和电运用于物质时所得到的能量具有大致相同的量级。这一事实使人们有可能分解“化合物”（现在理解为分子）。另一方面，电磁力与把原子核（质子和中子）束缚在一起的强相互作用力是相互分离的，中间隔着极大的间隙。强相互作用力远远超出火和电池等产生的力。普通的力可以把化合物分解成它们的元素（原子），但若要分离原子核，则需要能量技术来一个巨大飞跃。这样，在一个很小的、十分确定的能量范围内可以把普通的物质分解成“基本的”组分。至少从我们日常的观点来看，我们甚至可以理解为什么**存在着**某些基本的组分，为什么**存在着**某些基本种类的物质：在我们得到更加巨大的能量之前，它们就是我们所能分解出的最后的实体，每一不同种类的实体都由自己独特的核组分和轨道电子构成。

事情本可能是另一番情形，注意到这一点十分重要。例如，化学结合能的范围可能比它现在的范围大得多。无论 19 世纪科学家运用什么方法，有些分子可能就是无法分开。就某些实体，甚至也许是就许多实体来说，那时无法说明这些实体是元素的化合物。他们可能没能发现某些元素，因为这些元素紧紧地和其他元素结合在一起。这种情况可能是普遍的，构成性方法是否能得到坚持（可以用当时所具有的能量来源还不足以分离它们的观点来解释一些例外情况），构成性方法是否至少暂时被抛弃，这都要取决于许多考虑，这种方法当然不值得享有它实际上所有的那种支持。或者会出现另一种情况：如果电磁力与强相互作用力（核力）的强度之间没有很大差距，而更可能存在着连续统或重叠，并且我们认作是元素的东西可能像化合物那样容易分解（无疑这对我们来说会产生不幸的结果）。物质的分解物则可能取决于特定情况下所运用的能量，例如，通过将某种实体置于一定温度下而产生的分解物可能不同于那些在更高温度下所获得的分解物。这样我们就可能发现不了元素（事实上这正是波义耳针对他那个时代的元素理论所提出的反对意见：例如，脂肪酸盐在某种方式下发生反应而产生出一定的分解物，以另一种方式发生反应则产生另一种分解物。因此，分解物并非元素）。按这类宇宙的更极端的形式来说，我们的确会发现近乎“赫拉克利特的河流”那样的东西。

当然，事物所可能存在的方式，或可以被发现的存在方式，比我们现在设想的要更加极端。基本粒子理论的现状就是一个很说明问题的例子。到目前为止，夸克除了在据说是由它构成的单个粒子（强子）的幽禁中，还没有被人观察到过：在强子范围内，我们发现粒子自由地运动着，有着人们认为夸克所有的特性，但在这个范围之外它们还没有被发现。面对这种情况，人们提出了三种可供选择的意见：第一，或许存在自由夸克，但要观察到它们则需要更高的能量或更细致的实验。第二，或许夸克是强子的组分，但被一种力幽禁在强子中，这种力不同于我们已知的自然界中的其他力，它随着距离增大而增强。因此，当我们试图将两个夸克（例如）分离开来时，必须运用越来越大的能量，直到所施加的能量足以产生一个新的夸克—反夸克对，这对夸克又和两个旧夸克结合起来，再次在一个强子中将对方捕获。关于这种观点，我们必须指出，尽管这种夸克幽禁与最新的强相互作用理论、量子色动力学理论的多数看法相一致，但人们还无从说明夸克幽禁是从这些理论中推导出来的。观察自由夸克和从量子色动力学推论夸克幽禁的做法不断失败，令人十分不安，这导致人们去认真地考虑一些更加基本的可供选择的意见。第三，作为其中一种观点，夸克幽禁也许表明，在真正的基本层次上，真正的粒子概念只是一种近似概念，只有在某种限制条件下才是合理的，（作为一种独立实体的）粒子的概念可能只有在“渐近自由”的限度内才能被看做是适当的，谈论粒子将不再是我们的基本理论的特征。这样，我们也许会回到物质的“几何学的”理论中去，这种理论与其说与构成主义方法有共同之处，还不如说与笛卡儿、黎曼、克利福特、爱丁顿、爱因斯坦和惠勒等人的观点相似（也许这种理论会通过谐波映射数学而得到发展，像米斯尼尔已经不很明确地提出的那样）。甚至理解物质的构成主义方法虽然已取得很大成功，但在原则上也不是不能被怀疑和最终被摈弃的。事物不仅会不像我们认为的那样存在着，而且也许还会这样持续下去。的确，随着科学的发展，我们过去的经验表明，新的理论可能与我们迄今所能想象的完全不同。这就是在哲学理论中我们必须给它留出地盘的那种可能性！

（5）最后，在科学发展的某一阶段上，那曾经是对一个域的解释理论，在以后的阶段上（甚至在特殊的情况下，对于一个暂时的领域而言）可能被当做一个域，当做一个研究领域本身的研究课题。虽然在化学的例子中，元素本身是拉瓦锡之后化学研究课题的一部分，然而那个阶段的中心问题是要把化合物解释为是由元素构成的：虽然元素的属性也有待于研究，但它们开始主要是起解释性实体的作用。不过，它们的属性渐渐地成为主要的研究对象了——虽然这种研究由于有待研究的属性（特别是原子重量）的模糊不清而长期受到阻碍。饶有兴味的是这和以前化学家所面临的化学反应的解释问题（是否承认负重量的问题）有相似之处。19 世纪末，随着决定原子重量问题的解决，随着按照周期表上原子重量将元素排列成序，有些科学家开始认为这样联系起来的元素指示着一个更深刻的解释性理论的可能性，并因此认为（有那种序列的）元素本身构成一个域。

我们这样得到的图景是极富动态的图景。第一，既有把项结合进研究领域的万花筒般的变换，又有对对象本身的不断的再描述和经常的重新命名。但是，我们不仅仅是重新描述和重新命名对象（或特性，或过程，或我们探讨的“项”所可能是的无论什么东西），这些“对象”（等等）从我们第一次遇到它们起，就仿佛是一旦被给予就永远如此，尽管我们仍可以用不同的方式命名和描述它们。恰恰相反，那被我们看做是对象（等等）的东西本身经常是变动不居的（我将把这种变动称为“重新概念化”过程，虽然这个术语并不完全令人满意）。可能发生变化的也不限于以上那些东西，另外，那曾被看做是“属性”的东西可以转变为属于“对象”范畴（如电子），甚至范畴之间的区别也可以修改（量子场理论）。而且，探究的目标、有待研究的问题、所要寻找的答案种类和寻找答案的方法，甚至连“探究”本身是什么，等等，也都是可以改变的（如“研究”物质的完善性方法和构成性方法相对立）。

第二，无论在别处多么容易把变换说成是万花筒式的，但这些变换决不是任意的或不可捉摸的：我们所得到的图景是变换的图景，而这些变换的产生是有理由的。本文不能分析什么是科学中的“理由”，只需对我们所讨论的变化是怎样发生的有一个直观的观念。因为无论我们怎么看待“理由”，这种看法必须把科学中发生的变化（至少在那些最富于科学特征的例子中发生的变化）看做是有理由发生的变化。根据上面所考虑的例子来判断，我们至少可以说，对科学中可用作“理由”的东西的全面看法至少应包括成功和摆脱怀疑。

第三，我们从第一节所考察的实例和第二节的概括中得出的图景，描绘出把信息构入我们的思考方式和谈论方式的过程，将（理想上）证明是成功的、摆脱怀疑的并可能在别的方面是有价值的信念构入的过程。这种变化的发生不仅是那已被发现是成功的和摆脱怀疑（并且也许满足使它们成为“理由”的其他条件）的信念的**结果**；而且，通过对研究对象（等等）的“重新概念化”以及对它们（电子）的重新描述，甚至在有些情况下对它们重新命名（把构成性观点和化学实体的命名结合起来），我们还把这些信念**结合进**我们的研究课题的概念之中。信念的这种结合是科学发展中的一种比较普遍的现象，这种现象我在别处称之为科学中**相关考虑的内在化**，即根据我们所获得的认识，对科学事业——它的目标、问题、解释模式，实际上它的所有方面，包括它的研究课题——进行重新表述的过程，以便使所有这些方面通过相关性考虑而紧密联系在一起，使我们遇到的任何问题都能唯有根据这个问题所涉及的研究课题才得到解决（的确，这些问题也可以依据我们设想、命名和描述研究课题的方式来进行表述）。这个过程实质上是在逐渐地把与科学相关的东西同不相关的、非科学的东西区分开来，是在逐渐地划定科学与非科学的界限。我们认识到，这个过程是应该去寻求的理想，但它远未完全实现。它显示了（除“成功”和摆脱怀疑以外的）分析“理由”是什么时所必备的第三种直观：在任何关于研究课题的论证中，这些考虑之相关是就它们与具体研究课题有关的理由而言的（“**这**与我们所讨论的课题有什么关系呢”这个问题是一种质问，用以指责我们的反对者们所引用的考虑是不相关的，它不管怎样都构不成我们争论的理由）。

最后，我们所获得的图景经常面临这样的可能性：怀疑**可能**（虽然不必）产生。我们现在的观点，包括使对象（等等）概念化、给它们命名和作描述的方式，都可能不得不被修改、摈弃或取代。尽管事实上构成性观点已构入我们用来命名和描述物质实体的语言之中，但这种观点也可能是必须抛弃的。实际上，科学**永远**不会一成不变地固守它所持有的**任何**观点，无论科学多么自信地建立在这个观点之上，并把它构入我们谈话和思维的方式之中。我们的信念的理由永远不是最终的，怀疑永远可能产生。这就是我在本节中一直谈到某些东西“原则上”可以怀疑或争辩时所包含的意思（但是当然，仅仅是怀疑的可能性还不构成怀疑的理由，我们的怀疑是指选择了某个具体信念作为疑问的对象。纯粹的怀疑可能性并不妨碍我们依靠那些还没有产生怀疑——至少是有意义的怀疑——的信念）。

（褚平、周文彰译）

选文出处

夏佩尔　科学发展中的目标和语言的改变

夏佩尔著，《理由与求知：科学哲学研究文集》，上海，上海译文出版社，1990，355—373页。

网状模型*

劳 丹

历史主义学派对科学进步提出了怀疑，理由是科学发展过程中范式不可通约，认知目标和评价标准往往发生了变化，如何还能有意义地讲科学进步？劳丹接受这一挑战，坚持科学是进步的。在这部分选文中，他指出科学的认知目标也是可以批评的。如果认知价值是乌托邦的不可实施，或者认知价值和公认的科学成就不相一致，认知价值就会被否定。在作者提出的科学合理性的网状模型中，理论、方法与目的构成了一个相互作用的循环，即我们关于科学事实的信念（理论）决定采用什么方法，而一定的科学方法才能保证特定的科学认知目的的实现；反过来，特定的认知目的说明了采用特定方法的理由，特定的方法又说明了接受特定理论的理由，在理论与目的之间必须相互协调。基于这样的网状模型，劳丹认为目的改变与科学进步并不矛盾。

作者简介

劳丹（Larry Laudan，1941— ），是美国科学界的后起之秀。1977年，他出版了《进步及其问题》一书，提出了科学进步的理论重组即所谓“研究传统”（research traditions），以代替库恩和拉卡托

我想通过区分对某一种或一组认知目标进行批判（除指出它的内在矛盾以外）的两个基本模型来阐明这个雄心勃勃的主张。我将说明，人们可以根据下述理由来反对某个目标：（1）它是乌托邦式的或不能实现的，或者（2）它与在我们共同的实践和判断中暗含的价值不相符合。这些策略虽然没有囊括价值论批判的全部内容，但是它们可能是最重要的内容。下面我将详细讨论这两种策略。

（1）**乌托邦式的价值**。——当我说某个目标状态或价值是乌托邦式的时候，我的意思是说，我们没有任何根据相信它能够被实现或者“被实施”，也就是说，对于怎样采取行动、采用任何策略适于这个目标状态的实现，我们连

* 本文标题为编者所加。

斯的科学进步观。还著有《科学与价值：科学的目的及其在科学争论中的作用》等。

最模糊的观念也没有。我先举一个怪诞的例子，如果某个人告诉我，他的基本目标是以超过光速的高速度旅行，或者是在同一时刻出现在两个地方，那么，我的回答将会是，就我们目前所具备的关于这个世界及常规可能性的知识来说，他的目的是不能达到的。我可以同意他的以很高的速度旅行和瞬息间到达几个地方的目标是有吸引力的。但是，既然我有令人信服的证据说明这两个目的完全超出了我们所希望能实现的任何事情，而且，事实上由于这两个目的都属于有很好的理由被看成在物理上是不可能之列，那么我就认为持有那些目标是没有道理的。暗含在这番议论中的是这样的信念：合理性地采纳一个目标或目的需要首先详细说明，相信这个目标状态有可能被实现的各种理由。

这里提出的对可以合理性地接受的目标的限制——虽然不是哲学家们普遍承认的——应该是无可争议的。我们习惯于把那些执意要做我们有充分理由认为是不可能的事情的人称为怪人，如果他们那样做不是出于某种病态的话。那些要长生不老的人，那些寻找青春泉的人，那些制作永动机的人，那些抱有显然是不能实现的目标的其他各种人，被典型地和合理地视为没有道理的狂想者。当然，像所有其他判断一样，这种判断也是可错的。有时，我们的背景知识会被证明是错误的，它使我们把我们后来知道是完全可能的事看成在逻辑上和物理上是不可能的。但是尽管会发生这样的错误，我们所说的合理性和有理由这个概念的核心是：在适当的意义上，任何被判断为满足这一系列概念的事情，必须被认为既是可能的又是可行的。接受一个我们无法想象用任何行动可以推动它实现的目标，或者接受一个即使我们已经实现了它，但却无法承认它是否是被实现了的目标，这无疑是无理由和非理性的标志。而一旦我们承认了这个基本的观点，我们就有各种方法去合理性地和批判地评价相互竞争的认知目标或价值。

我把任何这种为一个无现实性的价值所做的论证都称为"乌托邦策略"。在科学家关于认知目标的论证中，一般来说至少有三种不同类型的乌托邦策略。第一种我们可以称为可以证明的乌托邦。我们常常可以根据我们对逻辑和自然规律的理解说明某一种认知目标是不可能实现的。我们可以在19世纪关于是否以获得绝对可靠的知识为认知目的的争论中看到一个很能说明问题的例子。人们已经指出，那种刻画了科学定律和理论的特征的真正的普遍陈述适用于比我们（甚至在原则上）所能观察到的更为广泛的实例。在这种情况下，要想通过检验它所适用的每一个例子来澄清一个普遍陈述的真理性就显得毫无希望了。尽管大多数经验主义者都曾认为不是其他的方式，而是经验对科学理论的证明具有权威性，但是经验证明理论的明显的不可能性在一定程度上迫使人们不再把不可错主义作为一个认知目的了。

第二种这样的价值论可以在我称为语义的乌托邦中找到。许多科学家对他们所持的价值或目标，面对批评或挑战时，不能以一种简洁而确切的方式将其刻画出来。他们的说明可能是不精确的，或者是模棱两可的，或者二者兼而有之。这种我们常常列举的把简单性或优雅作为认知目标就往往有这样的缺点，因为这些目标的大多数持有者既不能始终如一地解释这些目标，也不能有条理地描述它们的特征。事实上也许这样说并不过分：大多数科学家愿意采纳简单性价值的一个主要原因，就是在他们当中几乎没有什么人对简单性有任何具体的想法。这个概念的不明确性容许了各种不同解释的提出，在各种解释频繁交替的情况下，几乎每个人都能够对简单性和优雅提出一个他认为合适的解释来。这些情况说明，指责某一目标、认知的或其他什么的为语义的乌托邦是对它的一种严厉的批评。如果某人打算赞成某一目的，但是他既不能简练地描述它，也不能用具体的事例来说明它，那么，就没有客观的方法去确定何时这个目标得以实现，何时还没有实现。这种价值太主观随意了，以至于根本不能称之为合理性的活动。（的确，很难看到那些完全没有很好解释的目标在任何行动的理论中会怎样起到真正的作用，不管这些目标是理性的还是非理性的，是客观的还是主观的。）

与之紧密联系的一种形式是我称之为认识论的乌托邦。常常有这样的情况，某人对他所持有的目标能够给出很明确的定义，而且，这个目标也不能证明是乌托邦，但是尽管如此，这个目标的持有者却不能详细给出一个标准（似乎也没有暗含着这种标准），以决定什么时候这个价值被实现了或被满足了，什么时候还没有。考虑一个当代的例子（第五章将对此做详细讨论），假设某人声称他的目标是建立一个真性理论。我们再假设他对于他所说的一个理论“是真的”这句话也提供了一个连贯的和明确的特征描述——也许是就塔尔斯基经典符合语义学而言。在这种情况下，我们就不能说他的目标有语义上的混乱。但是，当我们进一步探讨这人的目标结构时，假设他虽然能够定义一个理论是真的意味着什么，但是他完全不知道如何决定一个理论实际上是否具有"真"的性质。这样，这种价值是显然不能被实现的。概括地说，如果我们不能够确定什么时候一个既定的目标状态得到了实现而什么时候还没有，那么我们就不可能采取一组合理的行为去实现或去推进这个目标。当我们尚不具备检验一个目标何时被实现，或者正在接近于实现的标准时，这个目标就不可能被合理性地提出，即使这个目标本身是得到明确定义和高度可追求的。

所有这些在科学中屡见不鲜的评论都有它们明显的道理。但是，我们不应该因为这种明显性而忽视它们的重要性。相反，这类评论形成了一种重要的中介，它使相互竞争的认知价值的支持者之间互相通融得以传递，正是这种评论以及所产生的反应使我们对曾经高度赞扬的某些科学认识的目标作出某些修正。

（2）**承认同一典型例证**：协调理论和实践。——通常，认知目标的评论主要是集中在我们所具有的明确的价值与暗含的价值之间的某种明显的不一致上，而不是在实现或实施的问题上。我们只要想到，存在着各种不同的方法识别一个人的目标，这种认识恰恰是一种合理性理论的一般观点，就可以看到明确的价值与暗含的价值之间的区别了。明确地说，我们可以实际地问一下某人，你所持有的目标是什么？他所做的回答会构成他的表述的或明确的价值论结构。或者，往往更明显的是，我们可以通过观察他的行动和他的选择来确定他所持有的目标。如果我们感到了一个人一贯用以带来某些最终结果的行为模型，如果我们有理由认为这个人明白了这些结果是由他的行动带来的，那么，我们就有理由假定这个人正在有目的地行动以带来那些结果，而那些结果本身（即使它们并不出现在那个人所表述的目标当中）就可以被认为是存在于他的暗含的目标当中。

当我们把仅仅凭借观察某人的行为产生的结果来断定某人的暗含的目标或动机时，就产生了一些熟悉的而棘手的问题。例如，一个人可能对某种行为或某一类行为结果毫无所知，这样，我们所假定的他的动机（即他的行为的结果）就完全不是他的目标。既然在实际上任何行为都可能会有无限多的结果，那么，对于这些结果就会有一些怀疑：这些结果是这个人有意识地带来的，还是他的行为的偶然的结果抑或是不留心产生的副作用。不过，另一种获知一个人的基本价值的方式，即要求他告诉我们他的价值是什么比通过分析他的行动来获知他的目的或价值还要成问题。毕竟当事者不一定总能充分意识他的目的或目标是什么，而且往往他的目标的特点是这样的：即使他知道他的真正的目的，他也可以试图对我们掩盖它们。事实上，常常有争议的是——尽管现在仍然是一个声名狼藉的争论重点——对于一个人的目标是什么，当事者并不比仔细研究他的明显行为的第三者更有发言权。

不过，由我们分析这个问题的目的所决定，我们并不需要最后地解决这个问题，我们最需要考虑的是，在一个人声明或表述的目标和似乎导致他的行为的目标之间常常存在着各种张力，因为有这些张力存在，使我们有可能通过指出一个人明确表述的目标和他在行动与实际判断中明显表现出的目标是如何矛盾来评论他的明确表述的目标。

这一切并没有什么惊奇之处。民间流传的哲人睿语很久以来就承认人的暗含的与表述出来的渴望之间的矛盾。譬如像谚语“履行你的诺言”，又譬如像年迈双亲的劝告，“像我说的那样做，不要像我做的那样”，都击中了要害，一个人声明所持有的目的常常和那些显然在指导他的行为的目的不同。当我们发现我们明确的目的与在我们的行动中和判断中暗含的目的不一致时，我们就自然而然地处于改变这个或那个或同时改变两者的巨大压力下。在承受着这种不一致（更不用说是伪善、不诚实或其他了）的痛苦中，一个有理性的人面对他声明持有的目标和明显地指导他的行为的目标之间的冲突，将会努力使二者彼此协调起来。

这样的事情也发生在科学中。一个科学家往往会发现他自己明确拥护的某种认知目的似乎与那些他在日常的科学工作中作出实际的理论选择所依据的目的相冲突。下面我们将看到，更糟糕的是，人们发现有时候一个科学共同体在对他们的工作进行说明时所表述的占统治地位的、为他们全体所持有的目标与似乎在实际上指导共同体的选择和科学家行动的目标不一样。每当出现这样的情况：一个科学家小组不是按照他们所宣称的那样去做，就有明显的理由去改变他们明确的价值或者是暗含的价值。当然，可能是改变其中一方，或者是二者一起改变。人们可以保持他们声明的目标并迫使这些目标来左右他们实际上的判断和行为，人们也可以采取一组新的明确的价值，这些价值变化的动力都植根于一种旨在克服不平衡状态的合理性理论。

这个批判地评价认知价值的模型是很重要的。我要用一个很重要的历史实例来较为详细地说明这个模型的作用。18 世纪末和 19 世纪初许多科学家决定放弃这个观点：我们应当力求使我们的理论只包括那些关于可观察的实体和可观察过程的陈述。在认知倾向上的这个重要改变对于诸如原子论、均变论和自然选择等理论的发展是非常重要的。只要人们仍然像 18 世纪的大部分时间里那样坚持认为科学必须避免那些不能被直接观察到的假设的实体，那些涉及太小以致不能被观察到的实体（如原子）的理论，或者那些涉及太缓慢以致不能被看到的过程（如均变论地质学和自然选择）的理论都是科学所不允许的。[①]

哲学家们和科学家们一改过去的态度，明确承认假设的看不见的实体具有合法地位，其主要原因是物理学理论本身的性质先行起了变化。特别是到了19世纪30年代，科学家们发现他们自己正在按照那些违反他们自己表述的建立理论的目的的理论工作。面对这样的发现，他们最终重新选择了他们的明确的价值。下面我要详细地说明这个过程。

在牛顿的《原理》发表以后的几乎一个世纪里，科学家们和哲学家们一直在努力从牛顿的成功中寻找适当的秘诀。正如牛顿同时代的追随者们悟出的：牛顿的成功在于避免假说推理，在于严格坚持从经验材料中作出归纳的概括。牛顿本人也强调他"不做假设"。不论是从麦克劳林[②]的研究里，还是从博尔哈维[③]的或科特斯[④]的研究里（或者从其他六个牛顿派的代表中任何一个的研究里），我们都会看到构造一种纯粹凭观察的物理学、化学和生物学的努力。他们认为这些科学的核心假定都可以直接从经验中得出。使理论的合法性局限于它仅仅包括关于可观察的过程的陈述，这样一种努力也在这个时期的认识论和科学哲学中得到响应。当科学家们正在把不可观察的实体从他们的理论中清除出去时，哲学家们如贝克莱、休谟以及孔迪拉克，也在忙于构造一种经验主义的知识理论。

然而到了18世纪50年代，自然哲学家们开始发现，许多探索领域未必适合这种研究态度。18世纪中期真正成功的理论如电学、胚胎学和化学似乎主要依赖于对不可观察的实体提出假设。这些理论就其性质来说不能被设想为是根据从可观察到的东西作直接外推或归纳概括得到的。富兰克林的电流理论、博尔哈维的热振动理论、布丰派的有机分子理论和化学的燃素说成为正在成长的一批启蒙理论的典范。这些理论为了解释可观察的过程而假设了不可观察的实体，在这些理论中争议最大的是乔治·勒萨热[⑤]的化学的和引力的理论、大卫·哈特利[⑥]的神经生理学理论和罗杰尔·博斯科维奇[⑦]的物质理论。虽然他们完全是在彼此独立地工作，而且许多实质问题也大相径庭，但是这三位思想家却有一个共同的特点，这就是，他们很快都承认，他们正在

① 有关发展的详尽讨论见劳丹（1981）。

② 麦克劳林（Maclaurin，Colin，1698—1746）：英国数学家、物理学家。——译者注

③ 博尔哈维（Boerhaave，Hermann，1668—1738）：荷兰物理学家、化学家。——译者注

④ 科特斯（Cotes，Roger，1682—1716）：英国数学家。牛顿的友人，曾协助牛顿出版《原理》第2版。——译者注

⑤ 勒萨热（Lesage，George，1724—1803）：瑞士物理学家。——译者注

⑥ 哈特利（Hartley，David，1705—1757）：英国心理学家。——译者注

⑦ 博斯科维奇（Boscovich，Roger，1711—1787）：意大利数学家、哲学家。——译者注

传播的这类理论不可能在朴素的经验主义的价值框架里得到承认。这几位思想家中的每一位都发现他的科学理论由于被指控为与当时自然探究的正统目的不相容而受到广泛的批评。

例如，哈特利被指责说他的关于以太在神经系统中流动的理论不过是在许多假说中随意作出的一个选择。博斯科维奇被反驳说，他不能拿出任何直接的证据证明围绕粒子的力（如他所假设的）是在微观距离内交替地吸引和排斥，并且伴有碰撞、黏合和化学变化发生。对勒萨热的批评主要是说他的微粒理论（微粒的运动和相互影响被用来解释万有引力的吸引）不能直接从经验中推导出来。

显然，所有这些科学家面临的是“正统的”科学目的和目标与他们正在创建的这类理论之间的严重冲突。他们的选择是困难的：或者统统放弃微观理论的创造（像忠诚的经验主义者的批评所主张的那样）；或者提出另一种科学的价值观，这种价值观将对缺乏直接观察作保证的理论提供概念上的合法性。所有这三位都选择了后者。总之，他们力求使这个借助于假设一个不可见的世界，从而理解可见世界的目的合法化，因为这个不可见的世界的行为导致了我们确实观察到的事物。但是他们承认，没有适当的方法来保证关于不可观察实体的假说的合理性，提出这个目标是完全没有意义的。于是，为了实现他们提出的目的，就必须给科学提出一种新的方法论。他们倡导的方法就是“假说方法”（也就是我们今天所说的假说演绎方法）。这种方法承认涉及理论实体的假说的合理性，只要大量正确的观察陈述能够从这些假说中得出。例如，博斯科维奇就坚持认为假说方法是“最适合于物理学的方法”，他并且认为，在许多案例中，仅仅借助于随后得到证实的猜测，“我们就能够猜测或预言通向真理的道路”[①]。哈特利在他的《人的观察》一书中用了很长的一章专门论述科学方法论。他断言，如果我们要以超越蜗牛的速度加速获得知识的话，还必须用各种假说方法来补充归纳方法。[②]

对假说方法作了最明确捍卫的人是乔治·勒萨热。他的理论一直受到攻击。例如，欧拉曾经说勒萨热的物理学“与其求助于这种奇怪的假说”不如保持无知。[③] 法国天文学家贝利也以良好的归纳主义方式坚持认为，科学应当

---

① 博斯科维奇：De Solis a Lunue Defectibus（1760）。转引自杜格尔德·斯图尔特的译著（1854）第2卷，第212页。

② 哈特利（1749）第1卷，第341—351页。

③ 见发表在普雷沃（1751—1839，瑞士物理学家和哲学家。——译者注）1805年的著作中的一封信，第390页。

只包括那些可观察的"自然显露给我们的定律"[①]，并避免猜测我们不能直接观察的东西。勒萨热感叹说，认为进行假说推理从可观察事物推出不可观察事物是不可能的，认为归纳法和分类法是通向真理的唯一合法途径，这些观点"几乎是普遍的偏见"[②]。他指出他自己的理论之所以受到广泛的拒绝就因为它"不过是一个假说"[③]。

面对这些攻击，勒萨热不得不扮演了认识论者的角色。在他以后的几部著作里，尤其是在他为法国大百科全书撰写的一篇论假说方法的论文里，勒萨热开始了反攻。简单地说，他的策略有二：一是通过表明假说方法有助于使科学的目的合理化，从而建立这种方法在认识上的信誉；二是表明甚至连他的批评者们在他们的实践中也使用了不可观察的实体。总之，勒萨热同意他的批评者们的观点，他的理论的确以假设的实体为前提。但是和他们不同的是，他力求表明这样做根本不会糟。

他当时就承认，假说方法和随后的证实很难建立任何带普通结论的真理。但是这样一来，正如他指出的，传统的经验主义者垂青的归纳法和类推法也同样是无结论的。勒萨热说，在这些问题上我们的目的只能是要求高或然度，而且他还指出了在什么样的条件下我们才能有把握地说，假说得到了很好的证实。他还指出伟大的伊萨克·牛顿尽管自称为归纳主义者，却广泛使用了假说方法。他说，正是"不带任何（归纳法或）分类法因素的假说使我们得到了支配天体的三个定律的伟大发现"[④]。概括这个观点，勒萨热论证在每一次超出前提之外的归纳推理中都存在着猜测或假说的因素，除了所谓完全的归纳以外大都如此。勒萨热总结说，既然任何有趣的科学陈述都不能够把自己限制在被观察到的东西的范围内，那么，把这样的限制放在认知的目的里就是没有道理的。

在勒萨热死后的半个世纪里，科学共同体的"官方"方法论终于承认了关于不可观察到的实体的假说的合法性。迫使作出这种变化的原因是，人们逐渐认识到经验主义的那种明确的价值观在根本上与科学家们在理论选择中暗含的价值观是不同的。在赫歇尔和惠威尔的著作中这种认识变得非常明确了。

我用了这么长的篇幅来讨论这个案例是因为它生动地描绘了明确声明的

---

① 普雷沃（1805），第300页。

② 同上书，第265页。

③ 同上书，第464—465页。

④ 这段引文出自勒萨热的著作：《关于假说方法的重要论文集》，该书在他死后发表，见普雷沃（1804）。

价值与暗含的价值彼此矛盾斗争致使理论和实践达到紧密一致的方式。“避免不可观察的实体”这种旧的明确的科学目的阻碍了假设这种实体存在的理论的发展。这个案例比其他大多数案例更生动的地方，还在于它表现出合理地调节互相竞争的科学目标的一般机制。

而且，这个插曲还表明了，如果在科学家中关于哪些科学理论是最好的存在着广泛的一致意见，那么，这种一致意见在解决声明持有不同目标的思想家的争端时将会怎样起到重要的作用。只要两个相冲突的科学派别能够同意典型科学的某些特定实例（科学家们有可能完全不同意某些这样的事例吗），那么，这些例证就可以被用来检验不同派别明确支持的彼此相冲突的目标。如果两方中的一方坚持某种目标，而双方一致同意的例证恰恰不能说明这个目标，那么显然就有理由拒绝这个目标。因为它不能被一个争论双方都同意的好的科学理论所实现。当然，在明确的和暗含的目标相冲突时，总会有某些科学家作出这样的选择：保持他们的明确的目标并且将他们以前曾经看做是合理的科学实践的理想范例的理论当做不合法而抛弃掉（在刚才提到的那个历史案例里，18 世纪末的一些思想家就曾因为牛顿物理学不能证明他们明确的价值而准备拒绝牛顿理论的绝大部分内容）。但是除非科学家们准备走得这么远（在绝大多数案例中，当他们还没有什么东西可以代替的时候，他们并不准备否定他们前任的主要科学成果），否则，如果某个学科中的主要理论不能说明某个既定的认知目的的话，对这个目标的激烈争论就会一直存在下去。

科学标准最终被合理地抛弃的另一种方式是：当科学家们发现尽管经过坚持不懈的辛勤努力，他们也未能设法以实例证明那些标准或理想的理论，这时，这些标准就被放弃了，即使这个过程会持续很长时间。例如，考虑一下易领悟性和概念的贴切性要求的命运；从牛顿的《原理》发表到出现牛顿时代，自然哲学家们一直普遍坚持我们的解释原则必须有概念的可接受性。他们认为，科学解释的要旨就是用更易领悟的东西解释不易领悟的东西。而借助于假设甚至是更难于理解的实体和过程，来解释世界的观点则不是那时西方智力传统的主流。在牛顿时代到来之前不久，笛卡儿曾对这种解释理想做过长篇描述，他坚持认为我们的解释概念必须是既清楚又明白的。当然，笛卡儿曾经指出超距作用是一种不易领悟的模糊概念的典型例证，它在科学家的实际解释工作中是没有什么地位的。但是，清除超距作用的要求很难成为正统概念，当牛顿出来论证万有引力是行星天文学的主要解释因子时，笛卡儿派愣住了，于是他们当中的许多人花了几十年时间反对牛顿的物理学，理由就是它的解释不能满足清楚而易领悟的基本要求。而且，笛卡儿派的几代人，包括惠更斯和几位伯努利①都致力于设计一种在经验上与牛顿的相当但能够避免诸如引力这种讨厌的概念的物理学。众所周知，他们力图产生一种能得到牛顿物理学宣称已得到的经验支持的纯粹接触作用物理学，这种努力几乎取得了成功。

不过，洛克和墨伯丢斯②曾明确指出，造成笛卡儿物理学死亡的致命原因不是它的毫无力量的经验记录，而是人们逐渐获得的这种认识：笛卡儿派的一些关键的解释概念，诸如接触作用和引力概念一样模糊不清和不易领悟，到18世纪40年代笛卡儿主义已经成了支流末节，或者至少失去了有影响的支持者。因为它不再能够令人信服地论证笛卡儿的物理学比牛顿的物理学更易领悟。在这个案例里，易领悟目标和标准本身是这场遭遇战的牺牲者，因为尽管做了一系列努力去清除那些使人讨厌的概念，但是，没有一个现存的物理学理论清除了所有这样的概念。个别科学家或许会继续把易领悟性作为一个理想来接受，但是它已不再是一个强加于今天的物理学假说上的适当要求了，因为在现存的理论中，没有一个表示为了充分易领悟而愿意作出任何修正——正如这一观念在当时被人们理解的那样。这种情况表明了另一种目标修正的过程，它是通过检查什么是我们最好的（或所有可行的）理论能够达到的目标来进行目标修正的。

在结束对这个问题的讨论之前，我们必须强调，这一章简略描述的两种基本的目标评价模型不是一剂包医百病的良方，不能解决所有有关科学目的的争执。有关争论很可能发生在这样的目标支持者之间：他们所支持的目标可能是错的，但既不是因为这些目标是乌托邦式的，也不是因为这些目标与双方共同承认的例证不相容。一般地说，存在着许多这样的案例，争论的双方持有不同的价值，一些完全理性的人尽管完全同意双方共同承认的例证，也还是有充分的理由不同意对方持有的目标，但是，这完全不是说，所有关于认知价值意见不一致的案例都不能得到合理解决的结局，本章一开始就声明了这一点。对我们来说，重要的是去理解科学家们有时会改变他们关于最基本的价值目的的想法，有时会对作出这些改变的主要理由作出令人信服的论证。在这方面，关于目标的争执和关于事实和方法论的争执一样，它们有时候能够被合理地解决，有时候则不能。但是没有任何一种认知目标具有这

---

① 约翰·伯努利（Jobann Bernoulli，1667—1748），杰柯·伯努利（Jakob Bernoulli，1654—1705）之弟；丹尼尔·伯努利（Daniel Bernoulli，1700—1782），约翰·伯努利之子。以上三人均为瑞士物理学家、数学家。——译者注

② 墨伯丢斯（Maupretuls，Pierre Louis Moreaude，1696—1759）：法国数学家、天文学家。——译者注

样的性质：它们能够固有地避免批判和修正。

科学合理性的网状模型

我们现在来讨论另一种如何作出科学决定的方式。正如我们已经看到的，经典的塔式模型假定了一个单向辩护的阶梯，顺序是从目的到方法再到事实陈述。但是这个模型只能使我们理解科学家们在争论中可能使用哪些策略。正如第二章所表明的，我们必须坚持这个观点，即我们关于事实的信念形成了我们关于哪一种方法是可行的，以及哪一种方法在实际上确实推进哪一种目的的观点，这样我们才能改变这个塔式模型。这里的讨论表明，我们需要更为剧烈的改变。具体地说，就是我们需要用我们称作辩护的网状模型来代替塔式模型。这种网状的观点表明我们能够使用我们已知的可行的探究方法作为一种工具来确定既定的认识目的的可行性。（例如，我们也许可以说，如果没有任何已知的方法可以实现某一特定的目的，那么这个目的就是不能实现的。）网状模型还认为，我们能够通过用我们对哪些理论是好的所作的判断与我们明确表述出来的价值论相抗衡的办法，揭示出我们暗含的和明确的价值结构之间存在的张力。

网状模型与塔式模型的根本区别，在于前者主张在科学协定的所有三个层次之间存在着一个相互调节和相互辩护的复杂过程。在这样的模型中，辩护在上行和下行两个方向上进行，串连了目的、方法和事实陈述。我们不再认为这三个层次上的某一个比其他两个更优越、更重要或更根本。价值观、方法论和事实陈述在相互依存的关系中不可避免地彼此缠绕在一起。在塔式观点中暗含着的那种长幼尊卑的次序必须让位于一种强调这些不同层次相互依赖的平等原则。见下图：

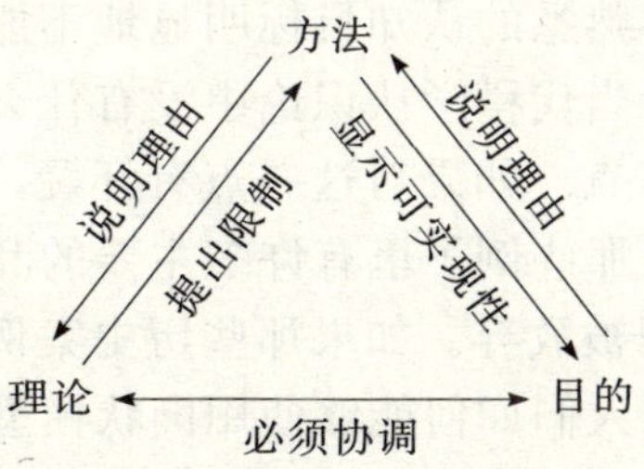

辩护的三角网示意图

在一些用怀疑眼光看问题的读者眼里，网状模型中所提供的对目标的限制太弱了，以致许多完全不同的目标都很可能满足这些限制。毫无疑问，在一个大范围内的各种认知目标和价值都可以满足这里提出的要求。它的好的一面是，如果只有一种目标能够满足这些限制，而且如果用这些原则去确定一种很狭窄的合理性形式，那么，科学家们就不会再有任何合理合法的根据对这些标准提出不同看法。反过来，也就是说，以往那些科学家们对某些标准意见不一的各种案例反映了科学中非理性的现象大量存在。它的不好的一面是，或者说有些人认为是不好的，一些不同的甚至是互不相容的目标都可能满足这些限制。那些要求一个雄心勃勃的科学合理性理论的人或许会问："网状分析怎样告诉我们在现存的许多目标中哪一个是对的?"对这个问题我不能给出答案，但是要马上补充的是这个问题本身是以应该禁止的预设主义为基础的。对于探究来说不存在唯一的"对"的目标，因为基于形形色色的理由，为着各式各样目的去进行探究，明显都是合理合法的。那些设想有一种单一的能够或应当指导对自然调查的价值的人没有看到潜在的探究目的和用途的明显不同。

不过，说了这么多并没有解决有关合理性要求的棘手之处。如果认为有关科学合理性网状模型所能建立的就是说明哪些是有目标指导的行为，那么我们的确做不到这点，因为存在着大量不能满足我们合理性直观标准的有目的的行为。在一种有目的的行为有资格成为合理的之前，它的主要目的必须受到仔细审查——以上面所讲的方式——去看看它们是否满足相关的限制。除了要求我们的认知目标必须反映我们关于什么是可能的，什么是不可能的最好的信念，除了要求我们的方法必须处于与我们的目的相适应的关系上，除了要求我们暗含的和明确的价值必须是同步的以外；这个合理性理论不能要求更多的东西了。

为了避免使人认为这些要求是这样弱以至实际上没有能够将有些选择排除掉，我要补充说，许多熟悉的认知目标明显地不能满足这些甚至是最温和的要求。的确，我认为在当代科学认识论中没有什么价值论能够经得住这些比较温和的限制的仔细审查。如果对这一点有怀疑，可以回想一下我曾经讨论过的一些历史事例，在那些例子里有许多主要的和流行的认识目的由于面对着不可实现性的证据而被放弃。如果那些历史案例仍然没有说服力，那么我要在第五章里详细说明人们如何能够使用网状模型的机制去评价现时代的一些著名的科学价值观。

改变目的与科学进步。——这一章的讨论完全是赫拉克利特式的。理论在变化，方法在变化，主要的认知价值也在变化。读者很可能要问，如果所有这些成分都在潜在地流动，如果在科学场景中没有什么东西可以被当做永恒的固定物，那么，谈论科学进步还有意义吗？毕竟，进步的意义仅仅在于对一个目标或目的的满足，如果我们的目的本身在变化，那么进步本身则是这种分析的牺牲品，因为促进一种目的的实现的行为很可能完全不能促进一个与之竞争的目的的实现。人们会问，当构成科学价值观的目标本身变化时，我们还能怎样谈论科学取得了进步呢？这种反诘似乎是难以回答的。但是使科学进步的观念与目标变动的论题协调起来就更为困难。

由于对进步的判断是，而且一直是寄生在对目标的具体说明上的，所以我们可以用过去谈论进步的方式继续谈论进步。如果某一系列理论使科学家们比以前要接近于实现或达到某种目标状态，那么（相关的那种目标状态的）进步就发生了。如果不是，则没有发生。这个问题实际上就是如此简单。一些讨论进步观念的著作家（如库恩）不能看到这一点，因为他们似乎假定进步必须总是用与履行某种行动的人的目标相关与否（即与接受或拒绝某一理论的科学家的目标相关）来判断。但是，任何事物都不会迫使我们在断定一个理论选择的进步性时，必须默认那些最初作出这种选择的人所持有的科学目的。我们可以问选择牛顿的光理论而不是笛卡儿的光学是否代表了进步，而无须知道牛顿或笛卡儿的认知目标是什么。相反我们可以（实际上也是如此）根据我们自己关于科学目的或目标的观点作出进一步的决定。[①] 的确，使用这些技术使我们不仅能够判断科学理论的变化引起的进步，而且能够判断科学方法的变化带来的进步。某一种方法论比其前任与我们自己的目的有一种更好的关系吗？如果有，那么在我们看来这种方法论的改变就是进步的。所有这些听起来颇有些“辉格党”的味道，然而事情就该如此，因为当我们问科学是否进步了的时候，我们往往是在问科学的历时发展是否促进了我们认为是值得追求或期望追求的目的。并不需要过去那些伟大的科学家们持有与我们相同的认知目标，我们就能够确定他们的理论选择是否推进了我们的认知抱负。鉴于这些原因，承认目的和价值总在变化这一事实不会排除我们采取坚定的认知的科学进步的观念。

但是，如果这个分析给我们提供了一个确定科学是否取得了进步的简单的程序，那么它迫使我们承认（这一点应该一直就是清楚的）“进步总是相对于某种目的的进步”。习惯用法往往使我们在某种绝对意义上谈论科学进步；而且我们习惯于说科学进步，而不详细说明根据哪一种价值观最终作出进步的判断。科学的网状模型清楚地表明了这种错误的危险，而且它强调了这个事实，科学中某一具体的片段可以是进步的（相对于一组价值），也可以是退

① 当然我们可以用作为当事者本人和作为观察者的我们都不同意的目标作出关于是否进步的判断，可是我不清楚作这样的分析有何用处。

步的（相对于另一组价值）。对进步的判定必须相对于某一组目的，而且并没有哪一组目的是唯一适当的。这个事实是无法改变的。

（殷正坤、张丽萍译，樊长荣校）

选文出处

劳丹　网状模型

劳丹著，《科学与价值：科学的目的及其在科学争论中的作用》，福州，福建人民出版社，1989，66—86页。

事实和价值

普特南

事实和价值的二分，从休谟以来差不多已成了近代西方哲学的教条，影响极为深远。普特南对这一广为接受的教条提出了批评。在本书所选部分中，普特南指出，事实和价值是相互关联的。这是因为，事实陈述本身，以及决定事实的科学惯例，都预设了价值的存在。真理需要依据合理的可接受标准来决定。价值观不同的群体在对事实的认定上也不可能完全一致。另一方面，价值并非都是主观的，有些价值是客观的。普特南还指出，承认价值客观性并不一定会导致权威主义，道德客观论与多元文化并不冲突。

作者简介

普特南（Hilary Putnam，1926— ），美国当代著名哲学家。加州大学洛杉矶分校哲学博士。曾先后任教于普林斯顿大学和麻省理工学院，后任哈佛大学哲学教授和皮尔逊讲座现代数学与数理逻辑教授。代表作有《理性、真理与历史》等。

从最广泛的意义上来看，事实和价值这一课题与我们每个人都息息相关。就此而论，它与许多哲学问题大相径庭。例如，对确实是有一个实在的世界，还是只不过看上去有一个世界这类问题，大多数受过教育的男女都不会以为他们非回答不可。从多数人的生活角度来看，语言哲学，认识论，甚至形而上学中的一些问题，无论多么有趣，都是有点可有可无的。但是，事实和价值的问题则是一个必须选择的问题。每个有头脑的人都不得不对之持有一个实实在在的观点，这种观点与他们想象的观点或许相同，也可能并不相同。如果事实和价值的问题对有头脑的人们是一个必须选择的问题，那么，对这一问题的一个特定的答案，即，事实和价值是两个完全不同的领域，事实陈述和价值判断非此即彼的二分法是绝对的，这种答案就已具有了某种文化惯例的地位。

我之所以称这种二分法为一种文化惯例，是想指出，如果这个公认答案在相当长时间内继续成为公认答案，而不管哲学家们对此会说些什么，也不管这种公认答案对不对，这将是一件不幸的事。即使我有办法使你相信，事实－价值的二分法是没有公理根据的，使你相信，这是一个无法予以合理辩护的二分法，或者，即使某些比我出色的哲学家能够通过一个绝对权威性的论证（在哲学中当然不会有这类论证）来表明这一点，但是当你下次出门上街，出席鸡尾酒会，或者到你偶然加入的某个审议机关作讨论发言时，你还是会发现某个人在对着你说："那应该是一个事实陈述还是一个 价值判断?"认为在某些事情是好还是坏，是较好还是较坏等等的问题上不存在既成事实的观点，从某种意义上讲，已经被惯例化了。

我的论证策略不会是一个新的策略。我打算在关于事实和价值的争论中，为一个多少有点失去信誉的主张恢复名声。这个主张的内容是强调事实和价值的二分法至少是极为模糊的，因为事实陈述本身，以及我们赖以决定什么是、什么不是一个事实的科学探究惯例，就已经预设了种种价值。

之所以说上述论证是一个多少有点失去信誉的主张，是因为它受到了一个明显的反驳，对于主张科学预设了价值的观点这个反驳是一个防御性的让步。事实一价值二分法的辩护者退而承认，科学的确包含有价值，例如，科学预设着我们需要真理。但是他们辩解说，这些价值不是伦理价值。我将设想这样一位假想敌，他认为科学只预设一种价值，即真值本身。

如我们所知，真理不是一个简单的概念，那种以为真理是某个（独立于心灵和话语的）"真正""存在"物的被动摹本的观念，即使仍旧深深地占据着普通人的头脑，但经过康德、维特根斯坦和其他哲学家们的批判，已经土崩瓦解了。

有些哲学家为了论证在真理方面并没有真正的哲学问题而诉诸等价原则。根据这个原则，说一个陈述是真的，等价于断定该陈述。另有一些人诉诸逻辑学家塔尔斯基的工作。他表明，在给定一种形式化的语言（运用符号逻辑表达某些陈述的一种形式记号）的情况下可以怎样用一个更强的语言（一种所谓"元语言"）来为该语言定义"真"。①

塔尔斯基的工作本身是建立在等价原则上的：事实上，他关于一个成功的"真"的定义的标准，是为一切形式为"P"是真的当且仅当P的语句，例如，

(T)"雪是白的"是真的，当且仅当雪是白的

---

① 对塔尔斯基的非技术化的解释，见拙著《意义和道德科学》，第一编，第一讲。

提供一些元语言的定理（其中P是该形式记号的一个语句）。

但是等价原则在哲学上是中性的。塔尔斯基的工作也是如此。根据任何真理论，“雪是白的”等值于“‘雪是白的’是真的”。

实证主义哲学家也许会回答，如果你懂得上述（T），你就懂得“‘雪是白的’是真的”意味着雪是白的。如果你不理解“雪”和“白”，他们也许会补充说，你才确实出了毛病！但是问题不在于我们不懂“雪是白的”，而在于，我们不懂究竟何为懂得“雪是白的”。这是一个哲学问题，（T）等式于此未置一词。

说实在的，这难道不符合我们对这类事情的直觉吗？如果某人眼神狡黠地走到我们跟前说：“你们想知道‘真理’吗？”我们的反应一般是对他满腹狐疑。而我们之所以这样（除了他的眼神之外），恰恰是因为只要我们对此人所持的合理的可接受性标准心中无数，只要我们对以下问题一无所知，他那番想使我们知道真理的表白就会使我们一无所获。这些问题是，他们所认为的进行探究的合理方式是什么，他们的客观性标准是什么，他们认为何时终止一个探究是合理的，他们认为当他们要对自己感兴趣的不管什么问题接受这个或那个结论时，什么样的根据可以为之提供一个好的理由。运用到科学中，我想说，告诉我们科学“在追求发现真理”其实只是一个纯形式的陈述，它只相当于说，如果雪不是白的，科学家就不想断定雪是白的，相当于说，如果电流没有通过电线，他们就不想断定有电流通过电线，等等。将确定雪是否白的科学方法与确定雪是否白的其他方法区分开来，将确定电流是否通过电线的科学方法与确定电流是否通过电线的其他方法区分开来，需要一些合理可接受性的标准。只要我们对这个合理可接受性的标准系统一无所知，这些纯形式的陈述也将是完全空洞无物的。

如果那种将我们的信仰体系和非概念化的现实相比较，以便发现它们是否相配的想法是无意义的，那么科学追求发现真理的论断仅仅意味着，科学试图构造这样一幅世界图景，它能最为理想地满足合理的可接受性的某些标准。说科学试图构造一个真的世界图景这个陈述本身是一个真陈述，科学的目标只有通过隐含在科学之内的合理的可接受性标准才能获得实质内容。简言之，对于前面所列举的假想的立场（这个立场，除了正确地指出科学有其他附带的目标之外，还认为科学的唯一目标是发现真理），我的回答是：真理不是终极之物，真理本身还要从我们的合理可接受性标准那里获得生命，而如果我们希望发现真正隐含在科学之中的价值，这些标准是务必注意的。

为说明问题，我来设想一个观点分歧的极端例子。我要设想的不是普通的科学上的分歧，尽管我希望我们对这种分歧的反应能使我们得以发现科学价值的本质。

在我要描述的论述中，这个分歧是在第一章中所讨论的假定——我们全都是钵中之脑——上发生的。我们已经论证过，这个假设不可能是真的；但是我们将假定，这个论证并没有使这个分歧中的某一方信服（这并不是不可能的，因为哲学论证从未使任何人信服过）。简言之，这个假定是说，像我们前面描述过的那样，一切都是一种集体性的幻觉。

当然，如果一切全都按这种方式成为同一种集体幻觉的话，有许多人会对此抱无所谓的态度。例如，对情人们来说，这一切便可能与他们关系甚少或者毫无关系。① 而且，我猜想对经济学家们来说，这或许也是完全无所谓的。（如果世界上的所有金钱都没有物理上的实在性，经济学家有什么理由为此事而操心呢？不管根据哪种理论，绝大多数的金钱都不具备物理上的实在性！）

我提请读者设想一下，坚持我们都是钵中之脑这种古怪的（我还认为它是自相矛盾的）理论的，不是一个与世隔绝的精神病患者，而实际上是某个大国（比如澳大利亚）的全体居民。我们来设想一下，在澳大利亚，仅有少数人相信我们所相信的，而绝大多数人都相信我们是钵中之脑。也许，澳大利亚人之所以相信这一点，是因为他们都是一个头领（悉尼头领）的门徒。也许，当我们与他们交谈时，他们会说："噢，你要是能和悉尼头领谈谈，看看他的眼睛，看出他是一个多么优秀、多么善良和聪明的人，你也许就会相信了。"如果我们问："但是，假若幻觉像你说的那么确切，悉尼头领怎么知道我们都是钵中之脑呢？"他们也许回答说："悉尼头领就是知道。"

如前所述，这不是通常意义上的科学分歧，我们可以想象，澳大利亚人和我们一样善于预见各种经验，善于建造有承载能力的（或看上去是有承载能力的）桥梁等。他们甚至愿意接受我们最新的科学发现，尽管不是把它们当做真实的东西，而是把它们当做对意象中似乎发生着的事情的正确描述。我们可以想象也可以不想象，他们在对有关遥远的将来的预测方面与我们有分歧（例如，他们也许会预期某一天那架自动机出了故障，那时人们开始产生一种证明他们的观点是正确的集体幻觉）②，但是，他们是否真的作这样的预测，或者他们是否使自己不作任何不同于标准理论所提供的预测，这于我的论证毫无影响。关键是，我已经想象了一种情形，在这里，许多人都有一

① 但对于这有没有关系，我总是拿不定主意。

② 如果他们的确作了这样的预测，那么情况就不同了：他们的观点就不再像我们第一章所批评过的那样前后矛盾了，因为他们正在作一个能够（最终）被证明为正当的断言，也就是这样一种断言，它不要求人们去理解一种把真理看做"超验之物"（或无关于正当性辩护）的观点。

个与我们极不相同的自成一体的信仰体系。

这里，没有伦理价值上的分歧问题；澳大利亚人可以如你所喜爱的一样，有一个和我们相同的伦理学。（尽管一位古希腊哲人会说，有智慧就是一种伦理价值，但犹太教和基督教，由于某种救世观念的缘故，事实上都对伦理的概念只作狭义的解释。）

对这些假想的澳大利亚人，我首先要说的是，他们的世界观是狂热的。诚然，“狂热”一词有时几乎是被当做一个褒义词来使用的，此处我并没有这种意思。我认为我们要用极悲伤的心情看待这个坚持如此疯狂的世界观的人类集团。澳大利亚人看来应被称作是心理病态意义上的狂热。把他们的心灵描述为病态的，是一种合于伦理的描述，或者说是近于伦理的描述。但要是不骂他们，人们怎么能够与澳大利亚人争论问题呢？（或者，没法与他们进行争论，因为我将假定他们是不可能被说服的。）

人们马上能想到的一个证据，一定是同这些澳大利亚人的观点的非融贯性有关的，我指的不是第一章中在这种观点里找到的那种非融贯性。那是一种深刻的非融贯性，它需要有一个哲学的（因而是有争议的）论证来加以揭示。而澳大利亚人观点的非融贯性就要肤浅得多了。我们的目标之一，就是应该有办法对我们如何知道我们的陈述是真的给出一个解释。为此，我们一方面建立一种感知的因果理论，以便能从我们的理论本身之内出发，知觉如何来自转换器官对外部世界所施的操作的理论之内，对我们把什么东西当做我们的知觉知识的可靠性作出一个说明。另一方面，为了达到上述目标，我们采用一种关于统计和实验设计的理论，以便能在理论自身之内，说明我们用以排除实验错误的程序是怎样在大多数情况下的确具有排除实验错误的倾向的。一句话，我们在建立一个关于作为一个整体的世界的理论时，应当包括对我们能据以知道该理论正确无误的活动和过程的说明，这一点是对于我们的理论本身的一个意义重大、极为有用的制约条件。

但是澳大利亚人的那个信念体系并不具备这种融贯性质（至少在我们看来如此，而且“融贯性”也不是那种我们对之拥有一套算法的东西，而是我们最终凭良心判断的东西）。我们记得，澳大利亚人自己曾设定过一种幻觉，它天衣无缝，以致不存在一种合理的方法，使得悉尼头领能据以知道他所接受并且向其他所有人鼓吹的信仰体系是正确的。依我们的融贯性标准，他们的信仰体系是完全非融贯的。

我们还可以列举一些他们的信仰体系所缺乏的方法论优点。正如我们描述过的，关于在意象中有什么自然规律这方面，他们的信仰体系和我们的是一致的。但是关于那在意象中出现的自然规律是否就是营养钵之外实际成立的自然规律，他们的信仰体系说过点什么没有？如果没有，那就缺乏一种我们所追求的全面性，因为它没有——哪怕用他们自己的话说——指出真正的和最终的自然规律是什么。它无疑违反了奥卡姆剃刀原则。奥卡姆剃刀看来同样很难，甚至不可能形式化为一种算法。但是，事实上钵中之脑理论假定营养钵之外的对象在我们的经验解释中毫无作用，根据这一理论本身，在这里我们可以肯定地说："若无必要，不要增加实体数目"这一格言已被违背。那些在实质上而不是在字面上遵循奥卡姆剃刀原则的理论，我们称之为功能上简单的理论。

我上面所说的是，我们决定一个科学理论的可接受性的程序必定涉及作为整体的科学理论是否显示某些"优点"。我假定，构造一个科学理论的程序，如果被分解为以句子为单位来证实科学理论的程序，这将是错误的。我假定，科学中的证实是整体性的事情，需要接受经验检验的"法人团体"是整个语句系统，而对这整个语句系统接受经验检验的好坏的判断，或多或少最终是靠直觉完成的。若不对全部人类心理进行形式化，这种直觉的判断便不能加以形式化。但是，我们还是回过来讨论原来的问题：科学中蕴涵的价值究竟是什么？

我一直在论证，如果我们采纳我们在批判钵中之脑的过程中所运用的价值，当然还要加上在这个例子中未有争议的其他价值（例如，我们大概和钵中之脑共同抱有的对工具性效能的欲求），那么我们就得到了一幅预设了一个丰富的价值体系的科学图景。事实是这样的，如果我们考虑到通过考察科学家和普通百姓把接受什么理论看做是合理的而揭示出来的合理可接受性的理想，那么，我们便可看到，我们在科学中正竭力从事的工作是构造一个具有工具性效能的、融贯的、全面的和功能上简单的等特性的世界的表象。但为什么呢？

我的回答是，我们之所以需要这类表象，而不需要由澳大利亚人，由钵中之脑们所拥有的"病态"的概念世界，其理由是，拥有这类表象系统是我们人类认知能力兴盛发达的观念的一个组成部分，因而是我们整个人类兴盛、幸福的观念的一个组成部分。

当然，如果形而上学实在论是正确的，并且，谁要是把科学的目标仅仅看做是极力使我们的概念世界和自在世界相"匹配"，那么他也许会满足于说，我们之所以对融贯性、全面性、功能简单性、工具效能等感兴趣，仅仅因为它们都是达到"匹配"这个目的的手段。但是在我们的表象和自在世界之间的先验的匹配概念是毫无意义的。否认我们需要这种与一个本体世界的形而上学匹配，并不等于否认我们需要与经验世界的普通的经验上的适合

（这由我们的合理可接受性标准来判断）。但是，与本体世界相反，经验世界是依赖于我们的合理可接受性标准的（当然，反之亦然）。我们使用合理的可接受性标准来建立一幅“经验世界”的理论图景，然后，由于这幅图景的发展，我们根据这幅图景来修正我们的合理可接受标准本身，如此不断，以至无穷。我们的方法要依赖于我们的世界图景，这一点我在其他书中已经强调过了。我这里所要强调的是这个依赖的另一面，即经验世界对我们的合理可接受性标准的依赖。我现在要说的是：我们即使要有一个经验世界，也必须有合理的可接受性标准，而这些标准揭示了我们的最佳思辨理智这个概念的一部分内容。简言之，我现在要说的是：实在“世界”是依赖于我们的价值的（反之亦然）。

至少某些价值必定是客观的

和长期流行的观点相反，科学不是“价值中性”的。这一事实当然并不表明“伦理”价值是客观的，或伦理学可以成为一门科学。事实上，无论是把“科学”理解成实验科学还是把它理解成演绎科学，都不存在一种伦理“科学”的前景。正如亚里士多德早已指出过的[①]：

> 当我们谈到此类课题，并且使用此类前提时，我们必须满足于粗略大致地表明真理，当我们谈到这类只是大半为真的事物，并且使用同样类型的前提时，我们必须满足于一些与此差不多的结论。因此，每种陈述都应当按这种态度加以接受，因为对每一类事物的精确性的追求，只求达到该学科本性所认可的地步，乃一明智之士之标志。而接受一个数学家的可能的推理，从修辞学家那里索取科学的证据，则显然是愚不可及的。

但是精确科学（这当然是合理性思维的最典型的例子）中的合理可接受性确实依赖于“融贯性”和“功能简单性”这类认知的优点，这一事实表明，至少某些价值词代表它们所运用其上的事物的性质，而不仅仅表达使用这些词的个人的感情。

如果，“融贯的”和“简单的”这类词并不代表理论的性质，甚至不代表那些模糊地定义得不确切的性质，而仅仅代表一些人对待理论的“态度”，那么，那些用来表达合理可接受性的术语，比如“证明为正当的”，“得到有力

① 《尼各马可伦理学》，第1卷，第3章。

确证的"，"现成说明中最理想的"，也势必是完全主观的了。因为，合理的可接受性不可能比其所依赖的参项更为客观。但是，正如我们在前一章已论证过的，认为合理的可接受性本身仅仅是主观的，这是一个自相矛盾的观点。所以我们不得不得出结论说，至少这些价值词有某些客观的用法，有某些客观的正当性证明条件。

当然，有人会设法否认"融贯的"、"简单的"、"已证明为正当的"等这类词是价值词，从而不承认任何类型的客观价值的存在。有人会坚持说，这些词代表的是我们确实认为有价值的性质，然而我们的这种看法本身并无客观正当性。但这种思路马上会遇到麻烦。"融贯的"和"简单的"与典型的价值词共有的特征数不胜数，如"善良的"、"美的"和"好的"以及"融贯的"和"简单的"等，通常是作为赞誉词来使用的。我们对融贯性、简单性、证明为正当的看法，一如我们对善良、美、好的看法，都是受历史条件限制的。关于认识的词和任何美学价值词一样，一直是处在无休无止的哲学争论之中的。约翰·卡迪纳尔·纽曼对合理性的理解明显地与卡尔纳普的大不相同。如果这两人同时活着并且能够会面，其中一方要想使对方信服似乎是很不可能的。到底谁对合理性本身的理解是合理的呢？这个问题之难恰如对一个伦理体系的正当性证明之难。并没有可资求助的中性的对合理性的理解。

有人也许会尝试各种约定论的做法。例如，说"已证明为正当$_{卡}$"和"已证明为正当$_{纽}$"是两种不同的"性质"，并且说，在决定用"已证明为正当"这个词去表示"已证明为正当$_{卡}$"的意思还是表示"已证明为正当$_{纽}$"的意思时，是包含一种"主观的价值判断"的，但是在陈述某语句S是"已证明为正当$_{卡}$"还是"已证明为正当$_{纽}$"的事实时，并不包含任何价值判断。但是，在使用"事实"一词时，是从谁的立场出发的呢？如果不存在一个人客观上应当具有的合理性观念，则"事实"概念便化为空无。没有融贯性、简单性和工具效能这些认知价值，我们就没有世界，也没有"事实"，甚至没有某物相对于某物如此这般的事实，因为这类事实与其他事实的处境是相像的。这些认知价值如果不看做是对人类兴盛的整体主义观念的组成部分的话，就是任意武断的。在失去了陈旧的把真理看做"符合"的实在论观点，失去了认为公众"标准"确定证明为正当的实证主义观点之后，我们就只能将我们寻求对合理性的更好理解的努力，看做是受我们的善的观念支配的意向性人类活动，就像其他任何高于习惯和高于仅仅听凭爱好或迷恋的活动一样。

其他领域中的合理性

如果科学，尤其是精确科学中蕴涵的价值揭示了我们善的观念的一部分，我想，它的其余部分也能在其他的知识领域里，从我们的合理可接受性标准中发现。当然，在这方面，拓宽合理的可接受标准的概念就是必不可少的事。

迄今为止，我们仅仅从严格的字面意义上考察了合理的可接受性标准，即告诉我们何时应该、何时不应该接受某些陈述。但是广义的合理的可接受性标准不仅仅涉及我们如何判断陈述系统的真或假，而且涉及我们如何判断它们的恰当性和明晰性。因为在某些方面——纯粹认知上的——一个陈述系统除了是假的之外，也可能无法向我们给出一个满意的描述。

如果我曾经作过选择，即使在理论科学方面我也会提出这个观点的。我也许已经指出，精确科学所关注的，不仅仅是发现真陈述，或者发现真的和形式上全称的陈述（定律），而是发现真的和相关的陈述。相关概念带有大量利益和价值。但如果我真这样说过的话，也仅仅是论证我们对世界的知识预设了价值，而并没有提出这样一个激进的主张：被当做实在世界的东西，是依赖于我们的价值的。

当我们转向知觉的合理性，即转向一个我们赖以决定某人能否对哪怕最简单的知觉事实给出一个真的、恰当的和明晰的解释的隐含的标准和技巧时，我们会看到大量因素起着作用。近来，心理学家强调，即使在最简单的知觉那里也深深蕴涵着理论的建构。不仅在神经生理学层次上如此，在文化层次上亦是如此。一个没有文化的人会走进一个房间并对房间作一番描述，但是如果他不知桌椅为何物，他的描述恐怕很难传达其所属文化的其他成员希望得知的关于房间的信息。他的描述也许只包括真陈述，但这种描述是不恰当的。

这个简单例子表明，要求一个描述是恰当的，本身就包含着要求叙述者有一套可行的概念。我们要求合理的叙述者在面对某些描述对象时，能拥有某些概念，并能明了使用这些概念的必要性。如果叙述者未能运用某一概念，我们就有理由批评他以及他的描述。

一个真实的描述，不管其描述对象是房间中的桌椅等简单事物，还是复杂的人际关系和环境，其真实性都不会因此而改变。请看我们在形容他人时每天使用的词，例如，体贴或粗心。这两个词当然会被用来表达称赞和责备。而且，在“事实—价值二分法”的总标题下，还有许多界限已经模糊了的细微的区分，其中之一便是使用语言表达式来描述和使用该表达式称赞或责备之间的区分。但是，单凭词汇本身，是无法作出这个区分来的。某人很粗心，这一判断也许确实用来责备，但也可能仅仅用来描述，也可用来说明或预言。

例如，我可以对你说：“别在意琼斯。你可能会认为他那种说话的腔调是讨厌你，其实那只是一种一般的错觉。无论他怎么看你，他都会摆出一副令你难堪的架势。他只是一个很粗心的人，千万不要以为他是专冲你而来的。”

在这段想象的简短话语中，有人使用了“粗心”一词，不是为了责备琼斯，而是为了向另一个人预言和说明琼斯的行为。这预言和说明也许都是完全正确的。同样，“妒忌”可以是一个责备词，也可以全无责备之意而加以使用。（有时一个人完全有权妒忌。）

“粗心”一词的使用，在我看来是说明实在的世界和实在的语言中极其模糊的事实/价值区分的一个极好例子。艾里斯·默多克在《善的至上性》[1]一书中已经强调了诸如“粗心”、“冒失”、“固执”等词在实际道德评价中的重要性。即使像“约翰是一个非常粗心的人”、“约翰只想着自己”、“约翰为了钱几乎什么都干”等陈述，在最实证主义的意义上也都不失为完全真实的描述（注意“约翰为了钱几乎什么都干”这句话不含任何价值词），若要断定这三个陈述的合取，一定就是“约翰不是一个好人”。当我们把事实和价值分开来考虑时，我们一般将“事实”看做是由某些物理主义或官腔十足的术语表达的，而将“价值”看做是由最抽象的价值词（如“善”，“恶”等）来表达的。在事实本身处于“粗心”、“只想着自己”、“为了钱什么都干”这样的层次上时，坚持价值独立于事实就困难得多了。

正如那位应当使用桌椅等概念而未用的描述者遭到我们的批评一样，一个未对某人是体贴的或自发的加以评论的人也同样容易招致批评：说他是麻木、肤浅的；说他的描述是不恰当的。

超边沁主义

现在我们回过来修改我前面举过的“钵中之脑”的例子。这次我们来想象，澳洲大陆所盛行的文化，在历史、地理和精确科学等诸方面和我们相同，只是在伦理学上存有分歧。我不打算提及通常的超纳粹或诸如此类的例子，而是引更为有趣的超边沁主义为例。我们来想象一下，澳洲大陆上居住着这样的居民，他们对“快乐主义心境”有着某种精心制定的科学测量手段。并且他们相信，一个人应该永远为求得最大限度的快乐心境（以此来指最大多数人的最大快乐心境）而行动。我假定超边沁主义者特别老谋深算，他们深知预言未来和估计行为后果之困难重重。我还要假定，这些人极其冷酷，并且假定，虽然在有理由怀疑他们的行为事实上能否带来最大多数的最大幸福的情况下，他们不至于借口为最大多数人的最大幸福而使某人痛苦，但是在人们确信其行为的预期后果的情况下，他们会愿意采取最残酷的行为——愿

---

① 《善的至上性》，劳特利奇和基根·保罗出版公司，1920年。

意虐待幼童，以莫须有罪名给人定罪——只要这些行为的后果（在恰当地扣除了无辜受害者的痛苦之后）将会以任何大于零的增量∈（不管多小）增加总的满意程度。

我猜想，我们对这种超边沁主义道德也许不会感到满意。我们中大多数人也许会谴责超边沁主义者有一种病态的价值系统，谴责他们是官僚主义的，或者是残酷的等等。他们是表现形式最为可怕的“新人”。而他们也许会反唇相讥，说我们是软心肠的，是迷信的，是受了旧理性传统束缚的。

我们和超边沁主义者之间的分歧，正是通常为了证明两群人可以在事实方面意见完全一致但在价值方面仍然各持己见而设想的那种意见分歧。但是让我们更仔细地看看这个例子。每个超边沁主义者都熟知以下事实，即在某些时候，最大多数的最大满足（由功利来确定）要求一个人撒谎，而为了极大地提高一般快乐水平撒谎不能视为贬义的“不诚实”。所以下面超边沁主义者对“诚实”这个描述的用法，是完全不同于我们对同一描述词的用法的。同一种说法也适用于“体贴的”、“好公民”等描述词。在对人与人关系的描述上，超边沁主义者和我们各有一套词汇，互相间区别很大。他们不仅缺乏我们的许多描述方式（或者说已把它们改变得面目全非），而且他们很可能发明一些我们所没有的独特行话（例如描述享乐心境的确切术语）。人类世界的结构将开始改变。随着时间的流逝，超边沁主义者和我们最终将生活在不同的人类世界。

简言之，说我们和超边沁主义者“对事实的看法一致，在价值上存有分歧”，这不是事实。在几乎所有的人际关系处境中，我们对事实的描述会完全不同于他们对事实的描述。尽管他们对这些情景所作的描述没有一个是假的，我们还是不会说他们的描述是恰当的、明晰的。同样，他们也不会说我们的描述是恰当的和明晰的。一句话，即使撇开我们“在价值观上的分歧”不论，我们也不会认为他们对人类世界的总体表达是都能合理地接受的。正如钵中之脑无法把握世界的状况恰恰是其病态的合理性标准（病态的理论的合理性标准）的直接后果一样，超边沁主义者无法把握人类世界的状况也恰恰是他们的病态的人类兴盛概念的直接后果。

关于善的主观主义

人们通常认为，从“约翰是体贴的、真诚的、善良的、勇敢的、有责任心的”等等，推出“约翰在道德上是善的”，至少包含一个未经证明的（和不可证明的）“前提”，即“体贴是道德上善的”。而且据称，要从事实陈述中推出道德结论，先得有一些道德“前提”，这说明伦理陈述是不能合理地加以证明的。

把伦理学描绘成一种倒金字塔，它以支撑我们的全部道德信念和道德思维内容的道德公理为尖端（其自身没有支撑），这种说法是幼稚可笑的。还未曾有人成功地把一个公理结构强加于伦理学之上（正如前文引述的亚里士多德的话所指出的，我们能够列举的道德公理差不多总是只能“大部分”为真）。把某人希望怀疑的那些思想，描述为是建立在不可论证的公理之上的，这正是怀疑论者在各个领域都用过的手法。例如，怀疑物质对象存在的怀疑论者论证道：“如果我们感觉到似乎有一个物质世界存在，则很可能有一个物质世界存在”这个原则是这样一个不可合理地加以支持的前提，凡是我们宣称“观察到”一个物质对象，或者证明对物质对象的信仰的正当性的时候，我们就默默地求助于这个前提。事实上，伦理学、数学和对物质对象的探讨是以概念而不是以公理作为前提的。概念被用于观察和概括的过程中，而它本身，又由于我们成功地使用它们来进行描述和概括，而获得其存在的正当根据。

那些较老练的反对伦理客观性观念的人，承认我们的伦理信念是基于对特例的观察、直觉和一般准例，而不是基于含糊的道德公理的集合体，但他们又会指责说，伦理观察本身得受一个不可救药的病症——投射的影响。

根据这种解释，人类从本性上讲（尽管是断断续续的）是富有同情心的。因此，当我们看到某些暴行发生，例如，某人仅仅为了虐待狂的快感而殴打儿童，我们（有时）会毛骨悚然。但是“投射”这种心理机制使我们将感情性质体验为行为本身的性质：当我们其实该说“我的反应是毛骨悚然”时，我们通常都说“这些行为令人毛骨悚然”。因此，我们当做伦理观察的内容的东西，实际上只是我们自己主观的伦理情感的观察而已。

这个说法还有更精致的形式（像任何其他说法一样）。休谟曾假定了一种他称为“同情”的人类倾向，这种倾向在文化的影响下日渐扩展。当代社会生物学家们假定了一个他们称为“利他主义”的本能，并且提到有一种“利他的基因”。但是，关键思想依然如故：存在着伦理情感，但没有客观的价值性质。

我们已看到，这是不正确的：至少存在着某些客观的价值，例如，正当性证明。我们或许还可以宣称，伦理价值是主观的，而认知价值则是客观的；但是，说不可能有任何客观的价值，这种观点已被驳倒。

为表明道德主观主义的观点错在何处，我必须重提在第二章里用来反对形而上学实在论的论证。你可能会觉得我这样做很不可思议：主观主义不是形而上学实在论的对立面吗？如果谁这么看，那么，任何反对形而上学实在论的论证就好像必定是支持主观主义的；而我准备遵循的策略，即使用这同一个论证既反对形而上学实在论，又反对主观主义，似乎是不可能的事。

但是事实上，形而上学实在论和主观主义不是简单的“对头”。在今天，我们对物理学太倾向于实在论，而对伦理学又太倾向于主观主义。这两个倾向是相互关联的。正因为我们对物理学实在论倾向太重，正因为我们将物理学（或某些假定的未来物理学）看做是“唯一真的理论”，而不仅仅看做是适合某些问题和目的的合理地可接受的描述，我们才倾向于对不能“还原”为物理学的描述采取主观主义态度。对物理学少一些实在论和对伦理学少一些主观主义同样是相互关联的。

第二章结尾处的论证是直接反对形而上学实在论的“物理主义”或自然主义的变种的。为复述它，我们假定标准诠释 I（“猫”指猫，“樱桃”指樱桃，等等）与物理主义的关系 R 或者重合，或者同一。所以 R 处于符号“猫”（或某人正确地使用这些符号的物理事件）和猫之间。此外，我们所描述的非标准诠释 J 也与某关系 R′有重合，并且可根据 R 以及用于构造 J 的可能世界和置换（见附录）加以定义。所以 R′处于“猫”这一符号（或某人以标准方式使用这些符号的物理事件）和樱桃之间。R 和 R′两者都是“符号”：同一些句子在这两个符号之下都是真的。由句子的 R′之类真值所引起的行为（即从主体的观点看，将获成功的行为）与 R 类之真的句子所引起的行为是相同的。如果 R“等同于指标”，如果 R、R′和一切以满足我们的操作制约和理论制约的方式将外延分配给我们周围的其他关系不是同等正确的话，如果它们之所以不是同等地正确，是因为其中之一——R——就是指称，那么，从一个物理主义者的角度来看，那个事实本身就是一个莫名其妙的事实。

这个论证不只是反对形而上学的，也是反对还原论的。如果物理主义的世界图景中没有什么是与“猫”指称猫而不指称樱桃这一明显事实相符的，那么，这正是我们所用的一切概念必须还原到物理词汇的决定性理由。因为指称和真理是两个我们不可能前后一致地放弃的概念。如果我认为“一只猫在席上”，这就等于说我应该相信“猫”指称某物（尽管这不是一个形而上学实在论对指称的解释）并且应该相信“一只猫在席上”是真的（尽管这不是一个形而上学实在论对真理的解释）。

回顾了第二章的论证之后，我们来看看它是怎样影响一些支持道德主观论的论据的。“投射”论对道德体验作了这样一种解释：道德体验可以说是错了位的主观感受。将投射论和下列解释作一对比：“人人在一定程度上都有正义感和善心。对于像‘以仁爱之心对待生人。因为你很清楚一个在埃及举目无亲之人处于什么样的境况’这样的要求，我们会（断断续续地）作出响应。

我们的同情心之所以增长，部分原因是人们对我们劝说道，同情心是应该增长的。即使我们没有轻而易举或不假思索地发现某受害者是一个我们能够同情的人，我们有时仍会感到暴行是错误的。我们逐渐意识到损人和害己之间、利人和利己之间的相似性。我们为道德上相关的情境特征发明道德用词，然后逐步着手进行明确的道德概括，它导致我们道德概念的进一步完善，如此等等。"

从表面上讲，这个解释较之投射论更为简单，更为精致。（首先，它承认论证在形成道德态度中的作用。）不过，许多有识之士感到，当今时代，我们必须拒绝"正义感"和"有善心"（此处并非主观意义上的用法）之类"不科学"的空谈。于是道德知识变得成问题了，或者干脆是不可能的了。

但是，此处"不科学的"究竟指什么呢？对于有一种叫做正义的东西的信仰并不是一个对鬼神的信仰。正义感也不是一种能使我们体察到这鬼神的超常感觉。正义不是谁想添加到物理学已认识到的对象的清单上的某种东西，一如18世纪化学家们把燃素列入已被化学所认识的元素的清单上一样。如"不科学"一词所暗示的，伦理学与物理学并不冲突。只是，"公正的"、"善的"和"正义感"属于那类不能还原为物理学话语的话语中的概念。正如我们刚刚看到的，其他一些基本的话语也不能还原为物理学的话语；但并不因此就成为不正当的，对"正义"的谈论，正如对"指称"的谈论，可以是非科学的，而又不是不科学的。

作为一条了解所发生情形的途径，我们应考察任一逻辑和数学的基本原则，比方说，整数数列能无限延续下去（每一位数必有一后继数）的原则，或者，整数的非空集必定包含一个最小的数。假定有人提出下列观点："这些原则对我们在实践中处理的数和数的集合来说是真的，所以它们似乎是必然的，通过'投射'机制，我们把这种必然性之感附之于这些原则本身，我们感到这些陈述有一个神秘的'必然性'。但是实际上，这是毫无正当理由的。据我们所知，这些原则甚至可能是不正确的。"

实际上没有人会同意这一点，相反，实际上每个数学家会这样说："绝大多数人在某种程序上都有数学的直觉。所以我们直觉地'看出'或通过例子（或通过巧妙的提问，像柏拉图对话中的奴隶）'看出'这些原则必然是真的。"

库尔特·哥德尔相信，"数学直觉"类似于知觉：数学对象（他称之为"概念"）是外在的，我们的直觉使我们能理智地感知到这些柏拉图式的实体，但很少有数学家会承诺这样一种柏拉图式的形而上学。哥德尔将数学直觉与知觉相类比，揭示了一个相当简单的知觉观念。视觉并不真正给我们提供抵达现成世界的直接通道，而是提供一个部分由视觉自身构造和建立起来的对象的摹写。如果我们将物理学家所说的虹当做是“自在的”虹，那么自在的虹就没有色带（通过光谱分析产生一个频率的平滑分布）；红、橙、黄、绿、蓝、靛和紫的色带是知觉之虹的特征，不是物理学家的虹的特征。知觉之虹依赖于我们知觉器官自身的本性，用古德曼的话说：依赖于我们的视觉上的“创世”。（物理学家的“对象”也依赖于我们的创世，对“同样的”对象，物理的极端不同的描述泛滥成灾，便表明了这一点。）但是，我们并不因为视觉在虹里看出了色带而说视觉有缺陷；某个不能看出色带的人的视觉倒可能有缺陷。视觉由其能提供一个和我们相关的客体而不是一个形而上学的物自体相一致的描述，而被确证为是好的。只要使我们看到现在这个样子的世界，即是部分地由人的视觉本身创造的人和有功能的世界，便是好的视觉。

集合论中一个新提出的公理（比方说“选择公理”）之所以能被接受，部分是因为它符合专业数学家的直觉，部分是因为它的成效。如果选择公理并没有产生堪称卓越的数学成果，那么，某些人发现它是直觉的这一事实恐怕就不会有这样的吸引力了，数学直觉本身是通过数学原则的把握和对证法的遵循来证明和检验的。简言之，数学直觉只有当它能使人们看到“现在这个样子的”——也就是在那个由人类数学实践（包括把数学运用于其他学科）所构造的数学世界之中的那个样子的——数学事实时，才算得上是好的直觉。

一个生理学家或心理学家对视觉的描述不能告诉我们在虹里看见色带是否可称作“正确地”看见。他们对一个人理解数学归纳法原理时的心理活动过程的描述就更不能告诉我们这一原则的正确与否。一旦明了这一点，对于以下情况，即当一个人“看出”一个行为不正当时，对他的脑运动过程的描绘并不能告诉我们这种行为是否确实是不正当的，就不会大惊小怪了。

对道德“知觉”的讨论，就像对数学直觉的讨论或对指称和理解的讨论一样，是不能还原为物理学的语言或世界图景的。这并不意味着物理学是“不完备”的。物理学可以是完备的，即相对于物理学的目的而言是完备的。物理学所缺乏的完备性乃是全部特殊理论、图景和话语所缺乏的那种完备性。因为没有什么理论或图景对一切目的而言都是完备的。如果伦理学不可还原为物理学就表明价值是投射，那么色彩也是投射。自然数也是如此，就此而论，“物理世界”也是如此。但是，在这种意义上是投射，并不等于就是主观的。①

权威论和多元论

至此，我所论证的是，只要有一个世界，就得先有一个合理的可接受性标准。这个世界，要么是一个"经验事实"的世界，要么是一个"价值事实"的世界（一个有美和悲剧的世界）。很显然，我们不可能既有一个合理的可接受性标准而又不去接受它，或者说与它保持一段距离。（拒绝有任何合理性标准的那种怀疑论使得一个人根本就没有任何概念，正如塞克斯都·恩皮里柯所提出的，这种经验论最终不能用语言表达。）正如我们有充分理由把某些"认知的"气质看做是病态的一样，我们也有充分的理由认为某些"评价的"气质是病态的。但这样说并不等于拒绝多元论，或者说使自己投向权威论。

即使在科学中，主张科学是一项客观的事业（根据公认为人类中心论的"客观性"标准，然而正如韦金斯曾经说过的，这是我们可能有的唯一标准），也不是主张每一科学问题都有一个确定的答案。有些科学问题也许有一些客观上并非确定的答案，也就是说，哪怕在科学探究的理想极限上也不存在朝着这些问题的一个答案的会聚；而有些科学问题也许有一些确定的、但与语境有关的答案（例如，约翰心脏病发作的原因是什么？这个问题由不同的人抱不同的目的提出，就会有不同的正确答案）。同样，主张伦理探究在以下意义上是客观的，即某些"价值判断"肯定是真的，某些价值判断肯定是假的，更一般地说，某些价值观（和某些"意识形态"）肯定是错的，而某些价值观则肯定是低于其他价值观的，这与愚蠢地坚持根本没有任何不确定的情形完全是两回事。（伯纳德·威廉斯着重指出了一种特别重要的不确定的情形，在这种情形中，所有的选择都很可怕，没有一个完全合理、明智的人会取其中任何一项。）而在伦理学中，有着语境相对性，这一点自不待言。

如果说今日之我辈已不同于亚里士多德，那实指我们与亚里士多德相比，更具有多元的态度。亚里士多德认识到，不同的幸福观念，不同的人类兴盛观念，由于人们素质的不同，或许是适合于不同的个人的。但他似乎认为，

---

① C.S. 刘易斯在《人的废除》（麦克米伦出版公司，1947 年）中曾提到过投射论的一个无意但又有趣的变种。刘易斯援引一本中学英文教科书（出于宽容，他未指名）："你记得，有两个旅游者出场了（刘易斯正在讲著名的科尔里奇在瀑布边的故事）：一个说这瀑布'壮观'，另一个说它'优美'。科尔里奇心里赞成第一种判断，不喜欢后一种说法。盖厄斯和蒂特斯（刘易斯为未点名的教科书作者杜撰的名字）作了如下评论：'当这个人说瀑布是壮观的，他似乎是对瀑布作一个评论……事实上，他不是在评论瀑布，而是在评论自己的感情。他真正说的是：我心里有一种与壮观一词相联系的情绪。或更简单地说，我有壮观感。'"

理想地说，有某种人人应有的素质。他认为，在一个理想世界中（那类由谁种田谁做面包之类的琐事暂且忽略不计），人人可能都是哲学家。我们同意亚里士多德的观点：不同的人类兴盛观念适合不同素质的个人，但是我们进一步相信，即使在那个理想世界中，也可能存在不同的素质，我们还相信，多样性也是理想的组成部分。我们看到，在不同理想之间有某种程度的悲剧冲突，某些理想的实现永远要以牺牲另一些理想的实现为代价。但是，我再强调一遍，相信一个多元化的理想，不等于说相信每一个人类兴盛的理想都与其他理想同样美好，我们拒绝错误的、幼稚的、病态的、片面的人类兴盛的理想。

承认伦理客观性也不应和承认伦理的或道德的权威论相混淆。这是截然不同的两码事。或许正是因为这种混淆，使得一位杰出的哲学家①赞成他自己所说的一种褊狭的“非认知主义”，并且说“对每个人来说，‘最充实的人生’是什么这个问题的最终权威必须是那个人自己”。（注意“最终权威”一词的含混性；这究竟是指政治上的权威，还是指认识论上的权威，抑或是像他使用的“非认知主义”一词所暗示的，指不存在既成事实？）对作为自主的道德主体的人的尊重，要求我们尊重他人为自己选择道德标准的权利，而不管我们觉得他们的选择是多么令人反感。按照政治自由主义的哲学，它还要求我们坚持政府不应通过制定国家宗教和国家道德来预先左右个人的道德选择。但是誓死反对形形色色的政治上和道德上的权威主义，并不应该使人投向道德相对主义或道德怀疑主义。政府为公民个人指定道德之所以是错误的，并不是因为在有关什么生活方式令人满意、什么生活方式不令人满意，或某些其他方面在道德上是错误的问题上，不存在既成事实。（如果没有道德错误这类东西，则政府强加道德选择也就不是错误的了。）许多人为之担心的一个事实是，如果他们公开承认任何类型的道德客观论，他们就会发现某个政府正在用它自己的道德客观性概念来堵他们的口。毫无疑问，这正是为什么有如此众多的人赞同一个他们未必真正同意的道德主观论的原因之一。

（童世俊、李光程译）

选文出处

普特南　事实和价值

普特南著，《理性、真理与历史》，上海，上海译文出版社，1997，138—160页。

---

① 见大卫·韦金斯：《真理、发明和生活的意义》，《不列颠学院会议记录》，第62卷，1976年。

实验室与标准化*

劳　斯

实验在近代自然科学中占据了一个非常重要的地位，但是这种重要性在科学哲学中却长期得不到体现。约瑟夫·劳斯称之为科学哲学"理论优位的立场"，提倡要代之以"实践优位"。在本书所选两节中，作者指出，实验的意义是建构一种"微观世界"，通过对研究对象的隔离、操纵与追踪，从混沌的自然中制造出规律性的现象，因此科学知识是一种起源于实验室的地方性知识，并非独立于实践情景和操作技能。而人们公认的科学知识的普遍性，并非科学知识实现了"去情景化"或"去地方化"，而是科学知识在不同实验室之间以及进一步在社会应用的地方情景中的标准化。

作者简介

劳斯(Joseph Rouse，1952—　)，美国威斯利大学哲学教授，科学实践哲学的主要代表人物，代表作有《知识与权力：走向科学的政治哲学》等。

实验与微观世界的建构

我已经指出，科学研究是一种寻视性的活动，它发生在技能、实践和工具（包括理论模型）的实践性背景下，而不是发生在系统化的理论背景下。此时我已经触及了实验实践问题，尽管它不是我的研究主题。现在我们必须直接思考实验，因为它指明了理论优位的科学观所面临的特殊困难。前面我曾指出，在《存在与时间》中，海德格尔隐含地赋予科学实验以从属的地位。虽然海德格尔承认我们确实寻视性地从事实验研究，但是他否认了寻视在理论认知中所起的作用（只有记录或者交流理论成果才是寻视性的）。这样，在对科学的讨论中，他就进一步去探讨这种去情境化的理论化的起源，而忽视了实验与实验室研究。

* 本文标题为编者所加。

这种忽视事关重大；它表明，尽管实验在科学知识的实际发展中具有实践的重要性，但是当我们思考科学的哲学意义或本体论意义时，它很大程度上可以忽略不计。如果我们理解了理论化，那么我们就明白了什么是科学的本质。

海德格尔对他早期忽视实验室实践这一点没作任何解释和辩护，但是我们可以构想一个似乎可信的解释。比较重要的原因有三：第一，海德格尔关心的是解释我们如何理解理论命题，因为在他看来，理论命题似乎具有原初的问题性。实验很容易被囊括到他关于寻视性地使用上手用具的讨论中。但是理论性理解似乎一开始就削弱了他的解释学的中心命题，必须作专门的讨论。这一点又为下述认识所强化，即对理论的理解而不是理论的发展或辩护，才是问题之所在。海德格尔讨论的问题并不特别针对研究过程；那些不从事科学的人（他们试图理解科学主张）所面临的问题，与积极从事科学研究的科学家所面临的是同一个问题。

海德格尔无视实验的第二个原因可能是，他接受了哲学家的流行观点（虽然通常比较隐蔽），即在理论之外实验没有任何认知内容。卡尔·波普尔曾有力地表达了这种观点：

> 理论家向实验人员提出某些确定的问题，后者通过做实验得出这些问题（而不是对任何其他问题）的判决性答案……但是作这样的设想是荒谬的，即实验人员之所以如此行事是“为了减轻理论家的研究负担”，或者是为了给理论家提供归纳概括的基础。相反，理论家必定很久以前就在从事自己的研究了，或者至少在从事自己的研究的最重要部分；他必定已经尽可能尖锐地表述出了自己的问题。因此，正是他给实验人员指明了道路。但是，即使是实验人员也并不主要从事精确的观察：他的工作很大程度上也是理论性的。理论支配着实验研究，从最初的实验设计一直到实验室的扫尾工作。

这种认为实验的认知内容依赖于理论的观点，再加上海德格尔对理论理解之可能性的特殊关注，使得忽视实验实践的寻视性品格的做法变得十分妥当了。在实验科学中，所有可能成为本体论问题的是理论对实验所作的贡献。

在早期观点中，海德格尔忽视实验的第三个原因专门针对他的这样一种观点，即把理论理解为对现成在手之事物的去情境化的认知。实验以及实验得以操作的实验室，是去地方化理解的地方性场景。从理论上理解，实验室仅仅是被研究的某种（或若干理论）理论的多种可能的例证之一。地方性场景或者人们对此场景的实践性介入所具有的任何特殊性，必定与理论理解无关，而实验室为理论理解描绘出了任意的、可相互替换的例证。实验室类似于几何证明中的图形。严格地说，图形对于证明不是必要的，因为在证明中我们可以不考虑特定图形的任何特殊性。当然，在实验室中理论必须维系自身的真理性，仅此而已，无论在任何地方都不例外。实验室中的研究为理论主张提供例证，为理论提供证据，或者解答理论已经提出的问题。但是在理论之外，实验既没有“自己的生命”，也不提供任何与众不同的认知成果。

这种观点认为，从哲学的意义上看，实验室最主要的活动是观察和记录。在设计、建构、操作实验的过程中肯定存在实践性困难，但是认知成就是作为研究成果的观察结果。对许多科学哲学家而言，观察具有理论负荷的主张之所以带来了某些困难，恰恰是因为人们设想实验室研究的任务是观察。实验之所以重要，是因为这些观察为理论主张提供了独立的检验。如果观察具有理论负荷，那么它就不能提供独立的检验。在大多数批判理论负荷思想的哲学家们看来，这种思想将削弱理论的证据性基础。但是另一方面的反对意见很少受到重视，这也许是因为哲学家们对理解、解释实验室研究的具体细节并不关心。传统的理论和实验观认为，实验的目的是观察具有理论意义的事件，并且暗自预设，使这些事件变得可观察并不会从根本上改变它们。在这样的观点下，观察之理论负荷的主张就会使实验室研究初看起来显得多余。如果实验仅仅是另一种形式的理论，甚至还不是独立的形式，那么为什么科学家要付出如此多的精力去建构、运用实验室呢？对此，上述观点给出的回答显得模棱两可。

我们需要对实验和实验室在科学实践中的地位作不同的理解。首先，我们可以再一次回到库恩著作的某些被忽视的特征上来。人们普遍认为，在库恩看来，理论在引导科学的重要测量方面起着重要作用。但是库恩自己的理论观点表明，通过仪器、实验的考察不能和理论完全地分离开来。他认为科学“范式”是科学中具有专业承诺的基本场所，并指出范式是“在实际的科学实践中的公认范例，包括定律、理论、应用以及工具设备”。库恩讨论了普里斯特列和拉瓦锡对“空气中的精华”（goodness of air）的标准检验以及19世纪后期物理学中阴极射线管的使用，这些都恰当地论证了范式中工具成分的重要性。你随手就可以举出类似的例证：细胞技术在染色体遗传学中的作用，或者加速器在高能物理学中的作用。理论得以例证化的工具性承诺和理解是作为陈述世界之理论的本质部分。例如，库恩认为，理论和实验得出的数字图表“定义了‘合理的认同’。通过研究这些图表，读者知道了从理论中可以期望什么。熟悉图表就是熟悉理论本身的一部分。如果没有图表，那么理论本质上将是不完整的。至于测量，与其说它没有检验理论，毋宁说它不能检验理论”。因此在库恩看来，不仅仅是理论引导着对实验的构建和解释；实验以及实验使用的工具的可能性有助于我们理解理论事实上所告诉我们的东西。

哈金比库恩走得更远，他讨论了实验在“建构现象”中所起的作用。在哈金那里，“现象”的意思是自然界自明的规则性。它不是私人的感知，而是需要我们加以关注的公共事件。识别现象是依靠它的清晰性和可靠性。现象可以被清晰地识别，现象出现的情境（尽管并不总是它们的原因，或者并不是对它们的最佳描述）必定得到恰当的理解。现象的清晰性与世界上大多数事件的复杂性和混乱形成对照。用信息理论的语言表达就是，现象具有很高的信噪比。但是这样一来，自然界中存在的现象相对来说就很少了。哈金援引了卓越的天文学作为自明的规则性的一个来源，认为“只有行星和更遥远的天体在混乱的背景下才有复杂的规则性的正确组合”。他还援引了一些化学反应、物态变化、某些晶体结构、静电现象、不同物种的显性特征（特别是发展现象）等作为例证。在完全不同的用法上借用詹姆斯的话来说，自然界呈现给我们的总体上是一团莫名其妙、乱七八糟的东西。有赖于自明的规则性的经验科学很快就将遭遇到不可还原的地方性特性。对源于观察的任何体系化的研究来说，不管研究多么仔细，经验科学的目标都显得过于复杂。我们倾向于认为，经验科学的任何目标都涉及非常多的因素，以至于我们无法清晰地观察，虽然哈金说，只有当这些“因素”已经被分辨出来、被分离出来、并得到了分析时，我们才可能回过头来这样认为。在此之前存在的仅仅是复杂事物，导致复杂性产生的“因素”此时并不存在。

因此，科学的进步在很大程度上是与科学家成功地建构新现象相一致的。如今，在这个世界无所不在的实验室和技术装备中，可重复、可识别的事件非常普遍。实验室技术和我们在日常生活中运用或者遭遇的技术，使得我们能够赋予世界以非常自明的秩序。为什么这样的秩序是重要的呢？传统的答案是，这种现象为复杂的理论构建提供了证据。我们在实验室建构的现象以及我们能够用这些现象加以澄清的更为复杂的事件，就是蒯因的“边界条件”。在此，理论与经验相遇，而且人们对理论作出调整以适应经验。理论告诉我们应该在哪里观察，应该观察什么，应该如何作出解释。实验作为检验标准是重要的，因为它使得我们能够检验理论，并加以完善和修正。

但是，这样的回答对实验实践是不公平的。正如哈金强调的那样，科学实验经常沿着自己的方向发展，探索理论还未论及的领域。实验往往不为明确的理论假设所引导，而是为值得研究之事物的暗示和对如何开展这样的探索的把握所引导的。这种独立性的主要理由是，有效的实验技术、工具和程序难以被开发、完善，因此它们在引导实验研究中常常扮演主导的角色。我们常常认为，理论想象力扮演着这样的角色：哲学家们一再强调，如果不理解实验将要揭示的是什么，不理解它为什么重要，那么实验将变得不着边际。上述观点的错误之处在于，它把这样的理解限制在理论表象的范围内。一个称职的实验工作人员必定对仪器的运作状况及其可能性和局限性作出实践性的把握。对仪器的这种“感觉”是实践性的技能知识，而不是理论表象。它并不仅仅告诉科学家们什么时候他们的设备在正常运转，而且还暗示对可以获得的结果的范围和精确性的限制是什么以及可能的研究方向——对工具能力的运用。这种特点就是我为什么在前一节中着重强调科学研究的机会主义的原因。实验不仅仅填补先前的理论化留下的空白或仅仅检验理论的充分性，它开创了新的研究领域，不断完善这些领域以使它们适合理论反思，同时也提供对作为资源的研究领域的实践性理解。新现象的建构和科学家对建构赖以进行的实验室之工具性情境的理解，很难被简单地纳入到理论优位的科学发展图景中来。

为了公正地看待现象的建构和建构所需的实践技能，我们必须重新定义实验室及其仪器在科学中的地位。长期以来，自然科学被看做不同于数学、逻辑学和神学的经验科学。自然科学的理论指向世界，我们根据指称的成败来评价它们。但是，对于指称性成功的获得和评价来说，实验不再仅仅是偶然的。只有以被建构的实验室世界为中介，对世界的指称才是可能的。但是，即便是这一中介也不能被看做是科学知识向实验室之外的转移。相反，我（与拉图尔一样）将指出，这涉及实验室本身的条件向外在世界的转移。

因此，实验室不仅仅是作为科学家操作空间的建筑物或房间。物理围墙是实验室的普通的往往也是有用的特征，但不是本质性的。从根本上看，实验室是建构现象之微观世界的场所。对象系统在已知的情境中得以建构，并从其他影响中分离出来，以便操纵、追踪。科学家通过构建人工的简单化“世界”来规避那种极度地限制了现象之自然显现的无序的复杂性。这些微观世界中只存在有限的对象，其来源是已知的，其互动方式受到严格的限制。例如，我们有特定来源的细菌培养液；有经过精心研制与贮藏的，其成分受到严格地定量与控制的化学溶液；有来自特制的，能很好地调控输出的仪器的粒子束。我们可以进一步认为，微观世界的建构是对实验室诸要素的“内部”隔离，因此我们知道在我们所构建的微观世界中存在什么（例如，内部要素包括净化过程、对技术或设备的完善），从而把实验和任何相关的外部因素影响隔离开来。在有些情况下，被观察的某个对象（或者某些对象）可能是微观世界的组成部分。对于如何识别研究对象，如何描述我们有关对象的兴趣所在，我们有足够的知识。我们把对象置于被控制的微观世界中，以放大它的面貌或效果，或者两者兼之。在别的情况下，微观世界可能是一个经过穷尽描述的系统（至少在与我们的兴趣有关的方面是如此）。这时，它将为比较提供一条底线或标准，或者用它把一种众所周知的效果引入到另一个系统中。

最后一项活动表明了实验室实践的一个特征。建构这样一个在实践上被隔离的微观世界的目的，是能够以特定的方式操纵它。科学家不仅仅满足于让事物在隔离的环境中显现出来。大多数有科学意义的效应的建构，必定是通过把新对象引入控制环境来实现的，或者通过某种特定的方式（或若干种方式）操纵整个环境来实现的。科学家的目标是，通过把事物置于只有在介入中才出现（或者说作为现象出现）的影响和互动之中，从而创造出新的研究领域。

实验室实践的这些特征为我们揭示了，在因果关系问题上，许多经验论者所持的休谟式的怀疑为何是错误的。如果我们认为科学家只是观察者，那么从持续的相继事件中识别因果效力的问题似乎就是必要的。但是，科学研究与其说是作为观察者对辨别因果效力的关注，毋宁说是通过行动者所预设的因果效力来进行的。科学家研究的是从因果关系上被隔离的建构系统，他们有意引入被认为具有因果效力的对象或系统性环境。科学家让事物在实验室内运动，而不是观察周围发生了什么。因此，像哈金和卡特赖特那样对实验室实践在科学中的地位非常敏感的新经验论者们，由于在因果关系上持强硬的观点，从而与他们的经验主义前辈有着本质的差别。

除了隔离和介入之外，实验室实践的第三个本质特征是追踪被构建的微观世界。追踪不仅仅是经验主义者所谓的“观察”。观察被认为是对实验结果的主题性的知觉意识，而后又被看做是不受解释影响的数据，如仪表的读数、颜色的变化，或照片上的轨迹等。但是，追踪实验涉及从建构之初对整个实验进程的控制。追踪不仅仅是监视实验的结果，更主要的是监视事情的正常运作。对实验进行设计，以便让人能够全程追踪，是实验过程的重要组成部分。实际的监控活动与其说是主题性的知觉行为，不如说是对事件的整个过程的寻视性关注。我们现在谈论的是一种十分熟悉自身环境的行动者所具有的实践性的“洞见”（和预见），一种受其兴趣和对实验进程的理解所支配的洞见。即便当某些东西确实成为知觉的主题时，对它们的监视也不只是观察和记录数据，更主要的是对具有实践意义的背景之事物的注意。人们对事物的反应可能是调整或重新设计某物，而不是记录观察结果。追踪是研究者的实践技能（对实验设计的“感觉”，对实验操作的细微差别的留意等）的组成部分，也是为了可见性而建构实验的组成部分。设计实验的目的在于，让被建构的微观世界中的事件显现出来，因此实验的结果将是哈金意义上的现象。

这个过程中有一个重要的，但又常常被忽略的方面，这就是对新型知识的构建。对科学实验的微观世界的设计，是为了使关于个体要素的详细的知识成为可能。福柯广泛探讨了“个体进入知识领域的问题”，但是他将讨论局限在关于个体的知识的构建上。在对个体的认识中，他发现了一种根本性的转向。

> 长期以来，普通的个性——每一个个体的日常个性——一直不能进入描述领域。被注视、被观察、被详细描述、被一种不间断的书写所逐日地追踪，已成为一种特权。一个人的编年史……是他的权力象征仪式中的组成部分。各种规训的方式把这种关系颠倒了过来，降低了个性进入描述范围的门槛，并使这种描述成为一种控制的手段和支配的方法。它不再是供未来回忆的纪念品，而是备用的文件。……检查作为同时从仪式和“科学”上对个体差异的确定，作为用每一个体自身的个性实现对该个体的约束……清晰地揭示了一种新的权力运作方式的出现。在这种方式中，每一个体都获得了自己的个性，并以此作为自己的身份……而且把自己的身份和表现他、使他成为“个案”的特征、计量、差距、“标志”联系起来。

在福柯看来，这种个体知识不仅来自观察，而且也来自“与观察相伴随的整个书写机制……这些有关记录、登记、建立档案、分类制表的琐碎技术现在对我们来说已经司空见惯了，然而对于使关于个体的科学在认识论上得以‘解冻’而言却有着决定性的意义”。追踪实验室微观世界的成分，就是对每一部分进行分类、编码、归档、记录身份、定位和处理。

福柯将他的注意力局限在构成人类个体知识的实践中。但是，同样的情况也发生在实验室中，并且运用的技术也十分相似。实验室建构的现象不是因为其固有的重要性而被记录成册。相反，它们之所以重要，恰恰是因为人们可以在这些现象的各种显现方式中追踪它们、记录它们。它们之所以重要，是因为它们是具体的个体知识的对象，并因此使它们受制于新的操纵和控制方式。拉图尔和沃尔伽设想的实验验证了上述情况对科学实践及其所包含的知识的重要意义。

> 设想一下下面这个由我们的观察者所做的实验：某天晚上，他闯入实验室，打开一个大的冷藏柜。我们知道，架子上的每一个样

品都对应于净化过程的一个阶段，而且都用长长的编码作了标签，每个编码都以记事簿为参照。观察者依次取下每个样品，撕去并扔掉标签，然后将没有标签的样品放回冷藏柜。第二天早上，他无疑会看到极其令人困惑的场面。没有人能说出哪个样品是哪个。重新贴上标签可能需要五年、十年甚至十五年的时间（给样品贴标签的时间）——当然，要是化学技术与此同时取得迅猛的进步则另当别论。正如前面我们所论述的那样，每个样品都可能是其他样品。换句话说，实验室的无序，或更准确地说，熵将增长：任何东西都可能与每个样品有关。

通过彻底地隔离、控制和保持微观世界的秩序来维持两个有序的微观世界，这是科学家建构现象的前提条件。科学家需要建构起一个使被研究的事物变得清晰可见的场所，这远远超越了这样的观点，即他只需要（从理论上）知道在何处观察和观察什么。这就是科学研究中实验室的意义所在。

我从明斯基和培普特那里借用了“微观世界”一词。在他们那里，这个词是指经过隔离的虚拟的领域，该领域的对象和可能事件能通过计算机程序展示为某种背景，从而使计算机能在这个受限制的领域中模拟理解和智能行为。当然，在我的用法中这个词的意思并非指虚拟的领域，而是指在实验室中被实际建构出来的隔离体系。但是，我的用法与明斯基和培普特的微观世界的概念之间又存在着重要的关联，因为它预示了这样一种可能性，即实验室这种微观世界能把理论模型所描述的虚构系统部分地或者近似地现实化。在卡特赖特看来，正如前面所讨论过的那样，理论内容是通过虚拟的模型或相似物来表达的，在这种表达中，理论的（高度理想化的）含义是可以计算出来的。现在我想说的是，这种理论模型在微观世界的建构中找到了其实验的对应物，微观世界的建构更加逼近于理论相似物所模拟的微观世界。我的意思不是说，理论模型确实在实验室中被现实化了，因为模拟所具有的理想化的假设原则上是不可实现的，或者说存在着难以克服的实践性难题。我想说的是，科学家为这样一种模型创造出了实验的类似物，这些类似物与模型一样是被隔离的系统，它们试图更有效地区分，更有效地隔离理论所指称的对象、事件及其进程，但是，它们不会在广阔世界所具有的更复杂的、未经分析的状况中毫无遮蔽地显现出来。因此，对实验微观世界的设计一般来说是为了让它服从于理论性的处理。

然而，我们不应该认为，理论模型与实验室的微观世界之间的关系是单向的。有时候，实验的确也能通过心中所设想的特定的理论模型来设计。但是，实验情境的建构通常也会出现这样情况，即建构虽然以理论模型为目标，然而，实际上尚未有任何一种理论模型得到过系统的阐述。发展这样一种理论模型也许需要富有想象力的理论开拓或更大范围的计算。然而，实验的建构也许与心中所设想的理论模型的定式化之间有着一种可能的平衡。这样一种情况似乎就出现在我们前面所提及的戴维斯试图测量太阳中微子流的案例中。戴维斯的实验设计并没有反映任何预先存在的关于太阳中微子的理论观点。相反，正是通过实验设计，使其关于实验室之微观世界的理论模型成为可能，的确，实验设计和理论模型是携手共同发展的。

因此，阿克曼的下述看法无疑是正确的，即理论发展和实验数据之间存在着辩证的关系。但是他走得还不够远，因为他似乎认为，互动关系主要存在于源自实验在使用可判读的仪器得到的数据文本与不受外界影响的理论概念之间。如果他所讨论的是理论的模型结构和“数据领域”赖以产生的微观世界，那么他或许能够就他所正确地发现的辩证过程给出一种更精致的结构来。理论调整不仅要回应更为精确的数据，而且也要应付新近发展的实验状况——对此，数据是唯一最重要的代表。实验不仅要对理论观念作出回应，而且还要对这些理论赖以产生的各种模型作出回应。反过来，在理论模型能涉及的范围内所体现的程式方面，实验情景必须是可描述的。正如卡特赖特所强调的那样，这种要求是一种不同层次上的考虑，它呈现了其自身的难题，可以在实验的设计中引入这些考虑。如果我们心中有了这些考虑，那么关于理论和实验之辩证关系的最恰当的哲学解释，即便在20年后的今天，还要数库恩的《科学革命的结构》中的第三章（请记住他对理论之范式结构的强调）。

让我们回到戴维斯对太阳中微子测量的例证上来，这个例证有助于澄清实验室与实验室所包含的微观世界之间的区别。戴维斯的实验建构了一个独立的微观世界，它是由一定体积的全氯乙烯（包含 Cl_{37}，氯的同位素）和穿越其中的持续粒子流所构成。但是他的“实验室”包括太阳（粒子流大多来源于此），数英里长的地壳（它从宇宙辐射的背景中有效地分离出所需测定的粒子流），容器外的探测装置（捕捉、计算预期源自中微子－氯反应的 Ar_{37} 原子）。所以，实验室无须为围墙所限。它们冲破围墙，将自然界要素纳入到实验室构建的人工世界当中。正如海德格尔在《存在与时间》中讨论的工场那样，实验室不是由四壁构成的物理空间，而是实验设备共同发挥作用的情境，它甚至把自然界纳入到实验设备之中。

从这个意义上说，实验室与诊所、精神病院、学校、工厂、监狱等类似，都是（在福柯看来）“权力的微观物理学”得以发展的“隔离区”（blocks），权力从这里拓展到了周围世界。不可否认的是，福柯区分了施加于人的权力运作和我们处理事物之能力的发展和运用。

> 就这种权力而言，我们首先必须把它与那种运用于事物，并赋予我们以修正、使用、消费或消灭事物之能力的权力——一种直接源于内在于身体或者以外界工具为中介的力量区别开来。在此，我们说这是一个“能力”的问题。另一方面……我们不要自欺欺人；如果我们谈到权力的结构或者机制的话，我们的意思是说，某些人对别人施加权力。

虽然权力和能力能够被区分开来，但是在其实际运作中却难以分离。福柯指出：

> 还存在着这样一种“隔离区”，能力的调整、交往的策略和权力关系在其中共同地构成了一种规范的、协调的系统……在这些隔离区中，按照所需的程式，使技术能力的运用、交往游戏与权力关系彼此都得到调整。这种隔离区构成了我们可以在更宽泛的含义上称之为规训（discipline）。

在第六、第七章中我将论证，权力和能力之间的这种相互纠缠的关系比福柯所认识到的更为根本；用“某种行动来改变他人”的方式，即权力在其中起作用的方式，其本质的方面是通过改变行动所处的世界来实现的。这种改变是运作于实验室中以及拓展到实验室之外的权力（甚至在福柯的严格用法的意义上也是如此）的最根本的运作方式。但是，福柯在现代主体的规训建构的核心之处所发现的监视和检查技术（甚至还有“规范化”，尽管它运用的手段不同），同样也出现在实验室对微观世界的建构和操作中。并且正如我们将要看到的那样，甚至源自实验室的权力和知识的扩散，也遵循福柯在规训的隔离区（它们最为福柯所关注）中发现的模式。

然而，在详细探讨这个过程之前，我们必须综合前面的讨论，以便对我的下述主张作出论证：从根本上说科学知识是地方性知识，它体现在实践中，这些实践不能为了运用而被彻底抽象为理论或独立于情境的规则。用海德格尔的话说，科学与其说是关于孤立事物的去情境化的认识，毋宁说是必须在上手的工作世界中经过深思熟虑的把握。我描述过的科学研究的诸多特征都支持上述主张。我们已经看到，科学知识的经验品格只有通过在实验室中把仪器运用于地方性的塑造时方能确立。工具以及使用工具所建构的微观世界是科学主张最为切近的指称对象。进一步看，科学家的知识取决于他们运用这些设备的技能知识。知道在实验室这样的地方性场合中如何行动，这是科学成果中不可或缺的组成部分。然而，如果不吸收这种累积的地方性经验，这种知识就不容易传播。正如阿克曼所认为的那样，"在一篇文章中，或者在对所提到的技术的修正中，一种工具可以被命名或例示其用法。这些类型的指称确实存在。但是对工具的感觉和对工具运作的解释，是不易用言词表达清楚的。理论和数据可以被描述出来，但是人们必须学会如何操作工具"。与地方性的实验室情境相联系的是一些技能，研究者们通过开发与改进设备以局部地确定需要和目标，从而逐步建立这些技能。通过讨论瓦塞尔曼反应这样一种已经确立的科学事实，路德威克·弗兰克捕捉到了这种技能的重要性。弗兰克认为：

> 瓦塞尔曼关于反应的报告仅仅是对梅毒和血液性质的关系的描述。但这不是最重要的因素。关键的是他自己、他的学生以及他们依次在血清学的实际运用和效果中所获得的经验。如果没有这种经验，瓦塞尔曼反应和其他许多血清学方法都不可能变得可重复和可操作。这种经验状态只能缓慢地得到普及，而且只能为每一初入门的个体所实践性地把握。……即便在今天，任何想亲自演示瓦塞尔曼反应的人，都必须能在取得可靠的结果之前首先获得全面的经验。

在建立像瓦塞尔曼反应那样的实验操作中，地方性的、经验性的技能对于科学而言的必要性是显而易见的，但是也别忘了，即便是理论和数学的工具也具有经验性的基础。学会如何将这些技术和模型运用于特定的情境，学会如何避免其中出现的各种问题与缺陷，不仅需要经验程序，也需要意会的工艺性技能。

在知识的发展和再生产中，甚至地方性的合作者共同体也是一个重要因素。在讨论科学研究的机会主义时，我们已经看到了这种因素的影响。谁能被调动起来（即技能以及其他意会之能知的地方性塑造），将影响值得追求的机会。我们甚至不能把这一地方性的群体仅仅看成是一些掌握技能的个体的集合。科学研究的能力通常需要特定的协作方式。如果不在一起实际地工作一段时间，使用相同的设备和地方性程序，那么这种协作方式就难以获得。在瓦塞尔曼反应这个例子中，弗兰克指出"人员上的任何变动通常会对反应进程产生干扰，即便小组的新成员与其他合作者能够很好地合作。这就解释了，在受国家联合会支持的瓦塞尔曼讨论会上，为什么一流的研究人员得到的仅仅是微不足道的成果”。研究技能不能直接转移到特定的物理场景和地方性共同体之外；人们必须首先学会在新情境中如何做事，并使自己在先的知识适应新情境。

造成这种困难的部分原因是，科学研究充满了地方性的特性。在特定的实验室中实施特定的研究方案，其中出现的明确的问题可能是独一无二的。正如一位生物化学家在采访时所说的那样：

> 基础工作往往有些相似，但并不一样。你知道，如果我感兴趣的东西已经做过了，那么它就不再值得研究。因此，人们通常做的是相似的事情……我认为你几乎总是必须以某种方式来适应（某种方法）。当然，偶然你会发现某事物完全适合于解决某个问题——但是我要说，这是例外而不是常规。

长期标准化的程序也是如此，比如瓦塞尔曼反应，因为每个实验室都对标准化方案作出自己的修改。令人吃惊的是，当研究的初始目标是复制他人的（显而易见的）成果时，这也是有效的。实验能否被完全复制我们并不非常清楚，但是在实践中科学家有意作出修改，并发展不同于原初程序的方法。他们这样做部分是因为自己偏爱的技术、方法和标准，因为他们通常相信自己能够做得“更好”，因为他们必须适应地方性条件，因为他们不想让自己的研究显得多余。但是他们这样做也因为许多实践性程序，特别是使事物可靠运作而需要作出的日常调整，这些都是不能在关于实验研究的出版物上得到说明的。

> 许多在论文中未被主题化的实验室难题，可能与科学之“能知”的发展有关，这种能知……是关于如何让事物运作的地方性的（甚至是个人的）实践知识。对于每一点公开的“方法”来说，似乎都存在未公开的能知。它不仅在实验室活动的情境性逻辑中，把论文所涉及的一系列诀窍性步骤重构到一系列可行之行为中，而且为诊断、处理许多不明确的问题提供了例行方法。

这些不只是任何有能力的实践者只要愿意就能填补的细节。诺尔—塞蒂纳援引了对科学家的采访，他们指出，知识渊博、有思想活力的读者不能重构实验程序，即便是论文的合作者可能也不理解或者不能重复被描述的程序。

如果不转移相关的人员甚至物理场景自身的相关特征，那么对如何让事物在实验室中运作的地方性、实践性理解就不可能轻易地转移到实验室之外。

这些技能与程序的目标是实践的成功（使事物可靠地运作），而不是系统性的理解或者真理。遇到工具或程序的困难或"陷阱"，当我们巧妙地去规避，而不是作系统地探究和理解时，上述强调点就具有了经验的明证性。但是，大多数科学研究的对象仅仅存在于这种地方性的、有实用意图的情境中。我必须坚持这一点。为科学家提供研究素材和数据——由此理论模型得以发展、完善——的那些现象，在这种以实用的方式建构起来的情境之外是不存在的。使现象得以显现的工具在实验室之外是不存在的，在用以模仿实验室效果而构建的其他场所之外也是不存在的。现象本身通常在实验室里被制造、分离和操作。由此得出（如果研究获得成功的话）的具有清晰结构的数据，总是反映出生产的地方性的、偶然的、有特性的情景。诺尔恰当地总结道：

> 所有原材料都被特地种植，并被有选择性地培养出来。大多数物质与化学药品被净化，是从服务于科学的工业企业或其他实验室那里得到的。但是，无论是购买的还是科学家自己准备的，这些物质与测量装置或桌面上的论文一样，都是人类努力的产物。看来似乎不能在实验室中发现自然。除非从一开始自然就被定义为科学研究的产物。

标准化还是去情境化?

然而，如果科学知识不可还原的地方性品格是显而易见的，那么它为什么与支配我们的传统科学观的普遍主义完全不相一致呢？毫无疑问，普遍主义在某种程度上是许多哲学家和科学家理论偏见的产物，他们在我们的文化中塑造了传统的科学形象。但是这个答案最终难以令人满意。因为一般来说，科学知识似乎去除了情境性的指涉，科学力量扩展到实验室之外的能力已经成为现代科学的一大特色，这对形成科学自身的文化形象也显得尤为重要。如果我们不能充分解释超越地方性的显而易见的广泛明证，那么上文认为科学从根本上说是地方性知识的观点就不能得到稳固的确立。

科学的两种特征反对将科学描述为地方性的、实用性的能知，它们初看起来似乎特别有说服力。这两种特征是：科学在实验室之外的技术运用以及在科学文献中的去情境化的表述和传播。例如，就后者而言，拉图尔和沃尔伽指出，在科学研究中，典型地存在"一种稳定化的观点，当陈述摆脱了所有的时空决定因素，摆脱了所有与生产者和生产过程的指涉关系时”。当德雷福斯为海德格尔最初的科学观——科学是去情境化的活动，它摆脱了与上手用具的地方性情景之间的实践性介入关系——进行辩护的时候，他就已经把握了这一点。德雷福斯进一步认为，这个特征把自然科学（蒯因的翻译的理论解释学提供了令人信服的解释）与人文研究（它永远不能避免对象和方法的地方性的偶然性和特质）分离开来了。在他看来，所有的科学都涉及解释实践，海德格尔对我们与上手事物的实践性介入的描述对这种实践来说是恰当的。但是他坚持认为，尽管甚至自然科学也预设了这样的实践成就，但是它们的研究成果与人文科学不同，它们独立于对实践成就的特定情景的任何指涉。这一与众不同的独立性（独立于生产的情境）完美地解释了自然科学的预测效力和技术应用，从而与其他学科相对缺乏预测成功形成鲜明对照。自然科学知识能够表述成普遍规律，从中可以演绎出无限多的地方性例证，这使得科学的广泛应用成为可能。在德雷福斯看来，通过对科学知识生产的偶然性情境的社会学研究，可以对科学知识的传播与应用的假说—演绎式解释作出补充。但是，这些偶然因素对于知识本身来说是附带性的。我们似乎绕了一圈，又回到了我最初加以拒斥的传统观点。

然而，在此我将给出另一种看法，我认为它要比德雷福斯求助于海德格尔的早期观点的做法更加公允。我已经论证了，实验室是用以建构、操纵和解释现象的用具场所（物质的和思想的）。德雷福斯所说的这些现象的“理论的”去情境化更类似于这样一种转换，即在特定的情境中为完成极其特殊的任务而设计的工具，变成了一种更具普遍目的的设备。当按照标准的尺寸和样式（甚至根据“普遍适用”的方式）而不是根据日常做法制作锤子的时候，或者当按照标准尺码制作服装的时候，它们就失去了与特定的人、任务或情境之间的所有内在的指涉关系，但是它们并不因此而不再是上手的事物。用海德格尔的话说，它们的功能性“平均化”了。

> 制作好的工件不仅指向其合用性的“何所用”（towards—which），其构成因素的“何所来”（whereof）；在简单的手工业状况下，它同时还包含着指向使用或者穿着它的人的指引。……即使在批量生产中也绝不缺乏这种具有组建作用的指引；只不过这种指引不确定罢了，它指向随便哪些人，指向平均。

我将追随莱文兹，把这种平均化称为科学问题、工具、程序和结果的“标准化”。它涉及两方面：事物本身的转换，从而在原初场景之外变得可用；

发展更加普通的解释，以便为外行人所接受。

实验室研究的产物和工具的标准化，的确会抹杀与生产的特定地方性的偶然性之间的指涉关系，但是这只有通过使指涉关系变得不确定才有可能。标准化并没有消除与事物获得可理解性的活动场所和地方性领域之间的指涉关系。和其他所有普遍适用的用具类似，只有重新适应各种不同用途的特殊情境，实验室研究才能够重新获得特定的可理解性。比如，在弗兰克对下面这个问题的说明中，我们就已经看到上述效果，即对瓦塞尔曼反应的标准化图式加以改造，以适应既定实验室的特殊情境。

事实上，标准化的证据在近来对处于情境中的科学研究的探讨中比比皆是。莱文兹把标准化的过程主题化了，我采用的有关术语是从他那儿来的。他广泛探讨了研究的问题、工具、事实与对象的转换方法，这一转换使得它们可以拓展到原初范围之外，虽然不免损失了某些内容和清晰性。这一过程的最重要特征是规避“陷阱”。莱文兹指出：

> 只有当工具关系到关键的或者精确的证据的生产时，对使用者来说，充分领会工具的可能性和缺陷才是必需的。如果它以常规的方式应用于数据的生产，那么简单粗糙的理解就足够了。这种情境需要的是原有工具的标准化，其设计可以是全面的，不用太过精细。

标准化的一个恰当例证是基因克隆技术在过去几十年的发展。在科恩、伯格和他们的同事们首次重组质体中的基因碎片，并将它植入微生物中的时候，基因克隆还是一个非常复杂的研究方案和专家的研究对象，而不是有其他用途的常规工具。人们需要科恩提供特制的质体，以便开始自己的研究工作。而现在，克隆是在许多子研究领域的实验室中使用的一项标准技术。商业实验室储存库中有各种各样的质体。而且现在还有类似于“食谱”那样的关于如何进行基因重组和克隆的小册子，这使得对大多数用途来说，专家对这项技术的理解显得多余。

因此，标准化使技术更全面，更通俗。通过把过去的经验融入到程序与设备当中，标准化程序变得更少具有敏感性，更加稳定。这一过程对应于它们在特定使用范围之外的可拓展性。弗兰克描述了在瓦塞尔曼反应的发展过程中出现的类似情况：

> 在实验的最初阶段，瓦塞尔曼反应对于确证的梅毒只得到了15%～20%的正面结果。它在后来的统计中是如何提高到79%～

90%的呢？……发生这个决定性转变的时间难以精确确定……即使是主要的研究人员本人能说的也不外乎是，这项技术被首次研究出来了。有时，人们把荣誉赋予西特龙（Citron），因为他提高了血清剂量，从而导致了转折点的出现。瓦塞尔曼和他的同事最初使用病人的0.1cc的血清，而西特龙则建议使用0.2cc。但是今天，甚至0.04cc的血清就已经足够了，只要所有的反应试剂相互作出精确的调整。从根本上说，恰恰是反应试剂的调整以及学习如何读取反应结果，才使得瓦塞尔曼反应变得有效。

血清学专家威尔那时写道："瓦塞尔曼反应的技术发展……其进展方向是，使反应的敏感性越来越低，以获得对梅毒的有用的临床检验。"

在讨论20世纪60年代后期促甲状腺素释放激素（TRH）的研究中，拉图尔和沃尔伽从内部性研究向公开性研究的显著转变中发现了类似的过程。1969年以前，只有几个有特殊设备的实验室能分辨TRH，并有把握来探讨，这几个实验室的工作人员用了10年左右的时间才分离出TRH，并加以描述。只有很少量的部分提纯的TRH样品存在。"TRH"这个名称指样品中能区分特定生理化验中的样品和控制物质的任何东西。拉图尔和沃尔伽对这种情形的描述是，"在此之前，为了了解TRH，人们需要对41篇论文——其中满是矛盾的陈述、偏颇的解释和半生不熟的化学——进行复杂的综合，并进行艰苦的研究"。1969年之后的情况就不同了，因为人们现在能够可靠地、自动地（使用自动肽合成机）合成大量真正的纯TRH。TRH的生产方式使得它能够在原来的实验室的狭小范围之外流动，并同时伴随分馏柱和敏感的生理试验。然而，TRH的新形式（合成的pyro-glu-his-pro-amide）并没有脱离与实验室的所有指涉关系。这种指涉关系被普遍化了，它现在包括更多的更不确定的各类用途。但是它的存在和所有用途只有在相当特殊的情境中才是可理解的。如果实验室以及与此相关的活动受到破坏，那么合成的pyro-glu-his-pro-amide将失去意义。

事实上，每一种科学成就都能被标准化，因此也都能流通到最初比较特殊的情境之外。我们现在看到的是有关工具与程序的显而易见的例证（当然，在科学中，工具本身往往是某一程序的具体标准化，它既消除了工具操作对特殊技能的要求，也避免了某些程序性错误和程序创新的可能性；上文提到的自动肽合成机就是极好的例证）。但是，事实和理论同样具有自己的标准化方式，有时标准化的事实与标准化的程序有关。梅毒与血液的复杂变化之间的相关性事实，首先出现在一个非常有限的情境中，然后通过程序的重复和实践性完善，逐渐扩展到新的领域。但是，不论是确定血液中溶血素的存在，还是独立地识别、诊断“梅毒”病原体，这个事实永远不可能完全脱离程序和仪器。

我们对理论演进的理解同样如此。卡特赖特讨论的汉密尔顿函数模型，就是量子力学的标准化形式。一系列的完善步骤——由此，理论从期刊文献的最初形式，进入到经过整理的，并且适应于广泛应用的教科书形式——就是这一过程的制度化场景。在这方面，把理论看做是处理各种现象的策略而不是陈述体系，是对策而不是信条，是非常有帮助的。如果我们牢记模型或范例在理论理解中的地位，那么系统地描述某个现象，就是选择处理它的特定方法，它对理论描述具有特殊的效力。在探究和操作理论所描述、解释的现象时，这些理论总是被改造，以适应可能的用法。事实上诺尔已经观察到，被使用的理论倾向于从主题性的关怀中消失，这类似于我们前面提到过的海德格尔对用具的现象“隐退”的描述。“在实验室里，理论带有特殊的‘非理论’特征。它们隐藏在对‘发生了什么’和‘事实是什么’的部分解释的身后，并将自身装扮成对‘如何理解它’之类的问题的暂时解答。使实验室中的理论变得如此非理论性，是因为缺少与工具性操作相分离造成的。”与其他工具一样，理论从主题化的关注中退隐，目的是为了突出理论让我们接近的那些事物。只有当我们需要更好的工具来处理手头的问题时，理论自身才成为关注对象。科学展现了理论关注和理论所描述的现象关注之间循环往复的辩证法，这主要是因为科学在其工具能力的范围内持续不断地活动，并以拓展那些范围为目的。科学能够轻易解决的那些问题不再具有科学旨趣，除非它们能够融入到工具中，而这些工具能够把研究带入新的领域。标准化是这样一个过程，在前人留下他们的研究很久之后，又把这些先前的研究纳入到可供进一步研究的素材中。

如果我们认识到，这种来自我们的理解的平均化总是会带来内容上的某些损失，那么把这种过程描述成上手事物的标准化而不是“理论性的”去情境化的重要性就显而易见了。卡特赖特通篇都在强调这一点。她认为，物理学中标准化的理论模型的解释效力是以现象学真理为代价的。弗兰克认识到，在实验中，使实验程序更加普遍适用、更加公开的同时，也会使它变得越来越缺乏敏感性和辨别能力。莱文兹试图更一般地解释这种消长性。他认为，事实、工具和研究对象的标准化和普遍化所导致的信息丢失，类似于有序系统中熵的增加这样一个物理过程。然而，在任何情况下我们都要记住，消除科学成果的情境性起源的痕迹，反映了人们在更大的实践性介入领域所做的选择，一种得失权衡，而不是从地方性的实践性介入走向普遍的“理论”

立场。

我希望我现在已经令人满意地驳斥了德雷福斯的观点，他反对科学根本上生产地方性知识这样一种主张。虽然科学理论、事实和其他工具的地方性指涉关系可能变得不确定，但它们从来不能被完全消除，以揭示孤立的现成在手事物。然而，还存在这样一种相关的反对意见，即我们的说明并不能解释科学知识的技术应用。我将指出，技术应用涉及一个类似于我所描述的标准化的拓展过程。但是，科学的技术应用同时也显示了内在于科学自身的这个过程的一个特征，尽管不是非常明显。为了把科学家的能知之知识拓展到地方性情境之外，人们不仅必须完善和改造程序、策略和工具本身，而且还必须部分地重构能知的知识得以应用的情境。有时候，只有当我们改造世界以适应科学时，科学才会“运转”。这些改造在科学内部是不明显的，因为改造所涉及的许多内容构成了实验室建构的一般特征。就技术扩张而言，这些改造同样也被遮蔽了。因为在工业化社会中，人们付出大量的努力，以便使标准化的测量单位、观察、计量、测量和监控的一般技术以及净化材料和专门设备——它们使得科学家在实验室中可以有力地控制他们所建构的微观世界——可以广泛适用。这种实践并不总是能和特定的科学应用联系起来，但是，比如拉图尔最近指出：

> 如果主要的物理常量不能在任何地方都保持恒定的话，那么实验室的大部分研究就会永远地停止下来。时间、重量、长度、波长等以更大的精确度拓展到更多的地方。只有这样，实验室的实验才能研究在工厂、工具制造业、经济领域或医院中出现的问题。

这种努力并非无足轻重。亨特最近作出估算，认为保持这些物理常量的稳定性所付出的努力，是人们直接进行科学技术研究的三倍。如果我们把化学工业的发展（制造能知的化学知识所预设的纯净物质），农业实践的巨大转变（使得农业科学的广泛应用成为可能），或者机器工具的发展（使得制造具有精密韧性的金属成为可能）之类的情况也纳入到科学知识的应用条件中来，那么相关的努力是惊人的。拉图尔把这些发展描述成“把整个社会转变成一个巨大的实验室”，这似乎也不是那么牵强附会。它类似于福柯对起源于监狱或者医院中的权力形式如何流通于周围的社会的描述。在《规训与惩罚》中，福柯指出：“一方面，当规训机构［如医院、监狱和学校］越来越多的时候，它们的机制有‘去制度化’的倾向，从它们曾经运转于其中的封闭堡垒中突现出来的倾向，以及在‘自由’状态中流通的倾向；沉重严密的纪律被分解成可转换、可调节的、灵活的控制方法。”福柯认为，“监狱类似于工厂、学校、兵营和医院，而它们反过来又都类似于监狱，对此我们并不感到惊奇”。拉图尔认为，如果我们发现实验室的能知之知识告诉了我们关于世界的某些东西，那么对此我们也不应感到惊愕。我们已经把两者联系起来了。

我觉得下述说法开始变得可能了，即科学知识在实验室之外的拓展就是地方性实践经过“转译”（translation）以适应新的地方性情境。这并不是说科学知识没有普遍性——而是说它所具有的普遍性是一种成就，这种成就总是根源于专门建构的实验室场所中的地方性之能知。科学知识的经验品格是不可还原的经验指涉关系在地方性建构中的产物，而不是对适用于任何地方性情境之抽象的普遍规律的发现。许许多多的科学知识都涉及对情境的预先准备，以便规律能够运用，也涉及学习按照规律所能适用的方式来描述它。这种预先准备和描述往往构成了地方性知识的形式。

（盛晓明、邱慧、孟强译）

选文出处

劳斯　实验室与标准化

劳斯著，《知识与权力：走向科学的政治哲学》，北京，北京大学出版社，2004，101—124 页。

四、欧陆传统科学哲学及技术哲学

伽利略对自然的数学化

胡塞尔

科学哲学一般都被认为是属于分析哲学传统的，当代欧陆哲学通常被认为擅长人文领域的思考，这是一种流行的偏见。以胡塞尔为代表的欧陆哲学对科学也有非常深入的思考，而且更注重存在论的批判。胡塞尔试图通过分析近代科学之父伽利略将自然数学化的过程，来挖掘近代科学与生活世界的关系。生活世界对于每个人在日常感性经验中是主观地一相对地被给予的，同时人们又认为对每一个人显现各有不同的世界是同一个世界。胡塞尔认为，作为自觉地寻求一种规定世界的客观存在的知识的努力的后果，经验性的测量技艺及其在经验一实践方面的客观化功能，已经在实践的兴趣向某种纯粹理论的转化过程中被观念化了，并因而成为一种纯粹几何学的思维方法。这使得生活世界转变为可客观地规定的和自在地规定的东西。

作者简介

胡塞尔（Edmund Husserl，1859—1938），德国哲学家，现象学创始人。胡塞尔是20世纪最有影响的哲学家之一，海德格尔、萨特、梅洛-庞蒂、伽尔玛和德里达的出发点都是对胡塞尔哲学的反思。胡塞尔和康德一样是书斋里的哲学家，

对于柏拉图主义来说，实在之物（das reale）是对观念之物（ideale）的或多或少完全的分有。这为古代的几何学提供了一种原初应用实在性的可能性。现在，在伽利略式的**自然的数学化**中，**这个自然本身**就在新的数学的引导下被观念化了，它本身成为了——用现代的表达方式来说——一种数学的集（mannigfaltigkeit）。**这种对自然的数学化的意义是什么**？我们如何重建那引起自然的数学化的思想过程？

这个世界是前科学地在日常的感性经验中被主观地一相对地给予的。我们每个人都拥有自己的显现，每个人都把自己的显现看做是现实的存在者。我们在互相的交往中早就觉察到了我们的存在有效性（seinsgeltung）之间的差异。但是我们并不因此而认为存在许多世界。我们必然相

一生都在纯思想领域做艰辛的探索。按时间顺序，他的工作包括：对数学和逻辑基础的研究，创立现象学，把现象学发展为先验唯心论，向生活世界的转变。“生活世界”的概念分析科学技术对当代社会的影响，这方面的代表作有《欧洲科学的危机与超越论的现象学》等。

信**这个世界**为同一个世界，尽管这同一个世界对我们来说只是各种不同的显现着的事物。难道我们只是持有关于客观自在地存在着的事物的空乏的、必然的观念吗？难道在这些显现本身中就不存在一个我们必须将之归为真实自然的内容吗？然而，属于这种内容的是——我所描述的只是那种能说明伽利略思想动机的“不言而喻的东西”，而不必看做是我自己的立场——所有那些在其能够构成为理想的纯形式方面，纯粹几何学和一般关于纯粹时空形式的数学以绝对普遍有效性的明见性所教给我们的一切东西。

伽利略把什么东西当做“不言而喻的东西”，以及对他来说什么东西能获得更进一步的不言而喻性，从而引发了其新的意义上的关于一种数学的自然知识的观念，这是需要仔细加以阐明的。我们注意到：他作为一位自然哲学家和物理学的“开路先锋”，还不是完全现代意义上的物理学家；他的思想还没有像我们的数学家和数学物理学家那样进入到一种远离直观的符号化的领域之中，因而我们不可以把我们通过他和通过更进一步的历史发展所获得的“不言而喻的东西”归之于他。

(a)“纯粹几何学”

让我们首先考虑一下“纯粹几何学”，即关于一般的时空形式的纯粹数学。这种纯粹几何学对于伽利略来说是作为一种旧的传统而被规定了的，并处于活生生的发展过程之中。因此一般说来，它对于我们自己来说也同样是已经存在那里了。它是一门关于“纯粹观念”的科学，但另一方面它又在实践中不断地应用于感性经验的世界。我们在日常生活中对这种先天的理论和经验（empirie）之间的转换是如此熟悉，以至于我们通常倾向于不去把几何学所谈论的空间和空间形状跟经验现实的空间和空间形状区分开来，仿佛它们是同一个东西似的。但是，如果几何学应当被理解为精确的物理学的意义基础的话，那么我们在此并且一般说来必须是很精确的。所以，为了澄清伽利略的思想形成，我们不仅仅必须去重构那种在意识上作为他的动机的东西。毋宁说，富有教益的是去澄清那种含蓄地包含在他的数学模式中的东西，尽管由于他的兴趣方向他还没有谈到它：作为隐蔽的意义前提，它自然地必须一起进入到他的物理学中。

在直观的周围世界中，我们通过对单纯的时空形状的抽象的观看就会经验到一“物体”（körper）——不是几何学的观念的物体，而恰好是我们现实地经验到的物体，并且其内容实际上就是经验的内容。无论我们怎样在想象中任意地改变对它的思考；我们如此所获得的这些自由的、在某种意义上是“观念的”可能性，决不亚于那些几何学的观念的可能性，它们不是在观念的空间上能加以描述的几何学的“纯粹的”形状——“纯粹的”物体，“纯粹的”直线，“纯粹的”平面，“纯粹的”图形，以及发生在“纯粹的”图形中的运动和变形。因此几何学的空间并不意味着想象的空间，或一般地说：一个总是可想象的（可设想的）世界的空间之类的东西。想象只能把一些感性的形状再次转变为感性的形状。这样一类的形状，无论是现实中的还是想象中的，只是在程度的差异方面是可设想的：它们或多或少会成为直线、平面、圆形等。

的确，在直观的周围世界中的事物，在其总体上，在其所有的性质方面，都处于单纯类型的变动之中；它们与其自身的一致性，它们自身的同一，以及它们在时间绵延中的同一性，只是一种近似的同一，就像它们与其他东西的同一一样。这涉及一切变化，以及它们的可能的同一性和变化。因此相应的是，这也同样适用于对经验直观物体及其诸关系所抽象地把握到的那些形状。这种程度的差异被刻画为这样一种或多或少的完美性。实际上，就像在其他地方一样，在这里也存在着一种在已完全满足特殊的实践兴趣的意义上的绝对完美性。但是，当兴趣发生转变时，对于某一种兴趣来说的作为完全地、精确地满足的东西，就不再是对于另一种兴趣来说的，当然，在完美化的规范的技术权能方面，如在制作一条更加直的直线和一个更加平的平面的权能方面，一个能力限度则是被设定了的。但是，技术是伴随着人类一起进步的，就像对于技术上更加精致的兴趣那样；完美性的观念就是这样被反复地向前推进的。由此出发，我们也就总是已经拥有了一个**可设想的**、能够被不断改进的完善的开放的视域。

如果我们不能由此而深入地进入到这种本质的关联中去（这项工作从来没有被系统地做过，因而绝非易事），我们将会理解到：从完美化的实践出发，在“反复地”向着**可设想的**完美的视域所作的自由的逼近中，到处都会预先规定出其极限形状，这种**极限形状**即是当下的完美化序列所要逼近的、但又是不变的、永远达不到的终极目标。如果我们有兴趣于这些观念的形状，前后一贯地致力于规定它们，由已经被规定了的形状来构造新的形状，那么我们就是“几何学家”。同样，对于也包含着时间维度的更为广阔的领域来说，我们就成了关于“纯粹”形状的数学家，这种“纯粹”形状的普遍的形式就是自身已被共同观念化了的时空形式。如果我们开始着手于实在的实践，不论是行动的实践还是考虑到经验可能性的实践，都与现实的和实际可能的经验的物体有关，那么我们现在就具有了一种“纯粹思想”的**观念上的实践**，这种“纯粹思想”只包括**在纯粹的极限形状的领域中**。通过那种在历史上早就形成的、在交互主体性的群体化中可加以训练的关于观念化和构造的方法，这些极限形状就成为了习惯上可使用的工具，借此人们就能够不断地获得新的东西：作为一个研究领域，这是一个无限而又自身完备的观念的对象性的世界。正如一切经由人类的工作成效而获得的文化产品一样，这些纯粹的极限形状也同样是可被客观地认识和使用的，尽管它们的意义构成往往不必得到清晰地重新阐明；在感性表象的基础上，例如通过语言和文字，它们可以被素朴统觉地把握到并得到有效的处理。以类似的方式起作用的是感性的“模型”，如在工作中经常使用的在纸上的图画，为了阅读学习而印在教科书上的图画，以及诸如此类的东西，就属于这种感性的模型。相类似的，像通常的文化客体（如钳子、钻头等）是在其特殊的文化性质中被理解和素朴地“看到”的，而不必对赋予这些性质以其根本意义的那种东西作任何重新的直观。在这种旧的理解的获得物的形状中，那些可以说沉淀于诸感性表象中的意义将有利于数学家的方法论的实践。而这样一来，这些意义就使得在观念对象性的几何世界中的一种精神活动成为可能（对于我们来说，几何学在这里完全代表了整个时空数学）。

但是，在这种数学的实践中，我们却获得了在经验的实践中已被我们放弃的东西：“**精确性**”；因为对于观念的形状来说，其可能的结果是，它**必须在绝对的同一性中得到规定**，它必须被认作是绝对同一的和可在方法论上一义性地加以规定的诸性质的基体（substrate）。但这并不只是在个别的情况中，也不只是按照一种普遍相同的方法，这种致力于那些被任意选出来的感性直观的形状的方法，可以到处进行观念化，并且可以在客观存在的和一义性的规定性中本原地创造出与这些形状相符合的纯粹的观念性。在这方面，**那些单个的构造物是极其卓越的**，如直线、三角形、圆等。然而有可能的是——并且这曾经是**创造出几何学的发现**——借助于这些事先作为可普遍利用的卓越的基本形状，以及按照普遍地借助于这些基本形状而完成的操作程序，不仅能再三地**构造出**另外一些形状，而且这些形状借助于制作的方法得到了交互主体的、一义性的规定。因为这种可能性最终表明，**一切完全可设想的**观念的形状都能够在一种先天的、包罗万象的系统的方法中被构造性地一义性地制作出来。

从作为基本的规定中介的基本形状出发，那种对一部分以及最终对所有的观念形状作出有效规定的几何学方法，就**追溯到了在前科学的一直观的周围世界中**已经用到的方法，这种方法最初是完全原始的，后来才成为一种在技艺上熟练的、**可测量的和完全可测定的规定活动的方法**。这种规定活动的目的在周围世界的本质形式中有其明确的起源。在周围世界中可感性地经验到的和可感性一直观地设想到的各种形状，以及在每个普遍性的阶段上可设想的各种类型，都是可以连续地相互发生转化的。在这种连续性中，它们便充实着作为它们的形式的（感性直观的）时空。源于这种开放无限性的每一个形状，尽管它在实在性中是作为**事实**而被直观地给予的，但仍然**不具有“客观性”**，因此对于每个人来说，对于每个并未在事实中看到过它的他人来说，它在交互主体中都是不可规定的，都是间接地存在于其规定性之中的。**测量的技艺**显然是有助于这个问题的。在测量的技艺中会涉及很多方面，其中真正的测量活动只是最后一个部分：一方面是因为，对于河流、高山、建筑物等的物体形状来说，在一般情况下，它们必定都缺乏牢靠规定的概念和名称，所以必须创造出这样一些概念；首先是为它们的“形式”（在图像的类似性范围之内）创造出概念，其次是在它们的量值和量值关系方面创造出概念，此外还要为通过对距离和角度的测量而与那些已知的、作为被恒定地预设的地点和方向相关的诸位置的规定性创造出概念。这种测量的技艺在实践中发现了这种可能性，即某些经验性的基本形状，当它们被具体地固定在经验中一成不变的物体上时，必须被选择出来作为标准，必须借助于在这些基本的形状和其他形状之间存在着的（或能够被发现的）各种关系，在交互主体中和实践中去一义性地规定其他的形状。这首先是在狭小的领域中（如在**测量土地的技艺**中），然后才是对于新的形状领域来说的。这样我们就理解了，作为自觉地寻求一种“哲学的”、规定“真的”东西的，即规定世界的客观存在的知识的努力的后果，这种**经验性的测量技艺**及其在经验一实践方面的客观化功能，已经在实践的兴趣向某种纯粹理论的兴趣的转化过程中**被观念化了，并因而成为一种纯粹几何学的思维方法**。由此，测量的技艺就成为彻底普遍的几何学及其纯粹的极限形状的“世界”的开路先锋。

(b) 伽利略物理学的基本思想：作为数学宇宙的自然

对于伽利略来说，相对发展了的几何学已经体现在某种广泛的应用中，不仅体现在世俗学科的应用中，而且也体现在天文学的应用中，因而对于他来说已经是作为他把经验的东西跟数学的极限观念联系起来的思想指南在传统中被预先给定了的。当然，对于他来说，这种就其自身而言已经由几何学所连带地规定了的，并且处于其对不断增加的形状本身的客观规定的精确性的意向中的测量的技艺，也已经作为传统而存在那里了。如果说对技术的实践所提供的经验的和非常有限的任务在本源上促成了纯粹几何学的任务的话，那么，作为"应用"几何学的几何学，的确在此后很长时间已经发生了倒转，从而成为了一种**技术的手段**，成为了在任务之构想和实施中的技术的引导：对于客观的形状规定性来说，这种测量的方法必须在作为与几何学的观念或极限形状的"逼近"的持续不断的增加过程中系统地加以培养。

因此对于伽利略来说，以上这些都是已有的事实。当然，他并没有理解或感到有必要去着手探讨这种观念化的作用在本源上产生的方式（即它是如何在前几何学的感性世界及其实践的技艺的基础上产生出来的），或去深入探索必真的数学明见性的起源问题。因此在几何学家的态度中缺乏这样一种需要：尽管他们也研究几何学，"理解"几何学的概念和命题，熟悉作为涉及特定定义的构成物并相应地利用了纸上的图形（"模型"）的方式的演算方法。探讨几何学的明见性和它的"如何"起源问题，这对于作为关于存在者的普遍知识（即哲学）的分支的几何学来说也许曾经是重要的，甚至是具有根本重要性的，但对于伽利略来说，这却是完全没有想到的。注意力中心的转移是如何成为紧迫的，知识的"起源"问题是如何成为主要的问题的，对于我们来说，这在自伽利略以来的历史考察的进程中将很快会成为一个主要的兴趣。

在这里我们看到，几何学是怎样地规定着伽利略的思想并将之引向物理学的观念的。几何学具有一种素朴的先天的明见性，而且这种明见性可以使任何一项处于变化中的几何学的研究工作保持不变。从现在起，通过伽利略的毕生工作，物理学的观念才第一次产生出来。因此，从这种实践上可理解的方式出发，即从几何学一开始是如何在一个古老的领域中促使感性的周围世界获得一义性规定的方式出发，伽利略曾经说过：凡是在这样一种方法得以构成的地方，我们也就同时克服了那种主观主义的相对性，这种相对性对于经验直观的世界来说则是本质性的。因为按照这种方式我们就获得了**一种同一的、非相对的真理**，任何一个有可能理解和应用这种方法的人，都能够使自己信服这种真理。**因而在这里我们认识到了一种真正地存在着的东西本身**，尽管只是在一种从经验地被给予的东西出发而不断地上升到作为主导性的一极而起作用的几何的观念形状的逼近的形式中。

然而，这种完全的纯粹的数学只是在一种纯粹的**抽象**中才与物体和物体的世界相关，也就是说，只与时空中的那些**抽象的形状**相关，进而只与那些作为纯粹"观念的"极限形状相关。但**具体而言**，对于我们来说，首先是在经验的感性直观中，这些真实的和可能的经验形状才会单纯地作为"质料"的"**形式**"，即作为**感性充盈的形式**而被给予出来；因而是与在所谓"**特殊的**"**感性性质**①，如颜色、声音、气味等中，以及在自身的程度差异中显示出来的那种东西一起而被给予的。

属于感性直观物体及其在实际的和可能的经验中存在的具体化的是如下的事实，即这些感性直观物体在其自身的本质变化中是**被结合在一起的**。它们在时空位置方面、在形式的性质方面和在充盈的性质方面的变化，并不是偶然的和随意的，而是以感性**类型的**方式互相经验地依赖的。在物体中所发生的事件之间的一些关系**本身都是日常可经验到的直观要素**；它们都是作为那种能够使同时地或相继地**共同存在着的物体**具有**整体相关性**的东西，或者是作为那种把它们的存在和如此存在彼此**结合起来的东西**而被给予的。在多数情况下，并非总是这样，我们能根据物体在经验中的结合的细节而确定地经验到这些实在的一因果的结合体。当情况不是这样并且发生了某种引人注目的新的情况时，我们仍然会立即问为什么，然后再到时空的状态中去寻找原因。直观的周围世界中的事物（它们总是被这样认为，就像它们是在日常生活中直观地为我们存在于那里并被我们看做是现实的那样）可以说都有它们的"**习性**"，它们都能在类型相类似的情况下以类似的方式表现自己。如果我们把直观的世界当做一个处于流动的时间性中的**整体**，在流动的时间性中，世界是为我们素朴地存在于那里的，那么，它作为整体的世界也有它自己的"习性"，也就是说，它能按照习性一如既往地继续下去。因此，我们经验地**直观到的**周围世界有一种**经验的总体样式**。像往常一样，我们想到了在想象中去改变这个世界，或者按照其可能性使将来的世界进程在其不可知的状态中成为可被我们设想的，"就像它可能是的那样"，这种可能性就是：我们必

---

① 这是自洛克时代以来的心理学传统的一个糟糕的遗产，诸"感性材料"或"感觉材料"恰好都是作为其属性而不断地被强加给那些在日常直观的周围世界中被现实地经验到的物体的感性的质性，如在物体自身中被感知到的颜色、触觉的质性、气味、温暖、重量等，总之，这些感觉材料全都无差别地被称作是感性的质性，至少一般说来，它们还根本没有与感性的质性区别开。当人们感到有一种区别（而不是那种凡是非常必要的就必须彻底地通过其特性加以描述出来的区别）时，起作用的——对此我们还要谈到——就会是根本相反的含义，即这些感觉材料都是直接被给予的东西。因此数学的物理学的东西经常都会马上被强加给那种与物体本身中的感觉材料相对应的东西，对于这种对应于感觉材料的东西，我们正在致力于研究它的意义源泉。无论在什么地方，我们都要通过对现实的经验所作的忠实的讨论来谈论在这些属性中被现实地感知到的该物体的质性和属性。如果我们把它们称之为形状的充盈，那么我们也就把这些形状视为了物体本身的"质性"，甚至也视为了感性的质性，只是它们被视为普遍的感性性质（αωθητα kοωα），不会与仅仅属于它们的感觉器官发生关联，就像特殊的感性性质（αωθητα ιδεα）那样。

然会在使我们已经拥有或迄今所拥有的世界的样式中把将来的世界进程表现出来。我们可以在反省中和**在对这种可能性的自由变更中**清楚地意识到这种样式。按照这样一种方式，我们就可以使在其中这个直观的世界仍保留在整体经验之流中的**不变的普遍的样式**成为一个**课题**。正因为此，我们才看到了事物以及它们的事件，一般说来，并不是任意地出现和流逝的，而是通过这种样式，即通过这个直观世界的不变的形式，**“先天地”结合在一起的**；换句话说，**所有那些在这个世界中共同存在着的东西**，都是由于一条**普遍的因果律**才具有一种普遍的直接的或间接的**整体相关性**，在这种整体相关性中，世界不仅是一个万有总合体（allheit），而且是一个**万有统一体**（alleinheit），即一个（尽管是无限的）**整体**（ganzes）。这是先天地明见的，不论我们从这些特殊的因果关系的结合体那里所实际经验到的是多么微不足道，也不论从过去的经验中所知道的和为将来的经验所预先规定的是多么少。

这种关于直观的周围世界的普遍的因果样式在其自身中使得**假设**、归纳以及对现在、过去和将来的未知状态的预言成为可能。但是，在前科学的认识生活中，我们在所有方面都只是知道一个大概，即**类型上的东西**而已。如果只有一个模糊的总体意识，如果世界在这个总体意识中是作为一个处于暂时的兴趣和认识主题的全部变化中的视域而被共同意识到的，那么，**“哲学”**，即**关于这个**世界的科学的知识，应当如何是可能的呢？当然，正如所表明的那样，我们也可以对这个世界整体进行主题性的反思，并且可以把握到它的因果样式。但是，我们在此只能获得一种空乏的一般性的明见性：一切可经验到的事件在任何一个地方和一切时间中都是因果地被规定了的。然而，关于各自地**被规定了的**世界的因果关系，即关于使得在一切时间中的所有实在的事件都成为具体的、因果关系的诸结合体的各自地被规定了的交织物，情况又怎样呢？只有当一种方法被发明出来时，“在哲学上”，即在真正的科学上对这个世界的认识，才能有意义和可能。这种方法能够从每次都是在直接经验中和只是相对地固定下来的东西的短暂持存出发，去系统地、某种程度上是先行地把这个世界及其因果关系的无限性**构造出来**，并迫切地去给这种尽管是无限性的构造作出**证实**。这怎么是可设想的呢？

但是在这里，**数学**却给我们提供了**一个可供借鉴的范例**。这就是说，就时空的形状而言，数学已经开辟出了一条道路，尽管是以双重的方式。**首先**，数学是通过在其时空形状方面使物体世界观念化来创造观念的客体的，数学可以从那还没有得到规定的普遍的生活世界的形式中首先使空间和时间及其在它们之中发生着作用的经验－直观的多种多样的形状成为一个真正意义上的**客观**世界；也就是说，使之成为一个在方法论和完全一般的意义上对于每个人来说都可以清楚地规定的**观念对象性**的无限的总体。借此数学就最先表明了一种主观相对的和只是在一种模糊的一般表象中可设想到的对象的无限性，可以在一种先天的包罗万象的方法中**被现实地设想为可客观地规定的和自在地被规定了的东西**；更确切地说：这种无限性自身在其一切对象及其对象的一切性质和关系方面都是被规定了的、事先**决定了的**。它是能够被设想的，这是我已说过的；之所以这么说，正是因为它在其客观真实的可以自在的存在中，**从与料出发**（exdatis），并通过它的并非只是被假定的，而且是被现实地创造出来的、被确然地生产出来的方法而构造出来的。

其次，当涉及测量的技艺并且从现在开始就以它为指引时，数学通过测量的技艺，就又从观念性的世界下降到了经验直观的世界。这就表明了，**在直观–现实的世界的事物中**，而且只是在作为形式化数学的数学感兴趣的方面（一切事物都必然具有的方面），人们普遍地都可以获得一种**完全新型的客观实在的知识**，即一种近似地与它自己的观念性的东西相关的知识。关于经验直观世界的一切事物，按照世界的样式来看都具有物体的特征，即都是**"广延的实体"**（res extensae），它们都是在变化着的排列配置中被经验到的。当把它们作为整体来考虑时，它们都有自己的总体的排列配置，在它们之中，个别的物体又有其相对的位置，等等。借助于纯粹的数学和实践的测量技艺，人们能够对物体世界中的一切诸如此类的延展之物作出一种**全新类型的归纳的预测**，也就是说，人们能够从当时已被给定的和已被测定的有关形状的事件出发，以强制的必然性对那些未知的和直接的测量所永远达不到的事件作出**"计算"**。这样一来，那种**远离于世界的几何学就变成了"应用"几何学**，进而在某个特定的方面就变成了一种关于实在性的知识的方法。

然而，这种在抽象有限的世界方面可加以训练的客观化的方式并不曾导致如下的想法和猜测性的问题：

对于这个具体的世界来说，与此相类似的情况难道不也是完全有可能的吗？难道人们竟然是因为文艺复兴对古代哲学的回归——如伽利略那样——才确定无疑地坚信一门哲学、一门可实现的知识的客观的世界科学的可能性的吗？并且，难道这恰好已经表明，纯粹的数学只有当它被应用于自然时才能圆满地实现对在其形状领域内的假设吗？在此对于伽利略来说，那种以同样的方式按照**一切其他的方面可构造性地加以规定的自然的**观念，难道不也同样是必须得到预先规定的吗？

但是，除了通过处于近似值和构造的规定性中的测量方法能达到直观世界的一切实在的性质和实在的因果关系，达到所有那些在特殊的经验中可经验到的东西之外，通俗读物就没有其他的可能了吗？但如何才能使这种一般性的预期满意呢？以及它如何才能成为一种具体的自然知识的可行的方法呢？

在这里**困难**就在于，恰好是这些具体地充实着物体世界之时空形状环节的充盈，即“特殊的”感性性质，在其自身的程度差异中**不能**像形状本身一样被**直接地**处理。尽管如此，这些性质，即所有那些必须构成为感性直观世界的具体性的东西，仍然会被看做是对一个“客观”世界的证明。或者更确切地说，它们仍具有有效性；因为（这同样是阐明新的物理学观念的思维方式）通过主观主义的一切变化，那种能把我们大家联合起来的、关于同一个世界和自在地存在着的现实性的确定性，就得到了持续不断的延伸；经验直观的一切要素可以从这种确定性中证明某种东西。当这些与感性的性质一样的要素在关于时空形式及其可能的特殊形状的纯粹数学中被抽象出来时，即使当它们本身不可以被直接地数学化，但毕竟还是能够被**间接地**数学化时，这种确定性对于我们客观的知识来说便成为了可实现的。

（倪梁康、张廷国译）

选文出处

胡塞尔　伽利略对自然的数学化

胡塞尔著，《生活世界现象学》，上海，上海译文出版社，2002，207—220页。

形而上学和数学在近代科学中的作用*

海德格尔

海德格尔晚年对于技术和科学的思考，影响很大，成为技术哲学重要的思想资源。在选文中，他围绕作为牛顿力学体系根基的惯性定律来分析形而上学和数学在建立近代科学中的作用。牛顿所理解的自然和亚里士多德完全不同，自然不再是物体运动要遵循的一个内在原则，而是物体的变化着的相对状态的多样性的方式，是物体在空间和时间中在场的方式；而空间和时间本身作为可能的位置次序和次序规定性的领域具有优先性。数学筹划确立了所有物体在空间、时间和运动关系方面的均一性，使得数字式测量可以成为对于物的本质性规定方式。

作者简介

海德格尔（Martin Heidegger，1889—1976），德国著名哲学家，20世纪最重要的哲学家之一。海德格尔的哲学思想深受E. 胡塞尔现象学的影响，他一反近代从认识论出发研究哲学的传统，从人的存在入手研究哲学。强调应当首先追

现代自然科学的数学特征；牛顿第一运动定律

现代思想并不是一蹴而就的。它的开端萌发于15世纪的后期经院哲学之中。16世纪既有痉挛似的冲击也有同样激烈的倒退。唯在17世纪，才实现了决定性的澄清和奠基。这整个事件通过英国数学家和物理学家**牛顿**达到了它最早的系统的和开创性的完成，而且是在牛顿的主要著作《自然哲学的数学原理》（简称《原理》）（1686—1687年）中完成的。标题中的“哲学”意指一般科学（与实验哲学相比较）；“原理”意指第一原则，本源性的原则，也即终极原则。但这一本源性原则绝不是一个关于本源事物的导论。

这部著作不光是对先前的种种努力的完成，而且同时也是对后来的自然科学的奠基。它既推动又限制了自然科学的发展。现在，当我们谈起经典物理学时，我们指的是

* 本文标题为编者所加。

由牛顿奠基的知识、问题和论证的形态。当康德谈论“这门”科学时，他指的是牛顿的物理学。在《纯粹理性批判》出版五年之后，恰恰也是牛顿的《原理》出版一百年之后，康德发表了《自然科学的形而上学基础》（1786年）一书。它是以《纯粹理性批判》的立场为基础的，是牛顿著作的一个有意识的、补充性的配对作品。在这本著作的前言结尾处，康德明确地论及了牛顿的著作。康德学术生涯的最后十年就付诸这个问题域了。（已列入由普鲁士科学院支持的康德著作出版计划内的这些遗稿的第一卷，几个月后将完整地公之于世。）

通过考察牛顿的著作——这里我们不能做更多的事情了——我们即可对康德的科学概念作一概观，而这同时也是对在今天的物理学依然有效的（尽管不再是独有的）基本观念的一个考察。

这部著作开头有一短章，标题为：**定义**。它是对质量、运动量、力特别是引力的界定。接着还有一个附注，内容是对绝对时间和相对时间，绝对空间和相对空间，绝对位置和相对位置，以及绝对运动和相对运动的一系列著名的概念规定。接着一章的标题是**“公理或运动定理”**。其中有这部著作的基本内容；它分为三卷，第一、二卷论物体的运动，第三卷论宇宙体系。

我们在此仅考察第一原理，即牛顿将其提到其著作的顶峰的运动定律。这个运动定律是：“如果没有外力的推动而改变其状态，任何物体都始终保持在其静止状态中或者作匀速直线运动”。这一定理被称为静止定律（或者，更常见的称法是惯性定律）。

这部著作的第二版出版于1713年，其时牛顿还在世，由当时剑桥大学天文系的柯茨（Cotes）教授负责出版，并加上一个详细的前言。在此前言中，柯茨就这一基本定律写道：“它是一个已被所有研究者接受的自然定律”。

如今研究物理学的人们几乎不为这一定律费神了。如果说我们还提及这一定律，而且知道它是以及何以是一条基本定律，这时，我们是把它当做一条自明的定律。但实际上，在牛顿把这条定律提到他的物理学的顶峰位置之前

问人的存在，因为只有人才能领悟到自己的“在”。他在后期从现代科学与技术的发展过程中看到人有日渐物化而丧失自身的危险，这使他不再专注于存在的分析，而是去寻找一种所谓达到“在的澄明”的途径。著作宏富，代表作有：《存在与时间》、《什么是形而上学》、讲稿《现象学基本问题》、《真理的本质》、《林中路》、《演讲与论文集》、《走向语言之途》、《技术与转向》等。

一百年，这条定律还是不为人所知的。也并不是牛顿本人发现了这一定律，伽利略早就发现了它。但伽利略是在其晚期的研究工作中才应用这一定律的，甚至也没有真正地把它表达出来。热奴斯（Genues）的巴利安尼（Baliani）教授才把这一已经发现的普遍定律表达出来；然后，笛卡儿在其《哲学原理》中采纳了这一定律，并试图对之作形而上学的论证；在莱布尼茨那里，这一定律则起着一条形而上学定律的作用（参见盖尔哈特：《莱布尼茨哲学文集》，柏林，1875—1890 年，第四卷，第 518 页，驳贝莱部分）。

这条定律甚至在 17 世纪也还不是完全自明的定律。此前一个半世纪间，这条定律不仅不为人知，而且对于当时人们关于自然和一般存在者的经验方式来说是毫无意义的。在这条定律的发现以及它被确定为基本定理的过程中包含着一场革命，那是人类思想的最伟大的革命之一，它首次为从托勒密宇宙观向哥白尼宇宙观的转换提供了基础。当然，惯性定律及其规定早在古代就有了先驱者。德谟克利特（约公元前 460—约前 370）的某些基本思想就作了这方面的努力。人们也看到，伽利略时代和伽利略本人（部分直接地，部分间接地）熟识了德谟克利特的思想。但是，情形往往是：只有当人们对它首先进行了重新思考时，人们才会看到早已为古代哲学家所发现了的思想。康德对这一人类精神史上的基本事实作过十分明白的阐述。他的同时代人在他的主要著作出版后对他说，他要说明的东西莱布尼茨“也已经”说过了。为了与这条道路上的康德作斗争，哈勒的爱伯哈特（Eberhard）教授（沃尔夫一莱布尼茨学派的一位追随者）创办了一个专门的《哲学杂志》。人们对康德的批判是那样肤浅而又蛮横无理，以至于这种批判在一般大众那里找到了种种反响。当这种围剿变得越来越五光十色时，康德才决定去做“这项令人厌恶的工作”，做了一篇论争文章，题为《论一种发现，据此发现所有新的纯粹理性批判都必须要由一种更古老的批判来完成》。这篇文章的开头如下：

> 爱伯哈特先生作出了一种发现，认为“**莱布尼茨**哲学同样包含着一种理性批判，和新近的理性批判一样。只不过新近的理性批判采用了一种以知识能力的准确分类为基础的独断论，而这种独断论的所有真理却更多地在于一种业经证明的对知性领域的扩大”。但何以人们并没有在这位伟人的哲学中和**沃尔夫**派的子嗣的哲学中早就看到这一事情，爱伯哈特却没有予以说明；实际上，唯在告诉那些现在并不熟练的解释者应到哪里去查寻之后，他们才能完全清楚地在古人那里看到多少被认为是新的发现！

伽利略时代情形亦然：当新的问题提法被掌握之后，人们进而也能重新阅读德谟克利特；当人们借助于伽利略理解了德谟克利特之后，人们也就能清算伽利略，说他根本上没什么新发现。所有伟大的见解和发现不仅大多同时为更多的人所思考，它们也必须总是**重新**被思考，出于那唯一的努力：真正地就同一事情说同一事情。

古希腊自然经验与现代自然经验之差异

1. 亚里士多德和牛顿的自然经验

上述基本定律与早期自然观的关系怎样？在西方，直到17世纪，占统治地位的自然（"世界"）观是由柏拉图和亚里士多德的哲学所规定的；特别是亚里士多德在他关于物理和宇宙的讲课中提出的、并且为中世纪经院哲学所继承的基本观念、基本概念和基本原理，制约了概念的一科学的思维。

因此，我们必须对亚氏的基本概念作一简短的考察，才能对在牛顿第一定律中实现的革命的意义作出评价。在这里，我们必须撇开一种偏见，一种部分地正是从现代科学对亚里士多德的尖锐批判那里滋长出来的偏见，即认为亚氏的命题纯粹是他虚构的概念，它们缺少任何来自事实本身的支持。这或许适合于中世纪后期的经院哲学，后者倒确实是常常纯粹思辨地在无根据的概念分析中打转。但这一指责不适合于亚里士多德。倒是相反，亚氏在他的时代里恰恰力求思想、问题和陈述保持为一种 legein homologoumena tois phainomenois（去言说与存在者本身那里显示出来的东西相符的东西）（《论天》，Ⅲ，7.306a6）。

在同一处，亚氏说得明白：telos de tes men poietikes epistemos to ergon, tes de physikes to phainomenon aei kurios kata ten aisthesin（那个问题在生产性知识的情形下是产品，在关于自然之知识中是对于每个事实的感觉的无懈可击的证明）。我们已经知道，希腊人把物刻画为 physica 和 poioumena，即出自它本身的东西和被**生产**、制作的东西。相应的，就有不同的知识（episteme），有关于那种来自它自身的东西的知识和关于被生产的东西的知识。相应的，知识的目的（teles）——知识所达到的极点，知识停止并**真正掌握自身的所在**——也是不同的。因此上引这句话即是说："生产性知识停止之处，它自始就获得其依据之处，乃是作为有待生产的东西的**作品**；但关于'自然'的知识获得其依据的地方，是 to phainomenon，即在出现的东西那里显示自身的东西。后者始终具有统治地位，具有一个标准，而且是感知的标准，也即单纯的接受和采纳的标准"（区别于物的制作和物的自身创造）。亚里士多德在这里作为科学方法的原理表达出来的东西与现代科学的原理并无丝毫差别。牛顿写道（《原理》，第三编，法则四）：“在实验哲学中，我们必须把那些从各种现象中运用一般归纳而导出的命题看做是完全正确的，或者是非常接近于正确的；虽然可以想象出任何与之相反的假设，但是没有出现其他现象足以使之更为正确或者出现例外以前，仍然应当给予如此的对待。”

然而，尽管有上述相同的对方法的基本态度，亚里士多德的基本立场本质上还是有别于牛顿的。因为实际上，把**什么东西**确定为现象，以及**如何**对它进行解释，这在亚里士多德和牛顿那里是并不相同的。

2. 亚里士多德的运动学说

不过，他们预先共有这样一种经验：广义上的自然——大地、天空和星体——意义上的存在者处于运动或静止状态中。静止只是一种特殊的运动。物体的运动才是一个普遍问题。但如何理解运动和物体以及两者之间的关系就不是确定的和自明的了。一般的和不确定的经验告诉我们，事物变化、产生、消失，也即处于运动中，但这与对运动的本质以及它与物的从属关系的洞察相去甚远。古希腊人关于地球的观念认为地球是一个为大西洋所包围的圆盘，而拱形的天空架于这圆盘整体上，永远围绕圆盘运转。后来，柏拉图、亚里士多德和欧多克斯（Eudoxos）——尽管各有差异地——却把地球设想为一球体，而这一球体乃是万物之中心。

我们在此限于讨论后来广泛流传的亚里士多德的观念，而且仅只提及那些足以说明牛顿第一定律中所表达出来的对立方面。

首先，我们提出一个一般问题：按亚里士多德的看法，自然物的本质是什么？答曰：ta physica somata 是 kath auta kineta kata topon（属于并构成“自然”的物体，根据其本身，在位置方面是运动的）。运动一般地就是 metabole，是某物向他物的转变。在此广义上，运动包括诸如慌然失色和羞愧脸红。但当一个物体从一个位置转移到另一个位置时，也是一种转变。这种被搬运、推动或转载在希腊文中叫 phora。Kinesis kata topon 在希腊文中意思是构成牛顿意义上的物体的真正运动的东西。在这种运动中有某种与位置的关系。但物体的运动是 kath auta，即根据物体本身；这就是说，一个物体如何运动，也即它与位置的关系如何，它与何种位置发生关系——这一切都在物体本身中有其原因。原因是 arche，它有双重含义：一是指某物从何而来，二是指支配着从何而来的某物的东西。物体是 arche kineseos。这种 arche kineseos 所是的东西，便是 physis，是原始的出现方式，但这种方式现在显然限于单纯的位置运动。从中显示出物理概念的一个根本转换。物体按其本质而运动。一个自身运动的物体本身是 arche kineseos，是一个自然物体。纯粹土性的物体向下运动，纯粹火性的物体——每一种燃烧的火焰把它显示出来——向上运动。因此土性物体的位置在下，而火性物体的位置在上。任何物体**都按其方式**具有**其**位置，并趋向其位置。水包围土，气包围水，火包围气——这是四大元素。当一个物体向其位置运动，这种运动就是合乎本性的运动，是 kata physin。一块石头下落到地上。但如果一块石头被向上抛掷，那么这种运动根本上就是违抗石头的本性的，是 para physin。一切违抗本性的运动是 biai，即强制性的。

物体的运动方式和位置是由它的本性所决定的。一切对运动的描绘和评价都以地球为中心。下落的石头向中心运动（epi to meson）。上升的火离开中心而运动（epo tou meson）。在这两种情形中，运动都是一种 kinesis eutheia，即直线运动。但是星体和整个宇宙却围绕中心而运动（peri to meson），是圆周运动（kykloi）。圆周运动和直线运动都是简单运动（haplai）。在这两种运动中，圆周运动又是第一位的，也即是更高的运动，因而具有最高级别。因为完美者先于非完美者（proteron to teleion ton atelous）。物体的运动与它的位置相合。在圆周运动中，物体的位置在运动本身中，因为这一运动也是始终持续的，是真正存在着的运动；与此相反，在直线运动中，位置仅仅在一个方向上离开另一个位置，结果在这个位置上运动达到了其终点。除这两种简单的运动外，还有一种混合这两种运动的运动（mikte）。位置变化意义上的最纯粹的运动是圆周运动，它同时包含其位置于本身之中。如此运动着的物体完美地运动，这就是所有天体的运动。与此相对，地球上的运动始终是一种直线运动或混合运动，或强制运动，一种永远不完美的运动。

在天体运动和地球物体运动之间有着一个根本差异。两种运动的领域是不同的。某物体如何运动，取决于其方式和所在的位置。**“哪里”**决定着存在的**“怎样”**，因为存在意味着在场（anwesenheit）。月亮不掉到地球上来，是因为月亮作圆周运动，也即完美地运动着，始终处于最单纯的运动中。这种圆周运动是自身圆满的、无赖于它之外的任何东西，诸如作为中心的地球。相反——我们不妨先有所说明，在现代思想中，圆周运动只是这样被理解的，即，它的产生和保持必需一种来自中心的持续的**引力**。与此不同，对亚里士多德来说，“力”（dynamis），即物体运动的能力，在于物体自身的**本性**之中。物体运动的方式和与它的位置的关系取决于物体的本性；物体越接近它的位置，它在自然运动中的速度也就越大；这就是说，速度的增减和运动的停止在物体的本质中有其原因。在违反本性的运动中，也即在强制性运动中，运动的原因在有关的力之中；但物体按其运动必须作为强制性受动的物体而抗拒这种力，而且由于物体本身并不包含着强制性运动的任何原因，所以它的运动必然越来越慢直至最后停止（参见《论天》I8，277b6；I2，269b9）。

这在某种意义上也吻合于通常的观念：传递给某物的运动持续一定时间，然后才能停止，过渡到静止状态。因此我们必须寻找运动持续或延续的原因。按亚里士多德的观点，自然运动的原因在于物体自身的本性中，在其本质中，也即在其最本己的存在中。后来的经院哲学的一个命题与此如出一辙："运动方式遵循存在方式"[operari（agere）sequitur esse]。

3. 牛顿的运动学说

我们上面描绘的亚里士多德的自然观和运动观与现代的在牛顿第一定律那里获得根本奠基的自然观和运动观的关系又如何呢？我们将依次说明几个主要差异。为此，我们不妨给牛顿定律以一个简明的表述："每个自主的物体保持直线和匀速运动"（Corpus omne，quod a viribus impressis non cogitur，uniformiter in directum movetur）。其新颖独创之处，我们举出以下八点：

（1）牛顿定律始于"每个物体……"（corpus omne）。这就意味着：在地球物体与天上物体之间的区别已经站不住脚了。宇宙不再划分为两个完全不同的领域，即在星体下面的领域和星体领域本身；所有自然物体本质上都是相同的。上面的领域并非优越的领域。

（2）据此，圆周运动对于直线运动的优先地位也随之消失了。相反的，直线运动现在倒是成为决定性的了，但这却不再导致一种对物体的划分，不再按其运动方式把物体划分成不同的领域。

（3）相应的，某些位置的优先地位也消失了。每个物体原则上都能在任何位置上。位置这个概念本身改变了。位置不再是物体按其内在本性所属的那个场所，而只是一种状态，这一状态总是以"相关方式"与其他任何状态相联系（参看下文第5点和第7点）。希腊文的phora（运动）和现代意义上的位置变化并不是同一东西。

在论证和规定运动时，所追问的不是运动持续的原因，因而也不是运动不断产生的原因，而是相反：运动状态已经被假定，追问的是一种已被假定的匀速直线运动状态的变化的原因。运动的圆周性质并不是月球持续不变地绕地球运动的原因；相反，我们所要寻求的正是圆周运动的原因。按照惯性定律，月球必定在其圆周轨道的每个点上都以直线，也即以正切线持续运动。由于月球并没有作这样的运动，于是，根据惯性定律的假设，就出现了以下问题：为什么月球偏离了正切线？为什么它——按希腊说法——作圆周运动？圆周运动现在不再是原因，相反，它恰恰需要证明（我们知道，牛顿提出了一个新回答，他把那种物体据以下落的力设定为与使天体保持在其轨道中的力相同的力，即重力。牛顿把月球在小段时间内离开轨道正切线的离心偏向与地球表面的物体在同时间内的下落距离相比较。在这一点上我们直接看到了上面所说的对地上运动与天体运动的区别的消除，以及相应地对物体间的差异的消除）。

（4）运动本身不是根据物体的不同本性、能力和力，根据物体的元素得到规定的，而是相反：力的本质是从运动基本定律出发得到规定的。这就是说：每个自主的物体保持匀速直线运动。据此，一种力的影响导致了一种对匀速直线运动的偏离。“外加力是一种为了改变一个物体的静止或匀速直线运动状态而加于其上的作用力”（《原理》，定义四）。这一对力的新规定同时引出了对质量的规定。

（5）与位置概念的转变相应，运动仅被看做是状态变化和相对状态，被看做位置间的距离。因此，对运动的规定变成这样一种距离方面，即可测量东西间的间距方面的规定，这样那样大小的规定。运动是按运动量来规定的，作为重力的质量亦然。

（6）因此，合乎本性的运动与违反本性的（也即强制性的）运动之间的差异也消除了。强制力（bia）作为力只是运动变化的一个尺度，不再是一种特殊的力了。例如，推力只是除压力和离心力之外的外加力（vis impressa）的一种特殊形式。

（7）由此，关于自然的一般概念也变化了。自然不再是物体运动要遵循的一个**内在**原则，而是物体的变化着的相对状态的多样性的方式，是物体在空间和时间中在场的方式；而空间和时间本身作为可能的位置次序和次序规定性的领域具有某种优先性。

（8）这样，对自然的探究方式也改变了，在某种意义上是颠倒过来了。

我们在此不可能描绘这种对自然的探究方式的革命的全部意义。需要加以说明的只是，第一运动定律的确立包含着所有本质性的变化。这些变化都是相互联系的，并且都是以一种新的基本态度为基础的；这一基本态度在牛顿第一定律中得到了表达，我们称之为数学的基本态度。

数学筹划的本质（伽利略的自由落体实验）

对我们说来，唯一的问题首先还是关于第一定律的设立的问题，准确地讲是这样一个问题：在何种意义上数学因素在其中变成决定性的东西了？

这一定律的情形如何？它说的是物体，corpus quod a viribus impressis non cogitur，说的是一个自主的物体。我们在哪里发现这个物体？并没有这样一个物体。也绝没有总是能把这样一个物体直观地表象出来的实验。但现代科学与中世纪经院哲学和科学的纯粹思辨的概念杜撰不同，它被认为是以经验为基础的。这样一条定律却绝对不是以经验为基础的。它说的是一个并不存在的物。它要求一种与常识相矛盾的关于物的基本观念。

数学因素也即对物的规定的设定就是基于这样一种要求；这种对物的规定并不是以经验方式从物那里抽取出来的，它却是对物的一切规定的基础，使后者成为可能并为之创造了空间。这样一种关于物的基本观念既不是任意的也不是自明的。因此，为了取得其统治地位，它也不得不作了长期的斗争。它要求人们转变对物的交道方式，与此相应的是获得一种新的思维方式。我们可以详细追溯这一斗争的历史。这里我们仅仅从中抽出一个例子。在亚里士多德看来，物体总是按其本性运动，重的物体向下运动，轻的物体向上运动。如果两个物体下落，重物必快于轻物，因为轻物有向上运动的要求。伽利略得出的一个决定性的观点是：一切物体下落速度相同，下落时间的差异只是由于空气的阻力所致，而并非出于物体的不同的内在本性或者它们相应的与其本身的位置的特有关系。伽利略在比萨斜塔上作了实验以检验他的论断，当时伽利略是一个数学教授。在实验中，不同重力的物体从塔上下落时并非绝对同时，而是有很小的时间差异；尽管这种时间差实际上是**违反**经验现象的，但伽利略还是提出了他的命题。然而实验的目击者实际上通过实验恰恰对伽利略的断言产生了怀疑，并且愈发顽强地固守在旧观点上。由于这次实验，伽利略与其反对者日益尖锐，他不得不放弃教授职位并离开了比萨。

伽利略和他的反对者看到了同一的“事实”；但两者对这同一事实、相同的事件作了不同的观解、不同的解释。实际上，根本的事实和真理在他们眼里是某种不同的东西。两者都思考同一现象，但他们作了某种不同的思考，并非在细节上，而是根本上关于物体的本质和运动的本性。伽利略对运动的预先思考是这样一种规定：如果排除任何阻力，任何一个物体的运动保持匀速直线运动，而且施加给物体一个相同的力，那么它的运动也均匀地变化。在他1638年发表的《谈话》[①] 中，伽利略写道：“我设想有一个物体在水平面上被投出并排除任何阻力：那么从我们在别处已有详述的观点来看，物体在这一水平面上的运动将是匀速的和持续的，如果这水平面无限延伸的话。”

这句话可以看做牛顿第一定律的先驱，在这句话中我们所寻求的东西得到了十分清楚的表达。伽利略说：“我在心灵中设想有某种完全自主的运动物”。这一所谓“在心灵中设想”就是那种自身给予的关于物的规定的认识。这是柏拉图曾经就 mathesis 所描绘的方法：analabon autos ex autou ten epistemen，“带来和取来——超越其他东西——从其自身取得知识”（《美诺篇》85d4）。

---

① 伽利略的《关于两种新科学的谈话》1638年在荷兰莱顿出版。——译者注

在这一心灵设想（mente concipere）中预先就包含了对于每个物体本身也即物体因素来说都应是决定性的东西。所有物体都是相同的。没有任何运动是优越的。任何位置对于任何物体都是相同的，每一时间点对于每个物体都是相同的时间点。任何力只是根据它在运动变化——这一运动变化被理解为位移——中引起的东西来加以规定。对物体的一切规定都有一个基本轮廓，据此轮廓，自然过程无非是质点运动的时空规定。这一关于自然的基本轮廓同时也限定着自然的普遍同一的领域。

现在，如果我们对上面所说的一切作一综观，我们就能更鲜明地把握数学因素的本质。到眼下为止，我们还只是指出它的一般特征，即它是取得认识，它所取得的东西是自己给予自己的，给予自己的东西是它本身已具有的东西。下面我们将在几个具体点上概括数学因素的本质：

（1）作为心灵设想，数学因素是一种可以说跳跃了物的对物之物性的**筹划**（entwurf）。这种筹划才开启了一个领域，物，也即事实，就在其中显示自身。

（2）在这种筹划中假定了，物根本上应被当做何种东西，物首先应作为何种东西并且如何得到评价。这样一种评价和当做（dafürhalten）在希腊文中叫做 axioo。在筹划中预先作出的规定和陈述就是 axiomata。所以，牛顿给他提出关于运动物的基本规定的那一章加上了一个标题：公理，或运动定律（axiomata，sive leges motus）。筹划是公理性的（axiomatisch）。就任何认识和知识都以命题表达出来而言，在数学筹划中被取得和确立的知识就是这样一种先行把物设定在其基础上的知识。公理即**原理**。①

（3）数学筹划作为公理筹划是对物的本质、对物体的本质的先行掌握。因此，关于每个物及其与任何物的关系的结构的**基本轮廓**就被先行勾绘出来了。

（4）这一基本轮廓同时提供了一个尺度，以界定一个在未来将包含具有这样一种本质的所有物的**领域**。自然不再是决定物体的运动形式和位置的物体的内在能力。自然现在是在公理筹划中勾勒出来的、均匀的时空运动关系的领域，而物体唯有进入这个领域并固定于其中才成其为物体。

（5）如此这般在筹划中其基本轮廓得到公理上的规定的自然领域，现在也就为在此领域中出现的物体和质点要求一种**交道方式**，以测度在公理上得到先行规定的客体。对自然的追问方式和认识规定现在不再由传统观点和概念所支配。物体没有任何隐蔽的性质、力和能力。自然物体只是它们在筹划

① 按字面直译，这里的“原理”（grund－sätze）可译为“基础命题”。——译者注

领域中自身显示出来的东西。物体现在仅只显现在位置关系、时间点上，在质量和作用力的大小中。物体的显现方式由筹划先行勾勒了；筹划因此也规定了对自身显现的物体的取得和探究，规定了经验（experiri）。然而，现在，由于探究是由筹划的基本轮廓先行规定了的，追问的线索就能以这样一种方式来建立，即它预先设定了前提条件，自然必须这样或那样加以回答。以数学因素为基础，experientia 才成为现代意义上的实验。现代科学根据数学筹划才成为实验的科学。对事实的实验渴求是以往对一切事实的数学跳跃的一个必然结果。但是这一在筹划中的跳跃在哪里终止或者减弱，哪里也就只有事实本身的堆积，也就有实证主义的兴起。

（6）由于筹划按其意义确立了所有物体在空间、时间和运动关系方面的均一性，它因此使得一种作为对物的本质性规定方式的普遍同一的尺度也即一种数字式测量成为可能，同时它也要求这种尺度或者测量。牛顿的对物体的数学筹划的方式导致形成一种狭义上的“数学”。数学于是成为一种本质的规定手段，但这并不是现代科学的新形态的原因。毋宁说：数学，而且是一种特殊的数学，能够发生作用并且必定发生作用，乃是数学筹划的**结果**。笛卡儿之创立解析几何，牛顿之创立微积分，莱布尼茨之同时创立微分——所有这些新鲜东西，狭义上的数学，唯有在数学的思维特征的基础上才是可能的，才首先是必然的。

然而，如果我们认为，凭着上面给出的对从古代科学到现代科学的转换的说明，凭着对数学因素的鲜明的本质界定，我们就已经获得了一幅关于现代科学本身的图景，那我们就大错特错了。

我们上面所能说明的，还只是一个基本面貌，据此基本面貌才展开提问、实验、建立法则、开拓新的存在者范围等整个领域。在这一数学的基本立场中，时间和空间的本质问题，运动和力的本质的问题，物体和物质的本质问题等，还是悬而未决的。这些问题现在才获得一种新的尖锐性，例如，借助于“位移”这个规定是否足以把握运动这样的问题。在力的概念方面出现的问题是：仅仅把力表象为只是从外部起作用的原因是否就足够了？关于运动定律即惯性定律有这样一个问题：是否此定律并不服从一个更普遍的定律，即力的守恒定律，这个力现在是根据它的**使用**和**消耗**，**即功**，被规定的——这些新的基本观念的新名称现在进入了自然研究，并且显示出一种与经济，与成效“计算”的令人注目的一致性。所有这一切都发生在数学基本态度之中，是按这种基本态度发生的。在这里尚存疑问的是对数学意义上的数学因素与关于给予物的直观经验以及给予物本身的关系的进一步规定。这样的问题眼下还是悬而未决的。它们的可疑性被科学研究的成果和进步掩盖了。这些急在燃眉的问题之一，是关于与直接回到直观给予的自然的要求相对立的数学的形式主义的合法性和局限性的问题。

如果我们已经掌握了上述内容中的某些东西，那么就能看出，所指出的问题并不是以“或者－或者”的方式所能决断的——或者是形式主义，或者是对物的直接直观的规定；因为，数学筹划的方式和方向参与决定着它们与可直观经验的东西的可能关系，反之亦然。在这一关于数学形式主义和自然直观之间关系的问题背后，潜伏着一个基本问题，即在一种我们对存在者整体的基本态度范围内，数学因素一般的合法性和局限性的问题。唯有着眼于这一方面，对数学因素的阐释对我们来说才是有意义的。

（孙周兴译）

选文出处

海德格尔　形而上学和数学在近代科学中的作用

孙周兴主编，《海德格尔选集》，上海，上海三联书店，1996，857—873页。

认识与兴趣

——哈贝马斯

哈贝马斯作为法兰克福学派的代表人物，对于盛行一时的实证主义观念进行了批驳，其主要的着眼点在于强调认识活动与兴趣之间的内在关系。他通过对古希腊的“理论”一词原意的考订指出，价值与事实分离，保持价值中立的做法，已经违背了古希腊注重伦理的传统。他反对科学的客观主义理解，指出经验—分析的科学所发现的事实，是在工具活动的功能范围内形成的，体现了技术的认识兴趣；历史—解释学的科学对内涵的理解，是行动者在流传下来的自我认识框架的可能共识，体现了实践的认识兴趣；系统论的行为科学对规律关系的说明，是与自我反思紧密联系的，体现了解放的认识兴趣。而在自我反思的力量中，认识与兴趣是同一的。

作者简介

哈贝马斯（Jügen Habermas，1929— ），德国哲学家，社会学家。法兰克福学派第三代代表人物。哈贝马斯的知识旨趣说、技术统治论和沟通行动论等学说，作为综合的社会批判理论，产生了深远的影响。代表作有：《知识和人类旨趣》、《技术和作为意识形态的科学》等。

I

1802年第一学期，谢林在耶拿［大学］讲授学术研究方法。他用德国唯心主义的语言着力更新从一开始就决定了伟大的德国哲学传统的理论概念。“对思辨的畏惧，即所谓的从［研究］理论的东西逃入［研究］纯粹实践的东西，在行动中所起的作用，如同在知识中所起的作用一样，必然都是浅薄的。对理论上严密的哲学的研究，使我们对理念有了最直接的了解，而且，只有理念才重视行动并且赋予行动以伦理的意义。”只有**那个**甩掉了单纯的兴趣并同理念相适应的认识，即，获得了一种理论观点的认识才真正有能力确定行动的方向。

“理论”一词起源于宗教：古希腊的城市把它向公众的庆典活动派遣的代表称之为理论家（Theoros），他用理论（Theoria）向圣灵敬献忠心。用哲学的语言讲，**理论**就是对宇宙的观察。理论作为对宇宙的观察，以划清存在和时间之间的界限（die Grenzziehung Zwischen Sein und Zeit）为前提；划定存在和时间之间界限的做法，随着巴门尼德（Parmenides）[①] 的诗篇［《论自然》］的问世，为本体论奠定了基础，后来又出现在柏拉图（Platon）的《蒂迈欧篇》（*Timaios*）中：它把从不稳定的和不可靠的东西中净化出来的存在着的东西（ein vom Unsteten und Ungewißen gereinigtes Seiendes）保留给逻各斯，而把易逝的东西的王国让给了**神性**（ueberläßt das Reich des Vergaenglichen der Doxa）。当哲学家观察这个不灭的宇宙时，他不得不适应宇宙，［在自己的头脑中］模拟宇宙。他把他在自然界的运动中观察到的和谐状况，如同在音乐的和谐的效果中观察到的那样，展现在自己的头脑中；哲学家是通过模仿（Mimesis）来构思。理论是通过心灵与宇宙的有规律的运动相适应的道路进入生活实践的；理论给生活打上它自己的烙印，并且反映在服从于它的教育的人行为中，**伦理**中。

理论这个概念和理论中的生活这个概念，从哲学的开始就决定了哲学。马克斯·霍克海默的最重要的研究之一，就是致力于传统的理论同批判的理论之间的区别。今天，在经过了几乎一个世代之后，我又捡起了这个论题。我以胡塞尔大约在那个时期发表的一篇论文为出发点。当时，胡塞尔遵循的是方才提到的霍克海默加以批判的那个理论概念。胡塞尔论述的不是科学中的危机，而是作为科学的科学的危机，因为：“在我们的灾难的生活中，这种科学没有给我们讲出任何东西”。毫无疑问，胡塞尔和几乎所有在他之前的哲学家一样，把认识的理念，即维护柏拉图式的纯理论同生活实践的联系的理念作为他的批判标准。科学的文化，最终不是由理论的信息内涵创造的，而是由理论家中那种审慎的和具有启蒙性的素质的形成创造的。欧洲精神的发展过程似乎是以这种科学文化的形成为目标的。然而，在1933年后，胡塞尔看到这种历史趋势受到了危害。他坚信，危害原本并非来自外部，而是来自内部。他把危机归结为：最先进的学科，首先是物理学，背离了可以真正称之为理论的东西。

---

① Parmenides，约公元前515—约前445，希腊哲学家，前苏格拉底派。他和芝诺均为埃利亚学派的重要代表人物。他的哲学诗篇《论自然》，带有“存在”和“非存在”，“存在”和“变易”的本体二元论的特征。他认为，只有存在着的东西（Seiendes）是可以认识的。思维和存在是相应的，是同一的。非存在的东西（Nichtseiendes）是不存在的，是不可思议的。没有生和灭，因为两者都以非存在的东西的实存为前提。因此，存在着的东西是不变的。——译者注

Ⅱ

［科学文化的］实际情况到底如何呢？在科学的实证主义的自我理解和旧的本体论之间当然存在着联系。**经验—分析**的科学（die empirisch-analytischen Wissenschaften）是在这样一种自我理解中发展它们自己的理论的，这种自我理解认为，它同最初的哲学思维的连续性是在不受任何强制的情况下建立起来的：经验—分析的科学遵守从独断论的联系中和从自然的生活兴趣的令人迷惑的影响中解脱出来的理论观点，并且采用宇宙学的观点从理论上如实地描述具有自身规律的宇宙。相反，**历史—解释学的科学**（die historisch—hermeneutischen Wissenschaften）研究的是变化不定的物的领域和纯粹的意谓（das bloβe Meinen）的领域，它们不能没有任何限制地归结为这种传统，并且同宇宙学毫无关系。但是，历史—解释学的科学也可以按照自然科学的模式，构成一种**唯科学的意识**（ein szientistisches Bewuβtsein）。甚至口头流传下来的［科学的］思想内容也似乎可以在理想的同时性中（in idealer Gleichzeitigkeit）汇集成一个事实的宇宙。尽管精神科学［历史—解释学的科学］通过理解去把握它的事实，尽管精神科学对于发现普通的规律并不怎么关心，然而，精神科学和经验—分析的科学却有着共同的方法意识（das Methodenbewuβtsein）：用理论观点去描述结构化的现实。历史主义（der Historismus）已经成了精神科学的实证主义。

实证主义也在**社会科学**中站住了脚，不管社会科学是否遵循经验—分析的行为科学（die empirisch—analytische Verhaltenswissenschaft）的方法论要求，或者，它们是否按照以行为准则为前提的规范—分析的科学（die normativ—analytischen Wissenschaften）模式来确定自己的方向。在非价值判断化的标题下（unter dem Titel der Werturteilsfreiheit），在这个接近于实践的研究领域上，［社会］准则（der Kodex）只是再一次地得到了确认，而现代科学想把［社会］准则归功于希腊哲学中的最初的理论思想：心理上绝对忠于理论；认识上，把认识与兴趣区别开。与此相应的是在逻辑层面上，在描述陈述和规范陈述之间的区别：这种区别从语法上使纯粹感性的内涵从认识的内涵中过滤掉的做法受到制约。

同时，“非价值化”（Wertfreiheit）这一术语使我们想到，同这一术语相联系的假设已经不再适用于理论的经典含义。把价值与事实相割裂就是把抽象义务（ein abstrates Sollen）同纯粹的存在（das pure Sein）相对立。价值是［人们］数百年来对存在着的东西的明确概念进行批判的唯名论的裂变物，过去，理论的目的仅仅是研究存在着的东西。新康德主义在哲学上使用的**价**

值概念——科学应对价值保持中立——否定了理论一度想要建立的那种联系。

因此，实证科学（die positiven Wissenschaften）与伟大的哲学传统虽然有着共同的理论概念，但它破坏了理论的经典要求。实证科学借用了哲学遗产中的两个要素：一是理论观点的方法论思想，二是不依赖于认识者的世界结构的本体论的基本假设。但是，另一方面，从柏拉图到胡塞尔所设想的理论和宇宙的联系（Zusammenhang von theoria und kosmos），即 mimesis 和 bios theoretikos 的联系，却不见了。过去，理论的实际作用所决定的东西，现在由方法论的禁令决定了。理论作为一种形成过程，其观点成了不足为信的东西（apokryph）。今天，在我们看来，心灵与宇宙的似乎被观察到的各个部分的模仿性适应，使得理论认识只服务于规范的内省，因此同理论的合法性任务相疏远。

Ⅲ

事实上，科学不能不失去胡塞尔想通过纯理论的更新来重新建立的那种特殊的生活意义。我分三步来重述胡塞尔［对纯理论］的批判。他首先反对科学的客观主义。［他认为，］对科学来说，世界是客观的，是由事实构成的宇宙（ein Universum von Tatsachen）；我们可以用描述的方法掌握这个宇宙的有规律的联系。但是，关于表面上客观的、由事实构成的世界的知识，实际上先验地植根于前科学的世界之中。科学分析的可能的对象，是事先在我们原本的生活世界的现实中形成的。现象学揭示的是这个层面上产生思想的主观活动（die Leistungen einer sinnstiftenden Subjektivitaet）。然后，胡塞尔指出，这种主观活动随着客观主义的自我理解而消失，因为科学并没有彻底地脱离开原本的生活世界的全局利益。只有现象学才根据严格的静观认识同幼稚的观点相决裂，并且最终把认识与兴趣相分离。最后，胡塞尔把他称之为现象学的描述的先验的自我反思与纯粹的理论，即传统意义上的理论相等同。胡塞尔把他的这种理论观点归功于把他从生活利益的罗网中解放出来的转化。从这个方面看，理论是"非实用的"。但这并不是让理论脱离实际生活。根据传统的理论概念，恰恰是理论的坚定的约束力，构成了人们的行为导向。理论观点一旦得到使用，它就会同实践观点再次联系在一起："这种联系以一种新的实践形式出现，新的实践的目的是通过全面的科学的理性，根据各种形式的真理规范提高人类［的素质］，使人类成为崭新的人类—使人类有能力在绝对的理论洞察的基础上成为具有绝对的自我责任感的人类。"

谁如果回想起三十年前的情况，想起那时出现的野蛮情景，谁就会尊重现象学描述所唤起的医治创伤的力量；这种力量是难以论证的。从这方面看，现象学把握了意识先验地、必然地赖以遵循的规范。用康德的话说，现象学描述的是纯理性的法则，但并不是自由意志能够遵循的、从实践理性中产生的普遍立法的规范。为什么胡塞尔仍然认为可以对作为一种纯理论的现象学的实际有效性提出要求呢？他犯了一个错误，因为他没有识破他正确地加以批判的实证主义同他不自觉地从中借用其传统的理论概念的本体论的联系。

胡塞尔正确地批判了客观主义的假象。这种假象用合乎规律的、结构化的事实的自在现象蒙蔽科学，掩盖这些事实的构造，从而使人们无法意识到认识和生活世界的利益是相互交织在一起的。因为现象学使人们意识到了这种情况，所以现象学本身似乎也就摆脱了生活世界的利益；因此，科学毫无道理地要求获得的纯理论的头衔，理应属于现象学。胡塞尔把期待实践发挥作用同这样一种要素——使认识脱离兴趣——相联系。这种做法的错误是明显的：伟大传统意义上的理论所以为生活所接受，是因为这种理论认为它在宇宙秩序中发现了世界的理想的联系，也就是说，认为发现了人间秩序的典范。**理论**只有作为宇宙学，才能同时驾驭人们的行动导向。现象学先验地把旧的理论从其宇宙学的内容中净化出来，并且只是抽象地把握旧的理论观，所以胡塞尔恰恰不能期待现象学具有形成过程（Bildungsprozess）。过去，理论之所以以教育为目标，不是因为理论似乎使认识摆脱兴趣，相反，是因为理论得力于把**它的真正的**兴趣掩盖起来从而获得了一种**假的规范力量**。当胡塞尔批判科学的客观主义的自我理解时，他却陷入了另一种始终没有摆脱理论的传统概念的客观主义。

Ⅳ

在哲学中被贬低为心灵的力量的这类力量，在希腊的传统中，还表现为神的力量和超人的力量。哲学驯化了这些超人的力量，并将它们作为内心化的神限制在心灵的领域内。但是，当我们用这种观点来理解冲动和激情时——冲动和激情使人们陷入了变化不定的和偶然的利害关系中——，从这些激情中**净化**出来的纯理论的观点就获得了一种新的含义：摆脱利害关系的观点显然意味着解放。使认识脱离兴趣，不应该是把理论从主观性的混浊中净化出来，而相反，应该是把主体强烈地从激情中净化出来。道德净化（die Katharsis）现在不再是通过神秘的宗教仪式（der Mysterienkult）来实现，而是借助于理论被牢牢地确立在各个人自己的意志中。这表明解放［的含义］达到了新的阶段；在城邦国家的人的交往关系中，单个人的个性化已经进步到了单个自我的同一性（作为一个固定的人格），而单个人的个性化只有通过同宇宙秩序的抽象的规律的同一才能达到这样的程度。摆脱了原始力量的意识，在以自身为基础的宇宙的统一性上和在不变的存在的同一性上找到了自己的立脚点。

由此可见，从前，理论只是借助于本体论的区别来证实世界是一个自由的、从神灵中得到了净化的世界。同时，纯理论的假象（der Schein reiner Theorie）也防止了［各个人的个性化］倒退到已被克服了的阶段上去。如果说，纯存在的同一性（die Identitaet des reinen Seins）作为一种客观主义的假象已被人们所识破，那么，自我同一性的形成就不可能依赖于纯存在的同一性。兴趣受到排挤，乃是这种兴趣本身的事。

但是，假若情况真是这样，那么，希腊传统的两种最起作用的要素——理论观点和结构化的自在世界（die strukturierte Welt an sich）的本体论的基本假定——就介入了它们确实禁止的那种联系：认识和兴趣的联系。因此，我们回到了胡塞尔对科学的客观主义的批判上。现在，只有动机（das Motiv）在**反对**胡塞尔。我们猜想，认识和兴趣之间的联系没有得到承认，不是因为科学同理论的经典概念相脱离，而是因为科学没有使自身完全摆脱这种概念。客观主义的怀疑，是由于科学在**放弃了形成要素之后**始终同哲学传统一起虚伪地表现出**纯理论的本体论**的假象。

我们和胡塞尔都把那种将理论的陈述幼稚地与实际情况联系起来的做法称之为客观主义的观点。［因为］这种做法把理论陈述中展示出来的经验性的重大事件之间的关系（die Beziehungen zwischen empirischen Groeβen）设想为一种自在存在着的东西（ein Ansichseiendes），却不谈这些陈述的意义在其中赖以形成的先验框架。一旦人们与先前设定的坐标系相联系来理解陈述，客观主义的假象就解体，人们就能观察到指导认识的那种兴趣（ein erkenntnis leitendes Interesse）。

逻辑一方法的规则和指导认识的兴趣之间的特殊联系，可以为研究过程的三个范畴作论证。这是没有落入实证主义圈套的批判的科学理论的任务。**技术的**认识兴趣（technisches Erkenntnisinteresse）包含在经验一分析的科学观中；**实践的**认识兴趣包含在历史一解释学的科学观中；**解放的**认识兴趣（emanzipatorisches Erkenntnisinteresse）包含在以批判为导向的科学观之中；解放的认识兴趣，如同我们所看到的那样，并未得到传统的理论的承认，但它为传统的理论奠定了基础。我想用几个例子来说明上述论断。

V

在**经验一分析**的科学中，预断可能的经验科学的陈述的意义的坐标系，既为理论的建立，又为理论［经受］批判和检验确立规则。凡可对富有经验内容的规律假设进行推论的那些命题，其种种假设的一演绎的关联，都适用于理论。这种种关联可以解释为关于可观察到的重大事件的协变关系（die Kovarian zbeobachtbarer Groeβn）的陈述。它们允许在给定的初始条件下（bei gegebenen Anfangsbedingungen）进行预测。因此，经验一分析的知识是可能预测到的知识。当然，这类预测的**意义**，即它们的技术的可使用性，首先是从我们赖以把理论运用于现实的规则中产生的。

我们在常常以实验形式出现的、得到控制的观察中创造初始条件，并测量在这种情况下出现的操作成果。现在，经验主义想把客观主义的假象固定在基本命题中（in Basissaetzen）所表述的观察上：其中一种明显地可以直接观察到的东西应当是不包含主观附加物的确实给定的东西。事实上，基本命题并非自在的事实的模拟，而是表达了我们的操作活动的成功或失败。我们可以说，事实和事实之间的关系可以被我们从描述上加以把握。但是，这样说并不能掩盖下面的事实：那些从经验科学上讲是至关重要的事实，本身是通过我们的经验的先前的组织，在工具活动的功能范围内形成的。

总起来说，许可的陈述系统的逻辑构造和检验条件的类型这两种要素说明：经验科学理论的主要兴趣是使可有效地加以控制的活动有可能从信息上得到维护和扩大，并以这种兴趣来揭示现实。这就是对技术上掌握对象化过程的认识兴趣（das Erkenntnisinteresse an der technischen Verfuegung ueber vergegenstaendlichte Prozesse）。

历史一解释学的科学是在另一种方法论的框架中获取其知识的。在这里，陈述的有效性内涵不是在技术所学掌握的坐标系中形成的。形式化的语言和客观化的经验的层面尚未相互分离，因为理论不是用演绎建立起来的，经验也不是靠操作的成果组织起来的。对内涵的理解（das Sinnverstehen）代替了观察，开辟了通向事实的道路。在历史一解释学的科学中，对原文的解释是同经验科学理论中对规律假定的系统的检验相一致的。因此，解释学的规则规定着精神科学陈述的可能的内涵和意义。

对内涵的理解应该是把握精神实质，历史主义把纯理论的客观主义假象同对内涵的理解相联系。这样看来，似乎解释者置身于世界的视野中，或者语言的视野中，而流传下来的原文总是从语言中获得它的内涵和意义。但是，即使在这种情况下，事实也只有随着自己所确认的标准才能成立。正因为实证主义的自我认识不是明确地接受测量操作和后果控制的联系（Zusammenhang von Meβoperationen und Erfolgskontrollen），因此它也不谈解释者的那种牢牢地依附于最初状况的前认识（Vorverstaendnis des Interpreten），而解释学的知识总是以解释者的前认识为媒介。传统意义上的世界只有随着解释者自身的世界也同时是清晰可见时，才向解释者敞开。理解者（der Verstehende）在两个世界之间建立一种联系。当他把传统**运用于**自己和自身的状况时，他就抓住了流传下来的东西（das Tradierte）的真实内涵。

但是，如果方法的规则以这种方式把解释同使用结合起来，那就说明：解释学研究的主要兴趣是维护和扩大可能的、指明行为方向的谅解的主体通性，并以这种兴趣来揭示现实。对内涵的理解按其结构来说，目标是行动者在流传下来的自我认识的框架内的可能的共识。为了同技术的认识兴趣相区别，我们称这为实践的认识兴趣（das praktische Erkenntnisinteresse）。

系统论的**行为科学**（die systematischen Handlungswissenschaften），即经济学、社会学和政治学，像经验—分析的自然科学一样，其目标是创立研究事物规律的知识（nomologisches Wissen）。批判性的社会科学当然不会以此为满足。批判性的社会科学还要努力验证理论陈述何时能够掌握社会活动的不变的规律性，以及何时能够掌握意识形态上僵硬的，但原则上却是可变的依附关系。一旦出现这种情况，**意识形态**批判以及**心理分析**就会想到，对于规律联系的说明，会在有关者的意识中引起反思过程。没有经过反思的意识阶段（这个阶段属于这类规律的初始条件），会由此发生变化。一种以批判为中介的规律知识（ein kritisch vermitteltes Gesetzeswissen）用这种方法，虽然不能使规律本身由于反思而失效，但能使规律本身不再被使用。

方法论的框架确定着批判性陈述这种范畴的有效内容，并以自我反思的概念为标准来衡量自己。自我反思能把主体从依附于对象化的力量中解放出来。自我反思是由解放的认识兴趣决定的。以批判为导向的科学同哲学一样都具有解放的认识兴趣。

当然，只要哲学仍然受本体论的影响，哲学本身就屈从于这样一种客观主义，这种客观主义阻挠哲学的认识同对独立判断（Muendigkeit）的兴趣的联系。只有当哲学把它反对科学的客观主义的批判，也转向反对自身中的纯理论的假象时，它才能从公认的依赖性中获得它枉费心机地要求自己——作为似乎没有先决条件的哲学——所具有的那种力量。

Ⅵ

在指导认识的兴趣的概念中，已经包含了认识和兴趣这两种要素。人们应当首先说明这种要素的关系。从日常经验中，我们知道，理念（Ideen）常常用来把辩护性的动机，而不把真正的动机归咎于我们的行为。凡是在这个层面上被称之为合理化的东西，在集体活动的层面上，我们称之为意识形态。

在两种情况下，人们都不加反思地把一种只是表面上独立的意识束缚在兴趣上，并借此来窜改陈述的明显内容。所以，受过训练的思维的学科有理由把消除这些兴趣作为自己的目标。在所有的科学中，都有防止意谓的主观性（die Subjektivitaet des Meinens）的诸种规则。某些具有深刻原因的兴趣，与其说取决于个人，不如说取决于社会集团的客观状况。这些兴趣所发挥的影响，并没有受到控制。针对这些影响，甚至出现了一门新学科——知识社会学（die Wissenssoziologie）。但是，这只是事情的一个方面。另一方面，因为科学必须首先用它的陈述的客观性去对抗那些特殊兴趣的压力和诱惑，所以，它也就不把它的动力和它的**可能的客观性条件**所依仗的这些基本兴趣放在眼里。

人们对待掌握技术的态度，对待理解生活实践的态度，以及对待摆脱自然束缚的态度，确定了人们的某些特殊观点；只有用这些特殊的观点，我们才能理解现实本身。当我们察觉到对世界的可能的理解的这种先验的界限的不可逾越性时，一部分自然通过我们［人］获得了在自然中的独立性。如果认识能够抑制住它的生而有之的兴趣，那是基于这样一种认识：主客体的联系——哲学意识把这种联系完全归结于它的综合——最初是借助于兴趣建立的。精神可以用反思的方式觉察到这种自然基础（Naturbasis），而自然基础的力量可以一直延伸到研究的逻辑中。

模拟（反映）或描述，从来依赖于标准。标准的选择以需要通过论证进行批判性考虑的观点为基础，因为这些标准既不能从逻辑上加以推论，又不能从经验上加以证明。方法的基本命题的决断（methodische Grundsatzentscheidungen），例如，范畴的存在和非范畴的存在的基本区别，分析的陈述和综合的陈述的基本区别，描述性的内容和情感内容（emotiver Gehalt）的基本区别，具有这种既不是随意的又不是强制性的独特性质。方法的基本命题的决断或者证明自己是适宜的或者是不适宜的，因为它们以我们既不能确定又无法模拟，而必然遇到的兴趣的元逻辑的必然性（metalogische Notwendigkeit von Interessen）为衡量标准。因此，我的**第一个论点**是：**先验的主体**［取得］**成就的基础，存在于人类的自然史中**。

这个论点本身可能引起误解，似乎人类的理性，如同动物的爪子和牙齿一样，是适应环境的一种器官。人类的理性当然也是适应环境的器官。但是，对自然史的兴趣（die naturgeschichtlichen Interessen）——我们把指导认识的兴趣归结为对自然史的兴趣——同时也是从自然中以及从**文化**同自然的**决裂**中（aus dem kulturellen Bruch mit Natur）产生的。人对自然史的兴趣连同实现人的本能因素一起，把摆脱自然束缚的要素（das Moment der Loesung von Natarzwang）都吸收到自身。社会系统同［人类］自我保存的兴趣是一致的：社会系统能够弥补人的器官机能的缺陷，并且能够抵御外部的自然威胁，确保本身的历史的存在。然而，社会不只是自我保存的系统，作为里比多（libido）① 存在于每个人身上的那种具有诱惑力的天性，脱离了自我保存的功能范围，追求乌托邦式的满足。甚至，这些同集体的自我保存的要求并非从一开始就相一致的个人要求，也被社会系统所吸收。因此，与社会化必然联结着的诸种认识过程，不仅能够作为重新创造生活的手段起作用：认识过程本身同样也决定着［人们］所创造的生活的格局。这样延续下来的生活，尽管好像是不丰裕的，它却已经是一种历史性的伟大业绩；因为这样的生活，就相当于一个社会所企望达到的那种美好生活。因此我的**第二个论点是：认识随着它对单纯的自我保存的超越，成了自我保存的工具。**

我们必然先验地用来理解现实的诸种特殊观点，确定了三个可能的知识范畴：一是信息，它扩大我们技术的支配力量；二是解释，它使共同传统下的活动的导向成为可能；三是分析，它使意识从依附于对象化的力量中摆脱出来。上述论点产生于类的利益关系，而类从本原上说是受既定的社会化的媒介制约的，即受劳动、语言和统治制约的。人类首先是在社会的劳动的和强制性的自我保存的系统中保障自身生存；其次是通过以日常语言为交往［手段］，以传统为中介的共同生活，最终是借助于自我同一性来保障自身的生存；这种自我同一性在个性化的每个阶段上，参照群体规范，重新巩固个人的意识。因此，指导认识的兴趣受一个自我的功能（Funktionen eines lch）的约束，这个自我在学习过程中同自身的外部生活条件相适应，通过教育过程同社会的生活世界的交往联系相适应，并在欲求和社会的强制之间的冲突中建立一种同一性。这些成就又包含在社会所积累的生产力中，包含在社会赖以得到解释的文化传统中，包含在社会所接受或者所批判的合法性中。所以，我的**第三个论点是，指导认识的兴趣，在劳动、语言和统治的媒介中形成。**

当然，认识和兴趣的格局，并非在所有的范畴内都相同。无疑，那种没有先决条件的自律性，在这个层面上始终是一种假象；在没有先决条件的自律性中，认识首先是从理论上把握现实，以便随后被和认识相异己的兴趣（von erkenntnisfremden Interessen in Dienst nehmen）所使用。但是，精神能够返转回去考察先前把主客体联系在一起的利益关系——只有自我反思能够

---

① libido是弗洛伊德心理分析学说中的一个核心概念，原意是欲望，特别是性欲。按照弗洛伊德的看法，libido的发展分四个阶段，即oral阶段，anal阶段，phall阶段和genital阶段。——译者注

做到这一点。自我反思即使不能扬弃兴趣，但能够使兴趣得到某种程度的收敛。

自我反思的标准不考虑那种独特的不确定状况，不是偶然的；[因为]在不确定状况中，一切其余的认识过程的标准，都需要批判的考虑。自我反思的标准在理论上是肯定无疑的。对独立判断的兴趣（das Interesse an Muendigkeit）不光出现在脑海里，它能够先验地被认识。使我们从自然中脱离出来的东西就是我们按其本质能够认识的唯一事实：**语言**。随着语言结构[的形成]，**我们**进入了独立判断。随着第一个语句[的形成]，一种普遍的和非强制的共识的意向明确地说了出来。独立判断是我们在哲学传统的意义上能掌握的唯一理念。因此，德国唯心主义的习惯用语也许并没有完全过时，而按照德国唯心主义的习惯用语，"理性"包含着意志和意识这两种要素。理性同时也意味着理性意志（Willen zur Vernunft）。在自我反思中，为了达到认识的目的，认识与对独立判断的兴趣相吻合。解放的认识兴趣，旨在实现反思本身。因此，我的**第四个论点**是：**在自我反思的力量中，认识和兴趣是一个东西**。

当然，只有在一个其成员的独立判断已成为现实的、解放了的社会里，交往才能发展成一切人同一切人的摆脱了统治的自由的对话：我们从自由的对话中获得了相互都有教养的自我同一性的模式以及真正一致的观念。因此，陈述的真理，建立在成功的生活的预见中。纯理论的本体论的假象，掩盖了指导认识的兴趣，巩固了这样一种臆想，似乎苏格拉底式的对话（der sokratische Dialog）是普遍的，并且任何时候都是可能的。哲学从一开始就认为，用语言的结构确立的独立判断，不仅可以预见，而且是真实的。恰恰是想从自身中获得一切的纯理论，变成了受排挤的舶来品（das verdraengte Aeβere），并且成了意识形态，只有当哲学在历史的辩证进程中发现破坏人们一再努力争取的对话的暴力的踪迹，并且不断地把这种暴力的踪迹从自由交往的航道上排挤出去的时候，它就推进了它曾经使其停滞状态合法化的那种过程：人类不断走向独立判断的过程。因此，我的**第五个论点**是：**认识和兴趣的统一表现在这样一种辩证法中，这种辩证法从被压抑的对话的种种历史遗迹中**重新构建起**被压抑了的东西**。

Ⅶ

科学从哲学那里保留下了一样东西（eines），这就是纯理论的外观。纯理论的外观并不决定科学的研究实践，仅仅决定科学的自我认识，当这种自我认识反作用于科学的实践时，它甚至具有一种好的含义。

科学的光荣就是它坚定地、不加反思地把它的方法运用于指导认识的兴趣上。当科学在方法论上不知道它要干什么时，它对自己的学科就更加确信不疑。这就是说，它对一个没有问题的框架内的方法的进步更加确信不疑。虚假的意识具有保护性功能，因为在自我反思的层面上，科学缺乏消除人们已经看到的认识和兴趣的联系［所造成的］危险的手段。法西斯只能孕育出一个民族物理学的怪胎；斯大林主义只能孕育出一个确实需要认真对待的苏联马克思主义的遗传学的怪胎，因为缺少了客观主义的假象——这种客观主义的假象似乎能够对错误的反思所造成的更为危险的玩弄魔术的做法起免疫作用。

客观主义的赞颂当然有它的局限性，胡塞尔对这种局限性的批评是正确的，尽管他使用的方法不正确。一旦客观主义的假象被变成为世界观上肯定的东西（das weltanschaulich Affirmative），方法论上下意识的东西（das methodologisch Unbewuβte）的困难就会变成科学主义信条的令人怀疑的道德。胡塞尔认为，客观主义决不阻止科学干预生活实践。科学或以这种方式或以那种方式与生活实践一体化。但是，科学不会理所当然地（eo ipso）在活动的日益增长的合理性的意义上发挥实践的作用。

相反，**探讨事物规律的科学**（die nomologische Wissenschaft）的实证主义的自我理解，支持用技术替代开明的活动；这种自我理解控制着经验科学信息的使用，并且虚幻地认为，［对］历史的实际控制似乎可以归结为用技术去掌握客体化的进程。解释学的科学的客观主义的自我理解，其成就是不算小的；这种自我理解使人们在反思地占有起作用的传统时，抛弃不能开花结果的知识，它不是把这种知识，而是把历史封存在博物馆里。在事实构成的理论的客观主义观点的指导下，探讨事物规律的科学和解释学的科学依据它们各自获得的实际成果相互补充。当解释学的科学使传统联系变成没有约束力的东西时，探讨事物规律的科学在历史受到排挤的基础上，把生活实践仅仅禁锢在工具活动的功能范围内。行动着的主体在目标和目的上能够赖以合理地相互谅解的度（die Dimension），于是就听凭物化的价值规则和不明智的信仰势力之间的简单决定摆布了。如果反思能像古老的哲学那样以客观主义的态度对待历史，并且占有被一切善良的智者所遗弃的这个度，那么，实证主义就会像以前孔德（Comte）的实证主义那样，取得伟大的胜利。如果批判为了有利于纯理论，以非批判的态度否定自身同解放的认识兴趣的固有的联系，那就会出现这种情况。这种彻底的批判，把人类不断发展的尚无定论的过程反映在教条主义地给行为以指示的历史哲学的层面上。但是，**盲目的历史哲学只能是盲目的决定论的反面**。一句话，**官僚主义地规定的党性同以静**

观态度所误解的价值中立性（Wertneutralitaet）十分融洽。

一种破坏客观主义假象的批判，能够抵制科学的狭隘的科学主义的意识（das szientistische Bewuβtsein）所造成的这些实际后果。当然，正如胡塞尔进一步阐述的那样，客观主义不会被一种新的**理论**的力量所破坏，而只能被客观主义所掩盖的那种东西的说明所破坏：被认识和兴趣的联系的说明所破坏。［因此，］哲学只有当它放弃它的伟大的传统时，它才能永远忠实于它的伟大传统。那种认为陈述的真理最终受真正的生活意向制约的观点，今天只能在本体论的废墟上保护自己。当然，这种哲学，只有当**它**用批判的态度所放弃的那种传统的遗产仍然在科学的实证主义的自我理解中继续存在下来时，才能在科学之外以及在社会意识（das oeffenthiche Bewuβtsein）之外，保持一种特殊性。

（李黎、郭官义译）

选文出处

哈贝马斯　认识与兴趣

哈贝马斯著，《作为“意识形态”的技术与科学》，北京，学林出版社，1999，118—138页。

人与技术

盖 伦

盖伦从哲学人类学的视角来理解人与技术的关系。由于人类与其他动物相比，缺乏特化的器官和本能以适应自然，所以技术的发展成为了必需。技术实际上是起到器官替代、强化和省力的作用。技术不是对自然的模仿，而是一种高度人为的产物。技术发展的趋势是将取代器官的倾向逐渐转移到有机自然中去，以无机替代有机。近代以来，技术进步最重要的特征是技术与科学的结合，以及资本主义生产方式使得工业、技术与自然科学的结合。近代以前普遍流行的巫术思想，具有深刻人类学的根源，那就是人类对于环境稳定性的需要。而今天技术的发展，除了实用的意义之外，根本动力是非理性的冲动，是人类将内在的能力外在客体化的过程。

作者简介

盖伦（Arnold Gehlen，1904—1976），德国当代著名哲学家和社会学家。在德国多所大学任教，发展出一套功能学派的社会人类学和哲学人类学。代表作有《科技时代的人类心灵》等。

有机物及其代替品

自从尼采和斯宾格勒的时代以来，与批判当代社会和文化有关的文献就一直在德国流行，其中一个持久的主题就是反对技术①的论战。这一点正是我们自己的社会并未结束它对于与工业化的进展相联系的根本性质变化所进行的那种内部争论的一个征兆。在德国，公众的讨论往往引出对未来的国家可能有似于一座蚁丘、对被编排好的头脑的操纵问题、个人的惶惑和文化的衰颓的焦虑。在这种思路上，技术往往是在扮演着一个被告（defendant）的角色；然而它在美国和苏联，却似乎引人注目地风行一时。美国人有广泛流传的科学幻想文学，它们热心地勾画着技术的

① technique一词在英文中的这一意义远不如technology一词那么通用；但是与后一词相联系着的意义，就德文中的Technik（技术）一词而言，则是过于狭隘了。——英译者注

乌托邦，它们喜欢构想各种狂幻出奇的概念，诸如驾驭了时间，能使人像旅客一样地漫游到各个过去时代的社会里去。

现在还一点也不明白，为什么在德国我们始终迟迟不肯对于技术也像对于其他的文化领域那样，认可它那同等的公民权，尽管我们在技术创新上有许多成就。其原因可能部分地在于人们坚持理论优于实际、纯粹科学优于应用科学的传统观点。也或许是这一古老的观念依然活跃着，即唯心主义的思想力量可以和人类所有的问题达成协议；然而事实上，它们面临技术时，却是茫然失措的。的确，我们的哲学概念整个说起来一点都不适合于我们的时代。然而我们的工作并不是一项巨大的、要弥补这种事物状态的工作，而只是一项较为平凡的、要在哲学人类学之内进行的工作。我们将探求可以使人类心灵的这一惊人的领域——亦即技术——对于我们理解自己能起什么作用的那些客观观点。

技术和人类自身是同样古老的，因为在我们研究化石遗迹时，只有当我们遇到使用过被制造的工具的痕迹时，我们才能肯定我们是在研究人类。的确，燧石磨出的最粗糙的棱角，也同样体现了今天的原子能所赋有的那种双重性：它既是一种有用的工具，同时又是一种致人死命的武器。改造原来在自然界中所发现的事物的目的，从一开始就是和人类对自己同胞的斗争活动联系在一起的；只是到了晚近，我们才力图消除这种致命的联系。如果这种企图要得到成功并且产生永久和平，它就必须预先假定能达到一种很高的技术水准，否则就不可能达到任何有效的相互间的军备控制。

进一步的思考可以说明人与技术的这种关联。舍勒的著作中的近代人类学指明，人类既然缺乏专门化的器官和本能，自然就不能适应他自身的特殊环境，因此就只好把自己的能力投向明智地改造**任何**预先构成的自然条件。因为像人那样，感官仪器装备得那么差，自然而然是无力进行防御的，他是赤裸裸的，在体质上是彻头彻尾处于胚胎状态的①；只拥有不充分的本能；所以就是一种其生存必须有赖于行动的**生物**。像松巴特（W. Sombart）②、阿尔斯贝格（P. Alsberg）和加塞特（J. Ortega y Gasset）③以及其他的作家们，就是根据这种考虑而从人类身体潜力的限度之中，推导出技术的必要性的。

于是在最古老的人工制品中，我们看到了武器，而武器并不是以器官的

① 盖伦在*DerMensch*（《人》）一书中论证说，根据比较胚胎学的证据，人类的妊娠期是太短了（为期仅几个月），而无法使人类的胎儿诞生时就达到与之密切相关的其他物种的胎儿那种同等成熟的水平。——英译者注

② 松巴特（1863—1941），德国经济学家和社会学家。——中译者注

③ 加塞特（1883—1955），西班牙哲学家。——中译者注

形式赋予人类的；就这方面而言，也应该想到火，火被人使用既是为了安全，也是为了取暖。从一开始"器官代替"（organ substitution）这一原则就和"器官强化"（organ strengthening）这一原则是共同协作的；抓起石头打人，要比赤手空拳更有效得多。因此，随着能使我们完成超乎我们器官潜力之外的事情的**代替技术**之后，我们就发现了能扩大我们身体配备的工作能力的**强化技术**——锤子、显微镜、电话就加强了天赋的能力。最后则是**省力技术**①，它的作用是减轻对器官的负担，摆脱它们，最后是节省劳力，例如，用一辆配有轮子的车来代替用手牵引重量。如果我们乘坐飞机，则所有这三项原则都在起作用——飞机向我们提供了我们所没有的飞翼，超过了一切动物飞翔的本领，免除了我们自身对于远距离运动所能作出的任何劳苦。

说到最后，人类心灵（human mind）所有的成就始终是个谜，但如果不从人类机体和本能的缺陷方面来看，则这个谜就更加猜不透了；因为他的智力使他避免了动物所必须经历的那种有机体的适应性，而相反地却允许他改变他原来的境遇来适合他自己。假如我们把技术理解为人类由于认出自然的性质和规律，以便利用它们与控制它们，从而使得自然能为人类自身服务而具有的各种能力和手段；那么技术在这种高度普遍的意义上，就是人类自身本质的最重要的部分。它真正反映了人类：它和人自身是一样地聪明，它代表着本能上不可能的某些东西，它对自然界具有一种复杂的、扭曲的关系。

这些特征可以由这一事实加以阐明：最初和最基本的技术成就，都不是由于参考自然界中所既定的模型而得出来的。如钻木取火、发明弓矢，尤其是使用轮子，即围绕着一个轴而作旋转运动——这都是真确的。后一种发明是如此之抽象，甚至于在许多高等文明中都不曾达到过；例如在哥伦布以前的（pre—Columbian）南美洲文化中，他们有着精美的文学、复杂的国家机构和高度发达的宗教，却是在既没有车又没有制陶器的轮子中勉强度日。同样在自然界中没有前例的是用爆炸得到的推动力，它是最古老的发明之一——燧石刀的发明，这就要上溯到 50 万年以前的贡兹—民德间冰期（GünzMindel interglaciation）。克拉夫特（G. Kraft）曾经指出，在自然界无论哪里我们都找不到任何一个像锋利刀刃那样的东西，它以一个固定的方向转动起来就可以得出直线的或曲线的切割。

所以技术世界就体现出和我们对"伟人"（great man）的形象相联系着的

① 我们把德文 Entlastung 译为"省力"（facilitation）。此词为盖伦人类学中的一个关键名词。它特别指人类与其他动物相比较时，由于人的体质配备与环境之间不能充分严密地相适合，而要"负担着"（belasten）安排其自身存活之所需。因而这里安排的任务，就是要松缓人类的生存或使之省力（entlasten）。——英译者注

那些特征。也像伟人一样，它是创造性的、精力旺盛的，同时既是培养生命的又是毁灭生命的，它和原始形态的自然界结合成一种复杂的关系。技术正像人本身一样形成了一种**人为的性质**（nature artificielle）。

许多世代以来，那种要求取代消逝之中的器官的倾向已经超乎身体的范围之外，越来越深入到有机的层次里去。以无机代替有机，就成为文化发展的最重大的后果之一。这一倾向有着两个方面：以人造物质取代有机生成的物质；以非有机的能源取代有机的能源。就前者而论，冶金学的发展就构成为具有头等重要性的一座文化门槛；我们谈论铜器时代、铁器时代等，各种金属代替并超过了周围环境中直接可用的材料，特别是木和石。迟至中世纪，船舶、桥梁、车辆和各种工具大部分还是木制的，人们也还不知道有别的燃料。今天，水泥、金属、焦炭、煤，以及数不清的合成材料已经大量代替了木材，塑料制成的汽车车身可能很快就会取代钢铁制造的车身。皮和麻已经被钢缆所取代，蜡烛已经被煤气和电所取代，靛青和紫染料已经被苯胺染料所取代，几乎所有的天然药品和草药都已被合成产品所取代。正像弗赖尔（Freyer）所论断的，最终目标似乎就是要制造出某些特种性能的材料。因此，化学家说："我要制造出一种物质来，它开始是可以铸造的，然后就自行硬化；再一种物质则不管在什么温度下始终都是可塑的；第三种物质可以任意切割；第四种物质则可以拉成极细的丝。"

这一倾向的另一个方面，则是在无机能源代替有机能源的同时，文明已经随着蒸汽机和内燃机而变得有赖于地下的煤炭和石油的供应了。这些终究都是过去有机生命的遗物，然而它们却要求一场关键性的转变：就能源而言，人类已经使自己不再依靠年年在更新的那类能源了。只要木材是最主要的燃料，只要家畜做工是最重要的能源，那么物质文化的进步，从而最终是人口的增长，就要受到基于有机生命之生长和繁殖的缓慢节奏的一种非技术性的**限制**。由于建设了水力发电站和掌握了对核能的控制，人类已经使自己的能源供应摆脱了有机物质的再生这一限制。

从对器官的取代到对整个有机物的取代，构成这一技术进步的特征倾向，最终却是植根于心灵领域中的一条神秘的法则。简单说来，这条法则就是：无机自然要比有机自然更加为人所知。柏格森（Bergson）曾经恰当地强调过这一点。我们理性思维的能力及其所产生的抽象模型和数学概念，以惊人的精确度接近于无机性质的给定物；然而尽管有机化学有其一切的进展，我们对于生命的真正性质却并不比古希腊最早的哲学家们知道得更多。按照柏格森的说法，智力只能是就行动加以判断，而它首要的目的就是要制造出人工制品："所以……我们就可以期待着看到，凡是实际上流动的东西，就都会部分地躲避开（智力）。我们的智力，当其离开自然界之时，就是以无组织的固体作为其主要对象的。”

无机自然的基本可知性和有机自然的顽强不合理性，其本身都是令人瞩目的事实；但是更加令人瞩目的则是，在不久之前，人们才学会把自然事件的历程表现为一幕死的、全然物质的而又一致的过程。我们可以把自然界设想为是“各种事实的一个外在世界”，是包含各种事物、各种特性和影响着它们的各种经常性的转变的一个领域，是全然由于它的存在并以某种方式呈现出来而成为合法化的一个领域。这个饱含着各种事实并根据同样的理由而被认可的世界，就构成为**一个单一的**复合体，其本身是自足的，并且是由于其本身的存在及事实上的特性而成为合法化的。这样一种概念，早期希腊的哲学家们就已不时地提出过了，它到了17世纪又随着精确的、实验的自然科学的兴起而重新出现。这种看法被说成是一种清晰的哲学理论（这种理论接近于实证主义或唯物主义）；更精确地说，它概括了从一开始就是作为一种鲜明的活动而被人从事着的科学研究与技术实践的固有态度。（成为人们实际行动的基础但并未加以明确表达的前提、假设与人们有意识地加以发挥的确切的理论观点之间是有区别的。）

下面的这些考虑，对于如下这一论证有着根本的意义：通过技术的发达而以无机的材料和能源来代替有机的材料和能源，乃是基于一项事实，即无机自然的领域最容易把自己呈献给有条理的、理性的分析以及相关实验的实践。而生物学的领域和心灵的领域却无可比拟地更加非理性。技术家和自然科学家倾向于按照上述的实证主义来形成他们自己的世界观。那些更成功的科学和技术，就对我们的世界图像施加了一种辐射性的效果。

尽管如此，这种世界观却只是最近3个世纪里才流行起来的，虽说人类差不多是50万年以前就开始使用技术进行生产了。

近代：它的上层建筑

我们大家都感到，自从石器和弓矢时代以来，在我们所谓的技术中已经出现了一种**质的**转变。但是这一变化却不应该像通常的情形那样，被认为只是由简单的工具过渡到机器。如果我们把任何传送能量并完成工作的物质装置都叫做“机器”，那么我们就可以把这个名词用之于猎人们具有触发机制的陷阱了，那是自从石器时代以来就有了的。甚至在石器时代的拉绳索之中，我们就能发现有往复的旋转运动，而工作着的机械之连续不断的转动（水车），则可以上溯到罗马时代。因此，工具与机器之间的不同，并不是由近代以前的技术过渡到近代技术之关键性的质的不同之所在。

如果我们不去考察个别的机器、用具或发现，而是考虑一下整个文化领域内的结构变化，那么我们就更加接近真理了。在17世纪和18世纪，自然科学获得了它的近代形态，那就是说，科学变成分析性—实验性的了。简单地说，一个实验就在于把自然过程以这种方式孤立出来，使它们可供观察和测量。这就使得自然科学——而在此前只是有赖于偶尔的观察和思辨——在两种意义上类似于技术的实践。首先，物理实验的器具可以比之于机器，尽管它们并不用于产生有用的效果，而是要造成纯粹的、孤立的自然现象。即使是伽利略用以研究落体的斜面，也是这类性质的一个“简单的机器”。其次，依靠实验的逻辑手段，我们就孤立出来了（我们在变化着的条件之下所观察到的）一种自然过程，而这一实验就成为技术上运用这一过程的第一步。通过这种方式，以前只是在很少的领域里（特别是在建造航海装置、光学仪器和精密武器方面）才会结合在一起、而在其他方面则根本是互不相干的两个文化圈，现在则被带进了最密切的方法论方面的联系之中。技术从新的自然科学中引出来了它那惊心动魄的进步节奏。而科学则从技术中获得了实用的、建设性的、非思辨的倾向。

然而近代惊人的成就，如果没有第三种因素的干预，也会无法达到，那就是资本主义生产方式的同时诞生；正如韦伯所指明的，那种精神乃是17世纪进一步的产物。瓦特（James Watt）发明的或者不如说是他彻底改进了的蒸汽机，是得到了一位对它在工业上的应用深感兴趣的资本家的资助的。企业家们或者对作战技术深感兴趣的各个国家（例如，舰队对无线电报的早期应用），就使得实验性的发现及其实际应用成为了可能。

今天，至关重要的就是要了解自然科学、技术和工业体系三者之间在功能上的联系。科学研究在运用日新月异的技术设计，自然则由于技术而被迫敞开了大门。科学家必须与技术家达成谅解，因为每一个问题都需要用解决这一问题但尚未能利用的装置来阐明。例如，理论物理学的进展之有赖电子计算机，并不亚于有赖物理学家的头脑。用几百万电子伏能量的回旋加速器所进行的测定，也就参与了所计算的值，从而参与了有关的理论。另一方面，较大的工业公司都有它们自己的研究机构。自然科学已不再是大学的专利了；的确，有时候只有靠工业方面的资助，才能使资金不足的工业大学的实验室继续进行工作。技术构成为“应用科学”这一观念，已经陈旧过时了。今天这三种配置，即工业、技术和自然科学，是彼此互为前提的。药物化学的最终基础是什么？是生物化学的研究，是委托它的厂商，还是这些厂商的生产和销售机构？以这种方式来提问题，已不再有意义了。

超自然的技术：巫术

近代技术的迅速进展，是在与自然科学和资本主义生产方式——它们以同样速度在扩大它们的威力——的紧密联盟之中进行着的。所有这些因素在互相助长着。我们不可能期待这场历史上独一无二的急剧进程，对其中所涉及的人们的意识没有影响。这种“工业体系”特征之实用—实证的态度，已经决定性地扩展到这个体系原来的那个范围之外了。例如，它已经影响到了政治领域，尤其是人际关系的领域。我们在后面必须讨论这些现象，因为它们形成了工业社会的各种社会心理问题。然而目前，我们却要阐发另一种观念，它将有助于说明人类的处境。这涉及在技术领域中起作用的人的各种冲动。

我们已经看到，人类在其绝大部分的历史中，是靠相当微弱的技术能力勉为其难地在度日的，不管那些早期的发现可能是多么巧妙。这些基本上都是简单的工具和制成品，诸如战车、火器或犁，可能产生极其重大的历史社会后果。即使如此，技术并未占据人类展望世界的中心，也没有占据对它自己的看法的中心地位。但这却是今天正在发生的事，例如，当我们向控制论、向这个调节技术的理论来探求我们大脑和神经系统的作用的线索时。

如果我们问：“为什么这在以前没有发生?”我们就会得到一个令人惊讶的答案。几千年以来，在一切原始文化以及较高的文化（埃及的、古典的等等）中，人们都相信“超自然的技术”（supernatural technique）——我们今天所称的**巫术**（magic）——的可能性。从史前时期起，巫术就在人对世界以及对它自身的概念之中占有着中心的地位。即使在不承认有巫术的可能性的各种一神教文化中，巫术也在社会边缘上保有一个据点——正如中世纪审判巫师和魔法师时所表明的——只有近代技术—科学的文化才给了它致命的一击。

普拉迪纳（Maurice Pradines）把巫术叫做“使事物脱离其本身的道路转而为我们自身服务时，所要实现的各种有利于人类之转变的一种企图”。很容易看出，这个定义可以既包括巫术又包括技术本身，因此就既包括超自然的技术又包括自然的技术。

这里，我们无法详细分析巫术，但是我们必须强调它在时间上和空间上极为广泛的传播。如果我们考虑在各个民族和文明的巫术实践中所发现的惊人相似之处时，就可以看出巫术必定包含有某种在人类学上乃是根本性的东西。例如“求雨”在古典的古代是通行的；据第欧根尼·拉尔修（Diogenes

Laerius)[1] 说，恩培多克勒（Empedocles）[2] 就掌握有这种技术。《对付巫人之锤》（1487）一书就对反对巫术所导致的恶劣气候的反巫术指示过各种明确的方法。新几内亚的土著居民进行求雨，正如奥马哈印第安人、德拉瓜湾的班图人以及中国人一样。

如果我们更详细地去考察无数的记载和文献，各种巫“术”的中心关注点就会明显了：它需要确保“自然过程的规则性”，并且以抚平不规则性以及例外现象来“稳定”世界的节奏。因此当生育畸形、日月有食或其他怪异事件表现出不吉利的“迹象”而巫术必须进行干预的时候，人们所追求的便是要恢复自然界通常的整齐性，正如要用巫术来呼唤未能及时出现的风雨那样。这对用于保障植物生命的循环或增进动植物数量的那些不计其数的“繁殖巫术”的例子而言，也是真确的。在繁殖巫术中，最重要的就是要严格尊重固定的日期、季节或时辰，或许还有各种重复出现的阶段，诸如耕耘、播种或收获的开始，等等。

原始人类对自然过程之规则性的这种兴趣，是值得强调的，它表现出一种半本能的**对于环境稳定性的需要**。既然现实无可避免地要服从时间与变化，所以人们所希望的最大稳定性就在于：同样的效应要自动而周期地重复它们自身，正如它们在自然界中确实有此倾向那样。这种还不曾受到科学影响的、原始的“先天”世界观，把世界以及构成为世界一部分的人类看成是卷入了一场有节奏的、自我维持的、周而复始的运动过程之中，从而就构成为一种生气勃勃的**自动作用**（automatism）。再者，世界上所充斥的各种魔力，既不是任意的，也不是自发的；人们可以用适当的、严格重复的公式使它们运动起来，然后它们就在自身的冲动之下必然地而又自动地进行运作。

这种原始的、天生的观点在占星术中仍有相当的残余，虽说新的、科学的世界图像也有其种种“理性化”的效果。我们大多数人都会惊讶于有那么多的企业家和政治家，相信星球广大无垠的旋转机制和个人的命运之间有着不可避免的联系，而这种联系却是被原始民族的形而上学看做既是精神的愿望而又是必然的。显然必定是有某种抗拒着一切被侵犯了的理性的东西，深深植根于人类的心灵之中。

对自动作用的迷恋是前理性阶段的、超实用的一种冲动，它几千年来先是表现为巫术——针对我们感官之外的各种事物与过程的技术——而最近则充分体现于钟表、机器和各式各样的转动机械。凡是从心理学观点来考虑汽

---

① 第欧根尼·拉尔修（约 200—约 250），3 世纪前半叶希腊哲学史家。——中译者注

② 恩培多克勒（公元前 495—约前 435），希腊哲学家。——中译者注

车对今天青年的魅力的，都不会怀疑它所诉诸的兴趣要比理性的和实用性质的兴趣来得更大。如果这一点看来不大可能，那么我们就应该考虑一下这个事实：一架机器的自动作用所施加的魅力，是与它的实际用途全然无关的，那种魅力就体现在一架永动机（perpetual－motion machine）之中，永动机的唯一目标和活动就在于它永远地重新产生同样的循环运动。多少世纪里曾经有无数的人一直在钻研永恒的运动这个不可解决的问题，他们没有一个人是从任何实用效果的观点来做的。反之，他们全都为一架可以自行运转的机器、一架可以自己上弦的钟的独特吸引力而着了迷。这种吸引力，其性质就不单纯是智性的，而是有着更深刻的根源。

这一吸引力包含有一种我们称之为**共鸣现象**（resonance phenomenon）的东西。人被他自己的存在和他自身的性质之谜弄得惶然失措，就只好参考他本身之外的东西、人类之外的东西来界定他自己了。人对自己的觉察是**间接的**，他所追求的自我界定（self－definition）总是要靠自己来和某种非人的东西进行比较，然后再把自己从那里面分离出来。参照较高级的一神教或多神教的神祇观念，或者是反过来参照更古老而又更广为传播的关于人类是从动物妖精而诞生的那种神话来确定这一点，并不困难。人类在解释自己的心灵时，也大部分是参照外部世界的现象；他自己利用阴影、血液、镜像和其他的视觉现象，以便深入到自己内在的性质中去。对于人自己的本质这个问题，原始宗教在全部自然界中所找到的，只是沉默的答复。

然而在这一倾向中，会给人留下最深刻印象的便是这一事实：各种自然过程是有节奏并周期地在进行着，并以其冷静沉着表明了一种“逻辑”，不管我们把注意力是放在星辰重复出现的运动之令人困惑的精确性上，还是放在动物的顽固、僵化而不可改变的习惯上。事实上，在他自身性质的许多核心方面，人本身**就**是一种自动作用；他**有着**心跳和呼吸，他靠着许多有意义的、起作用的、有节奏的自动作用而生活，并且生活于其中——让我们想一下行走的动作，尤其是想一下手起作用的方式；让我们想一下“行动循环”，这一行动循环要经过物体、眼睛和手，并在回到物体时就告结束而又重新开始。外部世界的类似过程所施加的这种魅力，就表明了一种“共鸣”，这种共鸣由于把焦点集中在外部世界所反映出他的本性，便传达给了人类一种对自己本性的亲切感。如果我们今天仍然谈论星辰的“历程”或机器的“运转”，那么所唤起的相似点便绝不是什么肤浅的了；它们传达了人们基于“共鸣”而对照人类自身本质心性的某些明确概念。通过这些类似之点，人类就根据自己的形象而解释了世界；并且反之亦然，即根据他对世界的形象而解释了自己。

客体化和省力化

于是我们就到达了要决定人与技术之间的关系这样一个具有重大意义之点。因为在人和外部世界那些有节奏地、周期地在其自身的动力之下前进着的过程之间，如果有着根深蒂固的联系，那就会使得技术中所隐含着的**驱动成分**（Triebkomponente）更加可以被理解了。有一种广泛流行的偏见——大抵上来自学院——是说，技术行为是“纯理性的”，而且是“全然朝着某个目标定向的”。然而如施密特（Hermann Schmidt）所强调的，技术现象中所包含的**劳动的客体化**（objectification of labor）乃是人类所特有的那种过程的结果。但是，我们个人并没有意识到它，而它那动机却是出自“我们人性的感官方面”。“任何一群人被置于相同的条件之下，总是要进行对劳动的客体化，作为对于某种驱动力的反应。”在这方面，施密特引了拉特瑙（Walter Rathenau）① 的一段引人瞩目的言论：“机械化并不是表达人类伦理意志的自由而又自觉思考的结果，倒不如说，它并不是有意成长的，甚至是不知不觉的。尽管它有着理性的和决疑的结构，它却是自然界的一种沉默无言的过程，而不是一种出自抉择的过程。”

这个过程，也可以用不同的方式加以解说。人——正如我在别处已详加阐明的——生来就是一种要**行动**的动物，是要改造外在世界的各种事实的动物。他的最根本的特点之一就是**行动循环**（Handlungskreis）——它是一种可调整的、有方向的运动，能够视其结果如何而加以改正，并且终于可以变成自动化的和完全习惯性的。施密特写道：“我们每一桩有意义的活动都必然采取这样一种自我包容式的行动循环的形式，在他行动的先前结果的基础之上，反馈（feedback）就把主体与他本身联结在一起。”**每一桩**，这说得很好，因为即使是“说—听循环”也构成为这样一种行动循环——而语言则是一切心灵活动的载运工具。“行动循环是人类有意义的表现的普遍形式。”与此相应，维纳（Norbert Wiener）② 就把反馈称为各种行为形式的普遍特征：“反馈原则就其最简单的形式而言，就是指行为是要以其结果来加以检查的。这一结果的成功或失败就调整了未来的行为。”

在技术内部起作用的非理性冲动，则不太容易理解。人把自己理解为自然，然后又以自然来解释自己（这一需要是全世界上到处可见的，并且保留在宗教的核心之内）——这是根本的需要。一切周期性的、循环的过程都在

---

① 拉特瑙（1867—1922），德国企业家、政治家、著述家。——中译者注

② 维纳（1894—1964），美国数学家，控制论创始人。——中译者注

人身上唤起一种近乎本能的共鸣；从一开始，他就把自己看做是卷入了一场再生的循环。他把自己结合于世界，他和世界的联系主要地就是通过他自身的行动能力。巫术作为超自然的技术，把外部世界的整体引入了行动循环，就有可能呼风唤雨，驱遣季节，把人的疾病转移到动物的身上。施行巫术背后的基本需要——需要稳定世界的行程，使它免受干扰——乃是**行动着**的动物的一种需要。

然而这也同样是一件原始的事实：人也要把自己的物质行动客体化，并且通过它而对世界施加影响；把他的行动看做是世界的一部分，允许后者扩大并加强他自己的行动；他“客体化了”他自己的劳动，因此便有了工具。石头就是拳头的“代表”，它代替了拳头，确实是扩大了它的效果。于是一个人实际控制的狭小范围，就变成了可以通过想象来控制的更广阔的范围。事实上，一个人身体能量的消耗，是随着投入运动中的量而在减少的。使用工具劳作有些苛求，但巫术符咒却足以稳定天气或保证春天的回归。

这里我们在操作之中看到了一种进步的、基本上是人文的法则：**趋向于省力化**（facilitation）。正如我们在另一处已经说明了的，这里涉及的原则是具有普遍人类学意义的原则。与此处有关的仅仅是它的技术含义：巫术的“较大的行动循环”由于省力地把世界归结到人类方面来，而解除了一个人面对自然界威力时所感到的那种软弱无告的重负。至于较小的循环那类麻烦的工作，则在实际的、物理的意义上节省了力。“人的劳动之客体化”成为工具，显然就表明了更小的劳动可以获致更大的结果；由于这个原因，我们已经讨论过的使用工具实际上就是一个器官省力化的问题。

我们不可忘记省力化的第三个过程：两种技术都在分享着同一个隐然的目的，或者至少是倾向于要确立各种习惯，要奠定各种常规，要使许多行动成为理所当然的事。瓦格纳（R. Wagner）① 把这第三种省力化的倾向表述如下：“最高法庭，即大脑皮质，就以这种方式一度又一度地解除了自己身上已成为高度或然的一切日常琐碎的事务，而使自己得以对付非常的和更加动人心弦的行为。”

我们现在可以理解，为什么技术从一开始就是根据巨大的、无意识的冲动的动机在运作着的。人类在行动循环和省力化上的基本特点，乃是一切技术发展的最后决定因素。这并不是说，参考了这些决定因素，我们就可以预言某项发明的内容了；显然，一架机器的运作是要根据物理的和技术的考虑来理解的，而不能参考导致建造这架机器的动机。然而，假若我们考虑到技

① 瓦格纳（1805—1864），德国生物学家、解剖学家。——中译者注

术发展的整体，我们就会遇到一条比这些考虑更为根本的法则；这条不为人自觉而又持续遵循着的法则，只有以不断精进的客体化作为概念基础，才能被鉴别出来，而这一概念不仅见诸人类的劳动和表现，也见之于日益增长的省力化。

这一过程展开为三个阶段。首先是**工具**（tool）的阶段，即劳动所必要的物理能量和所必需的智力投入，都还有赖于主体。其次是**机器**（machine）的阶段，即物理能量被技术手段客体化了。最后第三个阶段则是**自动机**（automata）的阶段，即技术手段使得主体的智力投入成为了不必要。随着这些步骤的每一步，以技术手段来获得目标的客体化过程都在前进着，直到我们为自己所规定的目标得以完成为止；而在自动机的情况下，便无须我们体力或智力的参与了。在自动化（automation）中，技术达到了它在方法上的尽美尽善；而早在史前时期所开始的这种劳动在技术上客体化的发展结果，则是我们当代最鲜明的一个特色。

在这一伴随着、而且大体上也决定了人类历史的发展过程中，直到最近，技术才占据了几十万年以来——当时人们还只知道原始的工具——巫术（即“超自然的技术”）所占有的位置。但巫术也是意图（用普拉迪纳的话来说）“使事物脱离其本身的道路转而为我们自身服务”，它无意识地在追求着有效性，在扩大人类行动的领域；它设想着某种似乎有“巨大的自动作用”之类的东西，而它的运作则是由可能受干扰的区域里反馈而来的信息进行调节的。

自动化

施密特的三阶段法则提示说，就人类的立场而言，行动与能力客体化为外部世界的过程，仿佛是由外部向着内部而展开的。起初，它表现于被加强了的、改善了的和省力化的器官。然后则是物理能量的投入也发生了同样的事：能量消耗原来是以有机的方式（由动物或人）来实现的，现在则被无生命的物质取而代之。在第三阶段中，我们发现了我们自身，这时被客体化的就是行动循环本身，包括它的控制和方向。同时，通过循环的感觉驱动过程而在运作的那部分生理生命就被客体化了——正如调节作用是以完全自动的方式在进行的那样，例如由化学方式来传递信息的办法。最后，自动计算机可以比人更快而又更有效地解决微分方程和积分方程，并成为“数学知识的一种新来源”。

这些被赋予了反馈的现代调节装置，全都以如下原则为基础：与汽车不同，这个系统并不按照外来的指令改变其运作，而是处于这些运作本身结果的影响之下。为了这个目的，就必须把感应装置放进这种自动机里去，诸如热水槽中的热感应器就是随着温度而开关电流的。这里，热量是受到调节的，但是各种力学的和电学的量也可以受到类似的调节。“根本的一点是，这种机制应该连续不断地通过一个闭路循环而反作用于自身。或者，我们也可以说：这些装置使得通过这个系统的能量流有很小的一部分是用之于调节能量流本身的。”

调节循环[①]首先可以看做是行动循环的一个“摹本”；事实上，要制造一辆汽车而取消驾驶人的驾驶负担，改由自动控制来承当，这在技术上是可能的。但是除了行动循环之外，同样的结构原则也可以在许多生理调节的过程中被发现。例如，血压的调节就是通过一个先天具有反馈的自我封闭的运作循环在进行的。在较大的血管（例如主动脉）壁之内，感觉神经就向延髓中的脉管壁神经中枢报告血压升高的信息，于是就促成了一种反效应。外周血管壁的张力被减弱了；它们就扩张并容许主动脉有更大的流量，而其后果则是血压降低。但是这又促进了相反的过程，于是血压就像钟摆一样围绕着一个中心值而反复摆动。无数的生理状态，诸如呼吸的规则性、血液的含盐度和含糖量以及体温等，都是以这种方式进行调节的，就像是（例如）前庭器官在控制着平衡。生理学家也使用反馈自动机领域中的各种概念，诸如“再传入”（reafference）的概念，以便更有效地描述随意运动和不随意运动。

对这些问题要作出哲学的评估，时机还不成熟，并且最好是避免匆促就作出机械论的解说，诸如专门的调节循环向我们提供了对于“生命”的洞见，该洞见现在已经使得生命本身的机械性质明白无遗了。我们所能说的一切只是就运作的综合体来看，调节循环看来是在分享着人类的行动循环和许多生理调节机制的同样**形式**；但这却允许那一形式的各种成分有着根本的不同。因此，我们所有的就只是一种“同型”（isomorphism），一种形态的相似性，而非性质的相似性；我们今天并不比从前更加接近于生命的“综合”。这就开辟了一种可能性，即可以采取某些生命过程（包括某些最重要的生命过程），把它们当做是外部世界的无生命的客体，仿佛它们是被“异化了”。但也还有其他同样重要的过程，是还不能应用这一点的；虽说细胞分裂已经可以参考调节过程而加以分析了。

因此，技术的进步就使人能够把在生物中各个不同之点上运作着的组织原则转移到无生命的自然里去。我们已经谈到过无生命的自然，那指的并不是未经程序化的、朴素的、没有生命的自然，而是指由人类本身所产生的技

---

① 调节循环（Regelkreis）：本文中所采用的此词，是就字面翻译的一个德文术语，其意义和“反馈”没有什么区别。——英译者注

术装置。史前人类赋予了朴素的自然界以一种组织原则，尽管是以幻想的形式；那时候人们运用巫术在呼风唤雨，仿佛风雨都在听命于他们。

然而现代的技术家已经发展出了他们的调节装置，但并未察觉到它们与生物过程是同型的，那是后来才变得明显的；他们多少是**无意识地**和半本能地作出了可以应用于某些生命过程的各种模型。对于这一点，现在可以预言的结果是，丰富的经验领域，诸如技术、生理学、生物学和心理学等，都将发生更密切和更频繁的接触，彼此互相交换各种问题和理论。现在还为时尚早，不能把控制论当做是一门独特的、自立的、普遍的学科。就目前而论，它只构成为要联合考察好几门学科并使它们互相丰富的一种企图。在上述这几门学科之中还必须加入社会学，因为“发回信号”这个概念提出了不仅是机器（诸如计算机）中的、而且也还是生物中的沟通问题，或者说信息传递的问题。

（何兆武、何冰译）

选文出处

盖伦　人与技术

盖伦著，《科技时代的人类心灵》，上海，上海科技教育出版社，2003，1—20页。

技术的整体论

芬伯格

芬伯格认为，如要摆脱资本对于技术的控制，消除技术的异化现象，必须要将技术重新情景化，考虑技术活动所设计的不同主体的利益，考虑生态学、审美、医学、城市规划和工作民主等方面的事项。技术的具体化就是事先这一目标的技术发展方向，其具体的方式是，通过各种技术之间的组合创造一种能够维持其功能的半人造的环境。要解决技术发展过程中所面临的问题，可行的方案不是退回到自然，而是应该前进到自然，朝向一种根据人的需要和利害关系的宽广范围而有意识建构的总体性。

作者简介

芬伯格（Andrew Feenberg，1943— ），现为加拿大西蒙·弗雷泽大学（Simon Fraser University）技术研究所主任。他的主要著作有：《卢卡奇、马克思和批判理论的来源》、《技术批判理论》、《可选择的现代性》、新版《技术批判理论》等。

重新将实践情境化

资本霸权不是依赖于一种社会控制的特定技巧（technique），而是在更根本上依赖于从技术上将资本霸权运行于其中的整个社会关系领域进行重新建构。商人或官僚的权力已经表现在生产、管理和劳动、家庭和家庭生活、经济和政治等各种社会领域的分裂中。只有从上层来统治他们的代理人才能组织这些分裂的个人和制度。

次级工具化支持对象和情境、第一性质和第二性质、主体和对象、领导层和群体的重新综合。在今天的工业社会中，只有在政治抗议或竞争压力强制实行了这些进步的综合形式时，技术实践才能支持这些综合形式。但是在社会主义中，技术在它的基本方法上就融合了综合的原则和步骤。技术实践的这种新的形式是以从物化向重新综合的转移为特征的。它将像当代技术适应资本主义的需要一样适应社会主义社会的需要。

因为去除情境化预先将技术设定为服务于资本主义的

权力，因此社会主义必须恢复这些将技术限定在阶级的特殊应用时所丧失的情境要素。这就需要一种重新情境化的实践，这种实践所导向的是广泛的利益，而资本主义只是部分地代表这些利益。这些广泛的利益反映了被资本主义所忽视或压制的人类和自然的潜能。

这些利益与丧失了的情境相一致，技术就是从这些丧失了的情境中抽取出来的，从而也就使技术对象丧失了"第二性质"，即牺牲了承受技术行为的社会和自然的方面。在早期阶段，社会主义运动通过劳动抵抗资本主义所施加的完全工具化，从而揭示了这些利益的存在。近年来，女权主义和生态学使我们熟悉了其他被压制的方面。

社会主义的技术代码倾向于不仅将资本主义技术主体的情境和第二性质重新综合起来，而且也将资本主义技术对象的情境和第二性质重新综合起来。这包括生态学、医学、审美、城市规划和工作民主等方面的考虑事项，资本主义和共产主义社会都将这些考虑事项当做是"问题"、"外部事务"和"危机"。健康和环境的考虑事项、工作的充实和工业的民主都必须内在化为工程技术的目标。这可以通过增加在设计中更多地考虑技术对象的本质特点、环境的需求以及操作者、消费者和客户的需要的技术体系来得以实现。

这是在现存的工业文明中沿着这一方向能发展到什么程度的可能界限。问题不是资本主义无力通过避免危机的反应来处理它的现有的许多问题。资本主义通常使用一些解决方案来对付这些问题。但这些方案总是有许多缺陷，因此就激起了公众的抵抗，这就像在花费昂贵的环境调控中的情况一样。像对汽车的恶性依赖这样的更深层次的问题甚至不能在资本主义体系的框架中提出来。

对技术进行普遍的彻底检修的要求表现得更加明显，这种彻底的检修与建立在社会分裂基础上的从上层进行控制的体系的持久存在是不相容的。只要环境危害或工作不满是作为"外部事务"出现的，它们就不能从根本上被克服。在这方面，资本家或共产主义官僚不能宣称是社会选择的中性的代理人，因为使他们处于代表社会的立场的体系具有巨大的实质性的后果。

根本的问题是所有现代工业社会中劳动、消费和社会决策的物化的分离。在工业企业的权威主义的结构中，劳动对技术的设计没有直接的影响，而是在工会斗争中表明了它的意愿。因为工人不能参与设计选择的最初的网络，所以工人的利益只能通过设计之后的调控来融合进来，而这些调控有时是与技术进步的方向相冲突的。但是，与其说劳动反对的是技术的发展，不如说反对的是劳动在其中是对象而不是进步主体的体系。劳动在设计的早期阶段更具影响力的另一种社会体系中，劳动重新成为技术要素，并且按照不同技术代码的需求将这些要素重新组合起来。

类似的意见也适用于环境问题。这些问题对处于社会角色中的个人来说似乎远离了工业决策。决策者接受占主导的技术代码对环境可能造成的破坏，但也正是这类人在私下里却和家人跑到远郊，寻找逃避他的决策所造成的后果的安全避难所。一旦有缺陷的技术在社会中实施，反对污染的政治抗议重新以外在调控的形式萦绕在设计的过程之中。

与资本主义的调控相比，前苏联模式的计划也没有作出改进（O'Connor，1989）。前苏联的生产依赖于根据资本主义的技术代码而设计的转移过来的技术。没有一种社会主义的革新过程致力于解决这种技术的内在缺陷，而建立在生产配额基础上的管理体系在本质上也没有触动进口的技术基础。因此，调控和计划与其说是对物化的替代形式，不如说是在物化的范围内，也就是说建立在通过分裂而实现控制的社会秩序上，实现对总体性的部分认可的方式。

在资本主义和共产主义经济中，调控的外在性特点都在工业过程的操作中引入了无效率的东西。问题不是为了满足健康、安全、清洁的空气和水、审美目标和充分就业等要求而要付出代价。只要一种均衡的利益能够实现，这些代价本质上不会造成无效率。更恰当地说，根本的问题在于强加到技术、工作场所和环境中的各种事后的“困境”（fixes）所造成的层叠效应。

因为技术是在从这些所谓的软价值（soft values）中抽取出来的过程中得以设计的，所以在后续阶段再将这些价值包括进来需要非常可观的代价。这些代价似乎代表了铭刻在工业社会的本质中的一些必要的交换，而这些交换在现实中只是一种物化设计过程的副效应。例如，在汽车引擎的设计中，如果加上催化式排气净化器这种笨拙的污染控制设备，必然会使设计复杂化。如果要使城市容纳更多的汽车，反过来就要使城市的设计作出让步，诸如此类的情况还有很多。在社会结构中，环境价值与技术效率之间的两难困境的例子俯拾皆是。

资本主义组合集体劳动者和为他们提供工具的过程本质上是分裂的。一种社会技术（sociotechnical）的综合的新过程可以从根源上消除这种分裂。只要技术传统反映了资本主义的社会需求，这种技术传统必须要被克服。随着技术在新的去除物化的技术代码的庇护之下再生，在今天的工业社会中被当做是外在性的许多联系必须被内在化。这就是为什么要综合社会和技术的子部门，所需要的不仅仅是中央计划：它将用技术进步来改革从资本主义那里继承下来的技术。

具体化

这种进步可以根据吉尔伯特·西蒙栋的技术的"具体化"（concretization）概念来加以理论化（Simondon，1958：第1章）。具体化是对技术和它们的各种环境之间的协同作用的发现。西蒙栋将技术置于一种连续统一体中，这种连续统一体逐步趋向于结构上的综合设计。他将每一部分单独起作用的松散的设计（loose design）称为"抽象的"。在技术发展过程中，各个部分被重新设计，以便完成复合的功能，而结构上的相互作用也起到了功能性的作用。这些综合变化产生了一种更"具体的"技术对象，这种具体的技术对象事实上是一种体系，而不是外在的相关要素的聚集。例如，在引擎的设计中，当用来散热的表面融合了用来加强引擎功能的设计时，一种典型的具体化就出现了：两种单独的结构和它们的不同功能结合在了带有两种功能的单一结构中。

西蒙栋认为，通过将发展具体化，技术对象就适应了它们的多重环境。技术必须与技术环境和自然环境的主要限制相协调：汽车的金属外表必须防止天气的侵蚀，同时又要降低空气的阻碍，以便提高有效功率；电灯泡的底座必须确保它能在一定范围内的温度和压力下正常工作，同时也能适合标准的插座。所有高级技术都多少展示了意在实现这种相容性的精致的聚合。

最精密复杂的技术利用它们的各种环境之间的协同作用来创造一种维持它们自身功能的半人造的环境（semiartificial environment）。西蒙栋称这些技术所产生的组合的技术和自然条件为"关联的环境"（associated milieu）。这种关联的环境形成了一个恰当的位置，使得技术在其中处于连续的、循环的和因果关系的相互作用之中。这种关联的环境：

> 就是技术对象的条件也在技术中发挥作用的环境。这种环境不是制造出来的，或者至少不是完全制造出来的；它是围绕在技术对象周围和与构成技术对象的要素的一定秩序相联结的自然要素的一定秩序。关联的环境是人造的技术要素和技术对象得以在其中发挥作用的自然要素之间的中介。（Simondon，1958：57）

当技术自身产生了它所适应的环境条件时，这种更高层次的"有机的"具体性就能实现，这就像马达产生的热量提供了一个适宜的运转环境一样。有效利用能量的房屋设计提供了另一个例子。在这种设计中，技术体系不是简单地与环境的限制相协调，而是将这些限制内在化，使它们在一定意义上成为“机械”的一部分。在这个例子中，像光线的角度和玻璃表面的分布这些在大部分家居中只是外在的和偶然相关的因素，都被有目的地结合起来，以达到预期的效果。房屋发挥作用的恰当位置是根据它与太阳的角度来构造的。

人也是一个操作的环境。工匠实际上是传统工具的最重要的关联环境，这些传统工具首先是适应它们的使用者。尽管现代机器是作为技术“个体”来组织的，它们在一定程度上也不依赖于操作者，但是仍然有可能使它们适应一种智能和技能的环境。如同我们了解的那样，这就是第四章中讨论过的肖莎娜·祖波夫和拉里·赫绪宏的论点。但是资本主义的技术代码妨碍了将工人再一次置于技术体系核心中的技术问题的解决方案。

将自然包括在自身结构中的“具体技术”的观点与技术进步“征服”自然的普遍想法相抵触。在西蒙栋的理论中，进步的最高级的形式创造了技术力量和自然力量的复杂的协同作用。这些协同作用是由创造性的发明活动来实现的，这些活动超越了表面上的限制或交换（trade－offs），并且这些协同作用还从最初看来是对立的或无关的要素中产生了一种相对自主的体系。从抽象技术的开端到具体结果的过渡是技术发展的一个普遍的综合趋势，它克服了资本主义的工业制度的物化传统。

具体化的理论表明了技术进步是如何能够通过将人和环境需要的更大的情境融合到机器结构中来处理当代的技术问题。尽管没有严格的技术律令来规定这种方法，但具体化的战略可以在技术的发展中像包含其他因素一样来包含这些情境。当这些情境包括了环境的考虑事项，技术就重新与自然相综合或适应了自然；当这些情境包括了操作者的能力，技术的进步就超越了去除技能，成了职业的自我发展的基础。

这一论点表明，社会主义对不损害环境的技术和对人道的、民主的、安全的工作的要求不是外在于技术的逻辑，而是响应了要建构自然、人类和技术要素的协同作用的总体性的技术发展的内在趋势。只要生产效率是通过更进一步的具体化而不是通过在更加抽象的设计中增加外在控制来实现的，社会主义的需求融合到技术的结构中也就不会降低生产的效率。

所有现代工业社会在今天都处于十字路口上，面临着两种不同的技术发展道路。它们或者加强对自然和人类的剥削，或者转向支持解放应用的技术综合趋势的新道路。这种选择本质上是政治性的。第一条道路产生了始终增强精英权力的形式上带有偏见的体系。第二条道路需要一种技术原理的具体化的应用，需要考虑许多技术所影响的更大的情境。这些情境反映了只有通过一种新的社会组织才能实现的潜能或价值。

前进到自然

一些环境保护论者认为，现代技术引起的问题只能通过回归到更原始的条件下才能解决。这种立场属于一种反技术（antitechnological）批判的长期传统，这种传统谴责现代社会从自然中的异化。这里的“自然”是一种直接性，技术实践的对象最早就是从这种直接性中被去除了情境，这包括像家庭这样的类似自然的文化要素。但是回归到直接的“自然性”（naturalness）的代价是将个人简化为仅仅是整体的一种功能，完全服务于整体的目标。这种向自然的回归是一种对现代性所实现的解放的消极逃避。

有没有一种方法能够恢复社会和自然的破裂的统一性，同时又避免了浪漫逃避的道德代价呢？或者是否我们注定要永远在原始和现代、团结和个体、被自然统治和统治自然这些两极之间游弋？这是技术批判理论最终要处理的问题。我已经表明向自然的难以置信的回归不是对当代工业社会的唯一的替代形式。

尽管新文明不能从对过去的怀乡病中提炼出来，但是在今天，怀乡病是被忽视的利益的重要的象征性的表达。这些利益所指向的不是退回到（backward）自然，而是前进到自然（forward to nature），朝向一种根据人的需要和利害关系的宽广范围而有意识地构造的总体性。这种总体性的概念是一种中介过程的目标，而不是一种有机的先决条件，它表明了一种对社会重新建构的激进论点通常持有异议的观点的回应。

即使退回到前技术的状况，退回到与当代世界没有关系的一些先天的统一性中，我们也不能恢复物化所失去的东西。解决方法既不是浪漫地回归到原始、素朴和自然，也不是在理论上跃进到一个“新时代”和一种整体的“新技术”中。相反，总体性的批判概念有助于确认现有技术体系的偶然性，由这一点出发就可以将新的价值注入到现有的技术体系中，并使现有的技术体系服从于新的目的。在已经建立的体系的分裂仍然维持一种异化权力的地方，都可以找到这些出发点。

由资本主义技术所建构的物化的体系必须被重新置于它们在今天被从中抽取出来的更大的情境中，而不是置于过去之中。局部地回归到手工艺劳动也许是值得想望的，但这不是解决工业劳动的异化的方法；技术的进一步发展需要通过赋予在今天社会中被雇用的工人以一定权力来实现的异化的减少。马和犁不是现代农业所需要的相关的“情境”，真正的情境是实际的环境和健康的考虑事项，在将现代农业按照占优势的技术代码建构成一种技术企业的过程中，现代农业就被从上述考虑事项中抽象了出来。

我们在今天将技术的物化认为是理所当然的，但是目前的体系完全是人为的。在此之前，人类从未在分裂中组织他们的实践，同时又让这些零星碎片的综合自生自灭。资本主义的技术环境本质上是软弱无力的，经常因为外在性因素和冲突而处于危险之中，无力调整它所引起的生态的和社会的问题。随着工业变得更加强有力，尽管我们尽最大努力将疯狂的发展过程变得理智些，但整个体系的脆弱性却逐步提高。

在过去，传统和习俗完成了社会和自然的多方面的综合；前现代社会像地球表面上的所有生物一样，具有一种有机的性质。前现代社会的技术不像我们的技术一样对自然实施一种普罗米修斯式的攻击，它们的技术不管多么原始，总是通过不断地再生出社会和自然之间的可行性的关系来征服时间。这是一种我们自诩的技术看来不能完成的"征服"。我们必须恢复以前保存在传统和习俗中、而现在已经丢失了的生存艺术（art）。

这一目标不能通过退回到个人同一性的传统形式来实现，不管这种形式在一个道德沦丧的社会中显得是多么令人欢欣鼓舞。更确切地说，我们所需要的是在技术发展中对自然和人类限制的理性承认。这种承认不能混同于对外在必要性的被动屈从。这种混同来源于资本主义将自己固定在初级工具化的范式上，这样就使得技术对象显得仅仅是服务于外在目的的原材料。环境和适当技术的结构之间的协同作用被忽视了。这些协同作用是在次级工具化阶段获得的，它决定了一种不同的技术实践的范式。

这种实践的概念与我们现在对生物适应性的理解相一致。从进化的观点来看，生物体与环境的联系既是主动的又是被动的，它们从周围世界中将它们适应的方面选择出来。这种选择过程当然是无意识的，但这一点在形式上十分类似于人类社会可能有所选择地对待它所面对的各种自然限制的方式。

生物体在适应的过程中所参与的具体化战略类似于我们这里所讨论的技术发展。技术的发展也将环境的限制结合到它们的结构中，这是人类社会通过在具体形式中重新设计技术所必须学会的。社会体系没有是自然的，但是社会主义社会至少要具有一些与环境在本质上相互依赖的关系，这一点是有机存在者的特征。因此，这代表了向人性和自然之间的更高水平的综合的迈进（Moscovici，1968：562）。

作为一种发展情境的自然不是最终的目标，而是一种辩证的限制，它鼓励通过适应来超越这种限制。为了再一次将总体性概念化，我们不需要预先精确地知道人类将以什么方式来面对他们所遇到的限制。我们只需要洞悉中介过程的形式。作为一种新的社会实践的结构，这种中介活动开启了无限的可能性，而不是在一些先入为主的乌托邦中拒绝了未来。适应保持了现代自由概念的形式特征，因此不会将个人简化为仅仅是社会的一种功能。自由存在于这种确定性的缺失中。

（韩连庆、曹观法译）

选文出处

芬伯格　技术的整体论

芬伯格著，《技术批判理论》，北京，北京大学出版社，2005，230—239页。

五、自然科学的哲学问题研究

关于理论物理学基础的考查*

爱因斯坦

爱因斯坦在这篇报告中，根据当时物理学的发展状况，描述了物理学的基础，其中反映了他对科学方法论的理解。如科学是要将我们杂乱无章的感觉经验同一种逻辑上贯彻一致的思想体系对应起来。感觉经验是既定的素材，说明理论却是人造的。它是一个极其艰辛的适应过程的产物：假设性的，永远不会是完全最后定论的，始终要遭到质问和怀疑。建筑物可能严重受损而基础无恙，然而在科学中逻辑的基础所受到的来自新经验或者新知识的危险，总是要比其他那些同实验有较为密切接触的分科来得大。基础同所有各个部分相联系，这是它的巨大意义所在，但是在面临任何新因素时，这也正是它的最大危险。

作者简介

爱因斯坦（Albert Einstein，1879—1955），德裔美国科学家。爱因斯坦在量子论、分子运动论、相对论等物理学的三个不同领域取得了历史性成就，特别是狭义相对论的建立和光量子论

科学是这样一种企图，它要把我们杂乱无章的感觉经验同一种逻辑上贯彻一致的思想体系对应起来。在这种体系中，单个经验同理论结构的相互关系，必须使所得到的对应是唯一的，并且是令人信服的。

感觉经验是既定的素材，但是要说明感觉经验的理论却是人造的。它是一个极其艰辛的适应过程的产物：假设性的，永远不会是完全最后定论的，始终要遭到质问和怀疑。

形成概念的科学方法之不同于我们在日常生活中所用的方法的，不是在根本上，而只是在于概念和结论有比较

* 这是爱因斯坦于 1940 年 5 月 15 日在华盛顿第八届“美国科学会议”上的报告。讲稿最初发表于 1940 年 5 月 24 日出版的美国《科学》（*Science*）周刊，91 卷，487—492 页。这篇译文曾刊载在《自然辩证法研究通讯》1957 年第 3 期上，现在根据《思想和见解》323—335 页重新作了校订。标题照最初发表的。

的提出，推动了物理学理论的革命，获得1921年诺贝尔物理学奖。作为人类历史上最伟大的科学家之一，爱因斯坦的哲学造诣很深，对20世纪多个科学哲学流派都产生了极大的影响。

严格的定义；在于实验材料的选择比较谨慎和有系统；同时也在于逻辑上比较经济。最后这一点，我们的意思是指这样的一种努力，它要把一切概念和一切相互关系，都归结为尽可能少的一些逻辑上独立的基本概念和公理。

我们所说的物理学，包括这样一类的自然科学：它们的概念是以量度作为根据的；而且它们的概念和命题可用数学公式来表示。因此，在我们全部知识中，那个能够用数学语言来表达的部分，就划为物理学的领域。随着科学的进步，物理学的领域扩张到这样的程度，它似乎只受这种方法本身的界限所限制。

物理学研究的大部分工作，是致力于要发展物理学的各个分科，每一分科的目的都是要对那些多少有一定范围的经验作理论上的理解，而且每一分科中的定律和概念都要同经验保持尽可能密切的联系。正是这样一门科学，随着它的不断的专门化，在上几个世纪中，使实际生活起了革命，并且产生了这样一种可能性，使人类可以最后从辛苦的体力劳动的重负下解放出来。

另一方面，从一开始就一直存在着这样的企图：要寻找一个关于所有这些学科的统一的理论基础，它由最少数的概念和基本关系所组成，从它那里，可用逻辑方法推导出各个分科的一切概念和一切关系。这就是我们所以要探求整个物理学的基础的用意所在。认为这个终极目标是可以达到的，这样一个深挚的信念，是经常鼓舞着研究者的强烈热情的主要源泉。正是为了这个理由，下面就专门谈论物理学的基础。

由前面所说，显然可见，这里的“基础”这个词，并不意味同建筑的基础在所有方面有什么雷同之处。从逻辑上来看，各条物理定律当然都是建立在这种基础上面的。建筑物会被大风暴或者洪水严重毁坏，然而它的基础却仍安然无恙；但是在科学中，逻辑的基础所受到的来自新经验或者新知识的危险，总是要比那些同实验有较密切接触的分科来得大。基础同所有各个部分相联系，这是它的巨大意义之所在，但是在面临任何新因素时，这也正是它的最大危险。了解到这一点，我们会觉得奇怪，为什么在那些所谓物理科学的革命时代，它的基础的改变，并不见得比实际的情况更加频繁和更加彻底。

第一个企图奠定统一的理论基础的是牛顿。在他的体系中，每样东西都归结为如下的几个概念：（1）具有不变质量的质点；（2）任何两个质点之间的超距作用；（3）关于质点的运动定律。严格说来，这里并没有什么包罗万象的基础，因为它只列出一条关于引力的超距作用的明确定律；而对于别的超距作用，除了作用和反作用相等这条定律以外，并没有先验地确立起什么。此外，牛顿自己也充分理解到，作为物理学上有效因素的空间和时间，是他的体系的基本元素，尽管他对此只作了暗示，而未明说。

这个牛顿的基础判明是卓有成效的，到 19 世纪末为止，它一直被看做是最终完成了的基础。它不仅给出了天体运动的结果，直到最详细的细节，而且还提供了一种关于分立物质和连续物质的力学理论，提供了一种对能量守恒原理的简单解释，也提供了一种完整的和辉煌的热理论。在牛顿体系里，对电动力学事实的解释则是比较勉强的；在所有这一切中，最难令人信服的，从一开头就是光的理论。

牛顿不相信光的波动论，那是不足为奇的；因为这样的理论最不适合他的理论基础。要假定空间里充满着一种由质点组成的媒质，这些质点传播着光波，但却不显示出任何别的力学性质，这个假定在他看来，一定是十分不自然的。对于光的波动本性的最有力的经验证据，如不变的传播速率、干涉、衍射、偏振等，当时要不是还不知道，就是还未经整理总结。所以他有理由固守他的发射论。

在 19 世纪，这场争论以波动论的胜利而告结束。然而当时还没有对物理学的力学基础产生严重的怀疑，这首先是因为谁也不知道还可以从哪里找到另一种基础。只是在不可抗拒的事实的压力下，才慢慢发展起一种新的物理学的基础，即场物理学。

从牛顿时代起，超距作用的理论始终被认为是不自然的。曾作过不少努力，企图用一种动力学理论来解释引力，那是一种以假设的质点的撞击力为根据的理论。但是这些企图都很肤浅，得不出什么结果。空间（或者惯性系）在力学的基础中所扮演的奇特的角色，也被清楚地认识到了，并且为恩斯特·马赫特别透彻地批判过。

伟大的变革是由法拉第、麦克斯韦和赫兹带来的——事实上这是半不自觉的，并且是违反他们的意志的。所有这三位，在他们的一生中都始终认为自己是力学理论的信徒。赫兹发现了电磁场方程的最简单形式，并且宣称任何导出这些方程的理论都是麦克斯韦理论。可是在接近他的短促生命的末期，他写了一篇论文，在这篇论文里，他提出一种摆脱力概念的力学理论，以作为物理学的基础。

对于我们，法拉第的一些观念，可以说是同我们母亲的奶一道吮吸来的，它们的伟大和大胆是难以估量的。对于一切要把电磁现象归之于带电粒子之间彼此相互反应的超距作用的这种企图，法拉第必定是以其准确无误的本能看出了它们的人为的本性。散布在一张纸上的许多铁屑中的每个颗粒，怎么会知道附近的导体中有带电粒子在巡回流动呢？所有这些带电粒子合起来好像在周围空间里造成一种状态，使铁屑以一定的秩序排列着。这些空间状态，今天叫做场，只要它们的几何结构和相互依存作用一旦被正确地掌握住了，他深信就可以找出神秘的电磁相互作用的线索。他把这些场设想为一种充满空间的媒质中的机械的应力状态，这类似于弹性膨胀体中的应力状态。因为在那个时候，对于这些在空间里显然是连续分布着的状态，这是唯一可能设想的办法。在背后保留着关于这些场的独特的力学解释——从法拉第时代的力学传统来看，这是对科学良心的一种安慰。借助于这些新的场概念，法拉第就成功地对他和他的先辈所发现的全部电磁现象形成了一个定性的概念。关于这些场的时间—空间定律的严密公式表述，则是麦克斯韦的工作。当他用他自己所建立的微分方程，证明了电磁场是以偏振波的形式，并且以光速在传播着的时候，可想象到他当时是怎样的感觉呀！世界上很少有人能够有幸享受到这样的经验。在那个激动的时刻里，他必定猜想不到，好像已完全解决了的光的那个谜一样的本性，却还会继续迷惑了以后好几代人。在这个时期，物理学家们花了好几十年时间才理解到麦克斯韦发现的全部意义，由此可见，他的天才迫使他的同行们在概念上要作多么勇敢的跃进。只是等到赫兹以实验证实了麦克斯韦电磁波的存在以后，对新理论的抵抗才被打垮。

但是，如果电磁场可以独立于物质源而以波动的形式存在着，那么，静电的相互作用就不可再解释为超距作用了。这对于电的作用既然正确，那么对于引力也不能否认了。牛顿的超距作用到处都退让给以有限速度传播着的场了。

牛顿的基础现在只剩下受运动定律支配的质点了。但是J.J. 汤姆生指出：依照麦克斯韦的理论，运动着的带电体必定具有磁场，磁场的能量正好是给带电体增加的动能。既然一部分的动能是由场能组成的，难道全部的动能就可以不是吗？作为物质的根本性质的惯性，是否也许能在场的理论中得到解释呢？这就产生了用场论来说明物质的问题，它的答案会提供出对物质的原子结构的解释。人们不久就看出，麦克斯韦的理论不能实现这个纲领。从那时以来，曾有许多科学家热情地通过推广来寻求一种包含物质理论的完整的场论；但是到目前为止，这种努力都还未成功。要构成一种理论，仅有一个关于目标的清楚想法，那是不够的。还必须有一个形式观点，以便对无限种的可能性加以充分的限制。直到现在，这种观点还没有找到；因此，场论还没有成功地提供出关于整个物理学的基础。

有好几十年时间，多数物理学家都固执着这样的一种信念，认为必定能为麦克斯韦理论找到一种力学的根基。但由于他们努力的结果不能令人满意，就逐渐承认新的场概念是不可简约的基本——换句话说，物理学家不得已只好放弃力学的基础这个想法。

这样，物理学家就坚持了场论纲领，但是这个纲领不能称为基础，因为谁也不敢说是否有一个贯彻一致的场论，它一方面既能解释引力，另一方面又能解释物质的基本组成成分。在这种情况下，就有必要把物质粒子看做是服从牛顿运动定律的质点。这就是洛伦兹在创立他的电子论和动体电磁现象理论时所用的方法。

这就是在世纪交替时基本概念所达到的地步。当时对于全部新现象的理论的洞察和了解有莫大的进展，但是物理学统一基础的建立看来却的确很渺茫。而且这种情况又由于随后的发展而更加恶化起来。20 世纪的发展是由两个在本质上各自独立的理论体系来表征的，那就是相对论和量子论。这两个体系彼此没有直接的矛盾，但是似乎很难融合成一个统一的理论。我们必须扼要地讨论这两个体系的基本观念。

相对论是要从逻辑经济上来改善世纪交替时所存在的物理学基础而产生的。所谓狭义的或者有限制的相对论所根据的事实是：在洛伦兹变换下，麦克斯韦方程（光在空虚空间里传播的定律因而也一样）变换成同一形式。麦克斯韦方程的这种形式上的性质，为我们一个十分可靠的经验知识所补充，那就是：参照于一切惯性系，物理定律都是相同的。这导致了如下的结果：洛伦兹变换——用于空间和时间坐标——必定支配着从一个惯性系到任何别的惯性系的转移。狭义相对论的内容因此可用一句话来总结：一切自然规律都必定受到这样的限制，使它们对于洛伦兹变换都是协变的。由此得知，两个隔开的事件的同时性不是一个不变的概念，刚体的大小和时钟的快慢都同它们的运动状态有关。另一个结果是在物体速率比光速并不很小的情况下修改了牛顿运动定律。它还导出了质能相当原理，把质量守恒定律和能量守恒定律合并成一个定律。一旦指明了同时性是相对的，并且同参照系有关，物理学基础中保留超距作用的任何可能性就都消失了，因为这个概念是以同时性的绝对性为前提的（即必须有可能说出“在同一时刻”两个相互作用着的质点所处的位置）。

广义相对论来源于企图解释一个从伽利略和牛顿时代起就早已知道的，但一向逃避了一切理论说明的事实：物体的惯性和重量，本身是两种完全不同的东西，但却用同一个常数（质量）去量度。从这个相当性得知，不可能用实验去发现一个坐标系究竟是在加速的，还是在沿直线匀速运动着，而所观察到的结果则是由引力场所引起的（这就是广义相对论的等效原理）。一旦引力引了进来，它就粉碎了惯性系这个概念。这里可注意的是，惯性系是伽利略—牛顿力学的一个弱点。因为在那里要预先假定物理空间有这样一种神秘的性质，它限制着适用于表述惯性定律和牛顿运动定律的坐标系的种类。

下面的假设能免除这些困难：自然规律必须作这样的公式表述，它们的形式对于无论哪一种运动状态的坐标系都是完全一样的。要完成这项工作，那是广义相对论的任务。另一方面，我们从狭义相对论推知时间—空间连续区中黎曼度规的存在，依照等效原理，它既描述了引力场，也描述了空间的度规性质。要是假定引力的场方程是二阶的微分方程，场定律就可以明确地确定下来了。

除了这个结果，这理论还使场物理学摆脱了无能为力的状态，这毛病同在牛顿力学中的一样，是由于把那些独立的物理性质加给空间而引起的，而这些性质一直被惯性系的使用掩盖着。但是还不能断言，广义相对论中今天可看做是定论的那些部分，已为物理学提供了一个完整的和令人满意的基础。首先，出现在它里面的总场是由逻辑上毫无关系的两个部分，即引力部分和电磁部分所组成的。其次，像以前的场论一样，这理论直到现在还未提出一个关于物质的原子论性结构的解释。这种失败，也许同它对理解量子现象至今尚无贡献这一事实多少有点关系。为了理解这些现象，物理学家被迫采用了一些完全新的方法，现在我们就来讨论这些新方法的根本特征。

1900 年，在纯理论研究的进程中，麦克斯·普朗克有了一个非常值得注意的发现：作为温度的函数的物体辐射定律，不能单独从麦克斯韦的电动力学定律里推导出来。为了得到同有关实验相一致的结果，必须把那些具有一定频率的辐射看做好像是由一些能量原子所组成，而单个能量原子所具有的能量是 hv，此处 h 是普朗克的普适常数。随后几年，证明了光无论在哪里都是以这样的能量子形式产生或者被吸收的。特别是尼耳斯·玻尔，由于他假定原子只能具有分立的能量值，而它们之间不连续的跃迁都同这种能量子的发射或者吸收有关，他就能够大体上了解到原子的结构。这就帮助说明了这样的事实：元素及其化合物在气态时，所辐射和所吸收的光，只能具有某些明锐确定的频率。所有这些，在此以前存在着的各种理论的框框里都是完全无法说明的。显然，至少在原子论性现象的领域里，所发生的每件事情的特征，都是由分立的状态，以及它们之间看来是不连续的跃迁所规定的，普朗克常数 h 在这里起着决定性的作用。

下一步骤是德布罗意所采取的。他向自己提出这样的问题：借助于现行的概念，分立的状态可作怎样的理解呢？他想起了同驻波的类比，就像在声学中风琴管和弦的本征频率的情况那样。这里所需要的这样一种波动作用固然还不知道；但是用上普朗克常数 h，就可以把它们构造出来，并且列出它们的数学定律。德布罗意设想，电子绕原子核的转动是同这种假设的波列有关，并且通过对应波的驻定特征，对玻尔的"容许的"轨道的分立特征就能有所理解。

既然力学中质点的运动是由作用于它们的力或者力场来决定的，那么可以料想到，那些力场也会以类似的方式来影响德布罗意的波场。埃尔温·薛定谔指出怎样去计算这种影响，他用一种巧妙的方法来重新解释古典力学的某些公式。他甚至不要增加任何假说，就成功地发展了波动力学理论，使它适用于含有任意个质点（那就是说有任意个自由度）的任何力学体系。这是可能的，因为由 n 个质点所组成的力学体系，在数学上有很大程度是相当于一个在 3n 维空间里运动着的单个质点。

根据这个理论，许许多多用别的理论好像完全无法理解的事实都得到了意外美妙的说明。但是，够奇怪的，有一点它却失败了：已经证明，不可能使这些薛定谔波同质点的确定运动联系起来——而这，归根到底却是整个结构的本来目的。

这困难好像是不可克服的，直到玻恩才用一个料想不到的简单方法跨了过去。德布罗意—薛定谔波场不可解释为一种关于一个事件怎样在时间和空间里实际发生的数学描述，尽管它们同这样的事件当然是有关系的。说得恰当些，它们是我们实际上所能知道的关于体系的一种数学描述。它们只能用来在统计上陈述和预测我们对这个体系所能进行的一切量度的结果。

让我举个简单例子来说明量子力学的这些普遍的特点：我们考查一个质点，它被一些强度是有限的力限制在一个有限的区域 G 内，如果质点的动能是在某一极限以下，那么根据古典力学，质点就永远不能离开 G 这个区域。可是根据量子力学，过了一段不能直接预测的时间之后，质点却可能沿一个不能预测的方向离开区域 G，而跑到周围的空间里去。依照伽莫夫（Gamov），这个例子就是放射性蜕变的一个简化的模型。

这个例子的量子理论处理如下：在时间 t_0，薛定谔波系全部是在 G 里面。但是从时间 t_0 以后，这些波沿着一切方向离开 G 的内部，这样，外出波的幅要小于 G 里面波系的初幅。外面的波愈扩散开，G 里面的波幅就愈缩小，因而后来从G发出的波的强度也就相应地减小。只有经过无限的时间以后，G里面的波才都跑光，而外面的波则不断扩散到更大的空间中去。

但是这种波动过程同我们所关心的那个原来的对象，即原来被包围在G内的粒子有什么相干呢？要回答这个问题，我们必须设想某种装置，使我们能对粒子进行量度。比如，让我们设想在周围空间的某处有一块屏幕，当粒子碰上来时就被黏住。于是，根据波射到屏上一个点的强度，我们就可断定粒子在那时射到屏上这一点的几率；当这粒子一射到屏上任何一个特定点，整个波场就立即失去了它全部的物理意义；它的唯一目的就在于对粒子射到屏上的位置和时间（或者，比如，它射到屏上时的动量）作出几率预测。

其他一切例子也都相类似。这理论的目的是要确定在某一时刻对体系量度结果的几率。但是，它并不指望要对空间和时间里实际上存在着的或者进行着的事情作出数学的表示，在这一点上，今天的量子理论是根本不同于以前的一切物理学理论的，不管是力学的理论还是场的理论。它不对实际的空间—时间事件作模型的描述，而只为可能的量度给出那些作为时间函数的几率分布。

必须承认，这个新理论的概念不是来源于任何胡思乱想，而是由于经验事实的压力。想直接求助于空间一时间模型，来表示光和物质现象中所出现的粒子和波动的特性，所有这样的企图到目前为止都以失败告终。而且海森堡已经令人信服地指出，从经验的观点来看，由于我们实验仪器的原子论性的结构，关于自然界的严格决定论性的结构的任何判断，肯定是被排除了。因此，希望任何未来的知识能迫使物理学重新放弃我们目前的统计性的理论基础，而支持能直接处理物理实在的决定论性的理论基础，那也许是办不到的。在逻辑上，这问题似乎摆着两种可能性，原则上我们就在这两者之间进行选择。归根结底，作为选择依据的是，究竟哪一种描述所产生的表述方式在逻辑上说来是属于最简单的基础的。在目前，我们完全没有任何决定论性的理论，它既能直接描述事件本身，而又同事实相符合。

暂时我们还得承认，我们还没有任何全面的物理学的理论根基，可被看做是物理学的逻辑基础的。到目前为止，场论在分子领域里失败了。各方面都同意，唯一可能作为量子力学根基的原理，该是一种能够把场论翻译成量子统计学形式的原理。至于这种原理实际上能否以一种令人满意的方式得出来，那是谁也不敢说的。

有些物理学家，包括我自己在内，不能相信：我们必须实际地并且永远地放弃那种在空间和时间里直接表示物理实在的想法；或者我们必须接受这样的观点，说自然界中的事件是像碰运气的赌博那样的。对于每个人，他所能选择的奋斗方向是宽广的；而且每个人也都可以从莱辛的这样一句精辟的名言里得到安慰：对真理的追求要比对真理的占有更为可贵。①

（许良英译）

选文出处

爱因斯坦　关于理论物理学基础的考查

许良英、刘明编，《爱因斯坦文录》，杭州，浙江文艺出版社，2004，181—192 页。

① 莱辛（G. E. Lessing，1729—1781），德国启蒙思想家、剧作家、文学批评家。他是第一个重新认识到被埋没了一百多年的斯宾诺莎哲学的伟大价值的思想家。

量子物理学和哲学——因果性和互补性

玻　尔

玻尔在此文中，介绍了量子力学的哲学意义主要是对于科学基本概念的基础和适用范围的冲击。他指出，从牛顿力学到相对论，都是决定论的描述。可是，量子力学有所不同，决定论的说明所蕴涵的各事件的无限可分性，在原则上是被指定实验条件的要求所排除的。量子力学仍然不乏客观性和因果性，用不同实验装置得到的关于原子客体的资料，详尽无遗地概括了关于客体的一切可以设想的知识，但是如欲将其结合成单独一种图景时，这些资料就显得是相互矛盾的，这就是著名的互补性原理。玻尔指出，互补性绝不会限制我们以实验的方式向自然提出问题的努力，仅仅在测量仪器和个体之间的相互作用形成现象的一个不可分割的部分时，表征着我们通过这种询问所能得到的答案而已。

作者简介

玻尔（Niels Henrik David Bohr，1885—1962），哥本哈根学派的创始人和领袖。1913年玻尔把普朗克和爱因斯坦的量子论应用于原子结构研究，推动了量子力学的发展，获得1922年诺贝尔物理学奖。玻尔1927年提出著名的互补原理。玻尔与爱因斯坦

物理科学对哲学的意义，不但在于稳步地增加我们关于无生命物质的经验，而且首先在于提供一种机会，来检验我们的某些最基本概念的基础和适用范围。尽管实验资料的积累和理论概念的发展带来了术语的改进，但是，物理经验的所有阐述，当然归根结底是以日常语言为基础的；这种语言适用于确定我们的环境并追寻原因和结果之间的关系。事实上，伽利略的纲领，即把物理现象的描述建立在可测定的量的基础上的纲领，曾经给整理越来越大的经验领域提供了坚实的基础。

在牛顿力学中，物质体系的状态决定于各物体的瞬时位置和瞬时速度；在这种力学中已经证明，仅仅依据关于体系在一个已知时刻的状态以及作用于各物体上的力的知识，就能通过了解得很清楚的简单原理，推出体系在任一其他时刻的状态。这样一种描述，显然代表用决定论思想

就量子力学所带来的认识论方面的长期讨论影响极大。

来表示的一种因果关系的理想形式；人们发现，这种描述是有着更宽广的适用范围的。例如，在电磁现象的阐明中，我们必须考虑力以有限速度而传播的过程，但是，决定论的描述仍然可以在这种阐明中保留下来，其方法是：在状态的定义中，不但要包括各带电体的位置和速度，而且要包括电力和磁力在给定时刻在每一空间点上的方向和强度。

相对性思想中包含着一种关于物理现象的描述对观察者所选参照系的依赖程度的认识，这种认识并没有从本质上改变上述这些方面的形势。在这里，我们涉及了一种最有成果的发展，它曾经使我们能够表述一切观察者所公有的物理定律，并将以前显得彼此无关的现象联系起来。虽然在这一表述中用到了四维非欧几里得度规之类的数学抽象，但是，对于每一观察者来说，物理诠释却还是建筑在空间和时间的普通区分上的，并且是保留了描述的决定论品格的。而且，正如爱因斯坦（Albert Einstein）所强调的，不同观察者的时空坐标表示法，永远不会蕴涵着可以称为事件因果顺序的那种序列的反向；因此，相对论不但扩大了决定论描述的范围，而且也加强了它的基础；这种决定论的描述，乃是通常称为经典物理学的那座宏伟大厦的特征。

然而，普朗克（Max Planck）的**基本作用量子**的发现，却在物理科学中开辟了一个新纪元；这种发现，揭示了原子过程中所固有的一种远远超过物质有限可分性这一古代见解的**整体性**特点。事实上，问题变得很清楚：经典物理理论的**形象化**描述，代表着仅仅对那样一些现象为正确的理想化，在各该现象的分析中，所涉及的一切作用量都足够大，以致可以将作用量子略去不计。尽管这一条件在普通规模的现象中是大大得到满足的，但是，在和原子级粒子有关的实验资料中，我们却遇到一种和决定论的分析不相容的新型规律性。这些量子定律规定着原子体系的奇特稳定性以及各体系之间的反应，因而它们归根结底也应该能够说明我们的观察手段所依据的那些物质属性。

因此，物理学家们当时面临的问题，就是要发展古典物理学的一种合理的推广，这种推广应该可以将作用量子很协调地包括在内。在用比较原始的方法对实验资料进行了预备性的考察之后，通过引入适当的数学抽象，这一困难任务终于完成了。例如，在量子力学表述形式中，通常用来定义物理体系的状态的那些物理量，被换成了一些符号性的算符，这些算符服从着和普朗克恒量有关的非对易算法。这种程序阻止我们，使我们不能将这些量确定到古典物理学之决定论描述所要求的那种程度，但是，它却允许我们确定出这些量的值谱分布，这也就是和原子过程有关的资料所揭示的那种值谱分布。适应着这种表述形式的非形象化品格，它的物理诠释被表示成了和在给定实验条件下所得观察结果有关的、本质上属于统计类型的一些定律。

尽管量子力学作为整理有关原子现象的大量资料的手段是很有力的，但是，它离开了因果解释的习惯要求，从而也就很自然地引起了一个问题：我们在这儿所涉及的，是不是经验的完备无遗的描述呢？这一问题的解答，显然要求人们比较仔细地检查在分析原子现象时无歧义地应用经典物理学概念的条件。决定性的一点在于认识到这一事实：实验装置的描述和观察结果的记录，必须通过用通常物理术语适当改进过的日常语言来给出。这是一种简单的逻辑要求，因为对于“实验”一词，我们只能理解为这样的程序：关于该程序，我们能够告诉别人我们做了什么和学到了什么。

在实际的实验装置中，这种要求的满足，是通过用一些刚体当做测量仪器来加以保证的；各刚体应该足够重，以至可以对它们的相对位置和相对速度进行完全经典的说明。与此有关，也很重要的是记住下述情况：一切有关原子客体的无歧义的知识，都是依据遗留在确定着实验条件的那些物体上的永久性记号——如由电子的撞击而在照相底片上造成的一个斑点——来推得的。记录原子客体的出现所依据的那些不可逆的放大效应，并不会引起任何特殊的麻烦，它们仅仅提醒我们注意观察概念本身所固有的本质不可逆性而已。在这方面，原子现象的描述具有完全客观的品格，其意义是：这里没有明白地涉及任何个别的观察者，因此，只要适当照顾相对论的要求，就不会在知识的传达中引入任何歧义了。

在所有这些方面，量子物理学中的观察问题，是和经典的物理学处理方式毫无不同的。然而，在量子现象的分析中，本质上新的特色却在于引入了测量仪器和被研究客体之间的根本区别。这是下述必要性的直接后果：在说明测量仪器的功能时，必须应用纯经典的术语，而在原理上排除关于作用量子的任何考虑。在它们那一方面，现象的那些量子特色是由依据观察结果而推得的关于原子客体的知识来显露的。在经典物理学的范围内，客体和仪器之间的相互作用可以略去不计，或者，如果必要的话，可以设法将它补偿掉，但是，在量子物理学中，这种相互作用却形成现象的一个不可分割的部分。因此，在原理上，真正量子现象的无歧义的说明，必须包括对于实验装置之一切有关特色的描述。

重复进行按上述方式定义的同一实验，一般会得出关于客体的不同记录；这一事实本身就直接暗示着：这一领域中的经验的概括说明，必然是由统计规律表示出来的。几乎用不着强调，我们在这儿所涉及的，并不是统计学的习惯应用的一种类似事例；在习惯应用中，是用统计学来描述一些物理体系，它们的结构过于复杂，以致实际上无法将它们的状态定义得像决定论的说明所要求的那样完备。在量子现象的情况，决定论的说明所蕴涵的各事件的无限可分性，在原理上是被指定实验条件的要求所排除了的。事实上，真正量子现象所特有的整体性特点，是在下述情况中得到逻辑表示的：任何明确规定的再分划的尝试，都会要求对实验装置进行一种和所研究现象的定义不相容的改变。

在经典物理学的范围内，某一给定客体的一切特征属性，在原理上可以用单独一个实验装置来确定，尽管在实际上用不同的装置来研究现象的不同方面往往是方便的。事实上，用这种方法得到的数据仅仅互相补充，并且可能结合成关于所研究客体之性能的首尾一致的图景。然而，在量子物理学中，用不同实验装置得到的关于原子客体的资料，却显示着一种很新颖的互补关系。事实上，必须认识到，这样的资料就详尽无遗地概括了关于客体的一切可设想的知识，尽管当企图把它们结合成单独一种图景时这些资料显得是相互矛盾的。互补性这一思想绝不会限制我们以实验的形式向大自然提出问题的那些努力，它仅仅在测量仪器和客体之间的相互作用形成现象的一个不可分割的部分时，表征着我们通过这种询问所能接收到的答案而已。

当然，实验装置的经典描述以及关于原子客体的记录的不可逆性，保证着和因果性的基本要求相容的一种因果顺序，但是，决定论理想的无可挽回的放弃，却在支配着一些基本概念之无歧义应用的互补关系中得到了突出的表示，而经典的物理描述却以这些基本概念的无限制结合为基础。事实上，要确定一个原子级粒子在一个有限时空域中的出现，就要用到这样一种实验装置：它涉及对固定标尺及校准时钟之类物体的动量传递和能量传递，而这种传递是不能包括在各该物体之功能的描述中的，如果这些物体应该起到定义参照系的作用的话。反之，动量守恒定律和能量守恒定律对原子过程的任何严格应用，在原理上就暗示着放弃粒子的详细时空标示（coordination）。

这些情况，在海森堡（Werner Heisenberg）的测不准关系式中得到了定量的表示；这种关系式指示着在量子力学中确定一些运动学变量和动力学变量时的反比式的活动范围，而这些变量则是在经典力学中定义体系状态所必须用到的。事实上，在量子力学表述形式中表示着这些变量的那些符号的有限对易性，就对应于无歧义地定义各该变量时所要求的那些实验装置的互斥性。在这方面，我们所涉及的当然不是精确测量方面的限制，而是时空概念和动力学守恒定律的明确应用方面的限制；后一种限制是由测量仪器和原子客体之间的必要区分所带来的。

当处理原子问题时，借助于薛定谔（Erwin Schrödinger）的态函数来进行具体的计算是最为方便的；由这种态函数，可以通过确定的数学运算推演出支配着在特定条件下所能得到的观测结果的那些统计规律。然而，必须认识到，我们在这里所处理的是一种纯符号性的手续，它的无歧义的物理诠释归根结底要涉及完备的实验装置。忽视这一点有时引起过混乱；特别说来，诸如“观察对现象的扰乱”或“测量对客体物理属性的创造”这一类语句的应用，就几乎是和日常语言及实际定义不相容的。

与此有关，甚至提出了这样的问题：为了更恰当地表示有关的形势，是否必须采用多值逻辑学呢？然而，由以上的论证就可看出，对于日常语言和普通逻辑学的一切违背都可以得到避免，只要将“现象”一词仅仅用来指示可以无歧义地传达的知识就行了，在这种知识的说明中，“测量”一词是在标准化的比较这一简单意义下被应用的。术语选择方面的这种慎重性，在探索新的经验领域时是特别重要的；在那种领域中，知识不能被概括于那种在经典物理学中得到如此不受局限的应用的习见构架之中。

正是在这一背景上，可以看到量子力学在一致性和完备性方面是满足有关合理解释的一切条件的。例如，强调在明确规定的实验条件下得到的永久性记录乃是量子力学表述形式之合理诠释的基础，这种强调就对应于经典的物理解释中所蕴涵的一个前提：事件之因果顺序的每一步，在原理上都是可以得到验证的。而且，可以将每一种可设想的实验装置全都考虑到，这种可能性就提供着描述上的完备性，和经典物理学中所追求的完备性相仿佛。

这样的论证当然并不意味着，在原子物理学中，我们在实验资料以及便于概括该种资料的数学工具方面就没有更多的东西好学习了。事实上，事情似乎是这样：为了说明在探索很高能量的原子过程时揭露出来的那些新颖特点，人们必须在表述形式中引入更进一步的抽象。然而，决定性的问题在于，在这方面也根本不存在回到那种描述方式的问题，该种描述方式在较高的程度上满足关于因果关系之形象化表示的习见要求。

我们已经看到，量子规律性不能按经典路线来加以分析，这一事实本身就要求，在经验的说明中，在测量仪器和原子客体之间要有一种逻辑的区分，这种区分在原理上就阻碍着概括性的决定论描述。总之，可以强调指出，互补性这一较宽广的构架，绝不会导致任何对于因果性这一理想的随意放弃，它直接表示着我们在说明物质基本属性方面所处的地位，这些属性是经典物理描述的前提，而它们又超出经典物理描述范围之外。

不管适用相对性思想和互补性思想的典型形势是何等地不相同，这两种形势在认识论方面却表现着深远的相似之点。事实上，在两种情况下我们都涉及对于协调性的寻求，这种协调性不能概括在说明范围更窄的物理经验领域时所采用的那种形象化概念之中。但是，有决定意义的一点是：不论在哪一种情况下，我们的观念构架的适当扩展，都并不蕴涵对于观察主体的任何引用，这种引用是会阻止经验的无歧义传达的。在相对论性的论证中，这种客观性是通过适当照顾现象对观察者参照系的依赖性来加以保证的；而在互补描述中，则通过适当注意基本物理概念之明确应用所要求的条件来避免全部的主观性。

从一般性的哲学观点来看，重要的是：在其他知识领域中的分析和综合方面，我们都面临着一些形势，它们是会使我们想起量子物理学中的形势的。例如，生命机体的不可分割性和有意识的个人以及人类文化的特征，都显示出一些整体性特色，这些特色的说明，蕴涵着一种典型的互补描述方式。[①] 由于在这些较宽广领域中传达经验时可供应用的丰富词汇有着很不相同的用法，最重要的是由于在哲学文献中对于因果性概念有着各式各样的诠释，所以上述比较的目的有时是被误解了的。然而，用于描述物理科学中较简单形势的适当术语的逐渐发展却表明，我们所处理的并不是一些或多或少模糊的类比，而是在较宽广领域中的不同方面之间遇到的一些逻辑关系的清楚的实例。

（戈革译）

选文出处

玻尔　量子物理学和哲学——因果性和互补性

玻尔著，《尼耳斯·玻尔哲学文选》，北京，商务印书馆，1999，229—237页。

---

① 参阅本书第二卷。

量子论的哥本哈根解释

海森堡

海森堡在此章中，系统地介绍了量子论的哥本哈根解释，这也是量子力学的主流观点。他认为，测不准原理的根源是因为我们描述实验装置和实验结构的语言是经典物理学的概念，这些概念的使用范围是有限制的，不足以描述量子力学事件本身。量子力学并不包含真正的主观特征，物理学家的精神并不是原子事件的一部分，但是研究对象与世界的其他部分的区别则是量子力学的出发点。我们所观测的不是自然本身，而是由我们用来探索问题的方法所揭示的自然。

作者简介

海森堡（Werner Karl Heisenberg，1901—1976），海森堡1925年与玻恩、约丹建立矩阵力学，1927年首次提出并证明了量子力学的"测不准原理"，是量子力学的创始人之一，荣获1932年的诺贝尔物理学奖。对于量子力学的相关哲学问题有深入的研究，著有《物理学和哲学》。

量子论的哥本哈根解释是从一个佯谬出发的。物理学中的任何实验，不管它是关于日常生活现象的，或是有关原子事件的，都是用经典物理学的术语来描述的。经典物理学的概念构成了我们描述实验装置和陈述实验结果的语言。我们不能也不应当用任何其他东西来代替这些概念。然而，这些概念的应用受到测不准关系的限制。当使用这些概念时，我们必须在心中牢记经典概念的这个有限的适用范围，但我们不能够也不应当企图去改进这些概念。

为了更好地了解这个佯谬，比较一下在经典物理学和量子论中对一个实验进行理论解释的程序是有用的。譬如，在牛顿力学中，我们要研究行星的运动，可以从测量它的位置和速度开始。只要通过观测推算出行星的一系列坐标值和动量值，就可以将观测结果翻译成数学。此后，运动方程就用来从已定时间的这些坐标和动量值推导出晚些时候系统的坐标值或任何其他性质，这样，天文学家就能够预言系统在晚些时候的性质。例如，他能够预言月食的准确时间。

在量子论中，程序稍有不同。例如，我们可能对云室中一个电子的运动感兴趣，并且能用某种观测决定电子的初始位置和速度。但是这个测定将不是准确的；它至少包含由于测不准关系而引起的不准确度，或许还会由于实验的困难包含更大的误差。首先正是由于这些不准确度，才容许我们将观测结果翻译成量子论的数学方案。写出的几率函数是代表进行测量时的实验状况的，其中甚至包含了测量的可能误差。

这种几率函数代表两种东西的混合物，一部分是事实，而另一部分是我们对事实的知识。就它选定初始时间的初始状况的几率为1（即完全确定）这一点说，它代表了事实：电子在被观测到的位置以被观测到的速度运动；“被观测到”，意指在实验的准确度范围内被观测到。而就另一个观测者或许能够更准确地知道电子的位置这一点说，它则代表我们的知识。实验的误差并不（至少在某种程度上）代表电子的性质，而表示了我们对电子的知识的缺陷。这种知识的缺陷也是由几率函数表示的。

在经典物理学中，当在进行精细的研究时，人们同样应当考虑到观测的误差。结果，人们就得到关于坐标和速度的初始值的几率分布，因此也就得到很类似于量子力学中的几率函数的某种东西。只是量子力学中由于测不准关系而必有的测不准性，在经典物理学中是没有的。

当量子论中的几率函数已在初始时间通过观测决定了以后，人们就能够从量子论定律计算出以后任何时间的几率函数，并能由此决定一次测量给出受测量的某一特殊值的几率。例如，我们能预测以后某一时间在云室中某一给定点发现电子的几率。应当强调指出，无论如何，几率函数本身并不代表事件在时间过程中的经过。它只代表一些事件的倾向和我们对这些事件的知识。只有当满足一个主要条件时，例如，作了决定系统的某种性质的新测量时，几率函数才能和实在联系起来。只有那时，几率函数才容许我们计算新测量的可能结果。而测量结果还是用经典物理学的术语叙述的。

由此可见，对一个实验进行理论解释需要有三个明显的步骤：（1）将初始实验状况转述成一个几率函数；（2）在时间过程中追踪这个几率函数；（3）关于对系统所作新测量的陈述，测量结果可以从几率函数推算出来。对于第一个步骤，满足测不准关系是一个必要的条件。第二个步骤不能用经典概念的术语描述：这里没有关于初始观测和第二次测量之间系统所发生的事情的描述。只有到第三个步骤，我们才又从“可能”转变到“现实”。

让我们用一个简单的理想实验来演示这样三个步骤。前面已经说过，原子是由一个原子核和环绕原子核运动的电子所组成；前面也已论述过，电子轨道的概念是可疑的。人们或许会主张，至少原则上应当能够观察到轨道中的电子。人们可以简单地通过一个分辨本领非常高的显微镜来观看原子，这样就应该能看到在轨道中运动的电子。当然，使用普通光的显微镜是不能达到这样高的分辨本领的，因为位置测量的不准确度决不能小于光的波长。但是一个用波长小于原子大小的 γ 射线的显微镜将能做到这一点。这样的显微镜尚未被制造出来，但这不应当妨碍我们讨论这个理想实验。

第一个步骤，即将观测结果转述成一个几率函数，是可能做到的吗？只有在观测后满足测不准关系时，这才是可能的。电子的位置可以观测得这样准确，其准确度随 γ 射线的波长而定。在观测前电子可以说实际上是静止的。但是在观测作用过程中，至少有一个 γ 射线的光量子必须通过显微镜，并且必须首先被电子所偏转。因此，电子也被光量子所撞击，这就改变了它的动量和速度。人们能够证明，这种变化的测不准性正好大到足以保证测不准关系的成立。因此，关于第一个步骤，没有丝毫困难。

同时，人们能够很容易理解没有观测电子环绕原子核的轨道的方法。第二个步骤在于显示一个不绕原子核运动而是离开原子的波包，因为第一个光量子已将电子从原子中打出。如果 γ 射线的波长远小于原子的大小，γ 射线的光量子的动量将远大于电子的原始动量。因此，第一个光量子足以从原子中打出电子，并且人们决不能观测到电子轨道中另外的点；因此，也就没有通常意义的轨道了。下一次观测——第三个步骤——将显示电子离开原子的路线。两次相继观测之间所发生的事情，一般是完全无法描述的。当然，人们总想这样说：在两次观测之间，电子必定要处在某些地方，因而必定也描绘出某种路线或轨道，即使不可能知道是怎样一条路线。这在经典物理学中是一个合理的推论。但是，在量子论中，我们将在后面看出，这是语言的不合理的误用。我们可以暂时不去管这个警告究竟是指我们谈论原子事件的方法还是指原子事件本身，究竟它所涉及的是认识论还是本体论。但在任何情况下，我们对原子粒子的行为作任何陈述时，措辞都必须非常小心。

实际上我们完全不需要说什么粒子。对于许多实验，说物质波却更为便利，譬如，说环绕原子核的驻立物质波就更为便利。但是，如果不注意测不准关系所给出的限制，这样一种描述将和另一种描述直接矛盾。通过这些限制，矛盾就避免了。使用“物质波”是便利的，举例说，处理原子发射的辐射时就是这样。辐射以它的频率和强度提供了原子中振荡着的电荷分布的信息，因而波动图像比粒子图像更接近于真理。因此，玻尔提倡两种图像一并利用，他称它们是“互补”的。这两种图像当然是相互排斥的，因为一个东西不能同时是一个粒子（即限制于很小体积内的实体）而又是一个波（即扩展到一个大空间的场），但二者却互相补充。摆弄这两种图像，从一种图像转到另一种图像，然后又从另一种图像转回到原来的图像，我们最终得到了隐藏在我们的原子实验后面的奇怪的实在的正确印象。玻尔在量子论解释的好几个地方使用了"互补性"概念。关于粒子位置的知识是和关于它的速度或动量的知识互补的。如果我们以高度的准确性知道了其中一个，我们就不能以高度的准确性知道另一个；但为了决定系统的行为，我们仍需两个都知道。原子事件的空间时间描述是和它们的决定论描述互补的。几率函数服从一个运动方程，就像坐标在牛顿力学中那样：它随时间的变化是被量子力学方程完全决定了的，但它不容许对原子事件在空间和时间中进行描述。另一方面，观测要求在空间和时间中对系统进行描述，但是，由于观测改变了我们对系统的知识，它也就破坏了几率函数的已定的连续性。

一般地讲，关于同一实在的两种不同描述之间的二象性已不再是一个困难了，因为我们已经从量子论的数学形式系统得知，矛盾是不能产生的。两种互补图像——波和粒子——间的二象性也很清楚地表现在数学方案的灵活性中。数学形式系统通常是仿照牛顿力学中关于粒子的坐标和动量的运动方程写出的。但通过简单的变换，就能把它改写成类似于关于普通三维物质波的波动方程。因此，摆弄不同的互补图像的这种可能性类似于数学方案的不同变换：它并不给量子论的哥本哈根解释带来任何困难。

然而，当人们提出了这样一个著名的问题："但是在原子事件中'真正'发生了什么呢?"这时，了解这种解释的真正困难就产生了。前面说过，一次观测的机构和结果总是能用经典概念的术语来陈述的。但是，人们从一次观测推导出来的是一个几率函数，它是把关于可能性（或倾向）的陈述和关于我们对事实的知识的陈述结合起来的一种数学表示式。所以我们不能够将一次观测结果完全客观化，我们不能描述这一次和下一次观测间"发生"的事情。这看来就像我们已把一个主观论因素引入了这个理论，就像我们想说：所发生的事情依赖于我们观测它的方法，或者依赖于我们观测它这个事实。在讨论这个主观论的问题之前，必须完全解释清楚，为什么当一个人试图描述两次相继进行的观测之间所发生的事情时，他会陷入毫无希望的困难。

为此目的，讨论下述理想实验是有好处的：我们假设一个小的单色光源向一个带有两个小孔的黑屏辐射。孔的直径不可以比光的波长大得太多，但它们之间的距离远远大于光的波长。在屏后某个距离有一张照相底片记录了入射光。如果人们用波动图像描述这个实验，人们就会说，初始波穿过两个孔；将有次级球面波从小孔出发并互相干涉，而干涉将在照相底片上产生一个强度有变化的图样。

照相底片的变黑是一个量子过程，化学反应是由单个光量子所引起的。

因此，用光量子来描述实验必定也是可能的。如果容许讨论单个光量子在它从光源发射和被照相底片吸收之间所发生的事情的话，人们就可以作出如下的推论：单个光量子能够通过第一个小孔或通过第二个小孔。如果它通过第一个小孔并在那里被散射，它在照相底片某点上被吸收的几率就不依赖于第二个孔是关着或开着。底片上的几率分布就应当同只有第一个孔开着的情况一样。如果实验重复多次，把光量子穿过第一个小孔的全部情况集中起来，底片由于这些情况而变黑的部分将对应于这个几率分布。如果只考虑通过第二个小孔的那些光量子，变黑部分将对应于从只有第二个小孔是开着的假设推导出来的几率函数。因此，整个变黑部分将正好是两种情况下变黑部分的总和；换句话说，不应该有干涉图样。但是我们知道，这是不正确的，因为这个实验必定会出现干涉图样。由此可见，说任一光量子如不通过第一个小孔就必定通过第二个小孔，这种说法是有问题的，并且会导致矛盾。这个例子清楚地表明，几率函数的概念不容许描述两次观测之间所发生的事情。任何寻求这样一种描述的企图都将导致矛盾，这必定意味着“发生”一词仅限于观测。

这确是一个非常奇怪的结果，因为它们似乎表明，观测在事件中起着决定性作用，并且实在因为我们是否观测它而有所不同。为了更清楚地表明这一点，我们必须更仔细地分析观测过程。

首先，记住这一点是重要的：在自然科学中，我们并不对包括我们自己在内的整个宇宙感兴趣，我们只注意宇宙的某一部分，并将它作为我们研究的对象。在原子物理学中，这一部分通常是一个很小的对象，一个原子粒子或是一群这样的粒子，有时也可能要大得多——大小是无关紧要的；但是，重要的是，包括我们在内的大部分宇宙并不属于这个对象。

现在，从已经讨论过的两个步骤开始对实验作理论的解释。第一步，我们必须用经典物理学的术语来描述最后要和第一次观测相结合的实验装置，并将这种描述转译成几率函数。这个几率函数服从量子论的定律，并且它在连续的时间过程中的变化能从初始条件计算出来。这是第二步。几率函数结合了客观与主观的因素。它包含了关于可能性或较大的倾向（亚里士多德哲学中的“潜能”）的陈述，而这些陈述是完全客观的，它们并不依赖于任何观测者；同时，它也包含了关于我们对系统的知识的陈述，这当然是主观的，因为它们对不同的观测者就可能有所不同。在理想的情形中，几率函数中的主观因素当与客观因素相比较时，实际上可以被忽略掉。这时，物理学家就称它为“纯粹情态”。

现在，当我们作第二次观测时，它的结果应当从理论预言出来；认识到这一点是十分重要的，即我们的研究对象在观测前或至少在观测的一瞬间必须和世界的另一部分相接触，这世界的另一部分就是实验装置、量尺等。这表示几率函数的运动方程现在包含了与测量仪器的相互作用的影响。这种影响引入一种新的测不准的因素，因为测量仪器是必须用经典物理学的术语描述的；这样一种描述包含了有关仪器的微观结构的测不准性，这是我们从热力学认识到的；然而，因为仪器又和世界的其余部分相联系，它事实上还包含了整个世界的微观结构的测不准性。从这些测不准性仅仅是用经典物理学术语描述的后果而并不依赖于任何观察者这一点说，它们可以称为客观的。而从这些测不准性涉及我们对于世界的不完全的知识这一点说，它们又可以称为主观的。

在发生了这种相互作用之后，几率函数包含了倾向这一客观因素和知识的不完整性这一主观因素，即令它以前曾经是一个"纯粹情态"，也还是如此。正是由于这个原因，观测结果一般不能准确地预料到；能够预料的只是得到某种观测结果的几率，而关于这种几率的陈述能够以重复多次的实验来加以验证。几率函数不描述一个确定事件（即不像牛顿力学中那种正常的处理方法），而是种种可能事件的整个系统，至少在观测的过程中是如此。

观测本身不连续地改变了几率函数：它从所有可能的事件中选出了实际发生的事件。因为通过观测，我们对系统的知识已经不连续地改变了，它的数学表示也经受了不连续的变化，我们称这为"量子跳变"。当一句古老的谚语"自然不作突变"被用来作为批评量子论的根据时，我们可以回答说：我们的知识无疑是能够突然地变化的，而这个事实证明使用"量子跳变"这个术语是正确的。

因此，在观测作用过程中，发生了从"可能"到"现实"的转变。如果我们想描述一个原子事件中发生了什么，我们必须认识到，"发生"一词只能应用于观测，而不能应用于两次观测之间的事态。它只适用于观测的物理行为，而不适用于观测的心理行为，而我们可以说，只有当对象与测量仪器从而也与世界的其余部分发生了相互作用时，从"可能"到"现实"的转变才会发生：它与观测者用心智来记录结果的行为是没有联系的。然而，几率函数中的不连续变化是与记录的行为一同发生的，因为正是在记录的一瞬间我们知识的不连续变化在几率函数的不连续变化中有了它的映像。

那么，我们对世界，特别是原子世界的客观描述最终能达到什么样的程度呢？在经典物理学中，科学是从信仰开始的——或者人们应该说是从幻想开始的？——这就是相信我们能够描述世界，或者至少能够描述世界的某些部分，而丝毫不用牵涉到我们自己。这在很大程度上是实际可能做到的。我们知道伦敦这个城市存在着，不管我们看到它与否。可以说，经典物理学正是那种理想化情形，在这种理想化情形中我们能够谈论世界的某些部分，而丝毫不涉及我们自己。它的成功把对世界的客观描述引导到普遍的理想化。客观性变成评定任何科学结果的价值时的首要标准。量子论的哥本哈根解释仍然同意这种理想化吗？人们或许会说，量子论是尽可能地与这种理想化相一致的。的确，量子论并不包含真正的主观特征，它并不引进物理学家的精神作为原子事件的一部分。但是，量子论的出发点是将世界区分为“研究对象”和世界的其余部分，此外，它还从这样一个事实出发，这就是至少对于世界的其余部分，我们在我们的描述中使用的是经典概念。这种区分是任意的，并且从历史上看来，是我们的科学方法的直接后果；而经典概念的应用终究是一般人类思想方法的后果。但这已涉及我们自己，这样，我们的描述就不是完全客观的了。

在开始时已说过，量子论的哥本哈根解释是从一个佯谬开始的。它从我们用经典物理学术语描述我们的实验这样一个事实出发，同时又从这些概念并不准确地适应自然这样一个认识出发。这样两个出发点间的对立关系，是量子论的统计特性的根源。因此，不时有人建议，应当统统摒弃经典概念，并且由于用来描述实验的概念的根本变化，或许可能使人们回到对自然界作非静态的、完全客观的描述。

然而，这个建议是立足于一种误解之上的。经典物理学概念正是日常生活概念的提炼，并且是构成全部自然科学的基础的语言中的一个主要部分。在科学中，我们的实际状况正是这样的，我们确实使用了经典概念来描述实验，而量子论的问题是在这种基础上来找出实验的理论解释。讨论——假如我们不是现在这样的人，我们能做些什么——这样的问题，是没有用处的。在这一点上，我们必须认识到，正如冯·威扎克尔（Von Weizsäcker）所指出的，“自然比人类更早，而人类比自然科学更早”。这两句话的前一句证明了经典物理学是具有完全客观性的典型。后一句告诉我们，为什么不能避免量子论的佯谬，即指出了使用经典概念的必要性。

我们必须在原子事件的量子理论解释中给实际程序加上若干注释。已经说过，我们的出发点总是把世界区分为我们将进行研究的对象和世界的其余部分，并且这种区分在某种程度上是任意的。举例说吧，如果我们将测量仪器的某些部分或是整个仪器加到对象上去，并对这个更复杂的对象应用量子论定律，在最终结果上确实不应有任何差别。能够证明，理论处理方法这样的一种改变不会改变对已定实验的预测。在数学上这是由于这样一个事实，就是对于能把普朗克常数看做是极小的量的那些现象，量子论的定律近似地等价于经典定律。但如果相信将量子理论定律对测量仪器这样应用时，能够帮助我们避免量子论中的基本佯谬，那就错了。

只有当测量仪器与世界的其余部分密切接触时，只有当在仪器和观测者之间有相互作用时，测量仪器才是名符其实的。因此，就像在第一种解释中一样，这里关于世界的微观行为的测不准性也将进入量子理论系统。如果测量仪器与世界的其余部分隔离开来，它就既不是一个测量仪器，也就根本不能用经典物理学的术语来描述了。

关于这种状况，玻尔曾强调指出，对象和世界其余部分的区分不是任意的这种讲法是更为现实些的。在原子物理学中，我们的研究工作的实际状况通常是这样的：我们希望了解某种现象，我们希望认识这些现象是如何从一些普遍的自然规律中推导出来的。由此可见，参与现象的一部分物质或辐射是理论处理中的当然的“对象”，并且在这方面，它们应当和用来研究现象的工具分离开来。这又使得原子事件描述中的主观因素突出出来，因为测量仪器是由观测者创造出来的，而我们必须记得，我们所观测的不是自然的本身，而是由我们用来探索问题的方法所揭示的自然。在物理学中，我们的科学工作在于用我们所掌握的语言来提出有关自然的问题，并且试图从我们随意部署的实验得到答案。正如玻尔所表明的，这样，量子论就使我们想起一个古老的格言：当寻找生活中的和谐时，人们决不应当忘记，在生活的戏剧中，我们自己既是演员，又是观众。可以理解，在我们与自然的科学关系中，当我们必须处理只有用最精巧的工具才能深入进去的那部分自然时，我们本身的活动就变得很重要了。

（范岱年译）

选文出处

海森堡　量子论的哥本哈根解释

海森堡著，《物理学和哲学》，北京，商务印书馆，1984，14—37页。

不变性和扰动

莫　诺

莫诺在这部分选文中，基于分子生物学的新进展，对进化机制的本质提出了自己的理解。他认为，科学在研究演化现象时的基本策略是探索不变量，在量子力学领域内，同一性原理可以视为真正实在的表述。在变动不居的生命现象背后，存在着解剖学、化学以及最根本的DNA不变量。在核酸的翻译过程中，高度的精确性、不可逆性以及量子事件本质上的测不准性等综合在一起，使得进化过程成为盲目的创造过程。

作者简介

莫诺(Jacques Monod，1910—1976)，法国生物学家。莫诺、A. 罗沃夫和雅各布，由于发现了细菌细胞内酶活性的遗传调节机制而共同获得了1965年的诺贝尔生理学或医学奖。他们发现和阐明的调节基因、转录、操纵子、mRNA、调节蛋白等新概念，都是后来分子生物学发展

柏拉图和赫拉克利特

约三千年前，西方哲学在爱奥尼亚岛上诞生以来，就已分成了两个看来是对立的营垒。一方认为，世界的真正的和终极的真理，由于本质是不变的，所以只能存在于完全不变的形式之中。另一方则认为，唯一的真理存在于流动和演化之中。从柏拉图到怀特海，从赫拉克利特到黑格尔、马克思，他们的形而上学的认识论的见解，显然总是同他们的伦理学偏见和政治偏见密切相关的。这些思想体系尽管声称对于理性是不辩自明的，实际上却是为这些哲学家的先入之见、为他们的伦理政治成见作辩解而在事后作出的一种构思。①

对于科学来说，只有客观性假设才是唯一的一个先验的不变的东西。这个假设把科学从变和不变的争论中解救出来，或者不如说禁止它参与争论。科学是研究演化的，

① 参阅卡尔·波普尔：《开放的社会及其敌人》(伦敦，罗脱莱奇和凯根·保罗，1945年)。

的重要基石。1971年，他的《偶然性与必然性》一书出版，产生了广泛影响。

不管是宇宙的演化，还是宇宙里包括人在内的生物界等系统的演化。我们知道，任何现象、任何事物、任何认识都包含着相互作用，而相互作用本身又使系统的要素产生变化。但不能因此而否认在宇宙的结构中存在着不变的实体。正好相反，科学在分析现象时所采取的基本策略就是要探索不变量。在这一点上，每一条物理学定律同每一门数学的发展一样，都是去规定不变量的某种关系；科学的基本陈述都可以用宇宙的"守恒原理"来表达。随便举一个例子就可以看到，如果不依据现象所保持的不变量，那么事实上就无法分析任何一种现象。动力学定律的形成也许是个明显的例子。它首先要求微分方程式的发明，就是说，要求有一种用不变的东西来规定变化的方法。

当然，人们可以问：构成科学论述的一切不变量、守恒和对称等，是否都是为了取得一种可以对之进行研究的实在的影像，而这种影像却是用来替代实体的一种虚构？这里所说的影像虽然部分地抽掉了实体的内容，但我们还是可以用在纯粹抽象的、也许是"约定的"同一性原理的基础上所建立起来的逻辑来对之进行研究；这种约定，看来是人类理性认识真理所不可缺少的方法。

这是一个经典的问题。我在这里提到它，那是为了指出"量子革命"已使这个问题的面貌发生了深刻变化。同一性原理作为一种假说，并不属于古典物理学。它只是作为一种逻辑方法而被利用着，不必把它对应于一种真正的实在。可是，现代物理学却是完全不同的另一回事。现代物理学的根本假设之一是，在同一量子状态中所发现的两个原子是绝对同一的。[①] 量子论也给原子和分子的对称性以绝对的、完全的、以致不可能再加以修改的表示值。因此，现在看来，不可能把同一性原理看做是只限定于逻辑推理的一种规律；至少在量子范围内，它可以被接受为一种真正的实在的表述。

虽然如此，在科学中确实存在着而且将永远存在着一

① 参见V. 维斯科特：《高分子水平上的生物系统中的对称性和功能》，见英格斯特洛姆和斯特兰伯格等编，《诺贝尔奖论文集》，第11期，纽约，1969年，第28页。

种柏拉图主义的成分，去掉这种成分就会使科学遭到损害。在具有无限差别的一个个现象中，科学只能去寻找其中的不变的东西。

解剖学上的不变量

在居维叶和歌德以后的伟大的19世纪的自然科学家们，都表现出一种同柏拉图一样的雄心壮志。现代生物学家有时确实没有十分公正地对待天才人物。这些天才人物在生物形态和生命模式的令人眼花缭乱的多样性背后，成功地找到了如果不是唯一的“形式”，至少也是几种解剖学上的原型。每种原型在其种群中都有其特定的不变量。毫无疑问，海豹是哺乳类，是生活在陆地上的食肉兽的近亲，理解这一点是不太困难的。可是，要在有膜动物和脊椎动物的解剖上分辨出相同的基本结构型式，以便把它们共同纳入脊索动物门，那就需要有丰富的知识。至于要看出脊索动物同棘皮动物之间的亲缘关系，那就要有更大的本事；可是，有一点是可以肯定的，而且是已为生物化学所证实了的，那就是，海胆同我们人类的亲缘关系，比它同某种在进化上更高级的无脊椎动物，比如头足类动物的亲缘关系，还要更加接近一些。

在对基本解剖类型作了大量研究的基础上，建立起了古典动物学和古生物学，这些不朽的业绩立刻引起了并且证实了进化论。

尽管这样，类型还是多种多样的，而且对于生物界内并存着许多种彼此根本不同的宏观结构模式这一事实，也没有作出解释。蓝藻、鞭毛虫、章鱼和人类有什么共同之处？发现了细胞并提出了细胞学说后，在这种多样性中可以看到一个新的单位。但在生物化学取得真正进展以前，主要是在20世纪的第二个四分之一的岁月中，才在微观水平上揭示出整个生命界的奇妙而又严格的统一性。如今我们知道，从细菌到人类，所有生物体的化学机构的结构和功能基本上都是相同的。

化学上的不变量

1. 以结构来说，所有生物都毫无例外地由同样的两类高分子即蛋白质和核酸所构成。而且，所有生物体内的这类高分子都是由相同的残基集合装配而成的，残基的种类是一定的，蛋白质有二十种氨基酸，核酸则有四种核苷酸。

2. 就功能来说，所有生物体内的主要化学运转，如化学势的动员和贮存、细胞组成成分的生物合成等都是利用相同的相互作用，说得更确切些，都是通过相同的反应序列。

当然，在代谢这个中心问题上会碰到很多变化，每一种变化相当于一种具体的功能适应。可是，这些变化几乎总是对普遍的代谢序列的新的利用，在那以前，这些代谢序列是用于其他功能的。比如，鸟类和哺乳类排泄氮的方式是不同的，前者排泄尿酸，后者排泄尿素。鸟类合成尿酸的路线，只是一切生物体合成核酸的普遍成分——所谓嘌呤核苷酸——的反应序列的一种变动，而且是很小的变动。哺乳动物合成尿素则是另一条普遍的代谢路线——合成所有蛋白质中都含有的精氨酸这种氨基酸——变动的结果。这方面的例子是不胜枚举的。

发现整个生物界的细胞化学的真正同一性，是从我们这一代生物学家开始的。1950 年左右的研究指出了这种情况的确实性，随后发表的每一篇新论文都进一步证实了这一点，从而大大地满足了坚定的"柏拉图主义者"的愿望。

可是，在逐步揭露细胞化学的普遍"形式"的同时，繁殖不变性的问题似乎变得更尖锐和更自相矛盾了。如果从化学上看，一切生物的组成成分和合成过程都是相同的，那么它们在形态上和生理上的千差万别又是从何而来的呢？更令人困惑的是，每一物种所利用的物质和化学转化，都是跟其他物种相同的，那么它又怎样使自身所特有的、区别于其他任何一个物种的结构标准能够世代相传而保持不变呢？

这个问题现在我们已能解决了。这些普遍的成分——核苷酸和氨基酸——好像是字母的两个逻辑等价物，它们拼缀出蛋白质的结构以及由此而来的专一性联结功能。因此，这种字母可以写出生物界所包含的千差万别的结构和性能。而且，以 DNA 核苷酸顺序方式写成的文本，在每一代细胞中不加改变地复制着，这样就保证了物种的不变性。

DNA 作为根本的不变量

DNA 是最根本的生物不变量。这就是为什么孟德尔规定基因为遗传性状的不变载体、埃弗利从化学上作出的证明（这是由汉希雷加以确证的）、华生和克里克阐明它的复制不变性的结构基础等等，都被看做是生物学上前所未有的重大发现。当然，在最重大的发现中，还得列入自然选择说，可是，只是在有了后来的那些发现以后，才肯定了它的可靠性和全部重要意义。

关于 DNA 的结构；关于这种结构怎么能够默写出核苷酸顺序的精确拷贝；关于一个 DNA 节段的核苷酸顺序翻译成蛋白质中氨基酸顺序的化学机构等等，所有这些事实和概念，都已经能够向非专业工作者作出详尽而彻底的说明了。这里不需要对此作详细的评述。下面只预备提纲挈领地勾画出复制和翻译这两个过程的图式。作为当前讨论的基础，这已经是足够的了。

DNA	两条完全相同的双螺旋顺序	
	↑	（复制）
DNA	双螺旋的互补核苷酸顺序	
	↓	（翻译）
多　肽	氨基酸的直线顺序	
	↓	（显现）
球蛋白	氨基酸的折叠顺序	

首先看到的是，DNA 不变地复制的“秘密”即在于非共价复合物的立体化学的互补性，这种复合物是由在分子中联结的双螺旋顺序构成的。这样我们就观察到，解释蛋白质识别属性的立体专一性联结的根本原则，也是以 DNA 的复制属性为基础的。但是，DNA 复合物的拓扑学结构比蛋白质复合物要简单得多，也正是由于这一点，所以复制机制能够进行工作。实际上，双螺旋中每一条螺旋的立体化学结构，完全是由组成它的残基顺序（一个挨一个连接的顺序）所规定的。因为四个残基中的每一个残基都是单个地只同其余三个中的一个配对的（由于空间结构的限定），结果是：

1. 复合物的立体结构完全可以用二维来表示，一维是有限的，在每一点上含有一对彼此互补的核苷酸，另一维则包含了这些对的潜在的无限顺序。

2. 给定了双螺旋中的随便那一条螺旋，通过一步一步地把核苷酸连续添加上去，就可以重新构成互补顺序；每一个这样加上去的核苷酸，都是被它的立体结构上预定的对偶所“选中”的。双螺旋中的每一条螺旋就这样地默写出了它的互补结构，从而重新构成了整个复合物。

DNA 分子的整个结构可能是最简单、最相似的，是由相同的或相似的残基通过直线聚合而构成的高分子，是由一次平移和一次旋转这样两次对称性操作所规定的螺旋结构。DNA 结构就其整体来说是有规则性的，所以 DNA 螺旋可以看做是一种纤维晶体。可是，如果考虑到它的精细结构，还是应该称之为非周期性晶体，这是因为碱基对的顺序不是重复的。要强调指出的是，只要这种整体结构能够适应所有可能的顺序，而且对顺序不加任何限制，那么顺序是完全“自由”的。

正如我们方才看到的那样，这种结构的形成完全类似于晶体的形成。在两条螺旋的每一条螺旋中，每一个顺序排列的成分都起了晶体的作用，晶体选择了自发地同它联结的分子，并规定了这些分子的方向，以保证晶体的生长。如果人为地把两条互补的螺旋分开，每一条螺旋几乎都能毫无差错地从千千万万条别的顺序中间选出它自己的对偶，自发地重新形成特定的复合物。

可是，每一条螺旋的生长意味着形成了把核苷酸依次连接起来的共价键。这些键是不能自发地形成的，因为它必须要有化学势的来源和催化剂。存在于核苷酸本身中的某些键在缩合反应过程中断裂了，代表了化学势的来源。缩合反应是由 DNA 聚合酶催化的。由事先存在的螺旋所规定的顺序是不受这种酶的作用的。此外还表明，由非酶催化剂所激活的单核苷酸的缩合反应，实际上是受单核苷酸同事先存在的多核苷酸的自发配对所指导的。[①] 但有一点是肯定的，即当酶不规定顺序的时候，缩合反应对于互补拷贝的精确性，就是说，对于信息转移的逼真性是起作用的。实验已经证明，这种逼真的程度是极高的；但这是个微观过程，所以又不可能是绝对精确的。这是一个主要之点，我们马上就要回过来讨论这一点。

密码的翻译

核苷酸顺序翻译成氨基酸顺序的机制，甚至在原理上也比复制的机制要复杂得多。正如我们方才看到的那样，复制过程基本上可以解释为：作为样板的一条多核苷酸顺序，同结合到样板上去的核苷酸之间，发生了直接的立体专一性相互作用。在翻译时，非共价的立体专一性相互作用，再次保证了信息的转移。但这些起指导作用的相互作用包括几个连续的步骤，这些步骤使一些组成成分发挥作用，而每一种组成成分只能识别它的直接的功能对偶。一条转移信息的链的起始端的组成，对于链的另一端“接续下去”的是什么信息，那是完全不知道的。因此，当遗传密码确实写出了一种立体化学的语言，而这种语言的每一个字母是由 DNA 的三个核苷酸的排列顺序（三联体）所组成并专门用来规定多肽中的某一个氨基酸（二十种氨基酸中间的一种）的时候，在三联密码同被编码的氨基酸之间并没有直接的空间关系。

因此，一个最重要的结论是：遍布于生物界的这种密码似乎在化学上是任意的，因此根据别的约定也照样能发生信息的转移。[②] 我们已经知道，有些突变会损坏翻译机制的某些结构，这些突变就会改变一些三联体的翻译，进而（对于有效的约定来说）造成对生物体极为不利的差错。

翻译过程的高度机械性的一面，甚至可以说是高度“工艺性”的一面，是值得注意的。在每一阶段中，各种组成成分间的连续相互作用，使得残基

① 参见 L. 奥格尔，《分子生物学杂志》，第 38 期，1968 年，第 381—393 页。

② 这一点将在第八章再进行讨论。

一个挨一个地在核糖体的表面上装配成一个多肽，就像一台铣床把一个工件一点一点地移动着直到完工。所有这一切，必然会使人联想到机器制造厂里的一条装配线。

总之，在正常机体中，这种微观的精巧机构，使翻译过程有惊人的准确性。当然，它确实还是会发生错误的，但发生错误的情况是如此之少，以致没有哪一门统计学对它的正常平均频率是有效的。密码是很清晰的（对于DNA 翻译成蛋白质来说），因此一个 DNA 节段中的核苷酸顺序就规定了对应的多肽中的氨基酸顺序。正如我们在第五章中看到的那样，由于当多肽一旦形成后，它所采取的折叠结构（在正常的初始条件下），完全由多肽的顺序所规定的，所以说，遗传信息的结构“翻译”以及由此而来的功能“翻译”，都是很清楚、很严格的。除了遗传信息外，不再需要补充输入其他信息；而且看来连补充的可能性也是不存在的，因为我们知道，这个机制没有给任何其他信息留下余地。生物体的所有结构和性能，都是由构成生物体的蛋白质的结构和活性所产生的，就这一点来说，一定可以把整个生物体看成是遗传信息本身后成发生的终极表现。

翻译的不可逆性

翻译机制是严格地不可逆的，这是另一个十分重要的结论。从来没有看到过按照相反的方向，就是说按照蛋白质到 DNA 的方向传递信息的；而且也难以想象会有什么途径可能做到这一点。这是确实可靠的，是以迄今所积累的如此齐全并得到证实的观察为其基础的；其结果对于进化论来说尤为重要，以致我们可以把它当做现代生物学的根本原理之一。[①] 因此，没有另一种可以改变蛋白质的结构和功能以及哪怕是把这种改变部分地传递给后代的可能机制，除非是在由 DNA 顺序的一个节段所代表的指令中发生了一种变化。反之，也想象不出能把指令或信息转移给 DNA 的机制。

因此，整个系统完全是闭关自守的，极其保守的，对于外部世界的任何“提示”它都是无动于衷的。这个系统通过 DNA 和蛋白质之间的微观的钟表装置功能，就像在生物和环境之间那样建立起一种单向的关系；这个系统显然是以它自己的这些属性，蔑视任何“辩证的”描述。这全然不是黑格尔的

① 本书法文版的一些批评者（如毕阿瑞）看来是兴高采烈地举出了否定（他们是这么认为的）这种说法的最新观察。他们的依据是特明和巴尔的摩所发现的能从 RNA 转录到 DNA 的酶，就是说，把通常已成为经典的系统的操作逆转过来。这一重要观察实际上决没有违反顺序信息从 DNA（或从RNA）翻译到蛋白质是不可逆的原理。作出这个发现的人（他们都是老资格的分子生物学家）当然并没有说他们已推翻了不可逆原理。

哲学，而是地地道道的笛卡儿的哲学：细胞确实是一架机器。

这样，看来这个系统依靠自身的结构，应该抵制一切变革和一切进化。它确实也就这样抵制了。正由于此，所以我才能理解[1]比进化本身更难自圆其说的一个事实。这个事实是，有些物种具有惊人的稳定性，它能够没有多大改变地在亿万年中繁殖其后代。

可是，物理学告诉我们，除了在无法达到的绝对零度这一极限下，没有哪一种微观的实体能逃脱量子的扰动，这种扰动在宏观系统内积累起来以后，就将缓慢地但又肯定地改变这个系统的结构。

保证忠实翻译的机构尽管是十分完美的，生物体还是无法逃脱这一规律。多细胞生物的衰老和死亡的一部分原因至少可以用翻译的偶然差错的积累来解释。特别是影响到负责翻译准确性的那些组成成分的差错，将会造成进一步的差错，以致慢慢地无情地损害机体的结构。[2]

微观的扰动

不违背物理学定律的复制机制是不可能完全免除扰动和防止意外的。至少在 DNA 顺序的某些组成中，扰动或多或少引起了不连续的变化。由于复制机制的盲目的逼真性，所以复制中的差错也就将再一次自动地进行复制。这类错误将被忠实地翻译成多肽中氨基酸顺序的一个变动，这个变动正好对应于发生突变的 DNA 节段。可是，只有当带有一部分新的氨基酸顺序的这条多肽链折叠起来以后，由突变引入的功能才会显现出来。

现代生物学研究中最著名的工作，不管是有关方法论的还是有重大意义的，都是同分子遗传学（本什、雅诺夫斯基、勃里纳和克里克）分不开的。特别是分子遗传学的研究已有可能对 DNA 顺序遭到的各种不连续的偶然变化进行分析。现已证明各种突变的原因是：

1. 一对核苷酸被另一对核苷酸所置换；

2. 缺失或增加了一对或几对核苷酸；

3. 倒位、重复、转位或长短不一的节段的融合，造成了遗传内容的各种各样的“拼凑”。[3]

我们称这些为偶然性事件，它们的出现是随机的。正因为这些偶然事件是使遗传“文本”发生改变的唯一的可能原因，也正因为“文本”是生物体

---

① 部分解释见下一章第三节。

② 参见 L. 奥格尔，《美国国家科学院院报》，第 49 期，1963 年，第 57 页。

③ 见附录三。

遗传结构的唯一的贮存库，所以必然得出的结论是：只有偶然性才是生物界中每一次革新和所有创造的源泉。进化这一座宏伟大厦的根基是绝对自由的，但又是盲目的纯粹偶然性的。这一个现代生物学的中心概念，已不再是可能的或甚至是可以想象的假设了；在今天，它已经成为唯一可能的假设，是同观察到的并检验过的事实相一致的唯一假设。设想或希望我们会在这一点上改变立场，那是完全没有道理的。

这个概念比任何一门科学中的任何一个科学概念，更有力地摧毁了人类中心论；而且，也没有哪一个概念会像它这样地激起我们人类——具有高度目的性的生物——的本能的抗议。因此，对于所有的活力论或万物有灵论的思想体系来说，这是一个要不惜一切代价来加以摧毁的概念，或者可以说是一个必须千方百计驱除掉的幽灵。所以最重要的是要讨论一下偶然性和随机性这两个名词；并且规定在什么意义上，才可以把它们而且非得把它们应用于作为进化源泉的突变。突变不是一个简单的概念，突变这个词的使用范围也是很广的。最好的办法是举几个例子来说明。

操作上的测不准性和本质上的测不准性

掷骰子和轮盘赌是建立在偶然性上的赌博，概率论则是用来预测其结果的。但是，偶然性之所以进入这些纯属机械的和宏观的赌博，只是因为事实上不可能十分准确地控制所掷的骰子或所转的小球。可以假想发明了一台极其精确的掷骰子和扔小球的机器，它将大大降低结果的测不准性。我们可以说，轮盘赌的测不准性是纯属操作上的而不是本质上的。我们马上就会看到，关于大量现象的理论也是这样的，在那种理论中，纯粹是出自方法学上的原因，所以才运用了偶然性的概念和概率论。

可是，在另一些情况下，偶然性概念就具有了本质上的意义，而不再是只有操作上的意义了。比如，在所谓的“绝对巧合”中就有这种情况；就是说，两个互不相干的事件的发展过程，在某一点上交叉而产生的结果。举个例子来说。假定勃朗医生到一位危急病人那里去出诊了。与此同时，承包工琼斯已出发去紧急修理附近一座大楼的屋顶。当勃朗医生走过大楼的时候，琼斯正好一个不小心把他的榔头掉了下来。榔头落下的（决定论的）“弹道”正好同医生走的路线相交，于是医生的脑袋就被砸碎而死于非命。我们说，他是偶然性的牺牲品。难道还能有别的说法适用于这种无法预见的事件吗？在这里，偶然性显然是本质的东西，是完全独立的两条事物因果链所固有的，而在它们的交叉点上造成了意外事故。

在遗传信息的复制中引起的或容许的一个差错事件，同这一差错所造成的功能性的后果之间，也是完全互不相干的。功能效应取决于结构，取决于已经改变的蛋白质的实际作用，取决于它所保证的相互作用，取决于它所催化的反应，所有这一切同突变事件本身的直接原因或间接原因都是无关的，不管这些原因的性质是用决定论或用非决定论来解释都是一样的。

最后，在微观水平上，在物质量子结构中还蕴藏着测不准原理的一个更为根本的原因。突变就其本身而言，是一种微观事件、量子事件，因而测不准原理对之是适用的。因此，具有这种性质的事件，本质上是不可预测的。

一些最伟大的现代物理学家从来没有全盘接受过测不准原理，爱因斯坦是其中最有名的一个。他不愿意承认“上帝在掷骰子”。有些学派由于运算上的有用而保留了这个原理，但否认这是一个重要的概念。可是，想用一种完全没有测不准的“更精确的”结构来替代量子论而作的全部努力，都是以失败而告终。当前，看来只有极少数物理学家还在那里相信这一原理终将从他们的学科中消失不见。

总之，必须强调指出，就算有朝一日会抛弃测不准原理，但这个原理在下面这个问题上还是正确的，那就是，DNA 中的一个突变（不管它是如何完全地决定的），以及突变造成的蛋白质的功能效应，这两者之间除了刚才所举的工人和医生这个譬喻所说明的“绝对巧合”而外，再也没有别的可说了。这种事件仍然属于“本质上的”偶然性这个范畴。当然，除非我们回到拉普拉斯的宇宙中去，在那里，从混沌初开的时刻起，就决定了勃朗医生要死于琼斯的榔头之下。

进化是绝对的创造而不是展现

柏格森在进化中看到了一种绝对创造力的表现，他猜测说，这种创造力不是为了别的目的，而是为了创造而进行创造的，它是没有什么目的性可言的。在这一点上，他正好是站在万物有灵论者（不管是恩格斯，泰亚尔·德·夏尔丹，还是斯宾塞这样的乐观的实证论者）的对立面，万物有灵论者都把进化看成是将蕴藏在宇宙结构中的程序庄严地展现出来。因此，对他们来说，进化不是一种真正的创造，而只是至今尚未显露出来的自然界的计划的“展现”而已。这样，就产生了一种倾向，就是把在胚胎发育中所看到的事物涌现[①]过程套到进化的涌现上去。现代理论则认为，“展现”这一概念适用于后成发生，但理所当然地不适用于进化的涌现，因为后者的出现，在本质上是无法预见的，所以它是宇宙内绝对全新的东西的创造者。柏格森的形

① 涌现是指某些物质按一定方式组成高一级层次的组织形式，同时出现了新的属性。——译者注

而上学同科学思想竟如此明显地不谋而合，会不会是真正巧合的另一个结果呢？也许不是。因为柏格森是一个艺术家和诗人，而且他还非常精通他那个时代的自然科学，所以他不会不看到生物界的丰富多彩，以及所显示出来的行为和类型的惊人的多样性，所有这一切，看来是直接证实了创造作用是永不枯涸的、完全不受限制的和十分慷慨豪爽的。

但是，就在柏格森看到了最有力地证明“生命的原理”就是进化本身的那个地方，现代生物学却看到了生物的一切属性都是建立在一种重要的分子不变性的机制之上。现代的理论认为，进化并不是生物的一种属性，因为进化起源于保守机制的缺陷，而正是这种机制造成了缺陷所独有的特权。这样，人们就可以说，在非生命（也就是非复制的）系统中，使一切结构逐渐解体的“噪声”和偶然扰动的原因，正是生物界进化的前驱，而且通过DNA的复制结构（这是偶然性的记录本，是把噪声和乐曲一道保存下来的不懂得音乐调门的录音器）还阐明了创造作用是毫无约束的和放任自在的。

（上海外国自然科学哲学著作编译组译）

选文出处

莫诺　不变性和扰动

莫诺著，《偶然性与必然性》，上海，上海人民出版社，1977，74—87页。

对科学的挑战

普利高津

普利高津在导论中指出，与近代科学早期牛顿等人的理想不同，今天人们对自然的看法正在经历着一个向着多重性、暂时性和复杂性发展的根本变化，这种变化同时也在弥合着近代科学发展带来的人与自然的对立，弥合着科学与人文的对立。他认为，科学的发展使我们相信世界不是决定论和可逆的而是不可逆的和随机的。耗散结构的研究凸显了自然现象中的非线性、不稳定性和涨落的本质，凸显了时间的创造性，从无序中创造结构的能力。新的科学正在创造一种新的综合，把社会与自然、东西方的文化传统更协调地结合起来。

作者简介

普利高津（Ilya Prigogine，1917—2003），主要研究非平衡态的不可逆过程热力学，提出了“耗散结构”理论，并因此于1977年获得诺贝尔化学奖。普利高津关注自然哲学和复杂性科学研究的相关哲学问题，影响极大，主要著作有：《从存在到演化》、《探索复杂性》、《从混沌到

1

1686年4月28日是人类历史上最伟大的日子之一，这样说并不夸张。牛顿在这一天向伦敦皇家学会提出了他的《自然哲学的数学原理》。这部著作总结了运动的基本定律，清晰地表述了质量、加速度、惯性等这样一些我们至今仍在使用的基本概念。影响最大的恐怕要算这部《原理》的第三编，即《论宇宙系统》（The System of the World），因为其中包含了对万有引力定律的叙述。与牛顿同时代的人立刻抓住了该书的这个突出的重要之点，无论在伦敦还是在巴黎，“引力”成了人们谈论的主要话题。

从牛顿的《原理》到现在，已经过了三个世纪。科学以难以置信的速度得到了发展，越来越深入我们的生活。我们的科学视野已大到简直是异想天开的地步。在微观范围内，基本粒子物理学所研究的过程已涉及10^{-15}厘米和10^{-22}秒数量级的物理尺度。而在宇观范围内，宇宙学却把

有序》、《确定性的终结——时间、混沌与新自然法则》。

我们带到 10^{10} 年的数量级，即所谓“宇宙的年龄”。科学与技术的联系比以往任何时候都更加紧密。生物工艺学和信息技术的新进展以及其他一些因素，将使我们的社会生活发生根本的变化。

与这些量的增长相提并论的是质的深刻变化，其反响不仅远远超出科学的本来意义，而且还影响到自然界的形象。西方科学的伟大奠基者们强调自然定律的普适性和永恒性，他们要表述的是符合真正理性理想的普遍图式。正如罗杰·豪歇尔（Roger Hausheer）在艾赛亚·伯林（Isaiah Berlin）的《反潮流》（*Against the Current*）一书的导言中极好地表述的那样："他们寻求包罗万象的图式，普适的统一框架，在这些框架中，所有存在的事物都可以被表明是系统地，即逻辑地或因果地相互连接着的。他们寻求广泛的结构，这结构中不应为'自然发生'或'自动发展'留下空隙，在那里所发生的一切，都应至少在原则上完全可以用不变的普遍定律来解释。"

围绕这一问题所发生的故事相当富有戏剧性：有过好几次这样的时刻，似乎寻找普通图式的雄伟计划已接近完成了，一种基础级的东西似乎已经露出了地面，物质的一切性质都可以从这个基础上推演出来。提到这种时刻，人们会想起玻尔对原子模型的著名的表述，他的原子模型把物质归纳成由电子和质子组成的简单的行星系统。另一次大振人心的时刻是当爱因斯坦想把物理学的一切定律都浓缩到一个“统一场论”中去的时候发生的。当时，在统一那些在自然界中已被发现的几种基本力方面，确实取得了很大进展。然而，这个基本层次的东西毕竟只是一个幻象。无论向哪里看去，我们发现的都是演进、多样化和不稳定性。令人惊奇的是，在所有层次上，无论在基本粒子领域中，还是在生物学中，抑或在天体物理学中（它研究膨胀着的宇宙以及黑洞的形成），情形都是如此。

正如我们在序言中所说的，人们对自然的看法正在经历着一个向着多重性、暂时性和复杂性发展的根本变化。奇怪的是，在自然界中发现的意想不到的复杂性并没有减缓科学的前进，恰恰相反，它促成了一些新的概念结构的产生，这些新的概念结构正是我们今天认识物质世界（包括我们自己在内的世界）所必需的。我们要在这本书中加以分析的，正是这种在科学史上不曾有过的新形势。

我们在有关科学和自然的概念上的转变，很难和另一个情节分开，这就是科学所带来的感情。伴随着每个新的智能计划，总会出现新的希望、恐惧和期待。经典科学中所强调的是一些与时间无关的定律。我们将看到，一旦测量出某个系统的特殊状态，就会提出一些可逆的经典科学定律来，以决定该系统的未来，恰如这些定律已经确定出该系统的过去一样。对于在变化着的现象背后所隐藏的某个永恒真理的探求，自然唤起了我们的热忱。但是用这样的方法描述的自然，事实上是被贬低了，这又使我们受到了打击，因为正是由于科学的成功，自然被证明只是一部自动机，一个机器人。

从古希腊原子论者的时代起，在西方思想中便出现了一种冲动，想把自然界的多样性归结为一个由幻象结成的蛛网。卢克莱修跟随在他的老师德谟克利特和伊壁鸠鲁之后写道，世界“不过”是原子和虚空，并且要我们去寻找那些隐藏在表面现象背后的东西。他说：“然而，请承认那些你必须允许它们在这世界中存在却又看不见的粒子，免得你会不相信我的话，因为人眼是无法感知这些基本物体的。”

但是，众所周知，驱使希腊原子论者工作的动力并不是贬低自然，而是要使人们从恐惧中，从对任何超自然物的恐惧、对任何凌驾于人和自然之上的秩序的恐惧中解放出来。卢克莱修一遍又一遍地重复说，我们没有什么可怕的，世界的本质就是原子在虚空中的不断变化着的结合。

现代科学把这一基本上是伦理学的态度转变成看上去像是一种已有真理的东西，而这个真理，即把自然归结为原子和虚空的说法，又进一步引出了莱诺伯（Lenoble）称之为“现代人的忧虑”的情形。我们怎能在这随机的原子世界中认出我们自己呢？科学一定是根据人与自然决裂这种思想定义的吗？“一切物体，苍穹、星辰、地球及其王国，都不等同于最低级的思维，因为思维在自身中知道所有这些物体，而这些物体却什么也不知道。”这个帕斯卡的“箴言”表达的是同样的疏远感情，这种疏远感情我们在当代科学家如雅克·莫诺（Jacques Monod）那里也找到了：

> 人类一定会从千年的梦幻中苏醒过来；这样，人类就会发现他自身是完全孤独的，与外界根本隔绝的。他最后会认识到，他就像一个吉卜赛人那样生活在异国他乡的边境上。在那个世界里，对他

所弹奏的音乐是充耳不闻的，对他的希望、苦痛和罪恶也是漠不关心的。

这是一个佯谬。分子生物学中的一个辉煌成就，即莫诺积极参与的对基因密码的破译，却以悲剧的调子告终。我们懂得了，正是这个进步才使我们成为宇宙的吉卜赛人。我们怎样解释这个局面呢？难道科学不是一种交流的手段，不是一种人与自然间的对话吗？

在过去，人们常常指出在人的世界和被想象得完全不同的自然的世界之间有着巨大的差异。维柯（Vico）在其《新科学》（*The New Science*）里有一段著名的话，十分生动地描写了这一点：

……在那包藏着最古老的古董的漆黑之夜，在离开我们如此遥远的地方，闪耀着永恒的、永不衰竭的真理之光。毫无疑问，文明社会的世界肯定是人创造的，因此它的原理是在我们人的思维的改变之中发现的。无论是谁，只要想到这点，就禁不住感到惊奇：哲学家们竟会倾其全部精力去研究那由上帝创造的因而也只有上帝自己才能认识的自然世界，他们竟会忽略对各个国家所组成的世界（或民众世界）的研究，而这是人创造的世界，因而人能够去认识它。

今天，研究工作使我们距离人与自然的对立越来越远，本书的主要目的之一就是要说明，代替这两者的决裂和对立的，是我们关于人的认识与自然的不断增长着的一致性。

2

在过去，人们对自然的发问是采用极为多种多样的形式的。修谟人发明了写字，修谟的牧师们曾经推测："未来"可能是以某种隐匿的方式写在现在发生在我们周围的事件之中的。他们甚至把魔术的因素与推理的因素混合起来，使他们的这种信念系统化。在这种意义上，我们可以说，17世纪建立起来的西方科学仅仅是打开了人与自然间的永不完结的对话的新篇章。

亚历山大·柯伊莱是用所谓"实验"的术语来定义近代科学所带来的发明创造的。近代科学的基础在于发现与自然进行通信的新的特殊形式，也就是说，在于相信自然界能够对实验所提出的问题作出响应。我们怎样才能更精确地定义这个实验的对话呢？实验并不只是对所发生的事实进行忠实的观察，也不只是寻找诸现象之间的经验联系，而是还事先提出一种假设，假设在理论概念与实际观测之间有着某种系统的相互作用。

当科学家们提出那个需要自然作出答复的问题，而发现他们能够看到这个谜底是多么吻合的时候，他们以数百种不同的方式表达了他们的惊奇。在这种意义上，科学像是两个对手之间的赌博，在这场赌博中我们不得不猜测某些现实的行为，而这些行为与我们的信念、我们的抱负、我们的欲望无关。自然界不可能听任摆布地说那些我们要它说的话，科学研究不是独白。正因为卷入了冒险，才使这场赌博变得无比紧张和惊心动魄。

但是，西方科学的独到之处远远不是这种方法论的考虑所能描述无遗的。卡尔·波普尔（Karl Popper）在讨论科学理性的正统描述时不得不承认，在最后的分析中，合理的科学把它的存在归功于它的成功。科学方法之可用仅仅是由于我们事先想象的模型与实验的结果惊人地一致。科学是冒险的游戏，但它好像已经发现了一些问题，对于这些问题，自然所给出的答案是始终如一的。

西方科学的成功是个历史事实，是不可先验地预言的，但又是不可被抹杀的。现代科学的惊人成功已经导致我们与自然的关系上发生了不可逆的转化。在这个意义上，可以合法地使用“科学革命”这个词儿。人类的历史是由一个又一个转折点所标记的，是由一些导致了不可逆变化的场景的奇特衔接所标记的。这种关键事件之一就是“新石器时代的革命”。不过在那里，也像“选择”标志着生物进化的情形一样，我们在今天只能通过推测的方法去进行。而在科学进化中，却有着关于各个决定性事件的丰富的资料。所谓“新石器时代的革命”经历了几千年，概略地说，科学革命是三百年前才开始的。我们有一个像是唯一的机会来理解促成这场革命的“偶然性”与“必然性”的特殊而明了的混合。

科学开创了与自然的一次成功对话。另一方面，这次对话的首要成果就是发现了一个沉默的世界。这就是经典科学的佯谬。它为人们揭露了一个僵死的、被动的自然，其行为就像是一个自动机，一旦给它编好程序，它就按照程序中描述的规则不停地运行下去。在这种意义上，与自然的对话把人从自然界中孤立出来，而不是使人和自然更加密切。人类推理的胜利转变成一个令人悲伤的真理，似乎科学把它所接触到的一切都贬低了。

近代科学使它的反对者以及部分支持者都感到恐惧。反对者把它看做是致命的危险，支持者从科学所“发现”的人的孤独中看到了必须为这个新理性付出的代价。

与经典科学相连的文化上的动荡不安至少可以部分地说明科学在社会中所处位置不稳定的原因。它引起了对于理性的那些很难捉摸的含义的一种大胆的臆测，但它也招致了严厉的拒绝。稍后，我们再回过头来论述当代的反科学运动。现在让我们举一个较早一点的例子，即1920年德国的非理性运动，它构成了量子力学的文化背景。在与因果性、决定论、约化论以及理性等这样一些概念相等同的科学的对立面，有一个思想的狂潮，这些思想被科学所否定，但却被看做是自然界基本非理性的体现。于是，生命、命运、自由、自发性便成了一个不通情理的阴暗地狱的种种表现。用不着深入到使这种对科学的排除运动得以十分激烈的特殊的社会政治背景中去，我们就可以肯定，它说明了与经典科学相伴的危险。对于人们认为有意义的一组经验，只允许有一种主观的含义，这样一来，科学就冒着赋予生命、命运、自由、自发性等以一种讨厌的动力而把它们推向非理性王国中去的危险。

如李约瑟所强调过的那样，西方思想总是在两个世界之间摆动，一个是被看做自动机的世界，另一个是上帝统治着宇宙的神学世界。李约瑟把这称为“典型的欧洲痴呆病”。事实上，这两种观点是连在一起的，自动机需要一个外部的上帝。

我们当真必须作出这种悲剧的选择吗？我们一定要在导致疏远的科学与反科学的形而上学自然观这两者之间进行选择吗？我们认为，这样的选择不再是必要的了，因为科学今天所经历的变化产生了一种从根本上说是新的形势。最近的科学进化给我们一个独有的机会去重新考虑它在总的文化中的地位。近代科学起源于欧洲17世纪这样一个特殊的历史环境。现在我们正接近20世纪末，看来，科学为我们带来某种更加普适的信息，这信息关系到人与自然以及人与人之间的相互作用。

3

什么是经典科学的假定，使我们由这些假定而相信科学今天已经解放了它自己呢？一般说来，这些假定是以这样的基本信念为中心的，即相信在某个层次上世界是简单的，且为一些时间可逆的基本定律所支配。今天看来，这是一种过分的简单化。我们可以把它比作是把一些建筑物归结为几堆砖。然而用同一些砖，我们可以建成一座工厂，一座宫殿，或一座教堂；从建筑物整体的层次上，我们把它理解为一个时间的创造物，理解为某种文化、某种社会、某种风格的产物。但是，这里还有一个明显的问题：由于没有谁要去建造大自然，我们必须对它的所谓“砖”（就是说对它的微观活动性）给出一种描述，以便说明这个建造的过程。

经典科学的问题所在，就是它在其自身之中说明了在西方思想史中贯彻始终的两分性。用柏拉图的表达方法，只有那不变的思想世界才被传统地认为是“智慧的阳光所照亮的”。在同样的意义上，只有永恒的定律才被看做是科学理性的表示。暂时性则如同幻影一般受到歧视。今天这已不再是真的了。我们已经发现，不可逆性远不是什么幻影，而是在自然界中起着重要作用，并且处在大多数自组织过程的始端。我们发现我们自己处在一个可逆性和决定论只适用于有限的简单情况，而不可逆性和随机性却占统治地位的世界之中。

对时间和复杂性的排除是经典定义上的科学事业所引出的文化争端的中心。这些概念的挑战对于我们要描述的科学形变而言也是有决定意义的。阿瑟·爱丁顿在他的巨著《物质世界的本性》（*The Nature of the Physical World*）一书中，引入了第一级定律与第二级定律的区分。“第一级定律”控制着单个粒子的行为，“第二级定律”可适用于原子或分子的集合。坚持第二级定律，就是强调对基本行为的描述还不足以把系统作为一个整体去认识。按照爱丁顿的看法，第二级定律的一个杰出范例，就是在物理学上引入“时间之矢”这个概念的热力学第二定律。爱丁顿写道：“从科学的哲学观点来看，我认为，与熵相连的概念一定会被当做19世纪对科学思想的伟大贡献。因为它标志了对科学需要加以注意的任何事物都是用对客体的微观解剖来发现的这样一种观点的反动。”今天，这个趋势已被戏剧般地加以扩大。

近代科学的一些最伟大的成功确实是在微观的（即分子、原子、基本粒子的）层次上发现的。例如，分子生物学由于分离出在生命机制中起根本作用的特殊分子而获得了巨大的成功。实际上，这个成功是如此地压倒一切，以致对许多科学家来说，研究的目的，按爱丁顿的说法，已经变成“对客体的微观解剖”了。然而，热力学第二定律向这样的一种自然概念（它消除复杂性并把复杂性约化为某个隐藏着的世界的简单性）第一次提出了挑战。今天，我们的兴趣正从“实体”转移到“关系”，转移到“信息”，转移到“时间”上。

这个观点上的改变并不是出自某种武断。在物理学里，它是由那些谁也不可能先知的新发现强加给我们的。谁曾预料过大多数的（而且也许是所有的）基本粒子被证明是不稳定的呢？谁曾期望过，对膨胀着的宇宙的实验验证，使我们能去想象整个世界的历史呢？

在20世纪末，我们学会了更好地理解曾为当代物理学定形的两次伟大革命（量子力学和相对论）的意义。这两次伟大革命的起始点是试图对经典力学进行校正并把新发现的两个普适常数纳入其中。今天，局面已经改观。量子力学为我们给出了描述基本粒子不断相互转化的理论框架。同样，广义相对论已经成为使我们能够描述我们宇宙早期热史的基本理论。

我们的宇宙具有一个多元论的复杂特点。结构可能消失，也可能出现。就我们所知，有些过程能够用决定论的方程很好地描述，但另一些却涉及概率过程。

那么，我们怎么能克服这些概念间的明显的矛盾呢？我们生活在一个单一的宇宙之中。我们将看到，我们正在开始对这些问题的意义进行估价。而且，我们现在对我们观察和描述的各种现象所赋予的重要性，和经典物理学对它们所赋予的重要性相比，有相当大的差别，甚至是正好相反。我们已经提过，在经典物理学中，基本的过程被认为是决定论的和可逆的，而随机性和不可逆性的过程则被认为是例外。今天，我们在各处都看到不可逆过程所起的作用，看到涨落所起的作用。在我们看来，经典物理学所考虑的模型只是在一些有限的场合发生的，有些场合我们能够人为地造出来，比如把物质放入一个盒子里，然后等待其达到平衡态。

人为的过程可以是决定论的和可逆的。自然的过程包含着随机性和不可逆性的基本要素。这就导致了一种新的物质观，在其中，物质不再是机械论世界观中所描述的那种被动的实体，而是与自发的活性相连的。这个转变是如此深远，所以我们在序言中指出，我们真的能够说到人与自然的新的对话。

4

本书讨论从经典科学的黄金时代到今天的科学上的这个概念的变迁。为描述这一变迁，我们可以选择多种方法。我们可以研究基本粒子问题，我们可以追溯近来在天体物理学中的引人注目的进展。这些都是可能为科学划出前沿的题目。但是我们在序言中说过，在过去的几年中，就在我们这个层次上发现了自然界如此繁多的新特点，以致我们决定就集中到这个中间层次上，集中到基本上属于我们宏观世界（包括原子、分子，特别是生物分子）的一些问题上。还应强调，在各个层次上，无论是基本粒子、化学、生物学或宇宙学的层次上，科学的进化是在一些差不多平行的线上进行的。在每个领域，自组织、复杂性和时间都起着一种新的意想不到的作用。

因此，我们的目的是从一个确定的观点出发，考察三个世纪以来科学进步的意义。在我们选择我们的材料的方法上，无疑含有主观的因素。时间的问题确实是我们研究的中心所在，我们当中的一个人已经从事这个研究一辈子了。当他还是个青年学生，在布鲁塞尔大学初次接触到物理学和化学的时候，使他感到惊奇的是，科学对于“时间”竟谈得如此之少，特别是因为他的早年教育主要是以历史和考古为中心的。这种惊奇可能把他引导到两种态度上去，关于这两种态度我们都找到了过去的例证。一种是抛弃这个问题，因为在经典科学里看来是没有“时间”的位置的；另一种态度就是去寻找理解自然的其他途径，在其中时间将起着不同的但更为根本的作用。我们只要举出我们时代的两位哲学家为例，柏格森和怀特海就选择了这样的道路。前者的见解被称为“实证主义”的，后者的见解叫做“形而上学”的。

但是，这里还有第三条道路，就是要问一问，在物理学和化学中惯常考虑的时间演化的简单性，是不是由于这样的事实，即把注意力主要放到了某些非常简单化的场合，放到了我们提过的砖堆上而不是教堂上。

本书分为三部分。第一部分讨论经典科学的胜利以及这个胜利所带来的文化上的后果。最初，科学受到了热情的恭维。随后，我们将叙述文化上的两极分化，它是经典科学的存在及其惊人的成功所带来的结果。这一成功是被当做成功（也许要限制其含义）来接受呢，还是一定要把科学方法本身当做偏见或错觉而加以拒绝呢？两种选择都导致同一结果——通常所说的“两种文化”即自然科学与人文科学之间的抵触。

自从经典科学形成以来，这些问题在西方思想中起着基本的作用。我们一而再、再而三地遇到这个问题：“怎样选择？”在这个问题中，艾赛亚·伯林已经正确地看出了自然科学与人文科学之间分裂的起点。

> 特殊和唯一对重复和普适，具体对抽象，永恒的运动对静止，内部对外部，质对量，受文明制约的对无时间限制的原则，作为人的一种永恒状态的精神奋斗与自我改造对和平、有序、最终谐和以及人类一切合理希望得到满足的可能性（及合意性）——这些就是形成对比的一些方面。

我们花了很大篇幅讨论经典力学。的确，从我们的观点来看，这是最有利的要点，从这个要点我们可以细看当今科学的变化。经典力学以特别清楚和显著的方式表达了静止的自然观。这里，时间显然被约化为一个参数，未来和过去是等价的。诚然，量子论已经提出了许多经典动力学未能解决的新问题。但它仍然保留了不少经典动力学的概念立场，尤其是对时间和过程而言。

早在 19 世纪初，正当经典科学获得胜利，牛顿的纲领统治了法兰西科学而法兰西科学又统治了欧洲的时候，对牛顿结构的首次威胁就已经隐约可见了。在我们研究的第二部分里，我们将从傅里叶表述热传播定律时的第一次挑战开始，跟踪牛顿引力学说的对手——热学的发展。实际上，傅里叶的热传播定律就是对经典力学中某个不可想象的事物即不可逆过程的第一次定量的描述。

热学的两个后代，即能量转换的学说和热机的学说，产生了第一个“非经典”的科学——热力学。热力学的最初始的贡献就是著名的第二定律，它在物理学中引入了时间之矢。这个引入是更全面的知识进步的一部分。19世纪真是进化的世纪，生物学、地质学和社会学都强调了演化的过程，即不断增加着复杂性的过程。至于热力学，它的产生正是基于对两种过程的区分：与时间的方向无关的可逆过程和与时间的方向有关的不可逆过程。我们将在后面看到它们的一些例子。正是为了区分这两种过程才引入了熵的概念，因为熵的增加仅仅是由于不可逆过程。

在19世纪，热力学变化的终态是科学研究的重点，这是平衡态热力学。不可逆过程被当做是讨厌的东西，是干扰，是不值得研究的题目而遭到蔑视。但今天这种情况完全改变了。我们现在知道，在远离平衡态的地方，一些新型的结构可能自发地出现。在远离平衡的条件下，我们可能得到从无序、从热混沌到有序的转变。可能产生一些物质的新力学态，反映了给定系统与其周围环境相互作用的态。我们把这些新的结构叫做**耗散结构**，以强调耗散过程在这些结构的形成中所起的建设性的作用。

本书叙述了一些新的方法，这些方法是近年来为处理耗散结构的产生和变化而发展起来的。在这里我们能找到一些像主旋律一样在本书始终反复出现的关键词：非线性，不稳定性，涨落。它们已经开始把我们的自然观渗透到甚至超出物理学和化学的固有领域之外。

我们在讨论自然科学与人文科学的对立时，曾引述过艾赛亚·伯林的话，他把特殊和唯一列在与重复和普适相对的地位。但是值得指出的是，当我们从平衡态走到远离平衡态时，我们便离开了重复和普适而达到了特殊和唯一。诚然，平衡态的定律是普适的，近于平衡态的物质是以“重复”的方式动作的。但另一方面，远离平衡态时却出现了各种各样的机制，对应着发生各种各样耗散结构的可能性。例如，在远离平衡态的地方，我们可以看到化学钟的出现。化学钟就是以连贯的、有节奏的方式进行的化学反应。我们还能得到一些自组织过程，导致非平衡态晶体的不均匀结构。

我们要着重指出这一行为的出人意料的特点。对于化学反应是怎样发生的，我们每个人都有一种直觉的看法。我们想象在空间中浮动的分子彼此碰撞着，并以新的形式再现。我们看到的是混沌的行为，有点像原子论者在说到空气中飞扬的灰尘时所描述的那样。但在化学钟里，这个行为是十分不同的。虽然有点过于简化，但我们还是可以这样说，在化学钟里，所有分子以一定的时间间隔，同时改变它们的化学性质。如果可以把这些分子想象成是蓝色的或红色的，我们就会看到它们的颜色随着化学钟反应的节奏而变化。

显然，这种情形不能再用“混沌行为”的术语去描述了，一种新型的有序已经出现了。我们可以说它是一种新的相干性，一种分子之间的“通信”机制。但这种形式的通信只能在远离平衡态的条件下出现。令人十分感兴趣的是，这种形式的通信似乎是生物世界的惯例。这在实际上可被用来当做定义某个生物系统的恰当基础。

此外，耗散结构的类型严格地依赖于它们得以形成的那些条件。诸如地球引力场以及磁场等那样的外部场可能在自组织的选择机制上起着主要作用。

我们开始看到我们怎样能从化学出发，去建造复杂的结构、复杂的形式，其中的一些可能已是生命的先驱。看来可以肯定，这些远离平衡态的现象说明了物质具有一种根本的且出人意料的性质：从此物理学便可描述适应外部条件的结构。在相当简单的化学系统中我们遇到一种“前生物”的适应机制。用带有拟人化的语言来说，处于平衡态的物质是“瞎”的，但在远离平衡态条件下，它开始能以它的机能去感知，去“考虑”外部世界（例如弱引力场或电场）的差别。

当然，生命起源的问题仍然是个困难的问题，我们不能设想这个问题的一个简单的解就在我们的眼前。但是从这个前景来看，生命不再和物理学的“常规”定律相对立（生命在和这些定律作斗争，以避免其衰亡的正常命运），相反，生命好像在用一种特殊的方式表达着我们的生物圈得以寄身的那些条件，其中包括化学反应的非线性以及太阳辐射给予生物圈的远离平衡态的条件。

我们已经讨论了使我们能描述耗散结构形成的一些概念，如分叉理论。值得指出的是，靠近分叉点的系统呈现出很大的涨落。这样的系统好像是在各种可能的进化方向之间“犹豫不决”，通常意义下的著名的大数定律被打破了。一个小的涨落可以引起一个全新的变化，这新的变化将剧烈地改变该宏观系统的整个行为。人们无疑会把这些和社会现象进行类比，甚至和历史进行类比。我们远远不是将“偶然性”与“必然性”对立起来，我们现在看到这两者在描述远离平衡态的非线性系统时同样都是主要的。

就是这样，本书的前两部分讨论了两种互相矛盾的物理宇宙观：经典动力学的静止观点和与熵连在一起的进化观点。这两种观点之间的交锋已成为不可避免的了。但由于把不可逆性看做是一种幻影，一种近似，这场交锋被拖延了相当长的一段时间，正是人，在一个没有时间的宇宙中引入了时间。

不过，把不可逆性约化成一个幻影或约化成一些近似，这种解决问题的办法不再能被接受。因为我们知道，不可逆性可能是有序的源泉、相干的源泉、组织的源泉。

我们再也不能避免这场交锋了。这就是本书第三部分的主题。我们叙述最初在经典力学中后来在量子力学中惯常使用的解决不可逆性问题的几种尝试。这里，玻耳兹曼和吉布斯等人作出了开创性的工作。但是我们可以说，问题基本上仍未得到解决，如卡尔·波普尔所述，这是一个戏剧般的故事：起初，玻耳兹曼想，他已经对隐含在第二定律中的新的时间概念给出了一个客观的表述。但他和泽梅洛（Zermelo）等人辩论的结果却使他不得不退却下来。

> 在历史的光明中（或在历史的黑暗中）玻耳兹曼被打败了。虽然大家都承认玻耳兹曼是一位卓越的物理学家，然而按照所有被接受的标准，他被打败了。因为他从来不曾成功地阐明他的定理的状态，他也没有解释清楚熵的增加……就是这个压力使他丧失了对他自己的信任……

不可逆性的问题依然是一个引起激烈争论的题目。在热力学第二定律被发现的一百五十年之后，这怎么会可能呢？这个问题有许多方面的原因，有些是文化上的，有些是技术上的。在对时间的怀疑中，有一个文化上的成分。我们将在几种场合引述爱因斯坦的观点。他的判断是不再改变的：时间（和不可逆性一样）是一种幻影。事实上，爱因斯坦是在重复乔尔丹诺·布鲁诺在16世纪写过的并且已经在几个世纪内成为科学信条的话："因此，宇宙是单一的、无限的、不动的……它不移动自身的位置……它不产生自身……它是不可毁灭的……它是不可改变的……"在一段很长的时期内，布鲁诺的看法统治着西方世界的科学观。因此，主要来自工程科学和物理化学的不可逆性的闯入是被带着怀疑接受的，这一点并不奇怪。可是，除了文化上的原因之外，还有一些技术上的原因。所有想从动力学中"导出"不可逆性的尝试都必然要失败，因为不可逆性并不是一种普适的现象。我们可以想象一些严格可逆的情况，比如无摩擦的摆，或行星的运动。这个失败使人感到气馁，感到不可逆性的整个概念终于具有一个主观的来源。我们将相当详细地讨论这些问题。让我们在这里说，我们今天可以从一种不同的观点来看这一问题，因为我们现在知道有着不同类别的动力学系统。世界远不是均匀的。因此这个问题可以用不同的术语提出：能够"区分"过去和未来的那些动力学系统的特殊结构是什么？所涉及的最低复杂性是什么？

沿着这些路线已经取得了进步。现在我们能对时间在自然界中的根源知道得更加确切。这具有深远的后果。热力学第二定律，即熵定律，在宏观世界中引入了不可逆性。我们现在在微观层次上也能理解它的意义。我们将看到，第二定律相当于一种选择规则，相当于对初始条件的一个限制，这个限制后来被热力学定律所传播。因此，第二定律为我们对自然的描述引入了一个新的不可缺少的要素。它是和动力学相一致的，但是它不可能从动力学导出。

玻耳兹曼已经认识到概率一定和不可逆性有密切的关系。仅当一个系统以某种足够随机的方式动作时，过去和未来的差别（因此还有不可逆性）才能进入它的描述中去。我们的分析证实了这种观点。的确，在对自然的决定论的描述中，时间之矢的意义是什么呢？假如未来已经以某种方式被包含在现在之中，现在也包含着过去，那么时间之矢还有什么意义呢？时间之矢是这样一种事实的表现，即未来并没有被给出，或者像法国诗人保尔·瓦莱利（Paul Valêry）所强调的那样，“时间是构造”。

我们日常生活的经验表明在时间与空间之间有着根本区别。我们可以从空间中的一点移到另一点。但是，我们不能把时间倒过来。我们不能交换过去和未来。我们将看到，这个不可能性的感觉现在正在得到精确的科学含义。用某个无限的熵垒，可以把被允许的那些态和被热力学第二定律禁止的那些态区分开。在物理学中还有另外一些垒。其一就是光速，按照我们今天的观点，它是信号传播速度的极限。这个垒的存在是很重要的，假如不存在的话，因果性就会摔成碎片。同样，熵垒是为通信赋予某种意义的前提。想象一下，假如我们的未来对另一些人来说成了过去，那么将会发生什么事情！后面我们还要回到这个问题上来。

物理学的最近进展已经强调了时间的真实性。在这个过程中，时间的新的方面已经被揭示出来。对时间的关注贯穿在我们的整个世纪之中。让我们想一下爱因斯坦、普鲁斯特、弗洛伊德、泰尔哈德（Teilhard）、皮尔斯或怀特海。

爱因斯坦在1905年发表的狭义相对论的最令人吃惊的结果之一，就是引入了一个与每个观察者相连的地方时。但是，这个地方时依然是可逆的时间。无论是在狭义相对论中，还是在广义相对论中，爱因斯坦的问题主要是观察者之间的“通信”问题，是这些观察者能够比较时间间隔的方法。然而现在我们能够在另一些概念的来龙去脉中去研究时间了。

在经典力学中，时间是一个数，标志着一个点在其轨道上的位置。但是在某个全局性的层次上，时间可能还有另一种不同的意义。当我们看一个小孩并猜测他或她的年龄时，这个年龄并不存在于这个小孩身体的任何一个特殊部位上。这是一种全局性的判断。人们常常说科学把时间空间化了。但我们现在发现，另一种观点也是可能的。考虑一处风景及其变化：村庄在发展，桥和路连接了不同的区域，并使它们得到改造。这样，空间得到了一个时间维，按照地理学家贝里（B. Berry）的说法，我们已被引导去研究“空间的计时”了。

不过，最重要的进步也许就是，我们现在可以从另一种不同的角度来看结构的问题，有序的问题。我们将在第八章中说明，按照动力学的观点（无论是经典动力学的还是量子力学的观点），不可能有任何一种由时间指向的进化。由于“信息”可以用动力学的术语来定义，信息在时间中仍是不变的。这听起来是背理的。当我们混合两种液体的时候，并没有发生任何“演变”，尽管事实上我们不可能不用某种外来的手段而取消这混合的结果。相反，熵定律把这个混合描述成是向“无序”的演变，向最大概率状态的演变。现在我们可以证明，这两种描述并不矛盾，但是说到信息或有序，我们必须重新定义我们所考虑的单元。重要的新事实是，我们现在可以建立从一种形式的单元到另一种形式的单元的精确规则。换句话说，我们已经得出第二定律所表达的进化范式的一种微观表述。由于这种进化范式包括了化学的全部和生物学及社会科学的主要部分，在我们看来，这是一个重要的结论。这种深刻的认识是在晚近得到的。在物理学中发生的重新概念化的过程还远远没有完成。但是我们的意图并不是要把科学的确定收获，它的稳定的和完全确立的成果弄个明白。我们想做的是强调科学活动的概念创造能力，以及它所带来的新前景和新问题。无论如何，我们现在懂得，我们不过刚刚开始这种探索。我们不应该认为疑问或危险即将结束。因此，我们决定使事物像我们现在所看到的样子呈现出来，并且完全知道我们的答案是多么不完善。

5

埃尔温·薛定谔有一次写了下面这段话，惹起了许多科学哲学家的愤怒：

> ……有一种倾向，忘记了整个科学是与总的人类文化紧密相连的，忘记了科学发现，哪怕那些在当时是最先进的、深奥的和难于掌握的发现，离开了它们在文化中的前因后果也都是毫无意义的。如果有一种理论科学，它不懂得它的结构中那些被认为是要害的部分，最终不免要被纳入一些概念和词语（它们抓住了有教养的团体）

的框架之中并成为一般世界图式的一部分——我认为，如果有一种理论科学，在那里，这一点已被忘记，在那里，已经对它入了门的人用那些最多只被少数游客所懂得的术语互相继续着冥想，那么，这种理论科学必将被其他有教养的人所抛弃。尽管深奥难懂的闲谈可能全在那些乐于孤立的专家群内部继续着，但随着时间的流逝，它注定要萎缩和僵化。

本书的基本论题之一就是下述两者之间的强相互作用：整个文化所固有的问题和个别科学内部的概念问题。正在科学的心脏之处，我们发现了关于时间的问题。演化和不可逆性，这是几代哲学家也为之付出了毕生精力的问题。今天，当历史（无论是经济的、人口学的或是政治的历史）正以前所未有的速度前进时，新问题和新兴趣要求我们进行新的对话，寻找新的一致性。

但是我们知道，科学的进步经常被人们用分裂的术语描述成一种从具体经验到越来越难掌握的抽象阶段的变换。我们相信，在认识论上，这种解释只是历史情况的反映（经典科学在这种历史情况中找到了自己），是经典科学无能把人与环境相互关系的广泛领域包括到它的理论框架中去的结果。

毫无疑问，存在着科学理论的抽象发展。但是对于科学发展来说有决定意义的概念革新并不一定属于这种类型。时间的再发现既有科学内部历史的根源，又有社会关系中的根源，今天，科学正是在这个社会关系中找到了自己。诸如不稳定基本粒子的发现或膨胀宇宙的发现，都清楚地属于科学的内部历史。但在非平衡的情形，在进化着的系统中，一般的兴趣可能反映出我们感觉到整个人文学科今天正处于一个变迁的时期。我们将要在第五章和第六章中报告的许多结果，例如有关振荡化学反应的结果，有可能在许多年前就被发现，但是对这些非平衡态问题的研究工作在当时的文化和意识形态的环境中被压抑了。

我们知道，肯定这种对文化内容的敏感，就违背了科学的传统概念。按照这种观点，科学是通过把自己从认识自然的过时形式中解放出来而得到发展的。它在一种可以比做是理性"苦修"的过程中纯洁了它自己。但这一点又引出了如下的结论：科学应当只由那些独立生活、不问世事的团体去实践。按照这个观点，理想的科学团体应当得到免于社会的压力和需求的保护。科学进步应当主要是自治的过程？任何"外面"的影响，比如科学家参与其他的文化、社会或经济活动，将仅仅起干扰或延迟的作用。

这种抽象的理想，科学家退隐的理想，在另一个理想中找到了同盟者，这个理想关心的是一个“真正”研究者的天职，就是说他要从世俗变迁中逃脱出去的愿望。爱因斯坦描写过这样一类科学家，假如“上帝的天使”被赋予把一切“无价值”的人——没有说是在哪一方面——从“科学庙堂”中逐出的任务，那么这类科学家将会得到天使的青睐。一般说来，他们是

> ……相当怪癖、沉默寡言和孤独的人，尽管有这些共同特点，实际上他们彼此之间很不一样，不像被赶走的那许多人那样彼此相似。
>
> 究竟是什么把他们引到这座庙堂里来的呢？……把人们引向艺术和科学的最强烈的动机之一，是要逃避日常生活中令人厌恶的粗俗的和使人绝望的沉闷，是要摆脱人们自己反复无常的欲望的桎梏。一个修养有素的人总是渴望逃避个人生活而进入客观知觉和思维的世界；这种愿望好比城市里的人渴望逃避喧嚣拥挤的环境，而到高山上去享受幽静的生活，在那里，透过清寂而纯洁的空气，可以自由地眺望，陶醉于那似乎是为永恒而设计的宁静景色。
>
> 除了这种消极的动机以外，还有一种积极的动机。人们总想以最适当的方式来画出一幅简化的和易领悟的世界图像，于是他就试图用他的这种世界体系来代替经验的世界，并来征服它。

一方面是科学所寻求的禁欲主义的美，另一方面是被爱因斯坦如此敏锐地感觉到的世俗经验的小旋涡，这两者之间的不相容性，容易被另一种不相容性增强。这另一种不相容性是公然的摩尼教式的不相容性，是科学与社会之间，更确切地说，是自由的人类创造力与政治权力之间的不相容性。在这种情况下，研究工作不必在孤立的团体中或在庙堂中进行，而是在一个堡垒中，或者还可以像德林迈特（Düerrenmatt）在他的剧作《物理学家》（*The Physicists*）里所想象的，在疯人院里进行。在这个剧中，三位物理学家讨论要用怎样的方法和手段推进物理学的发展，同时又能保护人类避免政治权力盗用物理学进步成果所造成的可怕的后果。他们得出结论：唯一可能的方法就是他们当中的一个人已经选择的方法。他们全都决定装疯，躲到疯人院里去。该剧结尾时，如命中注定的那样，他们的最后避难所被发现只是一个幻想。疯人院的女院长暗中侦查了她的病人，偷窃了他的研究成果，夺得了世界政权。

德林迈特的剧作把我们引到科学活动的第三概念：科学通过把现实的复杂性约化为一种隐藏的简单性而得到进步。物理学家摩比尤斯（Moebius，剧

中的人物）试图在疯人院中隐藏的是这样的事实，即他已经成功地解决了引力的问题，解决了基本粒子的统一场论，以及最后得出了“万能发明原理”——绝对权力的源泉。当然，德林迈特为建立他的观点进行了简化，但得到公认的是，在“科学庙堂”中被寻找的东西正是宇宙的“公式”。已经被描绘成禁欲主义者的科学家，现在变成了一个魔术师，一个与世隔绝的人，揭露一切物理现象的万能钥匙的潜在掌握者，因此，他具有潜在地万能的知识。这把我们带回到我们已经提出过的问题，只有在简单的世界中（特别是经典科学的世界中，在那里，复杂性仅仅是基本的简单性的面纱而已），某种能提供万能钥匙的知识才会存在。

我们时代的问题之一就是克服那种认为科学团体的孤立状态是正常的并要加强这种状态的倾向。我们必须为科学与社会间的沟通打开新渠道。本书正是在这样的思想指导下写成的。我们都知道，人类正在以前所未有的规模改造着他的自然环境。如塞奇·莫斯科维奇（Serge Moscovici）指出的，人类在创造一个“新的自然”。但是，为了理解这个人造的世界，我们需要一种科学，它不仅是顺从外部兴趣的工具，也不是任其在底层社会滋长的癌瘤。

早在两千年前，庄子就写道：

> 天其运乎！地其处乎！日月其争于所乎？孰主张是？孰维纲是？孰居无事推而行是？意者其有机缄而不得已邪？意者其运转而不能自止邪？

我们相信，我们正朝着一种新的综合前进，朝着一种新的自然主义前进。也许我们最终能够把西方的传统（带着它对实验和定量表述的强调）与中国的传统（带着它那自发功、自组织的世界观）给合起来。在本导论的开始，我们引述了雅克·莫诺的话，他的结论是：“古老的盟约撕成了碎片，人类至少知道他在宇宙的冷冰冰的无限空间中是孤独的，他的出现是偶然的。”也许莫诺是对的。古代的同盟已被打碎。我们的任务不是去悲叹过去，而是要试图在这科学的极不平凡的多样性中发现某种统一的线索。科学的每个伟大时期，都引出某个自然界的模型。对经典科学来说，这个模型是钟表。对19世纪的科学，即工业革命时代来说，这个模型是一个逐渐慢下来的发动机。对于我们来说，标志可能是什么呢？我们头脑里的东西也许可以用那些从古印度或前哥伦布的艺术直到我们时代为止的雕刻最好地表达出来，在一些最美的雕像中［无论是在舞蹈的湿婆（Shiva）中或是盖来罗（Guerrero）的小型庙堂中]，十分清晰地表现出一种寻求，寻求静止与运动之间、捕捉到的时间与流逝的时间之间的接合。我们相信，这个对照将把它的独一无二的特点赋予我们的时代。

（曾庆宏、沈小峰译）

选文出处

普利高津　对科学的挑战

伊·普利高津、伊·斯唐热著，《从混沌到有序》，上海，上海译文出版社，1987，32—58 页。

设计科学：创造人工物

司马贺

司马贺认为，存在着一种以人工物为对象的独特的设计科学。在本章中他全面地探讨了有关设计科学的各种问题，如设计逻辑中关于命令逻辑可以还原为叙述逻辑、最优方案、令人满意的行动方案等问题，寻找备选方案的手段—目的分析和搜索逻辑问题，以及作为资源分配方法的设计。他还探讨了设计的层级结构、设计的表象，以及设计课程体系的建设、设计在精神生活中的作用等。

作者简介

司马贺（Herbert Alexander Simon，1916—2001），1943年获芝加哥大学政治学哲学博士学位。在心理学、经济学、行为研究、计算机科学等广阔的领域都有杰出的成就，他把心理学与计算机科学结合在一起，开创了人工智能的研究，荣获1975年的图灵奖。他还获得1986年美国总统科学奖等，并因决策过程研究方

从历史上看，从传统上讲，关于自然事物的知识的讲授是科学学科的任务：自然事物的存在状态怎样，它们是如何发生作用的。关于人工物的知识的讲授是工程学院的任务：如何制造具备人们想望性质的人工物，如何设计等。

工程师并不是唯一的专业设计师。凡是以将现存情形改变成想望情形为目标而构想行动方案的人都在搞设计。生产物质性人工物的智力活动与为病人开药方或为公司制订新销售计划或为国家制定社会福利政策等这些智力活动并无根本不同。如此解释的设计是所有专业训练的核心，是将专业（professions）与科学（sciences）区分开的主要标志。工程学院像建筑学院、商学院、教育学院、法学院、医学院一样，主要关心设计过程。

考虑到设计在专业活动中的关键作用，则20世纪以来自然科学几乎将人工物科学从专业学院课程中驱逐出去的做法的确使人啼笑皆非。这种动向在第二次世界大战结束后的二三十年内达到了高潮。工程学院逐渐变成了数理学院，医学院变成了生物科学学院，商学院变成了有限数学

面的成就获 1978 年诺贝尔经济学奖。

学院。诸如“应用的”这种形容词的使用掩饰了事实，但并未改变事实。所谓“应用的”只不过意味着，专业学院从数学和自然科学当中选择出来一些被认为对专业技能最有关的一些科目，以示重视。它并不意味着现在已讲授设计课程了，设计与分析是不同的。

这种靠拢自然科学、避离人工物科学的运动趋势在工程、商业和医学方面比在我提到的其他专业领域要表现得更迅猛。不过，这种运动趋向绝不是不见于法学院、新闻学院和图书馆学学院。较强的大学与较弱的大学相比受影响更大，研究生课程比大学生课程受影响更大。如今的第一流专业学院中，没有几篇博士学位论文是讨论真正的设计问题的（我指的是与固体物理学与随机过程问题有所区别的设计问题）。我必须把计算机科学与管理科学的博士论文作为例外（理由后述），无疑，还有其他一些博士学位论文（比如说化学工程方面的）也应作为例外。

这么普遍的现象必有一根本原因。它确有一明显的原因。随着专业学院（包括独立的工程学院）越来越被融合进大学的总体文化之中，它们也追求学术上的地位。就目前通行的规范而言，学术上要想获得较高地位，研究题目就必须是智力上硬性的，分析性的，可形式化的，可讲授的。过去，我们所知道的关于设计与人工物科学的许多内容（如果不说是大部分内容），都是智力上软性的，直觉的，非形式化的，像烹调书一样说不出所以然来的。大学中的任何人，当可以搞固体物理学时，为什么要屈尊讲授或学习机器设计或市场战略策划方面的东西呢？答案很清楚：他通常不会屈就的。

由于专业课程中缺乏设计课而使专业能力蒙受的伤害，在工程领域和医学领域已逐渐被人们所认识，工商管理领域对此也有了一些认识。有些学校认为这不是个问题（有些现在仍然如此），因为它们将应用科学的学院看做是过去的中等职业学校的替代物，只不过更高级些罢了。如果是经过选择才用现在这种学院代替中等职业学校的，我们倒也可以同意。[①] 但这两者都不能令人满意。较老的那种专业学院不懂得如何在与大学相当的知识层次上进行专业设计的教育，较新的这种学院几乎放弃了在核心专业技能方面进行训练的责任。因此，我们面临的问题是，设计这样一种专业学院，它能同时达到两个目标：在高级知识层次上进行人工科学教育和自然科学教育。这也是一个设计问题——组织设计（organizational design）。

问题的核心在于“人工科学”这一术语。前面几章我已说明，一门关于人工现象的科学总处在解体与消亡的临头危险之中。人工物的特有性质表现在它内部的自然法则与外部自然法则的薄薄的界面上。对于这一点我们怎么看呢？在这里，除了边界科学——那些支配着手段与任务环境的科学——还有什么好研究的呢？

人工界恰恰集中在内部环境与外部环境的这一界面上，它关心的是通过使内部环境适应外部环境来达到目标。要想恰当研究那些与人工物有关的人们，就要研究手段对环境的适应是怎么产生的——而对适应方式来说，最重要的就是设计过程。专业学院只有发现和讲授一门完整的设计科学，才能有充分的资格重新担负起专业责任。这样一门设计科学是关于设计过程的学说体系，它是知识上硬性的、分析的、部分可形式化的、部分经验性的、可讲授的。

本章的论点是，这样一种设计科学不仅是可能的，而且自 20 世纪 70 年代中期以来已经在涌现。事实上，平心而论，1969 年出版的本书第一版对于设计科学的发展是有影响的，该书号召大家发起行动，还勾勒了行动可以采取的方式。卡内基—梅隆大学工程学院是率先研究设计过程的工程学院之一，那里走出的第一步是在 1975 年左右成立了设计研究中心。该中心（1985 年之后改名为“工程设计研究中心”）促进了从事设计科学与实践之研究的教授与学生之间的合作，开发了设计理论的一些基本要素，这门理论又进入了本科生和研究生的课程。这个中心在卡内基—梅隆大学和美国其他地方加强设计

---

① 事实上那便是我们的工程学院一代人以前作出的选择。这些学院当时需要清除掉职业教育至上的主张，而可以作为替代物的真正的设计科学当时连最初的形态都不存在。因此，向前的路就是引入更基本的科学。康普顿是这一改革的杰出领袖之一，在他 1930 年出任麻省理工学院院长时的就职演说中，改革是主调：我希望……本院越来越多地将注意力放到基本科学上来；希望我们获得前所未有的精神状态与研究成果；希望将所有教学课程都仔细检查一下，看看是否过分强调了细节的教育，而影响了总括性的基本原理的教育，要知道后者的作用更大。

注意，康普顿院长强调的是“基本的”，今天强调这一点与在 1930 年强调这一点一样地正当。本文中我们强调的并不是离开基本的东西，而是要在课程体系中加进工程基础课，与自然科学基础课并列。在 1930 年，那是不可能做到的，但今天有此可能。

学教育和科研以及设计学教育和科研现代化的过程中一直发挥着重要作用。

设计理论的主体部分有以下目标：借助人工智能和运筹学的工具，扩充计算机辅助设计的能力。因此，计算机系、工程系、建筑学系以及商学院的运筹学科研群体，都在越来越积极地投身于关于计算机辅助设计的许多侧面的研究。为了将计算机引入设计过程，就需要使设计理论更明晰、更准确，这一直是使设计理论被学术界所接受（使之适合于大学）的关键。在本章其余部分，我将讨论应纳入设计理论和设计教学的若干问题。

设计的逻辑——固定了的备择方案

我们必须从某些逻辑问题开始。[①] 自然科学关心事物是怎样的。普通的逻辑系统——比如说标准命题演算与谓词演算——能很好地服务于自然科学。由于标准逻辑关心的是叙述性陈述，它很适用于有关世界的论断和从这些论断作出的推论。

另一方面，设计关心的是事物应当如何，关心的是设计出人工物以达到目标。我们也许要问，适合于自然科学的论理形式是否也适合于设计。人们很可以假定，动词“应当”（should）的引入也许要求一套新的推断规则，或修改已嵌入叙述性逻辑中的规则。

命令性逻辑的悖论

人们构造了各种“悖论”来说明，需要一个独特的命令逻辑，或叫规范性的、义务论的逻辑。在普通逻辑中，从“狗是宠物”和“猫是宠物”可以推出“狗和猫是宠物”。但是，从“狗是宠物”、“猫是宠物”和“你们应当畜养宠物”能推出“你们应当畜养狗和猫吗”？可以通过与叙述逻辑类比从“给我针和线”推断出“给我针或线”吗？易受挫折的人或许既不要针又不要线，而不愿有针无线或有线无针，而爱宁静的人或许既不要猫又不要狗，而不是都要。

作为对这些显而易见的悖论的挑战的反应，人们发展了好些模态逻辑构造来处理各种“应当”、“必须”的问题。我认为这样的评价是公正的：这些系统中的任何一个都没有充分发展起来，或未得到足够广泛的应用，以显示出它足以应付设计过程的逻辑要求。

---

① 我在早期的两篇论文中深入探讨了设计逻辑形式问题：“The Logic of Rational Decision”, *British Journal for the Philosophy of Science*，16（1965）：169—186；以及“The Logic of Heuristic Decision Making”，in Nicholas Rescher（ed.），*The Logic of Decision and Action*（Pittsburgh：University of Pittsburgh Press，1967），pp. 1—35。目前的讨论基于这两篇论文，它们作为*Models of Discovery*（Dordrecht：D. Reidel Pub. Co.，1977）一书的 3.1 节和 3.2 节已被重印。

幸运的是，这种显示实在不是必不可少的，因为可以证明，设计的要求可通过普通的叙述逻辑的微小变动而得到充分满足。因此，一种特别的命令逻辑是不必要的。

我想着重说明一下“不必要的”这个词，它并不意味着“不可能的”。模态逻辑表明自己存在的方式与长颈鹿是一样的——通过表现出自己的一部分。问题不在于它们是否存在，而在于设计是否需要，它们对于设计是否有用。

还原至叙述逻辑

要想发现设计需要什么样的逻辑，最方便的途径就是考察设计者在小心翼翼地论证时采用了什么样的逻辑。如果设计者总是些粗枝大叶的家伙，他们的论理松散，模糊不清，全凭直觉，那么考察设计者使用什么逻辑就没有意义了。那我们就可以说，无论他们采用什么逻辑都不是他们应当采用的逻辑。

然而，在一大片设计实践领域中，对推论的严格性的标准掌握得是很严的，可以说是严得不能再严了。我指的是所谓“最优化方法”领域，它在统计决策理论与管理科学方面发展最成熟，不过在工程设计理论中的重要性亦正在不断增加。对概率理论与效用理论以及二者的结合给予密切注意的不仅有实际设计者和决策者，而且有当今时代和过去几代当中不少最杰出的逻辑学家和数学家。拉姆齐（F. P. Ramsey）、德菲奈提（B. de Finetti）、沃尔德（A. Wald）、冯·诺伊曼、内曼（J. Neyman）、阿罗和萨维奇（L. J. Savage）是几个例子。

最优化方法的逻辑可以略述如下：设计问题的“内部环境”由一组给定的备择行动方案来表现。这些备择方案可以详细给出，但更经常地是由规定了任务领域的命令变量来表示。“外部环境”则由一组参量表征，我们可能确切地知道这些参量的大小，也可能只知道它们的概率分布。内部环境适应外部环境所要实现的目标由一效用函数（它是命令变量和环境参量的函数，通常是标量）确定，或许再补充上几个约束条件（比如说，命令变量函数和环境参量函数之间的不等式）。最优化问题就是要求出一组可接受的、与约束条件相容的命令变量的值。在环境参量值给定的情况下，命令变量的这组数值使效用函数达到极大。（对于只知道参量的概率分布的情形，我们可以说，“使效用函数期望值达到极大”，而不是“使效用函数极大”。）

应用该范式的一个现成例子是下表所示的所谓“膳食问题”。给定一系列食物，命令变量就是打算列入食谱的各种食物的量。环境参量是每种食物的价格与营养含量（热量、维生素含量、矿物质含量，等等）。效用函数是饮食

逻辑项		**例子：膳食问题**
命令变量	（“手段”）	食物量
固定参量	（“法则”）	食物价格 营养含量
约束条件 效用函数	（“目的”）	营养要求 膳食的费用

约束条件表征了内部环境，参量表征了外部环境。

问题：已知约束条件和固定参量，求命令变量取哪些值能使效用最大。

命令逻辑的范式

的成本（带负号），只是要受到一些约束，如：每天食物所含热量不超过 2 000 卡；必须满足规定的维生素和矿物质最低摄入量的要求；食用芸苔不能超过每周一次。可以认为，这些约束条件表征了内部环境。任务是，在给定价格下以最低成本选择满足营养需要和约束条件的各种食物的量。

在称为线性规划的数学方法能够方便地给以解决（即使变量数很多）的一类问题中，膳食问题是一个简单例子。稍后一些我将回头讨论这一数学方法。我现在关心的是问题的逻辑。

由于最优化问题一旦形式化就成了标准的数学问题——使一受到约束的函数最大化，那么，用以推出答案的逻辑显然就是数学赖以建立的谓词演算标准逻辑。这一形式化方法是怎样避而不用特别的命令逻辑的呢？它是通过处理几组可能状态来做到这一点的：首先，考察满足外部环境限制的所有可能状态；然后，从此集合中找出满足目标的其他约束条件，又使效用函数最大化的特定状态这一逻辑与下面这种情况的逻辑完全一样：将目标约束条件和最大化的要求看做新的“自然法则”，把它们加到通过环境条件体现出来的现有自然法则上去。[①] 我们只是问，在一个满足所有这些条件的状态中，命令变量会取什么值，然后作出结论说，这些就是命令变量应当取的值。

计算最优先状况

迄今的讨论已给我们提供了设计科学课程的两个中心课题：

---

① 通过“可能状态”这一概念将命令逻辑嵌入叙述逻辑的做法至少可上溯至 Jørgen Jørgensen，“Imperatives and Logic”，*Erkenntnis*，7（1937—1938）：288—296。又见我的 *Administrative Behavior*（New York：Macmillan，1947），chapter 3。可以用类型逻辑来区分在不同情况下（也就是说，在不同的可能状态下）为真的种种陈述（它们属于不同类），但是，正如我举的例子所表明的，即使这一工具往往也没有必要。我们引入系统的每个新方程或新约束都将可能状态的集合缩减为原本可能状态集合的一个子集了。

1. 作为在已知备择方案间进行合理选择的逻辑框架的效用论和统计决策理论。

2. 实际求出现有方案中的哪个为最优的方法体系。

仅在很简单的情形中，最优方案的计算才是容易的事（见第2章）。若效用论真要用于实际设计问题，则必须伴以进行实际计算的工具。理性棋手的窘境是我们都熟悉的。弈棋的最优策略很易表示：简单地规定一下，以+1这个值表示胜，0表示和，−1表示负；考察所有可能的弈棋着法；假设每个弈棋者在任何给定时刻都将采取最有利的步着，从每种着法的结果倒回去求极小极大值。根据这一程序可以决定现在走哪一步。唯一不好办的是，所需的计算量是个庞大的数字（在这一方面，经常提到10^{120}这个数字），因此无法进行计算——人不行，现有的计算机不行，未来的计算机也不行。

一门应用于棋戏的设计理论将不仅包括理想的极小极大值原理，而且要包括一些帮助弈棋者在实战中当场找到高着的可行程序，这个寻找任务当然必须是凭借现实的人和现实计算机的计算能力就能完成的。目前存在的这一类的最好程序仍然是储存在大师记忆中的程序，它具有我在第3章和第4章描述过的特征。但是，现在已经有几个计算机程序，它们时常能击败除了最强的几位大师外的所有棋手。即使这些程序也不具备像人类大师那样的国际象棋知识，其成功是三方面因素的结合：惊人的计算能力（有时要分析上亿种变局），关于开局变化情况的大量“书本”知识，评价局势的相当精巧的准则函数。

设计科学课程的第二个课题是现有的高效计算技术，人们正是靠它们在实际情形（或合理近似的实际情形）中实际求出最优行动路线。正如我在第2章已提到的，这一课题在今天有许多重要组成部分，其中大部分是在过去的年代中发展起来的——至少就实际应用水平而言是这样，包括线性规划理论、动态规划、几何规划、排队论和控制理论。

求出令人满意的行动方案

并不是只有最优化才涉及计算技术问题。传统的工程设计方法应用不等式——对令人满意的绩效的描述——比应用极大极小值方法要多得多。所谓的“品质因数”允许以“较好”或“较坏”对设计进行比较，但很少下哪种设计“最好”的判断。例如，控制系统设计中所采用的根轨迹法。

对于寻找好的或令人满意的解答而不是最优解答这样一种决策方法，英语中似乎没有任何词给以合适的表达，因此，几年前我引入了“satisfying”一词来表示这种方法。现在没有人会在头脑正常时搞满意化，如果最优化也同样能搞得很好；没有人会满足于好的或更好的，如果他能得到最好的。但在实际设计情形中，问题通常不是这样提的。

我在第 2 章论证说，在现实世界里通常不存在什么令人满意的解答与最优解答之间的选择，因为，我们掌握求得最优状态的方法的时候实在是太少了。例如，让我们考察一个称为“流动推销员问题”的著名组合问题：给定一组城市的地理位置，求这么一条路线，推销员沿此线能走遍所有城市，而总里程又最短。[①] 对于此问题，有一直截了当的最优化算法（类似于弈棋的极大极小值算法）：试试全部可能路径，选择最短的一条。但是，只要城市数目相当多，这一算法在计算上就是不可行的（通过 N 个城市的路径数为 $N!$）。虽然人们已发现了一些减少搜索范围的方法，但尚未发现一种足够有力的算法，能以可容忍的计算量对比如说涉及 50 个城市的“流动推销员问题”求解。

比起让推销员闲在家里，我们当然宁愿为他找一条虽然不是最优但令人满意的路线。在多数情况下，凭借常识或许就能找到一条相当好的路线，但通过这种或那种试探法，经常可以找到更好的路线。

凡由于做不到最优而追求满意的所有各种情形都有一特征：虽然现有备择方案的集在某种抽象意义上是“给定的”（我们可以规定一个发生者，它保证最终能产生所有这些方案），但它偏偏在切合具体情况的意义上不是“给定的”。受实际计算能力的限制，我们不可能产生出所有可接受方案，然后再比较它们的相对优劣。即使我们足够幸运，最好方案很早就产生了出来，但我们只有等到全部方案都产生后将它们统统看一遍，才能发现它是最好的。现在，我们为了满意化而采取这样一种寻找备择方案的方式，使得在仅仅少量搜索后一般就能找到可接受的方案。

现在，在许多追求满意的情形中，要想搜索一个满足可接受性具体标准的方案的话，期望搜索范围取决于标准定得多高，而与有待搜索的空间的总规模几乎完全无关。在干草堆中搜索一根缝衣针所需时间取决于针的分布密度，而与草堆有多大无关。

因此，当我们采用满意化方法时，可接受的备择方案的总体是否由一形式化的但不能实行的算法“给”出的，这一点往往无关紧要。这一总体有多大，往往也是无关紧要的。为此，满意化方法可沿用至广阔范围里的设计问题，只要这些问题的备择方案集没有“给定”（即使在空想的意义上也未“给

① “流动推销员问题”与一些非常类似的组合问题——如“仓库选址问题”——有相当大的实用意义，例如，为一互相连接的电网选中枢发电厂的厂址。

定”。“流动推销员问题”的备择方案是空想地给定的)。我们的下一任务便是考察这种可能性。

设计逻辑：找出备择方案

如果我们遇到设计方案在任何构造性的意义上都未给定、而必须综合而成的情形，我们就必须再问一次，这一综合是否涉及任何新的推理形式？或仍是那个结论：叙述性陈述的标准逻辑就够用了。

在进行最优化时，我们问：“在所有可能状态（当行动变量取了某些可接受值后我们所能获得的状态）中，哪个是最好的（能够使准则函数取最大值的)?”我们已看见，这纯粹是一个经验性问题，回答它只需要事实和普通的陈述性论理。

当我们寻求令人满意的方案时，一旦发现“候选者”，我们就可以问：“这一方案满足所有的设计标准吗?”显然，这又是一个事实性的问题，并没提出新的逻辑问题。但是，搜索候选者的过程又如何呢？这一搜索需要什么样的逻辑呢?

手段—目的分析

任何目标寻求系统必须满足的条件是，它通过两种渠道与外部环境联系：一是传入渠道或感官渠道，系统通过它接受关于环境的信息；二是传出渠道或运动神经，这是系统作用于环境的渠道。① 系统必须具有某种手段在其贮存库中存储关于世界状况的信息（传入信息或感官信息）和关于行动的信息（传出信息或运动神经信息）。实现目标的能力取决于在世界状况的特定变化与能（有把握地或没有把握地）带来这些变化的特定行动之间建立联系。这也许简单，也许很复杂。这些联系就是我们在第 4 章所描述的产生过程。

除了几种天生的反射，婴儿不具备将其感官信息与其行动联系起来的基本能力。婴儿早期学习过程中的一项重要内容是，什么样的特定行动或特定行动顺序将会带来他所感受到的世界状况的什么样的特定变化。在婴儿积累起这一知识之前，感觉世界与运动神经世界是两个判然分离的、完全无关的世界。只有当他（她）开始获得经验，知道组成这件东西的元素与组成那件东西的元素有何关系时，方能有目的地作用于世界。

有一个称为“通用解题者”(GPS）的计算机解题程序，是设计来模仿人类解决问题过程的某些主要特征的，它清晰地说明，目标指导的行动是多么

① 注意，我们并没有说两种渠道是相互独立地工作的，因为在生命体中它们肯定不是相互独立的。但我们对输入流与输出流可作概念上的区分，在某种程度上亦可作神经学上的区分。

依赖于在输入世界与输出世界之间构造这种桥梁。在输入或感官一侧，GPS必须能表现想望状况或想望物，表现目前状况，它也必须能表现想望状况与目前状况之间的差别。在传出一侧，GPS必须能表现改变实物或状况的行动。为了有目的地行动，GPS必须能够不时地选择这样一些特定的行动，它们有可能消除系统探测到的目前状态与想望状态之间的差别。在GPS这部机器中，这种选择是通过一张关联表实现的。该表将每种可探测到的差别与对减小那一差别有作用的行动联系起来。GPS的这些联系（表现为产生过程）将传入状况与传出状况挂上了钩。由于通常需要一系列行动才能实现某一目标，由于某些努力也许是无效的，GPS也必须有探测自己的进度（现实状态与想望状态间差别的变化）和试行新路子的手段。

搜索逻辑

GPS是这样一个系统：为了发现和装配能使系统从给定状况达到想望状况的行动程序，它在（尽可能大的）环境中进行选择性搜索。支配这样一种搜索的逻辑规则是什么？这里涉及比标准逻辑更多的东西吗？我们需要一个模态逻辑来使搜索过程合理化吗？

看来，有标准逻辑就足够了。为了表现传入状况与传出状况间的关系，我们想象GPS在一个大迷宫中行进。迷宫的叉点代表状况，可描述为传入神经；将叉点与叉点连起来的路径是行动，可描述为运动神经序列，这些行动将把一个状况转化为另一个状况。在任何给定时刻，GPS总是面临一个单一问题："下一步我采取什么行动？"由于GPS对行动与状况变化间的关系只具有不完备的知识，这就成了前一节已讨论过的在不确定状况下进行选择的问题。

备择方案搜索的一个特点是，解决方案（即构成最后设计的完整行动）是由一个单元行动序列构成的。备择方案空间的大小之所以如此惊人，是因为并不需要很多个单元行动就可组合为很多很多种行动序列。

将单元行动放在构成了完整行动的序列的相应位置上来考察，这样做获益良多。因为，从传入方面看，状况通常被分解成一些单元，它们与传出端分解而成的单元行动至少能近似地相配合。GPS所隐含的论理过程是，如果现在状况与想望状况不同，差别为D_1，D_2，…，D_n，如果行动A_1消除D_1型的差别，行动A_2消除D_2型的差别，等等，那么，通过完成行动序列$A_1A_2\cdots\cdots A_n$，便能将现实状况转化为想望状况。

根据标准逻辑规则，这一论理绝不是在所有可能状态中都有效的。要使这论理过程站得住脚，就要作出相当强的假定，假定几个行动对几种差别的作用是互不相干的。有人也许要说，这一论理在从某种意义上说是"可添加的"或"可分解的"状况中还是站得住脚的。（前面引用的关于猫—狗和针—

线的例子之所以看上去像是悖论，正是因为在这两种状态中行动不可叠加。用经济学家的语言说，第一个是收益递减的例子，第二个是收益递增的例子。）

在此意义上说，解决问题者和设计者所要对付的现实世界很少是完全可叠加的。行动有副作用（也许产生新的差别）。有时候，唯有当某些附带条件被满足时才能采取行动（要求先消除其他一些差别，否则就无法采取行动）。在这些情况下，根本不能保证，只要将能实现某些目标的一个局部行动序列放大一下，就成了能满足问题的所有条件、实现问题的所有目标（即使是令人满意化的目标）的解答。

因此，现实世界中的解决问题系统和设计程序不仅仅是将单元方案装配成问题的解答，还得要搜寻适当的装配件。在进行这种搜索时，将鸡蛋分装到几个篮子里的做法经常是高效的——也就是，不要一条道走到黑，结果要么大获全胜，要么一败涂地，而要从一开始就探索几条尝试性的路径，接着，从尝试性路径中再挑几条在当时看来最有前途的路子。如果正在走着的某条路径开始显得前景不那么光明了，可用另一条在原来的优先次序上排得较后的路径来代替。

我们对备择方案未给定时的设计问题进行了讨论，由此，设计科学的教学至少又可增添三个课题：

> 3. 改动标准逻辑以适应对备择方案的搜索。设计解答是一些行动序列，它们导致满足具体约束条件的可能状态。对于满意化的目标，所寻求的可能状态很少是唯一的；搜索的是实现目标的充分行动而不是必要行动。
>
> 4. 目前状态与想望状态之间差别的并行（或近于并行）分解的利用。分解方法是一个有着广泛用途的解题技术，手段—目的分析是其中一个例子。
>
> 5. 将搜索用的资源分配给备择的、已进行了部分探索的行动序列。我想对这一课题再详论一下。

作为资源分配方法的设计

设计过程通过两种方式与资源分配发生关系。首先，满意化的设计可以将节约稀缺资源作为一条设计标准。其次，设计过程本身包括对设计者的智力资源进行管理，以免不必要地耗费精力去走已被证明无效果的探索路线。

关于资源节约问题，也就是作为一项设计标准的成本最小化，这里没有什么特别值得谈的。如成本最小化一贯是工程结构设计中一个隐含的考虑因素，但直到几年前，它还一直是隐含的，而不是明显的。现在，设计过程已越来越多地明确考虑成本问题，如今有强烈的理由认为，有必要教会设计工程师们被经济学家称为“成本—收益分析”的那一套技术和理论。

公路设计的例子

在管理设计过程时必须考虑设计自身的成本，这一思想是非常晚近才出现的，除了在直观水平上以外，它尚未得到广泛应用。一个较早的但仍然很好的例子，就是曼海姆（Marvin L. Manheim）在麻省理工学院作为博士论文而设计的一个程序，它是解决公路布局问题的。①

曼海姆的程序包括两个主要思想：第一，从非常一般的计划层次出发，循序渐进地使设计具体化，直到最后确定实际结构；第二，重视较高层次的计划，以此为基础决定在具体性较强的层次上实施哪些计划。

就公路设计这个例子而言，较高层次的搜索目标是发现一些“相关带”（bands of interest），在这些相关带中找到好的具体公路路线的希望很大。在每一相关带中，选择一个或更多个位置以便进行更密切的考察。然后，为特定位置搞出具体设计。当然，这程序不一定只划分为这三个阶段，而可以因情而异地推广。

曼海姆赋予每一设计活动一笔成本，并为每一较高层次的方案估算公路成本，根据这些，他作出从一个层次到下一个层次应采用哪些备择方案的决定。他的决策程序便是这样。与一个方案相联系的公路成本估计值指的是，如果通过随后的设计活动将这一方案实现的话，实际公路的成本会是多少。换句话说，这个估计值是量度方案“前途如何”的。当考虑方案的预期设计费用后，将那些看来最有前途的方案实施到底。

在曼海姆描述的具体方法中，一个方案的“前景”是由结果（如果将该方案实施到底所产生的结果）的概率分布来表示的。这一分布必须由工程师来估计，这是曼海姆方法的严重缺陷。但是，一旦估计出该分布来，就能在贝叶斯决策理论的框架内使用。对于这种方法来说，使用什么样的具体概率论模型是无关紧要的，不具备贝叶斯上层结构的其他估价方法也许一样令人满意。

在公路布局程序中，较高层次的方案的评价起着两个作用。第一，它回

---

① Marvin L. Manheim, *Hierarchical Structure*: *A Model of Design and Planning Processes* (Cambridge: The MIT Press, 1966).

答这样一个问题，“下一步我应在哪里搜索?”第二，它回答这样一个问题，“我什么时候停止搜索，以某种解答作为令人满意的解答?”于是，它既是搜索的导向机制，又是据以判断何时结束搜索的满意化程度的标准。

指导搜索的方法

让我们将指导搜索活动的这些方法的思想推广开去，超出曼海姆在公路布局问题上的具体运用，超出他以贝叶斯决策理论为基础的具体指导程序。让我们考察一个解决问题程序的典型结构。程序一开始沿着可能的路径搜索，向存储器中存入它已搜索过的树状的路径。在每一树枝——每一分支路径——末梢附一数字，以此表达这一路径的“值”。

但“值”这个术语实在是不当的用语。一条分支路径不是问题的解答，而未通向解答的路径的“真”值应当为零。因此，将这些数值看做沿着路径继续搜索可望得到的利益的估计，比将它们看做任何较为切近的意义上的“值”，要更有用处。例如，给一也许导致非常好的解答但可能性很低的分支路径相对说来很高的值，也许是十分可取的做法。如果在进一步搜索时前景黯淡了下来，损失的也仅仅是搜索费用。如果这条路径的结果令人失望，则不必接受，而可以代之以另一条可供选择的路径。因此，这种给分支路径赋值的方法与已提出的全解的估价函数也许完全是两码事。[①]

只要我们认识到给分支路径赋值的目的是指导对下一搜索点的选择，自然就可以将前述思想进一步推广了。在搜索过程中收集的各种信息对于下一步搜索路线的选择也许都是有价值的。我们不必仅局限于对分支搜索路径作出评价。

例如，在一个弈棋程序中，经过探索产生的一个续着也许与初始的着法产生器所建议的任何着法不同。无论实际产生该着法的背景（即搜索树的枝）是什么，现在可以将它从那一背景中抽取出来，与其他着法序列放在一起进行考察。贝勒（Baylor）将这种方法略加改变后加到“逼将”程序（MATER，它的目的是发现国际象棋中的逼将组合）中，结果大大增强了“逼将”程序的威力。[②]

于是，搜索过程可以看做寻求问题解答的过程（在关于解决问题过程的多数讨论中，一般就是这么看的），但也可以更一般地将搜索过程看做关于问

---

① 这一点不是显而易见的，以下事实可资佐证：大部分弈棋程序都采用了类似或相同的估价方法来指导搜索，来估价搜索路径终了处的棋局。

② George W. Baylor and Herbert A. Simon，“A Chess Mating Combinations Program”，*Proceedings of the Spring Joint Computer Conference*，Boston，April 26—28（1966）：431—447（Washington：Spartan Books，1966），又重刊于 *Models of Thought*，chapter 4.3。

题结构的信息的收集过程，问题结构对于发现问题的解答最终是有价值的。后一种看法比前一种看法更带一般性，这一点是很有意义的。意义在于提示人们，沿搜索树的任一特定分支获得的信息不仅可在产生它的情况下应用，还可在其他许多情况下应用。现在，可以认为已从较早的、较狭义的观点向较新的观点前进了一小步的解题程序还只有那么几个。[①]

设计的形态：层级结构

第1章我给出了一些理由，说明为什么可以指望用分层次的等级结构的方式（或盒中盒的形式）来构造复杂结构。我的基本思想是，在任何复杂系统中都有一些单元完成着特定的子功能，这些子功能为总体功能作出贡献。正如通过描述系统的功能（无须对系统机制作出详细说明）就可规定整个系统的“内部环境”一样，每个子系统的“内部环境”也可通过描述那一子系统的功能来规定，无须对其子机制作出详细说明。[②]

为了设计这样一个复杂结构，可以通过一种有力的技术来找到一些可行的方式，将系统分解为与其许多子功能相对应的半独立部件。那么，在一定程度上，每一部件的设计就可独立于其他部件的设计来进行，既然每一部件主要通过自己的功能与其他部件发生影响，而与实现此功能的机制的详细情形无关。[③]

没有理由期望完整设计分解为功能部件的方式是唯一的。在一些重要情形中，也许还存在着大相径庭的几种备择的可行分解方式。分解具有多种可能，这是管理组织的设计者们所熟知的。在管理组织中，可以按子功能、子工艺、子场地和其他方式进行分工。事实上，经典组织理论的大半内容所关心的正是如何对相互联系的多种任务进行多种分解的问题。

产生者—检验周期

有一种观点是这样看待分解的，它承认系统部件之间的相互作用不可以完全忽略，但认为设计过程包括两部分：一是备择方案的产生，二是根据一连串要求和约束条件来检验这些方案。产生—检验循环不一定只有一个，而可能有一整系列。产生者隐含地规定了设计问题的分解方式，而检验过程保

---

① 关于搜索路径之最优选择的形式理论，可见 H. A. Simon and J. B. Kadane，“Optimal Problem-Solving Search：All-or-none Solutions”，*Artificial Intelligence*，6（1975）：235—247。

② 在我的论文《复杂性的构造》（“The Architecture of Complexity”）（本书第8章）中，我更详细地展开了这一观点。

③ 关于设计中的功能分析的近期讨论，见 Clive L. Dym，*Engineering Design*（New York，NY：Cambridge University Press，1994），pp. 134—139。

证了重要的间接结果将受到注意和估量。各种分解方式对应于最后设计的责任在产生者和检验之间的不同划分方式。

举一个大大简化了的例子。一系列产生者可能为一所建筑产生出一个或更多的可能的轮廓图和窗户配列方案，然后通过检验过程来看看一些具体房间的需要能否在已产生的轮廓图中得到满足。另外，也可让产生者产生房间结构，而通过检验步骤来看看这些房间与可接受的总体形状与总体设计是否一致。建筑可以从外部设计到内部，也可从内部设计到外部。[①]

在组织设计过程时，备择方案对于以下两个问题也是可以自由处置的：可能的子系统的设计应进行到什么地步再着手仔细搞总体协调设计；或反之，总体设计应搞到什么程度再设计各个部分（或可能的部分）。可以有多种设计方案以供选择，对于这一点建筑师是很熟悉的。作曲家也熟悉这一点，他们必须决定，乐曲结构的组织进展到什么地步再构思一些单元音乐主题和其他成分。计算机程序员面临同样的抉择，既可以从执行程序到子程序反向工作，也可以从单元子程序到起协调作用的执行程序正向工作。

设计理论将包含决定设计过程中的优先问题和排序问题的种种原理。例如，称为结构化编程的这种设计计算机程序的方法非常关注以适当的次序（通常是自上而下方式）来处理设计的子问题；建筑学院的大量教学活动也有着同样的关注。

作为风格决定者的过程

只要想到这一过程一般关心的是找到满意化的设计而不是最优化设计，我们就能明白，产生者与检验的次序与分工将不仅影响用于设计的资源的使用效率，也将影响最终设计的性质。我们一般称为“风格”的东西，如果有一半产生于我们对诸目标的轻重不等的强调（这些目标有待通过最终设计加以实现），那么另一半则产生于关于设计过程的这些决策。[②] 从外向内设计建筑的建筑师与从内向外进行设计的建筑师造出的建筑大不一样，即使双方对满意化的建筑应当具备哪些特征的问题看法一致。

至于复杂如建筑物、城市或经济活动这样的系统设计，我们必须放弃老的目标——创造出能使假定的效用函数取最优值的系统，而必须考虑一下，

---

① 关于本节论题的许多思想，我要感谢格拉森（John Grason）。见“Fundamental Description of a Floor Plan Design Program”，EDRAl，*Proceedings of the First Environmental Design Association Conference*，H. Sanoff and S. Cohn（eds.），North Carolina State University，1970。

② H. A. Simon，“*Style in Design*”，*Proceedings of the 2nd Annual Conference of the Environmental Design Research Association*，Pittsburgh，PA：Carnegie Mellon University（1971），pp. 1—10.

我刚刚描述的那种风格上的差别所反映的是否并非设计过程中的理想变量，而是有待评价为“较好”或“较坏”的备择方案。别的理由不说，在令人满意的约束条件的限度内，多样性本身也许就是个可喜目的，因为它使我们将搜索过程看得与搜索结果一样重要——将设计过程本身看成是对参加者有价值的活动。

迄今，我们通常将城市规划看做规划者的创造性活动借以表现的手段，规划者通过城市规划建造出满足居民需要的系统。或许，我们应当将城市规划看做一个许多社区成员都有参与机会的有价值的创造性活动——只要我们有本事把参与过程组织起来。下一章我将进一步讨论这些论题。

无论如何，我希望我已充分地说明，设计的形态、设计过程的形态与设计过程的组织都是设计理论的不可缺少的要素。这些论题构成了我提出的设计课程表的第六项内容：

6. 复杂结构的组织及其对设计过程的组织的隐含意义。

设计的表象

我根本还没有将新兴设计科学的所有方面都考察到，尤其是我对问题表象（problem representation）对设计的影响所谈甚少。虽然这问题的重要性如今已被认识到了，但我们离该主题的系统理论——尤其是能够告诉我们如何产生有效的问题表象的理论——还甚为遥远。[①] 我要引用一个例子来阐明我所说的“表象”是什么意思。

下面是我将其称为数目拼字的一种游戏的规则。这游戏两人玩，用九张牌——比如说是红心爱司至红心九。将这些牌在两位游戏者之间放成一排，牌面朝上。二人依次抽牌，每次一张，可以抽剩下的任一张。游戏的目标是比对方先做成一“本”（牌点数之和为 15 的三张牌为一本）。先做成一本的为赢家，如果九张牌全被抽光而两边都没做成一本，则为平局。

对于这一游戏，有效策略是什么呢？你如何着手找到一个有效策略呢？如果读者到现在还未能自己发现有效策略，那么让我来讲一讲，何以只要改变一下表现方式就能使玩好这个游戏成为易事。下面的这一幻方（我在第 3

① 关于表象的目前认识的例子，可见 chapter 5（“Representing Designed Artifacts”）and 6（“Representing Design Processes”）in C. L. Dym，*op. cit.*，and chapter 6（“Representation in Design”）in Ömer Akin，*op. cit*。至于更一般性的理论讨论，见 R. E. Korf，“Toward a Model of Representational Changes”，*Artificial Intelligence*，14（1980）：41—78。

章中介绍过），是由 1 至 9 九个数字组成的。

4	9	2
3	5	7
8	1	6

每行、每列或对角线上的数字之和都是 15，这九个数字中凡加起来等于 15 的三数字组都是幻方的一行、一列或一条对角线。由此可以明显看出，数目拼字游戏中的“做成一本”，就等价于三连棋游戏中的“三个一行”。多数人都知道如何玩好三连棋，因此可将他们的通常策略简单地移用到数目拼字游戏上来。[①]

作为表象变换的解决问题过程

表象造成区别是人们早已熟悉的论点。我们都认为，自从阿拉伯数字和位计数法代替了罗马数字后，算术就变得比较容易了。不过，我还不知道有什么解释该现象个中奥妙的理论论述。

表象造成区别显然还有另一原因。如我在前一章提到的，整个数学的种种结论仅呈现出已隐含在前提中的东西。因此，所有数学推导皆可简单地视为表象的变换，这些变换使原本真实但模糊的东西清楚起来。

这一观点可沿用至所有解题过程——解决问题仅仅意味着要将问题表现得使解答方案明显可见。[②] 如果事实上可以这样组织解题过程的话，表象确实就成为最重要的问题了。即使这一观点太夸大了，因而不能这样组织解题过程，但对表象如何产生、如何贡献于解决问题过程之类问题的更深理解，也将成为未来设计理论的一个不可缺少的要素。

空间表象

由于很多设计（尤其是建筑设计与工程设计）关心的是现实的欧氏二维或三维空间里的物体或排列，空间的表象与空间中事物的表象就必然是设计科学的一个中心论题。通过前面对视觉的讨论我们应当已明白，设计师脑中或计算机存储器中的“空间”在性质上与纸上的图画或一个三维模型也许很不一样。

这些表现问题已吸引了那些关心计算机辅助设计（这是人和计算机在设计过程中的一种合作）的人们的注意。作为例子，我可以提一下萨瑟兰

① 数目拼字游戏不是三连棋游戏的唯一同态物。米琼（John A. Michon）描述了另一种同态物——JAM 程序，它是射影几何意义上的对偶。也就是说，三连棋游戏中的行、列与对角线成为 JAM 程序中的点，前者的方形在 JAM 程序中成了将那些点连接起来的线段。能让所有线段从一个点上“挤”过去者为胜（“挤”就是抓住一个单根线段或将它“挤”进某处去）。人们还知道三连棋游戏的一些其他同态物。

② Saul Amarel,“On the Mechanization of Creative Processes”, *IEEE Spectrum 3* (April 1966): 112—114.

(Ivan Sutherland) 的"写生纸"(SKETCHPAD) 程序，它可以表现几何形状，可以根据约束因素给这些形状附加条件，然后形状就顺应约束条件而改变。①

在将设计完全自动化（如印刷电路，或蚀刻电路的设计，或建筑设计）的尝试中，几何学的考虑也是很突出的。比如，格拉森在一房屋平面图自动设计系统中，构造了布局的内部表象，它有助于人们确定，为了满足交流方面的设计标准而打算安排的房间之间的联系手段等，能否在一平面中实现。②

表象的分类

理解任何类型现象的第一步，是了解这些现象包括哪些种类事物——建立一门分类学。对于表象，人们尚未做到这一点。对于表现问题的各种方法，我们仅有粗略的、不完全的知识，对于表现方式的差别的意义则知之更少。

从完全实用的观点来看，我们知道可以用自然语言对问题进行言语描述。我们经常可以用数学手段来描述问题，使用代数、几何、集合论、解析法或拓扑学等标准形式工具。如果问题与物质实体相关，则可以由平面图、工程图、透视图或三维模型来表现这些问题（或它们的解答）。与行动有关的问题可用流程图和程序来处理。

还有其他一些非常适当的项目需要增加到这一分类表中去，也许存在着更基本的、更有意义的分类法。但是，即使我们的分类不完全，我们仍能开始构造关于这些表象的性质的理论。关于计算机结构和编程语言的成长中的理论——例如，关于功能语言和面向目标的语言方面的工作——指明了表象理论可以采取的一些方向。对于人类思维方面的表象应用之认识，也有一些平行的进展，第 3 章和第 4 章对于某些进展作了综述。但这些论题首先也为我们关于设计理论课程表的最后一门课提供了材料：

7. 设计问题的备择表象。

小结——设计理论中的论题

本章的主要目的是要表明，现在已经存在着设计理论的许多单元，存在

---

① I. E. Sutherland, "SKETCHPAD, A Man-Machine Graphical Communication System", *Proceedings*, *AFIPS Spring Joint Computer Conference*, *1963* (Baltimore: Spartan Books), pp. 329—346.

② 又见 C. E. Pfefferkom, "The Design Problem Solver: A System for Designing Equipment or Furniture Layouts", in C. M. Eastman (ed.), *Spatial Synthesis in Computer Aided Building Design* (London: Applied Science Publishers, 1975)。

着与每一单元相关的大量知识（理论的和经验的）。如果我们起草设计学——它属于人工科学——的课程大纲，使它在整个工程学课程体系中与自然科学并列，那么它至少应包括下列细目：

设计的评价

1. 评价理论：效用论，统计决策论
2. 计算方法：
   a. 选择最优方案的算法，如线性规划计算法、控制理论、动态规划
   b. 选择令人满意的方案的算法和试探法
3. 设计的形式逻辑：命令逻辑和叙述逻辑

备择方案的搜索

4. 试探搜索：系统分解与手段—目的分析
5. 搜索资源的分配
6. 结构和设计组织的理论：层级系统
7. 设计问题的表现

对于该课程体系的一小部分内容（评价理论和设计的形式逻辑），现在已能在一个带有系统性的形式理论的框架内组织教学了。对于体系的其他许多部分的内容，则只能用更重实效的、更带经验性的方式去处理。

但是，我们根本不必返回或退却到烹调手册式的方法，正是这些方法最初曾使设计学名誉扫地，致使它失去了工程学课程体系中的一席之地。现在已有相当数量的实际设计过程的范例，它们包括许多不同种类。这些实例都是充分规定了的，都采取让计算机执行程序的形式，仿佛是从一个模子里浇出来似的。这些设计实例是：最优化算法，搜索程序，以及电动机设计、生产线平衡、投资组合的选择、仓库布局、公路设计、疾病诊治等专用程序。①

这些计算机程序以完整、周详的细节描述了复杂的设计过程，因而容易接受充分的检查、分析或模拟试验。它们构成了设计学专业的学生可以作为研究对象并试图加以理解的经验现象体系。由于存在着这些程序，设计过程就不可能藏在“判断”或“经验”后面了。编写程序时使用的无论什么判断或经验，都要体现在程序中，因此是可观察的。人类设计了种种手段来探索自己的复杂的外部环境并在环境中寻找通向目标的道路，那些程序就是这些

① 前引迪姆的著作介绍了这些程序的一部分，另一些程序在即将出版的一本书《工程设计概论》（*Engineering Design in the Large*）中进行了讨论，这本书是卡内基—梅隆大学的一些教授与工程设计研究中心共同完成的。迪姆在其著作每一章的结尾都评论了其他相关文献。他的书开出的文献目录有200多篇，多数都是讨论一个具体的设计项目和系统；由这个文献目录的广度，设计科学的进展速度可见一斑。

手段的有形记录。

设计在精神生活中的作用

我一直称我的论题为“设计理论”，称我的课程体系为“设计学纲要”。我强调了在专业工程师（或凡任务为解决问题、选择、综合与决定的任何其他专业人员）的整个培训过程中，设计课程对自然科学课程的补充作用。

但是，设计理论与其他知识领域的关系还可以从另一角度来看。本书第 3 章与第 4 章是关于心理学的——尤其是人与其生物性的内部环境的关系。本章亦可看做论述心理学的：不过是关于人类与复杂的外部环境的关系，他们在此环境中寻求生存与实现自己的目的。

这样一来，所有这三章具有的重要性就超出了我们所谓“设计师”的专业工作的范围。我们有许多人对社会分裂成两种文化（two cultures）很不自在，一些人甚至认为，我们这个社会不是仅仅分裂为两种文化，而是分裂成多种文化。如果我们对这种分裂感到遗憾，那么我们就必须寻找一个各种文化的成员都能享用的共同知识内核，它包括了比天气、体育、汽车、抚育孩子（或许甚至是政治）更有意义的内容。这一重要内核至少有一部分是对我们同内部环境和外部环境（它们限定了我们生活与进行选择的空间）的关系的共同认识。

这也许像是奢求。让我用音乐领域来说明我的意思。音乐是人工科学中最古老的门类之一，它受到古希腊人的极力推崇。我谈过的关于人工物的一切也都适用于音乐（作曲或音乐欣赏），就像适用于工程学的论题一样（我的大部分说明都是用的工程学论题）。

音乐涉及形式化的模式。它与内部环境的接触很少，但很重要，表现在：音乐能激起强烈的感情；音乐的模式能被人类听众分辨出来；音乐的某些和声关系可从物理学和生理学的角度作出解释（不过，这些解释在美学上的重要性尚可辩论）。至于外部环境，如果我们把作曲看成设计问题，则我们面临的任务与任何其他设计问题是同样的：评价，寻找备择方案，表现。如果我们高兴，我们甚至可以将用于其他设计领域的那些计算机自动设计技术用到音乐上来。即使计算机谱写的曲子尚未达到上乘艺术水平，它仍值得并已经受到了专业作曲家和分析专家的密切关注，他们并不觉得谱写这种曲子的语言陌生。①

---

① L. A. Hillier and L. M. Issacson's *Experimental Music*（New York：McGraw-Hill，1959），报道了 40 多年前开始的实验，该书仍然被看做设计的作曲科目的很好的入门书。又见 Walter R. Reitman，*Cognition and Thought*（New York：Wiley，1965），chapter 6，“Creative Problem Solving：Notes from the Autobiography of a Fugue”。

无疑，有对音乐一窍不通的工程师，正如有对数学一无所知的作曲家一样。不管工程师有没有音乐耳朵，音乐家有没有数学知识，反正没有多少工程师和作曲家能围绕双方的专业内容进行交谈并且都感到有收获。我认为，他们可以就设计问题进行这种互益的交谈，可以从头认识他们都在从事的创造性活动的共性，可以开始分享各自在创造性的、专业性的设计过程中取得的经验。

那些与现代计算机从胎儿期到童年期的发展关系密切的人来自广阔的职业领域，包括音乐界的人士。我们注意到，很多知识学科之间围绕计算机进行着越来越多的交流。我们欢迎这种交流，因为它使我们与新的知识领域接触——帮助我们战胜自己的多文化隔绝（multiple-cultures isolation）状况。旧学科的边界土崩瓦解这一现象已有不少人加以评论，人们还经常注意到它与计算机、与信息科学的联系。

但是可以肯定，作为一个硬件，或即使作为一个编好程序的软件的计算机，与上述现象并没有直接的关系。我已提出了另一种解释。跨领域进行交流（即在不同领域的共同地段上交流）的能力来自这样一桩事实：所有将计算机用于复杂用途的人，要么是用计算机进行设计，要么让计算机参与设计过程。结果，我们作为设计者，或设计过程的设计者，就不得不对设计所涉及的事物和设计过程中发生的事物表现出前所未有的鲜明态度。

多文化之间的新型知识性“自由贸易”的真正主体是我们自己的思想过程，我们进行判断、决定、选择和创造的过程。像人这样的序列组织的信息处理系统——或计算机，或是组织起来进行合作的男女工作人员和计算机的复合体——如何解决问题？他（它）们如何在极其复杂的外部环境中实现目标？对于这些问题，我们正在知识领域之间搞思想的“进出口”。

人们一直认为，要研究人类就要研究人。但我曾论证说，人——或至少人的智力要素——也许是比较简单的，人的行为的复杂性也许大半来自人的环境，来自人对优秀设计的搜索。如果我的观点成立，那么我们就能下一个结论：在相当大的程度上，要研究人类便要研究设计科学。它不仅是技术教育的专业要素，也是每个知书识字人的核心学科。

（武夷山译）

选文出处

司马贺　设计科学：创造人工物

司马贺著，《人工科学》，上海，上海科技教育出版社，2004，103—129 页。

作为人类需要之函数的局势

德雷福斯

德雷福斯指出，人类的智能行为不能用简单的目标表来表达，甚至也不能用价值表来表达。因为价值表必须是特定的，而人的兴趣只需要注意达到局势所要求的特定程度。这种灵活性紧密联系着人从目的方面识别一般情况的能力，以及以规律但非规则的方式扩展语言运用能力。人的终极兴趣并不是达到作为序列端点的目标；对目标的兴趣，每时每刻出现在把整个经验结构化并引导我们活动的过程中，因为我们是根据对眼前局势的意义来选择相关事物的。

作者简介

德雷福斯（Hubert L. Dreyfus，1929— ），加州大学伯克利分校哲学系教授，美国科学院院士。研究领域包括现象学、存在主义、心理学哲学、文学哲学、人工智能的哲学意义。代表作有《计算机不能做什么》等。

我们置身于世界之中并能找到置身其中的办法，因为这是一个由我们把它当做实用活动环境建造的为我们所有的世界。到现在为止，我们一直在描述这个世界或局势，以及它怎样使我们能集中其中有意义的物体之上。我们还提出这种经验场是依据我们的任务结构而成的看法。我们的任务同目标相连，而目标反过来又对应于用自己的活动，建造这个世界的那些人的社会需要和个体需要。

这些同AI的可能性有什么关系呢？假如应存储和提取数据一般是按特定目标组织起来的，那么如果造出一张表来列举目标及其优先顺序——研究决策程序的计算机研究者们称作效用函数——并能连同事实编进计算机程序，那么摆在AI面前的大数据库问题，似乎就能解决了。

然而我们看到，明晰的目标即使用于组织简单的问题，求解程序也是不可行的。简单中点—终点分析中的困难，说明为了让计算机解决一些甚至是结构得很好的问题，机器只具有目标和能测度向这一预定终点的进展还是不够的。规划的作出，要求找到本质的运算，所以，像逻辑运算之相对重要性这类"语用的考虑"，只好由程序设计者本人偷偷摸摸地给出，而后逻辑程序才能开始。现在我们应该详细描述一下语用结构和中点—端点分析之间的不同，当然最终还是要考虑人的目标性组织能力在原则上是否可编成数字机的程序。

有一位一直在研究模式识别的科学家，渡边悟（Satosi Watanabe）。他看到了人类目标和机器终点或目标之间的差别。他对这种差别是这样描写的：

> 对于人来说，评价是按照非特定的、准情感性的价值系统作出的，而对于机器人来说，评价只能按照一种表或特定的标准作出……这种差别是很细微的，但却很深远。（人们会说）人所具有的是价值，而机器所具有的是目标。当然，人也是具有目标的，但它们是从价值系统中导出的，不是对人的行动的最后仲裁，这点与机器人不同。……一旦目标确立，机器就能同人一样追求这一目标。同样，如果把各种不同事件的定量的功利性和可能性固定下来，并赋予机器，那么人的功利性行为就很容易由机器模拟下来。但是机器永远不会认识导出这种功利性的来源。

主张这些价值对于智能行为是实质性的东西。还有一点，正像渡边悟提出的那样，"得到经验支持的可能假设有无限多个。把这些假说局限到一个较小的子集，通常依据一种模糊构想出来的标准，比如简单原则和优美原则"。说得更具体点，渡边悟认为任何两个物体都可证明具有相同数量的共有属性。假使在我们看来并非如此的话，那是因为我们把某些属性看做比另一些属性更为重要。至于说对什么是重要的作出抉择，要依靠我们的价值系统。

但是，为什么依靠我们的价值系统而不依靠目标表呢？渡边悟的价值系统同效用函数有什么不同呢？现在看出的不同，好像是价值比效用更加含混。可是，在渡边悟的全部分析中，都没有论证说明，这些价值为什么不是可用某一定量尺度在一个区域所表达的含混目标。为了理解已经注意到但没有作出解释的这个重要区别，首先应该抛弃他对问题的提法。一提到价值就已经离题了，因为价值也是作为人工智能奠基概念的哲学传统的产物。虽然谈论价值问题是哲学近期才有的事，但它标志着客体化的最后阶段，在这一阶段中，遍及在整个经验之中的、决定什么可看做客体的、语用方面的考虑被构想为独立客体的另外一些特点，像硬度和颜色等。一个价值是可加在物体身上或从物体身上减掉的又一个属性。一旦渡边悟采用价值这个术语和它所体现的哲学观点，那么他就不能解释价值同含混的属性之间的差别，因而也就不能解释为什么他觉得价值是不可能程序化的。为了了解他要弄懂的这种基本困难，我们必须做到把物体同使我们有可能获得关于物体的经验的场或局势区分开来。这是因为渡边悟令人误会称作价值的东西，属于经验场的结构，而不属于经验场中的客体。

我们看到，经验本身是按照我们的任务组织成的。如同象棋中的模式一样，世界也是一个场，其中有吸引和排斥领域，有各种通道，还有活动和静止的区域。在我们自己的感知世界中，我们都是象棋大师。物体在我们集中于它们身上和对它们的细节产生兴趣之前，就以一种一般的方式，依据它们所处场的特点，被定位和识别出来。正因为我们的兴趣不是我们经验中的物体，它们才能在把我们的经验组织成有意义的模式或区域时，具有这种基本作用。

海德格对人类兴趣怎样把经验排列为有序的方位和区域，做了描写。他说：

> 装置应有其处所，否则它就会“四散开来”，这应该在原则上区别于仅仅是随机出现在某种特定位置上的情况……这种由方向和遥远程度（靠近程度只是它的一种方式）构成的方位，被定位于一个区域并且是定位在其中的……这样任何一种始终是现成的东西，只要事先处于世界之中，就有自己的方位，它们现成可用的“地方”总是关注的一个方面……

海德格作为历史上的第一个人，要人们注意哲学以什么方式从一开始就始终致力于把我们生活方面的兴趣变成我们能加以思考与控制的物体。苏格拉底曾致力于把他及其他一些人的见解给以明晰的表达，以便对它们进行比较、评价和证实。可是，我们生活的一个根本而奇怪的特征是：一旦把我们大多数个人兴趣变成客体，由我们加以选择和研究，那么这些兴趣就不能再支配我们了。它们不再为我们的行动而组织起一个有意义的可能性的场，而只是变成我们可以选用或排斥的又一可能性。因此，有些哲学家们最后走到了尼采和萨特的虚无主义中。在他们这种虚无主义中，个人的兴趣看做是由任选的、同样又可任意抛弃或变值的价值构成的表。按照尼采的说法“伟大的人物必然是个怀疑论者……脱离了所有信念的自由，是人的意志力的一部分”。

但是，除了感到人们被他信奉的东西支配外，在这个图景中还缺少什么呢？当一个人要作出智能行为时，如果他的评价是根据效用函数而不是终极兴趣作出时，会有什么不同呢？其中有一个不同之处，渡边悟已有所注意但还不能解释，这就是：价值表必须是特定的，而人的兴趣只需要达到局势所要求的特定程度。这种灵活性紧密联系同人从目的方面识别一般情况的能力，以及以规律但非规则的方式扩展语言运用能力。另外，人的终极兴趣并不就是达到作为序列端点的目标；对目标的兴趣，每时每刻都出现在把整个经验结构化并引导我们活动的过程中，因为我们根据对眼前局势的意义大小选择相关事物。相反，机器的目标表同它面前的其他选择只有一种任意性的关系，因此为了评价机器的进展情况和指导它下一个选择，必须在预定的时间间隔中，明确地查用这张目标表。

西蒙和沃尔特-里特曼（Walter Reitman）看出情感和动机在智能行为中也起某种作用，但是他们对这种作用的模拟是通过这种办法进行的：编出一种程序，其中有些“情感”可中断对一个问题进行的工作并引入外部因素或对另外一些问题的工作。他们好像没有看到情感和兴趣伴随着并引导着我们的认知行为。这还是属于不了解自己如何编制程序，和在程序中应编进什么的情况。

海德格想说明，普遍性兴趣按照人要理解其自身的这一基本需要，把人的经验组织起来。但是，他的分析仍是非常抽象的，只是对一般的意义做了说明，没有涉及任何具体的目标或意义。因此，他实际上把人的所有活动都等同为创造性问题求解及艺术创作，在我们达到目标之前不完全知道目标是什么。对他来说，可以没有必须由解答来填充的特性表。然则，我们的需要是相当确定的，足以为我们把特定的意义赋予各种事物。我们的目标有许多是明晰的。要理解这一点，现在要对人的需要进行现象学的分析。

但是，哲学和心理学传统（实用主义除外），一直设法把人类需要在智能行为中的作用略去不管。计算机模型又强化了这一倾向。苏黎世大学实验心理学教授萨瑟兰德（N. S. Sutherland）在他的《机器与人》这篇文章中写道：

> 生存与自我维持是靠把一系列欲望和目标嵌入人脑来实现的。其中较明显的有饥饿、渴、性欲及御痛感。所有这些欲望，在某种意义下都是局部性的，就是说，我们可以想象，表现智能行为的复杂信息加工系统可以完全不具有这些欲望。

但是我们看到，我们肉体的需要，会间接或直接地使我们对眼下的任务有所感觉并把我们的经验结构为重要的或不重要的。这需要有一种非常特殊的结构，这种结构，可以比海德格所做的说明更为特定，但同艺术创作相似。当我们经历一种需要的时候，我们先是不知道自己需要的是什么，必须探索着去发现什么可减轻我们的不安和不适感。这不可能靠把各种各样的物体和活动，同某一目标及确定的标准相比较找出的，而是通过托德称作满足感的东西做到的。这种满足，在经验中是作为对我们在全过程中需要的发现而感受到的。但这是一种回溯性的理解，它掩盖了我们不首先接收到那种满足就不能确定我们需要的这个事实。所以，对任何需要的最初实现是托德称作创造性发现的东西。

因此，人的活动并不始于一张后来才逐渐向他们自己展开的需要或价值表，也不是当它们变为事实时，人们就随意地取由环境加至他们身上的价值，而是在发现他们的需要时，使一直存在着的不确定的、一般性的需要变得更加具体。

这一点在解决本能性较弱的心理需要中，显得极其明显。当一个男人泛起爱恋之情时，他爱上一个特定的女人，但这并不是在他有了爱恋之情之前所需要的那个特定的女人。可是，在他有了爱恋之情以后，就是说，在他发现同那个女人的特定关系使自己满足之后，他的需要变成了对那个特定女人的具体需要，于是，这个男人对自己作出一种创造性的发现。他已变成了需要那种具体关系的并应认为自己一直缺乏和需要这种关系的人。在这种创造性的发现中，世界展现出意义的一种新顺序，它既非仅仅是靠发现得来的，又不是随意选择出来的。

基尔卡加德就性格或自我在这种经验中重新得到定义的方式，及一个人的世界中各种东西如何获得新的一层意义等问题，发表了很多意见。这样的变化修正了人的兴趣，改变了使各种事物各有意义的整个兴趣场，因此，基尔卡加德把这些根本的变化，说成是我们存在范围方面的变化。又因为这种变化不能根据先前的兴趣预测出来，而一旦发生之后便无所不及，以致我们想象不出它还可能是别的什么样子，基尔卡加德则把存在域的变化，说成是一种飞跃。

同世界变化相同的变化，也在概念的层次上发生。这种概念层次上的变化称作概念革命。库恩在他的《科学革命的结构》一书中已经对这种转变做了研究。他说："只要科学家们对世界唯一的依赖是借助他们所看到和作出的，我们就可以说，在一场革命过后他们将面对另外一个世界。"

概念框架决定什么可称作事实。因此，在革命的过程中没有任何事实使科学家们赖以确定观点之正确与否。"数据本身（已经）改变了。这就是我们所说的革命之后科学家们将在另外一个世界中工作的含义。"明斯基武断认为的那种知识由大量存储的中性事实组成的观点，不能恰当说明这些深远变化的运动。库恩说："不可能有在科学上或经验中中立的语言或概念系统。""发生在一场科学革命期间的事情，不能完全归结为一种对个体的稳定的数据的重新解释。首先，这些数据的稳定带有含糊不清的性质。摆，不是下落的石头，氧，也不是脱去燃素的空气。"这使库恩对在基于"数据"存储和加工得出的理性观念中达到顶点的整个哲学传统持有异议。库恩在他研究的基础上指出这个传统的不恰当及它为什么仍旧是自足的原因。

> 理论是不是对于给定数据的人为解释呢？西方哲学占统治地位达三个世纪之久。那种认识论观点对此作出爽快明确的回答：正是这样。由于缺少其他成熟的观点，我感到不可能完全抛弃这一观点。但它不再有效发挥作用了，而企图通过引入一种用于观察的中性语言，使这种观点发挥作用，在我看来是不会有结果的。

在提出另一种观点时，或讲得更确切些，在分析科学为了提供另一种观点的要素实际采用的方法时，库恩把注意力集中在范式（指导研究中特别选定的科学实践实例）的重要性上。此处和前面研究的谱系相似性中的情况一样，对于客体的理解不是根据一般规则，而是依据它们同具体的、其特性或含义不可完全形式化的特例之间的关系。

> （科学家们可以）在辨别范式方面有共同的看法，而不需要在范式完整的解释或理性化完全一致，甚至并不想作出这样的理解或理性化。没有标准的解释，或者不能归纳成完全一致的规则，不会妨碍范式对研究工作的指导。……范式的存在，甚至不必蕴涵一组完整规则的存在。

使范式具有重要意义的正是范式的这种无限的丰富性：

> 范式先于任何能够明确地从它们身上抽象出来的科学研究规则，并比这些规则更完整、更富有约束力。

没有这样的范式，科学家们在面对这个世界时会陷入我们已经指出的那种想要使人类生活形式化的 AI 研究者们必然会碰到的困境：

> 如果缺少范式……所有可能同某一给定科学发展有关的事实就可能表现为同所有科学的发展同样有关。

由于事实是按照用于解释经验的特定范式制造出来的，所以离开了范式，连什么是事实的确也会变得不清楚。因此，发现一个新的范式就好像是完成了一个基尔卡加德说的飞跃：

> 正因为这是不相称的范式之间的过渡，是互相排斥的范式之间的过渡，这种过渡不可能在逻辑和中立经验的强制下一步一步地进行。它就像格式塔开关一样一定是一次全部完成（虽然不一定在瞬间完成），或者根本就不会发生。

很清楚，把问题求解看成只不过是对于含有已知的特定终点的数据存储和分类的想法，永远不会对这些根本概念变化作出公正的评价，而这些变化决定概念的空间，最初是在其中提出问题，然后又用它使数据的相关性和意义大小如何获得普遍性的特点，才使问题得到解答。正如感知场引导我们对物体的感知，起主导作用的概念框架以潜在的方式引导着科学研究。

最后，比库恩研究的这些概念革命更具有根本性的是文化革命。比如说，希腊哲学的产生，我们知道，它确立了一种关于人和理性的本质的观点，这种观点导致后来的各种概念革命。随着基督教的产生，也同样发生了巨大的变化，一种新的在希腊曾是不可能的爱成为可能的了。英雄主义作为自豪的标志，已为人们所怀疑；仁慈已开始见于圣者的牺牲。像帕斯卡首先指出的，这些文化革命说明在自然和文化之间，不存在明显的边界——甚至本能需要也可以依照范式加以修改和抑制——因而不存在固定不变的人性。

人性确实是可塑的，它可能处在再次改变的时刻。如果计算机范式变得十分强大，因而人们把自己看做是人工智能模型的数字式装置，而机器由于我们反复讲的缘故又不能和人相同，那么人就可能渐渐地变成同机器一样了，在过去两千年间，客观性的重要作用，关于行动受固定规则支配的观念，关于技能可以形式化的观念，以及一般说来，人们能够提出有关实践活动的理论，这一切已对心理学和社会科学产生了影响。人们开始把自己看做是能够拟合于无躯体机器的无灵活性的计算的客体（对于这种机器来说，人的生活形式必须分解为无意义事实，而不是感觉运动技能组织起来的兴趣场）。我们的风险不是超智能计算机的降临，而是低智能人的出现。

结论

这种关于人及其智能行为能力的新概念，实际上是一种对人为满足他的需要所做的技能性、躯体性的活动如何生成人类世界的分析。正是这个世界创造了各种条件，使一些特定事实可由人当做相关的和有意义的东西去接触它们，因为这些事实最初是按照需要组织起来的。这使我们能看出人的智能同机器智能间的根本差别。人工智能一定是起始于事实产生的客观和理性的层次，把这些事实从组织成它们的局势中抽象了出来，并准备把其结果用于模拟智能行为。但是，这些从上下文环境中分离出的事实是大量难以控制的中性数据，对于它们，人工智能研究者到现在还无法应付。已有的程序都将“随着信息文件的增多，毫不留情地停顿下来”。

除了事实累加外，目前还没有任何其他数据加工技巧。一旦人们对支撑人工智能研究工作的传统哲学假想提出疑义，那么也就找不到任何根据，认为数字数据存储和检索技巧可以应付得了我们在设法明晰表达这个世界的知识时所产生的数据量。既然关于世界的数据可能是无限的，而使我们的生活形式化是不可能的，那么认为数字存储技巧将永远无法应付大量数据的任务，可能更有道理。

另外，如果这种关于人类智能的现象学描述是正确的，那么原则上有理由认为，人工智能不可能全部实现。除了由于存储大量中性数据而产生的技术问题外，说到底根本就没有固定的事实，即使这些事实像明斯基认为的那样，有一百万还是一千万。既然人制造了事实，那么事实本身也就随概念革命而变化。

最后，如果哲学家或人工智能研究者建议，通过对于生成这种变化的上下文环境的人类需要的形式化，来对付上面提到的反对意见，那么他将要碰到与此同源的困难。非确定的需要和目标，以及导致它们进行确定的关于满足的经验，不可能在一系列确定状态的数字机上模拟下来。正因为个人以及人类的这种需要永远不能最终确定下来，它们才可能变得越来越确定，人性才可能反过来被个体革命及文化革命所改变。

（宁春岩译，马希文校）

选文出处

德雷福斯　作为人类需要之函数的局势

德雷福斯著，《计算机不能做什么》，上海，上海译文出版社，2001，281—290 页。

六、另类科学哲学（其他）

反形而上学

马赫

马赫认为，物理学方法和观点在感官生理学领域的统治地位是不合适的。不放弃物理学支持的情况下，感官生理学不仅可以促进自身的发展，还可以帮助物理学的发展。他认为，像自我和物体这样一些实体的概念其实都是一些要素的复合而已，从而自我与世界、感觉与物体的对立就消失了，物理学研究和心理学研究的本质区别消解了。通过这样的分析思路，他消解传统的形而上学问题，认为科学不过是将经验更加经济地组织起来，并非是要认识现象背后的实体。

作者简介

马赫（Ernst Mach，1838—1916），奥地利物理学家、生物学家、心理学家、哲学家。马赫是一位具有批判精神的理论物理学家，1883年出版的《力学及其发展的历史批判概论》对爱因斯坦建立相对论起过积极的作用。马赫的实证论不仅影响了包括爱因斯坦和布里奇曼以及量子力学哥本哈根学派的

一

物理学的研究，在过去几百年中，不仅在自己的领域里获得了巨大的成就，而且通过它的帮助，在其他各种科学范围里也获得了巨大的成就。这些成就导致物理学的观点和方法无论在哪里都居于突出的地位，并且人们对于应用这些观点和方法是抱有极大的成功希望的。因此，连感官生理学也把歌德、叔本华等人所采用的、缪勒（Johannes Müller）借以取得最大成就的那种就感觉本身研究感觉的方法逐渐抛弃了，而几乎完全带上了物理学的性质。可是，在我们看来，这种转变应该说是一种并不完全合适的转变，如果我们考虑到，物理学尽管有重大的发展，毕竟仅仅是整个更大的知识范围的一部分，用它那些为片面目的而提出的片面思想方法并不能把所有的问题研究透彻。不放弃物理学的支持，感官生理学不但可以促进其自身的发展，而且对于物理学也能提供有力的帮助。以下的简略考察也许可以说明这种关系。

一些物理学家，也是逻辑实证主义的先驱。

二

颜色、声音、温度、压力、空间、时间等，以各种各样的方式相互结合起来；与这些要素相联系的，又有心情、感情和意志。在这个组织中，相对稳定、相对恒久的部分特别显著，因而被铭刻于记忆，被表现于语言。显得相对恒久的，首先是由颜色、声音、压力等在时间和空间方面（函数方面）联结而成的复合体；因此，这些复合体得到了一个特别的名称，叫做物体。这样的复合体并不是绝对恒久的。

我的桌子受到光照，一会儿更明亮些，一会儿更暗淡些，可能更热一些，也可能更冷一些。它也许被墨水污染了一块。它也许有一条腿折了。它也许经过修理、重漆，各部分都逐一更换过。但是，在我看来，它还是我每天在上头写字的桌子。

我的朋友可以穿另一件上衣。他的面容也许严肃，也许和悦。他的脸色也许由于受光线或情绪的影响而有所变化。他的身材也许是由于运动而改变了，也许是经常改变的。但是，恒久的东西的总和总是比逐渐的改变大得多，所以这些逐渐的改变可以略而不计。他依然是同一个天天陪我散步的朋友。

我的上衣也许弄脏了一块，也许有一块扯破了。我的这种说法表示，重要的是恒久的东西的总和，既可以给这个恒久的东西加进新的成分，也可以随后从中抽出不合适的成分。

我们对于这个恒久的东西比较熟悉，这个东西比可变的东西对我们更加重要。这就促使我们养成了表象和命名的经济方法。这个方法部分地是本能的，部分地是随意的、自觉的，表现在通常的思维和语言里。凡是一下子表象出来的东西，都有单一的称呼，单一的名字。

其次，显得相对恒久的，还有记忆、心情和感情同一个特殊物体（身体）联结而成的复合体；这个复合体被称为自我。我也许做这个事情，也许做那个事情；也许沉静，也许快活；也许兴奋，也许忧郁。可是，除开病态不论，剩下的恒久的东西也足以确认我是同一个自我。当然，自我也只有相对的恒久性。自我之所以貌似恒久不变，主要是由于它有连续性，由于它变得缓慢。昨天的许多思想和计划今天可以继续下去，醒时的环境不断使自我想到这些思想和计划（因此，在梦中，自我可能异常模糊，变成两个人，或完全不在场）；这些思想计划和长期不自觉地无意识地保持下来的细小习惯，构成自我的基础。在不同的人们中间所存在的自我的差异，很难说比一个人的自我多年经历的差异更大。当我今天回想我的少年时，假若不是由于有记忆的连锁，那么，除开个别地方之外，我将会认为我在童年时代是另一个人。我二十年前写的好多论文，现在我感到是极其陌生的东西。身体的变化很缓慢，这也有助于自我的恒久不变，但比人们设想的程度小得多。这些事情比理智的和道德的自我所得到的分析与重视要少得多。人对自己的认识很不清楚。[①] 我写这一段时（1886 年），还没有看到利鲍（Th. Ribot）的佳作《人格的病》，在这本书中，他认为共同的感觉是构成自我的重要因素。我对他的见解完全同意。[②]

自我同物体一样，不是绝对恒久的。我们那么怕死，就是怕消灭自我的恒久性。但这种消灭实际上在生存中就已经大量出现了。我们所最珍视的东西在无数摹本中保存下来，或是因为有卓著的特点，通常会永垂不朽。可是，即使是最好的人也有其个人的特点，对于这些特点的丧失，他自己和别人都不必惋惜。其实，死亡作为摆脱个人特点来看，甚至可以成为一种愉快的思想。当然，这种设想不能使生理的死亡轻松易受。

如果说，构成了“物体”和“自我”（物质和灵魂）这些实体概念，就完成了第一步的考察，那么，意志便急需更精确地考察这些相对恒久的东西中的变化。而物体和自我中的这种变化成分，正是推动意志[③]从事这种考察的原因。这些复合体的组成部分这时才表现为这些复合体的特性。一个水果是甜的，但也可以是苦的。别的水果也可以是甜的。所寻求的红色见于很多物体。有些物体的近旁是适意的，其他物体的近旁则是不适意的。这样，不同的复合体就逐渐显得是由共同的成分构成的。看得见的、听得到的、触得着的东

---

① 我年轻时，有一回在街上瞥见一个人的脸的侧面，我觉得它很难看，很讨厌。过了一会儿，我发现自己经过一家镜店，从两面相互倾斜的镜子里所看到的脸正是我自己的脸，这时我大为惊遽自失。另一回，我乘了一夜累人的火车之后，很疲劳了，上公共汽车时，正碰见一个人从对面上车，我心里想：“刚来上车的是个多么破落褴褛的教书匠！”原来他正是我自己，因为对面有一面大镜子。可见，我对本阶层的面貌比对我自己的面貌更熟习。

② 参看休谟：《人性论》，第一卷，第四部分，第六页；格卢特胡森（Fr. u. P. Gruithuisen）：《对鉴貌知人术和自知术的研究》，慕尼黑，1812 年，第 37—58 页。

③ 不可从形而上学的意义来了解。

西与物体分离开了。看得见的东西分解为颜色和形式，在各种各样的颜色中又出现少数组成部分，如原色等。复合体分解为要素[①]，即它们的最后组成部分，也就是到目前为止我们不能再作进一步分解的成分。这些要素的性质还不能断定，将来的研究会进而阐明它们的性质。自然科学家比较容易研究的，不是这些要素的直接关系，而是这些要素的关系的关系；这个事实在这里无须使我们操心。

三

用单一的名字指称恒久的东西，用单一的思想把握它，而不必每次都去分析它的组成部分，这是一个有用的习惯，这个习惯可能会与那种力求分析各个组成部分的倾向发生异常的冲突。我们对恒久的东西的模糊印象，在除去这一个或那一个组成部分时，不会有看得出来的变化，因此，这个印象就显得是某种独立存在的东西。因为每个组成部分都可以单独地除去，而这个印象还能够代表和再认出是整个恒久的东西，所以，人们就以为一切组成部分都可以除掉，而仍然有一个东西剩下来。于是，就自然而然地产生了一个虽然最初很惊人、但后来才认出是怪诞的哲学观念，就是以为有个物自体（它与它的“现象”不同，是不可认识的）。[②]

物、物体和物质，除了颜色、声音等要素的结合以外，除了所谓属性以外，就没有什么东西了。那个有好多表现形态的假哲学问题，即带有许多特征的单个东西的问题，是由于误解了下列情况而产生的：概括综合与精细分析虽然暂时都有存在的理由，并且对好多目的都有用，但不能够同时进行。只要我们不需要考虑细节，一个物体就是单一的、不变的。例如，一俟我们撇开不切合球形的全部差异，不需要较大的精确性，那么，地球和台球就都是球形。可是，如果我们必须作山岳学的或显微镜下的研究，那么，地球和台球就都不再是球形了。

四

人突出地具有一种自觉地、随意地决定自己观点的能力。他有时能够撇开极显著的特点，而立刻注目于极微小的部分，有时又能够考察稳流（不管

---

① 即使认为这个过程是个抽象，如我们将会看到的，这些要素也不会因此而丝毫失去它们的意义。参看此后第十四章关于概念的讨论。

② 参看舒佩（W. Schuppe）反对宇伯威格的论战，见布拉什（Brasch）：《宇伯威格的世界观与人生观》（莱比锡，1889年）。又参看施米特（F. J. Schmidt）：《哲学的愤怒·一篇康德研究》（柏林，1897年）。

它的内容是热，是电，或是液体），而随后计量光谱上弗兰霍夫线的广度；人能够随意做极概括的抽象，又能够沉湎于极琐碎的细节。动物的这种能力就小得多了。动物不能选取观点，而通常是被驱迫到一个观点上的。乳儿不认得戴了帽子的父亲，狗会认错换了新衣的主人，这都是无法应付观点之间的冲突。谁能始终不为类似的情况所迷惑呢，连作哲学思考的人有时也为这种情况所迷惑，上述怪诞的物自体问题就是证明。有些特殊的情况，好像还可以成为给哲学家提出这个问题作辩护的理由。物体的颜色、声音、香气都是顷刻即逝的；但是它的可触的方面是常在的核心，不容易消灭，还会残留下来，表现为那些顷刻即逝的特性的载体。因此，就是在我们已经认识到视觉、听觉、嗅觉同触觉根本是一类性质时，习惯也使我们的心思紧紧地坚持着这个核心。还有一个理由，那就是机械物理学特别发达，因而人们以为空间、时间比颜色、声音和香气具有更高的实在性，于是颜色、声音和香气在时间与空间上的联系也就好像比这些特性本身更实在。可是，感官生理学表明，空间、时间与颜色、声音一样，应该叫做感觉。关于这一点，以后再来讨论。

五

自我，同物体对于自我的关系一样，也引起类似的假问题。这些问题的实质可以简短地指明如下：我们把上述要素用字母 ABC……KLM……αβγ……来表示。为清楚起见，把那些通常叫做物体的、由颜色、声音等等组成的复合体称为 ABC……把那些叫做我们的身体的、在前一类复合体中以某些特点为优异标志的一部分复合体称为 KLM……把意志、记忆印象等构成的复合体称为 αβγ……通常把组成自我的复合体 αβγ……KLM……与组成物质世界的复合体 ABC……置于对立的地位。但是，有时只把 αβγ……视为自我，把 KLM……ABC……视为物质世界。初看起来，好像 ABC……是离自我而独立的，并且是与自我相对立的。可是，这种独立性只是相对的，一经细究，就消失了。固然，αβγ……这种复合体可以有很多变化，而不引起 ABC……那种复合体上多大看得出的变化；反过来，也一样。可是，αβγ……的好多变化却能通过 KLM……的变化而波及 ABC……反之，也一样（例如，人的强烈思想变为行动，或是环境引起我们身体上看得出的变化）。同时，KLM……与 αβγ……的相互联系，或KLM……与 ABC……的相互联系，比后两种复合体的相互联系更紧密。三种复合体的这种关系，恰好在通常的思想和言语中表现出来。

但是，精细的考察指明，ABC……总是由 KLM……共同决定的。一个正立方体，近看大，远看就小了；左眼看它是一个样子，右眼看又是一个样子；有时它会被看成是两个；假如闭上眼睛，就完全看不见了。所以，同一物体的性质似乎为我们的身体所改变，以我们的身体为条件。可是，有这许多不同表现的同一个物体到底在哪里呢？我们只能回答说：不同的KLM与不同的ABC……相结合。①

在通俗的思想和语言方式中，人们习惯于把“实在”与“假象”对立起来。一支铅笔，放在空气中，我们看它是直的，斜放在水中，我们看它是曲折的。在后一场合，人们说铅笔像是曲折的，但实在是直的。可是，我们有什么理由宣称此一事实是实在，而把彼一事实降为假象呢？在两个场合，我们都是面对这样一些事实，这些事实由于条件不同而呈现出要素的不同结合。正因为铅笔的环境，插进水中的铅笔在视觉上才是曲折的，而在触觉和度量上是直的。凹镜或平面镜所现的映像只是看得见的，而在别的（通常的）环境中，触得到的物体则与看得见的映像相符。一个明亮的物面在一个暗淡的物面旁边，比在一个较亮的物面旁边更亮些。如果我们不仔细注意条件，而把要素联系的不同情况互相替代，犯了在不常有的情况下预期常有的事物的自然错误，我们的预期当然就落空了。这不应归咎于种种事实。在这些情况下说到假象，只有实用的意义，不能够有科学的意义。以此类推，究竟这个世界是实在的，还是纯粹梦想的，这个常常提到的问题毫无科学的意义。就是最怪诞的梦，同任何其他事实一样，也是事实。假如我们的梦境更有规则性，更连贯，更稳定，那么，它们对我们在实用上也会更为重要。在我们醒时，要素的相互关系比在我们梦中丰富得多。我们认为梦是梦。当这个过程逆转过来时，心理的眼界就变得狭窄了，梦与醒的那种对立几乎完全没有了。在没有对立的场合，梦与醒、假象与实在之间的区别是完全无用的、无价值的。

假象和实在的对立这个普通观念对科学哲学的思想影响很大。例如，从柏拉图的富于暗示、带有诗意的洞穴比喻——在洞穴中，人背着火光，只观察到经过他背后的事物的影子（《共和国》第七卷第一段）——中就可以看到这一点。可是，这个观念没有完全想彻底，结果对我们的世界观起了不幸的影响。我们毕竟是世界的一部分，但这个观念使世界变成了我们完全抓不到

---

① 好久以前，我曾在《精神病学季刊》（莱比锡与挪威，1868年）上发表的《论各个网膜点的相互依存关系》一文中以如下方式表达了这个思想：“‘感官错觉’这个词证明，人们还没有完全意识到，或至少没有认为有必要用这个术语表示意识到下列事实：感官的表示，既没有错误，也没有正确。对于感官可以据实说的话只是：在不同情况之下，感官产生不同的感觉与知觉。因为这些‘情况’是极其多种多样的，部分是外部的（在客体之内的），部分是内部的（在感官之内的），部分是最内心的（在中枢器官内活动的），所以人只注意外界情况时，当然会觉得感官在相同情况之下起着不同的作用。人们惯于把不寻常的作用叫做错觉。”

的东西，使世界退到无限远处去了。同样，好多青年人第一次听到恒星光的折射，就对全部天文学产生怀疑，但是，只需作一个容易查明而并不重要的改正，一切事情就都转为正常了。

六

我们看见一个具有尖端S的物体。假如我们触到S，使它与我们的身体发生关系，我们就感到刺痛。我们可以看见S，而没有感到刺痛。但是，我们一感到刺痛，就看到S在皮肤上。因此，看得见的尖端是一个长久的核心；依照各种情况，刺痛是作为某种偶然的事物联结在这个核心上的。由于常有同类的事情，我们最后就习惯于认为物体的一切特性都是由长久核心出发，通过身体的中介而传到自我的“作用”；我们把这些作用叫做感觉。可是，这样一来，这些核心便失去了它们的全部感觉内容，变成赤裸裸的思想符号了。因而，说世界仅仅由我们的感觉构成，这是正确的。这样一来，我们的知识也就仅仅是关于感觉的知识，而关于那些核心以及它们之间的相互作用（这些相互作用的产物只是感觉）的假定，就是完全无用的和多余的了。这种见解只能适合于不彻底的实在论或不彻底的批判主义。

七

作为自我的 αβγ……KLM……这种复合体通常总是与 ABC……那种复合体相对立。在最初，只有 ABC……中的那些会把 αβγ……作较大改变的要素，如刺痛、痛苦，才常常被包括在自我之内。可是，后来由于上文所说的那一类观察，就显得把 ABC……归属于自我的权利并没有止境。依照这个看法，自我可以扩大到最后包罗了全世界的地步。① 自我没有准确的界限，这种界限很不明确，可以任意移动。只因为忽视这件事，不自觉地缩小同时又扩大自我的界限，才在哲学观点中产生了形而上学的难题。

这些假定的单一体，即“物体”和“自我”，只是权宜的工具，用以作初步的考察和达到某些实用目的（例如，为了把握物体，防止痛楚等）。我们一俟知道这些假定的单一体的用途，在好多更高深的科学研究中就不得不承认它们是不充分的和不适宜的，而把它们抛弃。这样，自我与世界，感觉（现象）与物体的对立就消失了，只需考虑 αβγ……ABC……KLM……这些要素

① 当我说桌子、树木等是我的感觉时，这个陈述与普通人的观念相对比，有自我真正扩大的含义。在情绪方面，这种扩大也会发生。例如，对自己的乐器了如指掌、运用自如的乐师，能完全集中听众视线、左右听众思想的灵巧的演说家和熟练地指导自己的政党的政治能手等人，就是如此。相反，在像神经过敏的人常常要忍受的那种忧郁状态中，自我就缩小了，好像有一道墙，把他与世界隔开了。

的联系，而那种对立只不过是对于这种联系的不完全的表示；它只能部分适用。这种联系无非是上述要素和其他同类要素（时间和空间）的联系。科学只需接受这些联系并在其中审定自己的方向，而不必同时解释何以有这种联系。

只作粗浅的考察，会觉得 $\alpha\beta\gamma$……这种复合体所含的要素似乎比 ABC……和 KLM……所含的要素消逝得更快，在后两种复合体中，要素与要素的联系似乎更稳定，更经久，好像是联结到强固的核心上似的。虽然经过精细的审查之后，就会发现一切复合体所含的要素是同类的。可是，甚至在我们知道这个事实之后，那种把物体与精神对立起来的很陈旧的观念也容易又潜入心中。哲学唯灵论者往往感到，要使自己的那种用精神创造出来的物体世界具有其应有的坚实性是很困难的；同时，唯物主义者又感到，要使物体世界有感觉，也不知所措。我们通过反省获得的一元论观点，容易被很陈旧的和很有力的本能的观念弄得晦暗不明。

八

刚才所指的困难，作如下的考虑，就会特别使人感觉出来。在我们称为物体世界的 ABC……这种复合体的各部分中，不特有我们的身体 KLM……而且也有别人（或动物）的身体的 $K'L'M'$……$K''L''M''$……由此类推，我们可以想象，有与复合体 $\alpha\beta\gamma$……相似的其他 $\alpha'\beta'\gamma'$……$\alpha''\beta''\gamma''$……联结在别人的身体上。假如我们是研究 $K'L'M'$……那么，我们觉得它是完全熟悉的领域，处处都是我们能感觉到的。可是，一俟我们要探究属于身体 $K'L'M'$……的感觉或感情，我们就不能再从感觉领域里找到这些要素了；我们是在思想中附加了这些要素。我们不特对我们现在所走进的领域很不熟悉，而且要过渡到这个领域也相当不安全。我们觉得我们好像投入无底的深渊里去了。① 只采取这种思想方法的人始终不会完全破除这种不安全的感觉，这种感觉会产生好多假问题。

但是，我们并不是只有这个方法。首先，让我们考虑复合体 ABC……的

---

① 我四五岁时，第一次从乡村来到维也纳，我父亲带我登上碉堡（旧时的城墙），我看见下面城壕里有人，大为惊讶；从我的观点看，我不了解人怎么能到下面那地方，因为我完全没想到另有一条可以走到那里的路。另一回，是在布拉格的城墙上散步，我观察到我的大约三岁的男孩，也表现出同样的惊讶。每当我从事本文所述的思考时，这种情绪都再现于我的心上，并且我乐于承认，我的这个偶然经验实质上有助于巩固我长期以来关于这一点所抱的见解。事实上和心理上老是走同一条路的习惯，起了很大的迷乱方向的作用。一个儿童，在他长住的房子的墙壁上打开一个洞时，可以体验到自己的世界观真正扩大了，同样，一个微小的科学暗示就能起很大的启蒙作用。

各要素的相互关系，而不管 KLM……（我们的身体）。一切物理科学的研究都属于这一类。一个白弹子掉到一个铃上头，发生一个声音。这个弹子在钠光灯之下变成黄色，在锂光灯之下又变成红色。在这里，这些要素（ABC……）似乎完全是自己互相联系起来，而与我们的身体（KLM……）无关。可是，假如我服下山道年，弹子就又变成黄色。我们把一只眼睛挤到一边，就看见两个弹子。我们把两只眼睛全闭上，就完全看不见了。我们把听觉神经割断，铃就不响了。所以 ABC……这种要素不特自己互相联系，而且也与 KLM……那种要素相联系，在这个情况下，并且只在这个情况下，我们才把 ABC……叫做感觉，认为 ABC……属于自我。在下文中，凡是把“感觉”、“感觉的复合体”这两个名词和“要素”、“要素的复合体”这两个名词同时并用，或是用前者来代替后者的地方，读者必须经常记住，只有在这里所指的联系或关系中，只有在这里所指的函数的依存关系中，要素才是感觉。在另一种函数关系中，要素同时又是物理对象。我们用附加名词“感觉”表示要素，只是因为所指的要素作为感觉（颜色、声音、压力、空间、时间等）对大多数人更熟悉得多，而照广泛流行的见解，物质粒子则是物理要素，这里所谓的要素也就是附属于物理要素的“特性”或“作用”了。①

因此，照这样看，我们就见不到物体和感觉之间，内部和外部之间，物质世界和精神世界之间以前所指的那种鸿沟了。② 一切要素 ABC……KLM……只构成单一的联合体，在这个联合体中，触动任何一个要素，一切就都动了；不过，KLM……受到的扰动比 ABC……受到的扰动更广泛、更深刻。我们周围的一块磁石，会扰动附近的铁屑；一块大石头落地，会振动地面；可是，割断一条神经，则会扰乱整个要素体系。这种关系会使人完全不由自主地想到一团胶质的比喻，在这团胶质中，有些地方（如在自我那里）比其他地方黏结得更牢固。我在讲演时常常使用这个比喻。

九

这样，只在用那个习惯的呆板的考察方法时，物理学研究和心理学研究之间才有大鸿沟。例如，我们一俟注意到一个颜色对其光源（其他颜色、温度、空间等）的依存关系，这个颜色就是一个物理学的对象。可是，假如注

① 我曾经在《认识和谬误》（莱比锡，1905 年）一书中把这个基本论点作了阐明，其实质与这里相同，但其形式可能是自然科学家易于接受的。

② 参看我的《动觉理论大纲》（莱比锡，1875 年，第 54 页），我在那里第一次把我的见解简短而明确地陈述如下：“现象可以分解为要素，就这些要素被认为与物体（身体）的一定过程相联系，并为这些过程所决定而言，我们称它们为感觉。”

意这个颜色对网膜（要素 KLM……）的依存关系，它就是一个心理学的对象，它就是感觉了。在物理学领域和心理学领域里，并不是题材不同，只是探求的方向不同罢了（参看第35、36页）。

无论是要由别人或动物的身体推想他们的感觉，还是要探究我们自己的身体对于我们的感觉的影响，我们都必须用类推方法去补充观察到的事实。这种补充工作，假如只涉及神经过程（这种过程不能从我们自己的身体上完全观察到），那么，就比心理过程的补充工作可以做得更可靠得多，更容易得多——就是说，这种工作在比较熟悉的物质领域比在心理领域，比在别人的感觉和思想上可以做得更可靠得多，更容易得多。除此以外，物理学研究与心理学研究并没有根本的不同。

十

刚才提出的思想，假如我们不但以抽象形式去表达，而且直接从产生这些思想的具体事实去领会，就会更加坚实，更加生动。例如，我躺在沙发上，

图1

合上右眼，我的左眼就会见到如图 1 所描写的形象。在我的眉棱、鼻子和胡子所围成的框子内，出现了我身体的可以见到的部分及其周围环境。[①] 我的身体与别的人体不同。每个强烈的动作念头都会立刻发为动作，并且触动我的身体会比触动别的身体引起更使人注意的变化。除了这两件事实之外，这种不同还在于我的身体只是部分地被见到，特别是在于见到我的身体没有头。假如我观察我视野内的一个要素 A，并研究它与我视野内的另一个要素 B 的联系，倘若——用我的一个朋友[②]看见这个图时很恰当地说过的话来表示——B 透过我的皮肤，那么，我就离开了物理学的领域，而踏进生理学或心理学的领域了。对触觉领域和其他感官的知觉领域，也可以进行像对视觉领域所进行的思考。[③]

十一

上文提过称为 ABC……的要素集合体与称为 αβγ……的要素集合体不同。事实上，在我们看见一棵绿树，或是记起一棵绿树，即心上有绿树的表象时，我们完全明白这两件事的不同。被表象的树的形式更不确定得多，更容易变化得多；它的绿色更暗淡得多，更不经久得多；尤其是，被表象的树显然表现在另一个领域内。我们立意要做的动作，始终是一个表象性的动作；它所在的领域与实际动作所在的领域不同。这种实际动作在动作表象足够活跃时，总要发生的。A 与 α 这两个要素出现于不同的领域这句话，归根到底，只是说这些要素各与其他不同的要素相联结。因此，在这个程度内，ABC……中和 αβγ……中的基本成分是相同的（颜色、声音、空间、时间、运动感觉……），只是它们相互联结的方式不同罢了。

人通常以为痛苦和快乐与特感感觉不同。可是，不特触觉会渐渐过渡到痛苦和快乐；而且一切其他特感感觉也是这样。所以，痛苦与快乐也可以正

---

① 关于双眼的视野，它的独有的实体镜的特点是人人熟悉的，但很难描述，并且不能以单一平面图表示，因此，这里不论。

② 维也纳的波珀（J. Popper）工程师先生。

③ 大约在 1870 年，有件可笑的偶然事情，促使我设计了这个图。有个 V. L. 先生，死好久了。他有好多怪癖，但都为他的真正和蔼可亲的品性所抵消。有一回，他逼我阅读克劳赛（Chr. Fr. Krause）的著作，其中有下列的文句：

“课题：对‘自我’进行自我检查。

解决：立刻进行这种检查”。

为了要有个插画，对这个哲学上的“无事自扰”作有趣的证明，并且同时表示怎样可以真正进行对“自我”的自我检查，我设计了上图。与 V. L. 先生交往，对我很有教益，使我很受鼓舞，因为他会把人们小心地保持沉默或弄得暧昧的哲学思想表达得那么天真。

当地称为感觉。不过它们不如特感感觉被分析得那么清楚，那么熟悉，也许更不像特感感觉那样，局限于很少的器官。痛苦和快乐的感觉，无论多么微弱，都构成一切所谓情绪的主要内容。当我们被情绪激动起来的时候，出现于意识内的另加成分可以描述为或多或少散漫的、没有精确定位的感觉。威廉·詹姆士[①]和后来利鲍[②]研究了情绪的生理机制，他们认为主要的是身体的有目的的动作趋向——这些趋向与情况相应，由身体的结构表现出来。只有这些趋向的一部分出现于意识内。詹姆士说，我们流泪，所以悲哀，不是悲哀才流泪。并且利鲍正确地看到，我们对情绪的知识之所以落后，是由于我们始终只观察进入意识的那部分生理过程。当然，他主张一切心理的东西对于物质的东西只是 surajouté（附加的），只是物质的东西起作用，这时他就走得太远了。对于我们，这种区别是不存在的。

这样，知觉和表象、意志、情绪，简言之，整个内部世界与外部世界，就都是由少数同类的要素所构成的，只不过这些要素的联结有暂有久罢了。通常人们把这些要素叫做感觉。但是，因为这个名词已经有一种片面的学说的意味，所以，我们宁可像我们已经做过的那样，只谈要素。一切研究都是要探知这些要素的联结方式。[③] 如果只假定其中的一类要素不能解决问题，那么，就要假定更多的要素种类。可是，对于这里讨论的问题，一开头就作出复杂的假定，是不适当的。

十二

上文已说过，这种要素的复合体根本只是一个；在这一个复合体内，各种物体与自我的界限并不能划得很明确，使之足以应用于一切事例。我们的理智为避苦求乐的意志服务；把那些与痛苦和快乐有最密切的联系的要素结合成一个理想的思维经济的单一体，即自我，对这种理智有极其重要的意义。因此，确定自我的界限这个工作是出于本能，并且变得很熟练，也许甚至会由遗传固定下来。由于“自我”和“物体”这些复合体，不特对于个人，而且对于全人类都具有高度的实用意义，所以，它们要本能地实现它们的要求，并显示不可抗拒的威力。可是，在与实用目的无关，专为寻求知识的特殊场

---

① 詹姆士：《心理学》，纽约，1890 年，第 2 卷，第 442 页。

② 利鲍：《情绪心理学》，1899 年。

③ 参看本章第二节末一段、第五节第一段、第七节与第八节，最后也可以参看我的《功的守恒定律的历史和根源》（布拉格，1872 年）一书结论的附注。

合中，确定自我的界限这种工作会显得不够用，有阻碍和无法成立。①

不是自我，而是要素（感觉）是第一性的。要记住本章第十节关于“感觉”这个名词所说的话。要素构成自我。自我感觉到绿色，是说绿色这个要素出现于其他要素（感觉、记忆）构成的某个复合体中。当自我不再感觉绿色，当自我死了的时候，绿色这个要素就不再出现于通常熟悉的聚合体中了。这就是一切。只是一个理想的思维经济的单一体，而不是真实的单一体不再存在了。自我不是一个确定的、不变的、界限分明的单一体。[重要的不是自我的不变性，不是自我与其他人的确定差别，不是自我的分明界限；因为这一切属性在个人生存时就已经在变化，甚至个人还追求这种变化。重要的只是连续性。] 这个见解与魏斯曼由生物学研究（《关于单细胞体不死的问题》，《生物学会报》第4卷第21、22号；特别参看第654和655页论个体分裂为相等的两半之处）达到的见解相符合。连续性只是预备并保存自我的内容的工具。[首要的东西是这种内容，而不是自我。] 可是，内容并不限于个人。这个内容，除开无关紧要的和无价值的私人记忆之外，就是在一个人死后，还会继续保存在其他人中。某一个人的意识要素是互相联结得很牢固的，而与另一个人的意识要素则只有微弱的联结，并且这种联结只是偶然看得出来。因此，每个人都认为自己是一个不可分的、独立于别人之外的单一体，所以他只知道自己。可是，有普遍意义的意识内容会冲破个人的这种界限，又自然而然地附属于各个人，不依靠发展出这些内容的那个人，而长久维持着一种普遍的、非私人的、超私人的生命。对这个生命作出贡献是艺术家、科学家、发明家、社会改革家等的最大幸福。

自我是保存不了的。部分地由于这个认识，部分地由于害怕这个认识，引起了许多极其奇怪的悲观主义的、乐观主义的、宗教的、苦行主义的和哲学的荒诞表现。人终究不能够对于心理学分析所得出的这个简单真理熟视无睹。这样，人就不再会以为自我有那么高的价值了。——自我就是在个人生存时也有很多变化，并且自我在睡眠时，在沉醉于一个直观、沉醉于一个思想时，正在最幸福时，可以部分地或完全地不复存在。于是，人就愿意放弃

① 同理，阶级意识、阶级偏见、民族感情和狭隘的地方主义，对于某些目的是很重要的。可是，这种见识不是眼光广阔的科学家的特点，至少在研究的时刻不是这样。所有这些以我为中心的见识只适合于实用目的。当然，科学家也会屈服于习惯。琐屑的学究式的无谓讨论，狡猾的抄袭而不诚实地承认来源，非承认不可时的勉为其难，对别人的成就加以曲解，凡此种种，足以证明科学家也要作求生存的斗争，科学的道路也还是为了吃饭，并且在我们现在的社会组织中，纯粹求知的志向还是一个理想。

个人不朽的想法[1]，而不认为次要的东西比主要的东西有更高的价值了。这样，我们就达到一个更自由、更开明的人生观，这种人生观会排除对于其他自我的蔑视和对自己的过高估价。以这种人生观为依据的道德理想，离苦行主义者的理想同离骄横的尼采式“超人”的理想一样远；前一种理想从生物学上看来不能为苦行主义者所坚持，随着他的死亡也就同时消失了；后一种理想是其他人所不能容忍的，而且也不希望人们容忍。[2]

假如关于要素（感觉）之间的联结的这种知识不能使我们满意，假如我们要问“谁有这种感觉的联结，谁在感觉”，那么，我们就是屈服于把一切要素（一切感觉）排列到一个不经分析的复合体里的旧习惯，就是不知不觉地陷入一个更陈旧的、更低级的和更有限的观点中去了。有人常常指出，不是任何确定的主体的经验的心理经验是不可设想的，并且以为这样就证明了意识的统一性起着主要的作用。但是，自我意识可以有多么不同的程度呵！是由多么形形色色的、偶然的记忆所构成的呵！有人同样可以说，不发生于这个或那个环境的，或至少不发生于宇宙内的一个处所的物理过程，是不可设想的。在这种场合同在那种场合一样，要开始进行研究，就必须容许我们撇开这样一种环境，这种环境的影响在不同事例中很不相同，在特别事例中则可能缩到最小程度。试设想低等动物的感觉，人们几乎不能认为它是具有确定特点的主体。主体是由感觉构成的，一经构成了，当然又会对感觉起反作用。

把不经分析的自我复合体当做不可分解的单一体的习惯，在科学上往往以特异的方式表现出来。首先是从身体中把神经系统分出来，作为感觉的所在地。在神经系统中，人们又选出脑作为宜于担任这个职位的部分，最后为了维护假想的心理单一性，又在脑中找出一个点作为灵魂驻地。可是，哪怕只是预示将来研究物理的东西和心理的东西的联系的最粗略的纲领，这么粗陋的见解也很难适应。不同的器官，不同的神经系统部分，在物理方面互相联系，并且可以容易地互相刺激，这个事实大概就是“心理单一性”的基础。

有一回我听到人们认真地讨论这样一个问题：“关于一棵大树的知觉怎么能在一个人的小小的头脑里找到足够的地方？”虽然这个问题并不是问题，但它使我们深切地感到，从空间方面把感觉塞进头脑里，是容易陷入荒谬的。

---

① 如果要把关于我们各人的记忆保存到死后，我们的行为就像那种狡黠的爱斯基摩人了，这种人对于说他长生表示感谢，但拒不接受没有他的海豹和海象的长生。

② 从理论了解到实际举动的距离无论怎么远，后者终究不能够抵抗前者。

讲到别人的感觉，当然那些感觉不是在我的视觉空间或物理空间；它们是在思想上加上去的，并且我设想它们是在因果关系上（或者更好地，在函数的关系上），而不是在空间上与所观察的或所设想的人脑联系着。若是我说到我自己的感觉，那么，这些感觉并不是在空间方面存在于我的头脑内，而是如上文所说的那样，我的“头脑”和这些感觉共同占有同一个空间领域（参看本章第十节关于图1所说的话）。[①]

不要强调意识的统一性。实在的世界和被感知的世界所以貌似对立，只是由于考察的方式，这两个世界中间并没有真正的鸿沟。所以，意识内容有多种多样的联系并不比世界内有多种多样的联系更难了解。

把自我视为实在的单一体，就会遇到两无一可的难题：或是必须将一个包罗不可知之物的世界与自我对立起来（这是十分无聊和无益的），或是把包括别人的自我在内的全世界认为都包含在我的自我里（这是人们很难当真同意的）。

可是，假如认为自我只是用以作初步辨明方向的考察的实践单一体，只是联结得比较牢固的要素的集合体，这个集合体与别的同类集合体则联结得比较脆弱，那么，像上文所说的问题就不会发生，研究的前途就毫无障碍了。

利希滕贝格（Lichtenberg）在哲学笔记里说：“我们觉得有些表象是不随我们为转移的；其余的表象是随我们为转移的，至少我们以为是这样。这两种表象的界限在哪里呢？我们只知道我们的感觉、表象和思想的存在。我们应该说‘思考啦’，就像我们说‘闪电啦’一样。假如把 cogito 译作‘我思’，那就说得太多了。假定自我，设立自我，只是为了实用上的需要。”虽然利希滕贝格得到这个结论的方法与我们的有点不同，但我们必须同意他的结论

① 在约翰·缪勒的著作中，我们已经见到抱类似的见解趋势。可是，他的形而上学的偏见阻碍了他把这种见解坚决贯彻到底。然而在赫林的著作中（赫尔曼［Hermann］编《生理学手册》，第三册，第345页），我们碰到下列代表性言论：“构成视觉物的材料是视觉感。正在没落的太阳，作为一个视觉物，是一个平坦的、圆形的盘子，它是由橙色构成的，因而是由视觉构成的。因此，我们可以直接地把太阳描述为一个圆形的橙色感觉。在我们正看见太阳显现的那个地方，我们获得了这种感觉。”根据我偶尔在交谈中获得的经验，我可以说，大多数没有通过认真思考而深切地领会这种问题的人，会觉得这种看法简直令人头发竖起，惊怖万分。当然，他们的这种惊愕之感主要应归罪于通常把感觉的空间和概念的空间混淆起来。假如人们像我那样，从科学的经济课题出发，认为只有可观察的东西、被给予的东西的联系对我们才是重要的，而一切假设的、形而上学的和多余的东西，都必须消除掉，那么，他们就必然会达到我的这个看法。很可以认为，阿芬那留斯有类似的立场，因为在他的《人的世界概念》第76页，我们看到下列的话：“脑不是思维的住所、座位或创造者，也不是思维的工具或器官，承担者或基础等等。思维不是脑的居住者或施令者，不是脑的另一半或另一面等等，但思维也不是脑的产物，甚至也不是脑的生理机能或一般状态。”我不可能也不愿意对阿芬那留斯所说的一切或其解释表示同意，但是我觉得他的见解同我的很接近。他所用的“排除嵌入”的方法只是消除形而上学的东西的一种特别形式。

本身。

十三

并不是物体产生感觉，而是要素的复合体（感觉的复合体）构成物体。假如在物理学家看来，物体似乎是长存的、实在的东西，“要素”则是物体的瞬时即灭的外观，那么，他就是忘记了一切“物体”只是代表要素复合体（感觉复合体）的思想符号。在物理学中，真正的、直接的、最根本的基础也是这些要素；生理物理学的研究就是进一步探究这个基础。认识到这种情况之后，生理学和物理学的好多方面都会得到更明白、更经济的方式；好多假问题也就消除了。

有人以为世界是由一种神秘的东西构成的，这些神秘的东西与另一个同等神秘的东西，即自我，相互作用，通过这些作用，产生了所能经验到的感觉。由于上述理由，我们以为世界并不是这样。在我们看来，颜色、声音、空间、时间……暂时是基本的要素（参看第 11、12、13 页）；我们的任务就在于探究这些要素的某些联系。① 对实在所进行的探究恰恰就在于此。在从事

① 我大约十五岁时，在我父亲的图书室里，偶然见到康德的《对任何一个未来的形而上学的导言》，我始终觉得这特别幸运。这本书当时给我留下了强烈的、不可磨灭的印象，这样的印象是我此后阅读哲学著作时始终没有再体验到的。大约两三年后，我忽然感到“物自体”所起的作用是多余的。一个晴朗的夏季白天，在露天里，我突然觉得世界和我的自我是一个感觉集合体，只是在自我内感觉联结得更牢固。虽然这一点是以后才真正想通的，但这个瞬间对我的整个观点起了决定性的作用。我又经过了长期艰苦的奋斗，才能够在我的专门领域里坚持我新得到的观点。我们在吸收物理学理论的有价值部分的同时，必然也吸收了相当多的虚妄的形而上学，这种形而上学很难从必须保存的东西中淘汰出去，尤其是在这些理论业已为我们熟悉的情况下。并且，传统的本能的见解，有时以强大的威力表露出来，阻碍着我们的道路。我在关于心理物理学的演讲中，曾经徒劳无益地试图以一种物理心理学的单子论解决这个冲突（我的演讲摘要载于《实用医学期刊》，维也纳，1863 年，第 364 页），失败以后，只是由于交替地研究物理学和感官生理学，由于研究物理学史，我才大约从 1863 年起更加巩固了我的观点。我不自命为哲学家。我只是要在物理学内采取这么一个观点，这个观点，当我们的眼光转到其他科学领域的时候，也无须立即放弃，因为归根到底，一切事物都必须成为一个整体。今天的分子物理学断然不能适应这个需要。我所说的话，也许不是我第一个说出的。我也不愿把我的这个阐明作为一个特别成就提出来。我倒相信，凡是对不太窄的科学领域作过细心检阅的人，大致都会走上与此相同的道路。我的观点接近于阿芬那留斯的观点，1883 年我才知道他的观点（《哲学——按费力最小的原则对世界的思维》，1876 年）。赫林在他的演讲《论记忆》（载《维也纳科学院年鉴》，1870 年，第 258 页）和波珀在他的佳作《生的权利和死的义务》（莱比锡，1878 年，第 62 页）也部分地提出了类似的思想。也可以参看我的演讲《论物理研究的经济本性》（载《维也纳科学院年鉴》，1882 年，第 179 页注解；和《通俗科学讲演集》，第三版，1903 年，第 239 页）。最后，我这里还必须提到普赖尔的《纯粹感觉理论》的引言和黎尔（A. Riehl）的弗赖堡就职演讲（第 40 页）以及瓦勒（R. Wahle）的《脑与意识》（1884 年）。我于 1872 年和 1875 年简短地陈述我的观点之后，于 1882 年及 1883 年第一次作了详细的说明。假如我对于文献知道得更多，也许我可以引用更多的与这个观点多少有关的材料。

这种研究时，我们决不能让自己受诸如物体、自我、物质、精神……这样一些概括和限定的障碍，因为这些概括和限定，是为特别实用的、暂时的和有限的目的而作出的。反之，正如在一切专门科学中所做的那样，我们必须为这个研究本身创立最适宜的思想方式。必须完全用一种更自由的、更淳朴的、符合于成熟经验的、超出实际生活需要的观点，去代替传统的本能的观点。

十四

科学总是起源于要把思想适应于一个确定的经验领域的过程，这种适应过程的结果就是那些能够代表整个领域的思想要素。当然，这种结果会随着所探究的领域的性质和大小而不同。假如要研究的经验范围扩大了，或是以前分开的几个领域现在联合起来了，那么，传统的熟悉的思想要素就应付不了这个业已扩大的领域。在业已养成的习惯与适应新领域的努力互相斗争之时，就发生了一些问题，这些问题在适应完成后就消失了，以便让位于适应过程中新出现的其他问题。

对于纯粹物理学家来说，物体这个观念会使他在研究中易于辨明方向，并不引起干扰。同理，追求纯粹实用目的的人也可以从自我这个观念得到切实的支持。因为任何有意地或无意地为特种目的而建立起来的思想方式，都对于那个目的本身有永久的价值，这是无疑的。可是，到了物理学和心理学汇合之时，把这一领域的观念移到那一领域内，就显得是要不得的了。由于思想和经验领域努力互相适应，就发生了各种各样的原子论和单子论，但这并不能达到它们的目的。假如我们认为（本章第七节第一段所指的意义上的）要素是世界要素，那么，上述问题就实质上取消了。第一个最重要的适应就成功了。这个基本见解，虽然不自命为万古不灭的哲学，但现在一切经验领域都可以采取它；因此，这个见解费力最小，比其他见解都更为经济，适合于现时的知识总和。并且，这个基本见解明白它自己的功能是纯粹经济的，因而对于其他见解最能宽容。它并不闯入现在流行的见解还适用的领域。它也随时准备着以后经验领域扩大时让位于更好的见解。

十五

形成与支配普通人关于世界的表象和概念的，不是完全的、纯粹的，以自身为目的的知识，而是要有利地适应生活条件的奋斗。因此，它们虽然很不准确，但同时也会防止由于片面地狂热地贯彻一种科学（哲学）观点而容易发生的怪诞现象。毫无偏见的、心理健全的人，觉得我们称为 ABC……的要素是在空间上处于 KLM……这些要素之旁和之外的。他是直接地持有这样的看法，而不是经过心理外投或逻辑推论（或构造）的过程；即使有这一类过程，他也必定意识不到。于是，他就看到了一个不同于他的身体KLM……的、存在于他的身体之外的“外部世界”ABC……他不首先注意ABC……依赖于KLM……（KLM……始终以同样的方式重复出现，因而很少引人注目），而是追究ABC……的固定的相互联系，因此，在他面前就呈现出一个不依赖于他的自我的物的世界。这个自我是由于观察KLM……这种特殊事物的特性而形成的，痛苦、快乐、感情、意志等与这种特殊事物有极其密切的联系。其次，他注意到K′L′M′、K″L″M″……这些事物的行为完全类似于KLM的，并且就像他观察到感觉、感情等与他自身联结着一样，他一想到有类似的感觉、感情等与这些事物联结着，他就完全了解了这些事物的行为，而这些事物的行为与ABC……的行为是相反的。推动他得到这个结论的类推过程同他得到下列结论的类推过程相同：他观察到一条金属线具有通电导体的一切特性，只有一个特性还没有直接证明，于是他推出这条线也有这一个特性的结论。这样，因为他并不是直接感到别人和动物的感觉，而只是以类推去补充这些感觉，所以，在他从别人的行为推测出别人与他自己处于相同境地时，他就认为这些感觉、记忆等具有一种特殊的、不同于ABC……KLM……的性质，这种性质总是随他所达到的文化阶段而得到不同的理解。但是，如上文指出的，这种类推过程是不必要的，并且会把科学引到错误途径上，尽管这个错误对实际生活关系很小。

这些决定素朴的人的理智境界的因素，随着实际生活的需要而相继出现于这种人身上，并且始终处于一种很少变动的平衡状态中。可是，科学的世界观时而强调这一因素，时而强调另一因素，时而以这一因素为出发点，时而以另一因素为出发点，并且在争取精确性、统一性和一贯性时，还想尽可能排除掉不必要的见解。这样就产生了各种二元论的和一元论的体系。

素朴的人是熟悉盲聋状态的，并且，由于他的日常经验，他知道外物的样子会受他的感官的影响；但是，他始终不会想到整个世界是他的感官所创造的东西。他会觉得唯心主义的体系，或像唯我主义那样的怪论在实践上是不能容忍的。

把适应于某个特殊的、狭小的目的的见解作为一切研究的基础，就容易使无偏见的科学考察受到干扰。例如，在一切经验被认为是外部世界伸展到意识里来的“作用”时，这样的事就发生了。这种见解导致一团乱丝般的形而上学困难，这团乱丝似乎不能解开。但是，假如我们以“数学的见识”理解这件事，弄明白对我们有价值的只是函数关系的发现，我们要知道的只是经验的相互依存关系，这个幽灵就立即消失了。这样就会看出，考察未知的、没有给予的终极变元（物自体）是纯粹虚构的和多余的。可是，我们即使最初让这个很不经济的虚构保留着，也很容易区别出“意识事实”的要素之间的各类不同的相互依存关系；并且，对于我们，只有这件事是重要的。

ABC……KLM……	$\alpha\beta\gamma$……
$K'L'M'$……	$\alpha'\beta'\gamma'$……
$K''L''M''$……	$\alpha''\beta''\gamma''$……

上图表示要素系统。在单线围成的空白处是属于感性世界的要素；这些要素的合乎规律的结合、它们的特殊的相互依存关系，代表物理的（无生命的）物体以及人、动物和植物的躯体。所有这些要素又对某些要素 KLM，即我们身上的神经，有十分特殊的依存关系——感官生理学的事实就是以这种关系表示出来的。在双线围成的空白处，包含了属于高级心理生活的要素，如记忆和表象，其中也有我们对别人的心理生活所形成的记忆和表象，这可用着重号来区别。这些表象虽然又以不同于感性要素 ABC……KLM……的方式相互结合起来（联想、幻想），但是，毫无疑问，这些表象与后者有着极其密切的联系，并且它们的活动归根到底是由 ABC……KLM……这整个物理世界决定的，特别是由我们的身体和神经系统决定的。关于别人的意识内容的表象 $\alpha'\beta'\gamma'$……对于我们起着中间交换的作用，通过这种中间交换，别人的行为，即 $K'L'M'$ 对 ABC 的函数关系——就这种关系本身（在物理学方面）还没有得到解释而论——就变得可以理解了。

因此，对我们来说，重要的是要认识到：在这里可以合理地提出的、可以引起我们兴趣的一切问题上，关键都在于考虑不同的基本变元和不同的依存关系。这是主要之点。不论我们把一切与件视为意识内容还是部分地或全部地视为物理的[1]，在事实上，在函数关系上，都不会有什么变化。生物学的科学任务就在于使全面发展的个人尽可能在环境中完全辨明自己的方向。没有别的科学理想可以实现，并且任何别的科学理想也没有意义。

假如素朴实在论可以称为普通人的哲学观点，那么，这个观点就有得到最高评价的权利。这个观点不假人的有意的助力，业已发生于无限久远的年代；它是自然界的产物，并且由自然界保持着。虽然承认哲学的每一进展，

① 参看彼得楚尔特的极好论文《实用领域的唯我主义》（载《科学哲学季刊》第 25 卷第 3 期第 399 页）和舒佩的《唯我主义》（载《内在哲学期刊》第 3 卷第 327 页）。

甚至每一错误，在生物学方面都有道理，但哲学作出的一切贡献，与这个观点相比，只是微不足道的瞬息即逝的人工产物。事实上，我们看到每个思想家，每个哲学家，一到实际需要驱使他离开自己的片面理智工作时，都立刻回到了这个普通的观点上。教授X在理论上相信自己是唯我主义者，但当他为得到勋章而对国家长官表示感谢时，或是当他对听众演讲时，他在实践上则确实不是唯我主义者。莫里哀的《勉强的婚姻》中的怀疑主义者挨打时不再说"il me semble que vous me battez"（"我觉得是你在打我"），而是认为真正挨打。

所以，这篇"导言"的目的决不是要破坏普通人的这种观点的信用。它的任务只是要说明，我们一生的最大部分时间为什么理由和有什么目的采取这个观点，我们又为什么理由、有什么目的和朝什么方向而有时暂且放弃这个观点。没有什么观点会绝对永久有效，每个观点只对一个确定的目的具有重要性。

（洪谦、唐钺、梁志学译）

选文出处

马赫　反形而上学

马赫著，《感觉的分析》，北京，商务印书馆，1986，1—29页。

科学作为亲和性*

罗蒂

罗蒂主张，科学本质上并不是在追求与实在符合的真理。科学是理性的楷模。但是对于“合理性”，有两种不同的理解。如果将合理性理解为有条理，拥有实现制定的成功标准，那么人文学科就和诗人、艺术家的活动一样，别想成为实现合理的活动了。如果将“合理性”理解为容忍、尊重别人的观点、乐于倾听、依赖于说服而非压服的话，那么科学就和人文学科没有本质上的区别了。客观性实际上应该归结为亲和性，即理性讨论之后达成的一致意见。科学作为理性楷模的唯一意义在于，它是人类亲和性的一个样板。

作者简介

罗蒂（Richard Rorty, 1931—2007），美国斯坦福大学比较文学和哲学教授，新实用主义的代表人物，是当今英语哲学界最具影响力的哲学家之一。罗蒂对整个西方哲学传统（所谓的“镜喻哲学”）提出了全面的质疑，提出“后哲学文

在我们的文化中，“科学”、“合理性”、“客观性”和“真理”这样一些概念都搅在一起。科学被看做是在提供“硬的”、“客观的”真理，即作为与实在符合的真理，这也是唯一可以有这个称呼的一种真理。像哲学家、神学家、历史学家和文学批评家这样的人文主义者，都必须关心他们是否是“科学的”，就是说，他们是否有资格把他们的结论，不管得到了多么仔细的论证，看做是“真”的。我们总是把追求“客观真理”与“运用理性”相等同，因而把自然科学看做是“合理性”的典范。我们也认为，合理性就是遵循事先制定的程序，就是变得“有条理”。因此我们总是把“有条理的”、“合理的”、“科学的”和“客观的”看做是同义词。

对“认知状态”和“客观性”的关心是一个由科学家代替牧师的世俗文化的特征。科学家现在被看做是使人类

* 本章选自《人文科学的修辞学》（威斯康星大学出版社，1987年）。——译者注

化观”，认为哲学最终无法成为文化的核心。不论是哲学、科学还是政治，都是平权的文化，不存在“文化之王”和“文化的最后法官”，而民主先于哲学。罗蒂一生著述颇丰，其主要的代表作有《哲学与自然之镜》等。

与某种超人类的东西保持联系的人。由于宇宙已被非人格化，美（而且最后还有道德的善）开始被看做是“主观的东西”。因此真理被看做是人类可以对某些非人类的东西负责的唯一立足点。而对“合理性”和“方法”的承诺便被看做是对这个责任的承认。科学家成了道德模范，因为他无私地使自己反复面对坚硬的事实。

这种思维方式的一个结果是，任何想在这里占有一席之位但又不能提供自然科学所能提供的预见和技术的学科，必须或者装作模仿科学，或者找到某种无须发现事实便能达到“认知状态”的方法。这些学科的实践者必须或者使用像“行为科学”这样的词，使自己服从于这个准牧师的命令，或者寻找某种事实以外的东西作为关心的对象。从事人文学科的人典型地采取了后一种战略。他们或者认为自己是在关心与事实相反的“价值”，或者认为是在发展和培养“批判反思”的习惯。

但没有一种修辞是非常令人满意的。不管人文主义者谈论多少“客观价值”，这个词听起来总是非常混淆的。它一手给出的东西正是其另一手收回的东西。人们提出客观与主观的区别，旨在同事实与价值的区别相应，因此客观价值听起来就像有翼的马那样极其神秘。谈论人文主义者批判反思的特别技能也不见得好些。没有人会真正相信，哲学家或文学批评家，较之理论物理学家、微观生物学家，更善于批判反思，或更善于对事物采取广阔的宏观看法。因此社会总是忽视这两种修辞。它把人文学科看做是与艺术一致的，认为它们所提供的是娱乐而不是真理。可以肯定的是，这两者都被看做是在提供“高级”而不是“低级”的娱乐。但一种升级的精神的娱乐距离对真理的把握还很遥远。

这些在硬事实与软价值、在真理与娱乐、在客观性与主观性之间的区分，是非常棘手、麻烦的工具。它们不能用来划分文化，它们造成的困难比其解决的还多。最好是发现另一种办法重新开始。但为了这样做，我们首先必须找到一个新的描述自然科学的方法。这不是一个驳斥或贬低自然科学家的问题，而只是不再把他看做一个牧师。我们不再认为科学是人心与世界对抗的地方，不再坚持科学家在超人类力量面前表现了恰当的谦卑的看法。为了说明何以科学家是而且也值得称为道德模范，我们需要一种新的方法，它不依赖于客观事实与某种较软的、较模糊的和较可疑的东西之间的区别。

要得到这样一种思维方法，我们可以把区分“合理性”的两种意义作为出发点。在一种我曾经讨论过的意义上，合理也就是有条理，就是说，拥有事先制定的成功标准。我们认为诗人和画家在其作品中使用的是“理性”以外的官能，因为他们自己也承认，他们在完成创作之前，自己也不知道要做什么。他们在工作过程中不断制定新的成就的标准。与此相反，我们认为，法官事先知道，一个诉讼状为了得到一个有利的判决必须满足什么样的标准，商人也制定了明确定义的目标，并以是否成功地实现了这样的目标而得到评价。法律和商业是“合理性”的好样板，但科学家，由于事先知道什么是对他的假设的否证，并只要有一个试验的不利结果就乐于放弃这个假设，似乎是真正英雄的样板。而且，我们似乎有一个清楚的科学理论成功的标准，即其预见并因而使我们能够控制某部分世界的能力。如果成为合理就是能够事先制定标准，那么把自然科学作为合理性的典范是有道理的。

困难在于，在“合理性”的这种意义上，人文学科就休想有资格成为合理活动。如果人文学科涉及的是目的而不是手段，那么就无法根据事先得到具体说明的标准来评价它们的成功。如果我们已经知道我们要满足的标准是什么，我们就不会关心我们是否在追求正当的目的。如果我们认为我们事先知道文化和社会的目标，我们就不会利用人文学科，例如，极权主义事实上就没有利用人文科学。民主多元社会的特征是，不断地重新定义它们的目标。但如果成为合理也就是满足标准，那么这种重新定义过程就注定是非理性的了。因此，如果人文学科要被看成理性活动，合理性就不能被看成是满足事先说明的标准，而是别的什么东西。

事实上，我们可以得到“合理性”的另一种意义。在这种意义上，这个词指的是某种“清醒的”、“合情理的”东西而不是“有条理的”东西。它指的是一系列的道德德性：容忍、尊敬别人的观点、乐于倾听、依赖于说服而不是压服。这些是一个文明社会如果要持续下去其成员必须拥有的德性。在“合理性”的这样一种意义上，这个词与其说是指“有条理”不如说是指“有教养”。在作了这样的解释后，理性与非理性之间的区分与艺术同科学之间的差别就没有什么特别关系了。根据这种解释，成为合理也就是指，在讨论任何问题，不管是宗教的、文学的还是科学的问题时，都要避免教条主义、自卫心理和义愤。

在这后一种较弱的意义上，人文学科作为“理性学科”是不成问题的。人文主义者通常表现出那些有关的道德德性。尽管他们有时没能表现出这样的德性，但科学家有时也是这样。诚然，人们感到，这样的道德德性似乎还不够。因此人文主义者和普通大众都追求第一种、较强意义上的合理性，它与客观真理、与实在符合、与方法、与标准有关。

我们不应当满足这种追求，而要努力消除它。不管一个人对文化的世俗化的看法如何，想把自然科学家当成一种新的牧师、当做人与非人之间的连接点，肯定是错的。认为某些真理是“客观的”而其他的真理则是完全“主观的”或“相对的”看法，即想把真实的句子划分成“真实的知识”和“纯粹的意见”，或划分成“事实的”和“判断的”的企图，同样是错误的。还有一种错误的看法是，认为科学家有一种特别的方法，这种方法只要被人文主义者运用于最高的价值，就可以为我们提供关于道德目的的自我确信，就像我们已经获得的关于技术手段的那种自我确信一样。我认为我们应该满足于第二种、“较弱的”理性观而避免第一种、“较强的”理性观。我们应当不再认为，事先知道我们将满足的标准和拥有测量进步的尺度，会有什么特别的德性。

为使这个问题更具体些，我们可以讨论一下今日哲学家关于“科学合理性”的争论。大约20年来，甚至自库恩《科学革命的结构》一书发表以来，哲学家们就一直在争论，科学是否合理。现在对库恩作为“非理性主义者”的攻击，同三四十年代对逻辑实证主义关于道德判断无意义论的攻击一样，非常平常、非常紧迫。我们常常得到关于相对主义的危险的警告，警告我们一旦放弃对客观性的依恋、对作为服从标准的理性的依恋，就会陷入这种危险。

库恩的敌人通常指责他把科学变成了“暴徒心理学”，并为自己（因一种新的意义或指称或真实度理论）维护了“科学的合理性”而沾沾自喜。与此同时，他的（像我这样的）实用主义朋友通常祝贺他软化了科学与非科学之间的区别。库恩可以相当容易地表明，他的敌人在攻击的是一个稻草人。但要他把自己从他的朋友中拯救出来却更难。因为他曾经说过，“没有任何独立于理论的方法可以重建像‘实在地在那里’这样的词”①。他曾经问过，“想象有一个对自然的充分的、客观的、真实的说明，并且对科学成就的恰当度量就是它使我们接近这个终极目的的程度”，这样的想象是否真的有什么帮助。②

① 库恩：《科学革命的结构》（芝加哥，1970年，第2版），第206页。

② 参见上书，第171页。

我们实用主义者在把库恩看做是我们彻底抛弃客观—主观区分工作中的一员时，不断地引用这样的话。

我所谓的“实用主义”也可以称为“左翼的库恩主义”。它也曾被（它的批评者之一格利穆）称为“新的模糊主义”，因为它正是企图模糊批判的“理性”观提出的在客观与主观、事实与价值之间的区分。我们这些模糊主义者想用“非强制的一致”观念来代替“客观性”观念。我们将乐于把文化的一切都放在一个认识论的水平上，或者换句话说，我们将乐于摆脱“认识论水平”和“认知状态”的观念。我们将乐于使社会科学家和人文主义者不再认为有某个值得追求的、叫做“科学状态”的东西。根据我们的观点，“真理”是个单义词。它可以同等地运用于律师、人类学家、物理学家、语言学家和文学批评家的判断。给这样的学科指派不同的“客观度”或“强硬度”是没有任何意思的。因为非强制的一致在所有这些学科中的出现为我们提供了我们可能需要的走向“客观真理”的一切，即主体间的一致。

一旦有人说客观性就是主体间性，他就很可能被指责为相对主义者。这个词传统上是用在实用主义者头上的。但这是一个模糊的词。它可以称呼下面三种观点中的任何一种。首先，它指的是一个可笑的自相矛盾的观点，认为任何一个信念都与任何其他信念一样好。其次，它指的是一种固执的观点，认为“真”是一个多义词，即有多少证明的上下文就有多少意义的真。最后，它指的是一种种族中心主义的观点，认为离开了对一个给定的社会，即我们的社会，在某一个研究领域中运用的熟悉的证明程序的描述，无论是对真理还是对合理性，都不能说任何东西。实用主义者确实持这第三种、种族中心主义的观点。但它并不持第一种或第二种观点。

但“相对主义”并不是描述这种种族中心主义的恰当的词。因为我们实用主义者并不持一种肯定的理论，说某种东西是相对于某种别的东西而言的。相反，我们的观点完全是否定的：如果没有了知识与意见之间的传统区别，即在作为与实在的符合的真理与作为对得到很好证明的信念之称赞的真理之间的区别，我们可能会更好些。我们的对手认为这种否定的主张是“相对主义的”，因为他们不能想象，任何人会真的否定真理有一种内在的本性。因此，当我们说，对真理没有什么东西好说，除非我们各自把自己觉得最好加以相信的信念看做是真理加以赞扬，实在主义者总是倾向于把这看做是关于真理本性的又一种肯定的理论：按照这种理论，真理只是对一个选定的个体或团体的现时的看法。这样一种理论当然将是自我拒斥的。但我们实用主义者没有一种真理理论，更不用说相对主义的真理理论了。作为亲和性的倡导者，我们对人类合作研究的价值的说明只有一个伦理的基础，而没有任何认识论的或形而上学的基础。

说我们必须是种族中心的，听起来可能是可疑的，但只是在我们把种族中心主义与固执地拒绝与其他共同体的代表对话等同起来时才会有这种可疑的情况。根据我对种族中心主义的理解，要成为种族中心主义者，也就是完全根据我们自己的见解工作。对种族中心主义的维护就是说，没有任何其他见解可以作为我们工作的依据。检验由其他个人或文化提出的信念的办法是，看其是否能与我们已有的信念交织在一起。我们能够这样检验它们，因为任何我们可以看做是一个人或一种文化的东西，都将是与我们共享大量信念的东西。（如果它并不这样，那么我们就无法承认它在讲一种语言，因而也无法承认它有任何信念。）

这种思考方式与自18世纪以来就习以为常的看法是相反的。后者认为政治自由主义以一种人性概念为基础。对于启蒙运动的大多数思想家来说，似乎很清楚，由物理科学提供的对自然的接近，现在应当继之以"与自然一致的"社会、政治和经济制度的建立。自那以来，使作为自由主义社会思想核心的社会改革成为可能的，是关于人类是什么的客观知识，即不是关于希腊人或法国人或中国人是什么的知识，而是关于人本身的知识。这个传统梦想一种普遍的人类共同体，它将展示一种非地域性的亲和，因为这是一种非历史人性的表现。

属于这个传统、想把亲和性奠基于客观性之上的哲学家，必须把真理看做是与实在的符合。因此他们构造的认识论为其保留底盘的一种证明不是纯粹社会的，而是自然的，产生于人性本身，并由在自然的这个部分与自然的其他部分之间的纽带使之成为可能的。相反，我们这些想把客观性归结为亲和性的实用主义者，既不需要一种形而上学也不需要一种认识论。我们既不需要对信念与对象之间的被称为"符合"的关系的说明，也不需要对保证我们这个派别能够进入这种关系的人类认知能力的说明。我们认为真理与证明之间的鸿沟，不可以通过分离出一种可用来批评某种文化而赞扬别的文化的自然的、超文化的合理性来连接，它是在实际的好和可能的更好之间的鸿沟。从一个实用主义者的观点来看，说我们现在可以理性地相信的东西可能不真的意思只是指，别人可能有一个更好的想法。

根据这种把理性看做礼仪的实用主义观点，研究就是不断地重织信念之网的问题，而不是把标准运用于实例的问题。标准同其他信念完全一样地变化，不存在任何可以使标准保持不变的试金石。这就是为什么实用主义者不为"文化相对主义"的幽灵吓倒的原因。我们与其他共同体和文化的交流，不应当被看做是在来自不可比较的第一前提的不可调和的思想体系之间的冲突。不能像看待其他几何学那样看待其他文化，即因为它们有自己的公理结构和矛盾的公理而把它们看做是不可调和的。这样的几何学是注定不可调和的。但个体的和文化的信念之网却不是这样被注定，因而并不具有公理结构。

确实，文化为了保护自己，也可以把某些认识和主张制度化，并使那些不持某些信念的人遭受痛苦。但支持这样的制度所采取的形式是官僚和警察，而不是“语言规则”和“合理性标准”。把合理性看做是标准的观念已表明，每一种独特的文化都配有某些不容挑战的公理，某些“必然真理”，而这些东西阻碍了文化之间的交流。因此文化之间似乎不能有对话，而只能靠武力征服。但是根据实用主义的理性观，不存在这样的障碍。不同文化之间的区别，与同一文化的不同成员所持的理论之间的区别，只有程度上的不同。例如，塔斯马尼亚土著人与英国殖民者之间交流有困难，但是这种困难，同格拉德斯德人与迪斯累里人之间遇到的交流困难，只有程度的区别。在所有这些情况中的麻烦都在于，难于说明何以其他人与我们意见分歧，难于重织我们的信念之网，以使分歧这个事实与我们的所有其他信念相适合。处理实证主义者在分析真理与综合真理之间的区分的实用主义的（或更确切地说，蒯因主义的）论证，也可以用来处理人类学家在文化间与文化内之间所作的区别。

把我们描述为相对主义的另一个理由是，我们实用主义者不再认为，研究注定会聚合到单一个点上，真理“存在在那里”，等待人类去发现它。这个看法在我们看来是想把一种宗教观念带进文化的不幸企图。在认为理性研究终将聚合到单一个点上的主张中，唯一可以保留的一点是，我们必须能够说明，为什么过去错误的主张在过去为人们所持有，从而说明我们怎样来着手再教育我们愚昧的前辈。说我们认为自己走在正确的道路上，只是像库恩那样说，我们凭着事后诸葛亮能够把过去的一切说成是一种进步。

但我们能追寻这样一条道路的足迹与能持上述说法这个事实并不意味着，我们更加接近于一个存在在那里等待着我们的目标。我认为，我们不能想象，有朝一日，人类可以安顿下来说：“好，既然我们已最后达到了真理，我们可以休息了。”费耶阿本德正确地指出，我们应当放弃把研究及一般的人类活动看做是在聚合而不是在繁衍、是在走向越来越统一而不是越来越多样的隐喻。相反，我们应该津津乐道于这样的想法：科学和艺术将始终提供一个在不同的理论、运动、学派之间的激烈竞争的景观。人类活动的目的不是休息，而是更丰富、更好的人类活动。我们应该认为，所谓人类的进步，就是使人类有可能做更多有趣的事情，变成更加有趣的人，而不是走向一个仿佛事先已为我们准备好的地方。放弃标准的理性观而接受实用主义的理性观，也就是放弃认为真理是某种我们对之负责的东西的看法。相反，我们应把“真”看做大致上与“得到证明的”是同义的，是可以运用于我们能够同意的信念的。再说一遍，说我们可以同意不是真的信念，只是指可能有人会有一个更好的想法。

描述这一思路的另一方式是，实用主义者愿意放弃关于人类要为一种非人类力量负责的看法。在我们企求的文化中，关于“价值的客观性”和“科学的合理性”的问题是同样不可理解的。实用主义者愿意放弃对客观性的期望，即想与一个不只是我们自己认同的共同体的实在接触的期望，而代之以对某个共同体的亲和性的期望。他们认为，依赖于说服而不是压服、尊重同事的意见、对新材料和新观念的好奇和渴望等习惯，就是科学家唯一应该具有的德性。他们并不认为，除了这些道德德性之外，还有一种叫做“理性”的理智德性。

根据这种观点，我们没有理由称赞科学家比其他人更“客观”或“逻辑性强”或“有条理”或“献身于真理”。但我们有很多理由称赞他们建立的并在其中工作的制度，并用它们作为文化的其余方面的样板。因为这些制度使“非强制的一致”的观念具体化、详细化了。联系这些制度，一个关于真理必然在其中获胜的、“自由开放的遭遇”的观念就变得有血有肉了。根据这种观点，说真理终将在这种遭遇中获胜，并不是在对人类理性与事物的本质之间的联系下任何形而上学的断言。这纯粹是说，发现什么东西可以信仰的最好办法就是倾听尽可能多的建议和论证。

我可以把我对传统理性观的拒斥概括为，说科学可以成为样板的唯一的一种意义是，它是人类亲和性的一个样板。我们应该认为，构成各种科学共同体的制度和习惯正在就文化的其余方面如何组织自己提供建议。当我们说我们的立法“没有代表性”或“被特殊利益支配”时，或说艺术世界被“时尚”所支配时，我们是在把这些文化领域与那些有较好秩序的领域相比较。自然科学在我们看来就是这样的较好的领域。但是，根据这种观点，在说明这种较好的秩序时，我们并不认为科学家有一个我们其余的人应该好好模仿的“方法”，也并不认为他们得益于他们学科的、与其他学科之不可取的弱性正好相反的、值得期望的硬性。如果我们说社会学或文学批评“不是科学”，我们只是指，社会学家和文学批评家，在重要的工作上，在需要加以贯彻的工作上，所能达到的一致的数量比（譬如）微生物学家所能达到的要少。

为了说明后一种现象，实用主义者并不想说，社会或文学文本比分子柔弱，或者人文科学不能像自然科学那样“脱离价值”，或者社会学家和批评家还没有找到他们的范式。他们也不想假定，“科学”必然是我们希望社会学成为的一种东西。他们的观点的一个结果是，也许人文科学应当看起来与自然科学很不相同。这个看法并不以任何表明对社会的研究必须与对事物的研究很不相同的认识论或形而上学考虑为基础。相反，它的根据是，我们看到，自然科学家主要感兴趣的是预见和控制事物的行为，而这种预见和控制可能不是我们想从社会学家和文学批评家那里得到的。

但是，尽管库恩也支持这种观点，他却从这种实用主义的立场退却了。当他要求说明“科学为什么工作”的时候，就充分表明了这一点。对这样一种说明的要求把他与其对手连在一起，而使他与其左翼的朋友分离了。反库恩主义者一致认为，“纯粹心理学的或社会学的理由”将不能说明，何以自然科学这么善于预见。但当库恩说他有与“休谟同样的渴望”，即渴望“说明涉及‘归纳’、支持我们的生活形式的整个语言游戏的活力”[①] 时，他已加入了敌方的行列。

实用主义者认为，一个人之所以会有休谟的渴望，只是由于他用有时被称为“休谟两分法”的东西即在观念的联系与实际的事实之间的区别折磨自己。这个差别在现代哲学中作为在“语言问题”与“事实问题”之间的差别继续存在。我们实用主义者认为，像维特根斯坦、蒯因、戴维森、古德曼和其他一些语言哲学家已经向我们表明，怎样可以摆脱这样的区别。一旦人们摆脱了它们一段时间以后，他也就学会了摆脱在知识与意见或主观与客观之间的区别。后面这种区别所达到的目的，也可以通过在非强制的一致相对少的领域与这样的一致相对多的领域之间所作的不成问题的社会学区别来达到。因此，对于近来西方科学的成功，同对于近来西方政治的成功一样，我们并不渴望一种说明。因此，我们这些模糊主义者赞成库恩的看法，“人们不知道一个否认从经验中学习的合理性的人想说什么”，但当他问为什么“不能合理地取代从经验中学习这一点”时[②]，我们却感到惊讶了。

根据实用主义的观点，“观念的联系”与“实际的事实”之间的区别乃是17世纪在“在此处”与“在彼岸”之间、在“主体与客体”之间、在我们的信念与这些信念（道德的、科学的、神学的等）想弄清楚的东西之间的不恰当的区别中的一个特例。为避免后面这些区别，实用主义者强调把我们的信念与人们提出的别的信念进行对照。他们建议，我们应当关心的只是在两个假设之间的选择，而不是是否有什么东西可以使其中之一为真。接受了这样的立场，我们就摆脱了关于价值的客观性、科学的合理性和我们语言游戏之活力的原因等问题。替代所有这样的理论问题的，将是应当保持我们现在的

---

① 库恩：《合理性和理论选择》，载《哲学杂志》，第80卷，1983年，第570页。

② 同上书，第569—570页。

价值、理论和习惯还是努力用别的东西取而代之的实际问题。在进行这样的替代以后，我们除了自己就无须对任何别的东西负责了。

这听起来好像是唯我主义的狂想，但实用主义者把它看做是对理智和道德责任的另一种说明。他认为，与其提出任何像观念—事实，或语言—事实，或心灵—世界，或主体—客体的区别，以说明我们关于有些东西存在于彼岸，它们该对事物的产生负责的直觉，倒不如抛弃这样的直觉。我们应当抛弃它，以便可以认为，这样我们可能会比现在更好，即成为更好的科学理论家、公民或朋友。对这种直觉的支持将是，实际上或可以想象地存在着其他已经比我们更优秀的人（即对优越的个体或社会的或者是乌托邦式的幻想或者是实际的体验）。根据这样的说明，负责任也就是皮尔斯所谓的“忏悔的可错论”的问题，而不是尊重彼岸之物的问题。对“客观性”的期望，使我们不能再期望获得那些在与持不同信念的人的自由公开的讨论时终将得到非强制性一致的信念。

实用主义者把（任何文化领域的）研究的目标解释成获得一种非强制的一致与宽容的不一致的恰当的混合（在这里的恰当是由在这个领域中的试错法决定的）。这样一种对我们的责任感的重新解释，如果得到贯彻，将使主—客体的研究模式、孩子—家长的道德责任模式和真理符合论逐渐变得不可理解。这些模式和理论失去了任何吸引力的世界将是实用主义者的天堂。

当杜威说我们要努力创造这样的天堂时，他被说成是不负责任。因为据说他使我们失去了我们用来反对敌人的武器，他没有给我们任何东西可以用来“回答纳粹”。当我们这些新的模糊主义者想恢复杜威对“标准学”的拒斥时，我们被说成是“相对主义者”。人们说，由于我们没有用来选择观点的任何“外在”试金石，我们就必须相信，每一个融贯的理论都与别的理论一样好。人们指责我们使普通大众在巫医、创始论的捍卫者和任何非常聪明、耐心以至能够从其“替换的第一原则”中推论出一套一贯、广泛的公理的人面前，变得束手无策。

当我们这些模糊主义者说，我们可以与别的哲学家一样愤慨时，没有人能够相信。人们怀疑，在需要正当的仇恨时，我们是忏悔的可错论者。即使当我们表现了恰当的情感时，我们也无济于事，因为人们说我们没有权利有这样的情感。当我们说关于真理我们知道（或需要知道）的少数几个事情之一是，真理是在自由公开的遭遇中获胜的东西时，人们说我们把“真”定义成了“符合我们共同体的标准”。但我们实用主义者并不持这样的相对主义的观点。我们并没有从“无法超越我们的共同体而得到一个中立的立场”推论出，“没有任何理性的办法可以证明自由共同体比极权共同体合理”。因为这样的推理正好运用了实用主义者要拒绝的作为一套非历史原则的“合理性”概念。我们实际上所作出的推论是，没法用祈求为大家共享的前提的论证来驳倒极权主义者，而且以为是共同的人性使极权主义者无意中坚持这样的前提的看法也是没有意思的。

有些人说我们模糊主义者无权仇恨道德的恶，无权称我们的观点为真，除非我们同时自相矛盾地说有使这些观点成为真的东西存在在那里。这个指责未经证明地假定了所有假设的问题。但它触及了事情实际的和道德的核心。这个问题是，像“非强制的一致”、“自由公开的遭遇”这样的描述社会状况的观念，在我们的道德生活中，能否代替像“世界”、“上帝的意志”、“道德律”、“我们的信念力图精确地表象的东西”、“使我们的信念成为真的东西”这样的观念。使“休谟两分法”变得似乎必不可免的所有哲学假设都以种种方法表明，人类共同体必须努力达到一种非人类的目标，以证明其存在的合理。说我们可以忘却“休谟两分法”、不再为存在在那里的东西负责，也就等于说，人类共同体只能通过与其他实际的和可能的人类共同体的比较来证明其存在的合理。

为了使这个比较更具体些，我们可以问，自由公开的遭遇及允许和鼓励这样的遭遇的共同体是否是为了真理和善，或者对“真理、善的追求”是否只是对这种共同体的追求。由科学研究者团体和民主政治制度作为其范例的那种共同体是达到一个目的的手段呢，还是这样的共同体的形成就是我们需要的唯一目标？杜威认为这是我们需要的唯一目标，而我认为他是对的。但不管他对否，这是一个关于库恩的“非理性主义”和新模糊主义者的相对主义的争论最终会将其压制的问题。

人们指责杜威把一种地域性的幼稚（美国人）的生活方式的乐观性和灵活性夸大为一个哲学体系。确实是这样。但他的回答是，任何哲学体系都想努力成为表达某个共同体的生活方式的理想。他乐于承认，他的哲学的好处确实并不多于它所赞扬的那种生活方式的好处。根据他的观点，哲学并不根据任何被称为“理性”或“超文化原则”的东西来证明从属某个共同体之合理。它只是阐述这个共同体较之别的共同体的特别好处。杜威对以这种方式从事哲学的最好论证，也是我们这些亲和性的倡导者反对客观性的倡导者的最好论证。这也就是尼采的论证：巩固我们习惯的西方传统形而上学—认识论的方法再也不起作用了。

那么与这一哲学相比不那么模糊、不那么地域性的哲学又是什么样呢？我认为，它将变得不像我们现在那么友好、宽容、心胸开阔和具有可错主义精神。在“种族中心主义”一词的非琐细的、轻蔑的意义上，即在我们庆贺自己现在比300年前的前辈不那么种族中心主义的意义上，避免种族中心主义的方法正是要放弃我们这些模糊主义者被指责在放弃的那些东西。这只是要对改变我们信念的标准进行最无力最草率的简述，只是使用最松散最自由的规范。假设在前300年中，我们一直在运用一个明确的规则系统，以确定一个社会的公正度和一个物理学理论的良好度，那么我们会发展出一种国会民主或相对论物理学吗？再假设我们以前具有据说被杜威剥夺了的反法西斯主义的“武器”，即不只是“我们的”而是“普遍的”和“客观的”稳固而不可更正的道德原则，那么我们怎样避免交出这些武器并把所有友好的宽容从我们的头脑中清洗出去？

再举另一个例子。试想象几年以后，你翻开《纽约时报》，看到哲学家们在大会上一致同意，价值是客观的，科学是理性的，真理是与实在的符合，等等。这个报告又指出，在语义学和元伦理学上近来的突破，使伦理学中最后一批非认知主义者也宣布放弃自己的观点。在科学哲学中类似的突破使库恩正式放弃他的主张：没有任何独立于理论的方法可以重构关于“真实存在在那里”的东西的陈述。所有新的模糊主义者都驳斥了他们先前的观点。通过对哲学专业近来造成的理智混乱赔罪，哲学家们已经接受了一套简单、干脆的理性和道德标准。而在下一年度的大会上，人们期望着接受负责提出一个审美趣味标准的委员会的报告。

毫无疑问，公众对此的反应不是“我们得救了”，而是“这些哲学家究竟以为自己是什么人？”关于我们西方自由主义者过着的理智生活形式，最好的事情之一就是，这会是我们的反应。不管我们如何埋怨现今哲学界的无序和混乱，埋怨办事员的背叛，我们实际上并不想要完全不同的东西。使我们不能得到放松并享受新的模糊性的，也许正是文化的停滞，也就是这样一个事实：启蒙运动修辞学用来赞扬正在出现的自然科学的词汇承袭于一个较不自由、较不宽容的时代。这种修辞学把所有在心灵与世界、现象与实在、主观与客观、真理与娱乐之间的旧的哲学对立奉为神圣。杜威认为，正是这样的对立的持续盛行，使我们不能看到，现代科学是一个新的有希望的发明，是一种前所未有的而且应当得到鼓励和模仿的生活方式，是一个需要新的修辞学而不是旧的修辞学证明的东西。

假定杜威在这一点上是对的，并假定最后我们开始发现，由于这些对立的破除而出现的模糊性是在精神上令人感到舒服的，而不是在道德上令人反感的，那么这个文化的修辞学，特别是其人文科学的修辞学会怎么样？可能这是更库恩主义的，就是说，它会更多地提到个别的、具体的成就即范式，而更少地提到方法。对精确性的谈论将减少，而对创造性的谈论将增多。伟大科学家的形象将不是把事情搞清楚，而是使事情变新。新的修辞学将利用更多的浪漫主义诗歌和社会主义政治的词汇，而较少地利用希腊形而上学、宗教道德和启蒙运动科学主义的词汇。一个科学家将依赖的，是同其专业的其余方面的亲和感，而不是把自己描述成为在理性之光指引下冲破幻觉屏障的形象。

如果所有这些都发生了，那么"科学"一词，从而还有在人文科学、艺术和科学之间的对立，就逐渐地消退了。一旦"科学"不再具有尊敬的意义，我们就无须用它来分类。我们可能就不需要一个词来把古生物学、物理学、人类学和心理学等集合起来，就好像我们无须一个词把工程、法律、社会工作和医学集合起来一样。现在被称为"科学家"的人不再把自己看做是属于准牧师等级的一个成员，公众也不会把自己看做是从属于这一等级管辖的。

在这种情况下，"人文科学"也不再这样看待自己，它们也不共享一门修辞学。现在归于这个标题之下的每一个学科，都会像数学、土木工程和雕刻那样，不那么关心其方法或认知状态了。它们也不大关心其哲学基础了。因为用来指称学科的词不再被看做是在划分"主题"，划分世界的相互面对的各个部分。相反，它们被看做是在指称其界限随着其成员的兴趣转移而流动的共同体。在这个模糊主义者的鼎盛期，对于一个学科的性质和地位，正如在一个理想的民主共同体中对于一个人的种族和性别那样，已经没有什么理由多加在意了。因为一个人的最高忠诚将给予容许和鼓励这种自由和无忧无虑的大共同体。这个共同体除了其自我保存和自我改进即文明的保存和推进外，没有任何更高的目标。它将把合理性等同于这样的努力，而不是等同于对客观性的期望。因此它也并不感到需要比相互忠诚更坚实的基础。

（黄勇译）

选文出处

罗蒂　科学作为亲和性

罗蒂著，《后哲学文化》，上海，上海译文出版社，2004，73—90页。

作为科学技术工具箱的文化

哈　丁

哈丁认为，现代科学是欧洲文化的产物，渗透着基督教的自然法则观念，现代科学的传播是欧洲扩张的一部分，其所塑造的知识模式和无知模式体现了欧洲的利益，价值中立性的科学观本身体现了西方文化的价值。自然界对于文化而言是异质的，自然知识总是具有地方性的，即使对于同样的自然环境，不同的文化对于自然也具有不同的兴趣和愿望。自然界本身不是唯一的，科学也不是唯一的，不同的利益导致用不同的方式来表述自然。不同的文化为科学知识提供不同的推论资源，如隐喻、模型、叙述等等。不同文化提供不同科学研究的组织模式、不同的技巧和能力。

作者简介

哈丁（Sandra Harding，1935—　），美国女性主义科学史和科学哲学家，加州大学洛杉矶分校社会科学和比较教育教授，妇女研究中心主任。她的主要贡献是立场认识论，提出要以体现主体立场的强客观性来取代传统的标榜中立的弱客观性。代表作有：《女性

1　什么是现代科学的欧洲学？

当代科研项目的后殖民时期历史和研究业已表明，与其他文化的系统知识传统一样，现代科学技术从若干重要方面看也属于地方性的知识体系。后殖民时期科学技术研究并非独自发现，关注地方性知识体系可提供关于现代科学技术更精确的历史和社会问题研究，因为它们是以自己的方式、借助后库恩时期研究和北方女性主义描述参与这种社会研究的。当然，许多现代科学在预测更多的自然秩序的规律性上，比其他文化知识体系的许多假说要精确得多。可是，正如后殖民时期和女性主义的研究所证明的，现代科学也产生系统无知的模式，而其他科学技术传统在它们自己的许多研究项目上，则比现代科学对同类项目的探索更加精确。

后殖民时期科学研究确认，以欧洲科学技术的自然表

主义中的科学问题》、《科学的文化多元性：后殖民主义、女性主义和认识论》等。

述和科学表述具有的先进性为一方，以 1492 年（以及更早）欧洲扩张开始直到 20 世纪末所谓发展政策所推行的经济、社会和政治计划为另一方，在这两者之间存在因果关系。结果表明，作为“现代性”标志的这两个伟大的进程，即现代科学在欧洲的出现和欧洲实施全球扩张，除了提供经济和政治资源外，还为彼此提供关键性的认识资源。与科学技术思想和成就从欧洲向其他文明大规模地单向传播那种旧的传流论模式形成对比，这种后殖民时期描述揭示了世界各地不同文化之间的多向交流，揭示了欧洲现代科学的发展在很大程度上应归功于其掠夺性扩张政策所取得的成功。

因此，后殖民时期科学研究、后库恩时期科学研究和北方女性主义科学研究等学派，都以不同形式对科学的旧内在主义科学哲学提出了挑战。通过理想的科学进程的“理性重构”，后者把欧洲现代科学的巨大成功仅仅归因于科学的内在认识论特征——当然，再加上自然是有组织的这一方法。为这种现代科学的内在认识论提出的候选特征主要有：使对传统信仰的批判态度制度化，独特的方法，唯一的高标准客观性，独特的合理性，把主要属性与次要属性截然分开的独特的形而上学，从自然界的组织论模式向机械论模式的转变以及对数学应用的依赖。这种内在主义的描述很看重现代科学的这些特征，却无视科学从欧洲扩张所提供的“自由旅行”中获得的关系重大的外来资源。

最近几十年我们才认识到，欧洲人建立了一种关于其他文明的信仰、习俗及其对物质世界的描述在内的“东方学”。在后殖民时期科学研究中则出现了一种欧洲学，它描述欧洲文化、习俗及其有关大自然和科学技术信念在内的与众不同的特征。后库恩时期北方科学研究，把注意力集中在欧洲本土的现代科学技术的特征上，即 18 世纪末法国、20 世纪初美国、新教徒、与资产阶级兴起有关的或者“上流社会”的科学技术的特征。北方女性主义的描述所关注的，是欧洲和北美文化内部以男性为中心的社会和科研项目的历史转变。南方科学研究的焦点，则是第三种类型的现代科学的地方性特征，即现代科学与欧洲文化所共有而与世界其他地方的文明形成对照的特征，并且在有些情况下，上述共有的特征借助与其他文化的关系而变得尤其清晰可见。

本章第二节将分析现代科学技术的四个显著不同的欧洲特征，它们在后殖民时期科学技术研究中得到了描述。第三节再回过头来考察，任何社会的科学技术的文化中立性均不可避免地要受到限制，这里的论点是，这种“限制”也往往为知识生产提供至关重要的资源。也就是说，尽管在有些方面，文化对知识的增长似乎起着牢笼的作用，但在其他方面文化又是实现知识生产价值的工具箱，尽管它始终是关于物质世界和社会领域的地方性知识。

2 现代科学的欧洲文化成分

2.1 基督教的自然法则

李约瑟可以被看做是后殖民时期科学研究的早期开拓者之一，就让我们从他的一个论点开始吧。他指出，欧洲的自然法则概念既源于兼犹太教与基督教的宗教信仰，又源于早期现代欧洲对王室权威中心论、对王室专制主义越来越亲近。对于宇宙是一个“由天赐圣子统治的大帝国”的观念，在李氏研究所及的中国科学那根源悠远而文化多变的历史长河中，任何时候都是不可能理解的。形形色色的中国传统思想有一个普遍认同的观念：自然界是一张无须织工而自编的关系网，人类则自担风险地干预这张关系网。

> 宇宙的和谐不是由于某个王中王发出了神圣的法令，而是由于宇宙中所有的生命遵循其自身本性的内在需要而自发地进行协作……一切层次上的所有实体的行为，都与其在作为组成部分的更大形式（有机体）中的位置协调一致。(323)

与文艺复兴时期的科学形成对照，中国人信奉或然性的自然观，因为他们把兴趣局限于发现“从一开始就由一位上天立法者为非人类自然界规定而又阐述精确的抽象法则”。

> 谁也没有把握说，自然规律的法典是可以破译和解读的，因为不能保证有一个非凡的人，甚至比我们人类更具有理性的人，曾经制定过这样一部能够解读的法典。(327)

当然，这种"自然'法则'中的命令和责任"的概念已经从现代科学中消失了，取而代之的是统计规则的概念；它们的职责是描述而不是规定自然秩序——李约瑟认为，从道家的观点看来，在某种意义上这是一种轮回。而这种早期观念的另一些残余仍保留在西方科学中，例如，伊夫林·福克斯·凯勒（Evelyn Fox Keller）说明过"自然法则"语言的回归策略和将自然界简单地概念化为命令式的而不是由法则决定的做法的积极政治含义。

> 自然法则，犹如国家的法律，根据历史观点它是由上层强制推行而下层一体遵循的东西……秩序这一概念，比法则的含义更广泛，并且没有法则那种强制性、等级性和集中性含义，具有扩展我们的科学概念的潜力。秩序是构成组织模式的一个范畴，它可以是自发的、自生的，也可以是由外部强加的。

欧洲科学之所以先进，是由于它们的科研项目组成方式贯穿了这些基督教和专制君主制度的假定、价值和利益。然而，正如李约瑟指出的，正是这同一种基督教文明，使欧洲的天文学相对落后于中国，原因在于后者不受"天穹由水晶球构成"这一基督教教义的拖累。李约瑟的讨论特别有趣，因为他是在证明地方性的价值、利益和推论资源即关于自然界的隐喻和模式，在某些方面促进了现代科学的发展，而在另一些方面又阻碍了现代科学的发展。此外，尽管通常认为现代科学只会与宗教相冲突，却正是宗教文化成分对欧洲现代科学的发展产生了这种强有力的积极影响。李约瑟强调，基督教环境对于科学知识的增长起到了既是监牢又是工具箱的作用。

2.2 欧洲扩张：创立知识模式和无知模式

前三章探讨了欧洲扩张与欧洲现代科学的产生和发展之间强有力的相互影响。现代科学一个显著的北方特征，在这种描述的观点看来是清晰可见的，这就是现代科学对面临的"错综复杂的问题群"所作的选择。正是欧洲科学所描述和解释的自然界的那些方面，以及它们描述和解释的方式，在某种程度上被欧洲扩张的目的选中了。当然，对象选择和方式选择不是建立这些科学的唯一目的，不过它们是重要的目的。在现代北方不相称地逐渐算作科研课题的那些问题，正是扩张主义欧洲需要解决的难题。正如上一章所提到的，一位历史学家指出，在英国占领印度期间，实际上"印度是作为一间实验室被添加到现代科学的大厦中的"。我们可以将这一观点加以推广：通过欧洲扩张，世界被作为一座实验室添加到欧洲现代科学体系中，并且通过由北方文化控制的所谓发展政策的科学技术成分，今天仍以这种形式继续役使世界。

并不是北方文化所做的每一件事都是为了剥削他人，或者都对南方具有这种效果。这种主张是说，北方人乐于发起或资助的计划，往往只是那些由北方参与制定发展政策的人及其南方盟友概念化的科研项目。大部分承受这种过程中科学技术决策的后果的人，并没有相应地参与到决策过程中去，以便使基本的民主道德的制定适应科学技术领域。通过解决由扩张主义的北方或由北方的发展概念所确认的科研课题而得出的自然图像，忽视或隐瞒了北方人主观认定与这种科研项目的成功不相干的那些自然现象。系统的知识和系统的无知，都是由北方科学独特的"在自然界的定位"产生的，而在自然界的定位本身，在某种程度上是通过欧洲扩张并且根据欧洲文化及其科学在这部分大自然中看重的种种利益确定的。

正如我们在前一章所看到的，后殖民时期科学技术研究指出，现代科学回答了怎样改进欧洲的陆地和海上旅行，怎样开采迫切需要的矿藏，怎样识别世界其他地区经济上有价值的矿物、植物和动物，怎样为生活在欧洲、美洲、非洲和印度的欧洲人的利益发展制造业和农业，怎样改善他们的健康状况以及偶尔也替为之创造利润的工人治治病，怎样保护殖民地的殖民者不受其他国家殖民者的侵犯，怎样利用土著居民的劳动，以及怎样做好这一切以便只让当地的欧洲居民获益——例如，西班牙人或者葡萄牙人，法国人或者英国人。但是它们并不关心，为了欧洲人的利益怎样解释对自然干预的后果势必改变其他人对自然资源的利用，或者这种干预可能导致什么样的社会、自然、环境、经济和政治上的代价。它们也不关心怎样解释彻底消灭对欧洲血统人尤其是这一群体中地位优越的人们没有多大影响的疾病，或者其他对健康构成威胁的隐患。它们不关心怎样解释有效地利用可持续的能源，来为南方人维持可持续的食物供应，或者，直到最近，才开始关注怎样维护世界各地或世界周围脆弱的环境。甚至，物理学这一想象上最不涉及价值判断的科学，它以概括有用的军事知识为目的搞学科建设的倾向，也远远超出了一般人所认识到的程度。

此外，正如前面各章描述过的，欧洲科学借用了其他科学传统的成分。关于这种借用的记录，描绘了航海大发现以及包括今天发展计划在内的后续活动的独特轨迹。通过欧洲扩张，纯粹的借用自不待言，更残酷的巧取豪夺也变成了现实；这种借用要素也不仅仅是作为孤立的成分纳入欧洲科学，而是与其他成分结合在一起并转变为新类型的科学技术知识。布罗克韦关于基尤种植园在种植园农业发展中的作用的描述，正是对这一过程所做的报道。

因此，代表现代科学特征的独特的知识模式和无知模式，在很大程度上是欧洲扩张的产物。扩张主义冒险事业为欧洲科学提供了描绘自然界规律性和独特兴趣的独特机会；这些规律是他们势必遇到的，而这些兴趣是他们想描绘的。现代科学认识上的成功及其失败和差距，主要应归因于欧洲扩张，现代科学对自然界的表述也烙下了欧洲扩张的独特历史印记。

2.3　北方的分配实践和解释实践

北方科学欧洲学的第三个要素，是对这种科学的影响进行分配的独特模式（谁得到科学技术发展变化的哪种结果），以及北方科学为这些分配模式作出解释的方式。后殖民时期文献认为，这种解释实践模糊了科学的收益和成本的实际分配情况。

现代科学技术发展变化的收益，不成比例地分配给了北方的精英集团及其南方盟友，而其成本则反比例地由上述特权者以外的每个人承担。不论科学是否打算改善军事、农业、制造业、保健甚或环境以及从事"基础"研究的"纯科学"的状况，科学使之成为可能的发展机会主要赏给了特权在握的欧洲人后裔，而成本则摊给了业已沦为赤贫者、民族或种族的少数派、妇女和第三世界人民。

这样进行分配并非不可思议和出人意料。举例说吧，后殖民时期描述指出，科学并不是使"整个人类"能够更好地利用自然资源，而仅仅要使那些已经在社会等级体系中处于优越地位的人得到这种便利。正是这些群体既拥有和控制着自然资源，其形式是土地连同土地上的森林、水源、植物、动物和矿产，又拥有和控制着开采和加工上述资源的手段。此外，这些人还处于就"生产什么、怎样生产、用什么资源生产和采用什么技术生产"作出决定的地位。

> 这样，一方面，我们看到了这种景象：技术能力取得长足进步，以至于如果社会系统和生产系统配置恰当，那么每一个人的物质需求和精神需求均可得到满足；而另一方面，我们又看到下述现象：世界上一半以上的人口（第三世界则大概有2/3的人口），生活在物质需求和精神需求无法满足的状态下。

因此，这种批评进一步证实，建构最有力的大自然表述进而生产更准确地预言更多的自然规律性的知识的机会，只有业已处于有利地位的群体才能得到，这种机会是以增强这些已然处境有利者的优势的方式进行选择的。

可是，他们又指出，正是通过科学的解释实践，在大多数从现代科学受益者和许多一无所获的人们眼里，这种分配仍然是雾里看花般模糊不清。所有未经计划或非拟议中的科学技术的结果，都被视为徒具外表形式的"非科学”。这种解释需要，甚至不是有意的。批评家论证说，“假如自然界被看做其个体成分各自孤立、彼此毫不相干，那么这种收益的内在化和成本的外在化就是一种正常的结果了”。因此，他们认为，在其认识的核心，欧洲人与众不同的利益、推论资源以及生产知识的方法，以具有独特的政治特点和后果的方式构成了现代欧洲科学。

2.4 价值中立性不是没有价值倾向

在许多后殖民时期科学研究中得到确认的现代科学认识核心的第四个与众不同的欧洲要素，是有关文化中立性的假说和对文化中立性的重视。即使真的文化是中立的（不过这是不可能的），现代科学可能不具有上文表明的那种文化印记，但它们的价值中立性本身势必把它们标明为独特的欧洲地方产物。当然，这是自相矛盾的：“如果它是纯客观的，那么它就不是没有主观价值标准的。”像所主张的那样，这种观点试图将文化中立性最大化，表达一种文化上的特殊价值。大多数文化不重视中立性，它们珍惜其自身的儒家、土著美洲人、穆斯林或毛利人的价值，犹太教或基督教的价值。这样看来，人们的确重视并且对外表上的中立性进行最大化，这一点很容易证明。

此外，正如女性主义者和阶级理论家们已经论证的那样，中立性的假说，反映了由科学理性的原理组织起来的现代文化管理者的特点。追求抽象和拘泥形式表现了独特的文化特征，而不是所有文化的特征。后殖民时期描述还指出，这样一来，当现代科学被引入其他文化时，由于这种特点，它就表现为一种粗暴蛮横的文化入侵。有关现代科学（在内部达到的不倾向于某种价值标准）具有普适性和客观性的假说，是“使地方性热点问题和地方性知识贬值以及使‘局外专家’合法化的一种政治手腕”。

正如后殖民时期科学研究所做的那样，如果人们开始从其概念框架之外来考虑问题，在现代科学技术认识核心就有另外一些与众不同的欧洲特征冒出来。现在让我们根据这些特定的描述以及后库恩时期和女性主义所提供的更多文献，回过头来更加详细地考察任何一种或每一种文化的科学技术传统都会带有构成其本身的地方性资源的痕迹。

3 除了是科学技术的“监狱”外，文化还是科学技术的“工具箱”

我们可以确认有几种显著不同的文化要素，它们归结起来构成任何社会和政治条件下任何关于物质世界的系统知识的认识核心。这里选择了四种类型。之所以选择它们，是因为至少某些读者所熟悉的大量文献在各自情况下容易获得，这就能使我们从某些方面理解文化特征怎样能够、将要和的确对知识的增长产生了积极的影响。（很可能还有其他有用的方法，可以对造成科学传统必要文化特征的这些"原因"进行分类。）我们必须考虑文化在不同自然规律性中的定位，它使我们能够从生物学和地理学的角度寻找熟悉的进路；必须考虑导致关于这种自然环境的价值有别的问题在文化上的不同利益，这是社会学和政治经济学的一条熟悉的进路；必须考虑各种文化独特的推论传统，这种传统使它们能够从新的角度"观察"自然界，这是来自阐释社会科学和文化研究的一条熟悉的进路；最后，还必须考虑组织知识生产的独特文化方式，这是知识人类学和知识社会学中一条常见的进路。

3.1 把文化定位在异质自然秩序中

自然界不是均质地组织起来的。各个社会没有办法观察所有形形色色的大自然特征，甚至当扩张主义事业或其他形式的异域旅行使之远离家国、游历世界时，也不具备这种能力。

社会存在本身依赖于它们与自己那部分地方性的自然规律性之间发生有效的相互影响的能力，即使在地方性的这部分自然规律性事物通过其从热那亚到加勒比海，或者从卡纳维拉尔角到月球甚至更远的旅行而得到传播时，也是如此。有些文化常常与高海拔发生相互影响，而其他文化则不；有些文化与山区、沙漠、海岛、雨林或河流发生相互影响，其他文化则不；有些文化与极度寒冷的气候发生相互影响，而另外一些则与极度炎热的气候发生相互影响；有些文化与某些疾病和健康危害发生相互影响，而另外一些文化则与类型完全不同的疾病和健康危害发生相互影响。每一种文化中的人们必须有能力保护自己，免受活动时围绕在自己周围的那些特殊的气候、地形、植物、动物和疾病的危害，并且想办法获得他们所在地区的自然界提供的潜在资源，以满足衣、食、住、行、交流和其他需要。此外，肤色的深浅、对疟疾有无免疫力等生理上的差异，为与周围环境之间发生不同的相互作用创造了条件。

史书上不乏人群灭绝的记载：有的是由于定居在后来证明对其生理结构持续不断地造成威胁的环境中，有的是由于还没有学会获取生存必需资源的有效办法。例如，欧洲人在 1492 年以前在美洲殖民的尝试失败了，原因是欧洲人既不能在这块新大陆上建立环境适宜的"小欧洲"（那样就能允许他们在这块大陆上栽种自己熟悉的作物，建造自己熟悉的住所，并获得其他资源），又不能开发这片大地的当地资源来为自己提供食物和居室。同样的，前往热带非洲的欧洲人，在 19 世纪末以前一直无法完成殖民地开拓使命，因为非洲土著人已具有免疫力的各种疾病使欧洲人无法立足。同时，欧洲人又把新的疾病传进了美洲，这些病患杀死了大批土著人。正如一种观点所指出的，美洲不是被欧洲人征服的，而是被疾病降服的。

现代医学在减少由传染病引发的失衡上也没有取得重大的进展，这些疾病在人类及其环境中继续经常地为非作歹。自然界是不稳定的，它以不可预见的种种方式变化着。微生物持续不断地演化并试图吞噬我们。艾滋病、结核病、大肠杆菌、疟疾以及一整套新的“食肉病”，无休无止地产生骇人听闻的毁灭力量，流行病学家对此至多只能寄希望于降低其杀人速度。此外，疾病显然是通过许多社会实践活动而得以传播的，如破坏环境、全球旅行、容忍贫困、人口爆炸、疾病防治集中在医院、公共卫生机构瘫痪等。

这种情势表明，一种文化的“地方性环境”从地理上看并非凝固不变，从历史上看也不是一成不变的。这样考虑问题是有益的：把“地方性环境”看做某种渠道，它穿过自然规律性的异质模式，而文化的特定生活方式沿着这一渠道容纳了其成员；这种渠道是一种历史上和地理上都很独特的环境隧道。从而，从西班牙到加勒比地区，就应该被认为是这样一种地方性环境，人类可以在其中按两个方向旅行。更确切地说，正如史学家艾尔弗雷德·克罗斯比指出的，不是个别人，而是“一整套生物”进行着这种旅行。人类，他们的狗和羊，细菌、跳蚤、虱子、蜱以及附着在这三类动物身上的其他一些动物，船上的老鼠、老鼠身上的跳蚤、跳蚤身上的寄生虫、碰巧在所有这些动物身体内外被运送的各种植物种子、旅行者有意携带着游历天下的植物和生活在这些植物上的微生物——这一整套生物从西班牙运送到了新大陆。返回西班牙的航行运送了相似的人及其生物伙伴和受豢养的生物。通过这种方式，地方性环境不断地扩张和收缩。正如上文表明的，这种环境也不局限于这个星球，从卡纳维拉尔角到月球之旅就是另一条这种历史与地理的环境隧道。这种环境总是在历史进程中发生变化、在地理上进行扩张和收缩，它们导致人类接触形形色色的自然规律性及其潜在的因果趋势以及生理上或文化上对它们的适应或不适应。

由于许多人在许多方向上移动，现在人们可能会认为，不再存在有特色的地方性环境了，即认为对我们所有人来说只有一个大环境。在这种环境里，伊波拉病毒通过输入非洲猴子进入美国的联邦研究实验室，并可异常迅速地成为华盛顿市地方性环境的组成部分；在这种大环境里，任何重要机场内的空间，都变成了来自世界各国的人们共享的环境。可是，即使地球正在变成一个村庄，即使形形色色的旅游者、跨国公司和国际机构的管理者、军队、难民等的人员流动越来越频繁，环境仍然保留了通常视之为地方性特色的要素。举个例子吧。一个人不可能同时待在所有地方，因此每个人仍然生活在他自己的地方性环境之中，不管这种环境在空间上会有多么大的扩展。此外，由于所谓的自然界的格局随着人类活动的变化而与时俱进，地方性环境模式以出乎意料的方式以及往往是无法预见的方式不断地变化、再变化。

在一种环境里看来似乎合理的理论，换一种环境就不尽合理了。例如，在大陆板块边缘诞生的文化，与很少体验地震、火山以及其他以板块交接处环境为特征的自然现象的其他文化相比，很可能会发现板块构造地质学更合理（也更"有趣"）。后者可能在他们关于山脉中可见的地球垂直运动的经验的基础上发展地质学理论，而这种理论对于板块交接处的居民来说，则似乎是不合理的和/或索然无味的。诊断月经前综合征、慢性紧张综合征或慢性疲劳综合征的身体原因的理论，在那些罹患过这类疾病的人眼里似乎显得更合理，而其他人则可能认为从心理上解释这些症状似乎更有道理。探讨肥胖症或酒精中毒原因的生理学理论，对那些身体发生过这种现象的人来说可能更合情合理，而对那些不被这种症状所困扰的人们来说，"不良习惯"可能是更讨好的解释——反之亦然。

请注意，这里并不是说，建立在与自然界之间某一系列地方性相互作用基础上的知识总是更确切的；显然，事情往往不是这样。知识具有地方性的事实并不能保证它是最确切的东西，更不用说包容最全面了。这里是说，文化在异质自然界中的不同位置使它们接触到了不同的自然规律性，或者接触到了在它们看来是自然规律性的东西；这里是说，接触这种地方性的环境，对于知识增长可能是一种有价值的资源。不同的人是有关自然界不同部分理念的宝库，这种理念是随历史发展而不断地提炼的。

对于这些论点的意义持怀疑态度者很可能会坚持认为，与在这些不同的自然界小生态龛中发展起来的纯地方性知识体系相反，现代科学原则上能够预言和解释自然界的所有特征。因而，它就可以像一块七巧板那样，将物质世界与各个不同部分的描述和解释拼凑在一起。在下一部分的最后，我们要回过头来分析一下这种常见设想的局限性。

3.2 不同的社会利益

即使在"同样的"环境里，不同的文化也有不同的兴趣和愿望。这使得文化对物质世界"同样的"部分提出不同的问题。科学错综复杂的问题群是由科学的支持者、倡导者和资助者设计的，更普遍地说，则是由愿意并有能力将其关切事项归纳为系统的经验主义研究对象的那些群体看来非常有趣的主题构成的。在大西洋沿岸地区，一个群体想从事海洋渔业，另一个群体愿意利用沿海公路来发展地方贸易，第三个群体打算进行跨大西洋移民或贩卖奴隶换取食糖，第四个群体希望通过对海水脱盐获得饮用水，第五个群体宁可把海洋用作废料倾倒场，第六个群体宁愿把大洋用作军事交通干线，而第七个群体则想开采洋底的矿产和石油。这些各不相同的兴趣形成了关于这一局部大自然规律性及其内在因果趋势在文化上有特色的知识（和无知）的模式。

有些读者很熟悉的许多科学史，提供了关于文化上不同兴趣形成科学知识和科学无知独特模式的例证。例如，唐娜·哈拉韦（Donna Haraway）报道过，在不同国家的灵长目动物学研究中，不同民族的先入之见产生不同的知识。因而，英裔美国人一心想着灵长目动物的性别和权力关系，而日本灵长目动物学家对此不感兴趣，他们专心研究文化差异如何在种族相似的群体中发展起来的问题。史学家罗伯特·普罗克特（Robert Proctor）指出，医学和环境研究院外活动集团的不同兴趣和实力，决定我们对癌症起因知道什么和不知道什么。尽管癌症的发病形式与环境中致癌物质含量高度相关是一个人所共知的事实，环境科研却得不到大力资助。相反，大多数科研项目却热衷于个体对致癌物质易感染性的差异，并把这种差异归之为个体的遗传结构或“生活方式”。很明显，医学研究院外活动集团在搞到资金方面，远比环境研究院外活动集团有力和有效。可是，在这一事实背后，人们可能注意到下述现实：对致癌物质的环境研究向当今世界 3 种权力最大的组织目前和过去的所作所为提出了挑战。这 3 种组织是：武装力量、跨国公司和各国政府。从个体身上，从他们的生活方式和遗传结构寻找癌症起因，是达不到目的的。这 3 种强有力的组织用多种其他方法有意使我们不知道环境正遭到破坏，不知道为恢复环境必须做些什么。甚至物理学，有人可能会说特别是现代物理学，也未能摆脱特殊利益的驱使。保罗·福曼（Paul Forman）曾经证明，二战前和二战期间，国家的安全利益逐渐引导了美国物理学的研究日程。

我们在这一部分是想指出，什么问题被视为有趣的科学课题，这部分地取决于不同的文化和亚文化学习它们所接触的自然规律性及其潜在的决定因素的兴趣。在“同样的”环境里，医学研究人员和环境研究人员等不同的人群，会对不同的问题发生兴趣。因此，把现代科学史当做地方性利益史来阅读，这可以使我们深受启发。我们常常以为知识起源于科研不可避免地向前发展，这种知识产生的特殊模式其实并非必然结论。当然，我们只拥有我们设法积累下来的历史，因此我们只能设想，究竟哪些知识生产模式可以由具有不同于指导欧洲科学路线的利益的文化产生。可是，只要关注一下早期已经得到大量资助和被制度化了的北方科学新出现的研究方向（环境科学、流行病学），关注一下通过欧洲扩张创造的知识生产模式的特殊性，关注一下其他文化独特的知识生产模式，我们便可以找到这种思维实验的丰富资源。

社会利益对什么应算作有趣的科学课题产生影响，这种看法是没有争议的。这里存在争议的地方有三：一是主张科学即真正的科学包括对科研课题的选择；二是指出恰恰因为课题的选择，科学的认识内容才有其独特的知识模式和无知模式并受它们的影响；三是认为不同的兴趣不仅产生自然界规律性及其潜在因果趋势这难题的不同小题目，而且还产生根本不适于比较的知识假说。在谈到女性主义者批评科学不注意妇女的健康和卫生事务时，伊夫林·福克斯·凯勒以下述方式描绘这种保守观点的特征："这种批评没有触及我们关于科学是什么的观念，也没有触及我们在科学的中立性问题上的自信。在某些领域我们忽略一些问题，这可能是对的，但我们的科学定义的确不包括课题的选择——科研问题的选择总是受社会力量的影响，对此我们可能欣然同意。"可是，这一旧的限制性的科学界定不再是最有权威的定义了，因为正如凯勒多次指出过的，现在人们普遍懂得，科学知识的内容受到下述双重爱好的重大影响：知识方面的和无知方面的。甚至美国国家科学院（不代表哪个人的科学事业激进观点）也弄清楚了，旧的科学定义必须加以拓展。他们认为，科学方法的概念，可以合理地拓宽为"还包括科学家就应该研究什么问题或什么时候结束一项调查研究作出决定……总之，这些方法构成了科学的艺术"。搞科研的艺术应当把关于需要研究哪些问题、到什么时候可以认为一项调研算完成这种正当有理的决策包括在内。在传统的科学报道中经常出现这种说法：男女科学家受其兴趣的驱使，对真理进行着显然无害的追求。而后殖民时期科学技术研究的描述变成了一种有趣得多的资源，它讲述着文化上有特色的系统知识和系统无知的模式的故事。

3.3 "一头大象以及对它的真实描述"?

我们的怀疑论者问道："这些与自然界不同的接触和不同的利益，难道不就是导致我们有能力对自然界那个潜在的真实表述一步一步地补充完善吗?"毕竟，难道我们不应该把科学史看做是谚语讲述的 5 个盲人与象的故事吗?让我们将它变成 10 个盲人（5 位厨师和 5 位运输经营者）与一头象吧，这样我们就不仅可以组成与大象身体不同部位的接触，而且在其中还体现出不同的兴趣。我们的盲人有两位被安排在大象尾部，两位在耳旁，两位在鼻旁，两位在躯体旁，两位在大腿旁；并且每组中有一位爱好烹饪，另一位醉心于运输。10 个人被安排到了大象的不同部位并且兴趣不同，最后，难道他们不能就"真正的大象"拼凑出一种条理清晰的描述吗?

即使二战后科学研究的这三个学派的分析都是正确的，上述"真实的表述"也拼凑不出来；这个问题我们将在第十章更详细地加以讨论。作为在那儿开展的讨论的预演，约翰·杜普雷（John Dupre）首先指出，自然界本身不是唯一的。自然界唯一性的理想曾证明 20 世纪初科学计划的实证主义统一是正确的。这种理想只是一种幻想。因为自然界本身是由各种成分组织起来的，以致不可能有一种唯一有效的自然界表述："……科学的非一元性不只是我们有限的计算能力或其他认识能力产生的一种不幸后果，宁可说是对世界潜在的本体论复杂性、对事物的无序性的精确反映。"对自然界唯一性的隐晦假定，是与科学自己的发现相左的。杜普雷证明，科学唯一性的论题赖以存在的形而上学，是与科学的最佳研究结果不相符的。

其次，即使自然界是唯一的，由不同的兴趣得出的对自然界的表述也不能像七巧板的各部分那样丝毫不差地拼凑在一起。就不同的兴趣导致对自然界的不同干预而言，我们周围的自然界在发生着变化。我们再也不能像它们仍然提供食物、医药、运输、友谊等资源时那样，与业已消失的物种发生利害关系。作为对毒性危害和其他人类诱发的变化的反应，环境总是能够修复自己吗？对那些特定的、有利害关系的自然界表述的干预，对于自然界知识的生产既起保证作用又起限制作用。

此外，不同的利益导致用不同的方法表述大自然，而不同的利益受到其自身的影响——这是我们很快就要论及的观点。因此，除了那些形成文化的不同遗产、对诸如食用动物的兴趣（其中之一，其他文化禁止食用）产生影响的文化预定、比喻、模型和叙述策略外，我们就不能像能够客观地列举那样真正地谈论文化的兴趣。一种文化理解为其自然环境及其利益的东西，既有它能利用的文化上的地方性话语（如基督教和儒家对法律和自然秩序的不同理解）作为中介，又有自然界是有机的或机械的观念作为中介。

因此，系统无知也总是伴随着系统知识产生的，而这些无知模式在文化上的特性，也恰恰像一种文化的知识模式一样。科学唯一性的论题，甚至在我们接触科学的特点前，就遇到了麻烦；而这些论题的大多数批评者，都把目光集中在科学的这些特点上。

3.4 有利于表述和干预自然界的推论资源

正是借助科学文化可获得多种多样的推论资源，对科学知识"真实故事"的描述提出的批评才获得了最大的关注。有关自然界的比喻、模型和叙述在规划研究项目中的作用，为这一丰富多彩的范畴提供了重要的例证。后殖民时期、女性主义和后库恩时期的北方科学研究指出，这种文化要素保证了现代科学过去不是、现在不是并且不可能是纯客观的。这类研究认为，绝对的价值自由的目标是反生产力的，因为科学知识的推进恰恰需要这种文化上的地方性独特资源来指导其理论以及随后与大自然之间发生的相互作用。从而，文化预定不是传统上认为的那种科学领域十足的缺陷。

根据这些二战后出现的分析的观点，科学理论的说明证据不足，不仅是由于目前对支持理论的现存证据的收集工作存在问题，还由于没有充分运用这种证据收集的任何可能性。科学进程不是透明的，它们在文化上的地域性推论资源，是结合起来构成用于自然秩序描述和解释的概念框架的多种文化要素之一。因此，可以与任何给定的一组数据一致的，就不止一种科学理论或模式。另外，这种理论的每一个表述可能有不止一种的合理解释。实际上，科学解释上的这种宽松或有失严谨，已经远不是旧的科学哲学中那种表面上十足的缺陷，反而是科学知识增长的主要源头。正是这种特点，允许科学家们总可以用新的方法"观察大自然"，从而不断地提高其假说的精确度和全面性。构成大自然机械论观点的文化预定、比喻、模型和叙述结构，给予科学家一整套的重要标准，指导他们用什么方法和从哪里着手拓展其理论，以及在遇到令人奇怪的观察数据时怎样修正这些标准。科学认识核心的这些文化特征，影响人们如何看待自然界，从而如何干预自然界。

因此，不同的文化成分为促进知识的增长提供了至关重要的资源。这些成分可以由一门科学从其他学科借来，直接从周围的文化借来，从一门科学与之互动的相邻文化借来，从一种文化自身传统的旧成分借来，以及无疑还要从其他资源借来。许多思想家仅仅从消极的角度理解科学描述的语言依赖性，称之为"语言的监狱"。二战以后的科学研究则认为，比喻、模型、叙述以及科学的其他推论特征确实会限制科学知识的增长；不过，它们也为描述、预言、解释和理解自然界的规律性提供非常宝贵的资源。科学语言必定既使文化能够了解自然规律性及其潜在因果趋势，又对这种了解起到限制作用。即使在现代科学史范围内，它也作为受人青睐的自然模式、证据、好方法以及有了变化的这类东西，构成不同科学的一种源泉。科学语言的文化特征，使文化能够利用它们自己熟悉的比喻和模型来探索自然规律性的不同方面；它们采纳其文化遗产的立场观点，以便用与众不同的方法"观察大自然"——这是科学的一个特点，它也极大地促进了关于地球环境的知识的诞生。

因此，从这第三个方面来看，地方性的知识也被证明是关于物质世界的人类知识累积增长的一个源泉。此外，由于这些文化成分不能与可以在它们内部或它们背后看到的某些想象为文化上中立的表述分开，这里根本不希望设想，舍弃文化上的地方性特色后，不同的科学就能够把文化上中立的自然图像拼凑出来。存在一些重要的领域，在那儿对自然界的有机表述和机械表述，可以容纳例如关于恒星和行星运动的"同样的"观测数据。尽管如此，史学家还是向我们证明，每种表述都产生关于物质世界的信息，该信息不能包容在其他的整套推论资源内，并且在某些方面是与之相冲突的。

3.5 科研组织工作中有文化特色的地方性方法

最后，科学的认识内容，还受到科研活动在文化属性上各不相同的社会组织形式的影响。科研活动是社会劳动，在各种文化属性不同的组织中进行，如工业企业、大专院校、物理学家工作室、联邦研究院的实验室，或者计算机联网的大批上述组织的实验室；野外工作站、农场、采集和观测考察队、学术会议、学术团体、期刊、医院、持有各种资格证书的专业人员的例行探访，等等。我们对于自然规律性及其潜在因果趋势的掌握程度，部分地依赖于系统观察和解释自然规律性的科研社群的组织程度。

最明显不过的是，我们掌握多少知识有赖于科研的哪种学科组织形式受到青睐。人们早已注意到，我们有关癌症起因的知识将随着医学或环境研究人员的兴趣是否得到宠爱而变动不居。但是，这两个领域不仅兴趣不同，而且在科学知识生产的组织方式上也不同：医学研究者用一种方法探寻癌症的起因，而环境研究者却用另一种方法调查癌症的起因。我们对于癌症的规律性及其潜在因果趋势能知道什么和不能知道什么，均受到癌症研究如何组织的影响。

在第二个例子里，文化着手发展技巧和能力，从而使它们能够用与众不同的方法来认识物质世界。哈拉韦在其灵长目动物学研究中谈到，日本的女灵长目动物学家每天都在学习逐个鉴别她们所研究的多达数百个灵长目动物。她报道说，这在日本科学家看来，是了不起的成就。这种技能使得这些女性学到的知识和技能，远远不止这些物种的复杂社会关系。在另一个例子里，迈克尔·巴克森德尔（Michael Baxanldall）说，在文艺复兴初期，商人及其客户是“测量”桶和其他松散商品容器容量的能手。这一时期精心制作的透视画法油画，上面画有各种圆柱、拱顶和大量墙壁空间间隔。当时的油画观众可以看到隐含在其中的空间间隔，那是以我们今天不再看得到的方法完成的。运用透视法去“观察”的愉悦和技能，使早期现代科学某些重要部分的发展成为可能。斯蒂文·夏平（Steven Shaping）和西蒙·谢弗（Simon Schaffer）指出，科学实验是通过小心翼翼地向合适的观看者演示空气泵而“发明”出来的。布鲁诺·拉图尔（Bruno Latour）论证说，路易·巴斯德（Louis Pasteur）是为了证明其假说正确，才不得不把医生变成科学家的。

此外，欧洲扩张和现代科学的发展互为需要的描述，可以理解为主张现代科学在一定程度上是策划和实施了欧洲扩张的结果。正如我们在上一章所看到的，欧洲扩张需要较好的制图学、天文学、海洋地理学、造船工艺、地质学和采矿知识；需要对植物、动物、疾病和世界其他地区的民族有较深的了解；还需要其他关于物质世界和社会领域的种种知识。进一步讲，那些科学吸引了殖民者的注意力，借用了关键性的成分，并且借助资源得以拓展他们起支配作用的有效范围，这一切的实现均有赖于欧洲扩张。欧洲扩张是现代科学知识生产的一种组织形式。那些未能从这种对自然界和文化传统许多不同部分进行知识收集和整合中获益的文明，由于欧洲实施扩张而丧失了知识（往往更不必说他们的生命和文化了）。

作为又一种例子，沙伦·特拉威克（Sharon Traweek）关于日本与美国高能物理学的对比研究证明，一方面是研究工作组织的文化模式和理想的职业发展轨迹，另一方面是由国家建立的设备制造者与物理学家之间的关系，这两方面结合起来，造成日本和美国对科学的探索至少略有不同。在美国，人们在整个职业生涯中基本上是作为个人崛起的。他们在一个研究集体中工作几年，然后通过转入另一个研究集体得到进一步提高——有时是因为原来的研究集体解体了。在日本，工作者加入一个研究小组后，很可能就在那儿一直待到退休。这种科研工作组织上的文化差异本身，很容易使日本科学实验者比美国人更愿意选择长期的科研项目。不过，这种可能性还得到了这两个国家研究社群与其技术的不同关系的强化。美国高能物理学社群中的科学实验者不断地完善其设备，以便把性能调整得更好，或者只是性能不同。而在日本，检测器是由社会上的厂商制造的，也不允许实验者调整或改进机器。因而，日本人只能用安排给自己的仪器设备工作，除非他们能证明确实必要，才有可能花大把的钱再买新设备。比较一下这两种组织方式可知，日本模式比美国模式更鼓励长期研究项目。不过，两者所得到的关于自然界的知识有差别吗？特拉威克没有这么说，但这个例子把我们的注意力吸引到这样一个问题上来：科研的组织工作怎样受到科学社群以外有序安排的文化特征的强烈影响呢？

科研项目理想的或特有的时间长度还可能以其他方式受到文化上的影响，如对研究的资助与选举政治活动之间联系的紧密程度。在这两者间存在一种非常密切的关系的社会里，基金机构没有多少脱离党派的权力，短期的科研项目很可能成为主要形式。这是因为，政治家也不愿意花钱资助这种科研项目：它们要在他或她离开宝座后才能得出研究结果，然后他或她方可从这种资助中得到好处。

有必要回忆一下的是，托马斯·库恩认为，现代科学的成就应归功于现代西方科学社群与众不同的组织方式。无论如何，怎样组织科学知识的生产，将影响自然科学产出的表述，这个论点是毋庸置疑的。有争议的是，设想这一特征也保证了所有知识，不管它被如何普遍地认为合理，它都是地方性的知识。所以，看来可能有许多组织关于物质世界知识生产的方法，它们在文化传统上各不相同而科学上又都有价值。

4 结论

这一章确认了四种方法，在那儿包括了现代欧洲科学在内的某种和一切科学技术传统的概念框架和内容，它们在文化上都是地方性的。从文化的角度看，现代科学表现为与众不同的欧洲特征，它不分享欧洲的地理位置、兴趣、推论传统或者知识生产的组织方式。可是，现代科学的特征以第五种方法具有独特的欧洲特征，它横跨或透过了另外四种方法。在前四种情况下，欧洲科学借助各种类型的文化资源得以构成和维持，而这每种文化都有其自己独一无二的储藏室。在第五种情况下，欧洲科学被放在全球力量关系中一个独特的位置上，不与其他文化发生共享；欧洲的“地方性”范围略有扩大，这至少部分地掠夺了其他文明的资源，并且使得这种欧洲特色的地方性消失了。直到最近，在欧洲人及其赞赏者看来，欧洲人的世界观好像仍然是唯一合理的世界观。

这一叙述说明，“本地人”看不到概念框架中普遍而带地方性的特征，这并不能证明这种特征就不存在，而只能说明没有找到至关重要的外部观点来揭示它们。它们的察觉不出是它们占据霸权的标志。因此，人们决不能设想，任何一套特定的知识假说能逃脱地方性的影响，因为总有这种假说的地方性从中会变得清晰可见的其他文化和习俗。

在这里人们可以看到，建立欧洲学的局外人（前四种形式的地方性）和被剥削者（第五种形式的地方性）的立场，为科学能够更确切地理解其自身进程提供了十分充足的资源。在本章和前面几章里，我们探讨了欧洲和其他科学传统的历史图像和多元文化图像。下面几章致力于考察关于自然界的观点也会有性别差异，考察各种女性主义的科学研究；当这种分析被定位在上述图像中时，这些女性主义的科学研究就能够浮现出来。

（夏侯炳、谭兆民译）

选文出处

哈丁　作为科学技术工具箱的文化

哈丁著，《科学的文化多元性：后殖民主义、女性主义和认识论》，南昌，江西教育出版社，2002，74—98 页。

信　念

巴恩斯、布鲁尔、亨利

科学知识社会学的核心概念之一就是，在知识的创造过程中，社会因素是内在的影响力量。既有的信念系统在面临新的经验时必须要不断地重新解释，这种解释过程是开放的，可以修正的，信念的先后使用以及不同信念的使用之间是相互影响的。这种开放性和相互影响，即知识的有限论，客观上要求社会因素参与决定。在归纳、证实和学习过程中，在解释和确定传统、信念、经验之间的逻辑关系上，离不开社会协商，社会互动和制度是必不可少的因素。

作者简介

巴恩斯（Barry Barnes，1941—　），爱克赛特（Exeter）大学社会学教授，他与大卫·布鲁尔教授在20世纪80年代和90年代初在爱丁堡大学的科学元勘小组（Science Studies Unit）工作，创立了科学社会学中极具影响的“强纲领”，其代表作有《局外人看科学》等。

在本章的开头我们提到：分类主要就是对从前人那里接受下来的类别术语的使用问题。分类系统是因袭文化的一部分。但是要获取这个系统则绝非轻而易举：对于一个信念系统的获得，在同一个时间具有不变性。在一个集体内传递它的分类和知识的过程是一个单一的过程。关于什么事物存在这个世界上，对于这些事物集结在一起我们知道些什么，针对这些，人们接受一些权威性的指令。

我们已经看到这个世界如何容忍了难以计数的不同的相互替代的分类系统，如何允许不同的文化建立起它们特殊的惯例并以此标记事物之间的差异和类似。但是关于这个世界的信念，绝非仅仅是惯例性接受事物集结的方式。信念是对这个世界是什么的实质性的确信。它们促成对世界的预期。无论在什么基础上接受这些信念，它们都被视为过去经验的宝库，这些经验一定会被现行的经验所证实并与现行经验相匹配。人们习惯于相信前人，他们同样也习惯于相信他们自己的眼睛。那么，二者的关系如何呢？在信念的支撑过程中，传统和经验的作用是什么呢？

布鲁尔（David Bloor，1942— ），爱丁堡大学科学元勘小组主任，科学知识社会学（SSK）最重要的代表人物之一，所提出的知识社会学的“强纲领”，是社会建构论的理论核心。代表作有《知识和社会意象》等。

亨利（John Henry，1950— ），爱丁堡大学社会与政治研究学院科学研究中心主任。主要著作有《科学革命与现代科学的起源》、《知识就是力量：弗兰西斯·培根与科学方法》、《运动的天地：哥白尼与太阳系》等。

对这个问题的许多尝试性回答显示为一种冲突的关系：人们必须在相信偶然和相信经验的指示之间作出选择。前人的信念告诉我们是一回事，我们的经验则告诉我们是另一回事。传统和经验可能冲突，于是我们必须在二者之间作出选择。或者至少是：传统与经验可能的冲突被传统最终调整到与经验完全符合所化解，并且每出现一个新的观察都会进一步证实我们已经知道的东西。

以这种方式陈述这个问题的缺陷是：经验没有“告诉”我们任何事情。前人信念的明确阐述在言语层面上与经验并无冲突：经验没有自己的语言，不能够向我们讲述什么。但是难道我们没有注意到各种相互联系吗？在事物和它们的特性之间，在一个事物和另外一个事物之间，等等。我们观察到的这些相互联系难道不是在证实或评价一组特定的信念吗？答案是：这些经验所显现出来的相互关系，无非是建立一组特定的信念，经验所显现出来的相似性无非是建立一种特定的分类。就像杜克汉姆可能已经指出的那样：感觉到相互联系是一回事；对信念的陈述又是另外一回事。确实，经验和传统在支撑知识体中的作用，与它们在支撑分类时的作用非常的类似，第 4 章第 1 节对后一个问题进行的讨论，将担当思考前一个问题的绝好的样板。前述讨论所发展起来的分类问题上的有限论观点，完全可以扩展为知识问题上的有限论观点。

1. 适用于信念的有限论

所有的社会都维持着所接受的信念系统，维持着人们视为真的（或可靠的，或值得认可的）知识体系。不同的社会维持着不同的系统，但是任何给定的系统都倾向于被那些权威性的人士当做过去经验的有效记录。因为这样，这种系统就成为预测未来的源泉。在归纳性的基础上，未来如同过去，而这个过去在某种意义上是已经描述好了的东西。这样，前人的经验将与现行的经验联系起来，传统的指示以及这些指示的意义将必然彼此遭遇。那么，这种遭遇的结果又将如何呢？

需要认识的第一点是：无论前人信念系统的内容是什

么，在信念与经验的调节过程中，不会产生任何本质性问题。这是分类的有限论观点的一个简单结论。信念是在术语用于已经分类的经验的过程中形成的。术语使用的有限论的观点，同样是与信念形成相关的观点。存在于术语使用中的开放式终结，同样存在于信念的形成之中。尝试从这一点中得出什么思想的最简单的方法是重新表述有限论的5个基本信条，并把它们作为讨论信念和知识体问题的基本假定：这样做可以明确这个问题与第3章第1节所进行的讨论的联系，并且能够保证观点和说明的持续相关性。

（1）信念的未来蕴涵是开放式终结的

如果与术语有关的东西是开放式终结的，那么与信念相关的东西也一定是开放式终结的。就像在一定意义上我们不知道我们的术语的含义是什么一样，在同样的意义上我们也不知道我们相信的是什么。

（2）任何关于信念的陈述都不存在不可废弃的真或假

如果我们不知道我们使用的术语的含义是什么，如果对它们将进行何种使用是不能预先决定的，那么我们就不能知道什么样的未来事例能够用来检验我们的信念，进而我们就不会知道这些信念究竟是真的还是假的。更不用说还存在着知识的缺陷，似乎信念可以是真的，但不会知道它是真的。未来的事例不仅是未知的，它们还是不确定的，依赖于我们已经讨论过的偶然判断，它们的未来将被任何数量的方式所决定。这样，真理或谬误就不能被视为信念的内在特性。术语不能用来描述信念，任何范围的类似的具有固定和确定的认识论特征的术语都不能描述信念。

可以这样认为：通过检验一个已经惯例性地应用了的现存例证，一个信念有时可以被证明是假的。但是，按照有限论的观点，即便这一点也是不可能的，因为，从形式上讲，使用过去的例证所存在的问题，同使用未来的例证所存在的问题是一样的。

（3）所有现存的关于信念的例证/证实/反驳的陈述都是可修正的

因为任何分类活动都是可修正的，因为我们总是可以不受限制地挑剔其毛病，这样现有的信念就是可修正的信念。无论是对信念的具体说明，还是对信念的证实和反驳，总是受制于重新估价和重新分类。它总是受制于不断地被重新描述：它与信念相关的那些事物"不是真正的一回事"，或"最终还是一回事"。因此，对信念的任何归纳性的支持，必然总是处于有问题的状态，任何所谓信念的"易错性"，也因此不会必然如此。

上述三点，尤其是第三点使我们明确：一个信念总是在形式水平上与经验协调。对于信念而言，任何事物本身都不是一个例外，因为任何事物都可能被分类为信念所不涉及的。鉴于经验所具有的无法确定的复杂性，鉴于任何相似性都缺乏固定的标准，因此，总是能够发现例外的事例与那些和信念“真的有关”的事物之间的区别标记。

出于完整性的考虑，有限论的最后两个信条也值得重新形成，尽管不需要它们来阐述当下的观点。两个信条都强化了一个基本观点：信念不能够被认为是具有固定的确切含义的特定的言语形式。

(4) 一个信念的相继使用彼此之间不是相互独立的

作为一种言语形式，可以认为一个信念坚持了相当长的时间。但是在信念的每一次应用中，与信念的内涵对应的形式都会发生变化，信念所涉及的每一个新例证都与早先的例证有所不同，即便是采取了与早先例证的“同样的方式”。这样，使用信念的任何一个例证，都会基于后来对信念的使用来对其前身进行改变：信念在一个事例中的使用会影响它在下一个例证中如何被使用。

(5) 对不同信念的使用彼此之间不是相互独立的

信念发现对它的构成术语的相似关系的使用，每一次都发生变化。同样的术语还出现在其他的信念中。并且一组相似关系的变化无论如何都会引起在其他地方对它的使用的变化，相应的也会影响随后的其他信念对它的使用。这样，对一个信念的适用性的每一个评价，都会影响其他事物对它的未来使用，贯穿整个分类系统和整个信念系统的将是一种波动效应。

2. 归纳和信念的证实

就像有限论所隐含的那样，自然是无关于它是如何被分类的，因此，这就意味着自然同样也无关于它是如何被人们认为的。因为其隐含着：对于如何扩展和使用那些优越的分类来说，自然是无关的；对于如何扩展和使用那些偏爱的信念来说，自然同样是无关的。从形式上讲，这就是怎么都行。不要告诉我们存在任何特定的东西，现有的经验可以描述为与任何先前的现存知识相一致，甚至可以对其进行归纳性证实。同样的，用现有的经验驳斥任何特定的知识体或术语本身，同样可以得到说明。

哈里·柯林斯的系列研究（Harry Collins，1992）对这些观点给予了有力的倡导和具体说明。柯林斯否认经验与传统之间存在任何冲突的可能性。传统可以产生观点，经验则不能做到。在这个世界上，传统可以要求这种形式的存在或那种形式的存在，可以要求规律，要求相互联系；经验对于这种方式或那种方式不能给出任何指向。当人们赋予经验以意义的时候，他们依据没有问题、没有阻力的现有知识的术语，对这些意义进行解读。当然，这些意义也可以遭到其他传统的信奉者的反对，或者遭到创造了现存正统传统的替代物的自身传统的叛逆者、创新者的反对。传统仅仅与传统相冲突，或者与自身内部的敌人相冲突，但绝对不会与经验本身相冲突，不会与世界本身相冲突。实在与相信实在是毫无关联的。

柯林斯的选择方法，矛头指向重大的科学争论，意在说明“相同的经验”如何可以支撑相互冲突的信念，以及对于相互冲突的信念，人们把“相同的经验”当做归纳性证实又如何是合理的。研究的结果众所周知，不需要在此做扩展性描述。也许所有关注中最著名的冲突是由1969年的引力波发现引发的争论（Collins，1975；1992）。最初的发现激发了大量的“复制”性实验，其中包括大量的物理学家研究梯队投身于建造“引力波探测器”。结果是一组相似但不同的探测实验，有一些得出的是肯定结果，有一些得出的是否定结果。在这种情形中，引力波是否探测到的问题同样也成为哪些实验是有效的、哪些探测器的设计是正确的问题。如果我们了解引力波如何环绕我们，我们就能说哪些探测器是好的，哪些实验是有效的。如果我们了解哪些实验是有效的，我们就能说引力波如何环绕着我们。我们对两者都不知道，所以对于两者我们都无所发现。柯林斯坚持认为，这种恶性循环总是困扰着任何实验者，它是“实验者回归”。出现一个让科学家能够解决争端并能使科学知识汇集的偶然性的手段，是打破这种回归的唯一方式。

根据柯林斯的观点，打破这种回归的通常方式是求助于现有的公认信念：在这里，科学家相信在一种现象中，他们具有可以探测这种现象的实验能力；科学家不相信在这一现象中，他们能够证明能够探测到这一现象的实验。在这个信念的基础上，那些20世纪80年代的怀疑引力辐射的明显的辐射流存在的科学家可以认为他们的信念已经以数据的形态被“有效”的实验所证实；与此同时，那些持相反意见的科学家也可以展示实验证据作为其一种归纳性的支持。

根据柯林斯的见解，对不同的现象种类的先前的相信或怀疑是不同生活形式的刻画。因此，当争论恰好发生于具有不同的生活形式的参与者之间时，争论就显得格外激烈和难以和解。正是因为这一点，而不是因为任何技术上的无效或推理上争论对手的过失，才能说明科学家们何以尖锐地批判对方，并认为对方的工作指向是超常的自然现象（Collins and Pinch，1982；Collins，1992，Ch 5）。怀疑的物理学家可能对引发超常自然现象的不成功尝试格外谨慎，基于他们自身的坚定信念，认为出现这种状况理所应当地证实了这种现象的不存在。另一方面，超心理学家则会把完全相同的事态视作对一个著名事实的更加寻常性的证实，这个事实就是：超常效应是怀疑的观察者与生俱来的反应。在这两个事例中，现有的社会性的信念引导着在经验中沿着两种不同的途径得到的归纳结果。与生活的两种替代形式相适应的知识体都涉及经验，并且都认为被经验证实。对自然的规律性把握，不是来自于对自然的经验，而是来自于对社会性建立起来的对自然规律性描述的概念的使用。

这就是柯林斯的“归纳问题的社会学解决”（1992，p.145）。归纳性证实要求：实验证实的某一方面必须与曾经发生的某种东西“一样”。但是，实验并没有告诉我们“一样”究竟是什么；对于我们来说，实际上是这样一个问题，即针对差异的相似性如何度量。因此，对相同性的一致性判断，以及科学中对证实关系和实验重复的一致性的赞同，只有在判断被制度化了，并且是在社会性惯例指令下进行时，才可能发生，即：术语的使用、信念的应用必须用一种生活方式来辩护，对认可的东西的错误使用被视为语言使用中的错误。在这种情形发生时，所熟悉的、常规的信念证实和重复性实验发现作为一种一致性认可的操作就成为可能。但是，“这并不是世界的规律将其自身强加于我们的意识，而是我们制度化的信念将规律强加于世界。我们必须调整我们的意识，直到我们发现正常状态中没有错误”（1992，p.148）。“我们感受到规律和秩序，是因为在制度化的规则中，任何反常性知觉都被我们或其他什么人转化为认识中的错误或某种其他知觉中的错误。”（1992，p.147）

柯林斯对科学争论的详尽探讨，无疑属于科学知识社会学研究中最著名的研究行列。他们研究的突出之点是关注工作的初始形态，即：把社会学的研究扩展到科学活动的核心，并把这种活动当做社会过程进行分析。这种研究有助于根除这样一种观点，即：社会学分析仅仅适用于非理性活动，进而仅仅适用于理解对科学理性的扭曲和背离。柯林斯等人的研究确实把这种观点不仅彻底颠覆，而且更进一步，在不妥协地把归纳推理视为一种社会过程的研究中，他们引入了一种审视归纳的新的、富有成效的方法。在这个问题上，现存的大量的著述都没能有效地评价它的社会学角度。这些工作主要是处在他们各自的立场上、持有不同见解的哲学家和心理学家所为。无论是在普遍理性的意义上还是在个人特质的意义上，归纳的过程都被认为是全部发生于个体意识的范围内。另一方面，在柯林斯的工作中，归纳过程则展现为一种集体活动，并且这个活动过程越是常规化、越是世俗化，便越是显示出制度化、惯例化和被社会实践所防护。

无论怎样，柯林斯的观点与本书的观点存在着冲突。他给出了一种社会学意义上的自然秩序作为哲学家和心理学家的个体意义上的秩序的替代。从方法论上说，这是一种有意最高限度地降低个体和物理环境之间的直接联系的唯心主义观点。秩序可以基于经验解读，但不能外在于经验解读。与之形成对比，在柯林斯坚持“自然的”和“社会的”分离的地方，我们则认为它们彼此交融在一起；在他否认社会与自然的联系的地方，我们则坚持这种联系的存在。对于我们来说，为了能够把归纳理解为一个社会过程，自然环境中的事态必须具有社会性的意义。

对归纳的这种思考方式，非常容易使用柯林斯自己的例证得到说明。柯林斯提到：一些科学家用来证实超感觉（extra-sensory）不存在的否定性实验发现，被其他的科学家用来当做仅仅是在某些时刻这种现象没有表现出来的证据。一些学者以某种超感官知觉（ESP）已经被实际接受的生活形式参与了超自然现象实验，这些人永远不会从任何特定的否定性证据中推断出超自然现象不存在。从这些人所参与的生活形式的意义上看，导致这样的推论是完全可以理解的。这难道不是与这类生活形式相匹配的超感官知觉存在的肯定性证据吗？那么，鉴于这一点，他们为什么一定要说这是否定性实验发现而不是肯定性实验发现呢？柯林斯从来就没有这个疑问。我们的观点是：自然环境大概是一个相关的致因。很可能是因为，在一种认为不存在超感官知觉的实验背景的物质世界状态中，超感官知觉就不会出现；如果物质世界处在与超感官知觉相关的另一种不同的状态，超感官知觉就可以认为出现。这就意味着：既定的实验意义只能通过提供这种意义的生活形式以及提供自然环境（当然，这里仅仅是所涉及的非言语化状态，而不是任何已经言语化的自然环境）的实验背景得到理解。

与柯林斯和他的唯心主义观点伴行，在研究知识的增长时，社会学家们应该愿意承认自然环境的存在以及自然环境的致因关系。既然承认了这一点，社会学家也应该承认作为个体的人监控自然环境并且熟悉自然环境的能力。个体的动物直接从经验中学习。心理学家的老鼠推开杠杆、查看食物小球的到来。如果食物小球没有到来，老鼠就表现出困惑的表情：它环顾四周，再次尝试等等。老鼠懂得了杠杆运动与食物小球到来的关联，并形成了这种关联会延续到未来的预期。老鼠像一个“归纳学习机”一样有效地活动着，也许我们应该冠之以“归纳推理”。然而，在任何意义上，坚持认为老鼠在这种背景中进行着一种操纵的想法都是不正当的，人类不指望去模仿，在老鼠大脑中发生的过程与发生在人类大脑中的过程是迥然相异的。

认为人类大脑像老鼠的大脑一样可能受到来自自然环境的接受信号的巨大影响，并且这些信号不仅可能直接导致知觉和记忆，而且直接导致关联和预期，是相当合理的。设想一群醉汉，本来想着传递过来的是威士忌，没想到传递过来的是氰化物。随后是三具或四具尸体，其他的幸存者必然会对饮酒格外小心。实际上，在所有的社会背景中，幸存者将标记出饮酒和死亡的相互关联，即便是不用太多的言语。无论存在的是何种文化背景，何种知识模式，他们很快就会推论：更多的消费可能会导致更多的尸体。这种推论在行为上明显地表现为拒绝继续饮酒，很有可能直接导致不再饮酒。动物的归纳倾向开始作用，幸存者们发现自己被这个结果控制住了。毫无疑问，单独的幸存者会发现自己处于恐惧状态，像一群醉汉一样在发抖，并且这种状况可能不会被这样一个想法缓和，即：剩余在瓶子中的酒可能与他们已经喝下的那部分相同或不同，这不过是一个偶然巧合。

当然，柯林斯主要关注的是在思想和行为都已经制度化、常规化的共同体中，对既定信念的证实。他的核心观点是：在这种背景中，自然秩序和规律性的意义完全来自于文化，而不是来自于自然。然而，即便是这一点也引发问题。沙姆（Wesley Salmon）回想起这样一个事件：一个他的同事进入一家航空公司的一架飞机，其间一个孩子正拉着悬浮气球的拉线的一端。基于乘客们现有的知识，他们非常肯定地预期在飞机起飞的同时，气球将向飞机的后方飘动。在物理学家的知识基础上建立起来的理所当然的归纳推理使他的同事预期气球将向前飘动。他为最终结果与大家打赌，自然他不费吹灰之力赢得筹码。传统与经验遭遇并且传统失败了。不需要任何的说服，经验本身表明的一切已经足够。

但是，涉及这种方法的经验的角色以及经验改变信念的能力，难道没有彻底破坏有限论的观点吗？有限论认为现存的信念总是处在受保护状态，但在我们上述援引的事例中信念被搁置一边。有限论认为：信念不具有经验可以证实或驳斥的先定的蕴涵，但是我们上述援引的事例中，信念恰恰具有这种蕴涵。事实上，这里并不存在任何困难，我们仅仅需要说明：这个事例再一次向我们强调了有限论的观点蕴涵着什么，没有蕴涵什么。

第一，尽管我们强调过现存的信念和信念体系总是受到维持和保护，但有限论自身绝不是关于这种信念的稳定性的理论。它把信念体系中的变化和稳定性，纯粹视为一种偶然决定的结果，是理性的人类的一种实用的行为。如果强化现存信念的实践和判断非常显著，那么需要解释的是实验发现。自然，因为它们非常显著，所以我们就要思考它们究竟为什么。至此，鉴于对术语的正确使用的开放式终结，鉴于关于同一性的相互关联的判断，有限论对自身研究的关注已经转向维持信念，转向信念与其他事物具有同等可行性的意义上，修正或拒绝信念。

第二，必须承认这里所涉及的“可行性”仅仅是特定意义上的可行性。

有限论的观点是形式意义上的：它与强加于个体或群体之上的相信A或不能接受B的感觉相一致，恰如我们早些时候强调过的，与强加于人们的把对象标记为这个而不是那个的感觉相一致。所有的有限论强调的无非是：在术语的意义中，在术语的先前使用中，在对术语的先前的界定方式中，不存在任何东西能够固定一个术语在未来的正确使用，从而也不存在任何东西能够证实或驳斥所表现出来的信念。有限论否认逻辑性强制，同样否认心理的或社会的强制。这并非断言作为个体的人类能够随意地选择如何使用术语，以及什么样的信念应该接受。信念的形式上的可防护性绝对不能与可信性相混淆。可信性，即人们实际上相信什么，是一个经验性事务。对可信性的研究表明，它基本上是在不知不觉中发生的。我们不会以正常的方式选择我们相信什么，就像我们不会拿着一瓶氰化物，投掷一个硬币决定是否喝它一样。

在沙姆的例证中，拥有特定的分类体系，并且持有这些分类体系的信念的特定的人群，直接关注经验的一种要素。他们知觉或认知机制的理所当然的运作，导致了与他们信念不符的结论。这里，一个物体并没有依照他们所认为的一个物体应该如何运作的那样运行：在飞机上升时，它没有向飞机后飘移。当把物体的运行机理的牢固信念放置一边时，人们似乎没有产生任何困难。他们愿意接受“寻常性中的一个错误”。他们愿意接受，尽管无须付出太大的努力就可以坚持和维护问题中的寻常性。经验发挥了效力，只是没有言说；并且没有被强迫接受任何信念和言语形式。所有的人都承认在飞机起飞时他们看到物体向前移动；但它也向任何人表明了这样一种观点，即：一个物体内有个洞（例如飞机内的空气）在向前移动，现存的知识并没有错，只是对“隐含在其中的真正作用”的显示，没有给予足够的重视罢了。无论如何，所有的人都感到惊讶，惊讶来自于基于现存知识的预期。

所以，特定的人类在特定的条件下对自然环境的直接关注，能够使他们趋向于或者偏离于某种信念。在个体与个体生存的世界之间存在着一种直接的联系；个体把握这个世界，在一定意义上是作为这种联系的一种结果；个体如何从经验中学习是研究的一个焦点。对学习和归纳推理的社会学研究，对于现今的个体性导向的研究来说，不是一种替代，而是一种补充。自然环境对个体认知的作用，丝毫不亚于社会环境对个体认知的作用。如果我们要对二者作出区分的话，承认一种环境的作用而否认另一种环境的作用，便是武断的和不公正的。社会学研究所要强调的仅仅是：处于不同的社会背景或拥有不同的历史的个体，对于显然的“同一经验”会有不同的解读方式；并且，即便他们不这样做，他们所相信的经验的长远结果也会有强烈的分歧并具有同等的可辩护性。新的科学事实会在这些长远的结果中显示重要的作用。

（邢冬梅、蔡仲译）

选文出处

巴恩斯、布鲁尔、亨利　信念

巴里·巴恩斯、大卫·布鲁尔、约翰·亨利著，《科学知识：一种社会学的分析》，南京，南京大学出版社，2004，84—97页。

所有动物一律平等……

辛　格

传统伦理学限定于人类，将自然排除在伦理考虑之外。动物解放运动促使人们重新思考人类与动物的关系，重新看待自然。辛格用类比的方法，指出物种歧视与种族歧视和性别歧视的本质一样，错误在于将伦理的考量建立在事实和能力上，而不是建立在个体可以感受痛苦的能力上，将自己所属的物种、种族或性别的利益凌驾于其他物种、种族或性别的利益之上。漠视动物的痛苦是不合伦理的。任何种族、性别或物种所遭受的痛苦都应当努力防止或减少。

作者简介

辛格（Peter Singer，1946—　），著名伦理学家，现任教于美国普林斯顿大学哲学系。曾任国际伦理学学会主席，是世界动物保护运动的倡导者。代表作有：《动物解放》、《实践伦理学》。

我们必须考虑具有感受痛苦能力的所有生命个体的利益

“动物解放”，听起来像是模仿嘲弄其他解放运动，而不是一个严肃的目标。实际上曾经有人模仿“动物权利”的说法来嘲弄争取女权运动。1792年，主张男女平等的先驱玛丽·沃斯通克拉夫特的《为妇女权利辩护》出版，当时普遍认为她的观点是荒唐可笑的，因而随即有一本题名为《为畜生权利辩护》的匿名出版物问世。后来知道，这个讽刺作品是出自剑桥大学杰出的哲学家托马斯·泰勒之手。他企图通过显示沃斯通克拉夫特的论证可能再向前跨出一步，来驳倒她的论证：如果平等的论证适用于妇女，那对于狗、猫和马为什么就不适用呢？这个论证似乎对这些“畜生”也适用，可是，那时主张动物有权利显然是荒诞无稽的。所以，得出这个结论所根据的论证一定站不住脚，而如果应用到畜生是谬论，则应用于妇女也必定站不住脚，因为这两件事情所根据的论点完全相同。

为了阐明主张动物平等的根据，从考察妇女平等的理由开始，是有益的。假定我们要反对泰勒的攻击，为妇女的权利辩护，我们应当怎样进行回击呢？

一种可能的回击方式是，认为男女平等的理由不可能令人信服地扩大到非人类动物。举例说，妇女与男人相同，具有对未来作出理性决定的能力，所以她们有投票权利，但是，狗不懂得投票的意义，因而它们没有投票的权利。还有其他许多明显的方面，男人与女人十分相似，而人与动物的差别则很大。因此可以说，男人与女人是相似的生命个体，应当享有相似的权利，可是非人类动物与人不同，它们不应当享有与人平等的权利。

用这种方式回击泰勒的类比推理，在这一点上论证是正确的，但远远不够。人类与其他动物显然存在重大的差别，这些差别导致二者拥有的权利不同。可是，承认这种显而易见的事实，并不妨碍我们把平等的基本原则扩大到非人类动物。男人和女人的差别同样不容否认，支持妇女解放的人们懂得，这些差别会造成权利的不同。许多争取女权的人坚持妇女有自愿堕胎的权利，可我们不能因为这些人开展争取男女平等的运动，就认定她们必须支持男人也有堕胎的权利。由于男人不可能堕胎，侈谈他们的堕胎权利便毫无意义。同理，既然狗不可能投票，空谈它们的投票权利也就毫无意义。无论是妇女解放运动，还是动物解放运动，都没有理由陷入这种无聊的争论。把平等的基本原则从一个群体推广到另一个群体，并不意味着我们必须用一模一样的方式对待这两个群体，或者赋予两个群体完全相同的权利。我们是否应当这样做，取决于两个群体成员所具有的天性。平等的基本原则并不要求平等的或相同的**对待**或**待遇**，而是要求平等的考虑。对不同的生命作平等的考虑，也可以导致不同的对待和不同的权利。

因此，有另一种方法来回击泰勒企图用模仿动物权利来嘲弄妇女权利，这种方法并不否定人类与非人类动物有明显的差别，而是深入地考察平等的问题，并且最终得出平等的基本原则适用于所谓畜生的观点丝毫也不荒谬的结论。此刻这个结论或许显得有点奇怪，但如果仔细审视我们赖以反对种族或性别歧视的立足点，就会发现，假如我们拒绝对非人类动物给予平等的考虑，则追求黑人、妇女和其他被压迫人类群体平等的基础，就会发生动摇。要清楚这一点，首先我们需要确切地了解，种族主义和性别歧视究竟错在哪里？当我们说所有人类，不论种族、信仰或性别一律平等时，我们坚持主张的平等究竟是什么？希望维护等级制社会不平等的人们经常指出，无论我们采用什么标准衡量，人人生而平等显然是不符合实际的。不论我们喜欢与否，我们必须面对以下事实：各人的体型和身材天生不同，并且在德行、智力、爱心、对他人需要的敏感程度、沟通能力以及体验快乐和痛苦的能力等方面，人与人之间也都各不相同。总之，假如平等的要求是根据所有人在事实上的平等，那我们只好放弃要求平等。

或许仍然有人坚持这样的观点，即要求人与人之间的平等，是基于不同种族和性别间的事实上平等。或许是说，虽然人的个体之间存在差异，但种族或性别之间并没有差别；单从一个人是黑人或女人这种事实，我们不可能对这个人的智力或道德水平作任何推断。或许说，这就是种族主义和性别歧视错误的原因。白人种族主义者声称白人比黑人优越，但这是错误的；虽然在个体之间存在差别，但在可以想得到的有关的潜能和能力上，总有一些黑人全面超过另一些白人。反对性别歧视的人会说同样的话，一个人的性别不能说明他或她的能力，因此性别歧视是不合理的。

然而，由于存在超越种族或性别界限的个体差异，使得我们在一个善于诡辩反对平等的对手面前无力辩护。比方说，有人提出，对智商低于100的人的利益考虑，应当比智商高于100的人要少。在这个社会里，智商低于此线的人或许要去做智商较高者的奴隶。一个这样划分等级的社会，难道真的要比按种族或性别划分的社会更好吗？我认为不会。但是，假如我们把平等的道德原则，与不同种族或性别的事实上平等联系在一起，那么反对种族主义和性别歧视的基础，并不能为我们反对这种否定人与人之间平等的主张提供任何根据。

还有第二个重要的理由，说明我们为什么不应当把反对种族主义和性别歧视建立在任何一种事实平等的基础上，哪怕是在有限的事实指标上，断言在不同的种族或性别中人的潜能和能力的差异呈均匀性分布。因为，我们不能绝对保证在人类中这些潜能和能力确实呈均匀分布，而与种族或性别无关。就实际的能力而言，在不同种族或男女之间，似乎确实存在着某些可测量的差别。当然，这些差别并不是在每种情况下都会出现，而是在计算（群体的）平均值时才看得出来。更为重要的是我们还无法确定，这些差别中有多少真正是由于不同种族和性别的遗传性获得的，又有多少是由于恶劣的学校和居住条件，以及长期遭受歧视等因素造成的。或许最终证明，一切重要的差别都是环境因素造成的，而不是遗传。所有反对种族主义和性别歧视的人肯定都希望这是事实，因为这会使结束歧视的任务容易得多。可是，把反对种族主义和性别歧视的理由，建立在相信所有这些明显的差别都是由于环境因素，那是很危险的。比如说，假如最终证明种族间在能力上的差别与遗传有某种关系，种族主义便找到了辩护的理由，那么根据上述信念反对种族主义的人，也就难免要认输了。

幸而主张平等无须依赖那一项科学研究的特定结果。当有人声称已经找到种族或性别间的能力上的差别存在遗传的证据时，不论是否可能有相反的证据，适当的反应是，不必坚持遗传学的解释一定是错误的。相反，不论可能出现什么证据，我们应当十分清楚，主张平等并非根据智力、德行、体力或类似的无可否认的事实。平等是一种道德观念，而不是一种事实的认定。在逻辑上没有令人信服的理由假定，两个人在能力上确实有差别，因此在考虑他们的需要和利益时厚此薄彼是合理的。**人的平等原则，并不是对于人类中所声称的事实平等的一种说明，而是我们应当怎样对待人的一种规定。**

道德哲学效用主义革新学派的奠基人杰里米·边沁[①]，用“每个人只算一个，任何人都不能算一个以上”的表述，把道德平等这一必备的基础融入到他的伦理系统。换句话说，受一种行动影响的每一个人的利益都应当加以考虑，并且与其他人的利益一样，给予同等的关怀。后来，另一位效用主义学者亨利·西季威克表述为如下的原则：“从宇宙万物的观点（如果我可以这样说）来看，任何一个人的善，都不比另一个人的善更重要。”最近，当代道德哲学界有影响的学者指出，他们的道德学说的基本前提都具有某种相似的要求，即要对每一个人的利益作平等的考虑，尽管他们对这个要求还没有普遍一致的最佳表达方式。

这个平等原则的实质是，我们对他者的关怀和利益考虑，不应当取决于他们是什么人，或者他们可能具有什么能力。确切地说，我们的关怀或考虑要求我们去做的事情，可以根据受我们的行为所影响的对象的特征而有所不同。例如，对美国成长中的儿童的福利关怀要求我们教他们阅读，而对猪的福利关怀可能只是要求让它们与同伴在一个有充足的食物和自由走动的空间里生活。但是，在考虑生命个体的利益时，不管这些利益是些什么，按平等原则必须把基本要素扩大到所有的生命个体，无论是黑人或白人，男人或女人，还是人或非人类动物。

当年把人人生而平等的原则写进（美国《独立宣言》）的托马斯·杰弗逊[②]就明白这一点，即使他自己不能完全摆脱拥有奴隶的背景，但这导致他反对奴隶制。由于当时人们的普遍看法是黑人的智力有限，因此有人著书用强调黑人的显著智力成就来驳斥这种看法。但是，杰弗逊在致这位著者的信中说：

对于他们与生俱来的智力，虽然我自己也曾持有并且表示过怀

① 边沁（J. Bentham，1748—1832），英国哲学家，效用主义（utilitarianism，亦译作功利主义，大陆以外译作效益主义）伦理学的代表。效用主义的基本道德原则是将快乐最大化、痛苦最小化。

② 托马斯·杰弗逊（Thomas Jefferson，1743—1826），美国第三任总统。

疑，但请你确信，没有人比我更衷心地希望见到这些怀疑被彻底驳倒，而且证明他们和我们是同等的……然而，不论他们的才能高低如何，都不是衡量他们有无权利的标准。尽管牛顿爵士的智力超群，但他决不会因此成为他人财产或人身的主人。

同样，19世纪50年代，美国发出了要求妇女权利的呼声，杰出的黑人争取女权运动人士索杰纳·特鲁斯[①]在一次争取女权运动的大会上，用更加坚定有力的语言表达了相同的观点：

他们谈论头脑里的这个东西，他们叫它什么来着？（旁边有人轻声说："智力。"）对，是那个东西。可是那东西和女人的权利或者黑人的权利有什么相干呢？如果我的杯子只能装五两，你的杯子能装一斤，你还不让我把只有你一半大小的杯子装满，岂不是太吝啬了么？

反对种族歧视和反对性别歧视二者的理由，最终都必须建立在这个基础上。依照这个原则，比照种族歧视，我们可称之为"物种歧视"的态度也必须受到谴责。"物种歧视"一词虽然不够引人注目，但我想不出更好的字眼来表述偏袒人类自己成员的利益，并且压制其他物种成员的一种偏见或偏执态度。杰弗逊和特鲁斯提出的反对种族歧视和性别歧视的基本理由，显然同样适用于物种歧视。如果具有较高的智力并不能使一个人获得为一己之私而奴役他人的权利，那么人类怎么能有资格为了同样目的剥夺非人类动物呢？

许多哲学家和其他作家虽然提出了这种或那种形式的平等考虑利益的原则作为基本的道德准则，但是，其中只有很少数人承认这项原则既适用于我们人类自己，同样也适用于其他的物种成员。边沁是少数真正具有这种认识的人之一。当法国人已经解放了黑奴，而在英联邦自治领地的黑奴仍然处于今天我们对待动物那样的境地时，边沁写下一段有预见性的文字：

这一天或许就要到来，那时其他动物可以获得它们被暴虐势力所剥夺的那些权利。法国人已经发现，黑皮肤不是一个人应当遭受遗弃，而不纠正暴虐者滥施折磨的理由。或许有一天人们终于认识

① 索杰纳·特鲁斯（Sojourner Truth，1797—1883），原名 Lsabella Baumfree，美国黑奴出身，毕生致力于废除奴隶制和女性运动的社会活动家。

到，腿的数目、体毛的疏密或者有无尾巴，同样不能成为抛弃一个动物使其陷于同样命运的理由。还有别的什么理由来划分这条不可逾越的界限呢？是理性能力，或许还是话语能力呢？可是，一匹成年的马或狗的理性和沟通能力，是一个出生一天、一周甚至一个月大的婴儿所无法相比的。不过，即使不是这样，那又怎样呢？问题不在于“它们有理性吗？”也不是“它们会说话吗？”而是“它们会感受痛苦吗？”

在这段话里，边沁把感受痛苦的能力作为平等考虑一个生命个体的权利的至要特征。感受痛苦的能力，或者严格地说，是感受痛苦和/或享受快乐或幸福的能力，而不是像语言或高等数学等能力那一类特征。不是说，那些试图划出一条“不可逾越的界限”来决定一个动物的利益是否应当考虑的人选择了错误的特征，而是说，我们必须考虑对痛苦或快乐具有感受能力的所有生命个体的利益，与那些根据拥有智力或语言能力划界的人不同，边沁根本没有武断地拒绝考虑任何一个个体的利益。感受痛苦或享受快乐的能力是**具有任何利益的先决条件**，必须满足这个条件，我们谈论利益才可能有意义。侈谈被小学生沿路脚踢的一块石头的利益，是毫无意义的，因为石头不可能感受痛苦，所以没有利益可言，无论我们怎么做都不可能对其福利产生什么影响。可是，感受痛苦和快乐的能力不仅是一个生命个体具有利益的必要条件，而且也是充要条件，即最最起码的利益就是不受痛苦。例如，老鼠的一项利益就是不被一路脚踢，因为这样做会使它感到痛苦。

虽然在上面的引文里，边沁讲了“权利”，但他所争辩的其实是平等而非权利。甚至在另一段文字中，边沁的著名表述是把“天赋的权利”称为“空话”，“天赋的和不可剥夺的权利”是“高调空话”。他谈论的道德权利，是作为对人和动物在道德上应当得到保护的简略表达方式，但道德论证的实际分量并不依赖于断言权利的存在，因为权利本身还要根据能否感受痛苦和快乐来证明。我们用这样的论证方式说明动物应当享受平等，而无须卷入到权利的终极性质的哲学争论中去。

有些哲学家企图反驳本书的论点却误入歧途，他们想方设法来论证动物没有权利。他们声称，一个生命要拥有权利必须是独立自主的，或者必须是一个社团的成员，或必须有尊重他者权利的能力，或必须具有正义感。这些主张与动物解放的论争毫不相干。“权利”一词是一种方便的政治略语，在这个一条电视新闻只有30秒钟的时代，它的价值比在边沁那个年代要大得多，可是，在主张彻底改变我们对待动物的态度的辩论中，一点也不需要。

如果一个生命感受到痛苦，道德上便没有理由拒绝考虑这个痛苦。[①] 不论这个生命的天性如何，只要大致可以作比较，平等的原则要求把他的痛苦与任何其他生命的相似的痛苦平等地加以考虑。如果一个生命不能感受痛苦或者快乐和幸福，就无须考虑。就是说，唯有感受性[②]（用“感受性”这个词只是为了简便，虽然不能十分准确地代表感受痛苦和/或快乐的能力）的界限才是关怀他者利益的合理正当的划界。要是应用其他特征，如智力或理性来划界，则是武断专横的划界，如果这样划界，那为什么不会选择某些个别的特征，如肤色来划界呢?

种族歧视者或种族主义分子，在自己的种族利益与其他种族的利益发生冲突时，偏向自己种族的成员，因而违反平等的原则。而性别歧视者（或性别主义者）则是偏袒自己性别的利益，违反平等的原则。同样，物种歧视者容许自己物种的利益凌驾于其他物种的更大的利益之上。这几种歧视的模式实际上完全相同。

认为动物所感受的痛苦没有人的重要，在伦理上没有正当理由

绝大多数人都是物种歧视者。以下各章说明，平常人（不是少数特别残酷无情的人，而是人类的绝大多数）都积极参与、默许和容忍用他们的赋税去做不惜牺牲其他物种成员的重大利益，来增进我们人类自己的琐细利益的事情。

然而，在我们讨论后面两章所叙述的人类的那些做法之前，需要先解决为这类做法所作的一种全面的辩护。因为如果这种辩护成立，我们人类便可以为了任何琐细的理由，甚至在全然没有理由的情况下对非人类动物为所欲为，而不会招致任何正当的谴责。这种辩护声称，我们决不会因无视其他动物的利益而感到内疚，其理由简单得令人吃惊，那就是它们没有利益。根据这个观点，非人类动物没有利益是因为它们不能感受痛苦。这个观点并不只是说，动物没有与人类完全相同的方式感受痛苦的能力，例如，一头牛犊不会有知道将在6个月时被宰杀而感到痛苦的能力。这个并不过分的说法无疑是真的，但这不能消除对人类物种歧视的指责，因为这种歧视还允许动物可以遭受其他方式的痛苦，例如，电击，或囚禁在狭小而拥挤的笼子里。下面我要讨论的一种辩护虽然没有什么理由，却是一个很普遍的说法，即声称动

① 本书中的痛苦包括 suffering 和 pain，根据语境 pain 有时译作疼痛。疼痛是痛苦的一个重要原因。

② 本文所称的感受性、感受能力或感知能力（sentience），在 CIWF 网站上指动物具有的感觉、知觉、记忆、思考和情感等能力，实际上是具有意识能力。

物根本没有感受痛苦的能力，它们只不过是没有意识的自动机，既没有思想和感情，更缺乏任何心智生活。

虽然17世纪法国哲学家笛卡儿[1]提出过动物是机器的观点（在后面的章节中我们将会讨论到），但那时和今天的绝大多数人都知道，用一把尖刀刺进一只没有麻醉的狗的肚子里，显然狗会感觉疼痛。大多数文明国家禁止肆意虐待动物的法律，正是根据这个前提。对于懂得动物确实会感受痛苦这个常识的读者，或许无须阅读这一部分内容，直接跳到第17页，因为此前的几页都只是批驳这种你不相信的论点。这个论点虽然没有什么道理，但为了论证的完整，还必须对这个受怀疑的论点加以讨论。

人类以外的动物会感觉疼痛吗？我们怎么知道的呢？就是说，我们怎么知道一个人或非人类动物感觉疼痛呢？我们知道我们自己能感觉疼痛，这来源于疼痛的直接经验，例如，有人把一支点燃的香烟按在我们的手背上。可是，我们怎么知道他者能感觉疼痛呢？我们无法直接体验任何他者的疼痛，无论这个"他者"是我们最好的朋友，还是一只流浪狗。疼痛是一种意识状态，一种"脑内发生的事件"，不可能被观察到。痛得打滚、尖叫，或者手在遭到烟头灼痛时抽走等行为，并不是疼痛本身，也不是神经生理学家观察疼痛时可能作出的脑内活动记录。疼痛是我们感觉到的东西，我们只能根据各种外在的指标推断他人在感受疼痛。

在理论上，当我们设想他人感觉疼痛时，总有**可能**出错。设想我们的好友当中一位是由优秀科学家制造和操纵的聪明的机器人，可以表现一切感觉疼痛的征象，但实际上它与任何机器一样缺乏感觉。可是，我们决没有绝对的把握知道这不是事实。虽然这可能成为哲学家的一个难题，但我们当中没有人会对我们的好友们有与我们同样的疼痛感觉产生丝毫的怀疑。这是一个推论，不过这推论是完全合情合理的，因为这是根据观察好友们在我们自己会感到疼痛的情境下所表现的行为，以及我们完全有理由设想这些朋友是与我们一样的生命，有与我们一样执行相同功能的神经系统，并且在同样环境下产生相同的感觉。

如果设想其他人与我们一样感觉疼痛是合情合理的，那有什么理由说对其他动物作相同的推论就不合理呢？

我们推断他人感觉疼痛的所有外在征象，几乎都可以见于其他种类动物，特别是与人最接近的哺乳类和鸟类。疼痛的行为表现包括翻滚、面部抽动、呻吟、叫喊或其他号叫、企图逃避导致疼痛的来源，以及对疼痛可能重复出

① 笛卡儿（René Descartes，1596—1650），法国哲学家和数学家。

现表现出恐惧等。此外，我们知道这些动物有与我们十分相似的神经系统，当动物处于我们会感觉疼痛的情况下，它们的神经系统出现与我们相同的生理反应：起初血压升高、瞳孔散大、出汗和心跳加速，如果刺激持续下去则会出现血压下降。虽然人类的大脑皮质比其他动物发达，但这部分大脑同思维功能有关，而主管基本冲动、情绪和感觉的中枢则位于间脑，其他许多非人类动物特别是哺乳类和鸟类，间脑都已经很发达。

我们也知道，与机器人不同的是，其他动物的神经系统不是人造出来模拟人类的疼痛行为的。动物的神经系统与人的一样经过进化，实际上，人与动物（特别是哺乳类动物）的进化过程，是在我们的神经系统的主要特征发育以后才开始向不同的方向发展的。感觉疼痛的能力可使这个物种的成员避开伤害的来源，显然这有助于提高一个物种的生存前景。假定在生理上差不多相同的神经系统具有共同的起源和进化功能，而且在类似的环境下出现的行为模式类似，但要是在主观感觉的层次上所起的实际作用却完全不同，这无疑是不可理喻的。

不论我们试图阐明什么事物，寻求最简单的合理解释，是科学上长期以来公认的正确方针。偶尔有人声称，正是因为这个原因，用动物有意识的感觉、欲望等理论来解释动物的行为是“不科学的”。这个看法是，如果争论的行为能够无须求助于意识或感觉就可以解释的话，那就是比较简单的理论。可是，现在我们知道，在评定关于人类和非人类动物二者的实际行为时，这样的解释实际上要比对立的另一种解释复杂得多。因为，根据我们自身的经验解释我们自己的行为，如不涉及意识和疼痛的感觉那是不完整的。所以，假定具有类似神经系统的动物有相似的行为，用同样的方式来解释非人类动物的行为，以及人与非人类动物之间在这方面的差别，要比另搞一套其他什么解释简单得多。

在这个问题上发表过意见的科学家，绝大多数都同意这个看法。当代最杰出的神经病学家之一布雷恩爵士①说：

> 我个人认为，没有理由只承认我们人类有心智，而动物没有。……反正我不怀疑动物的兴趣和活动是与意识和感觉相关联的，其方式与我自己的相同，或许就是这样清楚亦未可知。

在一本论述痛觉的书中，著者写道：

---

① 布雷恩爵士（Sir Walter R. Brian，1895—1966），曾任英国皇家医师协会主席。

> 实际证据的每个细节都支持这个论点，高等哺乳动物对疼痛的感觉至少与我们同样灵敏。说它们是低人一等的动物，因而感觉就迟钝些是荒谬的。其实它们的许多感觉，如某些鸟类的视觉、大多数野生动物的听觉和另外一些动物的触觉，远比我们敏锐，这可以轻而易举地得到证明。与今天的人类相比，这些动物更多地依赖于对险恶环境有最敏锐的意识。除了大脑皮质（这不是直接感知疼痛的部位）的复杂程度以外，就我们所知，虽然动物缺乏哲学和道德的联想，但它们的神经系统几乎与人类相同，对疼痛的反应也十分相似。基本的情绪要素也非常明显，特别是恐惧和愤怒的方式。

英国政府属下三个独立的与动物事务有关的专家委员会，已经接受动物能感觉疼痛的结论。成立于1951年的制止虐待野生动物委员会的成员们，在特别提到支持这个观点的明显的行为证据后表示：

> ……我们认为，生理学的证据，特别是解剖学的证据，充分证明了动物会感觉疼痛，使这一常识性的信念得到巩固。

委员会的报告在讨论了疼痛在进化上的价值后断定，疼痛具有“明确的生物学功用”，这是“动物感觉疼痛的第三类证据”。委员会成员还进一步考虑了躯体的疼痛以外的其他类型的痛苦，并且补充说，他们“确信动物会因为急剧的惊吓和恐惧而感到痛苦”。其后，英国政府的动物实验的和集约养殖的动物福利委员会也都同意这个观点，断定动物能感受躯体直接损伤以及恐惧、焦虑和压力等造成的二类痛苦。近10年里，诸如以**动物的思想**、**动物的思维和动物的痛苦：动物福利科学**为题目的科学研究的发表，表明非人类动物具有自觉意识显然已被普遍接受作为严肃的研究课题。

人们可能认为这个问题算是完全解决了，不过还有一个反对意见需要考虑。人在疼痛时有一种非人类动物所没有的行为符号，那就是发达的语言。其他动物也可以相互交流，但似乎不像以我们这样的复杂方式进行。包括笛卡儿在内的某些哲学家认为，人可以彼此相互诉说十分细致的疼痛体验，而其他动物则不能，是很重要的。（语言曾经作为人与其他动物之间的明确分界，如今因发现黑猩猩也能学会一套语言而发生动摇，这很有意义。）但是，正如边沁早就指出的，使用语言的能力与一个动物应当受到的待遇毫不相干，除非那种能力与感受痛苦的能力有联系，因此，动物缺乏语言，导致对它们具有感受疼痛的能力产生怀疑。

有两种方法可能被试用于建立这种联系。第一种是模糊的哲学思想方法，这或许来源于有影响的哲学家路德维希·维特根斯坦[①]的某些学说。他坚持主张，我们把意识状态当做是无语言动物的属性，是不可能有意义的。依我看，这个观点似乎很没有道理。语言对于抽象思维或许是必不可少的，无论如何在某个水平上是如此，但像疼痛这类相当原始的感觉则与语言毫不相干。

第二种和更容易理解的方法，是把语言与存在痛苦联系起来，即是说，我们能够证明其他动物感觉痛苦的最佳证据，是它们对我们说疼痛。这是一种独特的论证方式，因为他不否认设想中无语言的动物**能够**感受痛苦，只是否认我们能有什么充分的理由**相信**它们在感受痛苦。不过，这个论证方式仍然不行。珍·古道尔在其黑猩猩研究著作《在人类的阴影下》[②] 中指出：对于感觉和情绪的表达，语言交流比起非语言交流的方式，例如，高兴地拍背、兴高采烈地拥抱和握手等的重要性要小得多。我们用来表达痛苦、恐惧、愤怒、喜爱、高兴、惊讶、性冲动和其他许多情绪状态的基本信号，并非人类所特有。"我感觉痛苦"这个陈述，可能是说话者感受痛苦的一个证据，但非唯一可能的证据；而且由于人有时说谎，甚至不可能是最佳证据。

即使有更有力的理由否认无语言的动物能感受痛苦，这种否认的必然结果也可能导致我们拒绝这个结论。人类的婴幼儿不会使用语言，难道我们要否认一个一岁的婴儿会感受痛苦吗？如果不能否认，语言就不可能是决定性的。当然，大多数父母了解自己孩子的反应超过对其他动物反应的了解，但这只表明这样的事实，与对动物的了解相比，我们掌握的有关人类自己的知识相对多得多，与婴儿的接触也密切得多。而研究其他动物行为的人以及养有陪伴动物的人，他们就像我们了解婴幼儿一样，很快就学会懂得动物的反应，有时理解得更深。

总之，无论在科学上还是哲学上，都没有适当的理由否认动物能感受痛苦。如果我们不怀疑其他人能感受痛苦，也就不应怀疑其他动物能感受痛苦。

的确，动物能感受痛苦。前面已经讲过，当动物所感受的痛苦（或快乐）与人所感受的痛苦（或快乐）在程度上完全相等时，认为动物所感受的痛苦或快乐没有人的重要，在道德上找不到正当的理由。但是，从这个结论会产生什么有实用价值的结果呢？为了避免误解，我要把我的意思说得明白完整一些。

---

① 路德维希·维特根斯坦（Ludwig Wittgenstein，1889—1951），出生于奥地利的英国哲学家和数理逻辑学家。罗素说：他"对语言哲学产生了相当大的影响"。

② 珍·古道尔（Jane Goodall，1934— ），英国人，动物学家。《在人类的阴影下》（*In the Shadow of Man*），张后一、张锋译作《黑猩猩在召唤》，北京，科学出版社，1980。

如果我在一匹马的屁股上重打一巴掌，马会开始迈步，估计它感到有点疼痛。由于马的皮肤较厚，这一巴掌不算什么。可是，如果我对一个婴儿同样打一巴掌，由于他的皮肤敏感得多，就会大哭，大概他觉得疼痛。因此，用相同的力气各打一巴掌，打在婴儿身上的就比打马严重得多。但是，一定有一种打法（我说不准是什么打法，或许是用一根大棍子重击）引起马的疼痛，就同用巴掌打婴儿的疼痛一样严重。这就是我所说的“等值疼痛”。如果我们认为，在没有正当理由时，给婴儿那么严重的疼痛是错误的，那我们必须承认在没有正当理由时给一匹马造成同等程度的疼痛也是错误的，除非我们是物种歧视者。

人类与动物的其他差别还引出其他复杂的情况。正常成人具有的心智能力，这在某些情况下会使他们感受的痛苦，比在同样情况下动物感受的痛苦要多。例如，如果我们决定在正常的成人身上进行一项极端痛苦的或致命的科学实验，为此必须在公园里随机进行绑架，这会引起喜欢在公园里散步的成年人恐惧，担心自己会遭到绑架。这种原因造成的恐惧，是在实验痛苦以外附加的一种痛苦。由于动物没有预见可能遭到绑架、用作实验的恐惧，因此，在动物身上进行相同的实验所产生的痛苦较人的要少。当然这并不意味着在动物身上进行实验是**对的**，只是说这项实验如果必须做，有理由首选动物而不用正常成人，这不会构成物种歧视。不过必须指出，这个论证的结果，同样也会成为我们采用幼儿（多半是孤儿）或严重弱智人，而不用成人进行实验的一个理由，因为幼儿和弱智人对他们将被如何处置也没有预见能力。就这个论证来说，动物与幼儿、弱智人属于同一个类型。因此，如果我们用这个论据来证明用动物进行实验是合理的，那便必须自问，我们是否也准备容许用幼儿和弱智人进行相同的实验。如果我们把动物与这两种人区别开来，那除了是露骨的（在道德上也是站不住脚的）偏袒我们自己的物种成员以外，还能有什么根据呢?

正常成人在许多方面的高等智力造成了差别，如预见能力、精细的记忆力和很强的认识自身处境的能力等。可是，这些差别不能代表正常成人有更强的感受痛苦的能力。有时动物因它们的理解力有限，遭受更多的痛苦。例如，在战争中抓到战俘，我们可以向他们解释，虽然他们必须束手就擒，接受搜身和监禁，但不会受到其他伤害，一旦战争结束他们便可恢复自由。可是，如果我们捕获了野生动物，便无法向它们解释我们无意伤害它们，而野生动物也分不清究竟我们是要制伏、囚禁它们，还是杀害它们，所以囚禁与杀害对动物造成的恐怖相同。

或许有人提出异议：不同物种的痛苦是不可能进行比较的，因此，当动物的利益与人类的利益发生冲突时，平等的原则没有指导作用。对不同物种成员的痛苦无法进行精确的比较或许是对的，但精准在此并非必要。即使我们要防止对动物造成痛苦，肯定只是对人类利益的影响一点也达不到像对动物所产生的那样大的作用时才会去做。我们在对待动物上还必须做彻底的改变，这会涉及我们的饮食、饲养方法、许多科学领域里的实验方法、对待野生动物的方式、狩猎、陷阱捕猎和毛皮服装，以及诸如马戏、动物竞技和动物园等娱乐界。其结果将使大部分的痛苦得到避免。

任何种族、性别或物种遭受痛苦都应当防止或减少

至此我说了许多关于造成动物痛苦的问题，但还没有提到屠杀动物的事。这个安排是经过慎重考虑的。在造成动物的痛苦上应用平等的原则，至少在理论上是很简单明了的。疼痛和痛苦本身就是不幸，不论什么种族、性别或物种遭受痛苦都应当防止或减少。疼痛的严重性取决于它的强度和持续时间，但不论是人还是动物的疼痛，只要强度和持续时间相同，其严重性就是一样的。

杀生的错误更加复杂。前面我避开了屠杀的问题，而且继续保留，把它隐藏在背后，因为就人类对所有其他动物的专横暴虐的状况而言，用简单直接的平等考虑痛苦和快乐的原则，足以作为准则来判断和抗议人类所做的全部重大的虐待动物的行为。可是，仍有必要讨论关于屠杀的一些情况。

正如大多数人是物种歧视者，他们都不在意引起动物的痛苦，却不会以相同的理由造成人的相似的痛苦一样，大多数人在屠杀上也都是物种歧视者，他们不在意屠杀其他动物，但不会去杀人。然而，我们所进行的讨论需要谨慎，因为在什么时候杀人才算合法，看法很不相同，例如，旷日持久的关于堕胎（或人工流产）和安乐死的争论就是证明。而道德哲学家对于为什么杀人是错误的，在什么情况下杀死一个人可以是正当有理的，也没有完全取得一致意见。

我们首先讨论可以称为“生命神圣”的观点，这个观点认为剥夺一个无罪的人的生命总是错误的。持这种观点的人反对堕胎和安乐死。可是，他们一般不反对屠杀非人类动物，因此，把这个观点称为“人的生命神圣”或许更为准确。相信人的生命并且唯有人的生命，才是神圣不可侵犯的，是一种物种歧视。要明白这个观点，请仔细考虑下面的例子。

如同实际上时有发生的那样，假定一个婴儿生下来就患有无法治愈的广泛的严重脑损伤，以致成为“植物人”。这种患儿不能说话，不认识人，没有自主动作，也不能发展自我意识。婴儿的父母认识到孩子的病情毫无治愈的

希望，根本不愿意负担、也不要求国家负担每年成千上万的照顾费用，因此要求医生用无痛苦的方法处死这个婴儿。

医生应当按照婴儿父母的请求去做吗？按照法律，医生不应当去做，在这方面法律反映了生命神圣的观点：每一个人的生命都是神圣的。可是，说不该杀死这个婴儿的人，并不反对杀死人类以外的动物。他们怎么能证明这种不同的判断合理呢？成年的黑猩猩、狗、猪和其他许多动物的认识他者的能力、独立活动能力以及自我意识和赋予生命价值的其他能力，都远远超过这个大脑严重损伤的婴儿。即使在最好的医疗护理条件下，一些严重弱智的婴儿也不可能达到狗的智力水平。我们也不能要求婴儿的父母去照顾他，因为在这个假设的例子中，他的父母也不想让这样的婴儿存活下来。（在一些实例中也是这样。）只有在那些声称这婴儿拥有“生命权利”的人眼里，才把这婴儿同动物区别开来，仅仅因为他在生物学上是智人（Homo Sapiens）这个物种的一员，黑猩猩、狗和猪不是。但只根据这个差别赋予这婴儿以生命的权利，而不给其他动物同样的权利，显然纯粹是物种歧视。这正如最粗野的、赤裸裸的种族主义者，企图使种族歧视合理化所用的那种武断的划界完全相同。

然而，这并不意味着，我们要避免物种歧视，就必须坚持杀死一只狗与杀死一个心智健全的人是犯相同的错误。只有力图完全按照我们人类物种的界限来对生命权利划界的主张，才是无可改变的物种歧视。持生命神圣观点的人正是这种主张，因为他们虽然在人与动物之间划出截然的界限，但他们不容许在我们人类中作出区分，像反对杀死正常成年人一样，极力反对给严重弱智婴儿和生命无望的老年人进行安乐死。

为了避免物种歧视，我们必须让在相关方面全都类似的所有动物，享有同等的生命权利；把生命权利仅仅赋予我们人类自己的成员，在道德上不可能成为这种权利的恰当标准。在这个范围内，我们仍然能坚持，比方说，杀死一个具有自觉和计划未来的能力以及与他人存在有意义的关系的正常成人，要比杀死一只老鼠严重得多，因为老鼠大抵不具备所有的这些特征；或者我们可能把成人拥有密切的家庭和其他个人的关系作为理由，而老鼠没有同等程度的关系；或者我们还可能认为是杀人的后果使他人为自己的生命担惊受怕，由此成为关键的差别；我们也可能认为是上述不同因素的组合，或者还有其他因素结合一起。

可是，不论选择什么标准，我们都必须承认，不能正好按照我们人类物种的界限来制定标准。我们可以正当合理地认为，某些生命个体具有一些特征使他们的生命比其他生命个体中那些特征更有价值，但肯定会有某些非人类动物的生命，无论按什么标准都比某些人的生命更有价值。例如，一个黑猩猩、狗或猪的自觉程度或与他者建立有意义的关系的能力，都要超过一个这种严重弱智婴儿或垂危衰老的人。因此，如果我们把生命的权利建立在这些特征的基础上，我们就必须赋予这些动物与这类弱智或衰老的人同样的生命权利，甚或更大的权利。

这个论据模棱两可，在下述的两个方面似乎都说得通。一方面，它可以用来证明黑猩猩、狗和猪以及其他一些动物拥有生命的权利，不论什么情况下，即使它们在衰老和痛苦时，为了解除痛苦去处死它们，也严重违背道德。同时，又可以论证严重弱智者和无望的老人没有生命的权利，可以因微不足道的理由，像我们现在对待动物一般去处死他们。

由于本书主要关注动物的伦理问题，而不是讨论安乐死的道德性，所以我不打算在这里对安乐死问题下结论。我认为很清楚，虽然这两种立场都避免了物种歧视，但没有一方令人满意。我们需要的是某种折中的立场，这种立场既可以避免物种歧视，但又不会把严重弱智儿童和衰老者的生命贬低到与现在的猪狗一般；同时也不把猪狗的生命看得如此神圣，连处死痛苦无望的动物也被视为错误。我们必须做的是把非人类动物纳入我们的道德关怀范围以内，停止为了我们自己的不管多么琐细的目的，对待它们的生命如同消费品一般。同时，一旦我们认识到一个生命个体是我们自己物种的成员这个事实，并不足以证明杀死这个生命总是错的；我们总是不惜一切代价维持人的生命，即使这个人的生命不再有意义，或者生存下来都无法避免严重的痛苦。我们可能要重新考虑对待这类人的政策。

因此，我的结论是，反对物种歧视并不意味着所有的生命具有同等的价值。而自我意识、瞻前思考和怀有希望、对未来的抱负以及同他人发展有意义的关系等能力，与遭受痛苦问题都不相干，因为痛苦就是痛苦，无论这个生命个体在感受痛苦的能力以外还可能具有什么其他能力，尽管这些能力与杀生问题有关。认为一个具有自我意识、抽象思考、计划未来和进行复杂的交流活动等能力的生命，比一个不具备这些能力的生命更有价值，不是武断。要懂得制造痛苦和杀生二者的差别，考虑一下我们人是怎样进行选择的，便可以明白。假如我们必须在挽救一个正常人和一个弱智人的生命之间作选择，我们可能会选择挽救正常人，但如果要在防止正常人的疼痛和弱智人的疼痛之间作选择，如设想两个人同时有疼痛，都是由浅表损伤引起的，而且我们手中的止痛药刚够一个人使用，那应当给谁就不那么清楚了。我们考虑其他动物时，情况也相同。就疼痛这个不幸来说，本身并不受感觉疼痛的这一个体的其他特征的影响，而生命的价值则受这些特征的影响。只给这个差别一个理由是，杀死一个对未来目标存在希望、计划和追求的生命个体，就是剥夺了努力实现所有这些成就的那个生命个体，而杀死一个智力不能领会未来的生命个体（更不用说计划未来），就不可能造成这种特殊的损失。

在正常情况下，这意味着，如果我们必须在一个人的生命和一个其他动物的生命之间作选择，我们应当保全人的生命。但或许有特殊情况，如果这个人不具备正常人的能力，相反的选择才是对的。所以这种观点不是物种歧视，但乍看像是。在正常情况下，在不得不作选择时，我们选择优先挽救人的生命，而不是动物的生命；这种优先选择是根据正常人所具备的特征，而非只是因为他们属于人类物种的一员。正是这个原因，在我们考虑缺乏正常人特征的人类成员时，我们无法再说他们的生命总是比其他动物的生命重要。这个议题将在下一章里以实践的方式[①]来讨论。可是，在什么情况下（无痛苦地）杀死一个动物是错误的问题，一般来说，我们无须得出一个精确的答案。只要我们记住，对动物的生命与智力上相当的人的生命应给予同等的尊重，那我们就不会错到哪里去。

总之，本书通过论证得出的结论，只是根据使痛苦减少到最小的原则。认为无痛苦地杀死动物也是错误的，这种观点给予本书的一些结论以额外的支持，是受到欢迎的，但严格来说并非必要。很有意义的是，甚至还得出我们应当成为素食者这个结论，而在大众心目中，这个结论一般是建立在某种绝对禁止杀生上的。

或许读者对我在本章里的观点产生了一些异议。比如说，对于可能伤害人类的动物我会建议怎么办呢？我们应当设法阻止动物互相残杀吗？我们怎么知道植物不会感觉疼痛呢？要是植物也能感觉疼痛，难道我们就活该挨饿吗？为了避免打乱论证的主线，我专设了一章来讨论这些和其他的反对观点。缺乏耐心的读者要是急于知道对这些疑问的回答，可以先看本书第六章。

本书只讨论实践上的两种物种歧视，我们不能假装同这些残酷的行径毫无关系

下面两章将举例讨论实践上的两种物种歧视。我把物种歧视限于这两种，是为了有足够的篇幅进行充分说理的讨论，虽然这种限制意味着本书不讨论由于我们人不认真考虑其他动物利益的其他所有行径，这些包括：以运动取乐或获取毛皮为目的的狩猎，养殖貂、狐等毛皮用动物，猎捕野生动物（常先杀死母兽），把它们囚禁在狭小的笼子里供人观赏，折磨动物学习绝技做马

① 即作为实验对象。

戏或竞技表演[①]供观众娱乐，假借科学研究的名义用“爆炸性鱼叉”猎鲸，金枪鱼捕捞船的拖网每年造成10万多只海豚被淹死，澳大利亚内陆地区每年枪杀300万只袋鼠供制革和生产宠物食品，以及由于我们人类的混凝土帝国[②]和污染在地球表面的大肆扩张，造成对野生动物利益的普遍忽视。

对于这些事情我都不作讨论，因为如我在新版序言里所说，这本书不是一本罗列人类对动物所干的全部劣行的纲要。相反，我只选取物种歧视实践中两类最重要的实例。这些物种歧视的做法不是虐待狂的孤立事件，而是一种每年要杀害千百万只的（实验）动物，另一种则是数以10亿计的（养殖场）动物遭受屠杀，我们不能假装自己同这些行径毫无关系。因为，动物实验是得到我们民选政府所推动的，经费也多半来自我们的赋税。养殖动物作为食物，是因为大多数人购买和食用动物的肉，这种做法才有可能存在。正是这些原因，我才特意挑选这两种形式的物种歧视加以讨论。这两种是物种歧视的核心，由此造成动物痛苦的数量和程度，超过人类物种歧视的其他做法。要制止这些做法，我们必须改变政府的政策，改变我们自己的生活方式，改变我们的饮食习惯。如果这两种由官方促进并且几乎被普遍接受的物种歧视的做法能够废除，那么，消除其他物种歧视的行为也就不会遥远了。

（祖述宪译）

选文出处

辛格　所有动物一律平等……

辛格著，《动物解放》，青岛，青岛出版社，2004，1—22页。

① 如赛马和牧场竞技，后者有套牛犊、与牛摔跤和野马骑术，造成动物的严重恐惧、压力和损伤。

② 指各种建筑物。

版权声明

本书在编辑过程中，由于无法与部分作品的权利人取得联系，为了尊重作者的著作权，特委托北京版权代理有限责任公司向权利人转付稿酬。请您与北京版权代理有限责任公司联系并领取稿酬。联系方式如下：

吴文波　方芳
北京版权代理有限责任公司
北京海淀区知春路 23 号量子银座 1403 室
邮编：100083
电话：86(10)82357056/57/58-230/229
传真：86(10)82357055

图书在版编目(CIP)数据

科学哲学读本/蒋劲松,刘兵编.
北京:中国人民大学出版社,2008
(哲学元典选读丛书)
ISBN 978-7-300-09419-9

Ⅰ.科…
Ⅱ.①蒋… ②刘…
Ⅲ.科学哲学
Ⅳ.N02

中国版本图书馆 CIP 数据核字(2008)第 086063 号

哲学元典选读丛书
科学哲学读本
蒋劲松 刘兵 编

出版发行	中国人民大学出版社		
社　　址	北京中关村大街 31 号	**邮政编码**	100080
电　　话	010－62511242(总编室)		010－62511398(质管部)
	010－82501766(邮购部)		010－62514148(门市部)
	010－62515195(发行公司)		010－62515275(盗版举报)
网　　址	http://www.crup.com.cn		
	http://www.ttrnet.com(人大教研网)		
经　　销	新华书店		
印　　刷	河北三河市新世纪印务有限公司		
规　　格	170 mm×228 mm 16 开本	**版　　次**	2008 年 7 月第 1 版
印　　张	36.75 插页 1	**印　　次**	2008 年 7 月第 1 次印刷
字　　数	635 000	**定　　价**	69.00 元